A Grothendieck

GROTHENDIECK-SERRE CORRESPONDENCE

Bilingual Edition

J-P. Serre

Originally published in the French language by the Société Mathématique de France, under the title *Correspondance Grothendieck-Serre*.

Translated from the French by Catriona Maclean.

Ouvrage publié avec le concours du Ministère Français chargé de la culture–Centre national du livre.
Published with the help of the
French Ministry of Culture–Centre National du Livre.

2000 *Mathematics Subject Classification.* Primary 14–03; Secondary 01A25.

For additional information and updates on this book, visit
www.ams.org/bookpages/cgs

Library of Congress Cataloging-in-Publication Data

Grothendieck, A. (Alexandre)
[Correspondence. English. Selections]
Grothendieck-Serre correspondence / Pierre Colmez and Jean-Pierre Serre, editors.
p. cm.
ISBN 0-8218-3424-X (alk. paper) |Softcover ISBN 978-1-4704-6939-9
1. Grothendieck, A. (Alexandre)—Correspondence. 2. Grothendieck, A. (Alexandre)—Correspondence. 3. Mathematicians—France—Correspondence. 4. Geometry, Algebraic. I. Colmez, Pierre. II. Serre, Jean Pierre. III. Title.

QA29.G697 A4 2003
510′.92—dc22 2003062815

Printed in the United States of America.
Reprinted by the American Mathematical Society, 2022.

♾ The paper used in this book is acid-free and falls within the guidelines
established to ensure permanence and durability.
Visit the AMS home page at `http://www.ams.org/`
Visit the SMF home page at `http://www.emath.fr/`

13 12 11 10 9 8 7 6 5 4 27 26 26 24 23 22

GROTHENDIECK-SERRE CORRESPONDENCE

Bilingual Edition

Editors

Pierre Colmez

Jean-Pierre Serre

Translated by

Catriona Maclean

with the assistance of

Leila Schneps

Jean-Pierre Serre

AMS

American Mathematical Society

Société Mathématique de France

TABLE DES MATIÈRES

Contents

Foreword to the Bilingual Edition

The present book is a bilingual (French and English) edition of "Correspondance Grothendieck-Serre", published by the Société Mathématique de France in 2001. The French text is supplemented by the parallel English translation, so that the English text (on right-hand pages) corresponds to the French text (on left-hand pages).

The original edition of the book was prepared by Pierre Colmez and Jean-Pierre Serre. An English translation was done by Catriona Maclean, with the help of Leila Schneps and Jean-Pierre Serre. La Société Mathématique de France and the American Mathematical Society wish to express gratitude to these people for their contribution.

PRÉFACE

Le présent volume de « Documents Mathématiques » reproduit une grande partie de ma correspondance avec Grothendieck entre 1955 et 1970.

J'ai choisi celles de nos lettres qui m'ont paru les plus propres à intéresser le lecteur, soit d'un point de vue purement mathématique, soit d'un point de vue historique.

Bien entendu, ce choix est loin de représenter l'ensemble des questions dont Grothendieck et moi avons discuté pendant les quinze années en question : lorsque nous nous trouvions tous deux à Paris, le téléphone était notre mode de communication le plus fréquent. Les lettres reflètent plutôt les périodes où nous étions séparés : l'un de nous à Princeton ou Harvard, et l'autre à Paris.

J'ai également incorporé quelques-unes des lettres que nous avons échangées entre 1984 et 1987, au moment de la rédaction de *Récoltes et Semailles.*

Les seuls changements apportés aux textes originaux sont les suivants :

— suppression des abréviations, du genre « com. » pour « commutatif » ;

— correction des fautes d'orthographe, ainsi que des fautes de frappe évidentes ;

— suppression de certains passages trop personnels[(1)], remplacés par des points de suspension entre crochets [...].

Par contre, les énoncés faux ont été conservés tels quels. Ils sont rectifiés (autant qu'il m'a été possible de le faire) dans des *Notes*, placées à la fin du

[(1)] A titre de curiosité, voici l'un des passages supprimés, relatif à un mathématicien que j'appellerai X : « ... la prose dégueulasse de X, grand maître sorcier devant l'antre aux horreurs, qui se garde bien, évidemment, de rédiger un petit papier clair où les énoncés serviables (sic) figureraient dans une forme pigeable ... » On comprendra que j'aie voulu épargner à X la lecture de ce passage.

Foreword

A large part of my correspondence with Grothendieck between 1955 and 1970 is reproduced in the present volume of the series "Mathematical Documents".

I have chosen those of our letters which seemed to me most likely to be of interest to the reader, either from a purely mathematical point of view or from a historical point of view.

Of course, this choice is far from representing all the questions I discussed with Grothendieck over these fifteen years: when we were both in Paris, our usual means of communication was the telephone. The letters reflect rather the periods when we were separated: one of us being in Princeton or Harvard and the other being in Paris.

I have also included several of the letters that we exchanged between 1984 and 1987, at the moment when *Récoltes et Semailles* was being written.

The only changes which have been made to the original texts are the following:

— suppression of abbreviations, such as "com." for "commutative";

— correction of both spelling mistakes and obvious mis-typings.

— suppression of certain personal passages [1] which have been replaced by suspension points between brackets [...].

On the other hand, wrong statements have been preserved as they were. They are corrected (insofar as it was possible) in the *Notes* placed at the end of

[1]For curiosity's sake, here is one of the suppressed passages, on the subject of a mathematician whom I will call X: "... the horrible prose of X, grand master wizard of the den of horrors, who of course is careful to keep from writing a clear little paper, in which the helpful claims would appear in a usable form..." It will be understood why I wished to spare X from reading this passage.

volume. Ces notes donnent aussi des indications sur des résultats plus récents. Elles sont indiquées dans le texte par un chiffre de renvoi placé dans la marge.

Jean-Pierre Serre, Paris, décembre 2000

Ce volume n'aurait pas vu le jour sans l'aide d'un grand nombre de personnes. Jean Malgoire a, au nom de Grothendieck, autorisé la publication de cette correspondance. Une (petite) armée s'est chargée de saisir les lettres en TeX ce qui, pour certaines, ne fut pas une mince affaire. Une fois la saisie terminée, des relecteurs ont isolé un certain nombre de points méritant des commentaires, ce qui a contribué à étoffer les notes rédigées par Serre.

Quand le volume s'est retrouvé sous une forme raisonnablement avancée, il a fallu penser à sa publication. Aucune des séries déjà existantes de la S.M.F. ne pouvant accueillir un volume de ce type, il a été décidé de créer une nouvelle série « Documents Mathématiques » ayant pour vocation la publication de textes historico-mathématiques.

Je voudrais remercier tous les acteurs mentionnés ci-dessus de l'enthousiasme avec lequel ils ont participé à cette entreprise, et j'espère que le lecteur aura autant de plaisir à consulter cette correspondance que j'en ai eu à participer à son édition.

Pierre Colmez, Paris, janvier 2001

the volume. These notes also give some more recent results. They are indicated in the text by reference numbers in the margin.

Jean-Pierre Serre, Paris, December 2000

This volume would never have seen the day without the help of a large number of people. Jean Malgoire authorized publication of this correspondence in Grothendieck's name. A (small) army took on the work of typing the letters in TeX which in certain cases was no light task. Once the typing was finished, the readers pinpointed a certain number of points deserving commentary, which contributed to filling out the notes written by Serre.

When the volume was reasonably advanced, we had to think about publication. Since none of the S.M.F.'s existing series had room for a volume of this kind, it was decided to create a new series, "Mathematical Documents", whose raison d'être would be the publication of historico-mathematical texts.

I would like to thank all the people mentioned above for the enthusiasm with which they participated in this undertaking, and I hope the reader will have as much pleasure consulting this correspondence as I had editing it.

Pierre Colmez, Paris, January 2001

Lawrence 28.1.1955

Cher Serre,

Une histoire bien emmerdante m'arrive : comme je ne pouvais emporter tous mes papiers par avion, j'ai envoyé une partie dans deux colis, expédiés ensemble le jour de mon départ. Mais un seul est arrivé, il y a une semaine, et il est improbable maintenant que le deuxième arrive aussi. Il contenait (entre autres) les exposés alors existants des séminaires Schwartz, Cartan, Cartier, ton papier sur les faisceaux algébriques, et les papiers de Kodaira-Spencer. J'en suis navré, car sans doute les deux derniers ne peuvent se remplacer avant un temps X ; et je n'avais pas eu le temps de jeter même un coup d'oeil sur Kodaira-Spencer. En tous cas, envoie-moi, s'il en reste, le jeu complet de tous les exposés des trois séminaires. J'espère que Barros pourra t'apporter ceux de Schwartz. Peux-tu dire aussi à Spencer que je n'ai reçu aucun des papiers qu'il avait voulu me faire envoyer de Princeton?

J'ai ici pratiquement tout mon temps à moi, — je fais quelques exposés sur la thèse de Malgrange, mais ça ne me prend guère de temps. Bientôt probablement je t'embêterai avec des questions techniques diverses; j'ai commencé à lire les "variétés" de Thom, c'est horrible comme rédaction mais sans doute utile à piocher, et ton article sur les $H(\pi,q,Z_2)$, que je trouve plaisant jusqu'

Fac-similé de la lettre de Grothendieck du 28.1.55, page 1

Le Pyla, 2|3 Août 1964

Cher Grothendieck,

Je reviens du "Summer Institute" de Woods Hole, qui a été assez intéressant. Histoire de me clarifier les idées, j'ai envie de te raconter ce qu'on y a fait. Tu recevras d'ailleurs dans quelque temps le texte des exposés principaux (et même en plusieurs exemplaires, pour que tu puisses en distribuer à ton "écurie"); toutefois, aucun des séminaires n'a été rédigé, et ce sont eux les plus intéressants.

1. Une formule de Lefschetz généralisée.

C'est une formule que tu dois déjà connaître - au moins partiellement. Shimura l'a signalée comme conjecturale au début de l' "Institute" , et un peu tout le monde s'y est mis, principalement Atiyah, Bott (qui ont fait des laius dessus), Verdier, Mumford. A la fin du séjour, ils avaien en tout cas prouvé le cas "élémentaire" demandé par Shimura, qui est le suivant :

Soit X projective non singulière, définie sur k (caract. qqe - mai je le suppose alg. clos, la question étant "géométrique"). Soit F un faisceau loc. libre sur X (cohérent, bien sûr), et soit $f : X \to X$ un morphisme ; on se donne également un morphisme de faisceaux

$$f' : f^{*}F \to F ,$$

ce qui permet de faire opérer (f,f') sur $H^{\cdot}(X, F)$. On pose :

$$\mathrm{Tr}^{\cdot}(f) = \sum_{q=0}^{\infty} (-1)^{q}\, \mathrm{Tr}^{q}(f) ,$$

où $\mathrm{Tr}^{q}(f)$ designe le trace de l'endomorphisme de $H^{q}(X, F)$ défini par (f,f'). On veut calculer le "nombre de Lefschetz" $\mathrm{Tr}^{\cdot}(f)$.

Pour cela, on suppose que les points fixes de f sont isolés. La formule s'écrit alors :

$$\mathrm{Tr}^{\cdot}(f) = \sum_{P \in S} L_{P}(f) ,$$

où la somme est étendue à l'ensemble S des pts fixes, et où $L_P(f)$

Facsimile of Serre's letter of August 2–3, 1964, page 149.

CORRESPONDANCE

1 Lawrence 28.1.1955

Cher Serre,

Une histoire bien emmerdante m'arrive : comme je ne pouvais emporter tous mes papiers par avion, j'ai envoyé une partie dans deux colis, expédiés ensemble le jour de mon départ. Mais un seul est arrivé, il y a une semaine, et il est improbable maintenant que le deuxième arrive aussi. Il contenait (entre autres) les exposés alors existants des séminaires Schwartz, Cartan, Cartier, ton papier sur les faisceaux algébriques, et les papiers de Kodaira-Spencer. J'en suis navré, car sans doute les deux derniers ne peuvent se remplacer avant un temps X ; et je n'avais pas eu le temps de jeter même un coup d'œil sur Kodaira-Spencer. En tout cas, envoie-moi, s'il en reste, le jeu complet de tous les exposés des trois séminaires. J'espère que Barros pense à t'apporter ceux de Schwartz. Peux-tu dire aussi à Spencer que je n'ai reçu aucun des papiers qu'il avait voulu me faire envoyer de Princeton ?

J'ai ici pratiquement tout mon temps à moi, je fais quelques exposés sur la thèse de Malgrange, mais ça ne me prend guère de temps. Bientôt probablement je t'embêterai avec des questions techniques diverses ; j'ai commencé à

Correspondence

Lawrence 1.28.1955 **1**

Dear Serre,

A really annoying thing has happened: as I could not carry all my papers on the plane, I sent part of them in two packages, which were posted together the day I left. But only one of them has arrived, a week ago, and by now it is unlikely that the other will ever arrive. It contained (among other things) those lectures from the Schwartz, Cartan and Cartier seminars that existed at the time, your paper on algebraic sheaves and the Kodaira-Spencer papers. I am very upset about this, as it will probably not be possible to replace the last two for some time, and I had not even had time to glance at Kodaira-Spencer. In any case, send me the complete set of all the lectures from all three seminars, if there are any left. I hope Barros remembers to bring you the Schwartz lectures. Can you also tell Spencer I have not received any of the papers he wanted to send me from Princeton?

Here I have practically all my time to myself; I am giving a few talks on Malgrange's thesis, but this hardly takes any time. I will probably bother you shortly with various technical questions; I have started reading Thom's

2 lire les « variétés » de Thom, c'est horrible comme rédaction mais sans doute
3 utile à piocher, et ton article sur les $\mathrm{H}(\Pi; q, \mathbf{Z}_2)$, que je trouve plaisant jusqu'à maintenant. J'ai fait aussi une révision systématique des grands trucs élémentaires de ho- et coho- mologie, c'était utile pour moi. Je suis tombé sur quelques questions d'un type standard, et dont peut-être tu as une réponse. Soit X espace avec « famille Φ », $\mathrm{X}' \subset \mathrm{X}$ partie fermée, $\mathrm{U} = \complement \mathrm{X}'$, F un faisceau sur X. Si B est une partie de X, soit $\Phi \cap \mathrm{B}$ l'ensemble des $\mathrm{A} \cap \mathrm{B}$ ($\mathrm{A} \in \Phi$) et Φ_{B} l'ensemble des $\mathrm{A} \in \Phi$ qui sont dans B. $\mathscr{O}$ désigne un voisinage ouvert arbitraire de X'. On a des homomorphismes canoniques (où pour fixer les idées on se place en théorie singulière) :

$$\begin{cases} \mathrm{H}^p_\Phi(\mathrm{X} \bmod \mathrm{X}', \mathrm{F}) \leftarrow \mathrm{H}^p_{\Phi_\mathrm{U}}(\mathrm{U}, \mathrm{F}) & \text{bijectif si X et X}' \text{ sont HLC par exemple} \\ \mathrm{H}_p^\Phi(\mathrm{X} \bmod \mathrm{X}', \mathrm{F}) \rightarrow \mathrm{H}_p^{\Phi \cap \mathrm{U}}(\mathrm{U}, \mathrm{F}) & \textit{bijectif quand?} \end{cases}$$

4

$$\begin{cases} \mathrm{H}_p^\Phi(\mathrm{X} \bmod \mathrm{U}, \mathrm{F}) \rightarrow \varinjlim_{\mathscr{O}} \mathrm{H}_p^{\Phi \cap \mathscr{O}}(\mathscr{O}, \mathrm{F}) & \text{bijectif si X' admet un voisinage normal} \\ \mathrm{H}^p_\Phi(\mathrm{X} \bmod \mathrm{U}, \mathrm{F}) \leftarrow \varprojlim_{\mathscr{O}} \mathrm{H}^p_{\Phi_\mathscr{O}}(\mathscr{O}, \mathrm{F}) & \textit{bijectif quand?} \end{cases}$$

$$\begin{cases} \mathrm{H}^p_{\Phi \cap \mathrm{X}'}(\mathrm{X}', \mathrm{F}) \leftarrow \varinjlim_{\mathscr{O}} \mathrm{H}^p_{\Phi \cap \mathscr{O}}(\mathscr{O}, \mathrm{F}) & \text{toujours bijectif} \\ \mathrm{H}_p^{\Phi \cap \mathrm{X}'}(\mathrm{X}', \mathrm{F}) \rightarrow \varprojlim_{\mathscr{O}} \mathrm{H}_p^{\Phi_\mathscr{O}}(\mathscr{O}, \mathrm{F}) & \textit{bijectif quand?} \end{cases}$$

Les accolades réunissent des homomorphismes de type dual. $\varinjlim$ = limite inductive, $\varprojlim$ = limite projective, la signification dans chaque cas est d'ailleurs claire. Les 2 premiers couples d'homomorphismes se présentent quand on veut éliminer les « groupes relatifs » en les interprétant en termes de « groupes absolus ». Aux questions marquées (?), je n'arrive à donner que des réponses peu satisfaisantes en procédant par dualité : je suis obligé de supposer F au moins localement constant, et Φ la famille de tous les fermés (co), resp. de tous les compacts (ho). Une conjecture raisonnable serait que tout marche si X *et* X' sont HLC. Question analogue : l'homomorphisme

$$\mathrm{H}^p(\mathrm{X}, \mathrm{F}) \rightarrow \varprojlim_{\mathrm{K}} \mathrm{H}^p(\mathrm{K}, \mathrm{F})$$

où K parcourt les compacts de X supposé localement compact et paracompact, est-il bijectif, ou du moins dans quels cas ? Ici encore, réponse partielle par dualité si F est localement constant, mais ce n'est guère satisfaisant. La question se pose par exemple pour justifier le « passage à la limite » dans les théorèmes A et B de Cartan, à partir du cas compact.

"varieties", which is horribly badly written, but probably useful to look at, 2
and your article on $\mathrm{H}(\Pi; q, \mathbf{Z}_2)$ which has pleased me so far. I have also gone 3
thoroughly over the basic principles of ho- and coho-mology; I needed to do so. I came across several questions of a standard type, to which you may have an answer. Let X be a space with a "Φ family", $\mathrm{X}' \subset \mathrm{X}$ a closed subset, $\mathrm{U} = \complement \mathrm{X}'$, and F a sheaf on X. If B is a subset of X, then let $\Phi \cap \mathrm{B}$ be the set of all $\mathrm{A} \cap \mathrm{B}$ $(\mathrm{A} \in \Phi)$, and let Φ_B be the set of all $\mathrm{A} \in \Phi$ which are in B. $\mathscr{O}$ denotes an arbitrary open neighborhood of X'. There are canonical homomorphisms, (taking the singular (co)homology point of view, for the sake of argument)

$$\begin{cases} \mathrm{H}^p_\Phi(\mathrm{X} \bmod \mathrm{X}', \mathrm{F}) \leftarrow \mathrm{H}^p_{\Phi_\mathrm{U}}(\mathrm{U}, \mathrm{F}) & \text{bijective if X and X}' \text{ are HLC, for example.} \\ \mathrm{H}_p^\Phi(\mathrm{X} \bmod \mathrm{X}', \mathrm{F}) \rightarrow \mathrm{H}_p^{\Phi\cap\mathrm{U}}(\mathrm{U}, \mathrm{F}) & \textit{when is this bijective?} \end{cases}$$

4

$$\begin{cases} \mathrm{H}_p^\Phi(\mathrm{X} \bmod \mathrm{U}, \mathrm{F}) \rightarrow \varinjlim_{\mathscr{O}} \mathrm{H}_p^{\Phi\cap\mathscr{O}}(\mathscr{O}, \mathrm{F}) & \text{bijective if X has a normal neighborhood} \\ \mathrm{H}^p_\Phi(\mathrm{X} \bmod \mathrm{U}, \mathrm{F}) \leftarrow \varprojlim_{\mathscr{O}} \mathrm{H}^p_{\Phi_{\mathscr{O}}}(\mathscr{O}, \mathrm{F}) & \textit{when is this bijective?} \end{cases}$$

$$\begin{cases} \mathrm{H}^p_{\Phi\cap\mathrm{X}'}(\mathrm{X}', \mathrm{F}) \leftarrow \varinjlim_{\mathscr{O}} \mathrm{H}^p_{\Phi\cap\mathscr{O}}(\mathscr{O}, \mathrm{F}) & \text{always bijective.} \\ \mathrm{H}_p^{\Phi\cap\mathrm{X}'}(\mathrm{X}', \mathrm{F}) \rightarrow \varprojlim_{\mathscr{O}} \mathrm{H}_p^{\Phi_{\mathscr{O}}}(\mathscr{O}, \mathrm{F}) & \textit{when is this bijective?} \end{cases}$$

Homomorphisms which are dual to each other are bracketed together. $\varinjlim$ = inductive limit, $\varprojlim$ = projective limit; in any case it is always clear what I mean. The first two pairs of homomorphisms arise when one seeks to eliminate "relative" groups by interpreting them in terms of "absolute groups" . The questions marked (?) are those to which I have only managed to give very unsatisfactory answers by duality arguments: I am forced to assume that F is at least locally constant, and that Φ is the family of all closed sets (co), respectively, of all compact sets (ho). A reasonable conjecture would be that everything works if X *and* X′ are both HLC. Here is an analogous question: is the homomorphism

$$\mathrm{H}^p(\mathrm{X}, \mathrm{F}) \rightarrow \varprojlim_{\mathrm{K}} \mathrm{H}^p(\mathrm{K}, \mathrm{F})$$

(where K runs over all compact sets of X, which is assumed to be locally compact and paracompact) bijective, at least in certain cases? Once again, I have a partial answer by duality if F is locally constant, but this is scarcely satisfactory. This question arises in justifying the "passage to the limit" in Cartan's theorems A and B once the compact case is established, for example.

A titre d'exercice, j'ai réfléchi à ta question pour une formule de Künneth pour la cohomologie à valeurs dans des faisceaux algébriques cohérents sur des variétés projectives. J'ai démontré avec soin qu'il suffit de prouver que si A est *localement libre* sur X^r et *acyclique*, B *localement libre* sur X^s et *acyclique* (X^r et X^s espaces projectifs) alors $A\widehat{\otimes}B$ (le « bon » produit tensoriel, obtenu à partir de $A \otimes B$ par extension des scalaires de $\mathscr{O}_{X^r} \otimes \mathscr{O}_{X^s}$ à $\mathscr{O}_{X^r \times X^s}$) est acyclique. Ou même seulement que $A(n)\widehat{\otimes}B$ l'est pour n assez grand. Cela t'avance-t-il ? Je ne suis pas arrivé plus loin.

Tu m'avais dit que Bourbaki voulait m'envoyer une rédaction Samuel de géométrie algébrique (et d'algèbre commutative ?). J'en serai bien aise, ainsi que de n'importe quelle rédaction, tirages à part intéressants etc. Mon adresse :
Dep. of Math., University of Kansas, Lawrence (Kansas) USA

Merci d'avance pour tes services, salut et fraternité

A. Grothendieck

29 Janvier. Ce colis à la noix vient d'arriver quand même, sans crier gare ! Tout est bien qui finit bien. Je te rappelle que j'ai exactement 5 exposés de chacun des séminaires.

Lawrence 18.2.1955

Cher Serre,

Je t'écris pour quelques questions et remarques.

Dans ton article sur la cohomologie modulo 2 des complexes d'Eilenberg-Mac-Lane, § 1.2, propriété 2.2 des carrés de Steenrod, il faut faire la remarque que Sq^i permute à ∂ pourvu qu'on opère uniquement sur des classes de cohomologie de degré $q \geqslant i$, sinon c'est manifestement faux. Pour cette raison, un carré itéré Sq^{I} ne permute au bord que si on fait des restrictions sur le degré des classes sur lesquelles on opère, ($i_r \leqslant q, i_{r-1} \leqslant i_r+q, \ldots, i_1 \leqslant i_2+\cdots+i_r+q$), et

As an exercise, I have been thinking about your question about a Künneth formula for cohomology with coefficients in algebraic coherent sheaves over projective varieties. I have shown carefully that it is enough to prove that, if A is *locally free* on X^r and *acyclic* and B is *locally free* on X^s and *acyclic* (where X^r and X^s are projective spaces), then $\mathrm{A}\widehat{\otimes}\mathrm{B}$ (the "good" tensor product, obtained from $\mathrm{A}\otimes\mathrm{B}$ by extension of scalars from $\mathscr{O}_{\mathrm{X}^r}\otimes\mathscr{O}_{\mathrm{X}^s}$ to $\mathscr{O}_{\mathrm{X}^r\times\mathrm{X}^s}$) is acyclic. Or even that $\mathrm{A}(n)\widehat{\otimes}\mathrm{B}$ is acyclic for n large enough. Does this help you at all? I did not get any further.

You said that Bourbaki wanted to send me a draft by Samuel on algebraic geometry (and commutative algebra?). I would be happy to get it, and the same goes for any other draft, interesting reprint, etc. My address is:
Dep. of Math., University of Kansas, Lawrence (Kansas) USA

Thank you in advance for your help. Yours,

A. Grothendieck

January 29th. That blasted package has just turned up unannounced after all! All's well that ends well. Let me remind you that I have exactly 5 copies of each of the seminars.

Lawrence 2.18.1955

Dear Serre,

I am writing to you with several questions and remarks.

In your article on the mod 2 cohomology of Eilenberg-Mac Lane complexes, § 1.2, property 2.2 of Steenrod squares one should observe that Sq^i and ∂ commute provided they only act on cohomology classes of degree $q \geqslant i$, otherwise this is clearly false. For this reason, an iterated square Sq^{I} does not commute with the connecting homomorphism unless restrictions are imposed on the degree of the classes on which it acts ($i_r \leqslant q, i_{r-1} \leqslant i_r+q, \dots, i_1 \leqslant i_2+\cdots+i_r+q$),

pour cette même raison, Sq^{I} ne permute à la transgression que sous les mêmes restrictions. Heureusement, ces conditions sont satisfaites si $i_k = 2^{r-k}a$, quand on opère sur des classes de degrés $\geqslant a$, c'est pour cela que le raisonnement du § 2.7 est correct. Je me suis aperçu du canular parce que ton raisonnement qui établit la caractérisation axiomatique des Sq^{I} semblait en fait prouver que ces Sq^{I} étaient identiquement nuls, de sorte que je ne voyais plus guère à quel saint me vouer, pendant une journée. Je te signale en plus que dans § 2.10, th. 3, tu as oublié le générateur u_q lui-même, de sorte que « $i_r > 1$ » devrait se lire « $i_r \neq 1$ ». * De plus, bas de la page 223, je ne vois pas comment *a priori* « le corollaire précédent montre… », sauf quand on se borne à appliquer le Sq^{I} de degré n aux H^q avec $q \leqslant n$. Je conçois seulement a posteriori que la formule de Wu-Wen-Tsun-Adem donne le truc (encore que je n'ai pas bien vu pourquoi, sans avoir d'ailleurs insisté pour le voir). *

D'autre part, je pense que l'idée suivante devrait marcher pour prouver Künneth sur des variétés projectives munies de faisceaux algébriques cohérents (mais probablement tu as trouvé déjà une preuve). Comme je te disais, des résolutions szyzygytiques * (quelle est l'orthographe correcte ?)* montrent qu'on peut supposer les faisceaux F et G localement libres sur les espaces projectifs X et Y. D'autre part, sans l'avoir vérifié (c'est pas mon boulot !) je pense que la suite spectrale de Leray pour une application continue (ou du moins une projection d'espace fibré) est valide sur des espaces non séparés, le terme E_2 étant $\mathrm{E}_2^{pq} = \mathrm{H}^p(\mathrm{B}, \mathrm{A}^q)$, où $\mathrm{A} = \sum \mathrm{A}^q$ est le faisceau sur la base B dont le groupe ponctuel au point $b \in \mathrm{B}$ est égal à la limite inductive des cohomologies (à coefficients dans le faisceau de coefficients H donné sur le fibré E) des images réciproques dans E des voisinages ouverts de b ; le terme E_∞ étant, comme il se doit, le groupe gradué associé à la cohomologie de E convenablement filtrée. Prenant $\mathrm{E} = \mathrm{X} \times \mathrm{Y}$, $\mathrm{B} = \mathrm{Y}$, $\mathrm{H} = \mathrm{F} \widehat{\otimes} \mathrm{G}$, on doit calculer A_y pour $y \in \mathrm{Y}$. Mais il y a un système fondamental de voisinages U qui sont des variétés affines sans singularités, on doit donc calculer $\mathrm{H}(\mathrm{X} \times \mathrm{U}, \mathrm{F} \widehat{\otimes} \mathrm{G})$. Pour ceci, il suffit de calculer avec des cochaînes associées au recouvrement par les $\mathrm{X}_i \times \mathrm{U}$ (qui sont des variétés affines). Or une section de $\mathrm{F} \widehat{\otimes} \mathrm{G}$ sur $\mathrm{X}_i \times \mathrm{U}$ est manifestement un élément de $\Gamma(\mathrm{X}_i, \mathrm{F}) \otimes \Gamma(\mathrm{U}, \mathrm{G})$ (pour le voir, on peut supposer au besoin U assez petit pour que F soit globalement libre, et on est ramené au cas $\mathrm{F} = \mathscr{O}_{\mathrm{U}}$; si on voulait, on pourrait aussi faire la même simplification du côté X, en passant à un recouvrement plus fin par des ouverts affines X'_j). Le complexe de cochaînes pour $(\mathrm{X}_i \times \mathrm{U})$ à coefficients dans $\mathrm{F} \widehat{\otimes} \mathrm{G}$ est donc le produit tensoriel

and for the same reason, Sq^{I} only commutes with the transgression under the same conditions. Luckily, these conditions are satisfied if $i_k = 2^{r-k}a$, when working with classes of degree $\geqslant a$, and this is why the argument given in § 2.7 is correct. I noticed something funny going on because the argument by which you establish the axiomatic characterization of the Sq^{I} seemed in fact to prove that they were all identically 0, with the result that for a whole day I was no longer sure which way was up. Let me point out, furthermore, that in § 2.10, th. 3, you have forgotten the generator u_q itself, so "$i_r > 1$" should read "$i_r \neq 1$". * Moreover at the bottom of page 223 I do not see how "the preceding corollary shows..." directly, except when one restricts to applying Sq^{I} of degree n to H^q where $q \leqslant n$. All I am prepared to admit is that a posteriori, the Wu-Wen-Tsun-Adem formula gives the result (and I have not actually really understood why, not that I have made much effort to see it). *

Otherwise, I think the following idea for proving a Künneth formula for projective varieties with coherent algebraic sheaves should work (though you probably already have a proof). As I said, szyzygytic resolutions *(what is the correct spelling?)* show that that the sheaves F and G can be assumed to be locally free on the projective spaces X and Y. Moreover, although I have not checked it (it is not my job!) I am convinced that the Leray spectral sequence for a continuous map (or at the very least for a bundle projection) is valid for a non-separated space, the E_2 term being $\mathrm{E}_2^{pq} = \mathrm{H}^p(\mathrm{B}, \mathrm{A}^q)$, where $\mathrm{A} = \sum \mathrm{A}^q$ is the sheaf over the base space B whose local group at $b \in \mathrm{B}$ is equal to the inductive limit of the cohomology groups (with coefficients in H, the given sheaf of coefficients on the bundle E) of the inverse images in E of open neighborhoods of b; the E_∞ being, as it should be, the graded group associated to some suitable filtration on the cohomology of E. Setting $\mathrm{E} = \mathrm{X} \times \mathrm{Y}$, $\mathrm{B} = \mathrm{Y}$, $\mathrm{H} = \mathrm{F} \widehat{\otimes} \mathrm{G}$, one needs to compute A_y for $y \in \mathrm{Y}$. But now there is a fundamental system of neighborhoods U which are affine varieties without singular points, so one must compute $\mathrm{H}(\mathrm{X} \times \mathrm{U}, \mathrm{F} \widehat{\otimes} \mathrm{G})$. To do this, it will be enough to compute using cochains associated to the open cover given by the $\mathrm{X}_i \times \mathrm{U}$ (which are affine varieties). However, a section of $\mathrm{F} \widehat{\otimes} \mathrm{G}$ over $\mathrm{X}_i \times \mathrm{U}$ is clearly an element of $\Gamma(\mathrm{X}_i, \mathrm{F}) \otimes \Gamma(\mathrm{U}, \mathrm{G})$ (to see this, one may assume if necessary that the U are small enough for F to be globally free, and the problem is reduced to the case $\mathrm{F} = \mathscr{O}_{\mathrm{U}}$; if desired, the same simplification can be made on X by passing to a finer open cover by open affine subspaces X'_j). The cochain complex for $(\mathrm{X}_i \times \mathrm{U})$ with coefficients in $\mathrm{F} \widehat{\otimes} \mathrm{G}$ is therefore the

du complexe de (U_i) à coefficients dans F et de $\Gamma(U, G)$. D'après Künneth usuel, sa cohomologie est donc $H(X, F) \otimes \Gamma(U, G)$. Cela prouve que A_y est le groupe des germes de sections rationnelles de $H(X, F) \otimes W$, où W est le fibré à fibres vectorielles qui donne naissance à G. Donc A est identique au produit tensoriel du faisceau constant $H(X, F)$ sur Y par G, et d'après re-Künneth sa cohomologie est identique à $H(X, F) \otimes H(Y, G)$. Cela donne le résultat voulu, je pense, quand on se rappelle qu'a priori on avait déjà une application canonique de $H(X, F) \otimes H(Y, G)$ dans $H(X \times Y, F \widehat{\otimes} G)$ donc dans E_∞ etc, ce qui devrait impliquer que les différentielles successives sont nulles à partir de ∂_2. Je n'y ai pas regardé, puisque je sais qu'en fait il suffit de prouver le théorème quand F et G sont acycliques ; et alors le résultat est évident pour des raisons de degrés. Je remarque encore qu'avec un plus de technique sans difficulté essentielle, on prouve que si E est un fibré algébrique de base B et de fibre une variété projective F, alors pour tout faisceau algébrique cohérent H sur E, le faisceau A sur B qui intervient dans $E_2^{pq} = H^p(B, A^q)$, est un faisceau cohérent sur B. Ça devrait être assez amusant, utilisant la suite spectrale, de calculer des tas de cohomologies de variétés classiques, et de voir si on obtient bien ce qu'on est en droit d'attendre. Je ne vois pas pourquoi via les espaces universels (du point de vue homologique, comme c'est expliqué dans la thèse de Borel) et les espaces classifiants, * on n'arriverait pas à l'introduction de classes caractéristiques de Chern et autres, qui auraient à jouer le même rôle dans un Riemann-Roch algébrique, que dans celui que tu m'as vaguement expliqué *, qui marche dans le cas complexe (et dû à Hirzebruch).

J'ai réfléchi un peu sur les variétés de Stein. Il me semble que les démonstrations de Cartan des théorèmes A et B doivent pouvoir se simplifier pas mal avec des résolutions szyzygytiques, et qu'on doit pouvoir éviter le grand théorème affirmant qu'un fibré holomorphe à fibre vectorielle sur un cube est trivial du point de vue holomorphe. En revanche, il faut utiliser la trivialité de la $d_{\overline{z}}$-cohomologie sur un polycylindre, ce qui est nettement plus élémentaire. Il ne reste qu'une difficulté que je crois mineure (je n'ai pas les papiers sous la main qui devraient me documenter là-dessus : il me faut éventuellement utiliser des résultats généraux sur les équations elliptiques). En tout cas, pour un faisceau analytique cohérent donné, il est à peu près immédiat qu'il est acyclique sur tout voisinage polycylindrique assez petit d'un point donné : par une résolution szyzygytique plus longue que la dimension de l'espace, on est

tensor product of the complex for (U_i) with coefficients in F and $\Gamma(U, G)$. By ordinary Künneth, its cohomology is therefore $H(X, F) \otimes \Gamma(U, G)$. This proves that A_y is the group of germs of rational sections of $H(X, F) \otimes W$, where W is the vector bundle which produces G. Hence, A is the same as the tensor product of the constant sheaf $H(X, F)$ on Y with G, and re-Künneth shows that this is exactly $H(X, F) \otimes H(Y, G)$. This gives the desired result, I think, on recalling that there is already a canonical map from $H(X, F) \otimes H(Y, G)$ into $H(X \times Y, F \widehat{\otimes} G)$, and thence into E_∞ etc., which should imply that the successive differentials are trivial from ∂_2 onwards. I have not looked into this, since I know that in fact it would be enough to prove the theorem for acyclic F and G, and in this case the result is obvious for degree reasons. I note also that with a little more technique, presenting no essential difficulty, it can be shown that if E is an algebraic bundle over an algebraic base space B whose fiber is a projective variety F, then for any coherent algebraic sheaf on E, H, the sheaf A on B which appears in $E_2^{pq} = H^p(B, A^q)$ is a coherent sheaf on B. It should be quite fun to compute the cohomology of plenty of classical varieties using this spectral sequence and see whether this does indeed give what is expected. $*$ I do not see why it would not be possible to introduce Chern et al. classes via universal spaces (from the homological point of view, as explained in Borel's thesis) and classifying spaces, which would then play the same role in an algebraic Riemann-Roch as in the one (due to Hirzebruch) that you vaguely explained to me, $*$ which works in the complex case.

I have been giving some thought to Stein varieties. It strikes me that it should be possible to greatly simplify the proofs of Cartan's theorems A and B by use of szyzygytic resolutions, and to avoid the big theorem stating that a holomorphic vector bundle over a cube is holomorphically trivial. On the other hand, the triviality of the $d_{\bar{z}}$ -cohomology over a polycylinder is needed, which is substantially easier. There is only one remaining difficulty, which I believe to be minor (I do not have the necessary background information at hand: I may have to use general results on elliptic equations). In any case, for a given coherent analytic sheaf, it is more or less immediate that it is acyclic on any sufficiently small polycylindrical neighborhood of a given point: using a szyzygytic resolution whose length is greater than the dimension of the space,

ramené aussitôt à prouver ce même résultat pour un faisceau libre, donc pour $\mathscr{O}$, et pour ce dernier cela résulte de la trivialité locale et globale de la $d_{\bar{z}}$-cohomologie. Comme tu me le disais, cela rend donc en tout cas les variantes « projectives » des théorèmes A et B indépendantes de tout le bordel « Stein ». — Une question : j'ai bien compris le principe cohomologique (si on peut dire) qui est à la base de théorèmes de résolutions szyzygytiques, il reste cependant dans chaque cas la question : ∗ un module projectif de type fini sur l'anneau envisagé (anneau de polynômes par exemple, ou de germes de fonctions holomorphes) est-il libre ? Est-ce que ça peut se voir simplement dans les cas particuliers intéressants ?∗ Si j'ai bien compris, dans le cas des polynômes, on ignore d'ailleurs si le théorème est vrai, et on doit se borner au cas gradué pour avoir un résultat.— J'ai l'intention de faire un cours d'algèbre homologique ici, suivant les lignes (supposées !) du bouquin de Cartan-Eilenberg, et il serait bon d'y inclure les dévissages szyzygytiques. J'ai fait pour mon propre compte, en utilisant les indications que tu m'as données ici et là et les séminaires Cartan, une révision systématique (d'ailleurs pas encore terminée) de mes notions d'algèbre homologique. Ça me semble extrêmement plaisant de ficher comme ça beaucoup de choses, pas drôles quand on les prend séparément, sous le grand chapeau des foncteurs dérivés.

1 J'ai réfléchi aussi sur le problème du fibré holomorphe à base et fibre Stein. Je n'ai fait que préciser ce que je savais déjà, et je pense que d'autres devaient le savoir aussi : tout marche quand la fibre est une sous-variété d'un $\mathbf{C}^n$, avec un groupe structural (non nécessairement holomorphe) induit par un groupe de transformations complexes affines. (Plus généralement, ce qu'il faut est un groupe structural G tel que l'espace H(F) des fonctions holomorphes sur F soit l'adhérence de la réunion H_0 de sous-espaces vectoriels de dimension finie invariants par G, et que toute partie de F sur laquelle toute fonction $\in \mathrm{H}_0$ est bornée, soit relativement compacte ; la première condition est satisfaite automatiquement si on a un groupe structural compact, donc aussi si on a un groupe structural de Lie connexe. ∗ En fait, connais-tu une seule variété de Stein où le groupe des automorphismes ne soit pas assez petit, donc H_0 assez grand, pour que les conditions précédentes soient vérifiées ?∗). En particulier, cela prouve qu'un fibré principal holomorphe de base Stein et de fibre un groupe linéaire complexe (par exemple un groupe de Lie complexe connexe, un groupe fini, un groupe abélien à engendrement fini, ou un groupe ayant une suite de composition dont les facteurs successifs sont de ce type) est Stein.

the problem is immediately reduced to proving the same result for a free sheaf, hence for $\mathscr{O}$, and for the latter it follows from the local and global triviality of the $d_{\overline{z}}$-cohomology. In any case, as you said, this makes the "projective" variants of theorems A and B independent of all this "Stein" mess. — A question: I have understood the cohomological principle (if it can be called that) underlying szyzygytic resolutions, but the following question remains unanswered every time: $*$ is a finitely generated projective module over the ring in question (for instance a ring of polynomials or of holomorphic functions) free? Is this easy to see in interesting special cases?$*$ If I understand correctly, in the case of polynomials, it is not even known whether this theorem is true, and one has to restrict oneself to graded rings to get a result. — I intend to give a course on homological algebra here, following the (presumed !) outline of Cartan and Eilenberg's book, and it would be nice to be able to include szyzygytic resolutions. For my own sake, I have made a systematic (as yet unfinished) review of my ideas of homological algebra. I find it very agreeable to stick all sorts of things, which are not much fun when taken individually, together under the heading of derived functors.

I have also been thinking about the problem of a holomorphic bundle whose
fiber and base are both Stein. All I have done so far is to obtain more exact 1
versions of things I already knew, and which I think other people must also know: everything works when the fiber is a subvariety of $\mathbf{C}^n$ with a (not necessarily holomorphic) structural group which is induced by a group of affine complex transformations. (More generally, what is needed is a structural group G such that the space H(F) of holomorphic functions on F is the closure of a union H_0 of finite-dimensional G-invariant subvector spaces such that every subset of F on which every function $\in \mathrm{H}_0$ is bounded is relatively compact; the first condition is automatically satisfied if the structural group is compact, and hence if the structural group is a connected Lie group. $*$ In fact, do you know of any example of a Stein variety whose automorphism group is not small enough and whose H_0 is therefore not large enough for these conditions to be satisfied?$*$). In particular, this shows that a holomorphic principal bundle whose base is Stein and whose fiber is a linear complex group (for example, a complex connected Lie group, a finite group, a finitely generated abelian group, or any group having a composition sequence whose successive factors are of

Pratiquement, tous les cas semblent à peu près inclus, y compris le cas du
2 recouvrement universel d'une variété de Stein quand le groupe fondamental est linéaire. ∗ A ce propos, connaît-on des groupes discrets à engendrement fini qui ne sont pas isomorphes à des sous-groupes fermés de groupes linéaires (ou encore, sur lesquels il n'y a pas un système séparant de fonctions engendrant sous les translations gauches des sous-espaces de dimension finie) ?∗ Sans doute la réponse est bien connue ; mais je ne la connais même pas pour les groupes fondamentaux des surfaces de Riemann, par exemple, cas particulier le groupe quotient des $\begin{pmatrix} a & b \\ c & d \end{pmatrix}$ avec a, b, c, d entiers, par son centre.

Je n'ai pas avancé beaucoup en topologie encore, consacrant une partie de mon temps à autre chose (Fourier sur les groupes de Lie). Mais je suis débarrassé de mon horreur de la suite spectrale.

Salut et fraternité

A. Grothendieck

P. S. Question oubliée : Sait-on si le quotient d'une variété de Stein par un groupe discret « sans point fixe » est de Stein ? Les passages entre ∗ indiquent des points où j'aimerais avoir ton opinion, s'il y a moyen.

Paris, ce 26 Février 1955

Cher Grothendieck,

Avant de partir pour un congrès Bourbaki, je vais essayer de répondre à ce torrent de questions que tu me poses dans ta dernière lettre.

1 1) Le quotient d'une variété de Stein par un groupe discret « sans point fixe » n'est pas toujours de Stein, puisque ça peut même être une variété compacte ! Cf. courbes elliptiques, et autres, fonctions automorphes, etc. N'en parlons plus !

these types) is Stein. *For all practical purposes* this seems to cover every case, including the universal cover of a Stein variety when the fundamental group 2
is linear. $*$ By the way, are there any known examples of finitely generated discrete groups which are not isomorphic to closed subgroups of linear groups (or alternatively, on which there is no separating system of functions which generate finite-dimensional subspaces under left translation?)$*$. The answer is probably well known, but I do not even know it for fundamental groups of Riemann surfaces, nor in particular for the quotient by its center of the group of all matrices $\begin{pmatrix} a & b \\ c & d \end{pmatrix}$ where a, b, c and d are integers.

I have not yet got very far with topology yet, as I have been devoting part of my time to other things (Fourier on Lie groups). But I have overcome my phobia of the spectral sequence.

Yours,

A. Grothendieck

P.S. A question I forgot: Is it known whether the quotient of a Stein variety by a "fixed point free" discrete group is Stein? The passages enclosed in $*$'s are those on which I would like to have your opinion, if possible.

Paris, February 26, 1955

Dear Grothendieck,

Before leaving for a Bourbaki congress, I will try to answer the torrent of questions you asked in your last letter.

1) The quotient of a Stein variety by a "fixed-point free" discrete group is 1
not always Stein, since it can even be a compact variety! Cf. elliptic curves, other curves, automorphic functions, etc. Let us forget about it!

2) Je repousse du pied tes critiques relatives à ma « cohomologie mod.2 » :

a) Il est vrai que $\mathrm{Sq}^{\mathrm{I}} \circ d = d \circ \mathrm{Sq}^{\mathrm{I}}$ pour des classes de *n'importe quelle* dimension. C'est en effet trivial pour des classes de trop basse dimension (tout est 0), tu l'admets pour les classes de dimension assez grande, il reste donc seulement à voir que le d d'un carré est toujours 0, ce qui se voit par un petit calcul trivial.

b) Tu as été induit en erreur (dans le n° 30) par le fait suivant : la transgression τ est un homomorphisme d'un sous-groupe de la cohomologie de la fibre dans un *quotient* de la cohomologie de la base. Il y a un abus de langage à considérer $\tau(x)$, $x \in \mathrm{H}^*(\mathrm{F})$, comme une classe de cohomologie de B : c'est une classe définie *modulo* certaines autres classes. Et quand on dit que Sq^{I} commute à τ, cela ne peut évidemment vouloir dire que modulo les classes en question (c'est d'ailleurs précisé dans ma thèse, p. 457 — cf. aussi le papier de Borel et moi sur les puissances réduites de Steenrod). En fait, le raisonnement de mon n° 30 est tout de même correct, car j'y utilise justement τ dans des dimensions telles que je sois sûr que le « modulo » est réduit à 0.

c) Tu as raison pour le th. 3 du n° 10 ; il faut ajouter le Sq^{I} correspondant à $\mathrm{I} = \varnothing$ (d'ailleurs, on peut soutenir que le « dernier terme » de la suite vide est $\geqslant 1$, si l'on veut jouer au logicien !).

d) p. 223, tu as également raison : à première vue, le corollaire précédent donne seulement le résultat lorsqu'on applique le Sq^{I} à des éléments de degré $q \geqslant n = \deg(\mathrm{I})$. En fait, un tel résultat, démontré pour des classes de « haut » degré, se propage de lui-même aux classes de bas degré : tu peux le voir, par exemple, en examinant u_q, et récurrant (récurrence descendante !) sur q : on
2 applique la transgression et le fait qu'elle est biunivoque.

3) On écrit « syzygétique ». D'ailleurs, Cartan dit qu'il faut se borner à écrire « résolution libre », ou simplement « résolution », et que l'adjectif syzygétique ne sert à rien. J'avoue que je ne l'emploie que parce qu'il est joli, et sent bon son XIX-ième siècle...

4) J'avais également réfléchi à la possibilité d'appliquer les « résolutions » pour démontrer les théorèmes A et B des variétés de Stein, mais je n'étais pas arrivé à grand-chose. Je suis d'accord que tu peux ainsi démontrer qu'il y a une base de voisinages de tout point formée de polycylindres sur lesquels la cohomologie du bordel est triviale. Mais cela ne semble pas suffisant pour atteindre ne serait-ce que le cas d'un « gros » polycylindre ; il semble nécessaire d'avoir

2) I spurn your criticisms of my "mod 2 cohomology":

a) It is true that $\mathrm{Sq}^{\mathrm{I}} \circ d = d \circ \mathrm{Sq}^{\mathrm{I}}$ for classes of *any* dimension. Indeed, this is trivial for classes of low dimension (everything vanishes); you agree with me for classes of sufficiently high dimension, and it is therefore enough to show that the d of a square is always 0, which quickly follows from a trivial computation.

b) In n° 30, you have been led into error by the following fact: the transgression τ is a homomorphism from a subgroup of the cohomology of the bundle into a *quotient* of the cohomology of the base. It is an abuse of language to think of $\tau(x)$, $x \in \mathrm{H}^*(\mathrm{F})$, as a cohomology class of B: it is a class which is defined *modulo* certain other classes. When one says that Sq^{I} and τ commute, this obviously means only that they commute modulo the classes in question (which, moreover, is made clear on p. 457 of my thesis — cf. also the paper by Borel and myself on reduced Steenrod powers). In fact, the argument given in my n° 30 is nevertheless correct, since there I use τ precisely in those dimensions for which I am sure that this "modulo" is trivial.

c) You are right about th. 3 in n° 10; one should add the Sq^{I} corresponding to $\mathrm{I} = \emptyset$ (moreover, one may maintain that the "last term" of the empty sequence is $\geqslant 1$, if one wants to play the logician!).

d) p. 223, you are right again: at first glance the preceding corollary appears to give the result only on applying Sq^{I} to elements of degree $q \geqslant n = \deg(\mathrm{I})$. In fact, once such a result is established for classes of "high" degree, it extends all by itself to classes of low degree: you can see this by looking at u_q and applying a (downwards!) induction on q, for example: apply the transgression and use the fact that it is one-to-one. 2

3) The correct spelling is "syzygetic". Moreover, Cartan says one should simply write "free resolution" or simply "resolution" and that the adjective syzygetic does not add anything. I confess I only use it because it has such a lovely 19th century feel...

4) I had also considered the possibility of using "resolutions" to prove theorems A and B for Stein varieties, but I had not got very far. I agree that this method allows you to prove that every point has a basis of neighborhoods made up of polycylinders over which the cohomology of the mess vanishes. But this does not appear to be enough to give the result even for a "big" poly-

le théorème A pour pouvoir faire des résolutions globales, et c'est justement là qu'intervient le théorème sur les matrices holomorphes inversibles. De l'avis de Cartan, ce théorème est un point crucial de la démonstration, et je serais bien heureux que tu arrives à l'éliminer. Donne-moi davantage de détails si tu y arrives.

3 Tu dis que le théorème de finitude (seule chose utilisée dans la démonstration des théorèmes A et B pour les variétés projectives) peut se démontrer seulement en utilisant les « petits polycylindres » ? Je suppose qu'il faut alors utiliser la démonstration de ton papier, et non pas celle donnée par Cartan et
4 moi aux Comptes Rendus (car nous avions besoin du fait que l'intersection de deux « bons » ouverts est un bon ouvert, résultat dont tu ne disposes plus).

5) Bien sûr, quand la fibre F d'un fibré analytique se laisse plonger dans $\mathbf{C}^n$ sur lequel le groupe opère linéairement, le fibré est de Stein, puisque plongeable dans un fibré à fibre vectorielle pour lequel nous savons que c'est vrai. Mais j'ignore quelle est la portée de cette remarque. En particulier, quels sont les groupes de Lie complexes plongeables comme sous-groupes *fermés* complexes dans le groupe $\mathrm{GL}(n, \mathbf{C})$? Pas tous, en tout cas (variétés abéliennes !) ; mais d'après Papa Cartan, tous les semi-simples complexes, ce qui en fait déjà pas mal. Pour les groupes discrets, je suis également fort ignorant : un groupe fondamental de surface de Riemann répond à la question ; car il se plonge, c'est bien connu, dans le groupe complexe des substitutions homographiques, lequel se plonge lui-même dans un groupe linéaire (facile à voir, ou bien cas particulier du théorème de Cartan déjà cité). Pour un groupe discret à engendrement fini
5 quelconque, je suis sceptique.

6) Non, il ne faut pas essayer de définir les « classes de Chern » comme des éléments de certains $\mathrm{H}^q(\mathrm{X})$ à valeurs dans des faisceaux cohérents : car ce sont des espaces vectoriels sur le corps de base et on veut pouvoir définir des intersections à coefficients entiers. D'ailleurs on connaît déjà la « dernière » classe de Chern, à savoir la classe canonique, et c'est une classe de diviseurs, définie à une équivalence linéaire près. Il est absolument certain que l'on peut
6 définir les autres comme des classes d'équivalence de cycles algébriques pour l'équivalence « numérique », ou « algébrique ». Et même, ce ne doit pas être difficile.

(Il faut bien voir que les deux membres de la formule de Riemann-Roch sont des *entiers*, et pas des entiers modulo p, même si l'on est en caractéristique p.)

cylinder; theorem A seems to be needed to construct global resolutions, and it is precisely here that the theorem on invertible holomorphic matrices is used. Cartan is of the opinion that this theorem is a key point of the proof, and I would be very glad if you managed to get rid of it. Give me more details if you manage to do so.

You say that the finiteness theorem (the only thing used in the proof of 3
theorems A and B for projective varieties) can be proved using only "small polycylinders"? In this case I assume you use the proof given in your paper, and not the one given in my paper with Cartan in the Comptes Rendus (since 4
we needed the fact that the intersection of two "good" open sets is a good open set, which is a result that is no longer available to you).

5) Of course, when the fiber F of an analytic bundle can be embedded in $\mathbf{C}^n$ on which the group acts linearly, the bundle is Stein since it can be embedded in a vector bundle, for which it is known that the result holds. But I do not know what the significance of this remark might be. In particular, which complex Lie groups can be embedded in $\mathrm{GL}(n, \mathbf{C})$ as *closed* subgroups? Not all of them, in any case (abelian varieties), but according to Papa Cartan[2], all semi-simple complex groups can, which is already a fair number. I am just as ignorant about discrete groups: the answer is yes for the fundamental group of a Riemann surface, since it is well known that this can be embedded in the complex group of Möbius transformations, which can itself be embedded into a linear group (easy to see, or a special case of the theorem of Cartan's cited above). For an arbitrary finitely generated discrete group, I am skeptical. 5

6) No, one should not try to define "Chern classes" as elements of certain $\mathrm{H}^q(\mathrm{X})$ with coefficients in coherent sheaves, since these are vector spaces over the base field and the aim is to be able to define intersections with integral coefficients. Moreover, the "last" Chern class is already known, namely the canonical class, and it is a divisor class, defined up to linear equivalence. It is absolutely certain that it is possible to define the other classes as equivalence 6
classes of algebraic cycles up to "numerical" or "algebraic" equivalence. Even more: this should not be difficult.

(It should be clearly understood that the two sides of the Riemann-Roch formula are *integers* and not integers modulo p, even when working in characteristic p.)

---

[2]Papa Cartan = Elie Cartan, father of Henri.

7) Ta méthode pour calculer $H^*(X \times Y)$ marche peut-être. Le point noir est de mettre sur pied la suite spectrale d'une projection, ainsi que d'annuler les d^r. Mais je crois qu'il y a une méthode plus brutale qui conduit au résultat : faire tout bêtement le produit de deux recouvrements de X et Y par des ouverts affines, et calculer avec ça. Je n'ai pas encore eu le courage de regarder ça en détail (c'est une histoire à la Eilenberg-Zilber, comparaison entre un complexe
7 « produit », et un complexe « produit tensoriel »). Ça colle sûrement.

8) Un module projectif de type fini sur un anneau local noethérien A est libre. C'est ça, le résultat que l'on utilise tout le temps dans les résolutions locales. La démonstration est basée sur le fait que $\mathrm{Tor}_q(M, K) = 0$ pour $q \neq 0$ si M est projectif, et si K est le corps quotient de A par son idéal maximal $\mathfrak{m}$. On prend une base de $M/\mathfrak{m}M$, et, grâce à elle, on définit un homomorphisme $\varphi : L \to M$, où L est libre, et qui est tel que ce soit un isomorphisme de $L/\mathfrak{m}L$ sur $M/\mathfrak{m}M$. On en conclut d'abord que $\varphi : L \to M$ est surjectif (se placer dans $Q = M/\varphi(L)$, et observer que $\mathfrak{m}Q = Q$, ce qui entraîne $Q = 0$), puis que $\varphi : L \to M$ est injectif (écrire une suite exacte, et tenir compte de ce que $\mathrm{Tor}_1(M, K) = 0$. — Bien sûr, il faut aussi utiliser le fait évident que $M/\mathfrak{m}M = M \otimes K$). Cqfd.

Même démonstration et même résultat, si A est noethérien gradué et si M est projectif gradué.

Rien de neuf de mon côté.

Salut et fraternité

J-P. Serre

7) Your method for computing $H^*(X \times Y)$ may perhaps work. The tricky thing will be to set up the spectral sequence of a projection, and get the d^r to vanish. But I think there is a more brute-force method that gives the result: simply take the product of two open covers of X and Y by open affine sets, and compute with that. I have not yet had the courage to investigate this in detail (it is an Eilenberg-Zilber-type argument based on the comparison of a "product" complex and a "tensor product" complex). It will certainly work. 7

8) A finitely generated projective module over a local Noetherian ring A is free. This is the result that is used all the time in free resolutions. The proof is based on the fact that if M is projective and K is the quotient field of A by its maximal ideal $\mathfrak{m}$, then $\mathrm{Tor}_q(M, K) = 0$ for $q \neq 0$. Take a basis of $M/\mathfrak{m}M$ and use it to define a homomorphism $\varphi : L \to M$, where L is free, which gives an isomorphism from $L/\mathfrak{m}L$ to $M/\mathfrak{m}M$. Conclude first that $\varphi : L \to M$ is surjective (set $Q = M/\varphi(L)$, and note that $\mathfrak{m}Q = Q$, which implies that $Q = 0$), and then that $\varphi : L \to M$ is injective (by writing down the exact sequence and bearing in mind that $\mathrm{Tor}_1(M, K) = 0$. — Of course, one also needs the obvious fact that $M/\mathfrak{m}M = M \otimes K$). Q.E.D.

The same proof works, and the same result follows, if A is a Noetherian graded ring and M is projective and graded.

I have no other news,

Yours,

J-P. Serre

Lawrence, 26.2.1955

Mon cher Serre,

Merci pour ta lettre, et l'envoi que tu m'annonces. D'accord que l'homologie à valeurs dans un faisceau n'a pas grand intérêt si celui-ci n'est pas localement constant ; mais on est bien obligé de regarder ce qui se passe au moins dans le cas localement constant, et on s'aperçoit alors, dans le cas où les choses marchent bien, que ça ne coûte pas plus cher sans faire de restriction sur le faisceau (exemple : la dualité !). Quant à ton impression que mes questions en cohomologie, si elles admettent une réponse affirmative pour la dimension 0, doivent sous les mêmes conditions avoir une réponse affirmative en toute dimension, elle est erronée, du moins en cohomologie de Čech. Ainsi la formule $\mathrm{H}^p_\Phi(\mathrm{X} \bmod \mathrm{U}, \mathrm{F}) = \varprojlim \mathrm{H}^p_{\Phi_\mathrm{O}}(\mathrm{O}, \mathrm{F})$ (O parcourant les voisinages ouverts du complémentaire de l'ouvert U) est manifestement vraie pour $p = 0$, mais fausse pour $p = 1$ si par exemple X est le segment [0,1] et U est le complémentaire d'une suite qui y tend vers 0 et $\mathrm{F} = \mathbf{Z}$. C'est pour cela qu'il faut du HLC sur X et U, je présume ; note que l'exemple précédent n'est plus un contre-exemple en cohomologie singulière, et que peut-être la relation envisagée est toujours valable en cohomologie singulière (et comme celle-ci coïncide avec la cohomologie de Čech si X et $\complement$U sont HLC, le résultat conjecturé pour la cohomologie de Čech s'ensuivrait). Je n'ai pas continué de regarder ces questions d'intérêt évidemment bien limité.

D'autre part, j'ai mis sous une forme systématique, une fois pour toutes, le procédé d'approximation « à la Mittag-Leffler », dont tu me parlais à propos d'un cas particulier. Je recommande à la sollicitude de Bourbaki le théorème
1 général suivant, que les gens redémontrent indéfiniment dans toutes sortes de cas particuliers :

Soient $(\mathrm{A}_i)_{i\in\mathrm{I}}$ et $(\mathrm{B}_i)_{i\in\mathrm{I}}$ deux systèmes projectifs de groupes, (φ_i) un homomorphisme du premier dans le second, φ l'homomorphisme de $\mathrm{A} = \varprojlim \mathrm{A}_i$ dans $\mathrm{B} = \varprojlim \mathrm{B}_i$ défini par les φ_i, (N_i) le « noyau » de (φ_i). On suppose que I admet une *suite* cofinale, et que (N_i) satisfait à la propriété suivante :

(A) Les N_i sont munis de topologies séparées compatibles avec la structure de groupe, rendant les $\mathrm{N}_i \to \mathrm{N}_j$ $(i > j)$ continues, telles que pour tout i, il existe $j \geqslant i$ tel que pour tout $k \geqslant j$, l'image de N_k dans N_i soit dense dans celle de N_j.

Lawrence, 2.26.1955

Dear Serre,

Thank you for your letter and the parcel you tell me I am going to get. I agree that homology with coefficients in a sheaf is not very interesting if the sheaf is not locally constant, but one is forced to look at what happens at least for locally constant sheaves, and one then realizes that when everything behaves nicely, it is no more work to do without any restrictions on the sheaf (example: duality!). As for your impression that if the answer to my questions on cohomology is affirmative in dimension 0, then under the same conditions it must be affirmative in all dimensions: you are mistaken, at least for Čech cohomology. Thus, the formula $\mathrm{H}^p_\Phi(\mathrm{X} \bmod \mathrm{U}, \mathrm{F}) = \varprojlim \mathrm{H}^p_{\Phi_\mathrm{O}}(\mathrm{O}, \mathrm{F})$ (where O runs over all open neighborhoods of the complement of the open U) is obviously true for $p = 0$ but is false for $p = 1$ if, for example, X is the interval $[0, 1]$ and U is the complement of a sequence which converges towards 0 and $\mathrm{F} = \mathbf{Z}$. I presume this is why X and U have to be HLC; note that the example above is no longer a counterexample for singular cohomology, and it may be that the envisaged relation is always valid for singular cohomology (and as this coincides with Čech cohomology if X and $\complement\mathrm{U}$ are HLC, the conjectured result for Čech cohomology would follow). I have not continued looking into these questions, whose interest is clearly limited.

Otherwise, I put in a systematic form, once and for all, the "Mittag-Leffler" approximation process, which you mentioned to me for a special case. I recommend to Bourbaki's attention the following theorem, which has been proved umpteen times in all kinds of special cases: 1

Let $(\mathrm{A}_i)_{i\in\mathrm{I}}$ and $(\mathrm{B}_i)_{i\in\mathrm{I}}$ be two projective systems of groups, let (ϕ_i) be a homomorphism from the first to the second, ϕ the homomorphism from $\varprojlim \mathrm{A}_i$ to $\varprojlim \mathrm{B}_i$ defined by the ϕ_i, and (N_i) the "kernel" of (ϕ_i). Assume that I contains a cofinal *sequence* and that (N_i) satisfies the following property:

(A) The N_i have Hausdorff topologies, compatible with the group structure, for which the maps $\mathrm{N}_i \to \mathrm{N}_j$ $(i > j)$ are continuous, such that for any i there exists a $j \geqslant i$ such that for any $k \geqslant j$, the image of N_k in N_i is dense in the image of N_j.

Sous ces conditions, pour qu'un élément b de B appartienne à l'image de φ, il faut et il suffit que pour tout i, sa composante b_i dans B_i appartienne à l'image de φ_i.

(Autre façon d'exprimer ça : on considère la propriété h_1 suivante d'un système projectif (N_i) : pour toute suite exacte $0 \to (\mathrm{N}_i) \to (\mathrm{A}_i) \to (\mathrm{B}_i) \to 0$ de systèmes projectifs, la suite correspondante pour les limites projectives est exacte, i.e. $\varprojlim \mathrm{A}_i \to \varprojlim \mathrm{B}_i$ est surjective. En termes cohomologiques, dans le cas de groupes abéliens, ça signifie que le premier foncteur dérivé $\lim^1$ du foncteur « limite projective », défini sur la catégorie des systèmes projectifs construits sur I fixé, s'annule sur (N_i) : $\lim^1(\mathrm{N}_i) = 0$. Le théorème signifie alors que la condition (A) (« approximation ») implique la condition h_1). En particulier, la condition (A) peut être vérifiée en prenant simplement les topologies discrètes ; on dit alors qu'on a la condition (A_0) : pour tout i il existe $j \geqslant i$ tel que $k \geqslant j$ implique que N_k et N_j ont la même image dans N_i.

Soit maintenant X un espace localement compact dénombrable à l'infini. Un faisceau F sur X est dit satisfaire la condition (A) resp. (A_0) si le système projectif de ses sections sur les parties relativement compactes de X y satisfait (on peut se borner, au choix, aux sections sur les ouverts relativement compacts, ou sur les compacts). On voit donc que si le noyau d'un homomorphisme de faisceaux $\mathrm{F} \to \mathrm{G}$ satisfait à la condition (A) [et a fortiori s'il satisfait à (A_0)], alors une section de G sur X est image d'une section de F sur X si et seulement si il en est ainsi sur tout compact. Cela est d'usage courant par exemple pour les équations différentielles *elliptiques analytiques* sur une variété, car l'existence « sur tout compact » d'un noyau élémentaire permet de prouver que toute fonction est, sur tout ouvert relativement compact, dans l'image de l'opérateur différentiel en question. Autre application : Soit (C_i) un système projectif de groupes gradués à dérivation $\mathrm{C}_i = \sum_n \mathrm{C}_i^n$, à opérateur de dérivation de degré $+1$. Soit C sa limite projective ; on a un homomorphisme $\mathrm{H}^n(\mathrm{C}) \to \varprojlim \mathrm{H}^n(\mathrm{C}_i)$, malheureusement ce n'est en général pas un isomorphisme sur. Mais on voit aussitôt que pour que ce soit un isomorphisme sur, il suffit que le système (Z_i^{n-1}) des $(n-1)$-cycles et le système (B_i^n) des n-bords satisfassent à la condition h_1, donc a fortiori qu'ils satisfassent à (A). Remarquons maintenant qu'un quotient d'un système projectif satisfaisant à (A) resp. (A_0) satisfait à la même propriété. Si alors les deux systèmes (C_i^{n-2}), (C_i^{n-1}) ont la propriété (A) resp. (A_0), alors (B_i^n) et (B_i^{n-1}) l'auront automatiquement, et on voit aussitôt que (Z_i^{n-1}) l'aura si et seulement si son quotient (N_i^{n-1}) par le sous-système

Under these conditions, an element $b \in \mathrm{B}$ is contained in the image of φ if and only if for all i, its component b_i in B_i is an element of the image of φ_i.

(Here is another way of saying the same thing: consider the following property h_1 of a projective system (N_i); for any exact sequence $0 \to (\mathrm{N}_i) \to (\mathrm{A}_i) \to (\mathrm{B}_i) \to 0$ of projective systems, the corresponding sequence of projective limits is exact, i.e. $\varprojlim \mathrm{A}_i \to \varprojlim \mathrm{B}_i$ is surjective. In cohomological terms, for abelian groups, this means that the first derived functor $\lim^1$ of the "projective limit" functor defined on the category of projective systems over a fixed I vanishes for (N_i): $\lim^1(\mathrm{N}_i) = 0$. The theorem then says that condition (A) ("approximation ") implies h_1). In particular, condition (A) may hold upon simply taking the discrete topology; this then gives a condition which I call (A_0): for every i, there exists $j \geqslant i$ such that $k \geqslant j$ implies that N_k and N_j have the same image in N_i.

Now let X be a locally compact space which is countable at infinity. A sheaf F on X is said to satisfy condition (A) resp. (A_0) if the projective system of its sections over the relatively compact subsets of X satisfies (A) resp. (A_0) (one may choose either sections over compact subsets or relatively compact subsets). In this case, if the kernel of a sheaf homomorphism $\mathrm{F} \to \mathrm{G}$ satisfies (A) [and hence in particular if it satisfies (A_0)], then a section of G over X is the image of a section of F if and only if the same thing is true over any compact subspace. This is frequently used in the theory of *elliptic analytic* differential equations over a variety for example, since the existence "over any compact subspace" of an elementary kernel allows us to prove that every function is in the image of the differential operator in question over any relatively compact open set. Here is another application: Let (C_i) be a projective system of graded groups, $\mathrm{C}_i = \sum_n \mathrm{C}_i^n$, equipped with a derivation of degree 1. Let C be its projective limit; there is always a homomorphism, $\mathrm{H}^n(\mathrm{C}) \to \varprojlim \mathrm{H}^n(\mathrm{C}_i)$, but unfortunately this is not an isomorphism in general. It is, however, easy to see that it will definitely be an isomorphism if the system (Z_i^{n-1}) of $(n-1)$ cycles and the system (B_i^n) of n-boundaries satisfy h_1, and in particular if they satisfy (A). Note now that the quotient of a projective system which satisfies (A) resp. (A_0) satisfies the same condition. Therefore, if the two systems (C_i^{n-2}), (C_i^{n-1}) satisfy (A), resp. (A_0), then it is automatic that (B_i^n) and (B_i^{n-1}) also do, and it follows immediately that the same will hold for (Z_i^{n-1}) if and only if it holds

(B_i^{n-1}) l'a. *Donc, si* C^{n-2} *et* C^{n-1} *ont la propriété* (A) *et si on suppose de plus que* (H_i^{n-1}) *l'a, alors* $\mathrm{H}^n(\mathrm{C}) = \varprojlim \mathrm{H}^n(\mathrm{C}_i)$. Notons par exemple que le système projectif défini comme plus haut par un faisceau C^n, satisfait manifestement à (A_0) dès que C^n est *fin*. Calculant alors la cohomologie de X à coefficients dans F à l'aide d'une résolution de F par des faisceaux fins, on voit que $\mathrm{H}^n(\mathrm{X},\mathrm{F})$ *est identique à la limite projective des* $\mathrm{H}^n(\mathrm{U},\mathrm{F})$ (U relativement compact) *pourvu que le système projectif formé par les* $\mathrm{H}^{n-1}(\mathrm{U},\mathrm{F})$ *satisfasse à* (A) [et a fortiori, s'il satisfait à (A_0)]. Il me semble que c'est là l'énoncé à retenir dans la question. Il montre, comme tu me le disais déjà, que les théorèmes A et B sur les variétés de Stein sont démontrés pourvu qu'on les démontre sur les compacts analytiquement convexes ; il n'y a pas de difficulté supplémentaire pour la dimension 1, car un faisceau analytique cohérent sur une variété de Stein satisfait à la condition (A), comme on voit facilement, « sans sortir des compacts », à l'aide du théorème d'approximation : une fonction holomorphe sur un compact analytiquement convexe s'approche par des fonctions holomorphes définies dans des compacts arbitrairement grands.

Si on se demande si on a $\mathrm{H}^p(\mathrm{X},\mathrm{F}) = \varprojlim \mathrm{H}^p(\mathrm{U},\mathrm{F})$, quand F est un faisceau de modules localement constant, il faut suivre une autre méthode. On se place en cohomologie *singulière*, et on introduit dans l'espace des chaînes à coefficients dans F la « topologie produit », quand on prend sur les F_x la topologie discrète. Supposons que les F_x soient linéairement compacts, dans le sens que toute famille filtrante décroissante de translatés de sous-modules a une intersection non vide (il suffit par exemple que la condition des chaînes descendantes soit vérifiée). Alors il en est de même du module des cochaînes pour chaque degré donné. Cela permet de prouver facilement la relation voulue. Elle sera donc vraie en particulier si les F_x sont des corps ou des espaces vectoriels de dimension finie, ou des groupes finis etc. En particulier, ce sera vrai si $\mathrm{F} = \mathbf{Z}/m\mathbf{Z}$. Je pense que ça devrait permettre, via des formules de coefficients universels, de prouver la même formule pour $\mathbf{Z}$, et peut-être même pour n'importe quel système de groupes locaux ; mais ça ne semble pas tout à fait immédiat, et je n'ai pas poursuivi.

Je me suis aperçu qu'en formulant la théorie des foncteurs dérivés pour des catégories plus générales que les modules, on obtient à peu de frais en même temps la cohomologie des espaces à coefficients dans un faisceau : on prend la catégorie des faisceaux sur l'espace donné X, on y considère le foncteur $\Gamma_\Phi(\mathrm{F})$, à valeurs dans les groupes abéliens, et on prend les foncteurs dérivés. L'existence

for its quotient (N_i^{n-1}) by the subsystem (B_i^{n-1}). *Hence, if* C^{n-2} *and* C^{n-1} *satisfy* (A) *and furthermore one assumes that the same holds of* (H_i^{n-1}), *then* $H^n(C) = \varprojlim H^n(C_i)$. Note that for example the projective system defined above for a sheaf C^n clearly satisfies (A_0) whenever C^n is a *fine sheaf.* If one now computes the cohomology of X with coefficients in F using a resolution of F by fine sheaves, one sees that $H^n(X, F)$ *can be identified with the projective limit of the* $H^n(U, F)$ (U relatively compact) *provided that the projective system formed by the* $H^{n-1}(U, F)$ *satisfies* (A) [and in particular if it satisfies (A_0)]. It seems to me that this is the essential point to remember. It shows, as you have already told me, that theorems A and B on Stein varieties are proved once they are proved for compact analytically convex sets; the dimension 1 case does not present any extra difficulty, since a coherent analytic sheaf on a Stein variety satisfies (A), which is easy to see "without leaving compact sets" by the approximation theorem: a holomorphic function on an analytically convex compact set is a limit of holomorphic functions defined on arbitrarily large compact sets.

If one asks whether or not $H^p(X, F) = \varprojlim H^p(U, F)$ when F is a sheaf of locally constant modules, then another method is needed. Let us use *singular* cohomology and introduce the "product topology" on the space of chains with coefficients in F with respect to the discrete topology on F_x. Assume that the F_x are linearly compact, in the sense that every descending nested family of translates of submodules has a non-empty intersection (it is enough that the descending chain condition be satisfied, for example). Then the same holds for the module of cochains in any given degree. This easily implies the desired result. In particular, therefore, the result holds if the F_x are fields or finite-dimensional vector spaces or finite groups etc. In particular, it holds if $F = \mathbf{Z}/m\mathbf{Z}$. I think that this should be enough to prove the same formula for $\mathbf{Z}$ via universal coefficient formulas, and maybe even for any system of local groups, but this does not seem to be completely obvious and I have not continued in this direction.

I have noticed that, formulating the theory of derived functors for more general categories than modules, one obtains at the same time the cohomology of a space with coefficients in a sheaf with little extra effort; take the category of sheaves on a given space X, consider the functor $\Gamma_\Phi(F)$ which takes values in the category of abelian groups, and consider its derived functors. Their

résulte d'un critère général, les faisceaux fins joueront le rôle des modules « injectifs ». On obtient aussi les suites spectrales fondamentales comme cas particuliers de délectables et utiles suites spectrales générales. Mais je ne suis pas encore sûr si tout marche aussi bien dans le cas d'un espace non séparé, et me rappelle tes doutes sur l'existence d'une suite exacte en cohomologie en dimensions $\geqslant 2$. D'ailleurs, probablement tout ça se trouve plus ou moins explicitement dans le bouquin Cartan-Eilenberg, que je n'ai pas encore eu l'heur de voir encore.

Je termine avec ton article sur les complexes d'Eilenberg-Mac Lane ; mais la dernière page est nettement plus difficile que tout le reste, car tu n'y montres pas la gentillesse de tout rappeler bien explicitement. Aussi je devrai y revenir quand j'aurai ingurgité force produits de Whitehead, éléments de Blakers-Massey etc.

Il y a quelques semaines j'ai appris qu'on créait en France une centaine de postes de professeurs associés, et qu'ils étaient aussi accessibles aux étrangers. Es-tu renseigné si la chose a fait du progrès, si éventuellement il y aurait une chance pour moi de décrocher un poste, et comment et quand on pose sa candidature ? Ça m'intéresserait énormément, car il ne peut être question pour moi de rester aux États Unis, et je préfère nettement rester en France que d'aller en Allemagne ou même en Amérique du Sud !

Salut et fraternité

A. Grothendieck

P.S. Tu m'écris que la théorie des faisceaux cohérents sur les variétés affines
2 marche sur les spectres des anneaux commutatifs où tout idéal premier est in-
tersection de maximaux. Est-ce que le faisceau d'anneaux locaux qu'on obtient
est donc automatiquement cohérent ? Si ça marche si bien, j'espère que pour
3 le plaisir du lecteur tu vas présenter les résultats de ton article qui sont des
cas particuliers de celui-ci comme tels, ce qui probablement pourra seulement
simplifier la compréhension du fourbi.

existence follows from a general criterion, in which the fine sheaves play the role of "injective" modules. One also obtains the fundamental spectral sequence as a special case of the delectable and useful general spectral sequences. But I am not yet sure if everything works out so well for non-separated spaces, and I am reminded of your doubts as to the existence of a cohomological exact sequence in dimension $\geqslant 2$. Moreover, all this is probably contained more or less explicitly in the Cartan-Eilenberg book, which I have not yet had the pleasure of seeing.

I am finishing reading your paper on Eilenberg-Mac Lane complexes, but the last page is noticeably more difficult than all the rest because you are not kind enough there to remind the reader of everything explicitly. In any case, I will have to come back to it after having force-fed myself Whitehead products, Blakers-Massey elements, etc.

I learnt a few weeks ago that about a hundred associate professorships are being created in France, and that they will be open to foreigners. Do you know whether or not this is making any progress, whether I might have a chance of getting one, and how and when one goes about applying? I would be extremely interested, as there can be no question of me staying in America, and I would much prefer to stay in France than go to Germany or even South America!

Yours,

A. Grothendieck

P.S, You wrote that the theory of coherent sheaves on affine varieties also
works for spectra of commutative rings for which any prime ideal is an intersec- **2**
tion of maximal ideals. Is the sheaf of local rings thus obtained automatically coherent? If this works well, I hope that for the pleasure of the reader, you will present the results of your paper which are special cases of this as such; it
cannot but help in understanding the whole mess. **3**

Paris, 12 Mars 1955

Cher Grothendieck,

Tes histoires de topologies sur les limites projectives ont vraiment bonne gueule, et ça me fait grand plaisir de voir le passage à la limite de la théorie des variétés de Stein enfin avalé par un raisonnement général. Tu me sembles mûr pour rédiger un exposé d'ensemble sur la démonstration des théorèmes A et B (entre parenthèses, ce serait un boulot foutrement utile pour tout le monde ; il faudrait y joindre les définitions des topologies sur les sections d'un faisceau cohérent, et le théorème de finitude, cela ferait un bel ensemble ; si jamais tu l'écris, je suis candidat pour une copie — Ou bien, mieux encore : publie-le !)

Le fait que la cohomologie d'un faisceau soit un cas particulier des foncteurs
1 dérivés (au moins dans le cas paracompact) n'est pas dans le Cartan-Sammy.
Cartan en avait conscience, et avait dit à Buchsbaum de s'en occuper, mais il ne semble pas que celui-ci l'ait fait. L'intérêt de ceci serait de voir quelles sont au juste les propriétés des faisceaux fins qu'il faut utiliser ; ainsi on pourrait peut-être se rendre compte si, oui ou non, il y a suffisamment de faisceaux fins dans le cas non séparé (je pense que la réponse est négative, mais je n'en suis nullement sûr !).

Oui, il est exact que, si A est un anneau noethérien de Hilbert (i.e. où tout idéal premier est intersection d'idéaux maximaux), le faisceau des anneaux locaux de A est cohérent (considéré comme faisceau sur le spectre de A) ; c'est pratiquement trivial. Et tous les théorèmes de la théorie affine marchent sans exception. Mais tu penses bien que je ne vais pas modifier mon papier sur les faisceaux algébriques cohérents pour ça ! D'ailleurs, j'en ai déjà corrigé les épreuves, et il sortira dans le n^{o} de Mars des Annals, ou dans celui de Mai. Je rédigerai peut-être un petit papier sur le sujet dans quelque temps. Il n'y a pas de doute que c'est le bon point de vue, au moins en ce qui concerne la théorie affine.

Nous n'avons aucun détail sur la question des professeurs associés. Combien y en aura-t-il pour les maths dans toute la France ? Mystère. A Paris, Cartan a un candidat tout trouvé : Chevalley (confidentiel !). Y aura-t-il des postes

Paris, March 12, 1955

Dear Grothendieck,

Your stuff on topologies on projective limits looks very nice, and it is a great pleasure to see the limit process in the theory of Stein varieties finally swallowed up by a general argument. You seem to be ready to write a comprehensive presentation of the proof of theorems A and B (which, by the way, would be a darn useful piece of work for everybody; you should include the definition of topologies on the sections of a coherent sheaf, and the finiteness theorem, all of which would go well together; if you ever write it up, then I would like a copy — Or, even better: publish it!)

The fact that sheaf cohomology is a special case of derived functors (at
least in the paracompact case) is not in Cartan-Sammy. Cartan was aware 1
of it, and had told Buchsbaum to do it, but it appears that he never did. The point would be to see exactly which properties of fine sheaves are needed; it might then be possible to work out whether or not there are enough fine sheaves on non-separated spaces (I think the answer is no, but I am not at all sure!)

Yes, it is true that if A is a Noetherian Hilbert ring (i.e. one in which any prime ideal is an intersection of maximal ideals) then the sheaf of local rings of A, considered as a sheaf on the spectrum of A, is coherent: this is practically trivial. All the theorems of the affine theory hold without exception. But you surely realize that I am not going to change my paper on algebraic coherent sheaves for this! Moreover, I have already corrected the proofs, and it will be coming out in the March or the May issue of the Annals. I may write a short paper on the subject in the near future. There is no doubt that this is the right point of view, at least for the affine theory.

We have no details of the associate professorships. How many will there be in the whole of France? A mystery. Cartan has a candidate for Paris: Chevalley (confidential!). Will there be any positions in the provinces? In any

en province ? En tout cas, tu peux être tranquille, s'il y a une possibilité pour toi, on bondira dessus (les gens de Strasbourg avaient d'ailleurs plus ou moins pensé à toi, à un moment où ils se figuraient avoir un poste).

Par ailleurs, je sais que Spencer t'a chaudement recommandé pour un (bon) poste à Stanford, ou un patelin comme ça. Il est possible que tu reçoives bientôt une lettre de ces gens-là.

Bien à toi

J-P. Serre

Lawrence, 4.6.1955

Mon cher Serre,

Ci-joint le résultat de mes premières cogitations en forme sur les fondements d'algèbre homologique. Tu verras en particulier que ce que je te disais sur l'existence de suffisamment de faisceaux « projectifs » était erroné, et pourquoi, et d'autre part qu'il est bien vrai que les bons $\mathrm{H}^1(\mathrm{X}, \mathrm{F})$ sont bien ceux qui se calculent par recouvrements. J'ai d'ailleurs découvert la raison du canular avec la suite spectrale du faisceau gradué à dérivation Ω sur une variété algébrique : c'est que le faisceau de cohomologie *n'est pas* 0 en dimension > 0 (si par exemple X est une courbe de genre 1 donc un tore complexe, une fonction rationnelle n'ayant que deux pôles ne peut être la dérivée d'une fonction rationnelle). On peut donc seulement dire que la cohomologie de X à coefficients dans le faisceau gradué à dérivation Ω peut se filtrer de deux manières, pour la première le terme E_1 correspondant est $\mathrm{E}_1^{pq} = \mathrm{H}^p(\mathrm{X}, \Omega^q)$ (et fort probablement toutes les différentielles d_1 etc sont nulles si X est complète), pour la deuxième le terme E_2 correspondant est $\mathrm{E}_2^{pq} = \mathrm{H}^p(\mathrm{X}, \mathrm{H}^q(\Omega))$ (bien entendu, il s'agit de la cohomologie de X définie axiomatiquement). Ça doit être intéressant à l'occasion de tâcher de regarder ça de plus près, pour obtenir des renseignements sur les $\mathrm{H}^0(\mathrm{X}, \mathrm{H}^q(\Omega))$ en particulier. Pour commencer, je vais
1 regarder proprement la théorie de la suite spectrale dans les classes abéliennes ;

case, you may be sure that if there is an opening for you we will jump at it (the Strasbourg group were actually more or less thinking about you, at one point when they thought they were going to get a position).

Otherwise, I know that Spencer has strongly recommended you for a (good) job at Stanford, or some such place. You may soon receive a letter from them.

J-P. Serre

Lawrence, 6.4.1955

Dear Serre,

You will find enclosed a neat draft of the outcome of my initial reflections on the foundations of homological algebra. You will see in particular that what I told you about the existence of enough "projective" sheaves was mistaken, and why, and on the other hand that it is indeed true that the right $\mathrm{H}^1(\mathrm{X}, \mathrm{F})$ are those computed using open covers. Moreover, I have found the reason for the problem with the spectral sequence of the graded derivation sheaf Ω on an algebraic variety: the cohomology sheaf *is not* 0 in dimension > 0 (for example, if X is a curve of genus 1 and therefore a complex torus, a rational function with only 2 poles cannot be the derivative of a rational function). Therefore, all one can say is that the cohomology of X with coefficients in Ω, the graded derivation sheaf, has two different filtrations; the E_1 term corresponding to the first one is $\mathrm{E}_1^{pq} = \mathrm{H}^p(\mathrm{X}, \Omega^q)$ (and it is likely that if X is complete then all the d_1 etc. differentials vanish); the E_2 term corresponding to the second one is $\mathrm{E}_2^{pq} = \mathrm{H}^p(\mathrm{X}, \mathrm{H}^q(\Omega))$ (where the cohomology groups on X are defined axiomatically, of course). If the opportunity arises it would be interesting to try to look into this more closely, in order to obtain some information on $\mathrm{H}^0(\mathrm{X}, \mathrm{H}^q(\Omega))$ in particular. I will start by taking a good look at the theory of spectral sequences in abelian classes; if you are interested, I could type up 1

si tu es amateur, je peux taper un résumé analogue à ton usage. J'ai déjà la conviction que la façon bourbachique de faire de l'algèbre homologique, c'est de changer de classe abélienne à tout instant, comme on change le corps des scalaires, ou la topologie en Analyse Fonctionnelle.

Dans le n° 6, j'ai marqué deux passages en marge du signe « ? », pour indiquer que si tu juges que de tels œufs non pondus déconnent pour une lecture Bourbaki, je ne vois pas d'inconvénient à ce que tu les supprimes. Pense, s'il te plaît, à me réserver un exemplaire des copies miméographiées ; je n'ai pas fait de copie, et ça peut m'être éventuellement utile pour la rédaction d'un résumé ultérieur plus en forme.

Salut et fraternité

A. Grothendieck

Peut-on savoir où tu te trouveras pendant l'été ? Je ne bouge pas d'ici sauf en Août, où je serai à Chicago (si je ne suis pas déjà rentré en France à cause de ma mère). Écris-moi plutôt à mon adresse personnelle, je n'ai plus rien à faire à l'Université.

Paris, 13 juillet 1955

Cher Grothendieck,

Tu dois me trouver un ignoble correspondant de ne pas avoir répondu plus tôt à ta lettre. Mais je viens juste de rentrer du congrès Bourbaki, et j'avais des tas de choses à expédier.

Le congrès Bourbaki s'est fort agréablement passé. Tu en verras le compte-
1 rendu dans la Tribu. En ce qui te concerne, voici ce qu'il y a à signaler :

1) Ton papier sur l'Algèbre homologique a été lu soigneusement, et a converti tout le monde (même Dieudonné, qui semble complètement fonctorisé !) à ton

a summary for your personal use. I am already convinced that the Bourbakic way of doing homological algebra consists of changing the abelian class at any moment, as one might change the base field, or the topology in Functional Analysis.

In n° 6, I have marked two passages with a "?" sign in the margin, to indicate that if you feel that such unhatched chickens have no place in a Bourbaki talk, then you can simply delete them. Please remember to set a mimeographed copy aside for me; I have not made a copy, and it may be useful to have one later for when I write up a neater version.

Yours,

A. Grothendieck

May one know where you will be during the summer? I will not be budging from here except during August, when I will be in Chicago (unless I am already back in France because of my mother). You should preferably write to me at my personal address, since I no longer have anything to do at the university.

Paris, July 13, 1955

Dear Grothendieck,

You must think me a terrible correspondent for not having answered your letter sooner, but I have just come back from the Bourbaki meeting, and I had loads of things to do.

The Bourbaki meeting went very nicely. You will see the report in the Tribu. Here is the news concerning you: 1

1) Your paper on homological Algebra was read carefully and converted everyone (even Dieudonné, who seems to be completely functorised) to your

point de vue. Sammy a décidé de faire une rédaction dans ce sens (pour Bourbaki), avec pour Chapitre I la théorie générale de l'homologie dans les classes abéliennes, Chapitre II l'application aux modules, Chapitre III l'application aux faisceaux. Il se mettra en rapport avec toi pour les questions de rédactions et de démonstrations.

Grâce à une lettre que tu m'avais envoyée, nous avons été capables de reconstituer la démonstration des lignes 3 et 4 de la page 8 de ton papier. Par contre, nous n'avons pas vu comment démontrer le 1° qui le précède.

2) Nous tenons beaucoup à ce que tu assistes au congrès Bourbaki d'Octobre, si c'est possible (et aux autres itou, of course!). Je ne me rappelle plus bien quel en sera le programme (il y aura en tout cas lecture de ma rédaction des anneaux filtrés etc), et je ne crois pas qu'il t'intéressera particulièrement. Mais on n'est pas à Bourbaki pour s'amuser, comme ne cesse de le répéter Dieudonné...

3) Bourbaki voudrait bien que tu rédiges un rapport sur la théorie des faisceaux analytiques cohérents sur les variétés de Stein (les théorèmes A et B, essentiellement). Cela serait utile à divers points de vue : 1) cela donnerait des idées sur les choses à mettre dans la théorie élémentaire des fonctions analytiques, 2) idem pour la théorie des faisceaux, 3) cela mettrait en branle tout un ensemble de questions qui sont, à mon avis, parfaitement rédigeables pour Bourbaki.

Voilà pour Bourbaki. Mais ton papier sur l'algèbre homologique pose un autre problème, absolument disjoint, celui de la publication dans un journal. Tu dois savoir que Buchsbaum avait envisagé dans sa thèse (à paraître aux Trans. Amer. Soc.) et dans son appendice au bouquin de Cartan-Sammy un système absolument semblable à celui de tes classes abéliennes (j'ignore si tu le savais quand tu as rédigé tes classes abéliennes — c'est d'ailleurs sans importance). Il avait pris des axiomes de base que j'ignore, mais que Sammy affirme être équivalents à C_1, C_2, C_3. Il avait fort bien vu (et dit) que l'existence de suffisamment d'injectifs entraîne l'existence d'une bonne théorie des foncteurs dérivés. Mais il avait été incapable de démontrer que les faisceaux possèdent assez d'injectifs, faute d'avoir une proposition comme celle de tes pages 7,8. Sammy te propose donc ceci : publier un papier aux Transactions où tu donnerais tes axiomes $C_{4,5,6}$, la notion de générateur pour une classe, l'existence

point of view. Sammy has decided to write up a draft (for Bourbaki) along these lines, in which Chapter I would be the general theory of homology in abelian classes, Chapter II the application to modules and Chapter III the application to sheaves. He will contact you for details of the proofs and the writing up.

Thanks to a letter you sent me, we managed to reconstitute the proof of lines 3 and 4 on page 8 of your paper. However, we couldn't see how to prove the 1° just before.

2) We would really like you to come to the Bourbaki meeting in October, if possible (and ditto for the others, of course)! I don't remember exactly what the program is to be (in any case, there will be a reading of my draft on filtered rings etc.), and I don't think you will find it particularly interesting. But one is not in Bourbaki for fun, as Dieudonné never stops repeating....

3) Bourbaki would like you to write up a draft on the theory of coherent analytic sheaves on Stein varieties (theorems A and B, basically). This would be useful from several points of view: 1) it would give some idea as to what should be included in the elementary theory of analytic functions, 2) ditto for sheaf theory, 3) it would get work going on a whole group of questions which I think Bourbaki would be perfectly capable of writing up.

So much for Bourbaki. However, your paper on homological algebra raises a totally disjoint question, namely that of publishing it in a journal. You probably know that in his thesis (to appear in the Trans. Amer. Soc.) and his appendix to Cartan-Sammy, Buchsbaum developed a system very similar to your abelian classes (I don't know whether you knew this when you wrote them up, but it doesn't matter). I don't know what axioms he started with, but Sammy claims they are equivalent to C_1, C_2, C_3. He had noticed (and stated) that the existence of sufficiently many injectives implies the existence of a well-behaved theory of derived functors. But he was unable to show that sheaves possess sufficiently many injectives, as he lacked a proposition like the one you give on pages 7–8. Sammy therefore suggests that you publish a paper in the Transactions in which you give your axioms $C_{4,5,6}$, the concept of the generator of a class, the fact that injectives exist when there is a generator and that..., the fact that sheaves satisfy your axioms, and the comparison between traditional sheaf cohomology and the cohomology obtained by your procedure. As you could use Buchsbaum for all the trivial results on classes,

d'injectifs quand il y a un générateur et que..., le fait que les faisceaux vérifient tes axiomes, et la comparaison entre la cohomologie traditionnelle des faisceaux et celle que l'on obtient par ton procédé. Comme tu pourrais t'appuyer sur Buchsbaum pour tout ce qui concerne les choses triviales sur les classes, tu n'aurais au fond qu'à rédiger la partie intéressante, et ce serait très bien. Tout ça doit pouvoir se rédiger brièvement, et sans trop de peine, et ça rendrait bien service aux gens. Qu'en dis-tu ? Bien entendu, Sammy pourrait s'arranger pour te fournir une copie de la thèse de Buchsbaum.

[...]

Salut et fraternité

J-P. Serre

Bois-Colombes 15.12.1955

Mon cher Serre,

Réfléchissant un peu à ton théorème de dualité, je m'aperçois que sa formulation générale est à peu près évidente, et d'ailleurs je viens de vérifier qu'elle se trouve implicitement (dans le cas de l'espace projectif) dans ton
1 théorème donnant les $\mathrm{T}^q(\mathrm{M})$ par des Ext. (J'ai bien l'impression, salaud, que tes §§ 3 et 4 du Chap. 3 peuvent se faire aussi sans aucun calcul). Je note $\mathrm{Hom}_{\mathscr{O}}(\mathrm{X}, \mathrm{F}, \mathrm{G})$ le *groupe* des $\mathscr{O}$-homomorphismes du faisceau F de $\mathscr{O}$-modules sur X dans un autre G, et $\mathrm{Ext}^p_{\mathscr{O}}(\mathrm{X}, \mathrm{F}, \mathrm{G})$ ses foncteurs dérivés (c'est donc un cas particulier des Ext dans les classes abéliennes, mais je mets le X dans la notation pour éviter la confusion évidente). $\underline{\mathrm{Hom}}_{\mathscr{O}}(\mathrm{F}, \mathrm{G})$ est le *faisceau* des germes de $\mathscr{O}$-homomorphismes de F dans G, les foncteurs dérivés sont notés $\underline{\mathrm{Ext}}^p_{\mathscr{O}}(\mathrm{F}, \mathrm{G})$; ce sont donc des faisceaux. Comme je t'ai écrit, il y a une filtration naturelle sur $\mathrm{Hom}_{\mathscr{O}}(\mathrm{X}, \mathrm{F}, \mathrm{G})$, le gradué associé est le terme E_∞ d'une suite spectrale dont le terme E_2^{pq} est $\mathrm{H}^p(\mathrm{X}, \underline{\mathrm{Ext}}^q_{\mathscr{O}}(\mathrm{F}, \mathrm{G}))$. Ceci dit (X étant maintenant une variété algébrique projective (sans singularités, de dimension n), F un faisceau algébrique cohérent sur X, Ω^n le faisceau des germes de formes

you would basically only need to write up the interesting part, and that would be very good. All this could probably be written up briefly and without too much trouble, and it would be useful to a lot of people. What do you think? Obviously, Sammy could arrange to get you a copy of Buchsbaum's thesis.

[...]

Yours,

J-P.Serre

Bois-Colombes, 12.15.1955

My dear Serre,

Thinking a bit about your duality theorem, I notice that its general form is almost obvious, and in fact I just checked that (for a projective space) it is implicitly contained in your theorem giving the $\mathrm{T}^q(\mathrm{M})$ in terms of Exts. 1
(I have the impression, you bastard, that §§3 and 4 in your Chap. 3 could be done without any computation). Let $\mathrm{Hom}_{\mathscr{O}}(\mathrm{X}, \mathrm{F}, \mathrm{G})$ denote the *group* of $\mathscr{O}$-homomorphisms from the sheaf F of $\mathscr{O}$-modules on X to some other sheaf G, and $\mathrm{Ext}^p_{\mathscr{O}}(\mathrm{X}, \mathrm{F}, \mathrm{G})$ its derived functors (so this is a special case of Exts in abelian classes, but I put the X into the notation to avoid the obvious misunderstanding). $\underline{\mathrm{Hom}}_{\mathscr{O}}(\mathrm{F}, \mathrm{G})$ is the *sheaf* of germs of $\mathscr{O}$-homomorphisms from F to G, with derived functors $\underline{\mathrm{Ext}}^p_{\mathscr{O}}(\mathrm{F}, \mathrm{G})$, so these are sheaves. As I told you, there is a natural filtration on $\mathrm{Hom}_{\mathscr{O}}(\mathrm{X}, \mathrm{F}, \mathrm{G})$, and the associated graded object is the E_∞ term of a spectral sequence whose E_2^{pq} term is $\mathrm{H}^p(\mathrm{X}, \underline{\mathrm{Ext}}^q_{\mathscr{O}}(\mathrm{F}, \mathrm{G}))$. This said (X is now a projective algebraic variety (n-dimensional, without singular points), F a coherent algebraic sheaf on X, and Ω^n the sheaf of germs of

différentielles de degré n sur X), le dual de $\mathrm{H}^p(\mathrm{X},\mathrm{F})$ s'identifie canoniquement à $\mathrm{Ext}_{\mathscr{O}}^{n-p}(\mathrm{X},\mathrm{F},\Omega^n)$, de la façon suivante : on a de façon générale des accouplements $\mathrm{Ext}_{\mathscr{O}}^p(\mathrm{X},\mathrm{F},\mathrm{G})\times\mathrm{Ext}_{\mathscr{O}}^q(\mathrm{X},\mathrm{G},\mathrm{H})\longrightarrow\mathrm{Ext}_{\mathscr{O}}^{p+q}(\mathrm{X},\mathrm{F},\mathrm{H})$ [valable dans toute classe abélienne] d'où en particulier

$$\mathrm{Ext}_{\mathscr{O}}^p(\mathrm{X},\mathscr{O},\mathrm{F})\times\mathrm{Ext}_{\mathscr{O}}^{n-p}(\mathrm{X},\mathrm{F},\Omega^n)\longrightarrow\mathrm{Ext}_{\mathscr{O}}^n(\mathrm{X},\mathscr{O},\Omega^n);$$

on voit tout de suite par les suites spectrales que les premier et dernier termes sont respectivement $\mathrm{H}^p(\mathrm{X},\mathrm{F})$ et $\mathrm{H}^n(\mathrm{X},\Omega^n)$, ce dernier est canoniquement isomorphe à k d'où l'accouplement voulu, i.e. un homomorphisme

$$\mathrm{H}^p(\mathrm{X},\mathrm{F})'\longrightarrow\mathrm{Ext}_{\mathscr{O}}^{n-p}(\mathrm{X},\mathrm{F},\Omega^n)$$

Cet homomorphisme est évidemment un homomorphisme de ∂-foncteurs ; de plus d'après ton théorème de dualité, c'est une bijection si F est localement libre. On voit alors aisément par récurrence sur la longueur d'une résolution localement libre de F et le lemme des 5, que c'est bijectif pour tout F.

Note qu'on obtient comme ça une filtration naturelle sur $\mathrm{H}^*(\mathrm{X},\mathrm{F})$, le gradué associé étant le terme E_∞ d'une suite spectrale dont le terme E_2^{pq} est $\mathrm{Ext}^{n-p}(\mathrm{X},\underline{\mathrm{Ext}}_{\mathscr{O}}^q(\mathrm{F},\Omega^n),\Omega^n)$ (suite spectrale obtenue en dualisant le suite spectrale mentionnée plus haut pour $\mathrm{Ext}_{\mathscr{O}}(\mathrm{X},\mathrm{F},\Omega^n)$; mais je n'en vois pas d'interprétation directe).

Rien de neuf autrement, je tâche de m'instruire, mais il y a tellement de choses à regarder, et c'est si lent ! — Cartier semble un type extraordinaire, surtout comme rapidité de compréhension et le nombre invraisemblable de choses qu'il lit et pige, j'ai bien l'impression que dans quelques années, il en sera au même point que toi. Je l'exploite d'ailleurs avec profit.

Salut et fraternité

A. Grothendieck

differential n-forms on X), the dual of $\mathrm{H}^p(\mathrm{X},\mathrm{F})$ can be canonically identified with $\mathrm{Ext}^{n-p}_{\mathscr{O}}(\mathrm{X},\mathrm{F},\Omega^n)$, in the following way: in general, there exist pairings $\mathrm{Ext}^p_{\mathscr{O}}(\mathrm{X},\mathrm{F},\mathrm{G})\times\mathrm{Ext}^q_{\mathscr{O}}(\mathrm{X},\mathrm{G},\mathrm{H})\longrightarrow\mathrm{Ext}^{p+q}_{\mathscr{O}}(\mathrm{X},\mathrm{F},\mathrm{H})$ [valid in any abelian class], whence in particular

$$\mathrm{Ext}^p_{\mathscr{O}}(\mathrm{X},\mathscr{O},\mathrm{F})\times\mathrm{Ext}^{n-p}_{\mathscr{O}}(\mathrm{X},\mathrm{F},\Omega^n)\longrightarrow\mathrm{Ext}^n_{\mathscr{O}}(\mathrm{X},\mathscr{O},\Omega^n);$$

it is easy to see from the spectral sequences that the first and last terms are $\mathrm{H}^p(\mathrm{X},\mathrm{F})$ and $\mathrm{H}^n(\mathrm{X},\Omega^n)$ respectively; the latter is canonically isomorphic to k, which gives the desired pairing, i.e. a homomorphism

$$\mathrm{H}^p(\mathrm{X},\mathrm{F})'\longrightarrow\mathrm{Ext}^{n-p}_{\mathscr{O}}(\mathrm{X},\mathrm{F},\Omega^n)$$

This homomorphism is obviously a homomorphism of ∂-functors; furthermore, by your duality theorem, it is a bijection if F is locally free. It is then easy to show by induction on the length of a locally free resolution of F and the five lemma that it is bijective for any F.

Note that in this way, one gets a natural filtration on $\mathrm{H}^*(\mathrm{X},\mathrm{F})$, whose associated graded object is the E_∞ term of a spectral sequence whose E_2^{pq} term is $\mathrm{Ext}^{n-p}(\mathrm{X},\underline{\mathrm{Ext}}^q_{\mathscr{O}}(\mathrm{F},\Omega^n),\Omega^n)$ (this spectral sequence is obtained by dualizing the spectral sequence given above for $\mathrm{Ext}_{\mathscr{O}}(\mathrm{X},\mathrm{F},\Omega^n)$; but I don't see any direct interpretation of it).

Apart from this, there is no news; I am trying to learn things, but there is so much to look at, and it is so slow! — Cartier seems to be an amazing person, especially his speed of understanding, and the incredible amount of things he reads and grasps; I really have the impression that in a few years he will be where you are now. I am exploiting him most profitably.

Yours,

A. Grothendieck

Princeton, 22 Décembre 1955

Cher Grothendieck,

Ta formule :

$$\mathrm{H}^{n-p}(\mathrm{X},\mathrm{F})' = \mathrm{Ext}^p_{\mathscr{O}}(\mathrm{X},\mathrm{F},\Omega^n)$$

m'excite beaucoup, car je suis bien convaincu que c'est *la* bonne façon d'énoncer le théorème de dualité à la fois dans le cas analytique et dans le cas algébrique (le plus important — pour moi !).

Je connaissais (sans en avoir écrit les détails de démonstration) une formule moins précise, à savoir la suivante :

$(*)$ $\mathrm{H}^{n-p}(\mathrm{X},\mathrm{F})'$ se trouve « au bout » d'une suite spectrale dont le terme E_2 est $\sum_{r+s=p}\mathrm{H}^r(\mathrm{X},\mathrm{Ext}^s_{\mathscr{O}}(\mathrm{F},\Omega^n))$.

La formule $(*)$ est une conséquence évidente de la tienne, et de tes suites spectrales générales. De plus, je dois dire que je n'en avais qu'un schéma de démonstration : 1) Il me manquait de rédiger en forme les $\mathrm{Ext}^s_{\mathscr{O}}(\mathrm{F},\Omega^n)$, ce qui est maintenant moralement fait, grâce à tes classes abéliennes ; 2) En admettant 1), je démontrais d'abord $(*)$ lorsque X est l'espace projectif (en utilisant mes résultats explicites dans ce cas), et je tâchais de ramener le cas général à celui-là, en utilisant la formule suivante :

1 Si X est une sous-variété de V, de dimension m, on a :

$$(**)\qquad \Omega^n_{\mathrm{X}} = \mathrm{Ext}_{\mathscr{O}_{\mathrm{V}}}(\mathscr{O}_{\mathrm{X}},\Omega^m_{\mathrm{V}}).$$

Inutile que je te donne plus de détails là-dessus, cela n'a aucun intérêt, vu que ta formule est sûrement meilleure.

Il y a tout de même une ou deux questions qui se posent :

1) Tu devrais bien essayer d'avoir une démonstration de ta formule indépendante du cas des fibrés à fibres vectorielles : cela n'est certainement pas difficile, en se plaçant d'abord sur l'espace projectif, puis en passant au cas général grâce à la formule $(**)$, ou à une formule du même goût. Je dois avouer que la difficulté principale me parait être la suivante : *il n'y a pas de définition*
2 *satisfaisante* (au point de vue faisceautique, fonctoriel, etc) *du faisceau* Ω^n_{X} ! Ne pourrais-tu pas en trouver une, grâce à des Ext astucieux ?

Autre raison pour obtenir une démonstration directe de ta formule : ma démonstration (dans le cas des fibrés) *utilise* le cas des courbes et est incapable

Princeton, December 22, 1955

Dear Grothendieck,

I find your formula

$$\mathrm{H}^{n-p}(\mathrm{X},\mathrm{F})' = \mathrm{Ext}^p_{\mathscr{O}}(\mathrm{X},\mathrm{F},\Omega^n)$$

very exciting, as I am quite convinced that it is *the* right way to state the duality theorem in both the analytic case and the algebraic case (the more important one – for me!).

I did know (although I never wrote down the details of the proof) a less precise formula, namely the following:

(*)$\mathrm{H}^{n-p}(\mathrm{X},\mathrm{F})'$ is the "abutment" of a spectral sequence whose E_2 term is $\sum_{r+s=p}\mathrm{H}^r(\mathrm{X},\mathrm{Ext}^s_{\mathscr{O}}(\mathrm{F},\Omega^n))$.

This formula is an obvious consequence of yours and of your general spectral sequences. Furthermore, I should confess that I only had an outline of the proof: 1) I had not yet written down a careful construction of $\mathrm{Ext}^s_{\mathscr{O}}(\mathrm{F},\Omega^n)$, but this is now morally done, thanks to your abelian classes; 2) Assuming 1), I had initially proved (*) when X is a projective space (using my explicit results in this case), and I was trying to reduce the general case to this one, using the following formula:

If X is an m-dimensional subvariety of V, then 1

$$(**) \qquad \Omega^n_{\mathrm{X}} = \mathrm{Ext}_{\mathscr{O}_{\mathrm{V}}}(\mathscr{O}_{\mathrm{X}},\Omega^m_{\mathrm{V}}).$$

There is no point in giving you more details—it would be a waste of time, since your formula is certainly better.

Nevertheless, there are still a couple of natural questions:

1) You really should have a go at finding a proof of your formula which is independent of the vector bundle case; it can't be difficult, if you deal with projective space first and then use (**) or some similar formula to pass to the general case. I must say that the main difficulty appears to me to be the following: *there is no satisfactory definition* (from a sheaf theoretic, functorial 2 etc. point of view) *of the sheaf* Ω^n_{X}! Couldn't you find one by some ingenious use of Exts?

Here is another reason for wanting a direct proof of your formula: my proof (for fiber bundles) *uses* the result for curves and cannot be used to

de le redonner ; il n'en est pas de même, évidemment, d'une démonstration basée sur une réduction au cas projectif. C'est même là la principale raison qui m'avait fait chercher une formulation générale du théorème de dualité !

2) Il serait bien intéressant d'avoir un théorème analogue au tien dans le cas des
3 variétés analytiques (sous les conditions habituelles que d'' soit un homomor-
phisme). Par exemple, dans le cas des variétés de Stein, j'ai tendance à penser
4 que le dual de $\mathrm{H}_*^{n-p}(\mathrm{X},\mathrm{F})$ est isomorphe aux sections du faisceau $\mathrm{Ext}^p(\mathrm{F},\Omega^n)$.
La difficulté est évidemment le fait que F n'a plus nécessairement de résolution
localement libre. Vois-tu un moyen de t'en tirer ?

Autre remarque : tu as utilisé le fait que $\mathrm{H}^n(\mathrm{X},\Omega^n)$ a une base canonique.
5 C'est vrai (j'ai fini par le démontrer), mais ce n'est pas tellement trivial, si
l'on fait des démonstrations par récurrence. Il serait intéressant de retrouver
ce fait directement, si possible.

Tout ceci soulève une question : Comment rédiger ce fourbi ? Ne pourrais-
tu pas t'en charger, à moins que nous ne fassions un papier en collaboration ?
Cela ne presse d'ailleurs pas, car je ne pourrais pas m'en occuper de façon
sérieuse avant Mai, une fois à Paris : il me faut auparavant rédiger ma for-
6 mule « des Tor », ainsi que la théorie analytique. A ce propos, j'ai fini par me
convaincre que tu avais raison sur les fibrés analytiques et algébriques : si G
est un sous-groupe algébrique de $\mathrm{GL}(n,\mathbf{C})$ tel que $\mathrm{GL}(n,\mathbf{C})/\mathrm{G}$ ait une section
rationnelle, alors les classes de fibrés analytiques et algébriques de groupe G
se correspondent bijectivement. Je compte bien, avec ta permission, mettre ça
7 dans mon diplodocus analytique = algébrique.
Cela soulève quelques questions : 1) Qu'est ce que c'est qu'un espace homogène,
au point de vue algébrique ? 2) As-tu vérifié que le plongement habituel du
8 groupe projectif dans le groupe linéaire vérifie ta condition ? 3) As-tu demandé
à Chevalley si par hasard *tous* les sous-groupes algébriques de GL ne vérifient
pas la condition en question ? Cela ne m'étonnerait nullement.

A ce propos, je te signale qu'on peut se passer de ce que tu me disais sur les applications rationnelles ; on démontre :

1) Soit X variété algébrique (sur **C**) et Y autre variété algébrique. Soit f : $\mathrm{X} \longrightarrow \mathrm{Y}$ une application holomorphe. Si le graphe de f est une sous-variété algébrique fermée de $\mathrm{X}\times\mathrm{Y}$, alors f est régulière. (Se ramener au cas où $\mathrm{Y} = \mathbf{C}$.)

derive it, which is not the case, of course, for a proof based on reduction to projective space. This is even the main reason which led me to look for a general formulation of the duality theorem!

2) It would be very interesting to have a theorem analogous to yours for analytic varieties (under the usual hypothesis that d'' is a homomorphism). For exam- 3
ple, in the case of Stein varieties, I tend to believe that the dual of $\mathrm{H}_*^{n-p}(\mathrm{X}, \mathrm{F})$ 4
is isomorphic to the space of sections of the sheaf $\mathrm{Ext}^p(\mathrm{F}, \Omega^n)$. The problem is clearly that F does not necessarily have a locally free resolution. Do you see any way of getting around this?

Here is another remark: you used the fact that $\mathrm{H}^n(\mathrm{X}, \Omega^n)$ has a canonical basis. This is true (I finally proved it), but it is not that trivial using induction. 5
It would be interesting to have a direct proof of this fact.

All this raises a question: How should this stuff be written up? Could you do it—unless we write a joint paper together? At any rate, there is no hurry, since I will not be able to take care of it seriously before the month of May, when I return to Paris: first I have to write up my "Tor" formula as well as 6
the analytic theory. On that topic, I have finally convinced myself that you were right about analytic and algebraic bundles: if G is an algebraic subgroup of $\mathrm{GL}(n, \mathbf{C})$ such that $\mathrm{GL}(n, \mathbf{C})/\mathrm{G}$ has a rational section, then the classes of analytic and algebraic G bundles are in bijective correspondence. With your permission, I intend to include this in my analytic = algebraic diplodocus. 7
This raises a few questions: 1) What is a homogeneous space, from the algebraic point of view? 2) Have you checked that the usual embedding of the projective group into the linear group satisfies your condition? 3) Have you 8
asked Chevalley if by any chance *all* algebraic subgroups of GL satisfy this condition? I would not be at all surprised.

On this topic, I should point out to you that one can do without what you told me about rational maps; one proves:

1) Let X be an algebraic variety (over $\mathbf{C}$) and Y another algebraic variety. Let $f : \mathrm{X} \longrightarrow \mathrm{Y}$ be a holomorphic map. If the graph of f is a closed algebraic subvariety of $\mathrm{X} \times \mathrm{Y}$, then f is regular. (Reduce to the case $\mathrm{Y} = \mathbf{C}$.)

2) Soit Z une variété algébrique, X une sous-variété analytique de Z. Si X est compacte, alors X est algébrique.

On se ramène au théorème de Chow.

3) Soit E un fibré algébrique dont la base est compacte. Alors toute section holomorphe de E est algébrique et régulière.

[Plus généralement, toute application holomorphe d'une variété algébrique compacte dans une autre est algébrique et régulière, d'après 1) et 2).]

4) Si deux fibrés algébriques de même base compacte sont analytiquement isomorphes, ils le sont algébriquement.

On applique 3) au fibré des isomorphismes des fibres de l'un sur celles de l'autre.

Etc.

9 Par ailleurs, je te signale que j'ai pondu un petit papier sur la cohomologie des variétés algébriques abstraites, que j'ai envoyé à Cartan. Demande-lui de te le montrer. J'y démontre :

THÉORÈME 1. — *Les variétés affines sont caractérisées par le fait que leur cohomologie est nulle.*

THÉORÈME 2. — *Si* F *est cohérent sur* X *algébrique,* $H^q(X, F) = 0$ *pour* $q > \dim X$.

THÉORÈME 3. — *Si* X *est complète,* $H^0(X, F)$ *est de dimension finie.*

La démonstration du théorème 1 est « standard », celle des théorèmes 2 et 3 est sensiblement plus amusante.

Salut et fraternité

J-P. Serre

2) Let Z be an algebraic variety, and X an analytic subvariety of Z. If X is compact, then X is algebraic.

This reduces to Chow's theorem.

3) Let E be an algebraic bundle with compact base. Then every holomorphic section of E is algebraic and regular.

[More generally, by 1) and 2), every holomorphic map from a compact algebraic variety to another one is algebraic and regular.]

4) If two algebraic bundles with the same compact base are analytically isomorphic, they are algebraically isomorphic.

Apply 3) to the bundle of isomorphisms of the fibers of one bundle to the fibers of the other.

Etc.

Another thing I should tell you is that I have produced a little paper on **9**
the cohomology of abstract affine varieties, which I have sent to Cartan. Ask him to show it to you. In it, I prove:

THEOREM 1. — *Affine varieties are characterized by the fact that their cohomology vanishes.*

THEOREM 2. — *If* F *is a coherent sheaf on an algebraic variety* X, *then* $H^q(X, F) = 0$ *for* $q > \dim X$.

THEOREM 3. — *If* X *is complete,* $H^0(X, F)$ *is finite-dimensional.*

The proof of Theorem 1 is "standard", the proofs of Theorems 2 and 3 are definitely more entertaining.

Yours,

J-P. Serre

12.1.56

Cher Serre,

1 Je suis content que ta formule avec les Ext te plaise. La démonstration que je t'ai envoyée était juste pour me convaincre que la formule est vraie, mais il ne fait pas de doute que sa démonstration directe doit être standard via l'espace projectif. Je ne l'ai pas encore regardée en détail, faisant autre chose maintenant, mais le rédigerai proprement à l'occasion, c'est un peu de technique d'algèbre homologique, jonglant sur la formule $\Omega_{\mathrm{X}}^{n} = \mathrm{Ext}_{\mathscr{O}_{\mathrm{V}}}^{m-n}(\mathscr{O}_{\mathrm{X}}, \Omega_{\mathrm{V}}^{m})$ pour X^{n} sous-variété sans singularités de la variété sans singularités V^{m}. Je te signale que dans le cas où X est réduit à un point, elle donne une expression intrinsèque de l'espace vectoriel des n-formes au point x comme le dual de $\mathrm{Ext}_{\mathscr{O}_{x}}^{m}(k, \mathscr{O}_{x})$, d'où une définition intrinsèque de Ω^{n} (mais peut-être pas exactement du genre que tu cherches). Je te signale comment on attrape facilement la classe canonique de $\mathrm{H}^{n}(\mathrm{X}, \Omega^{n})$. Plongeant X^{n} dans un espace projectif V^{m}, le dual de $\mathrm{H}^{n}(\mathrm{X}, \Omega_{\mathrm{X}}^{n})$ est (d'après le théorème de dualité *sur l'espace projectif*) $\mathrm{Ext}_{\mathscr{O}_{\mathrm{V}}}^{m-n}(\mathrm{V}, \Omega_{\mathrm{X}}^{n}, \Omega_{\mathrm{V}}^{m})$; la suite spectrale a $\mathrm{H}^{p}(\mathrm{V}, \mathrm{Ext}_{\mathscr{O}_{\mathrm{V}}}^{q}(\Omega_{\mathrm{X}}^{n}, \Omega_{\mathrm{V}}^{m}))$ pour terme E_{2}^{pq}, le Ext qui y intervient est nul sauf pour $q = m - n$, auquel cas (par ta formule) il est $\mathscr{O}_{\mathrm{X}}$, d'où pour valeur du Ext global $\mathrm{H}^{0}(\mathrm{V}, \mathrm{Ext}_{\mathscr{O}_{\mathrm{V}}}^{m-n}(\Omega_{\mathrm{X}}^{n}, \Omega_{\mathrm{V}}^{m})) = \mathrm{H}^{0}(\mathrm{V}, \mathscr{O}_{\mathrm{X}}) = k$ (canoniquement). On conclut que tout plongement de X dans un espace projectif définit un isomorphisme de $\mathrm{H}^{n}(\mathrm{X}, \Omega_{\mathrm{X}}^{n})$ avec k. D'où un accouplement *canonique* (pour un faisceau algébrique cohérent quelconque F sur X) entre $\mathrm{H}^{k}(\mathrm{X}, \mathrm{F})$ et $\mathrm{H}^{n-k}(\mathrm{X}, \mathrm{F}, \Omega_{\mathrm{X}}^{n}) \otimes \mathrm{T}_{\mathrm{X}}$ où on pose $\mathrm{T}_{\mathrm{X}} = \mathrm{H}^{n}(\mathrm{X}, \Omega_{\mathrm{X}}^{n})'$ (espace vectoriel de dimension 1 attaché à X). Le plongement dans un projectif montrera alors qu'il s'agit d'un accouplement non dégénéré. Il faut exhiber enfin un isomorphisme *canonique* de T_{X} avec k. Pour ceci, on remarque que le calcul ci-dessus peut se répéter (maintenant qu'on connaît le théorème de dualité pour toute V^{m} sans singularités) pour un plongement de X^{n} dans une V^{m} projective sans singularités quelconque, et donne en sens inverse un isomorphisme canonique (dépendant de l'immersion) de T_{V} sur T_{X}. La vérification du fait que toute immersion de X dans un espace projectif donne la même classe fondamentale pour T_{X} se fait ainsi : Si X est plongé dans les espaces projectifs P_{1} et P_{2}, on peut supposer que P_{1} et P_{2} sont sous-variétés de la même variété projective P (j'admets que la variété obtenue en recollant P_{1} et
2 P_{2} suivant X est projective). On est alors ramené à prouver deux choses qui ne doivent pas être si fatigantes :

1.12.56

Dear Serre,

I am glad you like your Ext formula. The proof I sent you was only meant to 1
convince myself that the formula is right, but it is certain that it can be proved directly in the standard way using projective spaces. I haven't looked at that in detail yet, since I am working on something else right now, but I will write it up properly when I have a moment; it involves a little technical homological algebra, juggling with the formula $\Omega^n_{\mathrm{X}} = \mathrm{Ext}^{m-n}_{\mathscr{O}_{\mathrm{V}}}(\mathscr{O}_{\mathrm{X}}, \Omega^m_{\mathrm{V}})$ where X^n is a subvariety without singularities of the variety without singularities V^m. Let me just point out that in the case where X is a point, this gives an intrinsic expression of the vector space of n-forms at the point x, as the dual of $\mathrm{Ext}^m_{\mathscr{O}_x}(k, \mathscr{O}_x)$, which yields an intrinsic definition of Ω^n (but maybe not exactly of the type you are looking for.) Let me show you how one can easily get hold of the canonical class in $\mathrm{H}^n(\mathrm{X}, \Omega^n)$. Embedding X^n into a projective space V^m, $\mathrm{H}^n(\mathrm{X}, \Omega^n_{\mathrm{X}})$ is then (by the duality theorem *for projective spaces*) $\mathrm{Ext}^{m-n}_{\mathscr{O}_{\mathrm{V}}}(\mathrm{V}, \Omega^n_{\mathrm{X}}, \Omega^m_{\mathrm{V}})$; the E_2^{pq} term of the spectral sequence is $\mathrm{H}^p(\mathrm{V}, \mathrm{Ext}^q_{\mathscr{O}_{\mathrm{V}}}(\Omega^n_{\mathrm{X}}, \Omega^m_{\mathrm{V}}))$; the Ext which occurs here is zero except when $q = m - n$, and in this case, by your formula, it is $\mathscr{O}_{\mathrm{X}}$, so the global Ext is $\mathrm{H}^0(\mathrm{V}, \mathrm{Ext}^{m-n}_{\mathscr{O}_{\mathrm{V}}}(\Omega^n_{\mathrm{X}}, \Omega^m_{\mathrm{V}})) = \mathrm{H}^0(\mathrm{V}, \mathscr{O}_{\mathrm{X}}) = k$ (canonically). It follows that every embedding of X into a projective space gives rise to an isomorphism of $\mathrm{H}^n(\mathrm{X}, \Omega^n_{\mathrm{X}})$ with k. This gives a *canonical* pairing (for an arbitrary coherent algebraic sheaf F on X) between $\mathrm{H}^k(\mathrm{X}, \mathrm{F})$ and $\mathrm{H}^{n-k}(\mathrm{X}, \mathrm{F}, \Omega^n_{\mathrm{X}}) \otimes \mathrm{T}_{\mathrm{X}}$, where $\mathrm{T}_{\mathrm{X}} = \mathrm{H}^n(\mathrm{X}, \Omega^n_{\mathrm{X}})'$ (a one-dimensional vector space associated to X). The embedding into projective space then shows that this pairing is non-degenerate. Finally, one needs to exhibit a *canonical* isomorphism of T_{X} with k. To do this, note that the above computation can be repeated (now that the duality theorem is known for any V^m without singularities) for any embedding of X^n into an arbitrary projective variety V^m without singularities, and gives a canonical isomorphism (depending on the embedding) the other way, from T_{V} to T_{X}. Checking the fact that every immersion of X into a projective space gives rise to the same fundamental class for T_{X} can be done as follows: If X is embedded into projective spaces P_1 and P_2, one may assume that P_1 and P_2 are subvarieties of the same projective space P (I am assuming that the variety obtained by gluing P_1 and P_2 together along X is
projective). The problem is then reduced to proving two things which should 2
not be too tiring:

a) propriété de transitivité pour les isomorphismes entre les T_X associés à des plongements ;

b) si on plonge un *espace projectif* P_1 dans un autre espace projectif P, l'isomorphisme associé $T_P \to T_{P_1}$ transforme classe fondamentale en classe fondamentale.

Le rôle joué dans tout ça par l'espace projectif semble malheureusement encore excessif. J'ai envie de regarder si on n'obtient pas quelque chose pour les « variétés arithmétiques régulières » (i.e. obtenues par recollement de spectres d'anneaux réguliers) « complètes ». Mais as-tu une idée de ce que signifie ici complète, d'abord ? La formulation du séminaire Chevalley (tout anneau de valuation du corps des fonctions rationnelles, contenant l'anneau de base, contient une localité) n'est pas la bonne, car elle inclut les spectres affines des anneaux d'entiers algébriques, ce qui serait loufoque. J'ai aussi envie de regarder si on ne peut pas énoncer un théorème de dualité sur les variétés projectives pouvant avoir des singularités, et si un énoncé plus général et plus technique ne pourrait se démontrer plus simplement encore que celui qu'on a en vue.

J'ai lu le pq que tu as envoyé à Cartan ; si je comprends bien, si pour toute variété projective on sait démontrer qu'il existe *un* faisceau algébrique cohérent F non de torsion tel que les $H^q(X, F)$ soient de dimension finie, alors tous les $H^q(X, F)$ (F arbitraire) le sont. — Bravo pour te mettre à la rédaction d'un diplodocus algébrique = analytique, il était temps ! — Je viens de lire le nouveau bouquin de Chevalley sur la théorie du corps de classes ; je ne fais pas de la recherche vraiment, mais essaie de me cultiver.

Bien à toi

A. Grothendieck

a) a transitivity property for the isomorphisms between the T_X associated to embeddings;

b) if a *projective space* P_1 is embedded into another projective space P, the associated isomorphism $T_P \to T_{P_1}$ transforms fundamental class into fundamental class.

Unfortunately, the role played by projective spaces in all this still seems rather excessive. I feel like looking into whether one doesn't get something for "regular arithmetic varieties" which are "complete" (i.e. obtained by gluing together spectra of regular rings). But to start with, do you have any idea of what complete really means in this context? The definition given in the Chevalley seminar (every valuation ring of the field of rational functions which contains the base ring contains a place) is not the right one, because it includes affine spectra of rings of algebraic integers, which would be crazy. I would also like to look at whether one can't state a duality theorem for projective varieties which may have singularities, and whether a more general and technical statement might not actually be simpler to prove than the one we are considering now.

I have read the draft you sent to Cartan; if I understand correctly, if one knows how to show for every projective variety that there exists *a* coherent non-torsion algebraic sheaf F such that the $H^q(X, F)$ are finite-dimensional, then all the $H^q(X, F)$ are (for arbitrary F). — Congratulations on getting down to writing an algebraic=analytic diplodocus; it was about time! — I have just read Chevalley's new book on class field theory; I am not really doing any research, but trying to cultivate myself.

Regards,

A. Grothendieck

16.1.56

Mon cher Serre,

Cartan vient de trouver une suite spectrale (d'ailleurs celle de Leray) qui éclaircit bien les choses pour les relations entre la cohomologie fonctorielle, et celle calculée par recouvrements (notées respectivement H et $\check{\mathrm{H}}$) : Si $\mathscr{U} = (\mathrm{U}_i)$ est un recouvrement ouvert *quelconque* de l'espace X *quelconque* , et F un faisceau sur X, alors H(X, F) est « l'aboutissement » d'une suite spectrale avec $\mathrm{E}_2^{pq} = \mathrm{H}^p(\mathscr{U}, \mathrm{H}^q(\mathrm{F}))$, où $\mathrm{H}^q(\mathrm{F})$ est le *préfaisceau* qui sur l'ouvert V a pour valeur $\mathrm{H}^q(\mathrm{V}, \mathrm{F})$. La démonstration est purement fonctorielle et très facile, ce qui fait marcher le truc est :

a) la restriction à un ouvert d'un faisceau injectif est injectif (trivial)

b) si F est injectif, alors $\mathrm{H}^p(\mathscr{U}, \mathrm{F}) = 0$ pour $p > 0$ (cela peut se voir en plongeant F dans le faisceau des germes de sections *continues ou non* de F). En particulier, cela donne les homomorphismes canoniques $\mathrm{H}^p(\mathscr{U}, \mathrm{F}) \to \mathrm{H}^p(\mathrm{X}, \mathrm{F})$. Passant à une limite inductive, on trouve une autre suite spectrale, aboutissant à H(X, F), et dont le terme E_2 est $\mathrm{E}_2^{pq} = \varinjlim \mathrm{H}^p(\mathscr{U}, \mathrm{H}^q(\mathrm{F}))$ (la limite inductive étant prise sur les classes de recouvrements ouverts $\mathscr{U}$). Le fait agréable est qu'ici le terme E_2^{0n} est toujours nul pour $n > 0$ (car le faisceau associé à $\mathrm{H}^n(\mathrm{F})$ est nul, comme on voit en se servant d'une résolution injective de F). On en conclut que, si on peut trouver une base d'ouverts U_i pour la topologie de X, telle que les $\check{\mathrm{H}}^q(\mathrm{U}_i, \mathrm{F})$ soient nuls pour $0 < q < n$, alors il en est de même des $\mathrm{H}^q(\mathrm{U}_i, \mathrm{F})$ (et réciproquement) et qu'alors l'homomorphisme canonique $\check{\mathrm{H}}^q(\mathrm{X}, \mathrm{F}) \to \mathrm{H}^q(\mathrm{X}, \mathrm{F})$ est bijectif pour $0 < q \leqslant n$ (récurrence sur n). On retrouve que $\check{\mathrm{H}}^1 = \mathrm{H}^1$, mais aussi que par exemple la cohomologie des faisceaux algébriques cohérents, calculée par recouvrements, est bien la bonne ; en fait, tout revient à établir que si X est *affine*, $\check{\mathrm{H}}^q(\mathrm{X}, \mathrm{F}) = 0$ pour $q > 0$, ce qui est bien facile dans le contexte général des spectres d'anneaux à
1 la Cartier-Serre. — Dans le cas où X est paracompact, on retrouve $\check{\mathrm{H}} = \mathrm{H}$ en notant qu'alors le dernier E_2^{pq} est nul pour tout $q > 0$, car le $\check{\mathrm{H}}$ calculé pour un préfaisceau ne dépend alors que du faisceau associé, qui est nul pour $\mathrm{H}^q(\mathrm{F})$. Pour avoir la Φ-cohomologie, Cartan recommande de la considérer comme limite inductive de cohomologies ordinaires... — Je te signale aussi, à toutes fins utiles, que si on a une application continue f d'un espace X dans un espace Y, et un faisceau F sur X, la suite spectrale de Leray est valable sans aucune

1.16.56

My dear Serre,

Cartan has just found a spectral sequence (as it happens, the Leray spectral sequence) which throws a lot of light on the relationship between functorial cohomology and the cohomology computed using open covers (denoted H and Ȟ, respectively). If $\mathscr{U} = (\mathrm{U}_i)$ is an *arbitrary* open cover of an *arbitrary* space X, and F is a sheaf on X, then H(X, F) is the "abutment" of a spectral sequence such that $\mathrm{E}_2^{pq} = \mathrm{H}^p(\mathscr{U}, \mathrm{H}^q(\mathrm{F}))$, where $\mathrm{H}^q(\mathrm{F})$ is the *presheaf* which has the value $\mathrm{H}^q(\mathrm{V}, \mathrm{F})$ on the open set V. The proof is entirely functorial and very easy; everything goes through because:

a) the restriction of an injective sheaf to an open set is injective (trivial)

b) if F is injective, then $\mathrm{H}^p(\mathscr{U}, \mathrm{F}) = 0$ whenever $p > 0$ (this can be seen by embedding F into the sheaf of germs of *possibly non-continuous* sections of F).

In particular, this gives the canonical homomorphisms $\mathrm{H}^p(\mathscr{U}, \mathrm{F}) \to \mathrm{H}^p(\mathrm{X}, \mathrm{F})$. Passing to the inductive limit gives another spectral sequence, abutting at H(X, F), whose E_2 term is $\mathrm{E}_2^{pq} = \varinjlim \mathrm{H}^p(\mathscr{U}, \mathrm{H}^q(\mathrm{F}))$ (where the inductive limit is taken over the classes of open covers $\mathscr{U}$ of X). The nice thing is that here E_2^{0n} always vanishes for $n > 0$ (since the sheaf associated to $\mathrm{H}^n(\mathrm{F})$ vanishes, as can be seen using an injective resolution of F). One can conclude from this that if the topology on X has a basis of open sets U_i such that $\check{\mathrm{H}}^q(\mathrm{U}_i, \mathrm{F})$ vanishes for $0 < q < n$ then the same holds for $\mathrm{H}^q(\mathrm{U}_i, \mathrm{F})$ (and conversely), and that the canonical homomorphism $\check{\mathrm{H}}^q(\mathrm{X}, \mathrm{F}) \to \mathrm{H}^q(\mathrm{X}, \mathrm{F})$ is then bijective whenever $0 < q \leqslant n$ (induction on n). One recovers the fact that $\check{\mathrm{H}}^1 = \mathrm{H}^1$, and also the fact that for example the cohomology of coherent algebraic sheaves computed using open covers is the right one; in fact the question boils down to establishing that if X is *affine*, then $\check{\mathrm{H}}^q(\mathrm{X}, \mathrm{F}) = 0$ for $q > 0$, which is quite easy in the general context of Cartier-Serre type ring spectra. — When X 1
is paracompact, one recovers $\check{\mathrm{H}} = \mathrm{H}$ by observing that the last term E_2^{pq} is trivial whenever $q > 0$, since the Ȟ computed for a presheaf depends only on its associated sheaf, which is zero for the presheaf $\mathrm{H}^q(\mathrm{F})$. To get the Φ-cohomology, Cartan suggests considering it as an inductive limit of ordinary cohomologies... — Let me also point out, as it might be useful, that given a continuous map f from a space X to a space Y, and a sheaf F on X, the Leray spectral sequence is valid with no additional conditions, provided that

hypothèse supplémentaire, pourvu qu'on ne fasse pas intervenir de famille Φ : $H(X,F)$ est l'aboutissement d'une suite spectrale avec $E_2^{pq} = H^p(Y,F_q)$, où F_q est le faisceau sur Y associé au préfaisceau des $H^q(f^{-1}(U),F)$. Démonstration facile (comme toujours, via les dérivés de foncteurs composés; le fait essentiel est que si F est injectif, alors son image directe F_0 l'est, ce qui est bien facile).

Les résultats de Cartan me permettent de prouver que si X est une variété algébrique sans singularités (il suffit même que les anneaux locaux soient factoriels) alors $H^i(X,k^*) = 0$ pour $i \geqslant 2$ (alors qu'avant je ne l'avais prouvé que pour la $\check{H}$). En effet, on a $H^i(X,A) = 0$ $(i > 0)$ pour A constant, grâce au fait qu'on le sait pour $\check{H}$ déjà. Alors la suite exacte $0 \to k^* \to \mathscr{R}^* \to \mathscr{D} \to 0$ ($\mathscr{R}$ germes de fonctions rationnelles $\neq 0$, $\mathscr{D}$ germes de diviseurs) donne une suite exacte de cohomologie, et on est ramené à vérifier $H^i(X,\mathscr{R}^*) = 0$ pour $i > 0$, ce qui résulte de $\mathscr{R}$ constant, et $H^i(X,\mathscr{D}) = 0$ pour $i > 0$, ce qui résulte de $\mathscr{D} = \sum \mathbf{Z}_V$ (somme sur toutes les hypersurfaces irréductibles V de X) et $H^i(V,\mathbf{Z}) = 0$. D'autre part, en reprenant mon exposé de Kansas, j'ai vu qu'on peut donner une définition fonctorielle universelle du deuxième opérateur bord $H^1(X,\mathscr{H}) \xrightarrow{\partial} H^2(X,\mathscr{F})$ relatif à une suite exacte de faisceaux de groupes (non nécessairement abéliens) $e \to \mathscr{F} \to \mathscr{G} \to \mathscr{H} \to e$, avec $\mathscr{F}$ central dans $\mathscr{G}$ (ça marche aussi si $\mathscr{F}$ est seulement abélien invariant, à condition de tordre $\mathscr{F}$, voir mon exposé). Ici $H^2(X,\mathscr{F})$ est bien entendu la « vraie » cohomologie, et ∂ est défini sur tout $H^1(X,\mathscr{H})$ et non seulement la partie formée des classes de cocycles qui peuvent se remonter en des cochaînes de $\mathscr{G}$. Cela prouve en
2 particulier qu'un fibré algébrique projectif sur une base sans singularités provient d'un fibré vectoriel (comme j'avais cru déjà le démontrer l'été dernier); dans le cas où X est une variété projective complexe sans singularités, on sait que classification algébrique = classification analytique, et on a donc la réponse à une question de Kodaira, par une méthode hyperfonctorielle vraiment amusante.

3 Godement a trouvé une façon triviale d'avoir assez de faisceaux injectifs (faisceaux de modules sur un faisceau d'anneaux $\mathscr{O}$) : on prend en chaque $x \in X$ un $\mathscr{O}_x$-module injectif A_x, et on prend le faisceau des germes de toutes

one does not use a family Φ: $\mathrm{H}(\mathrm{X},\mathrm{F})$ is the abutment of a spectral sequence such that $\mathrm{E}_2^{pq} = \mathrm{H}^p(\mathrm{Y},\mathrm{F}_q)$, where F_q is the sheaf on Y associated to the presheaf $\mathrm{H}^q(f^{-1}(\mathrm{U}),\mathrm{F})$. The proof is easy (using derivations of compositions of functors, as usual; the key fact is that if F is injective, then so is its direct image F_0, which is easy).

Cartan's results enable me to prove that if X is an algebraic variety without singularities (it is even enough to assume that the local rings are factorial) then $\mathrm{H}^i(\mathrm{X},k^*) = 0$ for $i \geqslant 2$ (which previously I had only proved for $\check{\mathrm{H}}$). Indeed, $\mathrm{H}^i(\mathrm{X},\mathrm{A}) = 0$ $(i > 0)$ when A is constant, since this is already known for $\check{\mathrm{H}}$. Then the exact sequence $0 \to k^* \to \mathscr{R}^* \to \mathscr{D} \to 0$ ($\mathscr{R}^*$ = germs of rational functions $\neq 0$, $\mathscr{D}$ = germs of divisors) gives an exact sequence of cohomology, and the problem is reduced to proving that $\mathrm{H}^i(\mathrm{X},\mathscr{R}^*) = 0$ when $i > 0$, which follows from the fact that $\mathscr{R}^*$ is constant and $\mathrm{H}^i(\mathrm{X},\mathscr{D}) = 0$ for $i > 0$, which follows from $\mathscr{D} = \sum \mathbf{Z}_{\mathrm{V}}$ (summing over all irreducible hypersurfaces V in X) and $\mathrm{H}^i(\mathrm{V},\mathbf{Z}) = 0$. Moreover, going back to my Kansas talk, I saw that one can give a universal functorial definition of the second connecting map $\mathrm{H}^1(\mathrm{X},\mathscr{H}) \xrightarrow{\partial} \mathrm{H}^2(\mathrm{X},\mathscr{F})$ associated to an exact sequence of sheaves of (not necessarily abelian) groups $e \to \mathscr{F} \to \mathscr{G} \to \mathscr{H} \to e$, where $\mathscr{F}$ is central in $\mathscr{G}$ (this also works if $\mathscr{F}$ is only abelian and invariant, provided that one twists $\mathscr{F}$, see my talk). Here $\mathrm{H}^2(\mathrm{X},\mathscr{F})$ is of course the "right" cohomology, and ∂ is defined on the whole of $\mathrm{H}^1(\mathrm{X},\mathscr{H})$ and not only on the part consisting of classes of cocycles which can be lifted to cochains of $\mathscr{G}$. This proves in particular that a projective algebraic bundle over a base without singularities comes from a 2
vector bundle (as I thought I had already shown last summer); in the case where X is a projective complex variety without singularities, it is known that algebraic classification = analytic classification, and thus one gets an answer to a question of Kodaira's by a very entertaining hyperfunctorial method.

Godement has found a trivial way to have enough injective sheaves (sheaves 3
of modules over a sheaf of rings $\mathscr{O}$): at every $x \in \mathrm{X}$ one takes an injective $\mathscr{O}_x$-module A_x, and then one takes the sheaf of germs of all sections (without

les sections (sans conditions de continuité) du champ des A_x. Et dire qu'il y a des gens qui ont séché sur la question !

Salut et fraternité

A. Grothendieck

N.B. Je sais démontrer que si X est un « espace de Zariski » de « dimension » $\leqslant n$, alors pour *tout* faisceau F sur X, on a $H^i(X, F) = 0$ quand $i > n$. En particulier, si X est une *courbe* algébrique, on a $H^2(X, k^*) = 0$, d'où remontement des fibrés projectifs en fibrés linéaires (même s'il y a des singularités).

Paris 30.1.1956

Mon cher Serre,

1 Je réponds rapidement à tes questions.

1) J'ai dû oublier un signe ˇ quelque part dans mes explications. La suite spectrale de Cartan prouve que si on peut trouver une base d'ouverts (U_i) telle que sur toute intersection finie U de U_i's, la cohomologie $\check{H}(U, F)$ (*calculée par recouvrements*) est nulle pour $i > 0$, alors il en est de même des bons $H^i(U, F)$, et par suite, considérant un recouvrement $\mathscr{U}$ formé avec des U_i, on aura $\check{H}(\mathscr{U}, F) = H(X, F) = \check{H}(X, F)$. (Démonstration par récurrence sur i, en se servant du fait que dans la deuxième suite spectrale de Cartan, les termes E_2^{0n} sont nuls pour $n > 0$). Cela prouve bien que pour des faisceaux algébriques cohérents sur une variété X, la cohomologie calculée par recouvrements est bien la bonne (prendre pour U_i les ouverts affines).

2) L'absence de singularités sur X me sert essentiellement à prouver que $H^2(X, k^*) = 0$, et n'est donc pas superflue pour l'instant. (J'ai cependant l'impression que l'on doit avoir $H^2(X, k^*) = 0$ sans hypothèse sur X. Je l'ai prouvé s'il n'y a qu'un nombre fini de singularités, mais n'ai pas poursuivi). D'accord que dans le cas des courbes, point n'est besoin de se décarcasser beaucoup ! —

continuity conditions) of the family of the A_x. To think there are people who got stuck on this question!

Yours,

A. Grothendieck

N.B. I can show that if X is a " Zariski space" of "dimension" $\leqslant n$, then for *any* sheaf F on X, $H^i(X, F) = 0$ for $i > n$. In particular, if X is an algebraic *curve*, $H^2(X, k^*) = 0$, and hence projective bundles can be lifted to vector bundles (even in the presence of singularities).

Paris 1.30.1956

My dear Serre,

Let me briefly answer your questions. 1

1) I must have forgotten a ˇ symbol somewhere in my explanations. Cartan's spectral sequence shows that if there is a basis of open sets U_i such that over any finite intersection U of U_i's the $\check{H}(U, F)$ cohomology (*computed using open covers*) vanishes for $i > 0$, then the same holds for the good $H^i(U, F)$, and then, by considering an open cover $\mathscr{U}$ made up of U_i's, one gets $\check{H}(\mathscr{U}, F) = H(X, F) = \check{H}(X, F)$ (Proof by induction on i, using the fact that in Cartan's second spectral sequence, the E_2^{0n} vanish for $n > 0$). This does indeed prove that for coherent algebraic sheaves on a variety X, the cohomology computed using open covers is the right one (take the U_i to be the affine open sets).

2) I use the fact that X has no singularities essentially to prove that $H^2(X, k^*) = 0$; thus it is not superfluous for the moment. (However, I have the impression that one should have $H^2(X, k^*) = 0$ without any hypotheses on X. I have proved this when there is only a finite number of singular points, but didn't continue). I agree there is no need to sweat blood over the curve

Quant à la question classification algébrique = analytique pour les fibrés projectifs, j'avoue que j'admettais de confiance que pour le plongement usuel du
2 groupe projectif dans le groupe linéaire, il y a une section rationnelle, puisque tout le monde semblait convaincu que ça devait toujours se passer comme ça pour une fibration par un groupe linéaire (tu vois, je ne suis pas très sérieux !). Il est vrai que Chevalley ne connaît aucun théorème dans cette direction, sauf celui de Rosenlicht, et il serait navrant que tu aies un contre-exemple pour le groupe projectif déjà. Note d'ailleurs que pour avoir le contre-exemple, il suffit de constater que dans la fibration du groupe linéaire G par le sous-groupe projectif $\mathrm{GP}(n-1)$ (base $\mathrm{G}/\mathrm{GP}(n-1)$) on ne peut pas remonter le groupe structural au groupe linéaire $\mathrm{GL}(n)$ (et c'est aussi nécessaire si on admet qu'un fibré algébrique de groupe $\mathrm{GL}(n)$ est localement trivial ; mais je crois que tu l'as démontré seulement sur les variétés projectives) ; il suffirait par exemple de prouver que le fibré associé à fibre l'espace projectif n'est pas homologiquement équivalent, à coefficients *entiers*, au produit $\mathrm{P}(n-1) \times \mathrm{G}/\mathrm{GP}(n-1)$.

3) Esquisse de la démonstration que $\mathrm{H}^i(\mathrm{X}, \mathrm{F}) = 0$ pour $i > n$, si X est un « espace de Zariski » de « dimension combinatoire » (via chaînes de fermés irréductibles) $\leqslant n$:

a) On prouve que si X est compact ou un espace de Zariski, la cohomologie $\mathrm{H}(\mathrm{X}, \mathrm{F})$ commute avec les limites inductives de faisceaux. Cela permet de se réduire au cas où F est engendré par un nombre fini de sections sur des ouverts U_i, i.e. est un quotient de $\sum_{i=1}^{n} \mathbf{Z}_{\mathrm{U}_i}$ ($\mathbf{Z}_{\mathrm{U}}$= faisceau nul sur $\complement\mathrm{U}$ et $\mathbf{Z}$ sur U). — On procède par récurrence sur n, supposant le théorème démontré jusqu'à la dimension $n-1$, et le prouvant pour X de dimension $\leqslant n$.

b) Par ton astuce, on se ramène au cas X irréductible.

c) Si X est irréductible, alors $\mathrm{H}^i(\mathrm{X}, \mathbf{Z}_{\mathrm{U}}) = 0$ pour tout ouvert U et $i > n$. En effet, posant $\mathrm{Y} = \complement\mathrm{U}$, la suite exacte $0 \to \mathbf{Z}_{\mathrm{U}} \to \mathbf{Z} \to \mathbf{Z}_{\mathrm{Y}} \to 0$ donne $\mathrm{H}^{i-1}(\mathrm{X}, \mathbf{Z}_{\mathrm{Y}}) \to \mathrm{H}^i(\mathrm{X}, \mathbf{Z}_{\mathrm{U}}) \to \mathrm{H}^i(\mathrm{X}, \mathbf{Z})$, et le premier terme $= \mathrm{H}^{i-1}(\mathrm{Y}, \mathbf{Z})$ est nul par l'hypothèse de récurrence, le dernier parce que X est irréductible.

d) Pour prouver $\mathrm{H}^i(\mathrm{X}, \mathrm{F}) = 0$ pour $i > n$ et F engendré par un nombre fini N de sections, on se ramène aussitôt par récurrence sur N au cas $\mathrm{N} = 1$ i.e. au cas où $\mathrm{F} = \mathbf{Z}_{\mathrm{U}}/\mathrm{R}$. Par la suite exacte et c), on est ramené à prouver que $\mathrm{H}^i(\mathrm{X}, \mathrm{R}) = 0$, R sous-faisceau de $\mathbf{Z}_{\mathrm{U}}$. Par a), on peut supposer ce sous-faisceau engendré par un nombre *fini* de sections *constantes* sur des ouverts $\mathrm{U}_i \subset \mathrm{U}$.

case! – As for the algebraic classification = analytic classification question
for projective bundles, I confess that I was taking it on trust that the usual
embedding of the projective group into the linear group has a rational section, 2
since everybody seemed convinced that that should always happen for a fibra-
tion by a linear group (you see what an irresponsible individual I am!). It is
true that Chevalley does not know of any theorem in this direction except for
Rosenlicht's, and it would be very sad if you already had a counterexample
for the projective group. Actually, remark that to get such a counterexample,
it is enough to note that in the fibration of the linear group G by the projec-
tive subgroup $\mathrm{GP}(n-1)$ (base $\mathrm{G}/\mathrm{GP}(n-1)$) one cannot lift the structural
group to the linear group $\mathrm{GL}(n)$ (and this is also necessary if one assumes
that an algebraic bundle of group $\mathrm{GL}(n)$ is locally trivial; but I think you only
proved this for projective varieties); it would be enough, for example, to prove
that the associated bundle with fiber the projective space is not homologically
equivalent with *integral* coefficients to the product $\mathrm{P}(n-1) \times \mathrm{G}/\mathrm{GP}(n-1)$.

3) Sketch of the proof that $\mathrm{H}^i(\mathrm{X},\mathrm{F}) = 0$ for $i > n$ if X is a "Zariski space" of "combinatorial dimension" (via chains of closed irreducible sets) $\leqslant n$.

a) Prove that if X is compact or a Zariski space, then the cohomology $\mathrm{H}(\mathrm{X},\mathrm{F})$ commutes with inductive limits of sheaves. This allows us to reduce the problem to the case where F is generated by a finite number of sections over open sets U_i, i.e. F is a quotient of $\sum_{i=1}^{n} \mathbf{Z}_{\mathrm{U}_i}$ (where $\mathbf{Z}_\mathrm{U}$ is the zero sheaf on $\complement\mathrm{U}$ and $\mathbf{Z}$ on U). — Use induction on n, assuming the theorem proved up to dimension $n-1$, and proving it for X of dimension $\leqslant n$.

b) Using your trick, reduce to irreducible X.

c) If X is irreducible, then $\mathrm{H}^i(\mathrm{X},\mathbf{Z}_\mathrm{U}) = 0$ for any open set U and $i > n$. Indeed, setting $\mathrm{Y} = \complement\mathrm{U}$, the exact sequence $0 \to \mathbf{Z}_\mathrm{U} \to \mathbf{Z} \to \mathbf{Z}_\mathrm{Y} \to 0$ gives $\mathrm{H}^{i-1}(\mathrm{X},\mathbf{Z}_\mathrm{Y}) \to \mathrm{H}^i(\mathrm{X},\mathbf{Z}_\mathrm{U}) \to \mathrm{H}^i(\mathrm{X},\mathbf{Z})$; the first term $= \mathrm{H}^{i-1}(\mathrm{Y},\mathbf{Z})$ vanishes by the induction hypothesis, and the last term vanishes because X is irreducible.

d) To show that $\mathrm{H}^i(\mathrm{X},\mathrm{F}) = 0$ when $i > n$ and F is generated by a finite number N of sections, reduce the problem by induction on N to the case $\mathrm{N} = 1$, i.e. $\mathrm{F} = \mathbf{Z}_\mathrm{U}/\mathrm{R}$. Using the exact sequence and c), one is then reduced to proving that $\mathrm{H}^i(\mathrm{X},\mathrm{R}) = 0$ when R is a subsheaf of $\mathbf{Z}_\mathrm{U}$. By a) one can assume that the subsheaf is generated by a *finite* number of *constant* sections over open sets $\mathrm{U}_i \subset \mathrm{U}$.

e) Si F est un tel sous-faisceau de $\mathbf{Z}_{\mathrm{U}}$, alors en tout $x \in \mathrm{X}$, F_x est un sous-groupe de $\mathbf{Z}$ engendré par un générateur $d_x \geqslant 0$, et on peut supposer qu'il existe un $d_x \neq 0$ (sinon $\mathrm{F} = 0$!) ; soit d le minimum des $d_x > 0$, x un point tel que $d_x = d$, alors on a $d_y = d$ dans un voisinage ouvert V de x. Considérons l'injection $\mathbf{Z}_{\mathrm{V}} \to \mathrm{F}$ qui sur V est la multiplication par d, on a donc une suite exacte $0 \to \mathbf{Z}_{\mathrm{V}} \to \mathrm{F} \to \mathrm{F}/\mathbf{Z}_{\mathrm{V}} \to 0$. Le faisceau quotient a son support dans $\complement \mathrm{V}$, qui est de dimension $\leqslant n-1$; la suite exacte de cohomologie donne alors le résultat voulu, compte tenu de c) et de l'hypothèse de récurrence.

Je sais démontrer (par la suite spectrale des Ext globaux) que si X est une variété algébrique sans singularités de dimension $\leqslant n$, alors les faisceaux algébriques cohérents forment une classe abélienne de « dimension » finie, en tout cas $\leqslant 2n-1$. On aimerait bien remplacer ça par n ! On est amené à prouver que, si A est un anneau local régulier, M et N deux modules de type fini sur A, alors la dimension du « support » de $\mathrm{Ext}^i_{\mathrm{A}}(\mathrm{M},\mathrm{N})$ est $\leqslant \max(0, \nu - i)$, où $\nu =$ dim.supp. N. (D'ailleurs, par tes dévissages, on est ramené au cas $\mathrm{M} = \mathrm{A}/\mathfrak{p}$, $\mathrm{N} = \mathrm{A}/\mathfrak{q}$, $\mathfrak{p}$ et $\mathfrak{q}$ idéaux premiers). A-t-on au moins toujours

$$\text{dim.supp. } \mathrm{Ext}^i_{\mathrm{A}}(\mathrm{M},\mathrm{N}) \leqslant n - i,$$

si n est la dimension de Krull de A ? Au cas où tu aurais des renseignements quelconques sur les Ext^i, je suis amateur !

Salut et fraternité

A. Grothendieck

Princeton, 2 Février 1956

Cher Grothendieck,

Je réponds à la question que tu me poses sur dim.Supp. des Ext. Soit A un anneau local régulier, de dimension n, et soit $\mathfrak{p}$ un idéal premier de A, de
1 dimension r ; on sait alors (cf. ma rédaction Bourbaki) que $\mathrm{A}_{\mathfrak{p}}$ est un anneau local régulier de dimension $n-r$. Si maintenant M et N sont deux A-modules

e) If F is such a subsheaf of $\mathbf{Z}_{\mathrm{U}}$, then at every $x \in \mathrm{X}$, F_x is a subgroup of $\mathbf{Z}$ generated by a generator $d_x \geqslant 0$, and one can assume that there exists some $d_x \neq 0$ (otherwise $\mathrm{F} = 0$!); let d be the least of the $d_x > 0$ and x a point such that $d_x = d$, then $d_y = d$ in some open neighborhood V of x. Consider the injection $\mathbf{Z}_{\mathrm{V}} \to \mathrm{F}$ which is multiplication by d over V; this gives an exact sequence $0 \to \mathbf{Z}_{\mathrm{V}} \to \mathrm{F} \to \mathrm{F}/\mathbf{Z}_{\mathrm{V}} \to 0$. The quotient sheaf is supported on $\complement \mathrm{V}$, which is of dimension $\leqslant n-1$; the cohomology exact sequence then gives the desired result, using c) and the induction hypothesis.

I can show (using the spectral sequence for global Ext) that if X is an algebraic variety without singularities of dimension $\leqslant n$, then the coherent algebraic sheaves form an abelian class of finite "dimension", at any rate $\leqslant 2n-1$. It would be nice to be able to replace this by n! One is led to prove that if A is a regular local ring and M and N are two finitely generated modules over A, then the dimension of the "support" of $\mathrm{Ext}^i_{\mathrm{A}}(\mathrm{M},\mathrm{N})$ is $\leqslant \max(0, \nu - i)$, where $\nu =$ dim.supp. N. (Moreover, using your dévissages, one is reduced to the case $\mathrm{M} = \mathrm{A}/\mathfrak{p}$, $\mathrm{N} = \mathrm{A}/\mathfrak{q}$, for prime ideals $\mathfrak{p}$ and $\mathfrak{q}$). Is it at least always true that

$$\text{dim.supp. } \mathrm{Ext}^i_{\mathrm{A}}(\mathrm{M},\mathrm{N}) \leqslant n - i,$$

if n is the Krull dimension of A? If you happen to know any information at all about Ext^i, I would be interested!

Yours,

A. Grothendieck

Princeton, February 2, 1956

Dear Grothendieck,

Here is the answer to the question you asked me on dim.Supp. of Ext. Let A be a regular local ring of dimension n, and let $\mathfrak{p}$ be a prime ideal of A, of dimension r; then one knows (cf. my Bourbaki draft) that $\mathrm{A}_{\mathfrak{p}}$ is a regular local 1

de type fini, on démontre facilement (en utilisant le fait que $A_{\mathfrak{p}}$ est A-plat) la formule :

$$\mathrm{Ext}^q_{\mathrm{A}}(\mathrm{M},\mathrm{N}) \otimes_{\mathrm{A}} \mathrm{A}_{\mathfrak{p}} = \mathrm{Ext}^q_{\mathrm{A}_{\mathfrak{p}}}(\mathrm{M} \otimes_{\mathrm{A}} \mathrm{A}_{\mathfrak{p}}, \mathrm{N} \otimes_{\mathrm{A}} \mathrm{A}_{\mathfrak{p}}),$$

et, vu le théorème des syzygies, le second membre est nul pour $q > n-r$, i.e. $r > n-q$. Mais si Q est un A-module quelconque, on sait que $\mathfrak{p} \in \mathrm{Supp}(\mathrm{Q})$ équivaut à $\mathrm{Q}\otimes_{\mathrm{A}}\mathrm{A}_{\mathfrak{p}} \neq 0$. Il en résulte que $\mathrm{Ext}^q_{\mathrm{A}}(\mathrm{M},\mathrm{N})$ a un support de dimension $\leqslant n-q$, ce qui démontre l'une des conjectures que tu faisais sur le dit support.

De même, en prenant $\mathrm{M} = \mathrm{N} = \mathrm{A}/\mathfrak{p}$, et $q = n - r$, on trouve

$$\mathrm{Ext}^{n-r}_{\mathrm{A}}(\mathrm{A}/\mathfrak{p}, \mathrm{A}/\mathfrak{p}) \otimes_{\mathrm{A}} \mathrm{A}_{\mathfrak{p}} \neq 0,$$

ce qui permet facilement de construire des contre-exemples à la première conjecture que tu faisais.

Est-ce que la première formule te suffit pour démontrer que la classe des faisceaux cohérents est de dimension $\leqslant n$?

Au sujet des fibrés à groupe le groupe projectif : je suis maintenant à peu près sûr que, si l'on plonge ce groupe dans le groupe linéaire, il n'y a pas de section rationnelle. J'ai fini par comprendre les théorèmes type Rosenlicht sur l'existence de sections ; ils sont tout à fait spéciaux aux groupes additif et multiplicatif, et tiennent à ce que, si L/K est une extension galoisienne, à groupe G, on a $\mathrm{H}^1(\mathrm{G},\mathrm{L}) = 0$ et $\mathrm{H}^1(\mathrm{G},\mathrm{L}^*) = 0$; cela est faux pour d'autres
2 groupes (le groupe projectif, par exemple, donne essentiellement le groupe
de Brauer de K), mais, par contre, vrai pour le groupe linéaire et le groupe unimodulaire. Je te raconterai ça plus en détail une autre fois.

Je ne te fais pas de commentaires sur le reste de ta lettre (si ce n'est que je me réjouis fort de voir cette « hypercohomologie » donner des résultats tangibles en géométrie algébrique — Weil sera furieux !), car je n'ai guère eu le
3 temps de la chiader en détail. Je suis occupé avec mon sacré papier analytique
(je rédige horriblement lentement), et en même temps, j'essaie de comprendre
4 les jolies choses que fait Lang avec les variétés abéliennes. Mais continue à
m'envoyer des nouvelles (et rappelle donc à Cartan qu'il pense à m'envoyer son Séminaire : je n'ai que les n°s 1–5).

Salut et fraternité

J-P. Serre

ring of dimension $n-r$. Now, if M and N are two A-modules of finite type, it is easy to prove (using the fact that $A_{\mathfrak{p}}$ is A-flat) the formula:

$$\mathrm{Ext}^q_{\mathrm{A}}(\mathrm{M},\mathrm{N}) \otimes_{\mathrm{A}} \mathrm{A}_{\mathfrak{p}} = \mathrm{Ext}^q_{\mathrm{A}_{\mathfrak{p}}}(\mathrm{M} \otimes_{\mathrm{A}} \mathrm{A}_{\mathfrak{p}}, \mathrm{N} \otimes_{\mathrm{A}} \mathrm{A}_{\mathfrak{p}}) ,$$

and by the syzygies theorem, the right-hand side is trivial if $q > n-r$, i.e. if $r > n-q$. But if Q is an arbitrary A-module, then one knows that $\mathfrak{p} \in \mathrm{Supp}(\mathrm{Q})$ is equivalent to $\mathrm{Q} \otimes_{\mathrm{A}} \mathrm{A}_{\mathfrak{p}} \neq 0$. It follows that the support of $\mathrm{Ext}^q_{\mathrm{A}}(\mathrm{M},\mathrm{N})$ is of dimension $\leqslant n-q$, which proves one of the conjectures you made on the said support.

Similarly, taking $\mathrm{M} = \mathrm{N} = \mathrm{A}/\mathfrak{p}$ and $q = n-r$, one finds

$$\mathrm{Ext}^{n-r}_{\mathrm{A}}(\mathrm{A}/\mathfrak{p}, \mathrm{A}/\mathfrak{p}) \otimes_{\mathrm{A}} \mathrm{A}_{\mathfrak{p}} \neq 0,$$

which makes it possible to easily construct counterexamples to the first of your conjectures.

Is the first formula enough for you to prove that the class of coherent sheaves is of dimension $\leqslant n$?

On the subject of bundles whose group is the projective group: I am now practically certain that if this group is embedded into the linear group, there is no rational section. I have finally understood the Rosenlicht-type theorems on the existence of sections; they are entirely specific to the multiplicative and additive groups, and depend on the fact that if L/K is a Galois extension with
group G then $\mathrm{H}^1(\mathrm{G},\mathrm{L}) = 0$ and $\mathrm{H}^1(\mathrm{G},\mathrm{L}^*) = 0$; this is false for other groups 2
(the projective group, for example, essentially gives the Brauer group of K), but is on the other hand true for the linear group and the unimodular group. I will tell you about this in more detail another time.

I have no comments on the rest of your letter (except that I am delighted to see this "hypercohomology" yield some concrete results in algebraic geometry—Weil will be furious!), because I have hardly had the time to study it in detail.
I am busy with my blasted analytic paper (I write horribly slowly), and at the 3
same time, I am trying to understand the pretty things Lang is doing with 4
abelian varieties. But keep sending me your news (and remind Cartan to send me his Seminar: I only have n°s 1–5).

Yours,

J-P. Serre

16.2.1956

Mon cher Serre,

Merci pour tes renseignements sur les Ext. Je sais démontrer ce qui suit sur les variétés arithmétiques obtenues par recollement de spectres d'anneaux
1 commutatifs noethériens : Soit X une telle variété, Cartier y définit les faisceaux algébriques quasi-cohérents, très commodes techniquement car ils ont certaines propriétés des cohérents sans exiger des conditions de finitude (dans le cas affine, ils correspondent à *tous* les modules sur l'anneau des coordonnées, et non seulement les modules de type fini) ; ainsi les quasi-cohérents sont stables par image directe par un morphisme ; pour vérifier qu'un quasi-cohérent est cohérent, il suffit de vérifier que ses sections sur un ouvert affine assez petit forment un module fini sur l'anneau de coordonnées de ce dernier. Ceci dit, on montre que dans la classe abélienne des quasi-cohérents sur X, il y a assez d'injectifs, que le Ext de deux quasi-cohérents dans cette classe est bien celui donné en théorie des faisceaux de $\mathscr{O}$-modules quelconques [noté $\mathrm{Ext}^p_{\mathscr{O}}(\mathrm{X},\mathrm{F},\mathrm{G})$], et enfin que la classe en question est de dimension cohomologique $\leqslant n$ si et seulement si les anneaux locaux (relatifs aux localités de dim. 0) sont de dimension cohomologique $\leqslant n$. Rien n'est difficile, mais il faut y aller avec soin. — Avec la suite spectrale de Leray, je sais prouver que si F est un faisceau algébrique cohérent sur une variété complète X, alors $\mathrm{H}^1(\mathrm{X},\mathrm{F})$ est de dimension finie. Pour ceci, je me sers du fait qu'il existe une application régulière birationnelle d'une variété projective X′ sur X (Chow) et que d'après
2 ton dévissage, il suffit de trouver *un* faisceau cohérent F sur X de support X pour lequel le théorème soit vrai : je prends l'image par f du faisceau $\mathscr{O}_{\mathrm{X}'}$, dont on montre sans difficulté qu'il est cohérent (vrai chaque fois que f est « propre » i.e. « X′ complet au-dessus de X » au sens du séminaire Chevalley-Cartan). La suite spectrale de Leray prouve $\mathrm{H}^1(\mathrm{X},\mathrm{F}) \subset \mathrm{H}^1(\mathrm{X}',\mathscr{O}_{\mathrm{X}'})$, et on a gagné. La méthode ramène, pour le cas des H^i, i quelconque, à prouver que les faisceaux F_q qui interviennent dans la suite spectrale de Leray sont cohérents ; les sections de F_q sur un ouvert affine $\mathrm{U} \subset \mathrm{X}$ forment exactement $\mathrm{H}^q(\mathrm{U}',\mathscr{O}_{\mathrm{X}'})$ où $\mathrm{U}' = f^{-1}(\mathrm{U})$. Mais je sais seulement qu'ils sont *quasi*-cohérents (comme dit plus haut). La suite spectrale de Leray permet de prouver aussi qu'une variété algébrique fibrée localement triviale de base et fibre affines est affine (via ta caractérisation cohomologique des affines). J'ai aussi mis sur pied une variante

2.16.1956

My dear Serre,

Thank you for the information on the Ext. I can prove the following for arithmetic varieties obtained by gluing together spectra of commutative Noetherian rings: Let X be such a variety; Cartier defines quasi-coherent algebraic 1
sheaves on X, which are technically very handy because they have certain properties of coherent sheaves but are not required to satisfy any finiteness property (in the affine case, they correspond to *all* modules over the coordinate ring, not just finitely generated modules); thus the quasi-coherent sheaves are stable under direct image by a morphism, and to check that a quasi-coherent sheaf is coherent it is enough to check that its sections over a sufficiently small open affine set form a finite module over the coordinate ring of the latter. This said, one can show that in the abelian class of quasi-coherent sheaves on X there are enough injectives, that the Ext of two quasi-coherent sheaves in this class is indeed the one given by the theory of arbitrary sheaves of $\mathcal{O}$-modules [denoted $\mathrm{Ext}^p_{\mathcal{O}}(\mathrm{X},\mathrm{F},\mathrm{G})$], and finally, that this class is of cohomological dimension $\leqslant n$ if and only if the local rings (at places of dimension 0) are of cohomological dimension $\leqslant n$. None of this is difficult, but it needs a little care. — Using the Leray spectral sequence, I can show that if F is a coherent algebraic sheaf on a complete variety X then $\mathrm{H}^1(\mathrm{X},\mathrm{F})$ is finite-dimensional. For this, I use the fact that there exists a regular birational map from a projective variety X′ onto X (Chow) and that by your dévissage, it is enough to find *one* co- 2
herent sheaf F on X with support X for which the theorem holds: I take the image by f of the sheaf $\mathcal{O}_{\mathrm{X}'}$; it is not difficult to prove that it is coherent (true whenever f is "proper" i.e. "X′ is complete over X" in the sense given in the Chevalley-Cartan seminar). The Leray spectral sequence shows that $\mathrm{H}^1(\mathrm{X},\mathrm{F}) \subset \mathrm{H}^1(\mathrm{X}',\mathcal{O}_{\mathrm{X}'})$, and the result is in the bag. To prove the same result for H^i for any i, this method reduces the problem to showing that the sheaves F_q which occur in the Leray spectral sequence are coherent; the sections of F_q over an open affine set $\mathrm{U} \subset \mathrm{X}$ are precisely $\mathrm{H}^q(\mathrm{U}',\mathcal{O}_{\mathrm{X}'})$ where $\mathrm{U}' = f^{-1}(\mathrm{U})$. But I only know that they are *quasi*-coherent (as I said above). The Leray spectral sequence also enables us to show that an algebraic variety which is a locally trivial fibration over an affine base space with affine fibers is affine (via your cohomological characterization of affine varieties). I have also set up a

de la suite spectrale des recouvrements, dans le cas de groupes finis opérant sans points fixes, tant pour les faisceaux additifs que multiplicatifs $\mathscr{O}^*$. Dans le cas additif (faisceaux algébriques quasi-cohérents) on trouve exactement ce à quoi on s'attend, mais dans le cas de $\mathscr{O}^*$ c'est nettement différent de ce qui se passe dans le cas classique.

Cartan et Mac Lane s'excitent vachement sur la « co-barre-construction », suggérée par une construction algébrique de Cartier. Elle doit en principe, à partir d'une « coalgèbre » (i.e. module avec application diagonale associative) graduée différentielle, donner une « hyperalgèbre » graduée différentielle (i.e. quelque chose qui est à la fois une co-algèbre et une algèbre), et si on part
3 du complexe singulier d'un module, donner le complexe singulier de l'espace des lacets (grosso modo) ; en tout cas, par des calculs heuristiques, Cartan a déjà retrouvé la structure homologique de l'espace des lacets et de l'espace des lacets de l'espace des lacets de la sphère (pour ce deuxième retrouvant un complexe trouvé déjà l'an dernier par Hilton, je crois), mais le formalisme n'est pas encore assez au point pour donner $\pi_6(\mathbf{S}^3)$. — Dans tout ça, je ne sais trop si je vais me lancer aussi dans les constructions, ou chiader la géométrie algébrique plus à fond. — A propos, en reprenant ta méthode pour les formules
4 de Plücker, il est immédiat, étant donné une application régulière « propre » d'une variété X sur une variété X′, à fibres discrètes, de ramener la classification des fibrés algébriques (à groupe structural) sur X′ à la classification sur X, d'où en principe la classification des fibrés usuels sur une courbe de genre 0 pouvant avoir des points multiples. Mais je n'ai pas regardé ce que ça peut donner pour la classification sur $\mathbf{P}_2$. — Je suis amateur de détails de ton interprétation du résultat de Rosenlicht sur l'existence de sections.

Salut et fraternité

A. Grothendieck

P.S. Quel est ce canular de me faire inviter au colloque de Topologie Algébrique de Louvain !

variant of the open cover spectral sequence, in the case of finite groups with fixed-point free actions, for both additive and multiplicative sheaves $\mathscr{O}^*$. In the additive case (quasi-coherent algebraic sheaves) one finds exactly what one expected to, but for $\mathscr{O}^*$ it is markedly different from the classical situation.

Cartan and Mac Lane are all excited about the "cobar-construction" suggested by an algebraic construction of Cartier's. In principle, starting with a graded differential "coalgebra" (i.e. a module with an associative diagonal map) this should give a graded differential "hyperalgebra" (i.e. something that is both an algebra and a coalgebra), and starting with the singular complex
of a module should give us the singular complex of the loop space (roughly); 3
in any case, using heuristic computations, Cartan has already been able to recover the homological structure of the loop space and the loop space of the loop space of the sphere (for the latter, he has rediscovered a complex that was already found last year by Hilton, I believe) but this formalism is not yet refined enough to yield $\pi_6(\mathbf{S}^3)$. — All in all, I don't really know whether I am going to throw myself into these constructions as well, or study algebraic geometry more deeply. — By the way, going back to your method for the Plücker
formulas, given a "proper" regular map from a variety X onto a variety X′, 4
with discrete fibers, it is immediate to reduce the classification of algebraic bundles (with structural group) over X′ to the classification over X, hence in principle the classification of ordinary bundles over a curve of genus 0 which may have multiple points. But I haven't yet looked at what this might give for the classification over $\mathbf{P}_2$. — I would be very interested in having details of your interpretation of Rosenlicht's result on the existence of sections.

Yours,

A. Grothendieck

P.S. What kind of a joke is it to have me invited to the Algebraic Topology conference in Louvain!

Bois-Colombes le 8.3.1956

Cher Serre,

1 Les raisonnements pour les théorèmes 2 et 3 de ton PQ sur les faisceaux algébriques devraient se condenser en l'énoncé suivant : Soit X une variété algébrique (ou même arithmétique de dimension finie), $\mathscr{C}$ la classe des faisceaux algébriques cohérents sur X, F^* un foncteur cohomologique à degrés $\geqslant 0$ sur $\mathscr{C}$ (à valeurs dans une classe abélienne quelconque $\mathscr{C}'$; il suffit que F soit défini en degrés $\leqslant \mathrm{N}$) ; soit donné, pour toute sous-variété irréductible Y^d de dimension d de X, un faisceau algébrique cohérent sans torsion $\mathscr{A}_{\mathrm{Y}^d}$ sur Y^d, ayant pour support Y^d ; alors pour tout $\mathscr{A} \in \mathscr{C}$, et tout entier $k \leqslant \mathrm{N}$, $\mathrm{F}^k(\mathscr{A})$ appartient à la « plus petite sous-classe "épaisse" » de $\mathscr{C}$, contenant tous les $\mathrm{F}^i(\mathscr{A}_{\mathrm{Y}^d})$ pour $k-(n-d) \leqslant i \leqslant k$. Sous-classe « épaisse » correspond à ce
2 que, dans ton papier sur les classes de groupes abéliens, tu appelles classe de groupes. Il y a une variante de cet énoncé pour les foncteurs homologiques, peu importe. Il contient évidemment les deux théorèmes mentionnés, et aussi : si F est un foncteur exact à gauche, alors $\mathrm{F}(\mathscr{A})$ appartient à la classe épaisse engendrée par les $\mathrm{F}(\mathscr{A}_{\mathrm{Y}^d})$, donc pour vérifier que $\mathrm{F}(\mathscr{A})$ appartient toujours à une certaine sous-classe épaisse, il suffit de vérifier que pour toute $\mathrm{Y}^d \subset \mathrm{X}$, on peut trouver au moins *un* faisceau algébrique cohérent sans torsion sur Y^d de support Y^d pour lequel ce soit vrai. Un premier exemple est le cas du foncteur H^0, un deuxième est celui où on se donne une application régulière de X dans une variété Y, et prend $\mathrm{F}(\mathscr{A}) =$ image directe de $\mathscr{A}$ par f (à valeurs dans les faisceaux algébriques sur Y). Pour vérifier que $f_*(\mathscr{A})$ est toujours *cohérent*, il suffit de vérifier par exemple que les $f_*(\mathscr{O}_{\mathrm{Y}^d})$ le sont, ce qui se vérifie immédiatement si f est *propre*. (Autre application : démonstration du fait que $\mathrm{H}^1(\mathrm{X}, \mathscr{A})$ est de dimension finie si $\mathscr{A}$ est cohérent sur X variété complète).

Soit G un groupe opérant par homéomorphismes dans un espace topologique X (sans hypothèse supplémentaire pour l'instant ; il n'est pas nécessaire que G opère fidèlement, le cas où G opère trivialement étant d'ailleurs particulièrement intéressant). Alors la notion de faisceau sur X avec G pour groupe d'opérateurs est évidente, on l'appellera un G-X-faisceau (sous-entendu : de groupes abéliens), ces faisceaux forment une classe abélienne $\mathrm{C}^{\mathrm{G}}(\mathrm{X})$ avec assez d'injectifs. Le foncteur Γ_{X} (sections) prend ses valeurs dans la classe C^{G} des G-modules, donc aussi les foncteurs dérivés $\mathrm{H}^p(\mathrm{X}, \mathrm{F})$; soit $\Gamma_{\mathrm{X}}^{\mathrm{G}} = \Gamma^{\mathrm{G}}\Gamma_{\mathrm{X}}$ le foncteur $\mathrm{F} \mapsto \Gamma_{\mathrm{X}}(\mathrm{F})^{\mathrm{G}}$ de $\mathrm{C}^{\mathrm{G}}(\mathrm{X})$ dans la classe des groupes abéliens ; c'est un

Bois-Colombes, 3.8.1956

Dear Serre,

It should be possible to condense the arguments for theorems 2 and 3 of your draft on algebraic sheaves to the following statement: let X be an algebraic 1
variety (or even a finite-dimensional arithmetic variety), $\mathscr{C}$ the class of coherent algebraic sheaves on X, F^* a cohomological functor in degrees $\geqslant 0$ on $\mathscr{C}$ (with values in an arbitrary abelian class $\mathscr{C}'$; it is enough for F to be defined in degrees $\leqslant N$); let us be given, for every d-dimensional irreducible subvariety Y^d of X, a torsion-free coherent algebraic sheaf $\mathscr{A}_{Y^d}$ on Y_d with support Y^d; then for every $\mathscr{A} \in \mathscr{C}$ and every integer $k \leqslant N$, $F^k(\mathscr{A})$ belongs to the "smallest "thick" subclass" of $\mathscr{C}$ which contains all the $F^i(\mathscr{A}_{Y^d})$ for $k-(n-d) \leqslant i \leqslant k$. A 'thick' subclass corresponds to what you call a class of groups in your paper on classes of abelian groups. There is an alternative version of this statement 2
for homological functors, never mind. It contains both of the above-mentioned theorems, and also: if F is a left exact functor, then $F(\mathscr{A})$ belongs to the thick class generated by the $F(\mathscr{A}_{Y^d})$, so that to check that $F(\mathscr{A})$ always belongs to a thick subclass, it is enough to check that for every $Y^d \subset X$ there is at least *one* torsion-free coherent algebraic sheaf on Y^d with support Y^d for which this holds. A first example of this is the case of the functor H^0, and a second one is the case where one takes a regular map f from X into a variety Y, and set $F(\mathscr{A})$ = the direct image of $\mathscr{A}$ by f (with values in the algebraic sheaves on Y). To check that $f_*(\mathscr{A})$ is always *coherent* it suffices for example to check that the $f_*(\mathscr{O}_{Y^d})$ are coherent, which is immediate if f is *proper*. (Another application is the proof that $H^1(X, \mathscr{A})$ is finite-dimensional if $\mathscr{A}$ is coherent over a complete variety X).

Let G be a group which acts by homeomorphisms on a topological space X (without additional hypotheses for the moment; G doesn't necessarily act faithfully, in fact the case where G acts trivially is particularly interesting). Then the notion of a sheaf on X with G-action is obvious; let us call such a sheaf a G-X-sheaf (of abelian groups, implicitly); such sheaves form an abelian class $C^G(X)$ with enough injectives. The functor Γ_X (sections) takes values in C^G, the class of G-modules, so the same holds for the derived functors $H^p(X, F)$; now let $\Gamma_X^G = \Gamma^G\Gamma_X$ be the functor $F \mapsto \Gamma_X(F)^G$ which takes $C^G(X)$ to the class of abelian groups; this is a left exact functor, whose derived functors

foncteur exact à gauche dont les foncteurs dérivés seront notés $\mathrm{H}^p(\mathrm{X}, \mathrm{G}; \mathrm{F})$. Soit $\mathrm{Y} = \mathrm{X}/\mathrm{G}$ avec la topologie quotient, on fera opérer G trivialement sur Y. $\mathrm{C}^{\mathrm{G}}(\mathrm{Y})$ est donc la classe des faisceaux sur Y où opère G par automorphismes de faisceaux, ou encore les faisceaux de $\mathbf{Z}(\mathrm{G})$-modules, où $\mathbf{Z}(\mathrm{G})$ est considéré comme faisceau constant d'anneaux sur Y. Donc ici $\mathrm{H}^p(\mathrm{Y}, \mathrm{G}; \mathrm{A})$ n'est autre que $\mathrm{Ext}^p_{\mathbf{Z}(\mathrm{G})}(\mathrm{Y}, \mathbf{Z}, \mathrm{A})$, où $\mathbf{Z}$ est considéré comme G-faisceau sur Y de façon évidente ; c'est donc l'aboutissement d'une suite spectrale dont le terme initial est $'\mathrm{E}_2^{pq} = \mathrm{H}^p(\mathrm{Y}, \mathscr{H}^q(\mathrm{G}, \mathrm{A}))$, où $\mathscr{H}^q(\mathrm{G}, \mathrm{A}) = \mathscr{E}xt^q_{\mathbf{Z}(\mathrm{G})}(\mathbf{Z}, \mathrm{A})$, dont je t'avais parlé déjà dans un contexte plus général ; dans les bons cas (par exemple si G est fini) on a $\mathscr{H}^q(\mathrm{G}, \mathrm{A})_y = \mathrm{H}^q(\mathrm{G}, \mathrm{A}_y)$ en tout point $y \in \mathrm{Y}$. — Revenons à un G-X-faisceau F sur X, alors son image directe $f_*(\mathrm{F})$ sur Y est un G-Y-faisceau. Rappelons la définition des $f_*^{(q)}(\mathrm{F})$ (qui interviennent dans la suite spectrale de Leray de l'application continue f) : c'est le faisceau sur Y associé au préfaisceau $\mathrm{U} \mapsto \mathrm{H}^q(f^{-1}(\mathrm{U}), \mathrm{F})$ sur Y. Le théorème fondamental pour la cohomologie des recouvrements s'énonce maintenant ainsi :

Soit $\mathrm{F} \in \mathrm{C}^{\mathrm{G}}(\mathrm{X})$, *supposons que pour* $q > 0$, *les* $f_*^{(q)}(\mathrm{F})$ *soient nuls* [il suffit même que les $\mathrm{H}^p(\mathrm{Y}, \mathrm{G}; f_*^{(q)}(\mathrm{F}))$ soient nuls] ; *alors on a fonctoriellement*

$$\mathrm{H}^*(\mathrm{X}, \mathrm{G}; \mathrm{F}) = \mathrm{H}^*(\mathrm{Y}, \mathrm{G}; f_*(\mathrm{F})),$$

de plus $\mathrm{H}^*(\mathrm{X}, \mathrm{G}; \mathrm{F})$ *est l'aboutissement d'une suite spectrale de terme initial* $\mathrm{E}_2^{pq} = \mathrm{H}^p(\mathrm{G}, \mathrm{H}^q(\mathrm{X}, \mathrm{F}))$ [*et aussi,* d'après ce qu'on a dit plus haut, *d'une suite spectrale de terme initial* $'\mathrm{E}_2^{pq} = \mathrm{H}^p(\mathrm{Y}, \mathscr{H}^q(\mathrm{G}, f_*(\mathrm{F})))$].

L'hypothèse est automatiquement vérifiée si G opère trivialement ; donc si A est un G-Y-faisceau sur l'espace Y, alors $\mathrm{H}^*(\mathrm{Y}, \mathrm{G}; \mathrm{A})$ est en réalité l'aboutissement de *deux* suites spectrales, la première étant celle déjà écrite dans les rappels, la deuxième commençant par $\mathrm{E}_2^{pq} = \mathrm{H}^p(\mathrm{G}, \mathrm{H}^q(\mathrm{Y}, \mathrm{A}))$; le théorème fondamental n'est qu'en apparence plus général (du moins si on y suppose les $f_*^{(q)}(\mathrm{F})$ nuls pour $q > 0$) car ses deux suites spectrales sont en réalité les deux suites spectrales du G-Y-faisceau $f_*(\mathrm{F})$, compte tenu de ce que l'on a $\mathrm{H}^*(\mathrm{X}, \mathrm{F}) = \mathrm{H}^*(\mathrm{Y}, f_*(\mathrm{F}))$ (en vertu de la suite spectrale de Leray). — L'hypothèse est aussi vérifiée si l'on a la condition (D) : Tout $x \in \mathrm{X}$ a un voisinage saturé U tel que pour tout $s \in \mathrm{G}$ non dans le stabilisateur G_x de x, on ait
3 $s \cdot \mathrm{U} \cap \mathrm{U} = \varnothing$ (c'est la condition usuelle exprimant que G est « discret »).

Une condition de cette nature n'est évidemment pas vérifiée si X est un espace de Zariski, mais alors pour des « bons » faisceaux F, il sera pourtant vrai que les $f_*^{(q)}(\mathrm{F})$ sont nuls, comme on va voir. — Bien entendu, si (D)
4 est vérifiée et si de plus G opère sans points fixes, alors la deuxième suite

are denoted $H^p(X, G; F)$. Let $Y = X/G$ with the quotient topology; let G act trivially on Y. Then $C^G(Y)$ is the class of sheaves on Y on which G acts via sheaf automorphisms, or alternatively sheaves of $\mathbf{Z}(G)$-modules, where $\mathbf{Z}(G)$ is viewed as a constant sheaf of rings on Y. Thus, here, $H^p(Y, G; A)$ is just $\operatorname{Ext}^p_{\mathbf{Z}(G)}(Y, \mathbf{Z}, A)$, where $\mathbf{Z}$ is viewed as a G-sheaf on Y in an obvious way; it is therefore the abutment of a spectral sequence whose first term is ${}'E_2^{pq} = H^p(Y, \mathscr{H}^q(G, A))$, where $\mathscr{H}^q(G, A) = \mathscr{E}xt^q_{\mathbf{Z}(G)}(\mathbf{Z}, A)$, which I already talked to you about in a more general context; in the good cases (such as when G is finite), one has $\mathscr{H}^q(G, A)_y = H^q(G, A_y)$ at every point $y \in Y$. – Going back to a G-X sheaf F on X, its direct image $f_*(F)$ on Y is a G-Y sheaf. Let me recall the definition of the $f_*^q(F)$ (which arise in the Leray spectral sequence of the continuous map f); it is the sheaf associated to the presheaf $U \mapsto H^q(f^{-1}(U), F)$ on Y. The fundamental theorem on the cohomology of open covers can now be stated as follows:

Let $F \in C^G(X)$, *and assume that for* $q > 0$, $f_*^{(q)}(F)$ *vanishes* [in fact, it is enough for the $H^p(Y, G; f_*^{(q)}(F))$ to vanish]; *then*

$$H^*(X, G; F) = H^*(Y, G; f_*(F))$$

functorially, and furthermore, $H^*(X, G; F)$ *is the abutment of a spectral sequence whose first term is* $E_2^{pq} = H^p(G, H^q(X, F))$ [*and also* by what was said above, *of a spectral sequence whose first term is* ${}'E_2^{pq} = H^p(Y, \mathscr{H}^q(G, f_*(F)))$].

The hypothesis above is automatically satisfied if G acts trivially; thus, if A is a G-Y sheaf on the space Y, $H^*(Y, G; A)$ is in fact the abutment of *two* spectral sequences: firstly the sequence recalled above and secondly a sequence starting with $E_2^{pq} = H^p(G, H^q(Y, A))$; the fundamental theorem only appears to be more general, (at least under the assumption that $f_*^{(q)}(F) = 0$ for $q > 0$) since its two spectral sequences are in fact the two spectral sequences of the G-Y sheaf $f_*(F)$, bearing in mind that $H^*(X, F) = H^*(Y, f_*(F))$ (thanks to the Leray spectral sequence). — The hypothesis is also satisfied if the following condition (D) holds: Every $x \in X$ has a saturated neighborhood U such that for every $s \in G$ not in the stabilizer G_x of x, one has $s \cdot U \cap U = \emptyset$ (this is the usual condition to express the fact that G is "discrete"). 3

Obviously, a condition of this sort is not satisfied if X is a Zariski space; however, for "good" sheaves F, it will still be true that $f_*^{(q)}(F)$ vanishes, as we will see. — Of course, if (D) holds and if furthermore the action of G is fixed-point free, then the second spectral sequence is trivial, and one gets 4

spectrale est triviale, et on trouve $\mathrm{H}^p(\mathrm{X},\mathrm{G};\mathrm{F}) = {}'\mathrm{E}_2^{p0} = \mathrm{H}^p(\mathrm{Y}, f_*^{\mathrm{G}}(\mathrm{F}))$, où $f_*^{\mathrm{G}}(\mathrm{F})$ est le faisceau $\mathrm{U} \mapsto \Gamma(f^{-1}(\mathrm{U}),\mathrm{F})^{\mathrm{G}}$ sur Y : on retrouve (à une variante de notations près) la suite spectrale de Cartan-Leray aboutissant à la cohomologie de $\mathrm{Y} = \mathrm{X}/\mathrm{G}$.

Soit maintenant X une variété algébrique ou arithmétique normale (ce qui suit s'appliquera en particulier aux corps de nombres, plus généralement aux spectres d'anneaux normaux), G un groupe fini d'automorphismes de X tel que toute trajectoire de G soit contenue dans un ouvert affine ; alors on définit sur $\mathrm{Y} = \mathrm{X}/\mathrm{G}$ une structure de variété de façon naturelle, dont la topologie est la topologie quotient : Si $\mathscr{O}_{\mathrm{X}}$ est le faisceau d'anneaux locaux de X, le faisceau d'anneaux locaux de Y est $f_*^{\mathrm{G}}(\mathscr{O}_{\mathrm{X}}) = \mathscr{O}_{\mathrm{Y}}$. On a la notion évidente de faisceau algébrique sur X où « opère » G (par exemple $\mathscr{O}_{\mathrm{X}}$ lui-même, plus généralement le faisceau défini par l'image inverse d'un fibré vectoriel sur Y, les faisceaux des formes différentielles etc), de plus d'après la théorie des variétés affines, l'hypothèse $f^{(q)}(\mathrm{F}) = 0$ est vérifiée si F est cohérent ; d'où les deux suites spectrales aboutissant au même groupe $\mathrm{H}^*(\mathrm{X},\mathrm{G};\mathrm{F})$. Je t'avais écrit que si G opère sans points fixes, on trouve la même chose que dans le cas classique, i.e. $\mathrm{H}^*(\mathrm{X},\mathrm{G};\mathrm{F})$ se réduit à $\mathrm{H}^*(\mathrm{Y}, f_*^{\mathrm{G}}(\mathrm{F}))$; cela serait une conséquence de la formule $\mathrm{H}^p(\mathrm{G}, f_*(\mathrm{F})_y) = 0$ si $p > 0$, mais je m'aperçois que je n'ai pas donné cette démonstration dans mes papiers, et je n'arrive pas à en improviser une ; si $\mathrm{F} = \mathscr{O}_{\mathrm{X}}$, cela signifie ceci : si G est un groupe d'automorphismes d'un anneau semi-local $\mathscr{O}$, opérant de façon simplement transitive sur ses idéaux maximaux, on a $\mathrm{H}^p(\mathrm{G},\mathscr{O}) = 0$ pour tout $p > 0$. Ce serait bien le diable si c'était faux ! — Prenons maintenant $\mathrm{F} = \mathscr{O}_{\mathrm{X}}^*$, alors la situation se corse. On vérifie toujours sans mal que $f_*^{(q)}(\mathrm{F}) = 0$ pour $q > 0$. Posons $\mathscr{O}'_{\mathrm{Y}} = f_*(\mathscr{O}_{\mathrm{X}})$ (si X est irréductible, $\mathscr{O}'_{\mathrm{Y}}$ est le faisceau des clôtures intégrales des anneaux locaux de Y dans le corps des fonctions rationnelles de X), alors $f_*(\mathscr{O}_{\mathrm{X}}^*) = \mathscr{O}'^*_{\mathrm{Y}}$, où $\mathscr{O}'^*_y$ est le groupe multiplicatif des éléments inversibles de l'anneau $\mathscr{O}'_y$. Posons $\mathrm{L}^i = \mathrm{H}^i(\mathrm{X},\mathrm{G};\mathscr{O}_{\mathrm{X}}^*) = \mathrm{H}^i(\mathrm{X},\mathrm{G},\mathscr{O}'^*_{\mathrm{Y}})$ pour abréger. Supposons X factorielle (i.e. les anneaux locaux factoriels) alors on sait que $\mathrm{H}^i(\mathrm{X},\mathscr{O}_{\mathrm{X}}^*) = 0$ pour $i \geqslant 2$, de plus on a $\mathrm{H}^0(\mathrm{X},\mathscr{O}_{\mathrm{X}}^*) = \mathrm{A}_{\mathrm{X}}^*$, groupe multiplicatif des éléments inversibles de l'anneau A_{X} des fonctions régulières sur X, $\mathrm{H}^1(\mathrm{X},\mathscr{O}_{\mathrm{X}}^*) = \mathrm{P}_{\mathrm{X}}$, groupe des classes de diviseurs sur X. La première suite spectrale donne une suite exacte (de « Gysin »)

$$0 \to \mathrm{H}^1(\mathrm{G},\mathrm{A}_{\mathrm{X}}^*) \to \mathrm{L}^1 \to \mathrm{P}_{\mathrm{X}}^{\mathrm{G}} \to \mathrm{H}^2(\mathrm{G},\mathrm{A}_{\mathrm{X}}^*) \to \mathrm{L}^2 \to \mathrm{H}^1(\mathrm{G},\mathrm{P}_{\mathrm{X}}) \to \cdots$$
$$\cdots \to \mathrm{H}^n(\mathrm{G},\mathrm{A}_{\mathrm{X}}^*) \to \mathrm{L}^n \to \mathrm{H}^{n-1}(\mathrm{G},\mathrm{P}_{\mathrm{X}}) \to \cdots$$

$H^p(X, G; F) = {}'E_2^{p0} = H^p(Y, f_*^G(F))$, where $f_*^G(F)$ is the sheaf on Y given by $U \mapsto \Gamma(f^{-1}(U), F)^G$: then (up to notation) one recovers the Cartan-Leray spectral sequence ending with the cohomology of $Y = X/G$.

Now let X be a normal algebraic or arithmetic variety (in particular, what follows applies to number fields, or more generally, to the spectra of normal rings), G a finite group of automorphisms of X such that any orbit of G is contained in an open affine set; one can then define a natural variety structure on $Y = X/G$, whose topology is the quotient topology: If $\mathscr{O}_X$ is the sheaf of local rings of X, then the sheaf of local rings of Y is $f_*^G(\mathscr{O}_X) = \mathscr{O}_Y$. It is clear what is meant by an algebraic sheaf on X on which G "acts" ($\mathscr{O}_X$ itself, for example, or more generally a sheaf defined as the inverse image of a vector bundle on Y, sheaves of differential forms, etc.); moreover, by the theory of affine varieties, the condition $f^{(q)}(F) = 0$ is satisfied if F is coherent, whence the two spectral sequences abut to the same group, $H^*(X, G; F)$. I had written you that if the action of G is fixed-point free, then one gets the same thing as in the classical case, i.e. $H^*(X, G; F)$ is identified with $H^*(Y, f_*^G(F))$; this would follow from the formula $H^p(G, f_*(F)_y) = 0$ if $p > 0$, but I realize that I did not give a proof of this in my papers, and I can't seem to improvise one; if $F = \mathscr{O}_X$, this means that if G is a group of automorphisms of a semi-local ring $\mathscr{O}$ which acts simply transitively on its maximal ideals, then $H^p(G, \mathscr{O}) = 0$ for all $p > 0$. I'll eat my hat if this is false! — If one now takes $F = \mathscr{O}_X^*$, then the plot thickens. It is still easy to show that $f_*^{(q)}(F) = 0$ when $q > 0$. Setting $\mathscr{O}'_Y = f_*(\mathscr{O}_X)$ (if X is irreducible, then $\mathscr{O}'_Y$ is the sheaf of integral closures of local rings of Y in the field of rational functions on X) then $f_*(\mathscr{O}_X^*) = \mathscr{O}'^*_Y$, where $\mathscr{O}'^*_y$ is the multiplicative group of invertible elements of the ring $\mathscr{O}'_y$. Set $L^i = H^i(X, G; \mathscr{O}_X^*) = H^i(X, G, \mathscr{O}'^*_Y)$ for short. Assume that X is factorial (i.e. the local rings are factorial): then $H^i(X, \mathscr{O}_X^*) = 0$ for $i \geqslant 2$; furthermore $H^0(X, \mathscr{O}_X^*) = A_X^*$, the multiplicative group of invertible elements of the ring A_X of regular functions on X, and $H^1(X, \mathscr{O}_X^*) = P_X$, the group of divisor classes on X. The first spectral sequence gives us the ("Gysin") exact sequence:

$$0 \to H^1(G, A_X^*) \to L^1 \to P_X^G \to H^2(G, A_X^*) \to L^2 \to H^1(G, P_X) \to \cdots$$
$$\cdots \to H^n(G, A_X^*) \to L^n \to H^{n-1}(G, P_X) \to \cdots$$

D'ailleurs, rien ne nous empêche de considérer la résolution « flasque » (mais non injective, car c'est par une résolution injective qu'on définit précisément déjà la suite spectrale précédente) suivante de $\mathrm{F} = \mathscr{O}_{\mathrm{X}}^*$:

$$0 \longrightarrow \mathscr{O}_{\mathrm{X}}^* \longrightarrow \mathscr{R}_{\mathrm{X}}^* \longrightarrow \mathscr{D}_{\mathrm{X}} \longrightarrow 0$$

($\mathscr{R}^*$ germes de fonctions rationnelles inversibles, $\mathscr{D}_{\mathrm{X}}$ germes de diviseurs), de la transformer par Γ_{X} pour obtenir un G-complexe, et de passer au bicomplexe associé, dont la cohomologie est précisément L^*, comme on voit à l'aide de l'une des deux suites spectrales de ce bicomplexe ; quant à l'autre suite spectrale, son terme E_2^{pq} est la cohomologie en dimension p du complexe $0 \to \mathrm{H}^q(\mathrm{G}, \mathrm{R}_{\mathrm{X}}^*) \to \mathrm{H}^q(\mathrm{G}, \mathrm{D}_{\mathrm{X}}) \to 0 \to 0 \cdots$; d'où une autre suite exacte faisant intervenir les L^i :

$$\begin{aligned}0 \to \mathrm{A}_{\mathrm{X}}^{*\,\mathrm{G}} \to \mathrm{R}_{\mathrm{X}}^{*\,\mathrm{G}} \to \mathrm{D}_{\mathrm{X}}^{\mathrm{G}} \to \mathrm{L}^1 \to \mathrm{H}^1(\mathrm{G}, \mathrm{R}_{\mathrm{X}}^*) \to \mathrm{H}^1(\mathrm{G}, \mathrm{D}_{\mathrm{X}}) \to \\ \to \mathrm{L}^2 \to \mathrm{H}^2(\mathrm{G}, \mathrm{R}_{\mathrm{X}}^*) \to \mathrm{H}^2(\mathrm{G}, \mathrm{D}_{\mathrm{X}}) \to \mathrm{L}^3 \to \cdots\end{aligned}$$

(on pose $\mathrm{R}_{\mathrm{X}}=$ corps des fonctions rationnelles de X, $\mathrm{D}_{\mathrm{X}}=$ groupe des diviseurs de X) ; en particulier on trouve $\mathrm{L}^1 = \mathrm{D}_{\mathrm{X}}^{\mathrm{G}}/\mathrm{Im}(\mathrm{R}_{\mathrm{X}}^{\mathrm{G}})$.

(Ces deux suites exactes sont amusantes si X est le spectre d'un corps de nombres $\mathrm{R} = \mathrm{R}_{\mathrm{X}}$, alors A_{X} est l'anneau des entiers algébriques, $\mathrm{A}_{\mathrm{X}}^*$ le groupe des unités, P_{X} le groupe des classes d'idéaux ; par suite, les L^i sont des groupes *finis* en vertu de la première suite exacte ; la deuxième implique donc que $\mathrm{H}^i(\mathrm{G}, \mathrm{R}_{\mathrm{X}}) \to \mathrm{H}^i(\mathrm{G}, \mathrm{D}_{\mathrm{X}})$ est bijectif modulo les groupes finis ; cela s'obtient donc ainsi très simplement à partir de la seule considération de la suite exacte de G-groupes $0 \to \mathrm{A}^* \to \mathrm{R}^* \to \mathrm{D} \to \mathrm{P} \to 0$ — car pour l'instant il n'y a pas plus que cela).

Enfin, L^* est aussi l'aboutissement d'une suite spectrale de terme initial $\mathrm{E}_2^{pq} = \mathrm{H}^p(\mathrm{Y}, \mathscr{H}^q(\mathrm{G}, \mathscr{O}_{\mathrm{Y}}'^*))$. Pour autant que j'aie pu voir jusqu'à maintenant, il n'y a pas moyen de remplacer cette suite spectrale par une suite exacte, sauf si Y est une courbe donc E^{pq} nul pour $p \geqslant 2$, auquel cas on obtient les suites exactes $0 \to \mathrm{H}^1(\mathrm{Y}, \mathscr{H}^{n-1}(\mathrm{G}, \mathscr{O}_{\mathrm{Y}}'^*)) \to \mathrm{L}^n \to \mathrm{H}^0(\mathrm{Y}, \mathscr{H}^n(\mathrm{G}, \mathscr{O}_{\mathrm{Y}}'^*)) \to 0$. Je n'ai pas non plus regardé quelle gueule ont les $\mathrm{H}^p(\mathrm{G}, \mathscr{O}_{\mathrm{Y}}'^*)$, la seule chose que je sache est que si G opère sans point fixe (i.e. est simplement transitif sur les idéaux maximaux de l'anneau semi-local $\mathscr{O}_y'$, plus généralement si le
5 stabilisateur d'un $x \in \mathrm{X}$ opère trivialement dans le corps résiduel au point x), alors $\mathrm{H}^1(\mathrm{G}, \mathscr{O}_y'^*) = 0$, donc $\mathrm{E}_2^{pq} = 0$ si $q = 1$. Autre information partielle, si Y est factorielle : $\mathrm{E}_2^{p0} = 0$ si $p \geqslant 2$, puisque $\mathrm{E}_2^{p0} = \mathrm{H}^p(\mathrm{Y}, \mathscr{O}_{\mathrm{Y}}^*)$. Dans le cas où G opère sans points fixes, ceci permet de calculer à nouveau certains L^i :

$$\mathrm{L}^1 = \mathrm{P}_{\mathrm{Y}}, \quad \mathrm{L}^2 = \mathrm{H}^0(\mathrm{Y}, \mathscr{H}^2(\mathrm{G}, \mathscr{O}_{\mathrm{Y}}'^*)),$$

Actually, nothing prevents us from considering the following "flasque" (but non-injective, since it is precisely by use of an injective resolution that one defines the spectral sequence above) resolution of $\mathrm{F} = \mathscr{O}_{\mathrm{X}}^*$:

$$0 \longrightarrow \mathscr{O}_{\mathrm{X}}^* \longrightarrow \mathscr{R}_{\mathrm{X}}^* \longrightarrow \mathscr{D}_{\mathrm{X}} \longrightarrow 0$$

($\mathscr{R}^*$ = germs of invertible rational functions; $\mathscr{D}_{\mathrm{X}}$ = germs of divisors), transforming it by Γ_{X} to obtain a G-complex, and passing to the associated double complex, whose cohomology is exactly L^*, as can be seen using one of the two spectral sequences of this double complex; as for the other spectral sequence, its E_2^{pq} term is the cohomology in dimension p of the complex $0 \to \mathrm{H}^q(\mathrm{G}, \mathrm{R}_{\mathrm{X}}^*) \to \mathrm{H}^q(\mathrm{G}, \mathrm{D}_{\mathrm{X}}) \to 0 \to 0 \cdots$, which gives another exact sequence involving L_i:

$$\begin{aligned} 0 \to \mathrm{A}_{\mathrm{X}}^{*\,\mathrm{G}} \to \mathrm{R}_{\mathrm{X}}^{*\,\mathrm{G}} \to \mathrm{D}_{\mathrm{X}}^{\mathrm{G}} \to \mathrm{L}^1 \to \mathrm{H}^1(\mathrm{G}, \mathrm{R}_{\mathrm{X}}^*) \to \mathrm{H}^1(\mathrm{G}, \mathrm{D}_{\mathrm{X}}) \to \\ \to \mathrm{L}^2 \to \mathrm{H}^2(\mathrm{G}, \mathrm{R}_{\mathrm{X}}^*) \to \mathrm{H}^2(\mathrm{G}, \mathrm{D}_{\mathrm{X}}) \to \mathrm{L}^3 \to \cdots \end{aligned}$$

(set R_{X}= field of rational functions on X, and D_{X}= group of divisors on X); in particular, one finds $\mathrm{L}^1 = \mathrm{D}_{\mathrm{X}}^{\mathrm{G}}/\mathrm{Im}(\mathrm{R}_{\mathrm{X}}^{\mathrm{G}})$.

(These two exact sequences are amusing when X is the spectrum of a number field $\mathrm{R} = \mathrm{R}_{\mathrm{X}}$; A_{X} is then the ring of algebraic integers, $\mathrm{A}_{\mathrm{X}}^*$ the group of units, and P_{X} the group of ideal classes; consequently, the first exact sequence implies that the L^i are *finite* groups, and the second thus implies that $\mathrm{H}^i(\mathrm{G}, \mathrm{R}_{\mathrm{X}}) \to \mathrm{H}^i(\mathrm{G}, \mathrm{D}_{\mathrm{X}})$ is bijective modulo finite groups; this can be seen very simply using only the exact sequence of G-groups $0 \to \mathrm{A}^* \to \mathrm{R}^* \to \mathrm{D} \to \mathrm{P} \to 0$ — since for the moment that is all there is).

Finally, L^* is also the abutment of a spectral sequence whose first term is $\mathrm{E}_2^{pq} = \mathrm{H}^p(\mathrm{Y}, \mathscr{H}^q(\mathrm{G}, \mathscr{O}_{\mathrm{Y}}'^*))$. As far as I have been able to see up to now, there is no way of replacing this spectral sequence by an exact sequence except when Y is a curve, so that E^{pq} vanishes for $p \geqslant 2$; in this case one obtains the exact sequences $0 \to \mathrm{H}^1(\mathrm{Y}, \mathscr{H}^{n-1}(\mathrm{G}, \mathscr{O}_{\mathrm{Y}}'^*)) \to \mathrm{L}^n \to \mathrm{H}^0(\mathrm{Y}, \mathscr{H}^n(\mathrm{G}, \mathscr{O}_{\mathrm{Y}}'^*)) \to 0$. Nor have I checked out what the $\mathrm{H}^p(\mathrm{G}, \mathscr{O}_{\mathrm{Y}}'^*)$ look like; the only thing I know is that if the action of G is fixed-point free (i.e. is simply transitive on the maximal ideals of the semi-local ring $\mathscr{O}_y'$, more generally if the stabilizer of an
$x \in \mathrm{X}$ acts trivially on the residue field at the point x), then $\mathrm{H}^1(\mathrm{G}, \mathscr{O}_y'^*) = 0$, so 5
$\mathrm{E}_2^{pq} = 0$ if $q = 1$. Another bit of partial information, if Y is factorial: $\mathrm{E}_2^{p0} = 0$ if $p \geqslant 2$, since $\mathrm{E}_2^{p0} = \mathrm{H}^p(\mathrm{Y}, \mathscr{O}_{\mathrm{Y}}^*)$. If G acts without fixed points, this enables us to compute some of the L^i:

$$\mathrm{L}^1 = \mathrm{P}_{\mathrm{Y}}, \quad \mathrm{L}^2 = \mathrm{H}^0(\mathrm{Y}, \mathscr{H}^2(\mathrm{G}, \mathscr{O}_{\mathrm{Y}}'^*)),$$

enfin L^3 admet le sous-groupe $H^1(Y, \mathscr{H}^2(G, \mathscr{O}'^*_Y))$ avec pour quotient le noyau
6 de l'homomorphisme de transgression $H^0(Y, \mathscr{H}^3(G, \mathscr{O}'^*_Y)) \to H^2(Y, \mathscr{H}^2(G, \mathscr{O}'^*_Y))$. Je n'ai aucune idée si cette suite spectrale est vraiment utilisable ; elle n'a pas semblé inspirer Chevalley, à qui je l'avais montrée !

7 J'ai repris la classification des fibrés analytiques sur la sphère de Riemann, à groupe semi-simple, et j'ai à peu près démontré ma conjecture, que je préfère énoncer maintenant sous forme d'un théorème de dualité. — Tes constructions montrent-elles aussi que sur une variété complexe projective, la classification analytique et algébrique des fibrés, à groupe $SO(n)$ par exemple, n'est pas la même ?

Salut et fraternité

A. Grothendieck

14 Mars 1956

Cher Grothendieck,

Merci pour ta lettre. Je suis quelque peu affolé par ce déluge de cohomologie, mais j'ai courageusement tenu le coup. Ta suite spectrale me paraît raisonnable (je croyais, sur un cas particulier, l'avoir mise en défaut, mais je m'étais trompé, et cela marche au contraire admirablement bien). En tout cas, n'aie aucune inquiétude, il est bien vrai que

$$H^q(G, M) = 0 \qquad \text{pour tout } q > 0\,,$$

lorsque G est un groupe fini d'automorphismes d'un A-module M, A étant un anneau semi-local (en fait une algèbre sur un corps k, tel que tous les $A/\mathfrak{m}$, $\mathfrak{m}$ maximal, soient égaux à k) sur lequel G opère de façon à permuter « sans points fixes » les idéaux maximaux $\mathfrak{m}$. Démonstration : on montre d'abord qu'il existe un élément $t \in A$ dont la trace $\sum g \cdot t$ est égale à 1 (prendre un élément dont la trace est égale à 1 modulo le radical de A, et le diviser par sa trace qui est inversible) ; à partir de là, c'est purement formel : on peut, par exemple,

and finally, $H^1(Y, \mathscr{H}^2(G, \mathscr{O}'^*_Y))$ is a subgroup of L_3, and the quotient is the kernel of the transgression homomorphism 6

$$H^0(Y, \mathscr{H}^3(G, \mathscr{O}'^*_Y)) \rightarrow H^2(Y, \mathscr{H}^2(G, \mathscr{O}'^*_Y)).$$

I have no idea whether or not this spectral sequence is actually usable: I showed it to Chevalley, but it didn't seem to inspire him!

I have gone back to the classification of analytic bundles over the Riemann sphere with semi-simple structural group, and I have more or less proved my 7
conjecture, which I now prefer to state as a duality theorem. —Do your constructions also show that over a complex algebraic projective variety, the analytic and algebraic classification of bundles, for example with structural group $SO(n)$, are not the same?

Yours,

A. Grothendieck

March 14, 1956

Dear Grothendieck,

Thank you for your letter. I am a bit panic-stricken by this flood of cohomology, but have borne up courageously. Your spectral sequence seems reasonable to me (I thought I had shown that it was wrong in a special case, but I was mistaken, on the contrary it works remarkably well). In any case, set your mind at rest, it is indeed true that

$$H^q(G, M) = 0 \qquad \text{for all } q > 0\,,$$

when G is a finite group of automorphisms of an A-module M, where A is a semi-local ring (in fact an algebra over a field k such that all the $A/\mathfrak{m}$ for maximal $\mathfrak{m}$ are equal to k) on which G acts in such a way that the induced permutation on the maximal ideals is "fixed-point free". Proof: first show that there is an element $t \in A$ whose trace $\sum g \cdot t$ is 1 (take an element whose trace is 1 modulo the radical of A, and divide it by its trace, which is invertible); from this point on it is entirely formal: it is for example possible to show that

montrer que toute application $f : \mathrm{G} \to \mathrm{M}$ possède une « moyenne » $\mathrm{I}(f)$, au sens de mon papier avec Hochschild aux Transactions (n° 6, sauf erreur) : on écrit tout bêtement :

$$\mathrm{I}(f) = \sum_{g \in \mathrm{G}} (g \cdot t) f(g) \qquad \text{où } t \text{ est tel que } \sum g \cdot t = 1\,.$$

(Ce résultat joue d'ailleurs un grand rôle dans la construction des revêtements d'une variété).

Il est probable qu'on peut aussi donner des tas d'autres démonstrations, par
exemple en passant à l'anneau semi-local complété B, et en utilisant le fait que
1 B est composé direct d'anneaux locaux permutés transitivement par G, d'où
la nullité de $\mathrm{H}^q(\mathrm{G}, \mathrm{B})$ en tout cas. Etc.

Bravo pour la classification des fibrés analytiques sur la sphère de Riemann,
à groupe structural semi-simple. Comment fais-tu ça ? Je suppose que, du
même coup, tu as démontré qu'ils étaient algébriques ? (Pour les relations entre
2 classification algébrique et analytique, je te renvoie à mon papier, dont Cartan
a une copie, qu'il doit te passer s'il ne l'a déjà fait). Ici Atiyah et Nakano
s'excitent pour mettre une espèce de « structure algébrique » ou analytique
sur les classes de fibrés à fibres vectorielles. Atiyah y arrive à peu près lorsque
la base est une courbe, que l'on ne considère que des fibrés indécomposables
3 de dimension donnée et de degré donné. D'autre part, il sait complètement
classifier les fibrés à fibres vectorielles de base une courbe de genre 1 (par une
méthode analogue à celle que tu as employée pour le genre 0).

4 Un petit résultat marrant (démontré par Chern, Hirzebruch et moi) : l'index
d'un fibré est égal au produit des index de la base et de la fibre [si $\pi_1(\mathrm{B})$ opère
trivialement sur $\mathrm{H}(\mathrm{F})$] ; il s'agit de l'index au sens Thom.

5 En ce moment, je m'excite surtout sur les p et p^n-revêtements, dont je
commence à avoir une théorie relativement complète. Il y a tout de même
encore des tas de choses mystérieuses (surtout dans ce qui concerne les variétés
abéliennes). Je te raconterai ça à Paris.

Salut et fraternité

J-P. Serre

every map $f : \mathrm{G} \to \mathrm{M}$ has an "average" $\mathrm{I}(f)$, in the sense given in my paper with Hochschild in the Transactions (n°6 unless I am mistaken): simply write:

$$\mathrm{I}(f) = \sum_{g \in \mathrm{G}} (g \cdot t) f(g) \qquad \text{where } t \text{ is such that } \sum g \cdot t = 1\,.$$

(This result actually plays an important role in the construction of coverings of a variety).

There are probably heaps of other possible proofs of this result, for example by passing to the completed semi-local ring B, and using the fact that B is a direct composition of local rings which are permuted transitively by G, whence 1
$\mathrm{H}^q(\mathrm{G}, \mathrm{B})$ always vanishes. Etc.

Congratulations on your classification of analytic bundles over the Riemann sphere with semi-simple structural group. How do you do that? I suppose that at the same time you show that they are actually algebraic? (For information on the relationship between the algebraic and analytic classifications, I refer you to my paper; Cartan has a copy which he should give you if he hasn't 2
done it already). Here Atiyah and Nakano are getting excited about putting some kind of "algebraic or analytic structure" on classes of vector bundles. Atiyah can more or less do it when the base is a curve and one only considers indecomposable bundles of given degree and dimension. Furthermore, he can 3
completely classify vector bundles over a curve of genus 1 (using a method analogous to the one you used for genus 0).

Here is an entertaining little result (proved by Chern, Hirzebruch and my- 4
self): the index of a fiber bundle is equal to the product of the indices of the base and the fiber [if $\pi_1(\mathrm{B})$ acts trivially on H(F)]; here the index is in the sense of Thom.

At the moment, I am mostly getting excited about p and p^n coverings, of 5
which I am beginning to have a relatively complete theory. But loads of things still remain mysterious (especially concerning abelian varieties). I will tell you about this in Paris.

Yours,

J-P. Serre

Paris 10.4.1956

Mon cher Serre,

J'ai profité des vacances pour achever enfin la classification des fibrés analytiques sur la sphère de Riemann, pour un groupe structural semi-simple complexe G (connexe ou non ; on voit alors que le résultat obtenu est encore vrai si G est seulement réductif ; mais il est faux pour le groupe affine à une variable $x \mapsto ax + b$). Si T est un « tore » complexe maximal de G, N son normalisateur, W = N/T le groupe de Weyl, on trouve : tout fibré E peut se ramener au groupe structural T, et ceci de façon unique à une opération de W près. Comme les classes de fibrés de groupe T s'identifient à $\mathrm{H}^2(\mathrm{X}, \Pi) = \Pi$, où $\Pi \simeq \mathbf{Z}^r$ est le réseau unité de l'algèbre de Lie $\mathfrak{h}$ de T, cela donne bien une classification complète ; si par exemple G est connexe, les classes cherchées correspondent aux éléments du réseau Π qui sont contenus dans une chambre de Weyl. — Une autre façon plus intrinsèque d'exprimer le résultat est la suivante : soit E_0 le line-bundle (groupe $\mathbf{C}^*$) sur X dont la classe de Chern est +1 ; alors tout fibré de groupe G est le fibré associé à E_0 et à une représentation holomorphe de $\mathbf{C}^*$ dans G ; cette dernière est déterminée à un automorphisme intérieur de G près. — Voici d'abord comment on établit ce résultat d'*unicité* : considérons un homomorphisme φ de $\mathbf{C}^*$ dans G, soit E le fibré de groupe G associé, alors pour toute représentation linéaire u de G, le fibré vectoriel associé à E et à u est aussi le fibré vectoriel associé à E_0 et $\psi = u\varphi$, ce dernier ne dépend donc que de E ; or on sait déjà que la classe de ψ modulo automorphismes intérieurs du groupe linéaire est bien déterminée par le fibré vectoriel qu'il définit. Si donc φ et φ' définissent des fibrés E et E′ isomorphes, alors pour toute représentation linéaire u de G, $u\varphi$ et $u\varphi'$ sont des représentations linéaires équivalentes de $\mathbf{C}^*$; ce n'est plus qu'un pur problème de théorie des groupes de Lie d'en conclure que φ et φ' sont conjugués par automorphisme intérieur de G. Ce n'est pas difficile à prouver (et est probablement bien connu). Prouvons maintenant la *possibilité de restreindre* le groupe structural à T. De façon générale, soit X une variété analytique compacte, G un groupe de Lie complexe, P un fibré analytique sur X de groupe G, E le fibré vectoriel adjoint associé de fibre l'algèbre de Lie $\mathfrak{g}$ de G, soit s une section holomorphe de E, et supposons qu'en *un* point $x \in \mathrm{X}$,

Paris 4.10.1956

My dear Serre,

I have taken advantage of the holidays to finally finish off the classification of analytic bundles on the Riemann sphere with complex semi-simple structural group G (which may or may not be connected; one then sees that the result still holds if G is only reductive, but is false for the one-variable affine group $x \mapsto ax + b$). If T is a maximal complex "torus" of G, N its normalizer, $W = N/T$ the Weyl group, one finds: every bundle E can be reduced to the structural group T, and this reduction is unique up to operation of W. As the classes of bundles with group T can be identified with $H^2(X, \Pi) = \Pi$, where $\Pi \simeq \mathbf{Z}^r$ is the unit lattice of the Lie algebra $\mathfrak{h}$ of T, this does indeed give a complete classification; if G is connected, for example, the desired classes correspond to the elements of the lattice Π contained in a Weyl chamber. —Another, more intrinsic way of expressing this result is as follows: let E_0 be the line-bundle on X (with group $\mathbf{C}^*$) whose Chern class is +1, then every bundle whose group is G is the bundle associated to E_0 and to a holomorphic map from $\mathbf{C}^*$ into G; the latter is determined up to inner automorphisms of G. —Firstly, here is how to prove *uniqueness*: consider a homomorphism φ from $\mathbf{C}^*$ to G, and let E be the associated bundle with group G, then, for any linear representation u of G the vector bundle associated to E and to u is also the vector bundle associated to E_0 and $\psi = u\varphi$, hence the latter depends only on E; however we already know that the class of ψ modulo inner automorphisms of the linear group is entirely determined by the vector bundle that it defines. Thus, if φ and φ' define isomorphic vector bundles E and E′, then for any linear representation u of G $u\varphi$ and $u\varphi'$ are equivalent linear representations of $\mathbf{C}^*$; it is now a problem of pure Lie group theory to show that φ and φ' are conjugate by an inner automorphism of G. This is not hard to prove (and is probably well known). Let us now show that it is *possible to restrict* the structural group to T. In general, let X be a compact analytic variety, G a complex Lie group, P an analytic bundle over X with group G, and E the associated adjoint vector bundle whose fiber is the Lie algebra $\mathfrak{g}$ of G; let s be a holomorphic section of E and assume that at *some* point $x \in X$, $s(x)$ is a *regular* element of the

$s(x)$ soit un élément *régulier* de l'algèbre de Lie $\mathfrak{g}(x)$. Comme les coefficients du polynôme caractéristique de $\operatorname{ad} s(y)$ sont des fonctions holomorphes de y, donc des constantes, il s'ensuit que $s(y)$ est régulier pour *tout* y. Soit $\mathfrak{h}(y)$ la sous-algèbre de Cartan de $\mathfrak{g}(y)$ centralisateur de $s(y)$, $\mathfrak{h}(y)$ varie holomorphiquement avec y, en d'autres termes on vient de réduire le groupe structural au normalisateur N du groupe analytique H qui correspond à l'algèbre de Cartan $\mathfrak{h}$; *si* X *est simplement connexe*, on peut même réduire le groupe structural à T, puisque N/T est discret. Prouvons que la condition du début (existence de s) est satisfaite si X est la sphère de Riemann et E *semi-simple*. Alors E est même un fibré orthogonal (forme de Killing !). On sait que E est isomorphe à la somme de line-bundles ; soit E_n la somme des composantes dont la classe de Chern est $\geqslant n$ (E_n est déterminé intrinsèquement comme le fibré engendré par les sections méromorphes dont le diviseur est de degré $\geqslant n$). On a évidemment $[\mathrm{E}_n, \mathrm{E}_{n'}] \subset \mathrm{E}_{n+n'}$, d'où résulte que E_1 est un fibré en *sous-algèbres* de Lie, et même (si $\mathfrak{g}_n$ désigne la fibre de E_n) que $\mathfrak{g}_1$ est une sous-algèbre de $\mathfrak{g}$ dont les éléments ont des opérations adjointes nilpotentes dans $\mathfrak{g}$, en d'autres termes $\mathfrak{g}_1$ est contenu dans l'idéal nilpotent maximal $\mathfrak{n}$ d'une sous-algèbre résoluble maximale $\mathfrak{r}$ de $\mathfrak{g}$. D'autre part, d'après la classification des fibrés orthogonaux, on voit de suite que le sous-fibré de E orthogonal à E_1 est E_0 ; la fibre $\mathfrak{g}_0$ de E_0 est donc l'orthogonal de $\mathfrak{g}_1$, et contient par suite $\mathfrak{r}$ (car $\mathfrak{r}$ est orthogonal à $\mathfrak{n}$ qui contient $\mathfrak{g}_1$). Comme $\mathfrak{r}$ contient un élément régulier, $\mathfrak{g}_0$ *contient un élément régulier.* C'était exactement ce qu'il fallait prouver.

J'ai aussi continué à dévisser la deuxième suite spectrale des espaces à opérateurs (quand il y a des points fixes bien sûr) ; dans des cas importants elle se remplace par une suite exacte. Sans te donner de détails maintenant (puisque je te verrai bientôt sans doute) je te signale seulement qu'on retrouve très facilement le théorème de Smith sur les points fixes dans une sphère, ainsi que le résultat suivant, du même goût (probablement connu des compétences) : si X est un espace de dimension finie acyclique modulo p (nombre premier) dans lequel opère un groupe G d'ordre p, alors l'ensemble des points fixes est aussi acyclique modulo p, de même d'ailleurs que l'espace quotient X/G. D'ailleurs, comme pour les caractéristiques différentes de p, X et X/G ont même cohomologie, on en conclut que si X est acyclique en coefficients entiers, il en est de même de X/G (et ce résultat s'étend alors manifestement si G est seulement supposé résoluble). — Quant à l'existence de points fixes sous *toutes* les opérations de G, j'ai l'impression que cette méthode cohomologique ne peut

Lie algebra $\mathfrak{g}(x)$. As the coefficients of the characteristic polynomial of $ad(y)$ are holomorphic functions of y, so constant, it follows that $s(y)$ is regular for *all* y. Let $\mathfrak{h}(y)$ be the Cartan subalgebra of $\mathfrak{g}(y)$ which is the centralizer of $s(y)$, then $\mathfrak{h}(y)$ varies holomorphically with y; in other words, the structural group has just been reduced to the normalizer N of the analytic group H which corresponds to the Cartan algebra $\mathfrak{h}$; *if* X *is simply connected*, the structural group can even be reduced to T, since N/T is discrete. Let us prove that the initial condition (the existence of s) is satisfied if X is the Riemann sphere and E is *semi-simple*. Then E is actually an orthogonal bundle (Killing form!). It is known that E is isomorphic to a sum of line bundles; let E_n be the sum of those components whose Chern class is $\geqslant n$ (E_n can be defined intrinsically as the bundle generated by meromorphic sections whose divisor is of degree $\geqslant n$). Obviously, $[\mathrm{E}_n, \mathrm{E}_{n'}] \subset \mathrm{E}_{n+n'}$, whence it follows that E_1 is a bundle of Lie *subalgebras* and even (denoting the fiber of E_n by $\mathfrak{g}_n$) that $\mathfrak{g}_1$ is a subalgebra of $\mathfrak{g}$ whose elements have nilpotent adjoint actions in $\mathfrak{g}$; in other words, $\mathfrak{g}_1$ is contained in the maximal nilpotent ideal $\mathfrak{n}$ of a maximal solvable subalgebra $\mathfrak{r}$ of $\mathfrak{g}$. Moreover, it follows from the classification of orthogonal bundles that the subbundle of E orthogonal to E_1 is E_0; the fiber $\mathfrak{g}_0$ of E_0 is therefore orthogonal to $\mathfrak{g}_1$, and thus it contains $\mathfrak{r}$ (since $\mathfrak{r}$ is orthogonal to $\mathfrak{n}$ which contains $\mathfrak{g}_1$). Since $\mathfrak{r}$ contains a regular element, $\mathfrak{g}_0$ *contains a regular element*. This is exactly what had to be proved.

I have also continued trying to understand the second spectral sequence of spaces with operators (in the case with fixed points, of course); in some important cases it can be replaced by an exact sequence. Sparing you the details (since I will probably see you shortly) I will just point out that one very easily recovers Smith's theorem on the fixed points of a sphere, as well as the following result of the same type (probably known to experts): if X is a finite-dimensional space, acyclic modulo p (a prime number), on which a group G of order p acts, then the set of fixed points is also acyclic modulo p, as moreover is the quotient space X/G. Furthermore, as X and X/G have the same cohomology in characteristic different from p, it follows that if X is acyclic over the integers, then so is X/G (and the result then obviously extends to a group G which is only assumed to be solvable). — As for the existence of points fixed by *all* elements of G, I have the impression that this cohomological

rien donner, car on n'a aucun moyen de prouver, si G est d'ordre p, que F est
1 acyclique *aussi* en caractéristique différente de p (cela semble cependant vrai,
mais certainement plus profond).

Quand reviens-tu exactement ? Salut et fraternité

A. Grothendieck

23.7.1956

Mon cher Serre,

Je viens de réfléchir à la « géométrie analytique », et je pense que j'ai trouvé
la démonstration de « algébrique = analytique » pour les faisceaux algébriques
1 cohérents sur une variété algébrique complète complexe, non supposée projec-
tive. C'est toujours le même genre de dévissage, utilisant ton lemme général de
dévissage, le lemme de Chow, les $\mathcal{O}(n)$ sur l'espace projectif et la suite spec-
trale de Leray. Mais pour rédiger, il faudrait que je puisse référer plusieurs
fois à ton article. Peux-tu me prêter une copie (j'ai rendu à Cartan celle qu'il
m'avait prêtée) ? Quant à plonger une variété algébrique complète dans un es-
2 pace projectif, j'avoue que je ne vois pas de méthode encore. Évidemment, si le
problème devait être résolu prochainement, ce serait un peu décevant d'écrire
un complément à ton diplodocus analytique, qui serait tué après !

Je pars en Allemagne demain, pour une semaine.

Salut et fraternité

A. Grothendieck

P. S. Merci pour le tuyau dans ta dernière lettre !

method cannot give anything, since if G is of order p there is no way of showing
that F is acyclic *also* in characteristic different from p (this appears to be true,
however, but is certainly a deeper result) 1

When exactly are you coming back? Yours,

A. Grothendieck

7.23.1956

My dear Serre,

I was just thinking about "analytic geometry", and I think I have been able
to prove that "algebraic=analytic" for algebraic coherent sheaves on a complete
compact algebraic variety, not assumed to be projective. It's the usual kind 1
of dévissage, using your general dévissage lemma, Chow's lemma, $\mathcal{O}(n)$ on
projective space and the Leray spectral sequence. But to write it up I would
need to refer to your article several times. Can you lend me a copy (I returned
the one that Cartan lent me)? As for embedding a complete algebraic variety
in a projective space, I confess that I still don't see how to do it. Obviously, if 2
the problem were to be solved shortly, it would be a bit disappointing to write
a supplement to your analytic diplodocus, which would then be killed!

I leave for Germany tomorrow, for a week.

Yours,

A. Grothendieck

P.S Thank you for the hint in your last letter!

1.9.1956

Mon cher Serre,

J'ai passé le plus clair du mois passé à la rédaction de mon multiplodoque d'algèbre homologique ; j'ai essayé d'être concis, mais bien qu'il n'y ait pratiquement pas de démonstrations, il y en aura pour plus de 100 pages (dont 80 sont rédigées), grand format. As-tu une suggestion où le publier (pas en
1 France, où je publie déjà ma longue « théorie de Fredholm » de malheur). Par ailleurs, il ne serait peut-être pas idiot de faire tirer ça pour Bourbaki, au même titre que la rédaction faisceaux Godement, pour pouvoir en tenir compte dans la rédaction à venir d'Algèbre Homologique. Qu'en penses-tu ? Plan :

I Classes abéliennes ;

II Algèbre homologique dans les classes abéliennes (où figurent quelques compléments utiles au livre de Cartan-Sammy) ;

III Cohomologie des faisceaux (y inclus Čech, la suite spectrale de Leray d'une application continue, et à titre de primes, le théorème sur la dimension cohomologique des espaces de Zariski et du relèvement des fibrés projectifs algébriques, énoncés avec la généralité qu'il faut) ;

IV Les Ext de faisceaux de modules $\mathrm{Ext}^*_{\mathscr{O}}(\mathrm{X};\mathrm{A},\mathrm{B})$ avec les deux suites spectrales, et des conditions pour qu'elles soient triviales ;

V Espaces à opérateurs : les deux suites spectrales pour $\mathrm{H}^*(\mathrm{X};\mathrm{G},\mathrm{A})$, explicitation de la suite spectrale $\mathrm{H}^p(\mathrm{X}/\mathrm{G},\mathscr{H}^q(\mathrm{G},\mathrm{A}))$, cas d'un groupe opérant « discrètement », les $\mathrm{Ext}^*_{\mathscr{O},\mathrm{G}}(\mathrm{X};\mathrm{A},\mathrm{B})$ ($\mathscr{O}$ étant un faisceau d'anneaux où opère G, et A et B deux faisceaux de $\mathscr{O}$-modules où opère G, le Ext est celui de la catégorie de ces trucs-là) : il y a trois suites spectrales (et parfois quatre ou cinq même) qui y aboutissent, l'une montre que si A est localement libre de type fini, le Ext n'est autre que $\mathrm{H}^*(\mathrm{X};\mathrm{G},\mathscr{H}om(\mathrm{A},\mathrm{B}))$ (ce qui donne par exemple la classification des extensions de fibrés vectoriels analytiques (ou algébriques) à groupes d'opérateurs G, comme un $\mathrm{H}^1(\mathrm{X};\mathrm{G},\mathscr{H}om(\mathrm{E},\mathrm{F}))$.

Si ça ne devient pas trop long, je donnerai aussi la définition des puissances de Steenrod, qui vient très naturellement ici en adaptant l'exposition
2 de Godement en théorie singulière : si A est un faisceau d'espaces vectoriels sur un espace X, et G un sous-groupe du groupe symétrique $\mathfrak{S}_p$, on définit un homomorphisme canonique St : $\mathrm{H}^*(\mathrm{G},\otimes^p\mathrm{H}^*(\mathrm{X},\mathrm{A}))\to\mathrm{H}^*(\mathrm{X};\mathrm{G},\otimes^p\mathrm{A})$ (G opérant dans les produits tensoriels de façon évidente). On peut composer, si

9.1.1956

My dear Serre,

I have spent most of the last month writing up my multiplodocus on homological algebra; I have tried to be concise, but even though there are practically no proofs, it will come to more than 100 large pages (of which 80 are written up). Have you any suggestions as to where I should publish it? (not in France, where I am already publishing my long and wretched "Fredholm theory"). Ac- 1
tually, it might not be such a bad idea to have it distributed to Bourbaki, like Godement's sheaves draft, so that it could be taken into account in the upcoming draft on Homological Algebra. What do you think? Here is the plan:

I Abelian classes;

II Homological algebra in abelian classes (which contains several useful complements to Cartan and Sammy's book);

III Sheaf cohomology (including Čech, the Leray spectral sequence of a continuous map, and as an added bonus, the theorem on the cohomological dimension of Zariski spaces and lifting of projective algebraic bundles, which will be given in all necessary generality);

IV Ext groups of sheaves of modules $\mathrm{Ext}^*_{\mathscr{O}}(\mathrm{X};\mathrm{A},\mathrm{B})$, including the two spectral sequences and conditions for them to be trivial;

V Spaces with operators: the two spectral sequences for $\mathrm{H}^*(\mathrm{X};\mathrm{G},\mathrm{A})$, the explicit spectral sequence $\mathrm{H}^p(\mathrm{X}/\mathrm{G},\mathscr{H}^q(\mathrm{G},\mathrm{A}))$, the case of a "discrete" group action, $\mathrm{Ext}^*_{\mathscr{O},\mathrm{G}}(\mathrm{X};\mathrm{A},\mathrm{B})$, (where $\mathscr{O}$ is a sheaf of rings with G-action, and A and B are two sheaves of $\mathscr{O}$-modules with G-actions, the Ext being taken in the category of such things): there are three spectral sequences (and sometimes even four or five) which abut there; the first shows that if A is locally free of finite type the Ext is none other than $\mathrm{H}^*(\mathrm{X};\mathrm{G},\mathscr{H}om(\mathrm{A},\mathrm{B}))$ (which gives, for example, the classification of extensions of analytic (or algebraic) vector bundles with transformation group G as an $\mathrm{H}^1(\mathrm{X};\mathrm{G},\mathscr{H}om(\mathrm{E},\mathrm{F})))$.

If it doesn't become too long, I will also give the definition of Steenrod pow-
ers, which arise naturally in this context by adapting Godement's approach for 2
singular theory: if A is a sheaf of vector spaces over a space X, and G is a subgroup of the symmetric group $\mathfrak{S}_p$, then one defines a canonical homomorphism $\mathrm{St}:\mathrm{H}^*(\mathrm{G},\otimes^p\mathrm{H}^*(\mathrm{X},\mathrm{A}))\to\mathrm{H}^*(\mathrm{X};\mathrm{G},\otimes^p\mathrm{A})$ (where G acts in the obvious way on the tensor products). This can be composed, if desired, with the nat-

on veut, avec l'homomorphisme naturel $\mathrm{H}^*(\mathrm{X};\mathrm{G},\otimes^p\mathrm{A}) \to \mathrm{H}^*(\mathrm{X};\mathrm{G},\mathrm{S}^p\mathrm{A})$ ($\mathrm{S}^p\mathrm{A}$ étant la puissance symétrique p-ième), ce dernier membre (parce que G opère *trivialement* dans $\mathrm{S}^p\mathrm{A}$) s'identifie *canoniquement* à $\mathrm{H}^*(\mathrm{G},\mathrm{H}^*(\mathrm{X},\mathrm{S}^p\mathrm{A}))$, d'où

$$\mathrm{St} : \mathrm{H}^*(\mathrm{G},\otimes^p\mathrm{H}^*(\mathrm{X},\mathrm{A})) \to \mathrm{H}^*(\mathrm{G},\mathrm{H}^*(\mathrm{X},\mathrm{S}^p\mathrm{A})).$$

Si le corps de base est de caractéristique p précisément, alors les deux membres s'explicitent sans difficulté à l'aide de $\mathrm{H}^*(\mathrm{G},k)$, et quand G est le groupe des permutations circulaires, on obtient les puissances de Steenrod (mais je n'ai pas encore écrit la vérification des propriétés fondamentales de ces puissances). Ces opérations sont évidemment définies en particulier en géométrie algébrique abstraite, où on a avantage alors à passer aux produits tensoriels et symétriques faisceautiques *sur* $\mathscr{O}$, pour avoir encore des faisceaux cohérents à partir de faisceaux cohérents. — Suivant Godement toujours (moyennant les adaptations qu'il faut), ces opérations (sous la forme initiale, avec $\mathrm{H}^*(\mathrm{X};\mathrm{G},\otimes^p\mathrm{A})$) servent à calculer la cohomologie de $(\mathrm{X}\times\mathrm{X}\cdots\times\mathrm{X})/\mathrm{G}$. — J'aurais voulu aussi au chapitre V donner des exemples « non classiques » de la géométrie algébrique abstraite, mais je crains que ça finira par trop allonger.

Je te signale à ce propos que j'ai regardé les conditions exactes sous lesquelles, étant donné un anneau local $\mathscr{O}$ intègre et intégralement clos, une extension galoisienne K' de son corps des fractions K, et la clôture intégrale $\mathscr{O}'$ de $\mathscr{O}$ dans K', on a $\mathrm{Tr}_{\mathrm{K}'/\mathrm{K}}\,\mathscr{O}' = \mathscr{O}$ (ce qui signifie aussi que $\widehat{\mathrm{H}}^*(\mathrm{G},\mathrm{M}) = 0$ pour tout $\mathscr{O}'$-module M où G opère de façon compatible avec ses opérations sur $\mathscr{O}'$ (G = groupe de Galois de K' sur K). Il *suffit* que l'ordre e du groupe d'inertie G_i soit inversible dans $\mathscr{O}$, et dans le cas où G_i est invariant dans G (par exemple si G est abélien, ou G_d est invariant) cette condition est aussi *nécessaire* (dans le cas général, je n'ai pas vu s'il en est de même). Cela donne par exemple immédiatement les points de ramification d'une extension d'Artin-Schreier sous la forme usuelle : existence d'un générateur d'Artin-Schreier dans $\mathscr{O}'$, i.e. tel que $x^p - x \in \mathscr{O}$. C'est nécessaire puisqu'on aura $\widehat{\mathrm{H}}^{-1}(\mathrm{G},\mathscr{O}') = 0$ d'où $1 = \sigma x - x$ avec $x \in \mathscr{O}'$ (puisque $\mathrm{Tr}\,1 = 0$) ; c'est suffisant, car il suffit de montrer que si on a un $x \in \mathscr{O}'$ avec $\sigma x = x + 1$, alors $\mathrm{Tr}\,\mathscr{O}' = \mathscr{O}$, i.e. il existe un $y \in \mathscr{O}'$ tel que $\mathrm{Tr}\,y$ soit inversible dans $\mathscr{O}$: on prend $y = x^{p-1}$.

Je termine comme d'habitude par des questions. Avec les notations plus haut, est-il toujours vrai que $\mathscr{O}$ est non ramifié dans les corps K_i et K_d ? C'est vrai s'ils sont galoisiens sur K, et la lecture du rapport Lang semble suggérer

ural homomorphism $H^*(X; G, \otimes^p A) \to H^*(X; G, S^p A)$ (where $S^p A$ is the p-th symmetric power of A); since G acts *trivially* on $S^p A$, this last term can be *canonically* identified with $H^*(G, H^*(X, S^p A))$, which gives

$$\mathrm{St} : H^*(G, \otimes^p H^*(X, A)) \to H^*(G, H^*(X, S^p A)).$$

If the ground field has characteristic exactly p, then these two terms can easily be described explicitly using $H^*(G, k)$ and when G is the group of cyclic permutations, then this gives the Steenrod powers (but I have not yet written down the proof of the fundamental properties of these powers). In particular, these operations are obviously defined in the context of abstract algebraic geometry; in this case it is to our advantage to use sheaf-theoretic tensor and symmetric products *over* $\mathcal{O}$, so that coherent sheaves give rise to coherent sheaves. — Still following Godement (modulo the necessary adaptations), these operations (in their original form with $H^*(X; G, \otimes^p A)$) can then be used to compute the cohomology of $(X \times X \cdots \times X)/G$. — In chapter V, I would also have liked to give some "non-classical" examples of abstract algebraic geometry, but I am afraid that it will end up too long.

By the way, I should point out that I have investigated the exact conditions under which, given an integral and integrally closed local ring $\mathcal{O}$, a Galois extension K' of its fraction field K, and the integral closure $\mathcal{O}'$ of $\mathcal{O}$ in K, one has $\mathrm{Tr}_{K'/K}\, \mathcal{O}' = \mathcal{O}$ (which also means that $\widehat{H}^*(G, M) = 0$ for any $\mathcal{O}'$-module M on which G acts in a way which is compatible with its action on $\mathcal{O}'$) ($G =$ Galois group of K' over K). It is *sufficient* for the order e of the inertia group G_i to be invertible in $\mathcal{O}$, and in the case where G_i is invariant in G (for example if G is abelian, or G_d is invariant) this condition is also *necessary* (I haven't seen if this still holds in the general case). This immediately gives the ramification points of an Artin-Schreier extension in the usual form, for example: the existence of an Artin-Schreier generator in $\mathcal{O}'$, i.e. such that $x^p - x \in \mathcal{O}$. This is necessary because $\widehat{H}^{-1}(G, \mathcal{O}') = 0$, whence $1 = \sigma x - x$ with $x \in \mathcal{O}'$ (since $\mathrm{Tr}\, 1 = 0$); it is sufficient because it is enough to show that if there is an $x \in \mathcal{O}'$ such that $\sigma x = x + 1$, then $\mathrm{Tr}\, \mathcal{O}' = \mathcal{O}$, i.e. there exists $y \in \mathcal{O}'$ such that $\mathrm{Tr}\, y$ is invertible in $\mathcal{O}$: set $y = x^{p-1}$.

Let me end as usual with some questions. With notation as above, is it always true that $\mathcal{O}$ is unramified in the fields K_i and K_d? This is true if they are Galois over K, and Lang's report appears to suggest that otherwise it is

que autrement, on ne peut plus en être certain. — Tout dégueulasse qu'il soit, le rapport Lang m'a été bien utile pour comprendre la non ramification ; je m'imaginais plus ou moins avant que ça signifiait que le groupe de Galois opère sans points fixes sur les idéaux maximaux de $\mathscr{O}'$!

Salut et fraternité

A. Grothendieck

Chez M. Harari, rue de Prony Paris Paris le 19.9.1956

Mon cher Serre,

1 Merci pour ta lettre. L'American Journal ne marche pas pour mon article, puisque j'y publie déjà les fibrés sur la sphère de Riemann ; et les Transactions non plus, car ne m'étant pas conformé aux tabous de rédaction très sévères de Sammy, il voudra me faire retaper le manuscrit, et je n'en ai pas l'intention. A moins que Bourbaki ne soit intéressé à avoir des copies (tu ne
2 m'avais pas répondu sur ce point) et que « Bastien » fasse donc le nécessaire. Les « mémoires » seraient excellents, mais trouverai-je le mécène qui fera préparer le manuscrit (Belgodère ? ? CNRS ?). Je verrai à la rentrée, si je n'ai pas casé l'article avant. — Je vais effectivement laisser tomber dans la rédaction les puissances de Steenrod, et les suites spectrales en Géométrie Algébrique, d'autant plus que je rajoute un numéro assez important sur le calcul Čechiste des $\mathrm{H}^n(\mathrm{X};\mathrm{G},\mathrm{A})$. On trouve par exemple ceci : soit $(\mathrm{U}_i)_{i\in\mathrm{I}}$ un recouvrement ouvert de X, on suppose que G opère dans I de façon que $g\cdot\mathrm{U}_i=\mathrm{U}_{g\cdot i}$, et que la cohomologie des $\mathrm{U}_{i_0\cdots i_p}$ à coefficients dans le G-faisceau donné A soit nulle en dimension >0. Alors $\mathrm{H}^*(\mathrm{X};\mathrm{G},\mathrm{U})$ est l'hyperhomologie de G par rapport au complexe $\mathrm{C}(\mathscr{U},\mathrm{A})$. Si par exemple G opère sans points fixes dans I (cas auquel on peut toujours se ramener) on trouve $\mathrm{H}^*(\mathrm{X};\mathrm{G},\mathrm{A})=\mathrm{H}^*(\mathrm{C}(\mathscr{U},\mathrm{A})^{\mathrm{G}})$ (ici il faut prendre des cochaînes *non* alternées !), formule franchement sympathique tu avoueras. Soit par exemple D (initiale de « domaine fondamental ») une partie ouverte (ou fermée si X est paracompact, ou G fini) telle que

no longer certain. — As messy as it is, Lang's report was very helpful for my understanding what unramified means; I had previously more or less imagined that it meant that the action of the Galois group on the maximal ideals of $\mathcal{O}'$ is fixed-point free!

Yours,

A. Grothendieck

C/o M. Harari, rue de Prony, Paris — Paris 9.19.1956

My dear Serre,

Thank you for your letter. The American Journal won't do for my article, 1
since I am already publishing the vector bundles on the Riemann sphere there; nor will the Transactions, since as I didn't adhere to Sammy's very strict editorial taboos, he will want me to retype my manuscript, which I do not intend to do; unless Bourbaki would be interested in having some copies (you did not reply to this question) and "Bastien" were to do the necessary work. 2
The "mémoires" would be excellent, but will I find a sponsor for getting the manuscript prepared (Belgodère?? the CNRS?). I will see when the semester begins, if I have not found a place for the article before then. — I am indeed going to drop Steenrod powers and spectral sequences in algebraic geometry from the article, especially as I am adding a fairly substantial section on the Čechist computation of $\mathrm{H}^n(\mathrm{X}; \mathrm{G}, \mathrm{A})$. For instance, one finds the following: let $(\mathrm{U}_i)_{i\in \mathrm{I}}$ be an open cover of X, and assume that G acts on I in such a way that $g \cdot \mathrm{U}_i = \mathrm{U}_{g\cdot i}$, and that the cohomology of the $\mathrm{U}_{i_0\cdots i_p}$ with coefficients in the given G-sheaf A vanishes in dimension > 0. Then $\mathrm{H}^*(\mathrm{X}; \mathrm{G}, \mathrm{U})$ is the hyperhomology of G with respect to the complex $\mathrm{C}(\mathscr{U}, \mathrm{A})$. If for example the action of G on I is fixed-point free (the problem can always be reduced to this case), then $\mathrm{H}^*(\mathrm{X}; \mathrm{G}, \mathrm{A}) = \mathrm{H}^*(\mathrm{C}(\mathscr{U}, \mathrm{A})^{\mathrm{G}})$ (here *non*-alternating cochains must be used!) which is a most attractive formula, you will admit. For example, let D (which stands for "fundamental domain") be an open set (or a closed set if X is paracompact or G is finite) such that $\mathrm{X} = \bigcup g \cdot \mathrm{D}$, and assume that the finite

$X = \bigcup g \cdot D$, et supposons les intersections finies des $g \cdot D$ acycliques, alors on prendra $\mathscr{U} = (g \cdot D)_{g \in G}$, et dans les cas raisonnables le complexe $C(\mathscr{U}, A)^G$ est libre de type fini en toute dimension (A étant supposé un anneau constant) : il suffit de supposer que l'ensemble L des g tels que $gD \cap D \neq \varnothing$ soit fini. Ceci donne alors $H^*(X; G, A)$ quand on connaît la gueule du domaine fondamental, de façon précise si on connaît le nerf du recouvrement fini induit par $\mathscr{U}$ sur D, et l'application $g^{-1}g'$ dans L (chaque fois que $g^{-1}g'$, g et g' sont dans L). Cela devrait donner une méthode pour calculer la cohomologie d'un groupe modulaire à plusieurs variables (ici $H^*(X; G, A) = H^*(G, A)$ puisque X est un demi-espace, donc acyclique) sans examen des « points fixes » comme dans la méthode de Godement. (Cette dernière consiste à considérer $H^*(G, A)$ comme aboutissement de la suite spectrale de terme initial $H^*(Y, \mathscr{H}^*(G, A_X))$ [où A_X est le faisceau constant A sur X, $\mathscr{H}^n(G, A)$ le faisceau sur $Y = X/G$ dont les groupes ponctuels sont les $H^n(G_y, A)$, G_y le stabilisateur d'un point de la fibre y] ; cette méthode réussit en dimension complexe 1, car alors l'ensemble des points fixes et la répartition des stabilisateurs est simple !). Il faudrait seulement être sûr qu'il existe un domaine fondamental D (fermé) ayant les propriétés d'acyclicité et de finitude voulues ; sais-tu si cela est toujours vrai ?

Je n'ai pas fini de regarder cette histoire de puissances de Steenrod. Mais il me semble que tout s'explicite bien plus que je ne pensais en fonction des seuls St_p^i ; d'autre part la formule de multiplication sort trivialement (modulo un signe emmerdant que je n'ai pas exorcisé, mais je n'en suis pas encore aux signes près) ; par contre, je n'ai pas encore vu pourquoi les St_p^i (si j'ose dire) sont nuls pour $i \not\equiv 0, 1 \bmod (2(p-1))$. D'ailleurs, ayant déménagé ces jours-ci (pour changer un peu), je n'ai pas eu beaucoup loisir de regarder.

Encore une question : j'ai revu un peu la théorie du corps de classes, dont j'ai enfin l'impression d'avoir compris les énoncés essentiels (bien entendu, pas les démonstrations !). Mais à ma honte, je ne suis pas arrivé à retrouver ce « corollaire » que tous les idéaux de K deviennent principaux dans la plus grande extension abélienne non ramifiée dans le fini. Si ça s'explique en deux mots, je t'en serais fort reconnaissant.

Y a-t-il un moyen d'avoir le livre d'Artin « Nombres algébriques et fonctions algébriques » qui est épuisé ? En particulier, si tu pouvais l'acheter pour moi, ce serait parfait. D'ailleurs, as-tu payé pour les « Topics in Differential Geometry » de Chern que tu m'as envoyés il y a une année ?

intersections of $g\cdot \mathrm{D}$ are acyclic; then take $\mathscr{U} = (g\cdot \mathrm{D})_{g\in \mathrm{G}}$, and in all reasonable cases the complex $\mathrm{C}(\mathscr{U}, \mathrm{A})^{\mathrm{G}}$ is free and of finite type in all dimensions (where A is assumed to be a constant ring): it suffices to assume that the set L of g such that $g\mathrm{D}\cap \mathrm{D} \neq \emptyset$ is finite. This then gives $\mathrm{H}^*(\mathrm{X}; \mathrm{G}, \mathrm{A})$, if one knows what the fundamental domain looks like—or more precisely, if one knows the nerve of the finite cover induced by $\mathscr{U}$ on D and the map $g^{-1}g'$ in L (whenever $g^{-1}g'$, g' and g are in L). This should give a method for computing the cohomology of a modular group with several variables (in this case $\mathrm{H}^*(\mathrm{X}; \mathrm{G}, \mathrm{A}) = \mathrm{H}^*(\mathrm{G}, \mathrm{A})$ since X is a half-space, hence acyclic) without examining the "fixed points" as in Godement's method. (The latter consists in considering $\mathrm{H}^*(\mathrm{G}, \mathrm{A})$ as the abutment of a spectral sequence whose first term is $\mathrm{H}^*(\mathrm{Y}, \mathscr{H}^*(\mathrm{G}, \mathrm{A}_{\mathrm{X}}))$ [where A_{X} is the constant sheaf A on X, $\mathscr{H}^n(\mathrm{G}, \mathrm{A})$ is the sheaf on $\mathrm{Y} = \mathrm{X}/\mathrm{G}$ whose local groups are the $\mathrm{H}^n(\mathrm{G}_y, \mathrm{A})$, and G_y is the stabilizer of a point in the fiber y]; this method works in complex dimension 1, since the set of fixed points and the distribution of the stabilizers are simple!). One just needs to be sure that there exists a (closed) fundamental domain D having the desired properties of acyclicity and finiteness; do you know whether this is always true?

I have not finished looking at the Steenrod powers. But it seems to me that everything can be done much more explicitly than I thought purely in terms of the St^i_p; furthermore, the multiplication formula comes out trivially (modulo an irritating sign error which I have not yet exorcised, but I am not yet at the point where sign errors matter); on the other hand I cannot yet see why the St^i_p (if I may say so) vanish for $i \not\equiv 0, 1 \bmod (2(p-1))$. In any case, having moved house recently (for a bit of a change) I have not yet had leisure to look at this.

One more question: I have been reviewing class field theory, of which I finally have the impression that I understand the main results (but not the proofs, of course!). But to my shame I have been unable to find the "corollary" stating that all ideals of K become principal in the maximal abelian extension unramified at finite places. If there is a quick explanation of this, I would be most grateful to you for it.

Is there any way of getting hold of Artin's book "Algebraic Numbers and Algebraic Functions" which is out of print? In particular, if you could buy it for me, that would be perfect. By the way, did you pay for Chern's "Topics in Differential Geometry" which you sent me a year ago?

Qu'est le carré de Pontrjagin ? (Je suis en train de revenir cursivement sur le travail de Thom, que j'avais dû abandonner au Kansas faute de bases).

Je te signale que l'hypothèse « G_d distingué dans G » dans la condition d'acyclicité de ma dernière lettre est parfaitement superflue ; d'ailleurs le critère de non ramification pour les extensions d'Artin-Schreier se voit bien plus simplement à l'aide du discriminant !

Salut et fraternité

A. Grothendieck

Mexico, 23 Septembre 1956

Cher Grothendieck,

1 Ci-joint un petit papier sur le « Hauptidealsatz », pour t'expliquer comment on le réduit à un théorème (du reste fort mystérieux) de théorie des groupes. C'est d'ailleurs la réduction qu'a faite Artin lui-même dans son papier sur le sujet (Abh. Hamburg, vers les tomes 7 à 10) ; si tu trouvais une belle démonstration cohomologique dudit théorème, ce serait tant mieux ; mais tout le monde a séché jusqu'à présent.

En ce qui concerne ton papier, je n'ai pas eu de réponse de Sammy. Je crains qu'il n'ait déjà quitté New-York pour l'Inde. Mais je trouve idiotes tes objections à publier dans les Transactions : Sammy exige seulement qu'un manuscrit soit *lisible* sans effort d'intelligence, et c'est bien le moins. Armé d'un peu de colle et de patience, il ne te faudrait sûrement pas plus d'une journée pour retaper les passages douteux, et avoir un manuscrit présentable ; ne peux-tu vraiment essayer ? (A moins évidemment que tu ne trouves une autre solution).

Quant à faire taper ça par néo-Bastien (whoever she is), je n'ai guère d'opinion ; bien sûr, cela me permettrait d'en avoir une copie assez tôt, ce qui serait bien sympathique ; mais n'a-t-elle pas déjà assez de travail avec les rédactions

What is the Pontryagin square? (I am in the process of rapidly reviewing Thom's work, which I had to abandon in Kansas as I lacked the basics).

I should point out that the condition "G_d normal in G" in the acyclicity condition in my last letter is entirely superfluous; actually, it is much simpler to understand the non-ramification criterion for Artin-Schreier extensions using the discriminant!

Yours,

A. Grothendieck

Mexico, September 23, 1956

Dear Grothendieck,

You will find enclosed a little paper on the "Hauptidealsatz" explaining how 1
the theorem can be reduced to an (actually very mysterious) theorem of group theory. This, in fact, is the reduction given by Artin himself in his paper on the subject (Abh. Hamburg, around volume 7-10); if you could find a beautiful cohomological proof of the said theorem it would be so much the better, but everyone has got stuck on it up to now.

About your paper, Sammy has not answered me yet. I am afraid he may have already left New York for India. But I find your objections to publishing in the Transactions idiotic: all that Sammy demands is that a manuscript should be *readable* without intellectual effort, which is the least one can ask. Armed with patience and a little glue, it would surely take you no more than a day to retype the doubtful passages and make your manuscript presentable; can you really not try? (Unless, of course, you find another solution).

As for getting néo-Bastien (whoever she is) to type it up, I have no opinion on the matter; of course, that would allow me to have a copy fairly quickly, which would be very nice, but doesn't she already have enough work with the

Bourbaki ? C'est une question que tu ferais mieux de discuter avec un type de Nancy, Delsarte ou à défaut Bruhat.

Quant à ta méthode pour la cohomologie d'un groupe fuchsien, elle a l'air de marcher en prenant pour domaine fondamental un classique polygone (on choisit un point assez « général », et on prend pour domaine fondamental les points qui sont plus près de ce point-là que de ses transformés — méthode brevetée Poincaré) ; les intersections de ce polygone avec ses transformés m'ont bien l'air d'être topologiquement soit un segment, soit un point ; j'ai la flemme de vérifier. (Je te signale que, de toute façon, ces groupes sont des produits libres de groupes très simples, et que la cohomologie d'un produit libre est donnée par un théorème général de Lyndon.)

Si ces histoires de cohomologie et fonctions automorphes t'intéressent, tu peux regarder un papier publié récemment dans l'Amer. J. par un élève de Bochner, Gunning je crois ; cela a pas mal de rapport avec l'exposé Godement, mais c'est plus « explicite ».

Je réponds à tes autres questions :

a) On peut démontrer que les St_p^i, $i \not\equiv 0, 1 \mod 2p-2$ sont identiquement nuls en montrant que ces opérations proviennent de classes d'homologie du groupe cyclique $\mathbf{Z}/p\mathbf{Z}$ qui deviennent 0 dans le groupe symétrique $\mathfrak{S}_p$. En tout cas, c'est le point de vue de Steenrod.

b) Je verrai à Princeton si je peux te procurer les Notes d'Artin, part I (la seule qui existe) ; j'ai bien peur que non, Artin n'étant pas là. Quant aux Topics de Chern, il me semble bien en effet que j'ai dû les payer quelque chose comme 2 dollars.

2 c) Le « carré de Pontrjagin » est une opération cohomologique qui m'est toujours restée un peu mystérieuse. Sauf erreur, elle envoie $\mathrm{H}^q(\mathrm{X}, \mathbf{Z}/2\mathbf{Z})$ dans $\mathrm{H}^{2q}(\mathrm{X}, \mathbf{Z}/4\mathbf{Z})$. En fait, on s'est aperçu qu'il y avait une ribambelle d'opérations du même genre, définies modulo p ; on peut les obtenir soit à partir d'Eilenberg-MacLane, soit par la méthode Steenrod, avec le groupe symétrique opérant sur… etc. Demande à Cartan des détails : il connaît ça très bien.

En tout cas, une chose est sûre : il n'y a de telles opérations que si l'on plonge dans la cohomologie modulo $p^2, \dots$, etc.

d) Je suis en train d'achever la partie de mon papier relative aux revête-
3 ments. Comme je ne suis pas d'humeur à rédiger un grand fourbi bourbachique,
je me contente presque de donner des énoncés sans démonstrations ; ça ne sera

Bourbaki drafts? You would do better to discuss this question with someone from Nancy—Delsarte, or failing that, Bruhat.

Turning now to your method for the cohomology of a Fuchsian group; it seems to work on taking the fundamental domain to be a classical polygon (choose a sufficiently "general" point and take the fundamental domain to be the set of points which are closer to that point than to any of its transforms — a method patented by Poincaré); the intersections of this polygon with its transformations look to me like they must be either topological segments or points; I am too lazy to check. (Let me point out however that these groups are free products of very simple groups, and the cohomology of a free product is given by a general theorem of Lyndon).

If you are interested in this stuff on cohomology and automorphic forms, you can look at a paper published recently in the Amer. J. by a student of Bochner's, Gunning, I believe, which is closely related to Godement's talk, but is more "explicit".

Let me answer your other questions:

a) One can show that the St_p^i, $i \not\equiv 0, 1 \mod 2p-2$ are identically zero by showing that these operations come from homology classes of the cyclic group $\mathbf{Z}/p\mathbf{Z}$ which become 0 in the symmetric group $\mathfrak{S}_p$. In any case, this is Steenrod's point of view.

b) I will see in Princeton whether I can get hold of Artin's Notes Part 1 (the only part that exists) for you, but I am afraid it will not be possible, as Artin is not there. As for Chern's Topics, it seems to me that I did pay about 2 dollars for them.

c) The "Pontryagin square" is a cohomological operation which has always 2
been something of a mystery to me. If I am not mistaken, it sends $\mathrm{H}^q(\mathrm{X}, \mathbf{Z}/2\mathbf{Z})$ to $\mathrm{H}^{2q}(\mathrm{X}, \mathbf{Z}/4\mathbf{Z})$. In fact, it has been noticed that there is a whole bunch of operations of the same type, defined modulo p; they can be gotten either by using Eilenberg-Mac Lane or by Steenrod's method with the symmetric group acting on ... etc. Ask Cartan for details: he knows all this very well.

At any rate, one thing is certain: such operations exist only if one goes into cohomology mod $p^2, \dots,$ etc.

d) I am finishing the part of my paper which deals with coverings. As I 3
do not feel like writing up a huge Bourbaki-style thing, I am resigning myself to giving statements without any proofs; it will certainly not be easy to read!

sûrement pas facile à lire ! Le canular est en partie que je ne me borne pas aux variétés normales, comme tous les salauds de la littérature.

Salut et fraternité. Écris-moi à Princeton

J-P. Serre

P-S. Cette adresse « c/o Mr. Harari » est-elle définitive ?
P-S 2. J'espère que tu as reçu une lettre qui avait été envoyée chez moi, et qu'on t'a fait suivre ?

13.11.1956

Mon cher Serre,

Merci pour les divers papiers que généreusement tu m'as envoyés, ainsi que pour ta lettre. Rien de neuf de mon côté. J'ai fini mon emmerdante rédaction d'algèbre homologique (mais c'est la seule façon que j'aie pour comprendre, à force d'insister, comment marchent les choses) que j'ai envoyée à Delsarte, qui justement manquait de rédactions pour la dactylo ; je l'ai proposée à Tannaka pour le Tôhoku, il paraît que les articles-fleuves ne les rebutent pas. J'ai lu au moins les énoncés des livres de Weil sur les variétés abéliennes, dans l'espoir qu'on a arrangé depuis les démonstrations, vraiment décourageantes chez Weil ; son langage me dégoûte en plus. Je passe mon temps soit à apprendre, soit à rédiger les variétés, c'est amusant mais long bien sûr ; mais il n'est pas question de recherche avant d'avoir avalé une montagne de choses nouvelles. Tu me demandes des détails sur les opérations de Steenrod. Je n'ai rien rédigé là-dessus et n'ai pas poursuivi la question, n'en ayant pas besoin pour moi, mais je peux quand même te dire en gros ce qu'on fait. Soit X un espace, n un entier > 0, G un sous-groupe de $\mathfrak{S}_n$, χ un caractère multiplicatif à valeurs ± 1 sur G (ou plus généralement, à valeurs dans k^*, où k est un anneau de scalaires fixé ; mais en pratique il s'agit du caractère unité, ou du caractère « signature » d'une permutation). Pour tout faisceau abélien A sur X, soit C(A)

The difficulty is partly that I do not restrict myself to normal varieties, like all the bastards in the literature do.

Write to me at Princeton. Yours,

J-P. Serre

P-S. Is this address "c/o Mr. Harari" permanent?

P-S 2. I hope you have received a letter which was sent to you at my place and then forwarded to you?

11.13.1956

My dear Serre,

Thank you for the various papers that you generously sent me, as well as for your letter. There is no news over here. I have finished writing up the annoying homological algebra draft (but it is the only way I have of understanding, through sheer persistence, how things work) which I have sent to Delsarte, who as it happens did not have enough articles for the typist; I proposed it to Tannaka for the Tôhoku, as apparently they do not mind very long articles. I have read the statements in Weil's books on abelian varieties, in the hope that the proofs might have been improved since he wrote them; they are really discouraging in Weil, and on top of that his language disgusts me. I spend my time either learning or writing up the varieties, which is amusing but very long, of course; research, however, is out of the question before I have swallowed a mountain of new things. You asked me for details on the Steenrod operations. I have not written up anything, and have not continued in this direction, since I do not personally need them, but I can still tell you more or less what one does. Let X be a space, n an integer > 0, G a subgroup of $\mathfrak{S}_n$, χ a multiplicative character on G with values ± 1 (or, more generally, with values in k^*, where k is a fixed ring of scalars; but in practice it is always the unit character or the "signature" of a permutation). For any abelian sheaf A on

une résolution injective de A, faisons opérer $G \subset \mathfrak{S}_n$ sur $\otimes^n \Gamma C(A)$ par permutation des facteurs mais en tenant compte bien sûr des graduations, suivi de la multiplication par $\chi(s)$, on écrira $\otimes^n_\chi \Gamma C(A)$ pour ce G-complexe. Considérons l'hypercohomologie de G pour ce complexe (cohomologie du bicomplexe bien connu), $\mathscr{R}^* \Gamma^G(\otimes^n_\chi \Gamma C(A))$, c'est en fait un invariant associé à A et G (et χ). Dans le cas où A est un faisceau de vectoriels sur un corps k, cette hypercohomologie s'identifie *canoniquement* au terme $E_2 = H^*(G, \otimes^n_\chi H^*(X, A))$ de la suite spectrale qui y aboutit. Notons maintenant qu'on a un homomorphisme naturel (en désignant $\boxtimes^n A$ la puissance tensorielle n-ième de A *sur* X^n)

$$\otimes^n_\chi \Gamma C(A) \to \Gamma \boxtimes^n_\chi C(A)$$

le χ en indice dans le deuxième membre indiquant la façon dont on fait opérer G sur le faisceau $\boxtimes^n A$. D'autre part, en prenant C(A) convenablement, on peut supposer que $\boxtimes^n_\chi C(A)$ est une *résolution* de $\boxtimes^n_\chi A$, et comme il s'agit de faisceaux où G opère (de façon compatible avec ses opérations sur X^n), on peut envoyer cette résolution dans une résolution *injective* $C(\boxtimes^n_\chi A)$ du faisceau à opérateurs $\boxtimes^n_\chi A$, d'où un homomorphisme

$$(1) \qquad \mathscr{R}^* \Gamma^G(\otimes^n_\chi \Gamma C(A)) \to \mathscr{R}^* \Gamma^G(\Gamma C(\boxtimes^n_\chi A)) = H^*(X^n, G, \boxtimes^n_\chi A).$$

En se restreignant à la diagonale, on peut si on veut composer avec les homomorphismes naturels

$$H^*(X^n, G, \boxtimes^n_\chi A) \to H^*(X, G, \otimes^n_\chi A) \to H^*(X, G, (\otimes^n_\chi A)_G),$$

la dernière réduction étant faite pour avoir un faisceau $B = (\otimes^n_\chi A)_G$ sur lequel G opère trivialement, de telle façon qu'il y a un Künneth pour calculer $H^*(X, G, B)$, qui est égal par exemple, si on est sur un corps k, à $H^*(G) \otimes H^*(X, B)$. On peut aussi, suivant l'idée de Steenrod, utiliser les accouplements naturels généraux (où Z désigne un espace où opère G, muni d'un faisceau T à opérateurs, et M un G-module) :

$$H_i(G, M) \times H^n(Z, G, T) \to H^{n-i}(Z/G, T \otimes_G M)$$

où $T \otimes_G M$ désigne le faisceau sur Z/G associé au préfaisceau qui, à un ouvert U, fait correspondre $\Gamma(V, T) \otimes_G M$, V étant l'image réciproque de U dans Z. Dans le cas actuel, on voit que toute classe $\alpha \in H_i(G, M)$ définit un homomorphisme de degré $-i$, noté $i(\alpha)$ (« produit intérieur »)

$$(2) \qquad i(\alpha) : \mathscr{R}^m \Gamma^G(\otimes^n_\chi \Gamma C(A)) \to H^{m-i}(X^n/G, (\boxtimes^n_\chi A) \otimes_G M)$$

X, let $C(A)$ be an injective resolution of A, and let $G \subset \mathfrak{S}_n$ act on $\otimes^n \Gamma C(A)$ by permuting the factors, taking the gradings into account of course, followed by multiplication by $\chi(s)$; write $\otimes^n_\chi \Gamma C(A)$ for this G-complex. Consider the hypercohomology of G with respect to this complex (cohomology of the well-known bicomplex), $\mathscr{R}^*\Gamma^G(\otimes^n_\chi \Gamma C(A))$; this is in fact an invariant associated to A and G (and χ). In the case where A is a sheaf of vector spaces over a field k, this hypercohomology can be *canonically* identified with the term $E_2 = H^*(G, \otimes^n_\chi H^*(X, A))$ of the spectral sequence leading to it. Now note that there is a natural homomorphism

$$\otimes^n_\chi \Gamma C(A) \to \Gamma \boxtimes^n_\chi C(A)$$

(letting $\boxtimes^n A$ denote the n-th tensor product of A *over* X^n), where the subscript χ on the right-hand side indicates the way G is made to act on the sheaf $\boxtimes^n A$. Also, if one chooses a suitable $C(A)$, one may assume that $\boxtimes^n_\chi C(A)$ is a *resolution* of $\boxtimes^n_\chi A$, and as G acts on these sheaves (this action being *compatible* with the G action on X^n), this resolution can be mapped to an *injective* resolution $C(\boxtimes^n_\chi A)$ of the sheaf with operators $\boxtimes^n_\chi A$; this gives a homomorphism

$$\mathscr{R}^*\Gamma^G(\otimes^n_\chi \Gamma C(A)) \to \mathscr{R}^*\Gamma^G(\Gamma C(\boxtimes^n_\chi A)) = H^*(X^n, G, \boxtimes^n_\chi A). \tag{1}$$

Restricting to the diagonal, this can be composed if desired with the natural homomorphisms

$$H^*(X^n, G, \boxtimes^n_\chi A) \to H^*(X, G, \otimes^n_\chi A) \to H^*(X, G, (\otimes^n_\chi A)_G),$$

where this last reduction is made in order to have a sheaf $B = (\otimes^n_\chi A)_G$ on which G acts trivially, so that there is a Künneth formula for computing $H^*(X, G, B)$, which, for example, is equal to $H^*(G) \otimes H^*(X, B)$ when working over a field k. Following Steenrod's idea, one can also use the general natural pairings (here Z denotes a space on which G acts, equipped with a sheaf T with operators, and M is a G-module):

$$H_i(G, M) \times H^n(Z, G, T) \to H^{n-i}(Z/G, T \otimes_G M)$$

where $T \otimes_G M$ denotes the sheafification of the presheaf on Z/G which associates $\Gamma(V, T) \otimes_G M$ to an open set U, V being the preimage of U in Z. In the case in hand, every class $\alpha \in H_i(G, M)$ defines a homomorphism of degree $-i$, denoted by $i(\alpha)$ (the "interior product")

$$i(\alpha) : \mathscr{R}^m\Gamma^G(\otimes^n_\chi \Gamma C(A)) \to H^{m-i}(X^n/G, (\boxtimes^n_\chi A) \otimes_G M) \tag{2}$$

qu'on peut aussi, si on veut, composer avec l'homomorphisme du deuxième membre dans $\mathrm{H}^{m-i}(\mathrm{X},(\otimes_\chi^n \mathrm{A}) \otimes_{\mathrm{G}} \mathrm{M})$, déduit de l'injection $\mathrm{X} \to \mathrm{X}^n/\mathrm{G}$. (En prenant pour α la classe unité de $\mathrm{H}_0(\mathrm{G},\mathrm{Z})$, on retrouve la réduction à $\mathrm{H}^*(\mathrm{X},(\otimes_\chi^n \mathrm{A})_{\mathrm{G}})$ déjà envisagée, c'est ce que fait Steenrod.)

Enfin, si χ_0 et χ_1 sont respectivement les caractères unité et alterné, on peut définir des homomorphismes canoniques, correspondant à l'opération de puissance n-ième d'un cocycle représentatif :

$$\mathrm{H}^{2q}(\mathrm{X},\mathrm{A}) \to \mathscr{R}^{2qn}\Gamma^{\mathrm{G}}(\otimes_{\chi_0}^n \Gamma\mathrm{C}(\mathrm{A}))$$
$$\mathrm{H}^{2q+1}(\mathrm{X},\mathrm{A}) \to \mathscr{R}^{(2q+1)n}\Gamma^{\mathrm{G}}(\otimes_{\chi_1}^n \Gamma\mathrm{C}(\mathrm{A}))$$

(il faut un peu de soin pour montrer que le choix du cocycle représentatif n'a pas d'importance), et ce sont les composés de ces homomorphismes avec (1) ou (2) qui sont les puissances réduites de Steenrod. Le théorème de Thom, relatif au cas où n est premier, n'affirme pas que les homomorphismes de $\mathrm{H}^i(\mathrm{X},\mathrm{A})$ dans $\mathrm{H}^{i+r}(\mathrm{X}^n/\mathrm{G},(\boxtimes_\chi^n \mathrm{A})_{\mathrm{G}})$ ou dans $\mathrm{H}^{i+r}(\mathrm{X},(\otimes_\chi^n \mathrm{A})_{\mathrm{G}})$ correspondant aux $i(\alpha)$ pour α dans la base naturelle de $\mathrm{H}_0(\mathrm{G},k)$ sont nuls pour r non congru à 0 ou 1 mod. $2(n-1)$ (k étant un corps de caractéristique n, A un faisceau de k-vectoriels, G le groupe des permutations circulaires dans $\mathfrak{S}_n$), mais que ça devient nul quand on se réduit à $(\boxtimes_\chi^n \mathrm{A})_{\mathfrak{S}_n}$, resp. $(\otimes_\chi^n \mathrm{A})_{\mathfrak{S}_n}$. Je n'en sais guère plus, si ce n'est que les formules de multiplication marchent toutes seules ; je n'ai pas regardé la façon d'introduire les $\mathscr{P}_p^i$ à partir des opérations de puissance réduite, ça ne doit pas introduire de difficulté nouvelle. Je n'ai pas regardé non plus jusqu'au bout dans quelle mesure ces opérations cohomologiques permettent de déterminer la cohomologie de X^n/G, notamment dans le cas de la géométrie algébrique, n'étant pas particulièrement passionné là-dessus.

Salut et fraternité (et pense si possible à me dégotter des notes d'Artin sur les fonctions et nombres algébriques)

A. Grothendieck

which can also, if desired, be composed with the homomorphism from the right-hand side to $\mathrm{H}^{m-i}(\mathrm{X}, (\otimes_\chi^n \mathrm{A}) \otimes_{\mathrm{G}} \mathrm{M})$ induced by the injection $\mathrm{X} \to \mathrm{X}^n/\mathrm{G}$. (Taking α to be the unit class in $\mathrm{H}_0(\mathrm{G}, \mathrm{Z})$, this gives the reduction to $\mathrm{H}^*(\mathrm{X}, (\otimes_\chi^n \mathrm{A})_{\mathrm{G}})$ considered above; this is what Steenrod does).

Finally, if χ_0 and χ_1 are the unit and alternating characters respectively, then it is possible to define canonical homomorphisms, corresponding to the n-th-power operation on a representative cocycle:

$$\mathrm{H}^{2q}(\mathrm{X}, \mathrm{A}) \to \mathscr{R}^{2qn}\Gamma^{\mathrm{G}}(\otimes_{\chi_0}^n \Gamma\mathrm{C}(\mathrm{A}))$$
$$\mathrm{H}^{2q+1}(\mathrm{X}, \mathrm{A}) \to \mathscr{R}^{(2q+1)n}\Gamma^{\mathrm{G}}(\otimes_{\chi_1}^n \Gamma\mathrm{C}(\mathrm{A}))$$

(a little care is needed in showing that this is independent of the choice of representative cocycle) and the compositions of these homomorphisms with (1) or (2) are the reduced Steenrod powers. Thom's theorem, relative to the case where n is prime, does not state that the homomorphisms from $\mathrm{H}^i(\mathrm{X}, \mathrm{A})$ to $\mathrm{H}^{i+r}(\mathrm{X}^n/\mathrm{G}, (\boxtimes_\chi^n \mathrm{A})_{\mathrm{G}})$ or $\mathrm{H}^{i+r}(\mathrm{X}, (\otimes_\chi^n \mathrm{A})_{\mathrm{G}})$ corresponding to the $i(\alpha)$ for α contained in the natural basis of $\mathrm{H}_0(\mathrm{G}, k)$ vanish for r not congruent to 0 or 1 mod $2(n-1)$ (k being a field of characteristic n, A a sheaf of k-vector spaces, G the group of cyclic permutations in $\mathfrak{S}_n$), but that they vanish upon reduction to $(\boxtimes_\chi^n \mathrm{A})_{\mathfrak{S}_n}$, resp. $(\otimes_\chi^n \mathrm{A})_{\mathfrak{S}_n}$. I don't know much more than this, except that the multiplication formulas come out all by themselves; I have not looked at the method for introducing the $\mathscr{P}_p^i$ starting from the reduced power operations, but this should not create any new difficulties. Neither have I completely studied the question of the extent to which these cohomological operations allow us to determine the cohomology of X^n/G, especially in algebraic geometry, as I am not particularly excited by it.

Yours, (remember if possible to dig up a copy of Artin's notes on functions and algebraic numbers for me)

A. Grothendieck

17/11/56

Cher Grothendieck,

Merci pour ta lettre ; j'attends avec impatience que Bourbaki ait tiré ton diplodocus homologicus fonctoricus, et je plains les pauvres imprimeurs japonais qui vont devoir se battre avec tes corrections à la main... A ce propos, j'ai vu Tannaka qui m'a dit qu'il allait te demander de couper ton papier en deux ; j'espère que tu arriveras à trouver une coupure assez naturelle.

Pas grand-chose de neuf par ici. Je ne sais si tu sais que Papa(kyriakopoulos)
1 a démontré le lemme de Dehn et l'asphéricité des nœuds ; et les experts disent que c'est correct ! (Par contre Nakano vient juste de me dire que le papier qu'il avait écrit et que je t'ai envoyé est canulé — le canular étant bien entendu dans l'emploi de cette horreur de coordonnées de Chow. Ce truc-là est une belle saloperie, et je suis bien content de ne pas en avoir besoin pour définir les variétés quotients par un groupe fini.)

J'ai fait un petit séminaire sur la caractéristique p. J'ai commencé par exposer l'application de Cartier (sur les formes différentielles), puis la classification
2 des isogénies inséparables de groupes algébriques. J'ai donné pas mal d'applications à la théorie des courbes et des variétés abéliennes.

Je me suis excité récemment sur la question de l'invariance birationnelle de
3 la cohomologie (qui regagne de l'intérêt du fait que la symétrie est fausse). Je n'en ai pas de démonstration en général, mais je sais tout de même prouver ceci :

Soit X une variété algébrique, P un point simple de X, $X' = Q_P X$ la variété obtenue en faisant « éclater » le point P ; soit F un faisceau algébrique cohérent sur X ; supposons que F_P soit un $\mathcal{O}_P$-module de dimension homologique $\leqslant 1$ (en particulier un module libre fera l'affaire) ; désignons par F′ le faisceau défini par F sur X′. Alors $H^q(X, F) = H^q(X', F')$ pour tout $q \geqslant 0$.

Sans doute a-t-on un résultat analogue lorsque l'on fait éclater une sous-variété, mais je ne peux pas encore le montrer. La méthode que j'emploie est évidemment la suite spectrale de la projection $X' \to X$ (en fait, on peut exposer ça sans suite spectrale, mais à quoi bon ?). A ce sujet, as-tu rédigé quelque chose sur ta théorie des images de faisceaux cohérents par application propre, et sur la suite spectrale correspondante ? Cela vaudrait nettement la peine. Du point de vue des recouvrements, où je me place, ça ne marche pas tout seul ;

11/17/56

Dear Grothendieck,

Thank you for your letter; I am waiting impatiently for Bourbaki to print your diplodocus homologicus fonctoricus, and I pity the poor Japanese printers who are going to have to struggle with your hand-written corrections... By the way, I have seen Tannaka, who told me he was going to ask you to cut your paper in two; I hope you will manage to find a reasonably natural cut-off point.

There is not much news here. I do not know whether you know that
Papa(kyriakopoulos) has proved Dehn's lemma and the asphericity of knots; 1
and the experts say it is correct! (On the other hand, Nakano has just told me that the paper he had written which I sent you has a flaw in it — the snag of course lying in the use of those awful Chow coordinates. Those things are really horrendous, and I am very glad that I do not need them to define quotients of varieties by a finite group.)

I have given a little seminar on characteristic p. I started by presenting Cartier's map (on differential forms), then the classification of inseparable iso-
genies of algebraic groups. I gave quite a few applications to the theory of 2
curves and abelian varieties.

I have been getting excited recently about the question of birational invariance of cohomology (which is more interesting now that the symmetry does
not hold). I do not have a general proof, but nevertheless I can prove this: 3

Let X be an algebraic variety, P a simple point of X, $\mathrm{X}' = \mathrm{Q_P X}$ the "blow-up" of the variety X at the point P; let F be a coherent algebraic sheaf on X; assume that $\mathrm{F_P}$ is a $\mathscr{O}_\mathrm{P}$-module of homological dimension $\leqslant 1$ (in particular, a free module will do); let F' denote the sheaf defined by F on X'. Then $\mathrm{H}^q(\mathrm{X},\mathrm{F}) = \mathrm{H}^q(\mathrm{X}',\mathrm{F}')$ for any $q \geqslant 0$.

There is probably an analogous result for blow-ups along a subvariety, but I cannot prove it yet. The method I use is obviously the spectral sequence of the projection $\mathrm{X}' \to \mathrm{X}$ (it is actually possible to present this without the spectral sequence, but why bother?). On this subject, have you written up something on your theory of the images of coherent sheaves under proper maps and the corresponding spectral sequence? It would definitely be worthwhile. From the point of view of coverings, where I work, it is not immediate; for instance, I

par exemple, je suis incapable de démontrer en général le théorème de Leray sur les recouvrements acycliques (avec un faisceau) ; sais-tu faire ça ?

Au sujet du bouquin de Weil sur les variétés abéliennes : je n'en aime guère plus le style que toi. Mais il faut reconnaître que certains résultats du bouquin (les plus importants) n'ont l'air accessibles que par sa méthode (j'entends l'emploi de points génériques, diviseurs génériques, etc) : il en est ainsi en particulier de la construction de la jacobienne, qui est un petit chef-d'œuvre de jonglerie avec les points génériques. Je serais curieux de voir comment Chevalley s'y prend pour le faire (à supposer qu'il le fasse dans son séminaire).

Salut et fraternité

J-P. Serre

22.11.56

Mon cher Serre,

Tu me demandes des potins mathématiques, je vais te dire le peu que j'en sais (étant généralement mal renseigné). Comme Cartier ne collabore pas au séminaire Cartan, Cartan a abandonné son idée de parler de groupes formels, et fait analyser « au bonheur du pot » des articles divers de Topologie. On a entendu un exposé sur la construction des classifiants à l'aide de joints (Milnor) et un exposé sur l'algébrisation de l'homotopie par Kan, exposé fait d'ailleurs par Shih, et fort bien réussi. (Je te signale que Shih vient d'être reçu Attaché de Recherches, ce qui résout un problème important). Chevalley fait la classification des groupes algébriques semi-simples, qui prendra l'année : Cartier a fait le raccord des schémas avec les variétés, et je vais exposer pendant un mois l'article de Borel, préliminaire au travail de Chevalley. Mon « séminaire » n'en est pas un, mais un cours élémentaire destiné à faire lire le bouquin de Cartan-Sammy, en donnant les compléments que tu sais.

am unable to prove Leray's theorem on acyclic covering spaces (with a sheaf) in general; can you do this?

On the subject of Weil's book on abelian varieties: I hardly like its style any more than you do. But it has to be admitted that certain results in the book (the most important ones) appear to be accessible only by his methods (by which I mean the use of generic points, generic divisors, etc.): this holds in particular for the construction of the Jacobian, which is a little masterpiece of juggling with generic points. I will be curious to see how Chevalley goes about doing this (assuming he deals with it in his seminar).

Yours,

J-P. Serre

11.22.56

My dear Serre,

You asked for some mathematical gossip; I will tell you the little I know (I am not very well-informed in general). As Cartier is not participating in the Cartan seminar, Cartan has abandoned the idea of talking about formal groups, and is dissecting various Topology articles as they come. We have had a talk on the construction of classifying spaces using joins (by Milnor) and a talk on Kan's algebrization of homotopy, given by Shih, which was actually very successful. (For your information, Shih has just been recruited as an Attaché de Recherche, which solves an important problem). Chevalley is classifying semi-simple algebraic groups, which will take all year: Cartier has made the link between schemes and varieties, and I will be spending a month presenting Borel's article, as preparation for Chevalley's work. My "seminar" is nothing of the sort, but is rather an introductory course intended to get people to read Cartan-Sammy's book, together with the complements you already know about.

Que veux-tu dire par invariance birationnelle de la cohomologie, tu n'entends pas prouver quand même que le polynôme de Poincaré de $\mathbf{P}(2)$ est égal à celui de $\mathbf{P}(1) \times \mathbf{P}(1)$. — Le théorème général de Leray sur les recouvrements acycliques ouverts est non seulement vrai sans aucune hypothèse, mais encore pratiquement trivial ; il figure bien entendu dans le diplodocus. J'ai rédigé au brouillon les histoires d'images directes de faisceaux algébriques cohérents par application propre etc, mais ne sais pas quand je trouverai le temps de le rédiger au propre : sans doute pas avant que quelqu'un en ait besoin pour de bon.

Je suis bien attristé d'entendre qu'on ne sait pas exposer les résultats de Weil sans jongler avec les points génériques ; d'ailleurs l'abus effréné des points génériques noie forcément les quelques endroits où leur emploi est vraiment essentiel ; ainsi la démonstration du fait que tout endomorphisme d'une jacobienne provient d'une correspondance. Comme dit Chevalley, on se sent frustré devant une démonstration comme celle-là. J'espère que Lang rédigera son rapport comme prévu ; peux-tu me dire en attendant si la structure algébrique sur la variété jacobienne P peut se définir axiomatiquement par a) l'existence sur $\mathrm{X} \times \mathrm{P}$ d'un fibré de groupe k^* tel que pour tout $p \in \mathrm{P}$, sa restriction à $\mathrm{X} \times (p)$ soit de classe p, et b) le fait que tout système algébrique de diviseurs sur X définisse une application régulière de la variété des paramètres dans P. Chevalley dit que le second point est vrai (d'après Matsusaka), mais qu'il ignore s'il en est de même du premier, ce qui est vexant.

1 J'ai lu le papier de Weil de 1952 sur la variété de Picard, son théorème fondamental est en fait bien plus élémentaire et général qu'il ne le paraît chez lui. Si X est un espace analytique compact, alors $\mathrm{P} = \mathrm{H}^1(\mathrm{X}, \mathscr{O}^*)$ est de façon naturelle un groupe de Lie complexe dont la composante connexe de 0 est $\mathrm{H}^1(\mathrm{X}, \mathscr{O})/\mathrm{H}^1(\mathrm{X}, \mathbf{Z})$ (N.B. On peut montrer que $\mathrm{H}^1(\mathrm{X}, \mathbf{R}) \to \mathrm{H}^1(\mathrm{X}, \mathscr{O})$ est injectif). On montre alors très élémentairement (en utilisant que si S est un espace de Stein, alors $\mathrm{H}^1(\mathrm{X} \times \mathrm{S}, \mathscr{O}) = \mathrm{H}^1(\mathrm{X}, \mathscr{O}) \otimes \mathrm{H}^0(\mathrm{S}, \mathscr{O})$, en vertu d'une variante vectorielle-topologique de Künneth) que :

a) tout fibré holomorphe de groupe $\mathbf{C}^*$ sur un produit $\mathrm{X} \times \mathrm{S}$ (S espace analytique quelconque) définit une application holomorphe $\mathrm{S} \to \mathrm{P}$;

b) réciproquement, toute telle application provient d'un fibré, qui est d'ailleurs bien déterminé à multiplication près par un fibré sur $\mathrm{X} \times \mathrm{S}$ provenant d'un fibré sur S. Ce dernier point est équivalent aussi à l'existence d'un

What do you mean by birational invariance of cohomology? Surely you don't mean to prove that the Poincaré polynomial of $\mathbf{P}(2)$ is equal to that of $\mathbf{P}(1) \times \mathbf{P}(1)$. — Leray's general theorem on open acyclic covers not only holds without any conditions, but is practically trivial; it appears in the diplodocus, of course. I have written a rough draft of my stuff on direct images of coherent algebraic sheaves under proper maps, but I don't know when I will find the time to write it up properly: probably not until someone actually needs it.

I am sad to hear that one cannot present Weil's results without juggling with generic points; as a matter of fact, the unbridled abuse of generic points necessarily hides the few situations in which their use is truly essential, such as the proof that every endomorphism of a Jacobian comes from a correspondence. As Chevalley says, one feels frustrated when faced with a proof like that one. I hope Lang will write up his report as intended; in the meantime, can you tell me whether the algebraic structure on the Jacobian variety P can be axiomatically defined by a) the existence of a bundle of group k^* on $\mathrm{X} \times \mathrm{P}$ such that for every $p \in \mathrm{P}$, its restriction to $\mathrm{X} \times (p)$ is of class p, and b) the fact that every algebraic system of divisors on X defines a regular map from the parametrizing variety into P. Chevalley says that the second condition holds (according to Matsusaka), but does not know if the first does, which is irritating.

I have read Weil's 1952 paper on the Picard variety; his fundamental the- 1
orem is in fact much more general and elementary than it appears from the paper. If X is a compact analytic space, then $\mathrm{P} = \mathrm{H}^1(\mathrm{X}, \mathscr{O}^*)$ is naturally a complex Lie group whose connected component containing 0 is $\mathrm{H}^1(\mathrm{X}, \mathscr{O})/\mathrm{H}^1(\mathrm{X}, \mathbf{Z})$ (N.B. One can show that $\mathrm{H}^1(\mathrm{X}, \mathbf{R}) \to \mathrm{H}^1(\mathrm{X}, \mathscr{O})$ is injective). It is then very elementary to show (using the fact that if S is a Stein space, then by virtue of a topological-vector variant of the Künneth formula, one has $\mathrm{H}^1(\mathrm{X} \times \mathrm{S}, \mathscr{O}) = \mathrm{H}^1(\mathrm{X}, \mathscr{O}) \otimes \mathrm{H}^0(\mathrm{S}, \mathscr{O})$) that:

a) every holomorphic bundle of group $\mathbf{C}^*$ on a product $\mathrm{X} \times \mathrm{S}$ (where S is an arbitrary analytic space) defines a holomorphic map $\mathrm{S} \to \mathrm{P}$;

b) conversely, any such map comes from a bundle, which moreover is well-determined up to multiplication by a bundle on $\mathrm{X} \times \mathrm{S}$ coming from a bundle on S. This last remark is also equivalent to the existence of a bundle on $\mathrm{X} \times \mathrm{P}$

fibré sur X × P définissant l'application identique P → P. Quand de plus X et P_0 sont des variétés projectives (sans doute suffit-il que X le soit, c'est du moins ainsi grâce à Hodge-Weil si X est non singulière) le fibré en question est algébrique, d'où une section méromorphe d'où un diviseur sur X × P_0. C'est celui auquel en avait Weil. On peut d'ailleurs aussi, en multipliant le fibré E par une puissance suffisante d'un fibré $L_X \otimes L_{P_0}$ (où L_X et L_{P_0} proviennent des immersions projectives de X et P_0) supposer que E est assez ample, alors on obtient une famille de diviseurs *positifs* linéairement équivalents sans points fixes, définissant l'application $p \mapsto p +$ cte de P_0 dans P.

Ce n'est pas une si grosse perte que le fait que le papier de Nakano soit canulé, car il me semble qu'il ne répondait à aucune des questions précises qu'on pouvait se poser (caractérisation à la Weil de la variété des classes de fibrés, obtient-on des variétés complètes, irréductibles, etc ?)

Une question peut-être idiote sur laquelle je viens de sécher : X courbe algébrique (par exemple elliptique), on se donne une représentation de son groupe fondamental par des matrices unimodulaires à coefficients entiers, d'où un fibré holomorphe sur X de fibre le groupe $\mathbf{C}^{*n}$. Est-il bien vrai que ce fibré
2 ne sera pratiquement jamais une variété algébrique (avec projection et loi de composition régulières) ? J'en ai bien entendu à une définition algébrique du groupe fondamental, et veux m'assurer que mon idée ne peut rien donner.

Salut et fraternité

A. Grothendieck

Princeton, 4 Décembre 1956

Cher Grothendieck,

[. . .]

Par « invariance birationnelle », j'entends la chose évidente. Par exemple, je suis bien sûr que le résultat suivant est vrai :

defining the identity map $P \to P$. When furthermore X and P_0 are projective varieties (it is probably enough for X to be projective — at least this is true by Hodge-Weil whenever X is non-singular) the bundle in question is algebraic, giving a meromorphic section, and thus a divisor on $X \times P_0$. That's what Weil was after. Actually, by multiplying the bundle E by a sufficiently high power of a bundle $L_X \otimes L_{P_0}$ (where L_X and L_{P_0} come from projective immersions of X and P_0), one can also assume that E is sufficiently ample, and one then obtains a family of linearly equivalent *positive* divisors without fixed points, which define the map $p \mapsto p + \mathrm{cst}$ from P_0 to P.

It is not such a great loss if Nakano's paper is wrong, since it seems to me that it did not answer any of the specific questions that arise (Weil-style characterization of the variety of classes of bundles, does one obtain varieties which are complete, irreducible, etc.?)

Here is a possibly stupid question on which I am stuck: let X be an algebraic curve (for example, an elliptic curve), take a representation of its fundamental group by unimodular matrices with integral coefficients, which gives a holomorphic bundle on X whose fiber is the group $\mathbf{C}^{*n}$. Is it true that this bundle will almost never be an algebraic variety (with regular projection and 2
composition law)? Obviously, I am looking for an algebraic definition of the fundamental group, and I want to be sure that my idea cannot give anything.

Yours,

A. Grothendieck

Princeton, December 4, 1956

Dear Grothendieck,

[. . .]

By "birational invariance" I mean the obvious thing. For example, I am quite convinced that the following result is true:

Soit $X' \to X$ une application régulière, birationnelle, X' et X étant toutes deux projectives. Soit $\mathscr{F}$ un faisceau localement libre sur X et soit $\mathscr{F}'$ le faisceau qu'il détermine canoniquement sur X'. Alors on a $H^q(X, \mathscr{F}) = H^q(X', \mathscr{F}')$
1 pour tout $q \geqslant 0$.

Je ne sais pas démontrer ça en général ; mais je sais le faire si X' s'obtient en faisant « éclater » un point de X (en fait, dans ce cas, il suffit de supposer que ce point est simple sur X, et que le faisceau $\mathscr{F}$ est tel que $\mathrm{dh}(\mathscr{F}_x) \leqslant 1$, x désignant le point qui éclate).

En particulier, pour une surface, on voit que $h^{0,1}(X) = h^{0,1}(X')$, et que

$$h^{1,1}(X') = h^{1,1}(X) + 1.$$

(Ce dernier résultat provient de ce que, si l'on prend pour $\mathscr{F}$ le faisceau Ω^1, le faisceau $\mathscr{F}'$ n'est pas $\Omega^1(X')$, mais lui est relié de façon très simple).

Voilà ce que j'appelle l'invariance birationnelle. C'est tout à fait raisonnable.

Au sujet de ta question a) sur les jacobiennes : c'est sûrement vrai. En effet, Weil a défini un diviseur Θ sur P avec de mirifiques propriétés ; d'où un fibré sur P, d'où un sur $P \times P$ (grâce à $P \times P \to P$), d'où un sur $X \times P$ (grâce à $X \to P$) ; je suis à peu près sûr — je te laisse le vérifier, j'ai la flemme — que ce fibré a les propriétés voulues.

2 Aucune idée, par contre, sur tes fibrés holomorphes de fibre $\mathbf{C}^{*n}$. Je ne vois pas comment prouver qu'ils ne sont « presque jamais » algébriques.

Une question que j'ai posée à Cartan et sur laquelle tu auras peut-être des idées : soit $X' \to X$ une application propre d'un espace analytique X' sur un autre X, l'image réciproque de tout point étant finie. Est-il vrai que, si $\mathscr{O}'$ est le faisceau des fonctions holomorphes sur X', l'image directe (au
3 sens que tu connais bien) de $\mathscr{O}'$ est un faisceau $\mathscr{O}$-cohérent ? C'est l'analogue analytique (mais beaucoup plus vache) de ce que tu as dû démontrer dans le cas algébrique.

Salut et fraternité. A bientôt

J-P. Serre

Let $X' \to X$ be a regular birational map, where X and X′ are both projective. Let $\mathscr{F}$ be a locally free sheaf on X, and let $\mathscr{F}'$ be the sheaf it canonically determines on X′. Then $H^q(X, \mathscr{F}) = H^q(X', \mathscr{F}')$ for every $q \geqslant 0$. 1

I do not know how to prove this in general, but I know how to do it when X′ is the variety obtained by "blowing-up" a point of X (indeed, in this case it is enough to assume that the point is a simple point of X and the sheaf $\mathscr{F}$ is such that $\mathrm{hd}(\mathscr{F}_x) \leqslant 1$, where x denotes the point that is blown up.)

In particular, for a surface, one sees that $h^{0,1}(X) = h^{0,1}(X')$ and that

$$h^{1,1}(X') = h^{1,1}(X) + 1.$$

(The latter result follows from the fact that taking $\mathscr{F}$ to be the sheaf Ω^1, then the sheaf $\mathscr{F}'$ is not $\Omega^1(X')$, but is related to it in a very simple way).

This is what I mean by birational invariance. It is entirely reasonable.

As for your question a) on Jacobians: it is certainly true. Indeed, Weil has defined a divisor Θ on P with fabulous properties, whence a bundle on P, then one on $P \times X$ (using $P \times P \to P$), then one on $X \times P$ (using $X \to P$); I am more or less certain—I am too lazy to check, I leave it to you—that this bundle has the desired properties.

On the other hand, I have no idea about your holomorphic bundles with 2
fiber $\mathbf{C}^{*n}$. I do not see how to prove that they are "almost never" algebraic.

Here is a question I asked Cartan, on which you may have some ideas: let $X' \to X$ be a proper map from an analytic space X′ to another one, X, such that the preimage of every point is finite. Is it true that if $\mathscr{O}'$ is the sheaf of holomorphic functions on X′, then the direct image (in the sense that
you know) of $\mathscr{O}'$ is a coherent $\mathscr{O}$-sheaf? This is the (much harder) analytic 3
equivalent of what you had to prove in the algebraic case.

See you soon. Yours,

J-P. Serre

Paris, le 1.11.1957

Mon cher Serre,

1 Ci-joint une démonstration très simple de Riemann-Roch, indépendante de la caractéristique. La presque totalité de mon rapport devient alors inutile, et notamment : la considération systématique de la structure de λ-anneau, virtuellement tout le chapitre 1 (dont il n'y a plus à retenir que la définition de l'homomorphisme ch, et la formule (1.30)) ; le théorème 2.14 qui nécessitait un passage assez emmerdant aux grassmanniennes (et qui se démontre maintenant plus simplement) ; on n'a même plus besoin du théorème 2.12 et de l'homomorphisme (2.34) $\varphi : \mathrm{A(X)} \to \mathrm{G}\underline{\mathrm{K}}(\mathrm{X})$, mais seulement, essentiellement, des formules (2.15) et de la formule non écrite qui explicitent la structure multiplicative dans $\underline{\mathrm{K}}(\mathrm{X})$ et les images inverses, sans repasser par les fibrés vectoriels. Je te signale aussi que le passage aux variétés éclatées permet de démontrer (2.35) en toute généralité.

Pourtant, il me semble que cette nouvelle démonstration va moins au fond des choses, et est de portée moins grande. Elle ne donnera sans doute rien pour des variétés arithmétiques (où les formules « sans dénominateur » (v) et (2.37) sont certainement valables) ; il faudrait voir quelle est la situation pour des Riemann-Roch plus canulés, faisant intervenir un groupe d'opérateurs sur les faisceaux... De plus, je ne suis pas arrivé à faire marcher la nouvelle méthode pour les formules « sans dénominateurs », sauf si $\dim \mathrm{Y} < (n-1)/2$ (où $n = \dim \mathrm{X}$) ; j'ai eu beau masturber en tous sens, la torsion dans $\underline{\mathrm{K}}(\mathrm{X})$ resp. A(X) canule. Mais ce n'est certainement pas sérieux, car on sait qu'en caractéristique zéro, les formules sont valables (bien qu'il y ait autant de torsion dans $\underline{\mathrm{K}}(\mathrm{X})$ et A(X) dans ce cas là !). — Aussi, je vais quand même essayer de faire marcher ma première méthode en caractéristique p, même si ça doit être bien plus long.

Je te signale que « moralement », la nouvelle méthode repose sur la détermination de $\underline{\mathrm{K}}(\mathrm{X})$ et $\underline{\mathrm{A}}(\mathrm{X})$, lorsque X est, soit un fibré projectif associé à un fibré vectoriel, soit une variété obtenue par éclatement d'une sous-variété non singulière. Dans ce deuxième cas, je n'ai pas fait la détermination complète, il manque un petit quelque chose. Avec les notations $(\mathrm{Y}, \mathrm{X}; \mathrm{Y}', \mathrm{X}')$, (i, j, f, g) du petit papier, il faut prouver la formule (9) de ce papier (mais comme *égalité*)

$$f^*(i_*(y)) = j_*(y\,\mathrm{C}^{p-1}(\mathrm{F})), \quad y \in \mathrm{A(Y)}.$$

Paris, 11.1.1957

My dear Serre,

You will find enclosed a very simple proof of Riemann-Roch independent 1
of the characteristic. Almost all of my report has now become useless, particularly: the systematic use of the λ-ring structure, virtually all of chapter 1 (from which only the definition of the homomorphism ch and formula (1.30) need to be kept), theorem 2.14 which required a rather difficult passage to Grassmannians (and which is now proved more simply); even theorem 2.12 and homomorphism (2.34) $\varphi : \mathrm{A(X)} \to \mathrm{G\underline{K}(X)}$ are no longer needed; basically all that is needed are the formulas (2.15) and the unwritten formula which gives the multiplicative structure on $\underline{\mathrm{K}}(\mathrm{X})$ and the inverse images explicitly without going through vector bundles. I should also point out that passing to blown-up varieties makes it possible to prove (2.35) in full generality.

However, it seems to me that this new proof goes less to the heart of the matter and has a narrower scope than the old one. It will probably give nothing for arithmetic varieties (for which the "denominatorless" formulas (v) and (2.37) are certainly valid); we shall have to look into the situation for trickier Riemann-Roch formulas which involve a group of operators on sheaves... Moreover, I have not managed to get this new method to work for "denominatorless" formulas, except when $\dim \mathrm{Y} < (n-1)/2$ (where $n = \dim \mathrm{X}$); whichever way I masturbate it, the torsion in $\underline{\mathrm{K}}(\mathrm{X})$ resp. $\mathrm{A(X)}$ screws up. But this is certainly not serious, since these formulas are known to hold in characteristic zero (even though $\underline{\mathrm{K}}(\mathrm{X})$ and $\mathrm{A(X)}$ have just as much torsion in that case!) — Thus, I will still try to get my first method to work in characteristic p, even if it will be much longer.

Let me point out that "morally", this new method is based on the determination of $\underline{\mathrm{K}}(\mathrm{X})$ and $\underline{\mathrm{A}}(\mathrm{X})$ when X is either a projective bundle associated to a vector bundle or a variety obtained by blowing up a non-singular subvariety. In the second case, I have not yet finished the computation; a little something is still missing. With the notation $(\mathrm{Y}, \mathrm{X}; \mathrm{Y}', \mathrm{X}')$, (i, j, f, g) from the little paper, what has to be proved is formula (9) from this paper (but as an *equality*)

$$f^*(i_*(y)) = j_*(y\,\mathrm{C}^{p-1}(\mathrm{F})), \quad y \in \mathrm{A(Y)}.$$

On constate que les deux membres ont même image par f_*, et même image par j^*, de sorte que la situation est équivalente à :

$$\text{(9 bis)} \qquad \operatorname{Ker} f_* \cap \operatorname{Ker} j^* = 0.$$

En tout cas, (9) est vraie en réduisant à $\mathrm{G}(\underline{\mathrm{K}}(\mathrm{X}'))$ (ce qui détruit un peu de torsion tout au plus), car elle résulte alors de (6) ; il n'y a donc guère de doute qu'elle soit vraie. D'ailleurs, (9 bis) serait immédiate si on savait ceci (et j'aimerais connaître ce qu'en savent les compétences) :

Si $x' \in \mathrm{A}(\mathrm{X}')$ induit 0 dans $\mathrm{A}(\mathrm{Y}')$, alors il existe un cycle représentant de x' qui ne rencontre pas Y' (?)

(Il n'y a pas plus d'éclatement dans cette question que de Tôhoku). La question analogue se pose pour l'équivalence algébrique, numérique etc.

Je te signale d'ailleurs que de l'*égalité* (9) résulte très facilement (6) de façon purement formelle, sans passer par l'ennuyeuse (6bis). C'est bien entendu heuristiquement par cette voie que je suis tombé sans le vouloir sur (6 bis). Je n'ai pas vérifié encore directement cette formule, mais il est évident que ce ne peut être qu'un simple exercice.

Enfin, j'ai une question d'un autre ordre. Tu dois déménager de ton appartement, crois-tu qu'il soit possible que j'en hérite ? Comme le loyer n'est pas si élevé, si je me rappelle bien, je pourrai alors acheter des meubles (à crédit). Ça m'intéresse pour ma mère qui n'est pas tellement bien à Bois-Colombes, et terriblement isolée.

Bien à toi

A. Grothendieck

Note that both sides of the equation have the same image under f_* and under j^*, so the situation is equivalent to

(9 bis) $$\mathrm{Ker}\, f_* \cap \mathrm{Ker} j^* = 0.$$

In any case, (9) holds after reduction to $\mathrm{G}(\underline{\mathrm{K}}(\mathrm{X}'))$ (which at the very worst destroys a bit of torsion) since it then follows from (6); there is therefore hardly any doubt that it is true. Moreover, (9 bis) would be immediate if the following were known (and I would like to know what the experts know about this):

If $x' \in \mathrm{A}(\mathrm{X}')$ induces 0 in $\mathrm{A}(\mathrm{Y}')$, then there exists a cycle representing x' which does not meet Y' (?)

(This does not contain blow-ups any more than Tôhoku!) One can ask an analogous question for algebraic equivalence, numerical equivalence, etc.

Let me point out that *equality* (9) follows easily and entirely formally from (6), without using the bothersome (6 bis). Of course, this is heuristically how I accidentally came across (6 bis). I haven't yet checked this formula directly, but it is obviously no more than a simple exercise.

Finally, I have another kind of question. You are moving out of your apartment; do you think it might be possible for me to inherit it? As the rent is not very high, if I remember rightly, I would then be able to buy some furniture (on credit). I am interested in it for my mother, who isn't very happy in Bois-Colombes, and is terribly isolated.

Regards,

A. Grothendieck

Paris, le 12.11.1957

Mon cher Serre,

1 D'accord avec toutes tes rectifications, notamment celle concernant $\gamma^{p-1}(\mathrm{E})$, il faut lire partout $\gamma^{p-1}(\mathrm{E}-p)$. Pour ce qui est de la partie canulée du lemme 1 (dont je ne me sers pas, mais que j'ai mise pour la symétrie) il faut lire : Si Riemann-Roch est vrai pour fg et g, il l'est pour f dans $\mathrm{Im}(g_!)$ (note que si $\mathrm{Z} \neq \mathrm{Y}$, $g_!$ n'est jamais surjectif !). Enfin, j'ajoute que la formule (2.22) de
2 RRR est une affirmation un peu hâtive, il est prudent d'y supposer que X est fibré sur Y ; je fais semblant de me servir de ce résultat (pour des variétés singulières) dans la démonstration de la proposition 2.9, mais en fait on peut aussi la faire sans sortir des variétés non singulières.

Pour ce qui est de la proposition 2.3 qui te fout la frousse, je ne m'en servais que dans le cas de cycles de dimension $> \dim \mathrm{Y}$ (voir le corollaire), où elle est triviale. Ce qui me fait penser qu'elle est vraie dans tous les cas, c'est qu'elle devient vraie en réduisant à $\mathrm{G}\underline{\mathrm{K}}(\mathrm{X})$, $\mathrm{G}\underline{\mathrm{K}}(\mathrm{Y})$ (ce qui tue seulement un peu de torsion, tout au plus). Mais il serait très agréable d'en avoir une démonstration directe, pour avoir une théorie élégante des classes de Chern (cf. plus bas).

A ce propos, je signale combien il serait agréable de pouvoir démontrer directement que $\mathrm{A}(\mathrm{X}) = \mathrm{G}\underline{\mathrm{K}}(\mathrm{X})$ (ce dont je suis à peu près convaincu). Ça ferait alors une définition sympathique de l'équivalence linéaire des cycles, valable aussi pour les variétés singulières, de plus il semble que bien des choses se démontrent facilement dans $\mathrm{G}\underline{\mathrm{K}}(\mathrm{X})$, mais pas dans $\mathrm{A}(\mathrm{X})$. Ainsi la proposition 2.3, mais aussi la formule d'intersection

(iii bis) $$i^*(i_*(x)) = x\,\mathrm{C}^q(\mathrm{T}_{\mathrm{X}/\mathrm{Y}})$$

pour une application d'injection $\mathrm{Y} \xrightarrow{i} \mathrm{X}$ et un $x \in \mathrm{A}(\mathrm{Y})$. Je n'en trouve pas de démonstration directe. (N.B. (iv bis) est une conséquence de (iii bis).)

Je te signale aussi que je sais prouver que si X est une variété non singulière (non nécessairement quasi-projective) alors tout faisceau algébrique cohérent est quotient d'une somme directe de faisceaux définis par des diviseurs. D'où la définition des classes de Chern des faisceaux, pourvu qu'on en ait une pour les fibrés vectoriels. A ce moment-là, le théorème de Riemann-Roch peut s'*énoncer* aussi dans le cas de variétés non projectives (ce sera le cas par exemple dans le cas classique, grâce à la définition transcendante des classes de Chern) ; et

Paris, the 11.12.1957

My dear Serre,

I agree with all your corrections, in particular the one concerning $\gamma^{p-1}(\mathrm{E})$, 1
which should read $\gamma^{p-1}(\mathrm{E}-p)$ throughout. The wrong part of lemma 1 (which I do not use, but had included for symmetry's sake) should read: If Riemann-Roch holds for fg and g, then it also holds for f in $\mathrm{Im}(g_!)$ (note that if $\mathrm{Z} \neq \mathrm{Y}$
then $g_!$ is never surjective!). Finally, I should add that formula (2.22) of RRR 2
is rather a rash assertion, and it would be prudent to assume that X is a bundle over Y; I pretend to use this result (for singular varieties) in the proof of proposition 2.9, but actually this can also be done using only non-singular varieties.

As for proposition 2.3 which frightens you so much, I only used it in the case of cycles of dimension > dim Y (see the corollary), for which it is trivial. What makes me think that it always holds is that it becomes true after reduction to $\mathrm{G\underline{K}(X)}$, $\mathrm{G\underline{K}(Y)}$ (which only kills a little torsion, at the very worst). But it would be very nice to have a direct proof, in order to have an elegant theory of Chern classes (cf. below).

On this topic, note that it would be nice to be able to prove directly that $\mathrm{A(X)} = \mathrm{G\underline{K}(X)}$ (which I am more or less convinced is the case). This would give an attractive definition of linear equivalence of cycles, which would also be valid for singular varieties; moreover, it does seem that many things are easy to prove in $\mathrm{G\underline{K}(X)}$, but not in A(X). This is the case for both proposition 2.3 and also the intersection formula

(iii b) $$i^*(i_*(x)) = x\,\mathrm{C}^q(\mathrm{T}_{\mathrm{X/Y}})$$

for an injective map $\mathrm{Y} \xrightarrow{i} \mathrm{X}$ and an $x \in \mathrm{A(Y)}$. I have not found a direct proof of this. (N.B. (iv b) is a consequence of (iii b).)

I should also mention that I can prove that if X is a (not necessarily quasi-projective) non-singular variety, then every coherent algebraic sheaf is a quotient of a direct sum of sheaves defined by divisors. This gives a definition of Chern classes for sheaves, provided one already exists for vector bundles. The Riemann-Roch theorem can then also be *stated* in the case of non-projective varieties (for instance, this is the case for classical varieties, via the transcendental definition of Chern classes); and furthermore, using the revised and

d'autre part, se servant de la version revue et corrigée du lemme 1 de mon petit papier, on voit que Riemann-Roch est *vrai* chaque fois que $y \in \underline{\mathrm{K}}(\mathrm{Y})$ est de la forme $g_!(z)$, où $g : \mathrm{Z} \to \mathrm{Y}$ est un morphisme propre d'une variété quasi-projective non singulière Z dans Y. Si on savait par exemple que toute sous-variété de Y est l'image d'une variété quasi-projective *non singulière* par un morphisme propre (comparer lemme de Chow !), on aurait gagné.

3 Pour ce qui est d'une théorie des classes de Chern pour fibrés vectoriels, les réflexions qui suivent marchent aussi bien dans le cas topologique (où elles donnent une théorie très élémentaire des classes de Chern, sans obstructions ni théorèmes fins de Borel). Supposons attaché à toute variété algébrique non singulière X un anneau gradué commutatif A(X), qui soit un foncteur contravariant en X. Supposons donnés un homomorphisme fonctoriel $\mathrm{P}(\mathrm{X}) \to \mathrm{A}^1(\mathrm{X})$, où P(X) désigne le groupe des classes de diviseurs, et enfin pour toute variété X et toute sous-variété Y, de codimension p, un homomorphisme $i_* : \mathrm{A}(\mathrm{Y}) \to \mathrm{A}(\mathrm{X})$ de groupes, augmentant le degré de p. Les axiomes sont

a) $\mathrm{P}(\mathrm{X}) \to \mathrm{A}(\mathrm{X})$ est donné, sur une hypersurface non singulière $\mathrm{Y} \subset \mathrm{X}$, par $i_*(1_\mathrm{Y})$ (où 1_Y est l'élément unité de A(Y)).

b) Si $\mathrm{Y} \subset \mathrm{X}$ est non singulière irréductible, on a $i_*(y\, i^*(x)) = x\, i_*(y)$ (où $i : \mathrm{Y} \to \mathrm{X}$ est l'injection).

c) Si E est un fibré vectoriel de rang p sur X, X′ le fibré projectif associé, L le fibré de rang 1 bien connu sur X′ et ξ sa classe dans $\mathrm{A}^1(\mathrm{X}')$, alors les ξ^i $(0 \leqslant i \leqslant p-1)$ forment une base de $\mathrm{A}(\mathrm{X}')$ sur A(X).

Sous ces conditions, on peut de façon unique attacher à tout fibré vectoriel E sur une variété non singulière X, une classe $c(\mathrm{E}) = 1 + \sum_{i=1}^{p} c^i(\mathrm{E}) \in \mathrm{A}(\mathrm{X})$, de façon à vérifier les conditions de Hirzebruch :

(i) fonctorialité

(ii) $c^1(\mathrm{E}) = d(\mathrm{E})$ si E est de rang 1 ($d(\mathrm{E})$ désignant l'image dans $\mathrm{A}^1(\mathrm{X})$ de la classe de diviseurs définie par E).

(iii) $c(\mathrm{E}) = c(\mathrm{E}')c(\mathrm{E}'')$ si E est extension de E′ par E″.

De plus, ces classes satisfont aux conditions (iv), (v), (vi) permettant de calculer les classes de Chern d'un produit tensoriel, d'une puissance extérieure et d'un dual. Les $c^i(\mathrm{E})$ sont aussi caractérisés par la formule

$$\sum_{i=0}^{p} c^i(\mathrm{E})\xi^{p-i} = 0 \tag{1}$$

corrected version of lemma 1 from my little paper, it follows that Riemann-Roch *holds* whenever $y \in \underline{\mathrm{K}}(\mathrm{Y})$ is of the form $g_!(z)$, where $g : \mathrm{Z} \to \mathrm{Y}$ is a proper morphism from a non-singular quasi-projective variety Z to Y. If one knew for example that every subvariety of Y was the image of a *non-singular* quasi-projective variety by a proper map (compare with the Chow lemma!) then the result would be in the bag.

Now, about the theory of Chern classes for vector bundles, the following 3
remarks work just as well in the topological setting (where they give a very elementary theory of Chern classes, without obstructions or Borel's subtle theorems). Assume that there is a commutative graded ring A(X) associated to every non-singular algebraic variety X, and that this is a contravariant functor in X. Assume that a functorial homomorphism $\mathrm{P(X)} \to \mathrm{A}^1(\mathrm{X})$ is given, where P(X) denotes the group of divisor classes, and that for every variety X or every subvariety Y of codimension p, a group homomorphism $i_* : \mathrm{A(Y)} \to \mathrm{A(X)}$ is also given, which increases the degree by p. The axioms are

a) When $\mathrm{Y} \subset \mathrm{X}$ is a non-singular hypersurface, $\mathrm{P(X)} \to \mathrm{A(X)}$ is given by $i_*(1_{\mathrm{Y}})$, (where 1_{Y} is the identity in A(Y)).

b) If $\mathrm{Y} \subset \mathrm{X}$ is non-singular and irreducible, then $i_*(y\, i^*(x)) = x\, i_*(y)$ (where $i : \mathrm{Y} \to \mathrm{X}$ is the inclusion).

c) If E is a vector bundle of rank p on X, X$'$ is the associated projective bundle, L is the famous rank 1 bundle on X$'$, and ξ is its class in $\mathrm{A}^1(\mathrm{X}')$, then the ξ^i $(0 \leqslant i \leqslant p-1)$ form a basis for $\mathrm{A}(\mathrm{X}')$ over A(X).

Under these conditions, there is a unique way to associate to every vector bundle E on a non-singular variety a class $c(\mathrm{E}) = 1 + \sum_{i=1}^{p} c^i(\mathrm{E}) \in \mathrm{A(X)}$, so that the Hirzebruch conditions are satisfied:

(i) functoriality,

(ii) $c^1(\mathrm{E}) = d(\mathrm{E})$ if E is of rank 1 ($d(\mathrm{E})$ denotes the image in $\mathrm{A}^1(\mathrm{X})$ of the class of divisors defined by E),

(iii) $c(\mathrm{E}) = c(\mathrm{E}')c(\mathrm{E}'')$ if E is an extension of E$'$ by E$''$.

Moreover, these classes satisfy conditions (iv), (v), and (vi), which allow us to compute the Chern classes of a tensor product, an exterior power and a dual space. The $c^i(\mathrm{E})$ are also characterized by the formula

$$\sum_{i=0}^{p} c^i(\mathrm{E})\xi^{p-i} = 0. \tag{1}$$

La démonstration est très facile. L'unicité résulte de c), qui implique que si X'' est un fibré en drapeaux sur X, alors $A(X) \to A(X'')$ est injectif. Pour l'existence, on définit les $c^i(E)$ par la formule (1), ce qui est possible en vertu de c). La vérification de (i) et (ii) est triviale, et celle de (iii) se fait aussi par une petite astuce, en utilisant a) et b). Les formules (iv), (v), (vi) deviennent alors triviales par la méthode de Hirzebruch. — On obtient en passant la structure de $A(X') = A(X)[\xi]/(\sum_{i=0}^{p} c^i \xi^{p-i})$.

Bien entendu, la vérification essentielle est la condition c). Quand on prend $A(X) = \sum H^p(X, \Omega^q)$ (dans le cas topologique), elle est facile grâce à la suite spectrale des espaces fibrés. Dans le cas où A(X) est l'anneau de Chow, il faut travailler un peu plus, et donner une axiomatique un peu plus détaillée impliquant c). On aboutit à ceci. Supposons donné, pour toute variété non singulière X, un anneau A(X) commutatif (non nécessairement gradué d'abord, de sorte que l'axiomatique s'applique à $\underline{K}(X)$). A(X) est un foncteur contravariant en X et aussi covariant par rapport aux morphismes *propres*. On pose un assez grand nombre de propriétés formelles assez triviales, plus deux axiomes plus sérieux :

1) un *axiome d'exactitude* : si Y est une sous-variété non singulière de X de complémentaire U, alors la suite $A(Y) \to A(X) \to A(U) \to 0$ doit être *exacte* ;

2) un *axiome de continuité* disant que l'homomorphisme $A(X) \to A(X \times \underline{k})$ est surjectif (donc en fait bijectif).

D'ailleurs, moyennant des conditions assez larges, s'appliquant à l'anneau de Chow comme à $\underline{K}(X)$, l'axiome de continuité peut se déduire de l'axiome d'exactitude, par le raisonnement de la proposition 2.9 de RRR.

Si toutes ces conditions sont remplies, alors la proposition 2.13 de RRR (décomposition cellulaire) se transpose telle quelle. De plus, un raisonnement analogue prouve ceci (qui n'utilise plus l'axiome de continuité, mais de façon essentielle l'axiome d'exactitude) :

Soit P une variété non singulière telle que, pour toute variété non singulière X, l'homomorphisme naturel $A(X) \otimes A(P) \to A(X \times P)$ soit surjectif (ce qui est le cas par exemple si P admet une décomposition cellulaire). Soit alors X' un fibré localement trivial sur X, de fibre P ; soient ξ_α des éléments de $A(X')$ et $x \in X$ tels que les images des ξ_α dans $A(P_x)$ (P_x = fibre de X' au-dessus de x) engendrent ce groupe. Alors la même chose reste vraie pour tout autre $y \in X$, *et les* ξ_α *engendrent le* A(X)*-module* $A(X')$.

The proof is very easy. Uniqueness follows from c), which implies that if X″ is a flag bundle over X, then A(X) $\to$ A(X″) is injective. For existence, define c^i(E) by formula (1), which is possible thanks to c). The proof of (i) and (ii) is trivial, and (iii) is proved by a little trick using a) and b). Formulas (iv), (v), (vi) then become trivial by Hirzebruch's method. — As an added bonus, one gets the structure of $A(X') = A(X)[\xi]/(\sum_{i=0}^{p} c^i \xi^{p-i})$.

Of course, the essential thing to check is condition c). If one takes $A(X) = \sum H^p(X, \Omega^q)$ (in the topological case) it is easy thanks to the spectral sequence for fiber bundles. When A(X) is the Chow ring, one needs to work a little more, and give a more detailed set of axioms which implies c). The final result is as follows. Assume that for every non-singular variety X, a commutative ring A(X) is given (but not initially assumed to be graded, so the axioms can be applied to $\underline{K}$(X)). A(X) is a contravariant functor in X, and is also covariant with respect to *proper* morphisms. Let us postulate a rather large number of rather trivial formal properties, together with two more important axioms:

1) an *exactness axiom*: if Y is a non-singular subvariety of X whose complement is U, then the sequence $A(Y) \to A(X) \to A(U) \to 0$ should be *exact*;

2) a *continuity axiom* which says that the homomorphism $A(X) \to A(X \times \underline{k})$ is surjective (and hence in fact bijective).

Actually, under some rather weak conditions, which hold both for the Chow ring and for $\underline{K}$(X), the continuity axiom can be deduced from the exactness axiom, by the argument from proposition 2.9 of RRR.

If all these conditions are satisfied, then proposition 2.13 in RRR (cell decomposition) goes over without modification. Moreover, a similar argument proves the following (which does not use the continuity axiom, but does use the exactness axiom in an essential way):

Let P be a non-singular variety such that for any non-singular variety X, the natural homomorphism $A(X) \otimes A(P) \to A(X \times P)$ is surjective (which is the case, for instance, if P has a cell decomposition). Then let X′ be a locally trivial bundle over X of fiber P; let ξ_α (elements of A(X′)) and $x \in X$ be such that the images of the ξ_α in $A(P_x)$ (P_x= the fiber of X′ over x) generate this group. Then the same still holds for any other $y \in X$ *and the* ξ_α *generate the* A(X)-*module* A(X′).

De ceci, on déduit que si les A(X) sont gradués, et si l'on se donne un homomorphisme fonctoriel $P(X) \to A(X)$ satisfaisant aux conditions a) et b) énoncées plus haut, alors la condition c) est aussi vérifiée.

La question qui se pose est donc simplement si on peut définir l'anneau de Chow aussi dans le cas des variétés non quasi-projectives, comme foncteur co- et contra-variant de X, satisfaisant aux propriétés raisonnables dont je ne t'ai pas donné la liste, et de plus à l'axiome de continuité. (Comme Chow ne m'a pas envoyé son article, je n'ai pas pu regarder si ses démonstrations pourraient s'adapter). Ou aussi si dans les $\underline{K}(X)$, les homomorphismes « image inverse » sont compatibles avec les filtrations (ce qui implique aussi que $\underline{K}(X)$ est un anneau filtré, donc que $G\underline{K}(X)$ satisfait à toutes les propriétés requises pour une théorie des classes de Chern).

On peut évidemment, dans toutes ces questions, se limiter aux variétés quasi-projectives, mais alors il faut savoir qu'un fibré projectif associé à un fibré vectoriel sur une variété quasi-projective non singulière est encore quasi-projectif (c'est probablement facile, utilisant le fibré L de rang 1 sur X′). Je dois aussi faire observer qu'en toute rigueur, Riemann-Roch n'est démontré, pour l'instant, qu'en admettant qu'une variété éclatée d'une variété quasi-projective est quasi-projective. Inutile de dire que je ne me suis pas amusé à regarder cette question.

Pour terminer, j'aimerais savoir si les gens qui ont chiadé les variétés éclatées n'ont pas déterminé quels sont les anneaux de cycles là-dessus. C'est vexant de ne pas savoir si la formule (9) du PPRR (petit papier Riemann-Roch) n'est pas une égalité (ici encore, ce sera seulement vrai, a priori, modulo le noyau hypothétique de $A(X') \to G\underline{K}(X')$ puisque la formule (6) de PPRR peut être considérée comme démontrée via un calcul purement local de Tors).

Ayant été influencé dans ce sens par plusieurs gens, je vais quand même faire le cours Peccot sur Riemann-Roch. D'ailleurs en ce moment je viens de
4 laisser la recherche pour me mettre enfin à la rédaction des variétés, dont je n'ai pas écrit une ligne jusqu'à avant-hier !

Salut et fraternité

A. Grothendieck

From this it follows that if the A(X) are graded, then if a functorial homomorphism P(X) $\to$ A(X) satisfies a) and b) as above, c) is also satisfied.

So the question is simply whether one can also define the Chow ring in the case of a non-quasi-projective variety, as a co- and contravariant functor of X, which satisfies reasonable properties that I have not given you, plus the continuity axiom. (As Chow has not sent me his article, I have not been able to examine whether his proofs could be adapted). Or whether the "inverse image" maps in $\underline{\mathrm{K}}(\mathrm{X})$ are compatible with the filtrations (which also implies that $\underline{\mathrm{K}}(\mathrm{X})$ is a filtered ring, so that $\mathrm{G}\underline{\mathrm{K}}(\mathrm{X})$ satisfies all the necessary properties for a Chern class theory).

In all these questions, it is obviously possible to restrict oneself to quasi-projective varieties, but one then needs to know that the projective bundle associated to a vector bundle over a non-singular quasi-projective space is still quasi-projective (which is probably easy using the rank one bundle L on X$'$). I should also point out that rigorously speaking, Riemann-Roch is for the moment proved only under the assumption that the blow-up of a quasi-projective variety is quasi-projective. Needless to say, I have not been amusing myself by looking at this question.

Finally, I would like to know whether people who have really studied blown-up varieties have determined what their rings of cycles are. It is annoying not to know whether formula (9) of LPRR (little paper on Riemann Roch) is an equality (once again, this would a priori only be true modulo the hypothetical kernel of the map A(X$'$) $\to$ $\mathrm{G}\underline{\mathrm{K}}(\mathrm{X}')$, since formula (6) of LPRR can be considered as being proved via a purely local Tor computation).

Having been influenced by several people, I will after all give the Peccot lecture course on Riemann-Roch. Moreover, at the moment I have just dropped
research in order to finally start writing up the varieties, of which I hadn't 4
written a single word until the day before yesterday!

Yours,

A. Grothendieck

Harvard, le 17.10.58

Mon cher Serre,

Ci-joint un petit papier pour Bourbaki (inspiré par des conversations avec Chevalley), que tu voudras bien lui transmettre à l'occasion. Voudrais-tu vérifier s'il est bien entendu à Nancy qu'on envoie les rédactions Bourbaki à Tate, puisqu'il ne peut faire de doute qu'il est membre. De mon côté, rien de neuf à signaler ; je commence à rédiger des petits papiers et commentaires pour
1 Dieudonné, qui semble bien lancé maintenant dans la rédaction des schémas. J'espère que d'ici le printemps, les quatre premiers chapitres (le chapitre 4 contenant les théorèmes de cohomologie genre finitude etc) vont être rédigés et pourront être publiés par Motchane. Je lui ai proposé qu'on mette notre
2 « joint paper » sur les revêtements en chapitre 5, si de ton côté tu es d'accord. En effet ce papier s'ajuste à la perfection juste à ce moment-là dans le plan
3 général ; le chapitre 6 consisterait en généralités sur les schémas en groupes et les schémas principaux sur ceux-ci, y compris les sorites sur les revêtements galoisiens généralisés, ce qui achèverait la partie « qualitative » de la théorie. En deuxième partie viendraient 7. Intersections 8. Dualité et Résidus 9. Riemann-Roch 10. Variétés abéliennes 11. Cohomologies de Weil. — Le fait de mettre notre papier comme un exposé de la série aurait l'avantage de nous dispenser de donner une quantité pénible de « rappels » sur des notions que personne ne connaît encore.

J'aurais envie de démontrer la chose suivante : Soit X un schéma sur Y,
4 propre sur Y, avec une « application tangente partout surjective ». Montrer que le groupe fondamental « géométrique » de la fibre $f^{-1}(y)$ (géométrique signifie que l'on passe à la clôture algébrique du corps de définition K(Y)) est indépendant de y. (J'ai oublié de dire qu'on suppose pour simplifier les schémas connexes et sans singularités). Ce serait surtout piquant dans les cas où Y serait d'inégales caractéristiques. Il faudrait pouvoir définir, pour un « point marqué » x sur X, des opérations de $\pi_1(\mathrm{X}, x)$ dans $\pi_1(\mathrm{F}, x)$, où F est la fibre « géométrique » passant par x. As-tu déjà réfléchi à des questions de ce goût ?

Harvard, 10.17.58

My dear Serre,

You will find enclosed a short paper for Bourbaki (inspired by conversa-
tions with Chevalley); please pass it on to him when the opportunity arises.
Would you please check that it is understood at Nancy that the Bourbaki pa-
pers are to be sent to Tate, since there is no doubt that he is now a member.
Over here, I haven't much news; I have started writing up some short papers
and commentaries for Dieudonné, who seems to have gotten off to a good start
on writing up schemes. I hope that by spring, the first four chapters will 1
be written up (chapter 4 will contain cohomology theorems such as finiteness
etc.) and it will be possible to have them published by Motchane. I have sug-
gested to him that we include our "joint paper" on covering spaces in chapter 2
5 if you agree. Indeed, this paper would fit perfectly into the general plan at
this point; chapter 6 will contain generalities on group schemes and principal 3
schemes over them, including the sorites on generalized Galois coverings, which
will round off the "qualitative" part of the theory. The second part will contain
7. Intersections 8. Duality and Residues 9. Riemann-Roch 10. Abelian va-
rieties 11. Weil cohomology. — The fact of including our paper as part of
this series would have the advantage of sparing us a large amount of tiresome
"background " on ideas that nobody knows yet.

I would like to prove the following result: Let X be a scheme over Y,
proper over Y, whose "tangent map is everywhere surjective". Show that the 4
"geometric" fundamental group of the fiber $f^{-1}(y)$ (geometric means that one
passes to the algebraic closure of the ground field K(Y)) is independent of y.
(I forgot to say that for the sake of simplicity, the schemes are assumed to be
connected and without singularities). This result would be of interest mainly
when Y is of unequal characteristics. Given a "marked point" x in X, one
would need to be able to define maps from $\pi_1(\mathrm{X}, x)$ to $\pi_1(\mathrm{F}, x)$, where F is the
"geometric" fiber passing through x. Have you ever thought about questions
of this flavor?

Abhyankar m'a envoyé des tirages à part, j'ai feuilleté un peu. Il a prouvé la conjecture de Serre-Lang pour les revêtements gentiment ramifiés d'une
5 courbe. On devrait pouvoir en extraire quelque chose pour nous.

Salut et fraternité

A. Grothendieck

Paris, le 22 octobre 1958

Cher Grothendieck,

Je commence à avoir des scrupules à ne pas avoir répondu plus tôt à tes lettres ; la triste vérité est que je n'ai aucun commentaire sérieux à faire dessus.

Le congrès Bourbaki a été très agréable ; nous étions tous logés chez un nommé Guérin (ami de Schwartz — côté politique, je pense) ; Guérin lui-même était resté à Paris, et nous disposions complètement de sa maison. Nous avons travaillé la plupart du temps dehors, il faisait beau, on s'est baigné presque tous les jours, bref, l'un des meilleurs congrès auxquels j'aie jamais assisté.

Côté travail, nous avons surtout regardé le rapport Schwartz sur les équations elliptiques, fort aidés par la présence et les commentaires de Malgrange. On l'a lu suffisamment en détail pour avoir l'impression de comprendre ; je ne
1 me souviens plus de ce qui a été décidé exactement ; je crois que Malgrange fera un rapport sur le cas hyperbolique et que Dixmier (ou Bruhat ?) fera un état 2 de l'elliptique.

2 Nous n'avons pas regardé la rédaction Koszul sur la dimension ; mon premier supplément sur l'algèbre extérieure a été rapidement regardé (et jugé unanimement incompréhensible). La rédaction des plats (distribuée en congrès — je ne crois pas que tu l'aies) a été lue avec soin, et Chevalley est en train de faire l'état suivant. Il faut se grouiller car le livre d'Algèbre Commutative en dépend. Les théorèmes de Cohen n'ont pas été rédigés par Cartier, mais on s'est aperçu avec soulagement qu'on ne pouvait pas en parler tant qu'on n'avait pas

Abhyankar has sent me some reprints, which I have flipped through. He has proved the Serre-Lang conjecture for nicely ramified coverings of a curve. We should be able to get something out of this for ourselves. 5

Yours,

A. Grothendieck

Paris, October 22, 1958

Dear Grothendieck,

I am beginning to feel guilty for not having replied to your letters sooner: the sad truth is that I have nothing serious to say about them.

The Bourbaki meeting was very pleasant; we all stayed in the home of a man called Guérin (a friend of Schwartz's—a political one, I think); Guérin himself was in Paris and we had the whole house to ourselves. We worked outside most of the time, the weather was beautiful, we went swimming almost every day; in short, it was one of the best meetings I have ever been to.

As for work, we mostly looked at Schwartz's report on elliptic equations, much helped by the presence of Malgrange and his comments. We read it in enough detail to feel that we understood it; I do not remember exactly what was decided; I think that Malgrange is going to write a report on the hyperbolic 1
case and Dixmier (or Bruhat?) is going to write a second draft of the elliptic case.

We did not look at Koszul's draft on dimensions; my first supplement on 2
exterior algebra was looked at briefly (and unanimously deemed incomprehensible). The flatness draft (which was handed out at the meeting—I don't think you have it) was read carefully, and Chevalley is currently writing the next version. He will have to hurry, since the Commutative Algebra book depends on it. Cartier has not written up the Cohen theorems, but we noticed with relief that they cannot be discussed as long as the concept of a discrete valuation

la notion d'anneau de valuation discrète ; ainsi cette malheureuse rédaction ne nous gênera pas pour publier le premier fascicule d'Algèbre Commutative.

La réédition (Dieudonné) des groupes topologiques a eu un succès surpre-
3 nant ; on a décidé de mettre en Topologie Générale les applications propres
(par la définition morphique de Chevalley), et je les ai rédigées en rentrant de
la Ciotat. Tu verras, ça marche pas mal.

Cette rédaction a occupé tout mon temps depuis mon retour du congrès, ou presque. Je viens seulement de me remettre aux corps locaux, histoire de préparer mon cours. Lang m'a envoyé la rédaction secrète d'Artin-Tate des histoires de ramification supérieure et conducteur, c'est très joli ; en transposant cette rédaction dans le langage « isogénies », on arrive à faire marcher absolument tout dans le cas d'un corps des restes parfait quelconque (y compris le fait que les représentations d'Artin sont « entières »). Bien sûr, les démonstrations restent artificielles, et ont toutes les chances de le rester tant qu'on n'aura pas trouvé la définition directe de cette représentation.

Reçu de Gauthier-Villars les épreuves du papier avec Borel sur Riemann-
4 Roch. As-tu reçu de ton côté les épreuves de ton supplément sur les classes de
Chern ? Choquet était très inquiet quand je lui ai dit que tu étais aux USA. Il
se demandait si ton courrier suivait bien ; pourrais-tu me dire ce qu'il en est ?
As-tu demandé à quelqu'un de le faire suivre ?

Je n'ai pas réfléchi de nouveau au groupe fondamental d'un schéma calculé à partir de celui de ses composantes irréductibles. Cela ne me passionne guère . . . Il y a cependant là une question à régler, qui n'est peut-être pas évidente.

Salut et fraternité. Le bonjour à Tate et à Zariski

J-P. Serre

ring is not available; hence this wretched draft will not trouble the publication of the first volume of Commutative Algebra.

The second edition of topological groups (Dieudonné) was surprisingly well received; we decided to put proper maps (using Chevalley's morphic definition) into General Topology, and I wrote them up on my way back from La Ciotat. **3**
You will see, it works out quite nicely.

This draft has taken up all, or nearly all, of my time since I came back from the meeting. I have only just started working on local fields again, to prepare my course. Lang has sent me the secret draft by Artin and Tate on higher ramification and conductors, which is very pretty; on translating this draft into the language of "isogenies", one can get absolutely everything to work in the case of an arbitrary perfect residue field (including the fact that the Artin representations are "integral"). Of course, the proofs remain artificial, and will probably stay that way until the direct definition of this representation is found.

I have received the proofs of the joint paper with Borel on Riemann-Roch
from Gauthier-Villars. Have you received the proofs of your supplement on **4**
Chern classes? Choquet was very worried when I told him you were in the USA. He wondered whether your mail was reaching you; can you let me know? Have you asked anyone to forward your mail?

I have not thought any more about the computation of the fundamental group of a scheme starting from that of its irreducible components. The subject doesn't really inspire me.... It is, however, a question to be dealt with, which may not be trivial.

Say hello to Tate and Zariski from me. Yours,

J-P. Serre

Harvard, le 5 novembre 1958

Mon cher Serre,

Sans doute Choquet a-t-il reçu maintenant les corrections des épreuves pour Gauthier-Villars. J'ai demandé qu'on t'envoie 100 tirages à part de mon article, car il ne vaut pas le coup de l'envoyer ici à Harvard. Si on te demande de payer, dis-leur de s'adresser à moi ; bien entendu, m'inspirant d'un illustre précédent, je ne paierai pas.

1 J'ai l'impression de faire des progrès avec les π_1. Il me semble qu'une des choses fondamentales à prouver est ceci :

2 Soit X propre sur un anneau *local* $\mathscr{O}$, soit F la fibre « géométrique » de l'origine de Spec($\mathscr{O}$), alors l'homomorphisme

$$(*) \quad \pi_1(\mathrm{F}) \to \pi_1(\mathrm{X})$$

est *injectif.*

(C'est ce résultat qui doit permettre d'envoyer le π_1 de la « fibre générique » dans $\pi_1(\mathrm{F})$.)

En fait, cette assertion est bien un théorème d'existence : elle revient à dire que pour tout F^* non ramifié sur F, il existe un revêtement non ramifié $\mathscr{O}'$ de $\mathscr{O}$, et un revêtement non ramifié X'^* de $\mathrm{X}' = \mathrm{X} \otimes_{\mathscr{O}} \mathscr{O}'$ qui induise sur la fibre $\mathrm{F}' = \mathrm{F} + \cdots + \mathrm{F}$ un revêtement F'^* qui, sur une composante connexe, est isomorphe à F^*.

L'assertion se décompose en deux :

a) $\pi_1(\mathrm{F}) \to \pi_1(\widehat{\mathrm{X}})$ *est injectif.*

(où $\widehat{\mathrm{X}} = \mathrm{X} \otimes_{\mathscr{O}} \widehat{\mathscr{O}}$; en fait, on a une suite exacte :

$$0 \to \pi_1(\mathrm{F}) \to \pi_1(\widehat{\mathrm{X}}) \to \pi_1(\widehat{\mathscr{O}}) = \pi_1(k) \to 0.)$$

b) $\pi_1(\widehat{\mathrm{X}}) \to \pi_1(\mathrm{X})$ *est injectif.*

3 J'ai pratiquement démontré a), grâce à une sorte de théorie à la GAGA, et qui dit *grosso modo* que la donnée d'un $\widehat{\mathrm{X}}$ propre sur $\widehat{\mathscr{O}}$ est équivalente fonctoriellement à la donnée de systèmes projectifs $\widehat{\mathrm{X}}_n = \widehat{\mathrm{X}} \otimes_{\widehat{\mathscr{O}}} \widehat{\mathscr{O}}/\widehat{\mathfrak{m}}^n$; et pareil pour les faisceaux. Comme F^* définit fonctoriellement des revêtements non ramifiés F^*_n des $\widehat{\mathrm{X}}_n$ (pour simplifier, je suppose $k = \widehat{\mathscr{O}}/\widehat{\mathfrak{m}}$ algébriquement

Harvard, November 5, 1958

My dear Serre,

Choquet has probably received the corrections of the proofs for Gauthier-Villars by now. I asked that 100 reprints of my article be sent to you, since there is no point sending them here to Harvard. If they ask you to pay, tell them to contact me; naturally, following an illustrious precedent, I will not pay.

I have the impression I am making progress with the π_1. It seems to me 1
that one of the fundamental things to prove is the following:

Let X be proper over a *local* ring $\mathscr{O}$, and let F be the "geometric" fiber of 2
the origin in $\mathrm{Spec}(\mathscr{O})$. Then the homomorphism

$$(*) \quad \pi_1(\mathrm{F}) \to \pi_1(\mathrm{X})$$

is *injective.*

(This is the result that should enable us to map the π_1 of the "generic fiber" to $\pi_1(\mathrm{F})$.)

In fact, this claim is really an existence theorem; it comes down to saying that for every unramified F^* over F, there is an unramified covering $\mathscr{O}'$ of $\mathscr{O}$ and an unramified covering X'^* of $\mathrm{X}' = \mathrm{X} \otimes_{\mathscr{O}} \mathscr{O}'$ which induces a covering F'^* of the fiber $\mathrm{F}' = \mathrm{F} + \cdots + \mathrm{F}$ which is isomorphic to F^* over a connected component.

This claim breaks down into two parts:

a) $\pi_1(\mathrm{F}) \to \pi_1(\widehat{\mathrm{X}})$ *is injective*

(where $\widehat{\mathrm{X}} = \mathrm{X} \otimes_{\mathscr{O}} \widehat{\mathscr{O}}$; in fact, there is an exact sequence

$$0 \to \pi_1(\mathrm{F}) \to \pi_1(\widehat{\mathrm{X}}) \to \pi_1(\widehat{\mathscr{O}}) = \pi_1(k) \to 0.)$$

b) $\pi_1(\widehat{\mathrm{X}}) \to \pi_1(\mathrm{X})$ *is injective.*

I have practically proved a), thanks to a sort of GAGA-style theory, which 3
says more or less that the data of a proper $\widehat{\mathrm{X}}$ over $\widehat{\mathscr{O}}$ is functorially equivalent to the data of projective systems $\widehat{\mathrm{X}}_n = \widehat{\mathrm{X}} \otimes_{\widehat{\mathscr{O}}} \widehat{\mathscr{O}}/\widehat{\mathfrak{m}}^n$, and similarly for sheaves.
As F^* functorially defines unramified coverings F_n^* of the $\widehat{\mathrm{X}}_n$ (for simplicity's 1/2
sake I assume that $k = \widehat{\mathscr{O}}/\widehat{\mathfrak{m}}$ is algebraically closed)—which differ from F only

clos) — qui ne diffèrent de F que par des éléments nilpotents en rabiot — on constate que ces systèmes F_n^* définissent bien un revêtement non ramifié de $\widehat{X}$.

Quant à b), je ne suis pas encore convaincu qu'il est vrai sans faire des hypothèses de régularité sur $X \to \mathrm{Spec}(\mathscr{O})$. Le problème général ici est le suivant (*grosso modo*) : descendre à un revêtement non ramifié $\mathscr{O}'$ de $\mathscr{O}$ toute construction faite sur $\widehat{\mathscr{O}}$ — problème qui t'est familier ! Je crois qu'il y a des résultats : preuves, pour l'instant, utilisant la technique des schémas, j'ai un procédé breveté pour descendre tout à un $\mathscr{O}'$ sur $\mathscr{O}$ qui est non ramifié en *un* point de $\mathrm{Spec}(\mathscr{O}')$ qui est au-dessus de l'origine de $\mathrm{Spec}(\mathscr{O})$.

4 D'ailleurs mes résultats genre GAGA et ton idée de considérer un anneau d'Artin comme l'ensemble des points rationnels sur k d'une variété d'anneau
5 définie sur k, me font penser qu'il est possible de remonter canoniquement toute variété X_0 définie sur un corps parfait de caractéristique $p \neq 0$ en une sorte de « variété holomorphe » X définie sur un anneau local complet quelconque $\mathscr{O}$ ayant le même corps résiduel. Si on a la chance que cette « variété holomorphe » provient d'une « variété algébrique » X définie sur $\mathscr{O}$, alors cette dernière est unique, dépend fonctoriellement de X_0, etc. Comme cette question n'est pas exactement ce qu'il me faut pour π_1, j'essaie d'y intéresser Tate, mais il est assez sceptique.

Par ailleurs, je travaille pas mal au bouquin avec Dieudonné. Tout rupine à souhait, avec les schémas, en particulier toutes les questions du genre : si quelque chose est donné, ou vrai,... au-dessus d'un point générique, ça l'est dans un ouvert non vide... Un ennui : je vois le coup que je sois obligé de tout refaire, pour traiter le recollement des spectres d'anneaux $\mathfrak{m}$-adiques complets (au lieu seulement des spectres d'anneaux discrets). En tout cas, mon GAGA consiste essentiellement à prouver le « théorème de finitude » pour de tels schémas, en reprenant l'idée de Grauert, puis d'appliquer ta démonstration de GAGA.

Salut et fraternité

A. Grothendieck

by some extra nilpotent elements—then these systems F_n^* do indeed define an unramified covering of $\widehat{\mathrm{X}}$.

As for b), I am not yet convinced it is true without any regularity conditions on $\mathrm{X} \to \mathrm{Spec}(\mathscr{O})$. The general problem here is (roughly) as follows: to descend any construction over $\widehat{\mathscr{O}}$ to an unramified covering $\mathscr{O}'$ of $\mathscr{O}$—a problem you are familiar with! I believe there are some results: the proofs, for the moment, use scheme-theoretic techniques; I have a patented method for descending everything to an $\mathscr{O}'$ over $\mathscr{O}$ which is unramified over *some* point of $\mathrm{Spec}(\mathscr{O}')$ lying over the origin in $\mathrm{Spec}(\mathscr{O})$.

Moreover, my GAGA-style results and your idea of considering an Artinian 4
ring as the set of k-rational points of a ring variety defined over k make me
think it is possible to canonically lift any variety X_0 defined over a perfect field 5
of characteristic $p \neq 0$ to a sort of "holomorphic variety" X defined over any complete local ring $\mathcal{O}$ having the same residue field. <u>If</u> one is lucky enough for this "holomorphic variety" to come from an "algebraic variety" X defined over $\mathscr{O}$, then the latter is unique and depends functorially on X_0, etc. As this is not exactly what I need for π_1, I am trying to get Tate interested in it, but he is fairly skeptical.

Otherwise, I am working quite a lot on the book with Dieudonné. Everything is going very well for schemes, particularly for all questions of the type: if something is given, or holds ... over a generic point, then it holds over a non-empty open set... There is one hitch: I foresee that I will have to redo everything to deal with gluing spectra of complete $\mathfrak{m}$-adic rings (instead of merely spectra of discrete rings). In any case, my GAGA basically consists in proving the "finiteness theorem" for such schemes by going back to Grauert's idea, then applying your proof of GAGA.

Yours,

A. Grothendieck

Paris, le 9 novembre 1958

Cher Grothendieck,

1 Ta lettre me donne l'envie de faire le point sur mes fourbis sur les corps locaux. Voilà où j'en suis :

1. Isogénies.

Soit G un groupe algébrique commutatif, défini sur un corps k algébriquement clos (dans tout ce qui suit je me borne à ce cas). Supposons G connexe, et considérons les isogénies $G' \to G$, avec G' connexe (il s'agit d'isogénies séparables, ou plutôt, on raisonne « modulo » l'inséparabilité). Ces G' forment un ordonné filtrant, et par passage à la limite, on obtient un groupe $\overline{G}$, limite projective de groupes algébriques, et une suite exacte :

$$0 \to \pi_1(G) \to \overline{G} \to G \to 0,$$

où $\pi_1(G)$ est un groupe du type de Galois, comme dit Tate. C'est d'ailleurs Tate qui a le premier rencontré cette construction : lorsque G est une variété abélienne, ou un groupe $\mathbf{G}_m$, le groupe $\overline{G}$ n'est pas autre chose que la limite projective des G_n, avec $G_n = G$, et $G_{nm} \to G_n$ étant la multiplication par m. Par contre, pour $\mathbf{G}_a$, ou pour un groupe unipotent, il n'y a plus une description aussi simple de $\overline{G}$ et de $\pi_1(G)$, et c'est pour cela que Tate, dans le temps, n'avait pu obtenir une « formation de classes » — voir n° 5 plus loin.

Lorsque G est non connexe, de composante connexe G_0, on pose $\pi_0(G) = G/G_0$ et $\pi_1(G) = \pi_1(G_0)$.

Ces constructions donnent lieu à des résultats formels du type habituel. Le seul résultat surprenant est le suivant :

1.1 Si $G \subset G'$, $\pi_1(G) \to \pi_1(G')$ *est injectif.*

(On a alors une suite exacte ravissante :

$$0 \to \pi_1(G) \to \pi_1(G') \to \cdots \to \pi_0(G') \to \pi_0(G'/G) \to 0.$$

La démonstration est triviale, bien entendu.)

Je n'ai pas de démonstration triviale de 1.1, et je doute qu'il en existe (car cela revient plus ou moins à dire qu'un π_2 est nul). Je me débrouille grâce à la connaissance explicite des groupes algébriques commutatifs ; par dévissage,

Paris, November 9, 1958

Dear Grothendieck,

Your letter makes me want to take stock of what I am doing with local fields. Here is where I stand: 1

1. Isogenies.

Let G be a commutative algebraic group, defined over an algebraically closed field k (I restrict myself to this case throughout everything that follows). Assume G is connected, and consider all isogenies $\mathrm{G}' \to \mathrm{G}$ for connected G' (these isogenies are separable—or rather, one should work "modulo" inseparability). These G' form a filtered ordered set, and by passing to the limit one obtains a group $\overline{\mathrm{G}}$, which is a projective limit of algebraic groups, and an exact sequence:

$$0 \to \pi_1(\mathrm{G}) \to \overline{\mathrm{G}} \to \mathrm{G} \to 0,$$

where $\pi_1(\mathrm{G})$ is a Galois-type group, as Tate would say. Tate was actually the first to encounter this construction: when G is an abelian variety or a group $\mathbf{G}_m$, the group $\overline{\mathrm{G}}$ is nothing other than the projective limit of the G_n, where $\mathrm{G}_n = \mathrm{G}$ and $\mathrm{G}_{nm} \to \mathrm{G}_n$ is multiplication by m. On the other hand, no such simple description of $\overline{\mathrm{G}}$ and $\pi_1(\mathrm{G})$ exists for $\mathbf{G}_a$ or for a unipotent group, and that is why Tate did not manage to find a "class formation" back then—see n° 5 below.

When G is not connected, with connected component G_0, set $\pi_0(\mathrm{G}) = \mathrm{G}/\mathrm{G}_0$ and $\pi_1(\mathrm{G}) = \pi_1(\mathrm{G}_0)$.

These constructions yield formal results of the usual kind. The only surprising result is the following:

1.1 If $\mathrm{G} \subset \mathrm{G}'$, then $\pi_1(\mathrm{G}) \to \pi_1(\mathrm{G}')$ *is injective.*

(There is then a delightful exact sequence 1/2

$$0 \to \pi_1(\mathrm{G}) \to \pi_1(\mathrm{G}') \to \cdots \to \pi_0(\mathrm{G}') \to \pi_0(\mathrm{G}'/\mathrm{G}) \to 0.$$

The proof is trivial, of course.)

I have no trivial proof of 1.1, and I doubt that one exists (since it is more or less equivalent to saying that some π_2 is zero). I manage it by knowing the commutative algebraic groups explicitly; by dévissage, the problem can

on se ramène au cas où G et G′/G sont, soit $\mathbf{G}_a$, soit $\mathbf{G}_m$, soit une variété abélienne A. On utilise alors ce que l'on sait sur la classification des extensions ; il y a deux cas où il faut regarder de près : $\mathrm{G} = \mathbf{G}_a$ et $\mathrm{G}'/\mathrm{G} = \mathbf{G}_a$ ou A.

Tout ceci s'étend par passage à la limite aux groupes « proalgébriques », c'est-à-dire limites projectives de groupes algébriques.

2. Le cas des corps locaux.

2 Soit k algébriquement clos, et considérons des corps valués complets de corps des restes k. Si U(K) est le groupe des unités d'un tel corps K, on sait que U(K) est muni de façon canonique d'une structure de groupe proalgébrique (si la caractéristique de k est $p \neq 0$, seul cas intéressant — lorsque la caractéristique de k est $= 0$, il faut en outre choisir un relèvement de k dans K).

Soit L/K une extension galoisienne, de groupe de Galois $\mathfrak{g}$. On sait que $\mathrm{H}^q(\mathfrak{g}, \mathrm{L}^*) = 0$ pour tout q (théorème de Tsen local, si l'on veut — quand on établit la théorie du conducteur, cf n° 3, on le démontre automatiquement). La suite exacte :

$$0 \to \mathrm{U(L)} \to \mathrm{L}^* \to \mathbf{Z} \to 0$$

montre alors que $\mathrm{H}^q(\mathfrak{g}, \mathrm{U(L)}) = \mathrm{H}^{q-1}(\mathfrak{g}, \mathbf{Z})$ pour $q \in \mathbf{Z}$, et en particulier, prenant $q = -1$, $\mathrm{H}^{-1}(\mathfrak{g}, \mathrm{U(L)}) = \mathfrak{g}/\mathfrak{g}'$.

Ceci peut s'interpréter de la manière suivante : l'application norme

$$\mathrm{N} : \mathrm{U(L)} \to \mathrm{U(K)}$$

a un noyau, soit $\mathrm{I}_{\mathrm{L/K}}$, qui est un sous-groupe proalgébrique de U(L) ; les combinaisons des $x^{1-\sigma}$, $\sigma \in \mathfrak{g}$, forment un sous-groupe I′ de I, évidemment connexe. Le résultat ci-dessus signifie que $\mathrm{I}/\mathrm{I}' = \mathfrak{g}/\mathfrak{g}'$. Donc I′ *est la composante connexe* de I. On obtient ainsi une isogénie :

$$0 \to \mathfrak{g}/\mathfrak{g}' \to \mathrm{U(L)}/\mathrm{I}' \to \mathrm{U(K)} \to 0.$$

Comme U(L) est connexe, on en tire une surjection canonique :

$$\pi_1(\mathrm{U(L)}) \to \mathfrak{g}/\mathfrak{g}'.$$

Par passage à la limite (ou bien en prenant froidement pour L la clôture séparable de K), on obtient un homomorphisme surjectif :

$$\pi_1(\mathrm{U(L)}) \to \mathrm{A(K)},$$

be reduced to the case where G and G'/G are either $\mathbf{G}_a$ or $\mathbf{G}_m$, or else an abelian variety A. One can then use what is known about the classification of extensions; two cases need close investigation, namely $G = \mathbf{G}_a$ and $G'/G = \mathbf{G}_a$ or A.

All this can be extended to "proalgebraic" groups, i.e. projective limits of algebraic groups, by passing to the limit.

2. The case of local fields.

Let k be algebraically closed, and consider complete valuation fields with
remainder field k. If U(K) is the group of units of such a field, K, then it is **2**
known that U(K) is canonically equipped with a proalgebraic group structure (provided the characteristic of k is $p \neq 0$, which is the only interesting case—when the characteristic of k is $= 0$, it is also necessary to choose a lifting of k to K).

Let L/K be a Galois extension, with Galois group $\mathfrak{g}$. It is known that $H^q(\mathfrak{g}, L^*) = 0$ for all q (this is a local Tsen theorem, if you like—which gets proved automatically when setting up conductor theory, cf. n° 3). The exact sequence:

$$0 \to U(L) \to L^* \to \mathbf{Z} \to 0$$

then shows that $H^q(\mathfrak{g}, U(L)) = H^{q-1}(\mathfrak{g}, \mathbf{Z})$ for $q \in \mathbf{Z}$, and in particular, taking $q = -1$, $H^{-1}(\mathfrak{g}, U(L)) = \mathfrak{g}/\mathfrak{g}'$.

This can be interpreted as follows: the norm map

$$N : U(L) \to U(K),$$

has a kernel $I_{L/K}$, which is a proalgebraic subgroup of U(L); the set of combinations of the $x^{1-\sigma}$, $\sigma \in \mathfrak{g}$, form a subgroup I′ of I which is obviously connected. The result above means that $I/I' = \mathfrak{g}/\mathfrak{g}'$. Therefore I′ *is the connected*
component of I. Thus, there is an isogeny: 2/3

$$0 \to \mathfrak{g}/\mathfrak{g}' \to U(L)/I' \to U(K) \to 0.$$

As U(L) is connected, this gives rise to a canonical surjection:

$$\pi_1(U(L)) \to \mathfrak{g}/\mathfrak{g}'.$$

Passing to the limit (or alternatively, boldly taking L to be the separable closure of K), one obtains a surjective homomorphism:

$$\pi_1(U(L)) \to A(K),$$

où A(K) désigne le groupe de Galois de l'extension abélienne maximale de K.

THÉORÈME D'EXISTENCE : *L'application* $\pi_1(\mathrm{U(K)}) \to \mathrm{A(K)}$ *est bijective.*

Ou, en d'autres termes, toute isogénie de U(K) provient d'une extension abélienne et d'une seule de K.

Ici encore, je n'ai pas de « jolie » démonstration de ce théorème. Je construis
3 les corps L/K cherchés explicitement, au moyen des équations de Whaples-MacKenzie (Amer. J. of Math. 1956) $x^p - x - \lambda = 0$, avec certaines restrictions sur la valuation de λ ; on montre qu'une telle équation définit une extension cyclique d'ordre p, et on calcule plus ou moins explicitement l'isogénie correspondante ; on constate qu'on en obtient assez ainsi (sauf s'il y a une racine p-ième de 1 dans K, auquel cas il faut ajouter les équations kummériennes $x^p = \alpha$).

Ce n'est tout de même pas très compliqué. On pourrait se poser des problèmes plus précis. Par exemple, tout d'abord, déterminer la structure de U(K) ; cela a été résolu par Shafarevitch : on trouve un produit de groupes additifs de Witt (infinis), sauf si K contient une racine p-ième de 1, auquel cas U(K) est le quotient d'un produit de groupes de Witt par un groupe discret isomorphe à **Z**. Utilisant cette structure, et la classification des isogénies, on pourrait demander d'écrire explicitement $\pi_1(\mathrm{U(K)}) \to \mathrm{A(K)}$, le groupe A(K)
4 étant décrit par la théorie de Kummer. C'est le problème dit des « formules explicites » pour les symboles locaux $(a, b)_{p^n}$, et qui a, en principe, été résolu par Shafarevitch. La solution est très compliquée, et ne semble pas valoir les efforts qu'il faut faire pour l'obtenir. Demande donc à Tate son avis là-dessus. En tout cas, je n'ai pas encore eu le courage de vérifier le papier de Shafarevitch et de le traduire dans mon langage — je sais seulement que c'est possible.

3. Le cas des corps locaux. La théorie du conducteur, et la ramification supérieure.

Puisque le groupe U(K) est filtré par des sous-groupes $\mathrm{U}_n(\mathrm{K})$, il en sera de même du groupe $\pi_1(\mathrm{U(K)})$, et il s'impose de voir quelle filtration on trouve par transport de structure sur A(K). En d'autres termes, on est conduit à définir le « conducteur » $f(\mathrm{L/K})$ d'une extension finie L/K comme le plus petit entier n tel que l'isogénie associée $\mathrm{U(L)/I'} \to \mathrm{U(K)}$ provienne d'une isogénie de $\mathrm{U(K)/U}_n(\mathrm{K})$.

where A(K) denotes the Galois group of the maximal abelian extension of K.

EXISTENCE THEOREM: *The map* $\pi_1(\mathrm{U(K)}) \to \mathrm{A(K)}$ *is bijective*

Or, in other words, every isogeny of U(K) comes from a unique abelian extension of K.

Once again, I have no "nice" proof of this theorem. I construct the required fields L/K explicitly, using the Whaples-MacKenzie equations (Amer. J. of 3
Math. 1956) $x^p - x - \lambda = 0$, with certain restrictions on the valuation of λ; first showing that such an equation defines a cyclic extension of order p, and computing the corresponding isogeny more or less explicitly, then observing that one gets enough of them (except when there is a p-th root of unity in K, in which case one has to add the Kummer equations $x^p = \alpha$).

It is not really very complicated. One could ask more precise questions. Determining the structure of U(K), for example, to begin with—this was solved by Shafarevich: it is a product of (infinite) additive Witt groups, except when K contains a p-th root of unity, in which case U(K) is a quotient of a product of Witt groups by a discrete group isomorphic to **Z**. Using this structure and the classification of isogenies, one could ask for an explicit description of $\pi_1(\mathrm{U(K)}) \to \mathrm{A(K)}$, the group A(K) being described by Kummer theory. This is known as the "explicit formulas" problem for local systems $(a, b)_{p^n}$, which 4
in principle was solved by Shafarevich. The solution is very complicated, and 3/4
does not seem worth the effort needed to get it. Ask Tate what he thinks about it. In any case, I have not yet found the courage to check Shafarevich's paper and translate it into my language—all I know is that it is possible.

3. Local fields. Conductor theory and higher ramification.

Since the subgroup U(K) is filtered by subgroups $\mathrm{U}_n(\mathrm{K})$, the same is true of the group $\pi_1(\mathrm{U(K)})$, and one is inevitably led to examine the filtration obtained on A(K) by transport de structure. In other words, one is led to define the "conductor" $f(\mathrm{L/K})$ of a finite extension L/K as the smallest integer n such that the associated isogeny $\mathrm{U(L)/I'} \to \mathrm{U(K)}$ comes from an isogeny of $\mathrm{U(K)/U}_n(\mathrm{K})$.

On se doute qu'on va obtenir les groupes de ramification de Hilbert, numérotés de façon intelligente (de telle sorte qu'ils passent au quotient). C'est bien ce que l'on démontre, mais on obtient en fait un résultat plus précis :

Soit L/K une extension galoisienne de groupe de Galois $\mathfrak{g}$; soit $a(\sigma)$, $\sigma \neq 1 \in \mathfrak{g}$, la valuation de $\sigma x - x$ où x est une uniformisante de L, et posons $a(1) = +\infty$. Les groupes de ramification de Hilbert V_x sont définis par :

$$\sigma \in \mathrm{V}_x \Longleftrightarrow x + 1 \leqslant a(\sigma), \quad x \in \mathbf{R}.$$

On déduit de là une fonction $\varphi_{\mathrm{L/K}}(x)$, linéaire par morceaux, dont voici l'une des nombreuses définitions :

$$\varphi_{\mathrm{L/K}}(x) = \frac{1}{e} \sum_{\sigma \in \mathfrak{g}} \inf(a(\sigma), x+1) - 1 \ , \quad e = [\mathrm{L} : \mathrm{K}].$$

Inutile que je donne ici les propriétés fondamentales de $\varphi_{\mathrm{L/K}}$; elles sont bien connues (voir par exemple Kawada, Annals, 1953) et se déduisent formellement des propriétés de $a(\sigma)$. On a notamment $\varphi_{\mathrm{L/K}}(x) = \varphi_{\mathrm{L'/K}} \circ \varphi_{\mathrm{L/L'}}(x)$ si $\mathrm{L} \supset \mathrm{L'} \supset \mathrm{K}$. Si l'on note $\psi(x)$ la fonction réciproque de $\varphi(x)$, on peut définir une nouvelle numérotation des groupes de ramification supérieure, en posant :

$$\mathrm{V}^x = \mathrm{V}_{\psi(x)}, \quad x \in \mathbf{R}.$$

Les V^x sont maintenant numérotés de telle sorte qu'ils « passent au quotient » (alors que les V_x « passaient au sous-groupe »). Il faut faire attention que les « sauts » des V_x se produisent pour les valeurs $x = \psi(n)$, où n est un « saut » de ψ, donc un entier ; par contre, x n'est pas nécessairement un entier.

Théorème : a) *Si* L/K *est une extension abélienne, les sauts de la fonction* ψ *sont des entiers.*

b) *Sous la même hypothèse, le conducteur de* L/K *est égal à* $c+1$, *où* c *est le plus grand entier* n *tel que* ψ *ait un saut en* n.

Les deux assertions se démontrent en même temps. La méthode est la même que celle du papier original de Hasse (qui s'occupait du cas d'un corps des restes fini), à cela près que les isogénies remplacent les calculs d'indices des normes. De façon un peu plus précise, on démontre :

Lemme : *Soit* L/K *une extension galoisienne de groupe de Galois* $\mathfrak{g}$. *Pour tout entier* n, *l'application norme* $\mathrm{N} : \mathrm{U(L)} \to \mathrm{U(K)}$ *applique* $\mathrm{U}_{\psi(n)}(\mathrm{L})$ *dans*

It is easy to guess that this will give Hilbert's ramification groups, intelligently indexed (so they pass to the quotient). And indeed, that is what one proves; in fact one obtains a more precise result:

Let L/K be a Galois extension with Galois group $\mathfrak{g}$; let $a(\sigma)$, $\sigma \neq 1 \in \mathfrak{g}$ be the valuation of $\sigma x - x$, where x is a uniformizing parameter of L, and set $a(1) = +\infty$. Hilbert's ramification groups V_x are defined by

$$\sigma \in \mathrm{V}_x \Longleftrightarrow x + 1 \leqslant a(\sigma), \quad x \in \mathbf{R}.$$

From this, one deduces the existence of a piecewise linear function $\varphi_{\mathrm{L/K}}(x)$, one of whose many definitions is as follows:

$$\varphi_{\mathrm{L/K}}(x) = \frac{1}{e} \sum_{\sigma \in \mathfrak{g}} \inf(a(\sigma), x+1) - 1\ , \quad e = [\mathrm{L} : \mathrm{K}].$$

There is no point in giving the fundamental properties of $\varphi_{\mathrm{L/K}}$ here; they are well known (see Kawada, Annals, 1953, for example) and can be formally deduced from the properties of $a(\sigma)$. In particular, $\varphi_{\mathrm{L/K}}(x) = \varphi_{\mathrm{L'/K}} \circ \varphi_{\mathrm{L/L'}}(x)$ whenever $\mathrm{L} \supset \mathrm{L'} \supset \mathrm{K}$. Denoting the inverse function of $\varphi(x)$ by $\psi(x)$, one can define a new indexation of the higher ramification groups by setting:

$$\mathrm{V}^x = \mathrm{V}_{\psi(x)}, \quad x \in \mathbf{R}.$$

4/5

The V^x are now numbered in such a way that they "pass to quotients" (whereas the V_x "passed to subgroups"). It should be noted that the "jumps" of the V_x are at the points $x = \psi(n)$, where n is a "jump" point of ψ, hence an integer; x on the other hand is not necessarily an integer.

THEOREM: a) *If* L/K *is an abelian extension, then the jumps of the function* ψ *are integers.*

b) *Under the same hypothesis, the conductor of* L/K *is* $c+1$, *where* c *is the largest integer* n *such that* ψ *jumps at* n.

The two claims are proved simultaneously. The method is the same as in the original paper by Hasse (which dealt with the case where the residue field is finite), except for the fact that computations of norm indices are replaced by isogenies. More precisely, one shows the following:

LEMMA: *Let* L/K *be a Galois extension with Galois group* $\mathfrak{g}$. *For any integer* n, *the norm map* $\mathrm{N} : \mathrm{U(L)} \to \mathrm{U(K)}$ *sends* $\mathrm{U}_{\psi(n)}(\mathrm{L})$ *to* $\mathrm{U}_n(\mathrm{K})$ *and* $\mathrm{U}_{\psi(n)+1}(\mathrm{L})$ *to* $\mathrm{U}_{n+1}(\mathrm{K})$; *the homomorphism*

$\mathrm{U}_n(\mathrm{K})$, *et* $\mathrm{U}_{\psi(n)+1}(\mathrm{L})$ *dans* $\mathrm{U}_{n+1}(\mathrm{K})$ *; l'homomorphisme*

$$\mathrm{N} : \mathrm{U}_{\psi(n)}(\mathrm{L})/\mathrm{U}_{\psi(n)+1}(\mathrm{L}) \to \mathrm{U}_n(\mathrm{K})/\mathrm{U}_{n+1}(\mathrm{K})$$

définit une isogénie dont le degré séparable est $\psi'_{d/g}(n)$.

[On note $\psi'_{d/g}(n)$ le quotient de la dérivée à droite de ψ par sa dérivée à gauche ; ce quotient n'est $\neq 1$ que lorsque ψ a un « saut ». D'autre part, pour tout nombre réel x, on définit $\mathrm{U}_x(\mathrm{L})$ comme $\mathrm{U}_m(\mathrm{L})$, où m est le plus petit entier $\geqslant x$.]

La démonstration du lemme se fait par calcul brutal de la norme dans le cas cyclique d'ordre premier p (vieux calcul, qui remonte aux origines de la théorie des nombres) ; le cas général s'en déduit trivialement par dévissage, compte tenu de la propriété de transitivité de ψ.

Appliquons le lemme au cas *abélien.* On sait alors (n° 2) que le degré séparable de l'isogénie déduite de N est égal à [L : K]. D'autre part, le lemme met en évidence les « isogénies partielles » que l'on trouve au-dessus de $\mathrm{U}_n(\mathrm{K})/\mathrm{U}_{n+1}(\mathrm{K})$. On en déduit tout d'abord que le degré séparable de l'isogénie en question est un diviseur du produit $\prod \psi'_{d/g}(n)$, où n parcourt l'ensemble des entiers $\geqslant 0$. Mais la définition de la fonction ψ montre immédiatement que le produit de *tous* les $\psi'_{d/g}(x)$, x réel, est égal à [L : K]. En comparant on voit qu'il est nécessaire que $\psi'_{d/g}(x) = 1$ si x non entier, ce qui signifie exactement a). L'assertion b) sur le conducteur s'ensuit.

Corollaire : *Le conducteur d'Artin est un entier.*

En effet, il est bien connu qu'il suffit de vérifier l'intégralité du conducteur dans le cas d'une extension cyclique, le caractère étant un isomorphisme du groupe en question ; en ce cas, le conducteur est $\varphi(m) + 1$, où m est le plus grand entier tel que φ ait un saut en m ; d'après le théorème, $c = \varphi(m)$ est un entier. On voit aussi, comme il se doit, que le conducteur d'Artin coïncide avec le conducteur défini ci-dessus dans le cas abélien.

[Je me suis longtemps figuré que ce dernier résultat était nouveau, dans le cas d'un corps de restes algébriquement clos quelconque — donc, trivialement, dans le cas d'un corps de restes parfait quelconque. — En fait, C. Arf (J. Crelle, t. 181) avait démontré ça dès 1940, par une méthode calculatoire extrêmement compliquée.]

$$\mathrm{N} : \mathrm{U}_{\psi(n)}(\mathrm{L})/\mathrm{U}_{\psi(n)+1}(\mathrm{L}) \to \mathrm{U}_n(\mathrm{K})/\mathrm{U}_{n+1}(\mathrm{K})$$

defines an isogeny whose separable degree is $\psi'_{d/g}(n)$.

[The quotient of the right derivative of ψ by its left derivative is denoted $\psi'_{d/g}(n)$; this quotient is 1 except when ψ has a "jump". Also, for any real number x, define $\mathrm{U}_x(\mathrm{L})$ to be $\mathrm{U}_m(\mathrm{L})$, where m is the smallest integer $\geqslant x$.]

For the cyclic case of prime order p, the lemma is proved by a brute force computation of the norm (an old computation dating from the beginnings of number theory): the general case can be trivially deduced from this by dévissage, taking the transitivity property of ψ into account.

Let us apply this lemma to the *abelian* case. It is then known (n° 2) that the separable degree of the isogeny deduced from N is equal to [L : K]. 5/6
Furthermore, this lemma shows what are the "partial isogenies" which appear above $\mathrm{U}_n(\mathrm{K})/\mathrm{U}_{n+1}(\mathrm{K})$. One first deduces from this that the separable degree of this isogeny divides the product $\prod \psi'_{d/g}(n)$, where n runs over the set of integers $\geqslant 0$. However, it is immediate from the definition of ψ that the product of *all* the $\psi'_{d/g}(x)$, for real x, is equal to [L : K]. Comparing, one sees that $\psi'_{d/g}(x)$ is necessarily equal to 1 for all non-integral x, which is exactly a). Claim b) for conductors follows.

COROLLARY *The Artin conductor is an integer.*

Indeed, it is well known that it is enough to check that the conductor is an integer for a cyclic extension, with the character being an isomorphism of the group in question; in this case, the conductor is $\varphi(m) + 1$, where m is the largest integer such that φ jumps at m; the theorem says that $c = \varphi(m)$ is an integer. We also see that the Artin conductor coincides with the conductor defined above in the abelian case, as it should.

[I thought for a long time that this last result was new, in the case of an arbitrary algebraically closed residue field—and thus, trivially, for an arbitrary perfect residue field. — In fact, C. Arf (J. Crelle, t. 181) had already proved it in 1940, by an extremely complicated computational method.]

4. Le cas des corps locaux. Une « formation de classes ».

On garde encore les mêmes hypothèses. On associe à tout corps local K le groupe $B_K = \pi_1(U(K))$.

THÉORÈME : *Les* B_K *forment une « formation de classes ».*

On utilise le fait que les B_K sont isomorphes au groupe de Galois A(K) de l'extension abélienne maximale de K. On doit vérifier (cf. mon cours au Collège) que, si L/K est une extension galoisienne finie, l'homomorphisme $A(K) \to A(L)$ défini par le transfert applique isomorphiquement A(K) sur les points fixes de $\mathfrak{g}_{L/K}$ dans A(L) ; or on vérifie tout de suite que le transfert $A(K) \to A(L)$ se traduit par l'homomorphisme de $\pi_1(U(K))$ dans $\pi_1(U(L))$ induit par l'injection $U(K) \to U(L)$. En utilisant la suite exacte du n° 1, c'est-à-dire le fait que π_1 est un foncteur exact sur les groupes connexes, on obtient bien que $\pi_1(U(K))$ s'identifie aux éléments de $\pi_1(U(L))$ laissés fixes par $\mathfrak{g}$, d'où le résultat.

(Cette démonstration n'est pas très satisfaisante, venant *après* le théorème d'existence, et l'utilisant de façon essentielle. Il devrait être possible de montrer *a priori* que $\pi_1(U(K))$ est une formation de classes, en utilisant les suites exactes :

$$\begin{array}{ccccccccc} 0 & \to & U(K) & \to & K^* & \to & \mathbf{Z} & \to & 0 \\ 0 & \to & \pi_1(U(K)) & \to & \overline{U(K)} & \to & U(K) & \to & 0 \end{array}$$

On sait que K^* a sa cohomologie nulle, et il faudrait prouver qu'il en est de
5 même de $\overline{U(K)}$; je ne vois malheureusement pas pourquoi.)

5. Le cas global.

Ici, il faut malheureusement se restreindre à l'égale caractéristique. On considère donc une courbe algébrique X, non singulière, sur un corps algébriquement clos k, et le groupe $C_0(X)$ des classes d'idèles de degré 0 de X. C'est un groupe proalgébrique (jacobiennes généralisées !), et la méthode de Lang-Rosenlicht montre que :

THÉORÈME : *Le groupe de Galois de l'extension abélienne maximale de* $k(X)$ *est isomorphe à* $\pi_1(C_0(X))$.

D'où, comme au n° précédent :

4. The case of local fields. A "class formation".

Keeping the conditions above, associate to any local field K the group $\mathrm{B_K} = \pi_1(\mathrm{U(K)})$.

THEOREM: *The* $\mathrm{B_K}$ *form a "class formation".*

The proof uses the fact that the $\mathrm{B_K}$ are isomorphic to the Galois groups A(K) of the maximal abelian extension of K. One needs to show (cf. my lecture notes at the Collège) that if L/K is a finite Galois extension, then the transfer homomorphism $\mathrm{A(K)} \to \mathrm{A(L)}$ maps A(K) isomorphically onto the fixed points of $\mathfrak{g}_{\mathrm{L/K}}$ in A(L); but one sees immediately that the transfer $\mathrm{A(K)} \to \mathrm{A(L)}$ translates into the homomorphism from $\pi_1(\mathrm{U(K)})$ to $\pi_1(\mathrm{U(L)})$ 6/7
induced by the injection $\mathrm{U(K)} \to \mathrm{U(L)}$. Using the exact sequence from n° 1, i.e. the fact that π_1 is an exact functor on connected groups, it follows that $\pi_1(\mathrm{U(K)})$ can indeed be identified with those elements of $\pi_1(\mathrm{U(L)})$ which are fixed by $\mathfrak{g}$, which gives the result.

(This proof is rather unsatisfactory, since it comes *after* the existence theorem, on which it fundamentally depends. It should be possible to show *a priori* that $\pi_1(\mathrm{U(K)})$ is a class formation, using the exact sequences:

$$\begin{array}{ccccccccc} 0 & \to & \mathrm{U(K)} & \to & \mathrm{K}^* & \to & \mathbf{Z} & \to & 0 \\ 0 & \to & \pi_1(\mathrm{U(K)}) & \to & \overline{\mathrm{U(K)}} & \to & \mathrm{U(K)} & \to & 0 \end{array}$$

The cohomology of K^* is known to vanish; one needs to prove that the same holds for $\overline{\mathrm{U(K)}}$; unfortunately, I cannot see why it does.) 5

5. The global case.

Here, it is unfortunately necessary to restrict to the case of equal characteristic. Consider a non-singular algebraic curve X over an algebraically closed field k, and the group $\mathrm{C_0(X)}$ of ideles of degree 0 on X. This is a proalgebraic group (generalized Jacobians!) and the Lang-Rosenlicht method shows that:

THEOREM : *The Galois group of the maximal abelian extension of* $k(\mathrm{X})$ *is isomorphic to* $\pi_1(\mathrm{C_0(X)})$.

Thus, as in the previous n° :

THÉORÈME : *Les* $\pi_1(\mathrm{C}_0(\mathrm{X}))$ *sont une formation de classes.*

Lorsqu'on se borne aux extensions « tamely ramified », il suffit de considérer les jacobiennes généralisées dont les modules sont du type $\sum \mathrm{P}_i$, les P_i étant distincts. Ce sont des extensions de la jacobienne par des tores, et leur π_1 peut se construire à la Tate, cf n° 1. On retrouve une « formation de classes » que
6 Tate avait définie dans le temps.

Voilà où j'en suis. Il me reste à éclaircir le cas d'un corps des restes non algébriquement clos, et en particulier fini (ou « quasi-fini » c'est-à-dire dont le groupe de Galois de la clôture algébrique est le complété $\widehat{\mathbf{Z}}$ de $\mathbf{Z}$). Je vois
7 en gros comment faire, mais les détails sont ennuyeux. Il me semble que les
8 isogénies de groupes ne suffisent pas, et qu'il faille des espaces homogènes,
c'est très ennuyeux. Donne-moi du courage...

Je vois en tout cas clairement pourquoi le corps de classes local marche sur un corps « quasi-fini », alors que le global ne marche pas. C'est qu'on a besoin de la trivialité, sur k, des groupes de Châtelet-Weil $\mathrm{H}^q(\mathrm{G}/k)$, où G est défini sur k, et cette trivialité n'est vraie (en dehors du cas d'un corps fini) que si G est linéaire — c'est justement le cas dans le corps de classes local, mais pas dans le global, à cause de cette idiote de jacobienne. On se rend compte ainsi que, dans le cas global, l'application de réciprocité n'est pas toujours surjective — par contre son noyau contient toujours les idèles principaux, la loi de réciprocité d'Artin se coupe donc en deux, de façon assez inattendue !

J'espère que tu trouveras dans ce qui précède du matériel pour tester tes diverses conjectures. Ta lettre m'a beaucoup intéressé, mais j'ai eu un mal de chien à la lire ; il m'a fallu la taper à la machine moi-même ! (En réponse à l'une des choses que tu dis, je te signale que la Société mathématique de France donne 100 tirés à part gratuitement — tu n'auras donc pas à imiter mon illustre exemple — relatif au Journal de Maths. pures et appliquées.)

Rien à signaler ici. J'ai passé mon temps ces temps-ci à chiader les corps locaux — comme tu as pu le voir, je n'ai pas coupé à étudier en détail les horribles fonctions φ et ψ. Heureusement, Lang m'a envoyé une rédaction d'Artin-Tate II là-dessus qui m'a beaucoup aidé.

THEOREM: *The* $\pi_1(\mathrm{C}_0(\mathrm{X}))$ *are a class formation.*

When restricting to "tamely ramified" extensions, it is enough to consider generalized Jacobians whose modules are of the type $\sum \mathrm{P}_i$ with distinct P_i. These are extensions of the Jacobian by tori, whose π_1 can be constructed by Tate's methods, cf. n° 1. One recovers a "class formation" which had already been defined by Tate. 6

7/8

This is how far I have gotten for the present. I still need to clarify the case where the residue field is not algebraically closed, particularly when it is finite (or "quasi-finite", i.e. when the Galois group of the algebraic closure is the completion $\widehat{\mathbf{Z}}$ of $\mathbf{Z}$). I can see more or less how to do it, but the details are boring. It seems that group isogenies are not enough, and homogeneous 7
spaces will be required, which is very annoying. Give me some courage... 8

In any case, I see clearly why local class field theory works over "quasi-finite" fields, while the global one does not. The point is that the Châtelet-Weil groups $\mathrm{H}^q(\mathrm{G}/k)$ have to be trivial over k when G is defined over k, and this is not true (except for a finite field) unless G is linear—which holds for local class fields, but not for global ones, because of that stupid Jacobian. Thus, one sees that in the global case the reciprocity map is not always surjective—on the other hand, the principal ideles are still contained in its kernel, and therefore Artin's reciprocity law gets cut into two, in a rather unexpected way!

I hope you will find the wherewithal to test your various conjectures in the above. Your letter was very interesting, but I had a hell of a time trying to decipher it; I had to type it out myself! (In reply to one thing you say, I should point out that the Société Mathématique de France gives 100 free reprints—you will not therefore have to follow my illustrious example—relative to the Journal de Maths pures et appliquées.)

I have no interesting news. I have been spending my time lately studying local fields—as you have seen, I could not avoid the detailed study of the horrible functions φ and ψ. Fortunately, Lang sent me an Artin-Tate II report on the subject, which was a great help.

Il m'a fallu aussi comprendre la notion de différente, qui intervient de façon essentielle dans les démonstrations. Voici un énoncé (essentiellement dû à Dedekind, au langage près), qui m'a beaucoup surpris :

Soit A un anneau de Dedekind de corps des fractions K. Soit L une extension séparable finie de K, et soit B la clôture intégrable de A dans L. Alors le module $\mathrm{D_A(B)}$ des différentielles de la A-algèbre B est un module monogène dont l'annulateur est la différente $\mathfrak{d}_{\mathrm{B/A}}$ (définie comme l'idéal de B inverse du complémentaire B^* de B).

Ne trouves-tu pas que c'est un joli énoncé ? Dans le cas géométrique il contient le fait que la différente est l'idéal engendré par $d\mathrm{T}/dt$ (T et t étant des uniformisantes de A et B).

Le plus amusant est que je viens juste de recevoir un manuscrit d'Auslander-
9 Buchsbaum à reviewer pour l'Amer. Journal, qui contient une définition homologique de la différente, et (j'espère) la propriété en question. Ils définissent également des extensions non ramifiées d'anneaux par l'annulation de la différente ; il faudra comparer avec notre propre fourbi.

Salut et fraternité. Le bonjour à Tate (à qui tu pourrais communiquer cette lettre, si ça l'intéresse)

J-P. Serre

Pelvoux le Poët, le 18.7.1959

Mon cher Serre,

J'ai réfléchi encore ces jours-ci au formalisme général de la cohomologie (de Weil) des schémas et leur homologie, et chemin faisant je suis arrivé à ce qui me semble la bonne définition des invariants « homotopiques » ; bien entendu, je n'ai pas dépassé le stade des définitions, la démonstration des propriétés raisonnables est une toute autre question ; peut-être pourra-t-on l'aborder via la cohomologie (sur laquelle on a prise par des méthodes faisceautiques, par exemple pour les courbes algébriques) et la « théorie modulo C ». D'autre part,

I also needed to understand the notion of a different, which plays a crucial role in the proofs. Here is a statement (essentially due to Dedekind, modulo the language) which surprised me a great deal: 8/9

Let A be a Dedekind ring with fraction field K. Let L be a finite separable extension of K, and let B be the integral closure of A in L. Then the module $\mathrm{D_A(B)}$ of differentials of the A-algebra B is monogenous, and its annihilator is the different $\mathfrak{d}_{\mathrm{B/A}}$ (defined as the inverse ideal in B of B^*, the complement of B).

Don't you find this a very pretty statement? In the geometric case, it contains the fact that the different is the ideal generated by $d\mathrm{T}/dt$ (where T and t are uniformizing parameters of A and B).

The funny thing is that I just received a manuscript by Auslander and Buchsbaum to referee for the Amer. Journal, which contains a homological 9
definition of the different and (I hope) the property in question. They also define unramified extensions of rings in terms of the vanishing of the different; we shall have to compare this with our own stuff.

Say hello to Tate from me (and if he is interested, you can show him this letter). Yours,

J-P. Serre

Pelvoux le Poët, 7.18.1959

My dear Serre,

Lately I have been thinking again about the general formalism of (Weil) cohomology and homology of schemes, and so doing, it seems to me that I have managed to find the correct definition of "homotopic" invariants; of course, I have not gotten past the definitions, and proving they have reasonable properties is a very different matter; perhaps it will be possible to attack it via cohomology (which can be got hold of using sheaf theoretic methods, for algebraic curves for example) and the "theory modulo C". Furthermore, the

il y a les mêmes restrictions à faire sur la portée de mes définitions que pour celle du π_1 (qui néglige les phénomènes genre inséparabilité). Cela n'est que naturel si on veut des « invariants topologiques », i.e. des invariants pour des morphismes $X' \to X$ qui sont « géométriquement » des homéomorphismes i.e. propres, surjectifs et géométriquement injectifs.

Voici le set-up général. Soit $\mathscr{C}$ une catégorie où les produits existent. Pour $T \in \mathscr{C}$, on peut considérer pour tout ensemble fini I l'objet T^I, obtenant ainsi un foncteur contravariant K_T des ensembles finis dans $\mathscr{C}$, i.e. un objet simplicial de $\mathscr{C}$. Si T′ « domine »T i.e. s'il existe un morphisme $T' \to T$, on déduit d'un tel morphisme $T' \to T$ un homomorphisme simplicial $K_{T'} \to K_T$, dont la classe d'homotopie est indépendante du choix de $T' \to T$; ainsi les K_T, quand T varie dans $\mathscr{C}$, forment un système projectif à valeurs dans la catégorie (homotopique, i.e. les morphismes étant les homomorphismes simpliciaux modulo homotopie) des objets simpliciaux de $\mathscr{C}$. Si F est un foncteur contravariant (par exemple) $\mathscr{C} \to \mathscr{C}'$, alors $F(K_T)$ est un objet cosimplicial dans $\mathscr{C}'$, donc si $\mathscr{C}'$ est abélienne il a une cohomologie, qui joue le rôle d'une cohomologie de Čech d'un recouvrement (qui en est un cas particulier !) et qu'on notera $H^*(T/-, F)$. Le $T/-$ indique que T est considéré comme objet au-dessus de l'unité à droite (s'il existe) de $\mathscr{C}$; si T est au-dessus d'un objet S de $\mathscr{C}$, on écrira T/S donc $K_{T/S}$ et $H^*(T/S, F)$ pour indiquer que T est considéré comme objet de la catégorie des objets sur S (dont S est une unité à droite), F étant donc un foncteur sur cette dernière (ou une catégorie « plus grande », par exemple $\mathscr{C}$ elle-même). D'autre part, si T varie, les $H^*(T/S, F)$ forment un système inductif d'objets de $\mathscr{C}'$, dont la limite inductive (si elle existe) sera notée $\check{H}^*(-/S, F)$. Bien entendu, au lieu de prendre une limite inductive sur $\mathscr{C}$ tout entier, on peut en prendre une sur une partie de $\mathscr{C}$, mais cela revient simplement à remplacer $\mathscr{C}$ par une sous-catégorie. $\check{H}^*(-/S, F)$ joue le rôle d'une cohomologie de Čech à coefficients dans F (qui joue le rôle du <u>pré</u>faisceau de coefficients). C'est un foncteur cohomologique en F, et sous des conditions faciles à expliciter, dépend de façon contravariante de T (quand on fait balader à la fois $\mathscr{C}$, F, T...). Si S est un schéma, on prend pour $\mathscr{C}$ la catégorie des S-schémas qui sont réunions finies de revêtements plats d'ouverts de S recouvrant S ; un foncteur contravariant F de $\mathscr{C}$ dans les groupes abéliens peut être appelé un *pré*faisceau de Weil sur S, et $\check{H}^*(-/S, F)$ est la cohomologie de type Čech-Weil de S à coefficients dans F. Si F est même un *faisceau* de Weil, elle s'envoie dans la véritable cohomologie de Weil à coefficients dans F

same restrictions apply to the scope of my definitions as to the definition of π_1 (which ignores such phenomena as inseparability). This is only natural if one wants "topological invariants", i.e. invariants of morphisms $X' \to X$ which are "geometrically" homeomorphisms, i.e. proper, surjective and geometrically injective.

Here is the general set-up. Let $\mathscr{C}$ be a category equipped with products. For $T \in C$ and for any finite set I, one can consider the object T^I, which gives a contravariant functor K_T from finite sets to $\mathscr{C}$, i.e. a simplicial object of $\mathcal{C}$. If T' "dominates" T, i.e. if there exists a morphism $T' \to T$, then from this morphism one derives a simplicial homomorphism $K_{T'} \to K_T$, whose homotopy class is independent of the choice of $T' \to T$; thus, when T varies in $\mathscr{C}$, the K_T form a projective system with values in the homotopic category (i.e. the morphisms are simplicial homomorphisms modulo homotopy) of simplicial objects of $\mathscr{C}$. If (for example) F is a contravariant functor $\mathscr{C} \to \mathscr{C}'$, then $F(K_T)$ is a cosimplicial object in $\mathscr{C}'$, so if $\mathscr{C}'$ is abelian, then it has a cohomology which plays the same role as the Čech cohomology of a covering (which is a special case of it!) and which will be denoted $H^*(T/-, F)$. The $T/-$ indicates that T is considered as an object over the right unit in $\mathscr{C}$, if it exists; if T lies over an object S in $\mathscr{C}$ then let us write T/S and hence $K_{T/S}$ and $H^*(T/S, F)$ to indicate that T is considered as as an object in the category of objects over S (in which S is a right 1/2 unit); F is therefore a functor on the latter (or on a "larger" category: $\mathscr{C}$ itself, for example). Furthermore, as T varies, the $H^*(T/S, F)$ form an inductive system of objects of $\mathscr{C}'$, whose inductive limit (if it exists) will be denoted by $\check{H}^*(-/S, F)$. Of course, instead of taking the inductive limit over the whole of $\mathscr{C}$, one can take it over a part of $\mathscr{C}$, but this boils down to replacing $\mathscr{C}$ by a subcategory. Here $\check{H}^*(-/S, F)$ plays the role of Čech cohomology with coefficients in F (which plays the role of a *pre*sheaf of coefficients). This is a cohomological functor of F, and under certain conditions which can be easily written down, it depends contravariantly on T (when $\mathscr{C}$, F and T all vary...). If S is a scheme, take $\mathscr{C}$ to be the category of S-schemes which are finite unions of flat coverings of open sets of S which form an open cover of S; a contravariant functor F from $\mathscr{C}$ into abelian groups can be called a Weil *pre*sheaf on S, and $\check{H}^*(-/S, F)$ is the Čech-Weil type cohomology of S with coefficients in F. If F is actually a Weil *sheaf* this can be mapped to the true Weil cohomology

(cela vaut aussi dans le set-up général catégorique), soit $H^*(S, F)$, et sous des conditions assez générales ce sera un isomorphisme (par exemple si F provient d'un schéma en groupes sur S, plat et de type fini sur S) ; si F provient d'un schéma en groupes sur S qui est *simple* et de type fini sur S on peut même remplacer la catégorie $\mathscr{C}$ par la catégorie plus petite où les revêtements plats sont remplacés par les revêtements non ramifiés. Ce sera le cas en particulier si F provient d'un groupe abélien fini ordinaire, d'où le calcul « Čechiste » de la cohomologie $H^*(S, F)$, F étant un groupe fini (sur lequel on pourrait aussi faire opérer le groupe fondamental de S, si on veut des coefficients « tordus »).

De même, un foncteur covariant $G : \mathscr{C} \to \mathscr{C}'$ définit, pour tout $T \in \mathscr{C}$, un objet simplicial $G(K_T)$ dans $\mathscr{C}'$, et on obtient ainsi, pour T variable, un système projectif d'objets simpliciaux dans $\mathscr{C}'$, d'où, si $\mathscr{C}'$ est la catégorie des ensembles un système projectif d'espaces topologiques, d'où par limites inductives resp. projectives des groupes de cohomologie ou d'homologie, qui sont d'ailleurs des cas particuliers de ceux envisagés plus haut. Si G est même à valeurs dans la catégorie des ensembles ponctués, alors les $G(K_T)$ forment un système projectif d'ensembles simpliciaux ponctués, d'où par passage à la limite projective des groupes d'homotopie etc. D'où pour un tel G la définition des groupes d'homotopie à « coefficients dans G » $\pi_i(T/-, G)$, $\pi_i(T/S, G)$, $\pi_i(-/S, G)$, ayant des propriétés de variance évidentes.

Si on part d'un schéma de base S, on prendra sur $\mathscr{C}$ le foncteur covariant $\pi_0(T)$ à valeurs dans la catégorie des ensembles (ensemble des composantes connexes) ; pour que ce foncteur ait ses valeurs dans la catégorie des ensembles ponctués, on choisit un point géométrique $a \in S$ et on prend la catégorie $\mathscr{C}$ des objets (du type précisé) *ponctués* au-dessus de a (les morphismes de tels objets devant envoyer le point géométrique marqué en le point géométrique marqué). On définit ainsi des groupes d'homotopie (les ponctuations étant sous-entendues dans les notations S, T) $\pi_i(T, S)$ et $\pi_i(-, S) = \pi_i(S)$. Bien entendu, les $\pi_0(S)$ et $\pi_1(S)$ sont ceux déjà connus. D'autre part, si F est un groupe abélien fini, comme la valeur en T du « faisceau » (noté encore F) associé à F n'est autre que l'ensemble des applications de $\pi_0(T)$ dans F, il s'ensuit que $H^*(T/S, F) = H^*(\pi_0(K_{T/S}), F)$ et par suite $H^*(S, F) = \varinjlim_T H^*(\pi_0(K_{T/S}), F)$. Les théorèmes du genre « Hurewicz » devraient donc être purement formels dans le contexte de la cohomologie et l'homotopie des schémas (modulo le théorème de Hurewicz classique). — J'ai oublié de préciser qu'ici, on prend pour $\mathscr{C}$ la catégorie des S-schémas plats ponctués réunions de revêtements

with coefficients in F (this is also valid in the general category-theoretic set-up), namely $H^*(S, F)$, and this will be an isomorphism under rather general conditions (for instance if F comes from a flat group scheme of finite type over S); if F comes from a group scheme which is *simple* and of finite type over S, then one can even replace the category $\mathscr{C}$ by the smaller category in which flat coverings are replaced by unramified coverings. In particular, this will be the case if F comes from an ordinary finite abelian group, which gives rise to the "Čechist" computation of the cohomology $H^*(S, F)$ for a finite group F (on which the fundamental group of S may act, if one wants "twisted" coefficients).

In the same way, a covariant functor $G : \mathscr{C} \to \mathscr{C}'$ defines a simplicial object $G(K_T)$ in $\mathscr{C}'$ for every $T \in \mathscr{C}$; thus, as T varies, one gets a projective system of simplicial objects in $\mathscr{C}'$; if $\mathscr{C}'$ is the category of sets, this is a projective system of topological spaces, which in turn gives cohomology or homology groups via inductive resp. projective limits, which are actually special cases of those considered above. If G even takes values in the category of pointed spaces, then the $G(K_T)$ form a projective system of pointed simplicial spaces, giving homotopy groups etc. by passing to the projective limit. Thus, given such a G, one gets the definition of homotopy groups with "coefficients in G" $\pi_i(T/-, G)$, $\pi_i(T/S, G)$, $\pi_i(-/S, G)$ having the obvious variance properties.

Starting with a base scheme S, take $\pi_0(T)$, the covariant functor on $\mathscr{C}$ with values in the category of sets (sets of connected components); in order for this functor to take values in the category of pointed sets, choose a geometric point $a \in S$ and consider the category $\mathscr{C}$ of objects (of the specified type) which are *pointed* over a (morphisms of such objects should send the marked geometric point to the marked geometric point). Define homotopy groups $\pi_i(T, S)$ and $\pi_i(-, S) = \pi_i(S)$ in this way (it is understood that S and T denote pointed objects). Of course, $\pi_0(S)$ and $\pi_1(S)$ are the ones which are already known. Furthermore, if F is a finite abelian group, since the value at T of the "sheaf" associated to F (also called F) is nothing other than the set of maps from $\pi_0(T)$ to F, it follows that $H^*(T/S, F) = H^*(\pi_0(K_{T/S}), F)$, and hence $H^*(S, F) = \varinjlim_T H^*(\pi_0(K_{T/S}), F)$. The "Hurewicz" type theorems should thus be entirely formal in the context of sheaf homotopy and cohomology (modulo the classical Hurewicz theorem). — I forgot to mention that here, $\mathscr{C}$ is taken to be the category of flat pointed S-schemes which are unions of *unramified*

non ramifiés d'ouverts de S recouvrant S ; moyennant ce choix, le système des $\pi_0(K_{T/S})$ donc aussi les $\pi_i(S)$ sont des invariants topologiques de S, au sens précisé plus haut.

Pour finir, voici deux exemples typiques d'ensembles simpliciaux déduits d'un couple T/S. Si T est un revêtement galoisien non ramifié de S de groupe G, alors $\pi_0(K_{T/S})$ est l'ensemble simplicial qui en dimension n est donné par G^{n+1}/G (G opérant à droite sur G^{n+1} par la diagonale) ; c'est un ensemble simplicial de Kan, et sauf erreur ce n'est autre que B_G (le classifiant pour G). Si S est normal et connexe, on le ponctue au point générique de S, i.e. on choisit une extension algébriquement close Ω de son corps de fractions. Soit G le groupe de Galois sur K de la clôture algébrique de K dans Ω. La donnée d'un $T \in \mathscr{G}$ revient alors essentiellement à la donnée d'un ensemble fini E sur lequel opère G (à point marqué si on s'intéresse aux T à points marqués) et tel que la condition suivante soit vérifiée : pour tout $x \in E$, soit G_x le stabilisateur et soit $U_x \subset S$ l'ensemble des points de S en lesquels l'extension finie de K correspondant à G_x n'est pas ramifiée ; on veut que $\bigcup U_x = S$. (N.B. Si on ne s'intéresse qu'à un ensemble cofinal à l'ensemble des T, on peut supposer ici que les G_x sont invariants dans G). T étant défini ainsi, $\pi_0(K_{T/S})$ est l'ensemble simplicial qui, en dimension n, est identique à E^{n+1}/G. Je n'ai aucune idée sur la gueule de l'espace topologique correspondant (n'a-t-il qu'un nombre fini de groupes d'homotopie non nuls, ces groupes sont-ils finis, etc.), je m'aperçois d'ailleurs de mon extrême ignorance en homotopie. Au cas où tu possèderais des papiers expositoires plus ou moins secrets là-dessus, je serais amateur. Je pense d'ailleurs aller à Die un de ces jours, et me faire tapiriser par Cartan sur les fondements. Il est possible d'ailleurs que j'abandonne provisoirement mes cogitations sur Picard et Cie, que j'avais espéré mettre au point cette année, pour regarder de plus près la topologie des schémas. Pour commencer, cela demande un petit multiplodoque de catégories, qui me semble de plus en plus indispensable « pour pouvoir causer ».

Bien à toi

A. Grothendieck

coverings of open subsets which cover S; this choice being made, the system of $\pi_0(\mathrm{K}_{\mathrm{T/S}})$, and hence also the $\pi_i(\mathrm{S})$, are topological invariants of S in the sense given above.

To round things off, here are two typical examples of simplicial sets arising from a pair T/S. If T is an unramified Galois covering of S with group G, then $\pi_0(\mathrm{K}_{\mathrm{T/S}})$ is the simplicial set which in dimension n is given by $\mathrm{G}^{n+1}/\mathrm{G}$ (G acting on G^{n+1} on the right via the diagonal); this is a Kan simplicial set, and unless I am mistaken it is nothing other than B_{G} (the classifying space of G). If S is normal and connected, mark the generic point of S, i.e. choose an 3/4
algebraically closed extension Ω of its fraction field. Let G be the Galois group over K of the algebraic closure of K in Ω. Giving $\mathrm{T} \in \mathscr{G}$ is then essentially equivalent to giving a finite set E on which G acts (with a marked point if one is considering objects T with marked points) such that the following condition is satisfied: for any $x \in \mathrm{E}$, let G_x be the stabilizer and let $\mathrm{U}_x \subset \mathrm{S}$ be the set of points of S at which the finite extension of E corresponding to G_x is unramified; one wants $\bigcup \mathrm{U}_x = \mathrm{S}$ (N.B. If one is interested only in a cofinal subset of the set of T, one may assume that the G_x are invariant in G.) With T defined this way, $\pi_0(\mathrm{K}_{\mathrm{T/S}})$ is the simplicial set which is equal to $\mathrm{E}^{n+1}/\mathrm{G}$ in dimension n. I have no idea what the corresponding topological space looks like (are there only a finite number of non-zero homotopy groups, are these groups finite, etc.) and in fact I am realizing the extent of my ignorance of homotopy. If you were to have some more or less secret introductory papers on this subject, I would be most interested. Actually, I am thinking of going to Die one of these days and getting Cartan to go through the basics with me. I may possibly temporarily abandon my cogitations on Picard and Co, which I had hoped to put in their final form this year, in order to have a closer look at scheme topology. To begin with, this would require a little multiplodocus on categories, which seems to me more and more indispensable "to be able to speak".

Regards,

A. Grothendieck

Vallouise, le 18.8.1959

Mon cher Serre,

Tate m'a écrit de son côté sur ses histoires de courbes elliptiques, et pour me demander si j'avais des idées sur une définition globale des variétés ana-
1 lytiques sur des corps valués complets. Je dois avouer que je n'ai pas du tout compris pourquoi ses résultats suggéreraient l'existence d'une telle définition, et suis encore sceptique. Je n'ai pas non plus l'impression d'avoir rien compris à son théorème, qui ne fait qu'exhiber par des formules brutales un certain isomorphisme de groupes analytiques ; on conçoit que d'autres formules tout aussi explicites en donneraient un autre pas plus mauvais (sauf preuve du contraire !).

J'ai réfléchi un petit peu à la partie « infinitésimale » du groupe fondamental, juste assez pour me convaincre que ça existe et est raisonnable. Voici un contexte (certainement insuffisant d'ailleurs) où ça marche. On a un schéma S connexe (par exemple un schéma algébrique sur un corps k), une catégorie auxiliaire $\mathscr{C}$ (par exemple la catégorie des schémas algébriques finis sur k), une catégorie $\mathscr{G}$ dont les objets sont des $\mathscr{C}$-groupes, et les morphismes des morphismes de $\mathscr{C}$-groupes (par exemple les groupes algébriques finis sur k). On suppose que dans $\mathscr{C}$ les produits fibrés existent, et que $\mathscr{G}$ satisfait aux conditions suivantes : (i) $\mathscr{G}$ est stable par produits, et si $u, v : \mathrm{G} \to \mathrm{G}'$ sont des morphismes dans $\mathscr{G}$, alors le noyau du couple (u, v), i.e. le sous-groupe maximum de G où u, v coïncident — qui existe, car s'exprime par un produit fibré — est dans $\mathscr{G}$. (ii) Si $u : \mathrm{G} \to \mathrm{G}'$ est un morphisme dans $\mathscr{G}$, le groupe image existe, est isomorphe à un quotient de G comme il se doit, et est dans $\mathscr{G}$. (iii) Toute suite décroissante de sous-groupes $\in \mathscr{G}$, d'un $\mathrm{G} \in \mathscr{G}$, est stationnaire. On suppose donné de plus un foncteur covariant F de $\mathscr{G}$ dans les schémas en groupes sur S (par exemple $\mathrm{G} \to \mathrm{S} \times_k \mathrm{G}$), et on suppose : (iv) Le foncteur F commute aux produits, aux noyaux de couples de morphismes, images (on pourra dire que F est « exact »). (v) Si H est de la forme F(G) ($\mathrm{G} \in \mathscr{G}$) alors H est « spécial », i.e. admet une suite exacte de schémas en groupes finis et plats sur S

$$e \to \mathrm{H}_{\mathrm{inf}} \to \mathrm{H} \to \mathrm{H}_{\mathrm{sép}} \to 0$$

où $\mathrm{H}_{\mathrm{inf}}$ est purement infinitésimal (i.e. la projection $\mathrm{H}_{\mathrm{inf}} \to \mathrm{S}$ est géométriquement injective) et où $\mathrm{H}_{\mathrm{sép}}$ est non ramifié sur S. (Dans le cas d'un corps de

Vallouise, 8.18.1959

My dear Serre,

Tate has written to me about his elliptic curves stuff, and has asked me if I had any ideas for a global definition of analytic varieties over complete 1
valuation fields. I must admit that I have absolutely not understood why his results might suggest the existence of such a definition, and I remain skeptical. Nor do I have the impression of having understood his theorem at all; it does nothing more than exhibit, via brute formulas, a certain isomorphism of analytic groups; one could conceive that other equally explicit formulas might give another one which would be no worse than his (until proof to the contrary!)

I have given just enough thought to the "infinitesimal" part of the fundamental group to convince myself that it exists and is reasonable. Here is a (surely insufficient, actually) context in which it works. Take a connected scheme S (for instance an algebraic scheme over a field), an auxiliary category $\mathscr{C}$ (for instance the category of finite algebraic schemes over k), a category $\mathscr{G}$ whose objects are $\mathscr{C}$-groups, and whose morphisms are $\mathscr{C}$-group morphisms (for instance finite algebraic groups over k). Assume that fiber products exist in $\mathscr{C}$ and that $\mathscr{G}$ satisfies the following properties: (i) $\mathscr{G}$ is stable under products, and if $u, v : \mathrm{G} \to \mathrm{G}'$ are morphisms in $\mathscr{G}$, then the kernel of the pair (u, v), i.e. the maximal subgroup on which they coincide—which exists, since it can be expressed using a fiber product—lies in $\mathscr{G}$. (ii) If $u : \mathrm{G} \to \mathrm{G}'$ is a morphism in $\mathcal{G}$, then the image group exists, is isomorphic to a quotient of G (as it should be), and belongs to $\mathscr{G}$. (iii) Every decreasing sequence of subgroups $\in \mathscr{G}$ of a $\mathrm{G} \in \mathscr{G}$ is eventually stationary. Moreover, assume given a covariant functor F from $\mathscr{G}$ to group schemes over S (for instance $\mathrm{G} \to \mathrm{S} \times_k \mathrm{G}$), and assume that : (iv) The functor F commutes with products, kernels of pairs of morphisms and images (one could say that F is "exact"). (v) If H is of the form F(G) ($\mathrm{G} \in \mathscr{G}$), then H is "special", i.e. there is an exact sequence of finite flat group schemes over S,

$$e \to \mathrm{H}_{\mathrm{inf}} \to \mathrm{H} \to \mathrm{H}_{\mathrm{sep}} \to 0$$

where $\mathrm{H}_{\mathrm{inf}}$ is purely infinitesimal (i.e. the projection $\mathrm{H}_{\mathrm{inf}} \to \mathrm{S}$ is geometrically injective) and $\mathrm{H}_{\mathrm{sep}}$ is unramified over S. (In the case of a base field k, such

base k, une telle suite exacte est déduite d'une suite exacte analogue pour un groupe algébrique fini G sur k ; d'ailleurs, si k est parfait, cette suite splitte canoniquement, car $G_{\text{réd}}$ est alors un sous-groupe de G, isomorphe à $G_{\text{sép}}$ par la projection $G \to G_{\text{sép}}$. Faire attention cependant que $G_{\text{réd}}$ va opérer sur G_{inf} : on aura seulement un produit semi-direct) Enfin (vi) S est réduit.

Les conditions (v) et (vi) ont une sale gueule, et sont essentiellement provisoires. Elles servent à cause du

LEMME : *Soit* H *comme dans* (v), S *comme dans* (vi), P *un fibré principal homogène sous* H, Q *un autre, u, v deux isomorphismes de* P *dans* Q *transformant un « point marqué » donné en un autre donné, alors $u = v$.*

On est ramené, en tordant H, au cas où P est trivial, et alors cela résulte du fait suivant : une section de Q est un isomorphisme de S sur une composante connexe de $Q_{\text{réd}}$).

Remarque néanmoins que les conditions (i) à (vi) n'excluent pas des groupes structuraux tordus (relativement à un corps de base k).

Soit maintenant a un « point marqué » de S (i.e. une extension algébriquement close du corps résiduel d'un $s \in S$). Pour tout $G \in \mathscr{G}$, on désigne par $Z(S, a; G)$ ou simplement $Z(G)$ l'ensemble des classes (à isomorphisme près) de fibrés principaux homogènes sur S, de groupe $F(G)$, munis d'un point marqué au-dessus de a. Évidemment $Z(G)$ est un foncteur de $\mathscr{G}$ dans la catégorie des ensembles. Ce foncteur satisfait aux conditions suivantes : 1) Il commute aux produits (car F y commute) ; 2) Il commute aux noyaux de couples, en d'autres termes si $G'' \rightarrowtail G \overset{u}{\underset{v}{\rightrightarrows}} G'$ est exact dans $\mathscr{G}$, alors

$Z(G'') \rightarrowtail Z(G) \overset{Z(u)}{\underset{Z(v)}{\rightrightarrows}} Z(G')$ est exacte, i.e. $Z(G'')$ s'identifie à l'ensemble des éléments de $Z(G)$ dont l'image dans $Z(G')$ par $Z(u)$ et $Z(v)$ est la même. (Ceci résulte de l'exactitude de F, et du *lemme*).

De ces deux propriétés résulte formellement qu'on peut trouver un système projectif filtrant $(G_i)_{i \in I}$ dans $\mathscr{G}$, avec des morphismes $G_i \to G_j$ qui sont des épimorphismes dans $\mathscr{C}$, « essentiellement unique » dans un sens facile à préciser, tel que l'on ait un isomorphisme fonctoriel

$$Z(G) = \varinjlim \operatorname{Hom}_{\mathscr{G}}(G_i, G).$$

an exact sequence can be deduced from an analogous exact sequence for a finite algebraic group G over k; moreover, if k is perfect, this sequence splits canonically, since G_{red} is then a subgroup of G which is isomorphic to G_{sep} under the projection $G \to G_{sep}$. Note, however, that G_{red} does act on G_{inf}; one has only a semi-direct product). Finally, (vi) S is reduced.

Conditions (v) and (vi) look ugly, and are essentially temporary. They are useful because of this

LEMMA: *Let* H *be as in* (v), S *as in* (vi), P *a homogeneous principal* H*-bundle,* Q *another,* u *and* v *two isomorphisms from* P *to* Q *taking some given "marked point" into another one; then* $u = v$.

By twisting H, the problem can be reduced to the case where P is trivial, and the result then follows from the following fact: a section of Q is an isomorphism between S and a connected component of Q_{red}.

Note, however, that conditions (i)-(vi) do not preclude the possibility of twisted structural groups (with respect to a base field k).

Now let a be a "marked point" of S (i.e. an algebraically closed extension of the residue field of some $s \in S$). For every $G \in \mathscr{G}$, let $Z(S, a; G)$ or simply $Z(G)$ denote the set of classes (up to isomorphism) of homogeneous principal bundles over S with group F(G), equipped with a marked point over a. Obviously Z(G) is a functor from $\mathscr{G}$ into the category of sets. This functor has the following properties: 1) It commutes with products (since F does); 2) It commutes with kernels of pairs: in other words, if $G'' \longrightarrow G \overset{u}{\underset{v}{\rightrightarrows}} G'$ is exact in $\mathscr{G}$, then $Z(G'') \longrightarrow Z(G) \overset{Z(u)}{\underset{Z(v)}{\rightrightarrows}} Z(G')$ is exact, i.e. $Z(G'')$ can be identified with the set of elements in Z(G) whose images in Z(G′) under Z(u) and Z(v) are the same. (This follows from the exactness of F and the *lemma*).

It follows formally from these two properties that one can find a filtered projective system $(G_i)_{i \in I}$ in $\mathscr{G}$, with morphisms $G_i \to G_j$ which are epimorphisms in $\mathscr{C}$, and which is "essentially unique" in an easily specified sense, such that there is a functorial isomorphism

$$Z(G) = \varinjlim \operatorname{Hom}_{\mathscr{G}}(G_i, G).$$

C'est ce système projectif (pris modulo une équivalence qui intuitivement signifie qu'on a passé à la limite projective des G_i) qui peut être noté $\pi_1^{\mathscr{G}}(S, a)$ et joue le rôle d'un groupe fondamental de S en a (relativement à la catégorie $\mathscr{G}$ de groupes, munie du foncteur F). Dans le cas d'un corps de base k, $\mathscr{G}$ étant la catégorie des groupes algébriques finis sur k, on pourra écrire[(2)] $\pi_1(S/k, a)$, c'est le groupe proalgébrique (mais avec partie infinitésimale) fondamental du k-schéma S. Lorsque k est parfait, la décomposition d'un groupe algébrique fini en partie infinitésimale et partie réduite montre que le groupe fondamental est produit semi-direct de sa partie réduite ou séparable (qui correspond à un groupe compact discontinu ordinaire sur lequel le groupe fondamental ordinaire de k — i.e. le groupe de Galois de $\overline{k}$ sur k — opère), par sa partie infinitésimale, qui elle ne dépend d'ailleurs plus du choix du point base a de S. Noter que la partie séparable du groupe fondamental peut se reconstituer facilement à l'aide du groupe fondamental ordinaire de S et de son homomorphisme naturel dans $\mathrm{Gal}(\overline{k}/k)$, mais il est « plus grand » que le groupe fondamental ordinaire, parce qu'il correspond à la classification de revêtements principaux de groupe structural non seulement un groupe fini ordinaire, mais un groupe fini et séparable sur k (i.e. un groupe fini ordinaire sur lequel on fait opérer $\mathrm{Gal}(\overline{k}/k)$ de façon non nécessairement triviale). J'avoue que si k n'est pas algébriquement clos, le groupe fondamental ci-dessus n'est sans doute pas le bon ; on devrait sans doute prendre le groupe fondamental de $S \otimes_k \overline{k}$, qui est un groupe proalgébrique défini sur $\overline{k}$, noter qu'il est muni d'une donnée de descente de $\overline{k}$ à k et est par suite défini en réalité sur k. Cela marcherait pour un point base *rationnel sur* k. En tout cas, on doit avoir sur S un « pro-schéma en groupes » $\underline{\pi}_1(S)$ (système local des groupes fondamentaux).

Voici comment on voit l'existence du système projectif (G_i). Un couple (G, z), avec $G \in \mathscr{G}$ et $z \in Z(G)$, est dit *minimal* si on ne peut trouver un sous-groupe $G' \subset G$ de G, $\neq G$, tel que z soit de la forme $Z(i)(z')$ avec $z' \in Z(G')$ et $i : G' \to G$ étant l'injection. On dit qu'un couple (G, z) est *majoré* par un couple (G', z') si on peut trouver un homomorphisme $u : G' \to G$ tel que $z = Z(u)(z')$. Il résulte de (iii) que tout couple (G, z) est majoré par un couple minimal, et de la propriété 2) de Z que si (G', z') est minimal et domine (G, z), alors il existe *un seul* $u : G' \to G$ tel que $z = Z(u)(z')$. De ceci résulte que les couples (G, z) minimaux forment un système projectif pour la relation

(2) note dans la marge : à tort !

It is this projective system (considered modulo an equivalence which intuitively means that one passes to the projective limit of the G_i) which may be denoted $\pi_1^{\mathscr{G}}(S, a)$ and which plays the role of the fundamental group of S at a (with respect to the category $\mathscr{G}$ of groups, equipped with the functor F). In the base field k case, where $\mathscr{G}$ is the category of finite algebraic groups over k, one could write[3] $\pi_1(S/k, a)$: it is the proalgebraic fundamental group (with infinitesimal part) of the k-scheme S. When k is perfect, the decomposition of a finite algebraic group into its infinitesimal part and its reduced part shows that the fundamental group is the semi-direct product of its reduced or separable part (which corresponds to an ordinary discontinuous compact group on which the ordinary fundamental group of k—i.e. the Galois group of $\overline{k}$ over k—acts) with its infinitesimal part, which actually no longer depends on the choice of the base point a of S. Note that the separable part of the fundamental group can easily be recovered using the ordinary fundamental group of S and its natural homomorphism into $\mathrm{Gal}(\overline{k}/k)$, but is "larger" than the ordinary fundamental group, since it corresponds to the classification of principal coverings with structural group not only an ordinary finite group, but also a finite group which is separable over k (i.e. an ordinary finite group on which $\mathrm{Gal}(\overline{k}/k)$ acts not necessarily trivially.) I admit that if k is not algebraically closed, then the fundamental group described above is probably not the right one; one should probably consider the fundamental group of $S \otimes_k \overline{k}$, which is a proalgebraic group defined over $\overline{k}$; note that it is equipped with descent data from $\overline{k}$ to k and thus is actually defined over k. This would work whenever the base point is *k-rational.* In any case, there should be a "pro-group scheme" $\underline{\pi}_1(S)$ over S (a local system of fundamental groups). 3/4

Here is how to prove that the projective system (G_i) exists. A pair (G, z) with $G \in \mathscr{G}$ and $z \in Z(G)$ is said to be *minimal* if there is no subgroup $G' \subset G$, $G' \neq G$, such that z is of the form $Z(i)(z')$ where $z' \in Z(G')$ and $i : G' \to G$ is the inclusion. Let us say that a pair (G, z) is *dominated* by a pair (G', z') if there is a homomorphism $u : G' \to G$ such that $z = Z(u)(z')$. It follows from (iii) that every pair (G, z) is dominated by a minimal pair, and from property 2) of Z that if (G', z') is minimal and dominates (G, z), then there is a *unique* $u : G' \to G$ such that $z = Z(u)(z')$. From this it follows that the minimal pairs (G, z) form a projective system for the relation of domination, which is in fact

[3] note in the margin: wrongly!

de domination, d'ailleurs filtrant (car (G, z) et (G', z') sont dominés par $(\mathrm{G} \times \mathrm{G}', (z, z'))$ lui-même dominé par un (G'', z'') minimal), c'est le système cherché. On peut si on veut choisir un couple (G, z) dans tout système de couples minimaux isomorphes, de telle façon que l'ensemble d'indices I devient ordonné et non seulement préordonné. (N.B. Ce genre de raisonnements formels est aussi celui qui sert en « théorie des modules »...).

Je ne sais encore comment devrait être formulée la suite exacte d'homotopie, pour bien faire l'inclusion dans le groupe fondamental d'une partie infinitésimale devrait donner une théorie satisfaisante du comportement du groupe fondamental par spécialisation. J'espère que si $f : \mathrm{X} \to \mathrm{Y}$ est un morphisme propre et séparable à fibres absolument connexes i.e. tel que $f(\mathscr{O}_\mathrm{X}) = \mathscr{O}_\mathrm{Y}$, X étant muni pour simplifier d'une section s sur Y qui détermine des points-base sur les fibres, alors les groupes fondamentaux totaux des fibres de X forment sur Y un pro-schéma en groupes $\pi_1(\mathrm{X}/\mathrm{Y}, \mathrm{S})$, de façon précise qu'on peut trouver un système projectif filtrant $(\mathrm{G}_i)_{i \in \mathrm{I}}$ de schémas en groupes G_i « spéciaux » sur Y, avec des homomorphismes $\mathrm{G}_i \to \mathrm{G}_j$ qui soient des épimorphismes de Y-schémas (i.e. correspondent à un homomorphisme injectif de faisceaux cohérents sur Y), de telle façon que les groupes fondamentaux totaux des fibres de X se déduisent dudit pro-schéma en groupes par simple spécialisation. (C'est en tout cas ce que semble indiquer le cas où X est un schéma abélien sur Y, cf. plus bas.) Indépendamment de la donnée d'une section, on en conclurait *sur* X un pro-schéma en groupes $\underline{\pi}_1(\mathrm{X}/\mathrm{Y})$, « groupe fondamental des fibres ». Lorsqu'il n'y a pas de corps de base, il n'est pas clair cependant comment et à quels groupes fondamentaux pour X, Y on peut rattacher les groupes fondamentaux des fibres, pour tenir lieu de suite exacte d'homotopie. S'il y a un corps de base, une conjecture de départ serait que $\underline{\pi}_1(\mathrm{X}/\mathrm{Y})$, le pro-schéma en groupes $\underline{\pi}_1(\mathrm{X})$ sur X système local des groupes fondamentaux de X en ses divers points, et enfin l'image inverse par f du pro-schéma en groupes analogue $\underline{\pi}_1(\mathrm{Y})$ sur Y, sont reliés par une suite exacte. Il y a de la joie en perspective pour les groupes d'homotopie supérieurs...

Il n'est pas dit que la conjecture envisagée soit plus difficile à démontrer que la partie déjà connue pour les groupes fondamentaux ordinaires. Elle impliquerait que pour des schémas complets X, Y au-dessus d'un corps algébriquement clos k, on a $\pi_1(\mathrm{X} \times \mathrm{Y}/k) = \pi_1(\mathrm{X}/k) \times \pi_1(\mathrm{Y}/k)$. Utilisant tes raisonnements, on en conclut que si X est une variété abélienne sur k, alors $\pi_1(\mathrm{X}/k)$ est abélien, et qu'un revêtement principal *minimal* X' de X est une variété abélienne

a directed set (since (G, z) and (G', z') are dominated by $(G\times G', (z, z'))$, which is itself dominated by some minimal (G'', z'')): this is the desired system. If one wants, one can choose a pair (G, z) in every system of isomorphic minimal pairs, in such a way that the set I of indices becomes ordered and not simply pre-ordered. (N.B. This is also the kind of formal argument that is used in "moduli theory"...).

I do not yet know how to formulate the homotopy exact sequence; to do it right, the inclusion of an infinitesimal part into the fundamental group should provide a satisfactory theory of the behavior of the fundamental group under specialization. I hope that if $f : X \to Y$ is a proper separable morphism with absolutely connected fibers, i.e. such that $f(\mathscr{O}_X) = \mathscr{O}_Y$, where for simplicity's sake X is equipped with a section s over Y which determines base points on the fibers, then the total fundamental groups of the fibers of X form a pro-group scheme over Y $\pi_1(X/Y, S)$: more precisely, I hope that it is possible to find a filtered projective system $(G_i)_{i\in I}$ of "special" group schemes G_i over Y, and homomorphisms $G_i \to G_j$ which are epimorphisms of Y-schemes (i.e. correspond to an injective homomorphism of coherent sheaves on Y), such that the total fundamental groups of the fibers of X can be deduced from the said pro-group scheme simply by specializing. (In any case, this is what the case where X is an abelian scheme over Y seems to suggest, cf. below.) Even without choosing a section, one could deduce the existence *over* X of a pro-group scheme $\underline{\pi}_1(X/Y)$, "the fundamental group of the fibers". When there is no base field k, however, it is not clear how and to which fundamental groups of X and Y one can attach the fundamental groups of the fibers to replace an exact homotopy sequence. If there is a base field, an initial conjecture would be that $\underline{\pi}_1(X/Y)$, the pro-group scheme $\pi_1(X)$ over X of local systems of fundamental groups of X at its various points, and the preimage under f of the analogous pro-group scheme $\underline{\pi}_1(Y)$ on Y, are related by an exact sequence. Have fun with higher homotopy groups...

It is not said that the conjecture I look for is more difficult to prove than the part that is already known for ordinary fundamental groups. It would imply that for complete schemes X and Y over an algebraically closed field k, $\pi_1(X\times Y/k) = \pi_1(X/k)\times\pi_1(Y/k)$. Using your arguments, it follows that if X is an abelian variety over k, then $\pi_1(X/k)$ is abelian, and a *minimal* principal

isogène à X. On en déduit

$$\pi_1(X/k) = \varprojlim {}_nX$$

où ${}_nX$ est le noyau (avec sa partie infinitésimale aussi, bien sûr) de la multiplication par n, l'homomorphisme de ${}_{mn}X$ dans ${}_nX$ étant induit par la multiplication par m. (Utilisant Cartier, ce groupe fondamental est dual, au sens de Cartier, au groupe ind-algébrique limite inductive des ${}_nX^*$, où X^* est la variété duale de X.) Prenant la p-composante de ce groupe fondamental, on trouve ce qui, pour le nombre premier p, doit jouer le rôle du module de Weil. Il est hors de doute (et Cartier doit l'avoir fait) qu'il est possible d'associer
2 fonctoriellement à un groupe proalgébrique infinitésimal abélien un module sur l'anneau de Witt, et qu'il est facile de vérifier qu'en l'occurrence ce module se décompose en les trois morceaux que tu connais bien (correspondant aux trois types principaux de p-groupes algébriques abéliens). On trouve ainsi pour ton théorème une formulation plus naturelle (qui devrait fournir une démonstration uniforme, sans distinction du cas $\ell \neq p$ et $\ell = p$), de même qu'on voit en même temps que ta somme abracadabrante se comporte bien quand on fait varier X dans une famille, i.e. si X est un schéma abélien sur Y (car alors les ${}_nX$ seront d'excellents schémas en groupes finis et plats sur Y, dont on peut prendre formellement la limite projective...).

3 J'espère arriver dans l'année prochaine à une théorie satisfaisante du groupe fondamental, et achever la rédaction des chapitres IV, V, VI, VII (ce dernier étant le groupe fondamental), en même temps que des catégories. Dans deux ans résidus, dualité, intersections, Chern, Riemann-Roch. Dans trois ans cohomologie de Weil, et un peu d'homotopie si Dieu veut. Et entre-temps, je ne sais quand, le « grand théorème d'existence » avec Picard etc., un peu de courbes algébriques, les schémas abéliens. Sans difficultés imprévues ou enlisement, le multiplodoque devrait être fini d'ici 3 ans, ou 4 ans maximum. On pourra commencer à faire de la géométrie algébrique !

Bien à toi

A. Grothendieck

covering X′ of X is an abelian variety which is isogenous to X. It follows that

$$\pi_1(X/k) = \varprojlim {}_nX,$$

where ${}_nX$ is the kernel (with its infinitesimal part as well, of course) of multiplication by n, the homomorphism of ${}_{mn}X$ into ${}_nX$ being induced by multiplication by m. (By Cartier's results, this fundamental group is dual, in Cartier's sense of the word, to the ind-algebraic group which is the inductive-limit of the ${}_nX^*$, where X^* is the dual variety of X.) Taking the p-component of this fundamental group, one obtains something which, for a prime number p, should play the role of the Weil module. There is no doubt that it is possible (and Cartier must have already done it) to functorially associate a module over the Witt **2**
ring to an abelian infinitesimal pro-algebraic group, and that it is easy to check that the module decomposes into the three parts you know (corresponding to the three principal types of abelian algebraic p-groups). Thus, one obtains a more natural formulation of your theorem (which should give a universal proof which does not distinguish the cases $\ell \neq p$ and $\ell = p$), and at the same time, one sees that your bewildering sum behaves well when X varies in a family, i.e. if X is an abelian scheme over Y (since in this case the ${}_nX$ are wonderful finite flat group schemes over Y, whose projective limit can be taken formally...).

Next year, I hope to get a satisfactory theory of the fundamental group, **3**
and finish up the writing of chapters IV, V, VI, VII (the last one being the fundamental group) at the same time as categories. In two years, residues, duality, intersections, Chern, and Riemann-Roch. In three years, Weil cohomology, and a little homotopy, God willing. In between, I don't know when, the "big existence theorem" with Picard etc., some algebraic curves, and abelian schemes. Unless there are unexpected difficulties or I get bogged down, the multiplodocus should be ready in 3 years time, or 4 at the outside. We will then be able to start doing algebraic geometry!

Yours,

A. Grothendieck

Princeton, le 25 octobre 1959

Cher Grothendieck,

Comment vont les catégories ? J'apprends par la Tribu que tu es « en train » de les rédiger. Est-ce vrai, et as-tu abandonné provisoirement le Multiplodoque ? J'aimerais bien aussi savoir où en est ce dernier, et si on peut compter sur une publication rapide.

Princeton est très intéressant cette année, nettement plus que d'habitude. Atiyah-Hirzebruch nous font un séminaire rupinant sur leurs K(X). Weil nous
1 raconte des choses non moins excitantes sur les groupes adéliques ; on vient de s'apercevoir que la question de la convergence du fameux produit de mesures que tu sais était liée au calcul du nombre de points des réductions modulo p ; de façon précise, soit V non singulière définie sur un corps de nombres (ou de fonctions), et soit ω une forme différentielle de degré maximum sur V, partout régulière et non nulle (sur un groupe on prendra la forme invariante par translations). Soit $n = \dim \mathrm{V}$, et soit V_p (p premier dans le corps) les points entiers p-adiques de V ; alors on a :

$$\int_{\mathrm{V}_p} |\omega|_p = \frac{1}{(\mathrm{N}p)^n}(\text{nombre de points de } \mathrm{V}_p \text{ réduite modulo } p),$$

ceci étant vrai pour presque tout p. (D'ailleurs V_p ainsi que sa réduction ne sont « intrinsèques » que pour presque tout p). La question de la convergence du produit infini des $\int_{\mathrm{V}_p} |\omega|_p$ est donc ramenée à une question de nombre de points, typiquement Weil-ienne. Si V est un groupe semi-simple, on sait effectuer ce calcul (je l'avais fait dans le temps avec Hertzig), et on vérifie ainsi la convergence pour *tous* les semi-simples, exceptionnels compris. C'est encore bien loin du volume fini ou du nombre de Tamagawa, mais c'est déjà ça. On se rend compte aussi que pour toute variété complète il doit y avoir divergence (en admettant les conjectures de Weil).

Une autre question intéressante soulevée par Weil est celle de la restriction des scalaires. Le problème se formule parfaitement bien en terme de schémas : on a deux « préschémas de base », S et T, avec un morphisme $\mathrm{T} \to \mathrm{S}$, et on voudrait associer à tout T-préschéma V un S-préschéma $\mathrm{R}_{\mathrm{T}/\mathrm{S}}(\mathrm{V})$ et un morphisme $p : \mathrm{R}_{\mathrm{T}/\mathrm{S}}(\mathrm{V}) \times_{\mathrm{S}} \mathrm{T} \to \mathrm{V}$ de telle sorte que, pour tout S-préschéma U,

Princeton, October 25, 1959

Dear Grothendieck,

How are the categories? I read in the Tribu that you are "in the process" of writing them. Is this true, and have you temporarily abandoned the Multiplodocus? I would also like to know how the latter is getting on, and if we can count on a rapid publication.

Princeton is very interesting this year, much more so than usual. Atiyah-Hirzebruch are giving us a wonderful seminar on their K(X). Weil is telling us equally exciting things about adelic groups; it has recently been discovered 1
that the question of convergence of the famous product measure that you know is linked to the computation of the number of points of reductions modulo p; more precisely, let V be non-singular, defined over a number field (or a field of functions) and let ω be a differential form of maximal degree on V, everywhere regular and non-zero (on a group take the translation-invariant form). Let $n = \dim(\mathrm{V})$, and let V_p (p prime in the field) be the integral p-adic points of V; then

$$\int_{\mathrm{V}_p} |\omega|_p = \frac{1}{(\mathrm{N}p)^n}(\text{number of points of } \mathrm{V}_p \text{ reduced modulo } p),$$

which holds for almost all p. (Anyway, V_p and its reduction are only "intrinsic" for almost all p.) The question of convergence of the infinite product of the $\int_{\mathrm{V}_p} |\omega|_p$ is hence reduced to a typically Weil-type question about numbers of points. If V is a semi-simple group, one knows how to do this computation (I did it with Hertzig in the old days) and thereby prove convergence for *all* semi-simple groups, including exceptional groups. Finite volume or the Tamagawa number are still a long way off, but this is still something. It also shows (assuming the Weil conjectures) that there will be divergence for any complete variety.

Another interesting question raised by Weil is that of the restriction of scalars. This problem can be perfectly well expressed in terms of schemes: given two "base preschemes" S and T, and a morphism $\mathrm{T} \to \mathrm{S}$, one would like to associate to any T-prescheme V an S-prescheme $\mathrm{R}_{\mathrm{T}/\mathrm{S}}(\mathrm{V})$ and a morphism $p : \mathrm{R}_{\mathrm{T}/\mathrm{S}}(\mathrm{V}) \times_{\mathrm{S}} \mathrm{T} \to \mathrm{V}$ such that for every S-prescheme U, the obvious map

l'application évidente de

$$\mathrm{Morph_S(U, R_{T/S}(V))} \quad \text{dans} \quad \mathrm{Morph_T(U \times_S T, V)}$$

soit bijective.

2 Ça n'existe sûrement pas sans des hypothèses très restrictives, probablement T fini sur S, et le faisceau image du faisceau structural de T localement libre sur celui de S. En tout cas, ces hypothèses font marcher le cas affine, mais ni Tate ni moi n'avons eu le courage d'aller plus loin. Il faudrait traiter le cas projectif. De toutes façons, même en géométrie algébrique classique, le schéma $\mathrm{R_{T/S}(V)}$ n'existe pas toujours, il y a des contre-exemples à la Nagata. Quel rapport y a-t-il entre ça et les données de descente dont tu m'avais parlé ?

Lang trouve d'ailleurs que tout ça est insuffisant et qu'il faudrait trouver un gros sac contenant à la fois ce fourbi et le « foncteur de Greenberg » (que ce dernier n'aurait écrit que dans le cas affine, paraît-il). As-tu fait ça ?

J'ai passé mon temps à réfléchir encore à la représentation d'Artin, et aux conjectures de Weil (formalisme des séries L, en particulier). Rien de bien précis à te signaler. Je me demande (sans avoir pu le décider) si la généralisation de la relation de Weil $\sigma(\mathrm{X.X'}) \geqslant 0$ ne serait pas $\sigma_n(\mathrm{X.X'}) \geqslant 0$, où X est une correspondance algébrique sur V (non singulière, de dimension n), où $\mathrm{X'} =$
3 transp(X), et où σ_n désigne la trace dans la représentation par l'homologie de dimension justement égale à n. A priori, ce n'est pas absurde, et ça conduirait à un schéma de démonstration naturel pour les conjectures de Weil sur la valeur absolue des valeurs propres de Frobenius : en dimension n, la relation $\mathrm{F.F'} = q^n \cdot 1$ (F = Frobenius), jointe à la positivité de la trace, montre que cette valeur propre est $q^{n/2}$ comme il se doit ; en dimension $< n$, on peut espérer qu'un théorème de Lefschetz permet de se ramener à la section hyperplane ; en dimension $> n$, la dualité de Poincaré permet de passer au cas précédent. C'est très tentant, mais il faudrait au moins vérifier que $\sigma_n(\mathrm{X.X'})$ est $\geqslant 0$ dans le cas classique, par un raisonnement kählérien, et je n'arrive pas à m'en sortir, ni à faire un contre-exemple !

Notre séminaire sur le Multiplodoque avance sagement. Samedi, je vais faire les spectres d'anneaux gradués, et commencer les morphismes projectifs. Sur ce qu'on a fait jusqu'à présent, voici des remarques de Tate, Borel, Demazure,...

from

$$\mathrm{Morph}_{\mathrm{S}}(\mathrm{U}, \mathrm{R}_{\mathrm{T/S}}(\mathrm{V})) \quad \text{to} \quad \mathrm{Morph}_{\mathrm{T}}(\mathrm{U} \times_{\mathrm{S}} \mathrm{T}, \mathrm{V})$$

is bijective.

This probably doesn't exist except under very strong conditions, like T 2
finite over S, and the image sheaf of the structural sheaf of T locally free over that of S. In any case, these conditions make the affine case work, but neither Tate nor I have had the courage to go farther. The projective case needs to be dealt with. In any case, the scheme $\mathrm{R}_{\mathrm{T/S}}(\mathrm{V})$ does not always exist even in classical algebraic geometry; there are Nagata-type counterexamples. What is the link between this and the descent data you told me about?

Lang says he finds all this insufficient, and that one should find a big bag containing all this stuff together with the "Greenberg functor" (which Greenberg has apparently only written up for affine spaces). Have you done this?

I have spent my time thinking about the Artin representation and the Weil conjectures (particularly the L series formalism). I have nothing precise to tell you. I am wondering (and have not yet been able to decide) if the generalization of the Weil formula $\sigma(\mathrm{X}.\mathrm{X}') \geqslant 0$ might not be $\sigma_n(\mathrm{X}.\mathrm{X}') \geqslant 0$, where X is a
algebraic correspondence on V (non-singular of dimension n), $\mathrm{X}' = \mathrm{transp}(\mathrm{X})$, 3
and σ_n denotes the trace of the homology representation in dimension exactly n. A priori, this is not ridiculous, and would lead to a natural plan of a proof of the Weil conjectures on the absolute value of the eigenvalues of Frobenius: in dimension n, the equation $\mathrm{F}.\mathrm{F}' = q^n \cdot 1$ (F = Frobenius), together with the positivity of the trace, shows that this eigenvalue is $q^{n/2}$, as it should be: in dimension $< n$, a Lefschetz-type theorem will hopefully allow us to reduce to a hyperplane section; in dimension $> n$, Poincaré duality allows us to reduce to the previous case. It is very tempting, but one should at least check that $\sigma_n(\mathrm{X}.\mathrm{X}')$ is $\geqslant 0$ in the classical case, by a Kählerian argument, and I have not managed either to do it or to find a counterexample!

Our seminar on the Multiplodocus is progressing nicely. On Saturday, I will do spectra of graded rings and start projective morphisms. Here are some comments from Tate, Borel, Demazure... on what we have done so far:

1) Disons qu'un espace est « annelé local » s'il est un espace annelé dont tous les anneaux ponctuels sont des anneaux locaux. Pour ces espaces on restreint la notion d'homomorphisme comme d'habitude (en demandant des « homomorphismes locaux ») ; entre parenthèse, la définition que tu en donnes, Chap. I, § 2, p. 23, Déf. 3 est canulée, les anneaux $\mathscr{O}_x$ et $\mathscr{O}_{\varphi(x)}$ ayant été invertis.

Alors, pour qu'un espace annelé local $(\mathrm{Y}, \mathscr{O}_\mathrm{Y})$ soit un schéma affine, il faut et il suffit que, pour tout espace annelé local $(\mathrm{X}, \mathscr{O}_\mathrm{X})$, l'application évidente de $\mathrm{Hom}(\mathrm{X}, \mathrm{Y})$ dans $\mathrm{Hom}(\Gamma(\mathscr{O}_\mathrm{Y}), \Gamma(\mathscr{O}_\mathrm{X}))$ soit bijective.

C'est un énoncé plus précis que la prop. 3, chap. I, § 2, et qui se démontre très facilement, tu t'en doutes.

2) La définition des sous-préschémas (I, § 3, déf. 1) est incorrecte telle qu'elle est rédigée. Pourquoi ne pas définir directement les immersions, ce qui est facile, et ensuite indiquer un procédé ad hoc pour construire dans toute classe d'immersions équivalentes un élément canonique, appelé sous-préschéma ? Ce serait plus franc.

3) Dans les produits (I, § 2, prop. 10), je trouve dommage que tu utilises le fait que deux extensions d'un même corps se plongent dans une troisième. Il serait plus dans l'esprit du Multiplodoque de dire que les points de $\mathrm{X} \times_\mathrm{S} \mathrm{Y}$ au-dessus du couple (x, y) correspondent aux points de $\mathrm{Spec}(k(x)) \times_{\mathrm{Spec}(k(s))} \mathrm{Spec}(k(y))$, et que cet anneau n'est jamais nul, donc a un spectre non vide. Cela a l'avantage de montrer que les points en question correspondent aux « composés » de $k(x)$ et $k(y)$, et, si tu veux renvoyer à Bourbaki, il vaudrait mieux renvoyer au Chap. VIII d'Algèbre.

4) Pour montrer qu'un morphisme fini $\pi : \mathrm{Y} \to \mathrm{X}$ est projectif, ne peux-tu pas exhiber une algèbre graduée, savoir $\underline{\mathrm{A}}[\mathrm{T}]$, où $\underline{\mathrm{A}} = \pi_*(\mathscr{O}_\mathrm{Y})$?

5) Au Chap. II, quand tu définis les faisceaux localement libres, tu dis qu'ils sont cohérents ; c'est évidemment faux si on ne fait pas l'hypothèse que le faisceau d'anneaux est lui-même cohérent.

A propos, voici un exemple amusant d'anneau « cohérent » (le module des relations entre un nombre fini d'éléments est de type fini) qui n'est pas noethérien : un anneau de valuation non discrète. Autre exemple amusant : soit K un « compact de Stein » (par exemple une variété analytique réelle compacte), et soit A l'algèbre des fonctions holomorphes sur un voisinage. On peut montrer que A est cohérent, et on ignore s'il est noethérien.

1) Let us say that a space is "locally ringed" if it is a ringed space whose rings at points are all local rings. For such spaces, the notion of homomorphism is restricted, as usual (by requiring them to be "local homomorphisms"); by the way, the definition you give of them in Chap.I, § 2, p.23, Déf.3 is wrong, as the rings $\mathscr{O}_x$ and $\mathscr{O}_{\varphi(x)}$ have been exchanged.

Then, for a locally ringed space $(\mathrm{Y}, \mathscr{O}_{\mathrm{Y}})$ to be an affine scheme, it is necessary and sufficient that for every locally ringed space $(\mathrm{X}, \mathscr{O}_{\mathrm{X}})$, the obvious map from $\mathrm{Hom}(\mathrm{X}, \mathrm{Y})$ into $\mathrm{Hom}(\Gamma(\mathscr{O}_{\mathrm{Y}}), \Gamma(\mathscr{O}_{\mathrm{X}}))$ should be bijective.

This is a more precise statement than prop.3, chap.I, § 2, and it is very easy to prove, as you can guess.

2) The definition of sub-preschemes (I, § 3, def.1) is incorrect as given. Why not define immersions directly, which is easy, and then indicate an ad hoc procedure for constructing a canonical element in any class of equivalent immersions, called a sub-prescheme? That would be more honest. 3/4

3) In the products (I, § 2, prop.10), it is a pity that you use the fact that two extensions of the same field can be embedded in a third. It would be more in the spirit of the Multiplodocus to say that the points of $\mathrm{X} \times_{\mathrm{S}} \mathrm{Y}$ over a pair (x, y) correspond to points of $\mathrm{Spec}(k(x)) \times_{\mathrm{Spec}(k(s))} \mathrm{Spec}(k(y))$, and this ring is never zero, so has a non-empty spectrum. This has the advantage of showing that the points in question correspond to "compositions" of $k(x)$ and $k(y)$, and if you want to refer to Bourbaki, you would do better to refer to Chap VIII of Algebra.

4) To show that a finite morphism $\pi : \mathrm{Y} \to \mathrm{X}$ is projective, can't you just exhibit a graded algebra, namely $\underline{\mathrm{A}}[\mathrm{T}]$, where $\underline{\mathrm{A}} = \pi_*(\mathscr{O}_{\mathrm{Y}})$?

5) When you define locally free sheaves in Chap. II, you say they are coherent; this is obviously false without the hypothesis that the sheaf of rings is itself coherent.

By the way, here is an amusing example of a "coherent" ring (i.e. for which the module of relations between a finite set of elements is finitely generated) which is not Noetherian: a non-discrete valuation ring. Another amusing example: let K be a "compact Stein variety" (for instance a real compact analytic variety), and let A be the algebra of holomorphic functions on a neighborhood. One can show that A is coherent, but it is not known to be Noetherian.

6) Dans le spectre homogène d'un anneau gradué, il me semble que tu oublies de dire que l'anneau local d'un point s'identifie à la composante de degré zéro de ce que tu sais ; cela fournit tout de même une définition de Proj( ), qui est agréable.

Pas grand-chose d'autre à signaler. Demande donc à Dieudonné s'il ne pourrait pas, par hasard, m'envoyer une copie de l'état définitif de tout ça. Cela m'intéresserait beaucoup.

Tate nous a exposé très joliment les points adéliques du point de vue
4 des schémas ; ils coïncident avec ceux de Weil dans le cas séparé. Pour un
préschéma quelconque, il se peut que deux points adéliques distincts correspondent aux mêmes points dans les corps locaux, j'en ai construit un exemple. Il y avait d'ailleurs dans ton Chap. I, § 5, tout ce qu'il fallait pour ça, car les spectres des corps locaux forment un ouvert dense dans le spectre des adèles.

5 Je me suis appuyé d'exposer chez Weil les travaux d'Abhyankar. C'est finalement très simple, sauf que l'animal a tout embrouillé comme à plaisir. Méfie-toi en particulier des énoncés de son papier de l'Amer. J. qui porte le
n° I ; tous les énoncés essentiels sont faux (ou plutôt leurs démonstrations sont
6 fausses — il se peut que certains soient quand même vrais) lorsque les courbes
ont de vrais points doubles. C'est dit dans le n° II qui va sortir. Je parlerai peut-être de ça à un prochain séminaire Bourbaki.

Je ne résiste pas au plaisir de te montrer une démonstration marrante (il y en a d'autres, bien entendu) du fait que l'espace projectif $\mathbf{P}_n$ est simplement connexe : Soit V un revêtement non ramifié dudit, et soit W le cône projetant V (c'est-à-dire la variété affine d'anneau de coordonnées égal à $\sum \mathrm{H}^0(\mathrm{V}, \mathscr{O}_{\mathrm{V}}(n))$. On voit tout de suite que c'est une variété normale, et que c'est un revêtement du plan k^{n+1} qui n'est (peut-être) ramifié qu'à l'origine. Par le fameux « théorème de pureté », il n'est pas ramifié du tout, d'où etc.

Salut et fraternité

J-P. Serre

Borel t'a invité à venir l'an prochain à l'Institute. Est-ce que cela te tente ? Je ne demanderais pas mieux, surtout si tu n'y restes que le premier semestre, comme moi.

6) It seems to me that in the homogeneous spectrum of a graded ring, you have forgotten to say that the local ring at a point can be identified with the degree zero component of you know what; after all, this gives a definition of Proj( ), which is nice. 4/5

I haven't got much other news. Ask Dieudonné if there is any chance he might send me a copy of the final version of all this. I would be very interested to see it.

Tate gave a very pretty lecture on adelic points from the point of view of schemes; they are the same as Weil's in the separated case. For an arbitrary 4
prescheme, two distinct adelic points can correspond to the same point in each local field; I constructed an example of this. Everything I needed was actually already contained in your Chap.I, § 5, since the spectra of local fields form a dense open set in the spectrum of adeles.

I have taken on the task of presenting Abhyankar's work in Weil's seminar. 5
It is rather simple in the end, except that the guy appears to muddle everything in sight. Be particularly suspicious of the statements in his paper n° I in the Amer. J.; all the main theorems are false (or rather, their proofs are false—it is possible that some of them are true nevertheless) when the curves have actual 6
double points. This is contained in the n° II which will appear soon. I may talk about it in a Bourbaki seminar shortly.

I cannot resist the pleasure of showing you a cute proof (there are others, of course) of the fact that the projective space $\mathbf{P}_n$ is simply connected: Let V be an unramified covering of the said space, and let W be the projective cone over V (that is to say, the affine variety whose coordinate ring is equal to $\sum \mathrm{H}^0(\mathrm{V}, \mathscr{O}_{\mathrm{V}}(n))$. It is immediate that this is a normal variety, and that it is a covering of the plane k^{n+1} which is unramified except (perhaps) at the origin. By the famous "purity theorem" it is not ramified at all, whence etc.

Yours,

J-P. Serre

Borel has invited you to come to the Institute next year. Are you tempted? I would ask for nothing better, especially if you only stay for the first semester, like me.

Paris, le 31.10.1959

Mon cher Serre,

Non, je n'ai pas abandonné le multiplodoque pour les catégories, et ne rédige
1 ces dernières que dans la mesure où le Maître m'y oblige, c'est-à-dire sans doute que je finirai par avoir une rédaction complète d'ici une année. J'y avais travaillé pendant un mois cet été, mais l'ai lâchée pour l'instant, pour m'atteler depuis deux semaines au théorème général d'existence en théorie des schémas. J'ai bon espoir d'avoir le morceau très prochainement, et raconterai à Bourbaki ce que je sais sur les techniques de descente (qui, ensemble avec les théorèmes de géométrie formelle, et notamment le « théorème d'existence » de ladite, doivent mener à une caractérisation des foncteurs $\mathrm{T} \mapsto \mathrm{Hom}_{\mathrm{S}}(\mathrm{T}, \mathrm{X})$). Dieudonné a donné à l'impression le Chap. 0 et le Chap. I, et je pense qu'il aura terminé les Chap. II et III pour l'impression en décembre ou janvier. Quant à moi, les Chap. IV et V sont substantiellement terminés, et je peux envoyer des notes à Dieudonné dès qu'il le faudra ; s'il travaille dur, on pourra
2 encore avoir terminé les Chap. IV, V, VI l'an prochain (VI étant la technique de descente et les théorèmes d'existence).

Merci pour tes commentaires sur la vieille rédaction ; diverses corrections étaient déjà faites. D'accord pour ta critique logique des sous-préschémas, la définition m'avait aussi laissé mal à l'aise. Cependant, elle ne me semble pas assez canulée pour faire encore une modification (pas plus que ta remarque sur les produits, pour laquelle je suis aussi d'accord, autrement).

Pas de commentaires à faire sur tes essais de généralisation de l'inégalité de Weil-Castelnuovo ; j'avoue que ces questions de positivité n'ont pas encore
3 bien pénétré mon yoga, d'autre part comme tu sais j'ai une esquisse de démonstration des conjectures de Weil à partir du cas des courbes, ce qui fait que je ne m'excite pas autrement sur ton idée. A propos, as-tu reçu une lettre il y a deux mois où je te parlais du groupe fondamental avec son morceau infinitésimal ? Sans doute n'as-tu pas non plus eu de commentaires à faire ! Je n'ai d'ailleurs plus guère regardé la question depuis, ayant été arrêté entre temps par des questions de classification (et autres) des groupes algébriques (ou formels, ces derniers, en caractéristique $p \neq 0$, formant la catégorie duale de la catégorie des groupes pro-algébriques — avec éléments nilpotents admis — limites projectives de groupes algébriques *finis*). J'ai vainement essayé de

Paris, 10.31.1959

My dear Serre,

No, I have not abandoned the multiplodocus for the categories, and am only writing up the latter in so far as the Master obliges me to do so, which 1
means I will probably end up with a completed manuscript in a year's time. I worked on it for a month this summer but have dropped it for the moment, in order to spend the last couple of weeks getting down to the general existence theorem in scheme theory. I am hopeful of getting it out shortly, and will give a Bourbaki talk on what I know about descent techniques (which, together with the theorems of formal geometry, notably its "existence theorem", should lead to a characterisation of functors $\mathrm{T} \mapsto \mathrm{Hom}_{\mathrm{S}}(\mathrm{T}, \mathrm{X})$). Dieudonné has sent Chapters 0 and I to the press, and I think he will have finished Chapters II and III in time for them to be printed in December or January. As for me, Chapters IV and V are essentially finished, and I will be able to send notes to Dieudonné as soon as necessary; if he works hard we might yet finish Chapters IV, V and VI next year (VI being descent techniques and existence theorems). 2

Thank you for your comments on the old draft; various corrections had already been made. I agree with your logical criticism of the sub-preschemes; I was also uncomfortable with the definition. However, it does not seem to me to be sufficiently wrong to require yet another change (no more than your comment on products, with which I otherwise also agree).

I have no comments on your attempts to generalize the Weil-Castelnuovo inequality; I confess that these positivity questions have not really penetrated into my yoga yet; besides, as you know, I have a sketch of a proof of the Weil 3
conjectures based on the curves case, which means I am not that excited about your idea. By the way, did you receive a letter from me two months ago in which I told you about the fundamental group and its infinitesimal part? You probably have nothing to say about that either! Actually, I have hardly looked at the question since then myself, having been distracted in the meanwhile by 1/2
questions of classification (et al.) for algebraic (or formal) groups (the latter, in characteristic $p \neq 0$, form the dual category of the category of pro-algebraic groups—in which nilpotent elements are allowed—which are projective limits of *finite* algebraic groups). I have tried in vain to extract something precise

tirer des choses bien précises de Cartier, qui ne se rappelle qu'à moitié de ses propres anciens fourbis, et qui m'a vendu plusieurs énoncés canulés (mais sans doute utiles le moment venu). Il est, hélas, en train de s'exciter sur les probas,
4 rapport qu'il est bonvoust. Je prévois déjà que je serai obligé d'inclure dans le multiplodoque un chapitre sur les groupes commutatifs (i.e. schémas en groupes commutatifs, bien sûr), because ses incidences avec la cohomologie de Weil, les groupes d'homotopie (à commencer par le groupe fondamental), les schémas abéliens. Peut-être le cas échéant pourrions-nous écrire un tel chapitre à deux, si tu n'as pas d'opposition de principe contre une collaboration sporadique au multiplodoque. A propos, quand et comment penses-tu nous fournir
5 tes notes historiques ? Si tu penses toujours le faire, il serait raisonnable que tu nous rédiges au moins quelque chose qui irait après le Chap. III ; ensuite, le Chap. VI te donnerait certainement une autre excellente occasion d'histographier (les Chap. IV et V, étant de nature plus technique, t'inspireront moins sans doute).

6 J'ai bien tiré au clair en effet les opérations de Weil et Greenberg, qu'à un moment je pensais même exposer au séminaire Bourbaki ; comme Lang l'a dit elles rentrent dans un même sac, les démonstrations devant être répétées autrement. Pour la simplicité, je ne parle que de Weil : On a T sur S et X sur T, on veut trouver un préschéma N sur S et un isomorphisme de foncteurs en S'/S

$$\begin{gathered}\mathrm{Hom}_{\mathrm{S}}(\mathrm{S}',\mathrm{N}) = \text{sections de } (\mathrm{X}' = \mathrm{X}\times_{\mathrm{S}}\mathrm{S}')\\ \text{sur } \mathrm{T}' = \mathrm{T}\times_{\mathrm{S}}\mathrm{S}' = \ \mathrm{T}\text{-morphismes } \mathrm{T}\times_{\mathrm{S}}\mathrm{S}' \to \mathrm{X}\end{gathered}$$

Un tel N, évidemment unique à isomorphisme unique près, peut être dénoté par $\underline{\mathrm{Hom}}_{\mathrm{T}/\mathrm{S}}(\mathrm{T}/\mathrm{T},\mathrm{X}/\mathrm{T})$; plus généralement, si on a X et Y sur T, on pourrait considérer le problème de l'existence de $\underline{\mathrm{Hom}}_{\mathrm{T}/\mathrm{S}}(\mathrm{X}/\mathrm{T},\mathrm{Y}/\mathrm{T})$, mais cela se ramène au cas précédent, savoir à $\underline{\mathrm{Hom}}_{\mathrm{X}/\mathrm{S}}(\mathrm{X}/\mathrm{X},\mathrm{X}\times_{\mathrm{T}}\mathrm{Y}/\mathrm{X})$. Un cas particulier intéressant de ce problème est l'existence de $\underline{\mathrm{Hom}}_{\mathrm{S}}(\mathrm{X},\mathrm{Y})$ pour deux S-préschémas X et Y, i.e. de $\underline{\mathrm{Hom}}_{\mathrm{X}/\mathrm{S}}(\mathrm{X}/\mathrm{X},\mathrm{X}\times_{\mathrm{S}}\mathrm{Y}/\mathrm{X})$: s'il existe, et si X, Y sont propres sur S localement noethérien, alors $\underline{\mathrm{Is}}_{\mathrm{S}}(\mathrm{X},\mathrm{Y})$ existe aussi et en est un sous-préschéma ouvert (pour $\mathrm{X} = \mathrm{Y}$, on a la situation de Matsusaka et on obtient un préschéma en groupes $\underline{\mathrm{Aut}}_{\mathrm{S}}(\mathrm{X})$). D'ailleurs, dans le cas de Weil $\underline{\mathrm{Hom}}_{\mathrm{T}/\mathrm{S}}(\mathrm{T}/\mathrm{T},\mathrm{X}/\mathrm{T})$, si on suppose que $\underline{\mathrm{Hom}}_{\mathrm{S}}(\mathrm{T},\mathrm{X})$ et $\underline{\mathrm{Hom}}_{\mathrm{S}}(\mathrm{T},\mathrm{T})$ existent, il

from Cartier, who only half-remembers his own old work, and who has sold
me various wrong statements (which will no doubt become useful when their
time comes, however). Alas, he is getting worked up about probabilities, being
in the army, I already foresee that I will be compelled to include a chapter 4
on commutative groups (i.e. commutative group schemes, of course) in the
multiplodocus, because of the intersection with Weil cohomology, homotopy
groups (starting with the fundamental group), and abelian schemes. Maybe, if
it seems convenient, we could write that chapter together, if you do not object
in principle to collaborating sporadically on the Multiplodocus. By the way,
when and how are you thinking of giving us your Historical Notes? If you still 5
intend to do it, it would be reasonable if you were to write at least something
that would go after Chapter III; after that, Chap. VI would certainly give you
another excellent opportunity to play the historian (Chapters IV and V are
more technical in nature and will probably inspire you less).

I have indeed fully clarified the Weil and Greenberg operations, which at 6
one time I was even thinking of presenting in a Bourbaki seminar; as Lang
said, they go in the same bag, otherwise the proofs have to be repeated. For
simplicity's sake, let me only discuss Weil here: Given T over S and X over T,
one wants a prescheme N over S and an isomorphism of functors in S'/S

$$\begin{aligned}\mathrm{Hom}_S(S', N) &= \text{sections of } (X' = X \times_S S') \\ \text{over } T' = T \times_S S' &= \text{ T-morphisms } T \times_S S' \to X\end{aligned}$$

Such an N, which is obviously unique up to unique isomorphism, could be denoted by $\underline{\mathrm{Hom}}_{T/S}(T/T, X/T)$; more generally, given X and Y over T, one might ask whether $\underline{\mathrm{Hom}}_{T/S}(X/T, Y/T)$ exists, but this can be reduced to the previous question, namely the existence of $\underline{\mathrm{Hom}}_{X/S}(X/X, X \times_T Y/X)$. An interesting special case of this problem is the existence of $\underline{\mathrm{Hom}}_S(X, Y)$ for two S-preschemes X and Y, i.e. the existence of $\underline{\mathrm{Hom}}_{X/S}(X/X, X \times_S Y/X)$; if it exists and X and Y are proper over a locally Noetherian S, then $\underline{\mathrm{Is}}_S(X, Y)$ also exists, and is an open sub-prescheme (when $X = Y$, this is Matsusaka's situation, and one gets a group prescheme, $\underline{\mathrm{Aut}}_S(X)$). Actually, in Weil's case $\underline{\mathrm{Hom}}_{T/S}(T/T, X/T)$, assuming $\underline{\mathrm{Hom}}_S(T, X)$ and $\underline{\mathrm{Hom}}_S(T, T)$ exist, then

en est de même du précédent, et on a la formule

$$\underline{\mathrm{Hom}}_{\mathrm{T/S}}(\mathrm{T/T},\mathrm{X/T}) = \underline{\mathrm{Hom}}_{\mathrm{S}}(\mathrm{T},\mathrm{X}) \times_{\underline{\mathrm{Hom}}_{\mathrm{S}}(\mathrm{T},\mathrm{T})} \mathrm{S}$$

(image inverse de la section unité de $\underline{\mathrm{Hom}}_{\mathrm{S}}(\mathrm{T},\mathrm{T})$ par le morphisme évident $\underline{\mathrm{Hom}}_{\mathrm{S}}(\mathrm{T},\mathrm{X}) \to \underline{\mathrm{Hom}}_{\mathrm{S}}(\mathrm{T},\mathrm{T})$ déduit de $\mathrm{X} \to \mathrm{T}$). Cependant, il se peut que le schéma de Weil existe sans que $\underline{\mathrm{Hom}}_{\mathrm{S}}(\mathrm{T},\mathrm{X})$ et $\underline{\mathrm{Hom}}_{\mathrm{S}}(\mathrm{T},\mathrm{T})$ existent tous deux, c'est pourquoi il me semble que l'opération simple fondamentale à laquelle se ramènent les autres variantes (sans canular préalable d'existence) est bien celle de Weil. Du point de vue notation, et terminologie, cette dernière mérite à la fois le nom d'*image directe* de X/T par $\mathrm{T} \to \mathrm{S}$, ou de *préschéma norme* $\mathrm{N}_{\mathrm{T/S}}(\mathrm{X/T})$. Je préfère la deuxième notation, inspirée par le cas où $\mathrm{T} = \mathrm{S} \times \mathrm{I}$, I étant un ensemble usuel fini (T étant somme directe de sous-objets ouverts T_i tous isomorphes à S) : alors $\mathrm{N}_{\mathrm{T/S}}(\mathrm{X/T}) = \prod_{i\in\mathrm{I}}(\mathrm{X/T}_i)$, ce qui correspond bien à l'idée de norme (sa fibre en $s \in \mathrm{S}$ est le produit des fibres de X en les points de T qui sont au-dessus de s). L'application naturelle $\Gamma(\mathrm{X/T}) \to \Gamma(\mathrm{N/S})$ (inverse de la bijection en sens inverse déduite de la définition de N) mérite le nom d'*application norme.* Dans le cas où T est fini et « localement libre » de rang r sur S, on peut définir, lorsque $\mathrm{X} = \mathrm{Y} \times_{\mathrm{S}} \mathrm{T}$ et qu'on a un S-morphisme symétrique $\mathrm{Y}^r \to \mathrm{Z}$ (la puissance cartésienne étant évidemment prise sur S), une application correspondante $\mathrm{N}_{\mathrm{T/S}}(\mathrm{X/T}) = \underline{\mathrm{Hom}}_{\mathrm{S}}(\mathrm{T},\mathrm{Y}) \to \mathrm{Z}$, d'où en tenant compte de l'application norme définie plus haut, une application composée[(3)] $\Gamma(\mathrm{X/T}) = \Gamma(\mathrm{Y} \times_{\mathrm{S}} \mathrm{T/T}) \to \Gamma(\mathrm{Z/S})$, appelée encore *application norme* (associée au S-morphisme symétrique $\mathrm{Y}^r \to \mathrm{Z}$). Si la puissance symétrique $\underline{\mathrm{S}}^r(\mathrm{Y/S})$ de Y sur S existe, il y a lieu d'introduire le morphisme universel $\underline{\mathrm{Hom}}_{\mathrm{S}}(\mathrm{T},\mathrm{Y}) \to \underline{\mathrm{S}}^r(\mathrm{Y/S})$; lorsque Y est un préschéma en groupes commutatifs sur S, on trouve de même une application (appelée usuellement application norme) $\Gamma(\mathrm{Y} \times_{\mathrm{S}} \mathrm{T/T}) \to \Gamma(\mathrm{Y/S})$; pour le cas du groupe additif ou multiplicatif, on retrouve évidemment trace et norme usuelles. Quant au point de vue « image directe » de X/T par $\mathrm{T} \to \mathrm{S}$, il est suggéré par la formule (valable si T/S est comme plus haut)

$$\mathrm{N}_{\mathrm{T/S}}(\check{\underline{\mathrm{V}}}(\underline{\mathrm{E}})) = \check{\underline{\mathrm{V}}}(p_*(\mathrm{E}))$$

où E est localement libre (de rang fini) sur T, et $\check{\underline{\mathrm{V}}}$ désigne le fibré vectoriel associé de façon covariante à un faisceau localement libre (le multiplodoque m'impose de réserver la notation $\underline{\mathrm{V}}$ pour le foncteur contravariant, le

(3) NB C'est en fait cette dernière qu'on commence par définir directement.

so does the former, and the following formula holds:

$$\underline{\mathrm{Hom}}_{\mathrm{T/S}}(\mathrm{T/T}, \mathrm{X/T}) = \underline{\mathrm{Hom}}_{\mathrm{S}}(\mathrm{T}, \mathrm{X}) \times_{\underline{\mathrm{Hom}}_{\mathrm{S}}(\mathrm{T},\mathrm{T})} \mathrm{S}$$

(the preimage of the identity section of $\underline{\mathrm{Hom}}_{\mathrm{S}}(\mathrm{T}, \mathrm{T})$ under the obvious morphism $\underline{\mathrm{Hom}}_{\mathrm{S}}(\mathrm{T}, \mathrm{X}) \to \underline{\mathrm{Hom}}_{\mathrm{S}}(\mathrm{T}, \mathrm{T})$ induced by $\mathrm{X} \to \mathrm{T}$). However, it is possible for the Weil scheme to exist even if $\underline{\mathrm{Hom}}_{\mathrm{S}}(\mathrm{T}, \mathrm{X})$ and $\underline{\mathrm{Hom}}_{\mathrm{S}}(\mathrm{T}, \mathrm{T})$ do not both exist, which is why it seems to me that the basic fundamental operation to which all the others can be reduced (unless something goes wrong with existence) really is the Weil operation. As for terminology and notation, the latter deserves to be called either the *direct image* of X/T under $\mathrm{T} \to \mathrm{S}$ or the *norm prescheme* $\mathrm{N}_{\mathrm{T/S}}(\mathrm{X/T})$. I prefer the second notation, inspired by the case $\mathrm{T} = \mathrm{S} \times \mathrm{I}$, where I is a finite set as usual (and T is a direct sum of open sub-objects T_i which are all isomorphic to S): one then has $\mathrm{N}_{\mathrm{T/S}}(\mathrm{X/T}) = \prod_{i \in \mathrm{I}}(\mathrm{X}/\mathrm{T}_i)$, which corresponds well to the idea of a norm (the fiber at $s \in \mathrm{S}$ is the product of the fibers of X at those points of T lying over s). The natural map $\Gamma(\mathrm{X/T}) \to \Gamma(\mathrm{N/S})$ (the inverse of the bijection in the other direction deduced from the definition of N) deserves to be called the *norm map*. When T is *finite* and "locally free" of rank r over S, and when $\mathrm{X} = \mathrm{Y} \times_{\mathrm{S}} \mathrm{T}$ and there is a symmetric S-morphism $\mathrm{Y}^r \to \mathrm{Z}$ (the Cartesian product obviously being taken over S), it is possible to define a corresponding map $\mathrm{N}_{\mathrm{T/S}}(\mathrm{X/T}) = \underline{\mathrm{Hom}}_{\mathrm{S}}(\mathrm{T}, \mathrm{Y}) \to \mathrm{Z}$, whence, given the norm map defined above, there is a composition map[4] $\Gamma(\mathrm{X/T}) = \Gamma(\mathrm{Y} \times_{\mathrm{S}} \mathrm{T/T}) \to \Gamma(\mathrm{Z/S})$, again called the *norm map* (associated to the symmetric S-morphism $\mathrm{Y}^r \to \mathrm{Z}$). If the symmetric power $\underline{\mathrm{S}}^r(\mathrm{Y/S})$ of Y over S exists, one should introduce the universal morphism $\underline{\mathrm{Hom}}_{\mathrm{S}}(\mathrm{T}, \mathrm{Y}) \to \underline{\mathrm{S}}^r(\mathrm{Y/S})$; when Y is a commutative group prescheme over S, one similarly obtains a map (usually called the norm map) $\Gamma(\mathrm{Y} \times_{\mathrm{S}} \mathrm{T/T}) \to \Gamma(\mathrm{Y/S})$; for the additive or multiplicative groups, one obviously recovers the usual trace and norm maps. As for the point of view of the "direct image" of X/T under $\mathrm{T} \to \mathrm{S}$, it is suggested by the formula

$$\mathrm{N}_{\mathrm{T/S}}(\check{\underline{\mathrm{V}}}(\underline{\mathrm{E}})) = \check{\underline{\mathrm{V}}}(p_*(\mathrm{E}))$$

(valid for S, T as above), where E is locally free (of finite rank) over T, and $\check{\underline{\mathrm{V}}}$ denotes the vector bundle covariantly associated to a locally free sheaf (the multiplodocus forces me to keep the notation $\underline{\mathrm{V}}$ for the contravariant func-

[4]N.B. In fact, one starts by defining the latter directly

seul qui soit défini en général pour un faisceau quasi-cohérent quelconque). Cependant, je ne veux pas utiliser la notation $p_*(\mathrm{X}/\mathrm{T})$ comme j'avais commencé à le faire, à cause des confusions terribles lorsque X par hasard est un sous-préschéma fermé de T (qui est un cas tout à fait important, malgré son apparence canularesque). Enfin, pour en finir avec les généralités formelles, si X est muni d'une donnée de descente, i.e. d'un $\mathrm{T}\times_{\mathrm{S}}\mathrm{T}$-isomorphisme de $\mathrm{X}\times_{\mathrm{S}}\mathrm{T}$ sur $\mathrm{T}\times_{\mathrm{S}}\mathrm{X}$, *si* la donnée de descente est effective (i.e. définit X comme isomorphe à un $\mathrm{Y}\times_{\mathrm{S}}\mathrm{T}$), et *si* de plus $\mathrm{N}_{\mathrm{T}/\mathrm{S}}(\mathrm{X}/\mathrm{T})$ existe, alors Y s'identifie au sous-préschéma de $\mathrm{N}_{\mathrm{T}/\mathrm{S}}(\mathrm{X}/\mathrm{T})$ défini par la coïncidence des deux morphismes naturels $\mathrm{N}_{\mathrm{T}/\mathrm{S}}(\mathrm{X}/\mathrm{T})\to\mathrm{N}_{\mathrm{T}\times_{\mathrm{S}}\mathrm{T}/\mathrm{S}}(\mathrm{X}\times_{\mathrm{S}}\mathrm{T})\xrightarrow{\sim}\mathrm{N}_{\mathrm{T}\times_{\mathrm{S}}\mathrm{T}/\mathrm{S}}(\mathrm{T}\times_{\mathrm{S}}\mathrm{X})$ et $\mathrm{N}_{\mathrm{T}/\mathrm{S}}(\mathrm{X}/\mathrm{T})\to\mathrm{N}_{\mathrm{T}\times_{\mathrm{S}}\mathrm{T}/\mathrm{S}}(\mathrm{T}\times_{\mathrm{S}}\mathrm{X})$, déduits respectivement des deux projections de $\mathrm{T}\times_{\mathrm{S}}\mathrm{T}$ dans T ; ceci bien entendu n'est que la définition des termes qui interviennent, et exprime que l'on veut que les sections de Y sur S « soient pareil » que les sections de X sur T telles que leurs images inverses sur $\mathrm{X}\times_{\mathrm{S}}\mathrm{T}$ et $\mathrm{T}\times_{\mathrm{S}}\mathrm{X}$ sur $\mathrm{T}\times_{\mathrm{S}}\mathrm{T}$ se correspondent par l'isomorphisme de descente.

Quant aux questions d'existence, on note d'abord que si on veut que $\underline{\mathrm{Hom}}_{\mathrm{S}}(\mathrm{T},\mathrm{Y})$ existe pour tout Y (et même seulement pour Y fini sur S), il *faut* que T soit plat sur S, il est donc naturel de se borner à ce cas [bien qu'il soit possible qu'il y ait d'autres cas intéressants où la descente peut se faire pour certains couples (Y,T)]. D'autre part, on se convainc aisément sur le cas affine qu'il n'est guère raisonnable d'espérer l'existence de $\underline{\mathrm{Hom}}_{\mathrm{S}}(\mathrm{T},\mathrm{Y})$ ou $\mathrm{N}_{\mathrm{T}/\mathrm{S}}(\mathrm{X}/\mathrm{T})$ quand T n'est pas propre sur S (ici encore, une exception intéressante se présente, sous certaines conditions, si X est un sous-préschéma fermé de T, T non nécessairement propre sur S ; une telle situation se présente quand on veut par exemple définir le *centre* d'un schéma en groupes, plus généralement pour définir le noyau d'une représentation d'un schéma en groupes par opérations dans un schéma, ou le plus grand schéma invariant sous G etc). Enfin, le contre-exemple Nagata indique qu'il faut au moins, en plus, sur X/T, des hypothèses genre quasi-projectif. Il me semble bien que mon théorème général d'existence de schémas (pas complètement au point pour l'instant) devra montrer que, si S est localement noethérien, ces conditions (T/S plat et propre, X/T quasi-projectif) soient suffisantes pour l'existence de $\mathrm{N}_{\mathrm{T}/\mathrm{S}}(\mathrm{X}/\mathrm{T})$. En fait, lorsque T/S est fini localement libre, il n'est pas difficile (sans hypothèses noethériennes) de faire des constructions directes. On trouve que si X/T est affine, $\mathrm{N}_{\mathrm{T}/\mathrm{S}}(\mathrm{X}/\mathrm{T})$ existe et est affine (comme tu l'avais vérifié avec Tate). De plus, si toute partie finie de X contenue dans

tor, the only one generally defined for an arbitrary quasi-coherent sheaf). However, I do not want to use the notation $p_*(X/T)$, as I had started to do, since this leads to terrible confusion when X happens to be a closed sub-prescheme of T (which is a very important case, despite its pathological appearance). Finally, to finish up with these formal generalities, if X is equipped with descent data, i.e. with a $T \times_S T$-morphism from $X \times_S T$ to $T \times_S X$, then *if* the descent data is effective (i.e. makes X isomorphic to some $Y \times_S T$) and *if* furthermore $N_{T/S}(X/T)$ exists, then Y can be identified with the sub-prescheme of $N_{T/S}(X/T)$ defined by the coinciding of the two natural morphisms $N_{T/S}(X/T) \to N_{T\times_S T/S}(X \times_S T) \stackrel{\sim}{\to} N_{T\times_S T/S}(T \times_S X)$ and $N_{T/S}(X/T) \to N_{T\times_S T/S}(T \times_S X)$, induced respectively by the two projections from $T \times_S T$ to T; of course this is simply the definition of the terms that appear, and expresses the fact that the sections of Y over S should "be the same as" the sections of X over T whose preimages over $X \times_S T$ and $T \times_S X$ over $T \times_S T$ correspond to each other under the descent isomorphism.

As for existence questions, note first that if $\underline{\mathrm{Hom}}_S(T, Y)$ is to exist for every Y (or even just for Y finite over S), then T *must* be flat over S, and thus it is natural to restrict to this case [although it is possible that there are other interesting cases in which descent is possible for certain pairs (Y, T)]. Furthermore, it is easy to convince oneself from the affine case that there is no reasonable hope that $\underline{\mathrm{Hom}}_S(T, Y)$ or $N_{T/S}(X/T)$ should exist when T is not proper over S (here, again, there is an interesting exception under certain conditions, if X is a closed sub-prescheme of T and T is not assumed to be proper over S; such a situation arises when seeking to define the *center* of a group scheme, for instance, or more generally the kernel of a representation of a group scheme by operations on a scheme, or the largest scheme invariant under G, etc.) Finally, Nagata's counterexample shows that, at the very least, additional hypotheses such as quasi-projectivity are needed on X/T. It does seem to me that my general existence theorem for schemes (which is not yet absolutely complete) should show that if S is locally Noetherian, then these conditions (T/S flat and proper, X/T quasi-projective) are sufficient in order for $N_{T/S}(X/T)$ to exist. In fact, when T/S is finite and locally free, it is not difficult (without Noetherian conditions) to do it by direct construction. Then, if X/T is affine, $N_{T/S}(X/T)$ exists and is affine (as you checked with Tate). Furthermore, if ev-

une fibre de X *sur* S est contenue dans un ouvert affine de X, — en particulier si X/T est quasi-projectif — alors $N_{T/S}(X/T)$ existe et est réunion des ouverts $N_{T/S}(U/T)$ où U parcourt les ouverts affines de X. D'ailleurs, dans la condition précédente, il suffisait de prendre les parties finies provenant d'une section de $X \otimes_S K$ sur $T \otimes_S K$, où K est une extension finie d'un corps résiduel de S ; cette condition est en particulier vérifiée aussi si le morphisme
7 T → S est *radiciel*, sans aucune condition sur X/T. [Ce cas est intéressant en particulier en théorie infinitésimale des fibrés, les variétés prolongées de Weil n'étant autre que des $\underline{\mathrm{Hom}}_S(T, X)$, où T correspond à un faisceau localement libre d'algèbres augmentées locales sur S ; la fameuse relation de transitivité $(V^A)^B = V^{A\otimes B}$ n'est autre que $\underline{\mathrm{Hom}}_S(T \times T', X) = \underline{\mathrm{Hom}}_S(T, \underline{\mathrm{Hom}}_S(T', X))$; j'ai passé un jour ou deux à regarder ces choses, et l'opération $\underline{\mathrm{Hom}}$ me semble
8 vraiment la chose fondamentale en théorie différentielle des fibrés ; les pesantes démonstrations (et énoncés) de Weil se réduisent en particulier à presque rien.] Se bornant, pour plus de sûreté, aux cas d'existence que je viens d'indiquer, on trouve de plus aisément : si $f : X \to X'$ est un morphisme affine (resp. de type fini, resp. d'immersion, resp. d'immersion ouverte, resp. d'immersion fermée), il en est de même de $N_{T/S}(f)$; donc si f est séparé, il en est de même de $N_{T/S}(f)$. Si f est quasi-projectif, il en est de même de $N_{T/S}(f)$, et dans le cas $X' = T$, un faisceau inversible très ample sur X/T en définit un de façon naturelle sur $N_{T/S}(X/T)$ (N.B. pour tout faisceau localement libre E sur X, on obtient par image inverse un faisceau localement libre sur $N \times_S T$, d'où par projection un faisceau localement libre sur N, de rang rn si E est de rang n ; si E est inversible, le faisceau déterminant du faisceau précédent sur N est un faisceau inversible sur N, qui sera très ample si E l'était). Attention, si X/T est projectif, alors $N_{T/S}(X/T)$ ne l'est pas en général ; ce ne sera vrai que si T/S est étale (ou, comme je disais avant, non ramifié). Dans ce dernier cas (celui envisagé par Weil, en fait), $N_{T/S}$ transforme aussi morphismes propres en morphismes propres. Noter aussi que même si X/T est fini, il se peut que $N_{T/S}(X/T)$ ne soit ni propre, ni quasi-fini sur S : par exemple, le schéma algébrique des endomorphismes (ou des automorphismes) d'un groupe algébrique fini sur un corps k (prends n'importe lequel qui ne soit pas séparable, en fait) est un groupe affine qui en général est de dimension > 0. Ici encore, ce n'est que si T/S est étale que la dimension des fibres d'un morphisme est conservée par le foncteur $N_{T/S}$. Il ne semble pas non plus (sauf dans ce cas très particulier, qui moralement n'est guère différent de $T = S \times I$, I ensemble fini)

ery finite subset of X contained in a fiber of X *over* S is contained in an open affine subset of X,—in particular, if X/T is quasi-projective—then $\mathrm{N}_{\mathrm{T/S}}(\mathrm{X/T})$ exists and is a union of the open sets $\mathrm{N}_{\mathrm{T/S}}(\mathrm{U/T})$, where U runs over the open affine sets of X. Moreover, in the preceding condition, it would have been enough to consider the finite subsets of X which come from sections of $\mathrm{X} \otimes_{\mathrm{S}} \mathrm{K}$ over $\mathrm{T} \otimes_{\mathrm{S}} \mathrm{K}$, where K is a finite extension of a residue field of S; in particular, this condition is satisfied if the morphism $\mathrm{T} \to \mathrm{S}$ is *purely inseparable* without any condition on X/T. [This case is particularly interesting in the in- 7
finitesimal theory of bundles; Weil's extended varieties are nothing other than $\underline{\mathrm{Hom}}_{\mathrm{S}}(\mathrm{T}, \mathrm{X})$, where T corresponds to a locally free sheaf of augmented local algebras over S; the famous transitivity relation $(\mathrm{V}^{\mathrm{A}})^{\mathrm{B}} = \mathrm{V}^{\mathrm{A} \otimes \mathrm{B}}$ is nothing other than $\underline{\mathrm{Hom}}_{\mathrm{S}}(\mathrm{T} \times \mathrm{T}', \mathrm{X}) = \underline{\mathrm{Hom}}_{\mathrm{S}}(\mathrm{T}, \underline{\mathrm{Hom}}_{\mathrm{S}}(\mathrm{T}', \mathrm{X}))$; I spent a day or two looking into these things, and the operation $\underline{\mathrm{Hom}}$ really seems to me to be the key element in the differential theory of bundles: in particular, Weil's heavy proofs (and statements) get reduced to almost nothing.] Restricting for safety's sake 8
to the existence cases I have just mentioned, one even easily shows the following: if $f : \mathrm{X} \to \mathrm{X}'$ is an affine map (resp. of finite type, resp. an embedding, resp. an open embedding, resp. a closed embedding), then so is $\mathrm{N}_{\mathrm{T/S}}(f)$; thus if f is separated, so is $\mathrm{N}_{\mathrm{T/S}}(f)$. If f is quasi-projective, so is $\mathrm{N}_{\mathrm{T/S}}(f)$, and in the case $\mathrm{X}' = \mathrm{T}$, a very ample invertible sheaf on X/T naturally gives rise to one on $\mathrm{N}_{\mathrm{T/S}}(\mathrm{X/T})$. (N.B. every locally free sheaf E on X gives rise to one on $\mathrm{N} \times_{\mathrm{S}} \mathrm{T}$ by inverse image, and this, by projection, determines a locally free sheaf on N, of rank rn if E is of rank n; if E is invertible, then the determinant sheaf of the said sheaf on N is an invertible sheaf on N, which is very ample if E is). Beware: if X/T is projective, $\mathrm{N}_{\mathrm{T/S}}(\mathrm{X/T})$ is not projective in general; that will only hold if T/S is etale (or, as I said above, unramified). In the latter case (which is in fact the one considered by Weil), $\mathrm{N}_{\mathrm{T/S}}$ also takes proper morphisms to proper morphisms. Note further that even if X/T is finite, it is still possible for $\mathrm{N}_{\mathrm{T/S}}(\mathrm{X/T})$ to be neither proper nor quasi-finite over S: for example, the algebraic scheme of endomorphisms (or automorphisms) of a finite algebraic group over a field k (take any which is non-separable) is an affine group which is in general of dimension > 0. Once again, the dimension of the fibers of a morphism is only conserved by the functor $\mathrm{N}_{\mathrm{T/S}}$ if T/S is etale. Neither does flatness seem to behave well under the functor $\mathrm{N}_{\mathrm{T/S}}$ (except for this very special case which morally is hardly different from $\mathrm{T} = \mathrm{S} \times \mathrm{I}$ for a

que la platitude se comporte bien pour le foncteur $N_{T/S}$. Il n'en est que plus réjouissant que la chose suivante soit vraie : sous seule réserve de l'existence des schémas normes, (S étant néanmoins localement noethérien et X, X′,
9 $N_{S/T}(X/T)$, $N_{S/T}(X'/T)$ de type fini sur T) $N_{T/S}$ *transforme un morphisme simple* (resp. *étale* — i.e. non ramifié dans mon ancienne terminologie) *en morphisme simple* (resp. *étale*) ; en ce cas, la dimension des fibres se trouve multipliée exactement par r (et on a une majoration analogue pour le nombre maximum de points géométriques dans une fibre, dans le cas fini). En fait, ce résultat est même vrai sans aucune hypothèse sur T/S (ni de finitude, ni de propreté, ni de platitude ; il faut seulement S et T localement noethériens), grâce à la caractérisation suivante des morphismes simples : soit $f : X \to Y$ un S-morphisme, X et Y étant de type fini sur S localement noethérien . Pour que f soit simple, il faut et suffit que pour tout S′ affine, de type fini sur S, tout sous-schéma fermé S'_1 de S′ ayant même sous-schéma réduit que S′, et tout diagramme commutatif de S-morphismes

$$\begin{array}{ccc} X & \xrightarrow{f} & Y \\ \uparrow & & \uparrow \\ S'_1 & \xrightarrow{i} & S' \end{array}$$

(i l'injection), on puisse trouver une flèche $S' \to X$ laissant le diagramme commutatif (N.B. On peut se ramener au cas $Y = S$; alors il suffit de vérifier le critère si S′ est fini sur S, et local artinien.).

10 Cela implique que le foncteur $N_{T/S}$ transforme fibrés principaux simples en fibrés principaux simples, etc. Dans le cas où T/S est fini, et où le rang géométrique des fibres de T/S est localement constant, on voit que si X est un revêtement étale de T, alors $N_{T/S}(X, T)$ au-dessus de S a la même propriété que T/S, et étant étale est *fini* sur S, i.e. est un revêtement étale de S. On en conclut par des arguments formels que $T \to S$ se factorise canoniquement en $T \to T' \to S$, où $T \to T'$ est un revêtement plat radiciel et $T' \to S$ est un revêtement étale.

Salut et fraternité

A. Grothendieck

finite set I). This makes it all the more pleasing that the following thing is true: provided only that norm schemes exist (and assuming that S is locally Noetherian and that X, X′, $N_{S/T}(X/T)$, $N_{S/T}(X'/T)$ are of finite type over T) $N_{T/S}$ *takes simple maps* (resp. *etale maps*—i.e. unramified maps in my old terminology) *to simple maps* (resp. *etale maps*); in this case, the dimension of 9
the fibers is multiplied by exactly r (and in the finite case, there is an analogous bound on the maximal number of geometric points in a fiber). In fact, this result even holds without any conditions on T/S (not finiteness, nor properness, nor flatness; only that S and T are locally Noetherian), thanks to the following characterization of simple maps: let $f : X \to Y$ be an S-morphism, where X and Y are of finite type over a locally Noetherian S. For f to be simple, it is necessary and sufficient that for any affine S′ of finite type over S, every closed subscheme S'_1 of S′ having the same reduced subscheme as S′, and every commutative diagram of S-morphisms

$$\begin{array}{ccc} X & \xrightarrow{f} & Y \\ \uparrow & & \uparrow \\ S'_1 & \xrightarrow{i} & S' \end{array}$$

(where i is the injection), there is an arrow $S' \to X$ such that this diagram remains commutative (N.B. This can be reduced to the case $Y = S$; in this case, it is enough to check the criterion if S′ is finite over S, and local Artinian.).

This implies that the functor $N_{T/S}$ transforms simple principal bundles 10
into simple principal bundles, etc. When T/S is finite and the geometric rank of the fibers of T/S is locally constant, one sees that if X is an etale covering of T, then $N_{T/S}(X, T)$ over S has the same property as T/S, and, being etale, is *finite* over S, i.e. is an etale covering of S. By formal arguments, it follows that $T \to S$ has a canonical factorization through $T \to T' \to S$, where $T \to T'$ is a purely inseparable flat covering, and $T' \to S$ is an etale covering.

Yours,

A. Grothendieck

Paris, le 5.11.1959

Mon cher Serre,

Excuse la couleur inhabituelle[(4)] de cette lettre — mais Mireille étant encore malade, je n'ai pas eu le temps d'aller acheter un autre ruban (et tu as dû voir sur la précédente lettre qu'un changement de ruban s'imposait).

1 Le « Grand théorème d'existence » avance tout doucement, il reste bien des difficultés techniques, mais je suis convaincu de plus en plus qu'il y a une technique absolument rupinante au bout de tout ça. La conclusion pratique à laquelle je suis arrivé dès maintenant, c'est que chaque fois que en vertu de mes critères, une variété de modules (ou plutôt, un schéma de modules) pour la classification des variations (globales, ou infinitésimales) de certaines structures (variétés complètes non singulières, fibrés vectoriels etc) ne peut exister, malgré de bonnes hypothèses de platitude, propreté, et non singularité éventuellement, la raison en est seulement l'existence d'automorphismes de la structure qui empêche la technique de descente de marcher. Par contre, je crois bien qu'il est vrai (et que je saurai démontrer prochainement) qu'il existe un schéma M défini sur $\mathbf{Z}$, localement de type fini sur $\mathbf{Z}$, et un schéma V simple, projectif au dessus de M, tel que le schéma $\underline{\mathrm{Aut}}_{\mathrm{M}}(\mathrm{V})$ soit réduit au schéma en groupes unité sur M, de telle façon que pour tout préschéma localement noethérien S et tout W sur S ayant les mêmes propriétés que V/M, il existe un morphisme unique S$\to$M tel que W soit isomorphe à l'image inverse de V/M par ledit. Mais comme le montre déjà le cas des courbes elliptiques (même d'invariant non « exceptionnel », i.e. à groupe d'automorphisme $\mathbf{Z}/2$) rien de tel n'est vrai s'il y a des automorphismes dans la famille envisagée. La panacée en théorie des modules me semble alors, si les automorphismes nous embêtent, de les éliminer en introduisant des données supplémentaires sur les objets qu'on étudie : points ou formes différentielles etc sur les variétés qu'on fait varier (procédé déjà utilisé pour les courbes), trivialisations en suffisamment de points des fibrés vectoriels qu'on veut faire varier, etc. A propos, la condition précise $\underline{\mathrm{Aut}}_{\mathrm{M}}(\mathrm{V}) = (e)$ peut s'expliciter : pour chaque fibre « géométrique » (i.e. sur un corps algébriquement clos k) de W/S, soit X, X n'a pas d'automorphisme « fini », ni d'automorphisme « infinitésimal », cette dernière

[(4)]Elle est écrite à l'encre rouge et la précédente était presque transparente !

Paris, 11.5.1959

My dear Serre,

I beg your pardon for the unusual colour of this letter[5]—but as Mireille is still unwell, I have not had the time to go and buy another ribbon (and you must have seen from the last letter why a change of ribbon was necessary).

The "Grand existence theorem" is progressing little by little; many tech- 1
nical difficulties remain, but I am more and more convinced that there is an absolutely marvellous technique at the end of all this. I have already come to the practical conclusion that every time that my criteria show that no moduli variety (or rather, moduli scheme) for the classification of (global or infinitesimal) variations of certain structures (complete non-singular varieties, vector bundles etc.) can exist, despite good hypotheses of flatness, properness, and if necessary non-singularity, the only reason is the existence of automorphisms of the structure which prevent the descent from working. However, I am convinced it is true (and that I will shortly be able to prove) that there exists a scheme M defined over **Z** which is locally of finite type over **Z**, and a simple projective scheme V over M such that the scheme $\underline{\mathrm{Aut}}_{\mathrm{M}}(\mathrm{V})$ is reduced to the trivial group scheme over M, so that for every locally Noetherian prescheme S and every W over S with the same properties as V/M, there exists a unique morphism S→M such that W is isomorphic to the inverse image of V/M under the said morphism. However, as can already be seen for elliptic curves (even with "non-exceptional" invariant, i.e. with automorphism group $\mathbf{Z}/2$), no such thing is true if there are automorphisms in the family under consideration. The remedy in moduli theory seems to me to be to eliminate bothersome automorphisms by introducing additional structures on the objects being studied: points or differential forms etc. on the varying varieties (a process which is already used for curves), trivializations at sufficiently many points of the vector bundles one wants to vary, etc. By the way, the precise condition $\underline{\mathrm{Aut}}_{\mathrm{M}}(\mathrm{V}) = (e)$ can be given explicitly: for every "geometric" fiber X (i.e. over an algebraically closed field k) of W/S, X does not have any "finite" or "infini-

[5]It was written in red ink and the previous one was almost transparent!

2 condition signifiant $\mathrm{H}^0(\mathrm{X}, \mathscr{G}_{\mathrm{X}/k}) = 0$. Elle est conséquence de la première en caractéristique 0.

En tout cas, je devrais pouvoir démontrer déjà, avec ce que je sais, que si X est une telle variété (non singulière, et projective pour plus de prudence) sans automorphisme fini ni infinitésimal, alors il existe un *plus petit* sous-corps K de k, évidemment extension de type fini du corps premier, sur lequel X puisse être défini. Si on admet l'existence de (M, V) comme ci-dessus, X/k est défini par un point de V à valeurs dans k, et K sera l'image dans k du corps résiduel en le point correspondant x de M. D'autre part, la variété formelle des modules de X/k (dont je sais en tout cas l'existence déjà) sera le spectre du complété de l'anneau local du point rationnel sur k de $\mathrm{M} \otimes_{\mathbf{Z}} k$ qui correspond à x (N.B. Je prends la variété formelle des modules comme définie sur le corps k ; si on voulait — ce qui est mieux — la regarder, en caractéristique $p \neq 0$, sur le p-anneau $\mathrm{A}(k)$ défini par k, il faudrait ci-dessus prendre $\mathrm{M} \otimes_{\mathbf{Z}} \mathrm{A}(k)$, ou encore, si on désire une expression intrinsèque à $\mathrm{M}/\mathbf{Z}$ sans extension de la base, c'est aussi le spectre de $\varprojlim \mathrm{P}^{(n)}_{\mathrm{M}/\mathbf{Z}}(x) \otimes_{\kappa(x)} k$, où les $\mathrm{P}^{(n)}$ sont ceux de mon rapport Bourbaki). Supposons pour simplifier qu'on ait pris comme base pour M non pas $\mathbf{Z}$, mais le corps premier k_0 de k. On aura donc les inégalités

$$\begin{aligned}\dim \mathrm{K}/k_0 = \dim \kappa(x)/k_0 &\leqslant \dim(\text{Variété formelle des modules de X})\\ &= \text{dimension de M au voisinage de } x\\ &\leqslant \dim \mathrm{H}^1(\mathrm{X}, \mathscr{G}_{\mathrm{X}/k}).\end{aligned}$$

(Les inégalités ne faisant pas intervenir M lui-même étant sans doute démontrables dès maintenant). La première inégalité est une égalité si et seulement si x est un point générique d'une composante de M, la deuxième l'est si et seulement si la variété M (ou la variété formelle des modules, c'est kif-kif) est non singulière en x. L'égalité

$$\dim \mathrm{K}/k_0 = \dim \mathrm{H}^1(\mathrm{X}, \mathscr{G}_{\mathrm{X}/k})$$

signifie donc la conjonction des deux.

Je t'écris ceci parce que cela devrait te permettre de me donner un exemple,
3 résolvant par la négative la question de Weil si les composantes absolument irréductibles de la variété de Chow sont définies sur le corps premier (ce serait bien fait pour elles). En effet, la conjecture de Weil implique que toute variété algébrique simple projective X peut être obtenue à partir d'une famille

tesimal" automorphism, this last condition meaning that $\mathrm{H}^0(\mathrm{X}, \mathscr{G}_{\mathrm{X}/k}) = 0$. It follows from the first in characteristic 0. 2

In any case, with what I know already, I should be able to show that if X is such a variety (non-singular, and projective for safety's sake) without finite or infinitesimal automorphisms, then there exists a *smallest* subfield K of k, which is obviously a finitely generated extension of the original field, over which X can be defined. Assuming the existence of some (M, V) as above, X/k is defined by a k-valued point of V, and K will be the image in k of the residue field at the corresponding point x in M. Furthermore, the formal moduli variety of X/k (whose existence I already know in any case) will be the spectrum of the completion of the local ring of the k-rational point of $\mathrm{M} \otimes_{\mathbf{Z}} k$ corresponding to x (N.B. I am taking the formal moduli variety to be defined over k; if, in characteristic $p \neq 0$, one prefers to think of it as being defined over the p-ring $\mathrm{A}(k)$ defined by k—which is better—then in the above one should take $\mathrm{M} \otimes_{\mathbf{Z}} \mathrm{A}(k)$, or alternatively, if one wants an expression intrinsic to $\mathrm{M}/\mathbf{Z}$ without base change, it is also the spectrum of $\varprojlim \mathrm{P}^{(n)}_{\mathrm{M}/\mathbf{Z}}(x) \otimes_{\kappa(x)} k$, where the P^n are as in my Bourbaki report). Assume for simplicity that the base taken for M is not Z but the prime field k_0 of k. Then one has the inequalities:

$$
\begin{aligned}
&(1) \quad \dim \mathrm{K}/k_0 = \dim \kappa(x)/k_0 \leqslant \dim(\text{Formal moduli variety of X}) \\
&(2) \quad \qquad\qquad\qquad\qquad\quad = \text{dimension of M in a neighborhood of } x \\
&(3) \quad \qquad\qquad\qquad\qquad\quad \leqslant \dim \mathrm{H}^1(\mathrm{X}, \mathscr{G}_{\mathrm{X}/k}).
\end{aligned}
$$

(The inequalities which do not involve M itself can probably be proved as of now). The first inequality is an equality if and only if x is a generic point of a component of M, and the second is an equality if and only if the variety M (or the formal moduli variety, it's all the same) is smooth at x. The equality

$$\dim \mathrm{K}/k_0 = \dim \mathrm{H}^1(\mathrm{X}, \mathscr{G}_{\mathrm{X}/k})$$

thus means a combination of both.

I am writing this to you because it should enable you to give me an example answering (in the negative) Weil's question on whether the absolutely irreducible components of the Chow variety are defined over the prime field (it would serve them right). Indeed, Weil's conjecture implies that every simple 3
projective algebraic variety X can be obtained from an algebraic family of such

algébrique de telles variétés, dont la variété des paramètres T soit définie (i.e. absolument irréductible) sur le corps premier. Si X n'a pas d'automorphismes (finis ni infinitésimaux) une telle famille proviendrait d'un morphisme de T dans M, et on en conclurait que si en outre le point s de M correspondant à X est générique, alors le plus petit corps de définition K de X est une extension *régulière* du corps premier. Or une telle chose me semble bien improbable. Il ne doit pas être si sorcier de trouver par exemple une variété projective simple définie sur **C**, sans automorphisme fini, avec en plus $\mathrm{H}^1(\mathrm{X}, \mathscr{G}_{\mathrm{X}}) = 0$ qui pourra donc être définie (d'après ce qui précède) sur un corps de nombres, sans qu'elle puisse être définie sur **Q** lui même (ce qui se reconnaîtra en montrant qu'il y a un automorphisme s du corps des complexes tel que X ne soit pas isomorphe à X^s). Si tu trouves un tel exemple, il serait évidement intéressant de regarder de plus près la structure topologique de X et X^s, si par hasard X et X^s n'auraient pas alors des invariants topologiques différents. [Cela suppose alors $s \neq$ conjugaison des complexes.]

J'ai oublié de te dire dans ma lettre précédente que Dieudonné n'a que sa copie personnelle de l'état définitif des Éléments, Chap. 0 et I (il en est à la rédaction du Chap. II). Il t'a cependant envoyé le seul paragraphe que tu n'avais pas pu lire, savoir le sorite sur les schémas formels. J'avoue que nous avons l'impression que c'est le paragraphe le plus touffu, et dont la rédaction ne semble pas encore bien épurée ; tes remarques seraient particulièrement bienvenues. Quant à la suite, tu la liras (si le courage ne t'en faut) à Paris.

J'ai aussi oublié de répondre à Borel à propos de sa « prise de contact ». Il sera aussi simple que tu lui dises qu'il ne peut être question l'an prochain que je vienne à Princeton, car étant déjà venu aux USA dernièrement avec un Exchange Visa, je ne peux remettre les pieds sur leur sol à la noix avant deux ans révolus. Je dois dire d'ailleurs que tant qu'à aller aux USA, je serais plus tenté par Harvard, que je trouve plus sympathique.

Après diverses interruptions, je reprends cette lettre. En ce qui concerne le projet de contre-exemple à la question de Weil, j'ajoute que, utilisant la théorie formelle des modules et le théorème d'existence en Géométrie Formelle (i.e. des choses rédigées) on prouve sans difficulté ceci : soit S un schéma algébrique irréductible sur k algébriquement clos, X un S-schéma propre et simple, on suppose que pour tout $s \in \mathrm{S}$, on a $\mathrm{H}^1(\mathrm{X}_s, \mathscr{G}_{\mathrm{X}_s/\kappa(s)}) = 0$ (N.B. en tout cas,

varieties, whose parameter variety T is defined (i.e. absolutely irreducible) over the prime field. If X had no (finite or infinitesimal) automorphisms, such a family would come from a morphism from T to M, and it would follow that if in addition the point s in M corresponding to X is generic, then the smallest field of definition K of X is a *regular* extension of the prime field. However, this looks very unlikely to me. For example, it shouldn't take witchcraft to find a projective simple algebraic variety defined over **C**, without finite automorphisms, such that in addition $\mathrm{H}^1(\mathrm{X}, \mathscr{G}_{\mathrm{X}}) = 0$, and which can therefore be defined (by the above) over a number field, but cannot be defined over **Q** itself (which can be seen by showing that there is an automorphism s of the field of complex numbers such that X is not isomorphic to X^s). If you find such an example, then it would of course be interesting to take a closer look at the topological structure of X and X^s, in case X and X^s might happen to have different topological invariants. [This then assumes that $s \neq$ complex conjugation.]

I forgot to tell you in my last letter that Dieudonné only has his own personal copy of the definitive version of Chap. 0 and 1 of the Elements (he is currently writing Chap. II). He has however sent you the only section you have not been able to read, namely the sorite on formal schemes. I admit that we have the impression that this is the heaviest section, and its presentation does not yet seem very refined; your comments will be particularly welcome. As for the sequel, you will read it (if you have the courage) in Paris.

I also forgot to reply to Borel about his "initial contact". It would be easiest if you were to tell him that there can be no question of my coming to Princeton next year, since, having already visited the USA recently on an Exchange Visa, I am not allowed to set foot on their precious soil until two years have passed. Anyway, I must say that if I were going to the USA at all, I would be more tempted by Harvard, which I find more pleasant.

After various interruptions, I come back to this letter. About the project for a counterexample to Weil's question, let me add that using formal moduli theory and the existence theory from Formal Geometry (i.e. things that have been written up), the following is easy to prove: let S be an irreducible algebraic scheme over an algebraically closed k, and X a proper simple S-scheme; assume that for every $s \in \mathrm{S}$, $\mathrm{H}^1(\mathrm{X}_s, \mathscr{G}_{\mathrm{X}_s/\kappa(s)}) = 0$ (N.B. in any case, the set of s

l'ensemble des s ayant cette propriété est une partie ouverte de S) ; *alors tous les* X_t (où t parcourt les points de S à valeurs dans k) *sont isomorphes entre eux.* On en conclut que l'on aura un contre-exemple à la question de Weil si on peut trouver un schéma algébrique, projectif et simple sur k, tel que $H^1(X, \mathscr{G}_{X/k}) = 0$ et qui ne soit pas isomorphe à tous ses conjugués. En d'autres termes, point n'est besoin alors de s'inquiéter de l'existence d'automorphismes de X.

Dans ma dernière lettre, il y avait un lapsus : quand j'affirme que $N_{T/S}(X/T)$ est simple sur S si X l'est sur T, j'oubliais de préciser que T devait être affine sur S, autrement la démonstration canule manifestement, et il est d'ailleurs facile de donner des contre-exemples. Je viens d'ailleurs de recevoir une lettre de Lang, s'inquiétant que je puisse publier quelque chose sur Greenberg avant Greenberg lui-même. Qu'il se tranquillise, c'est pour le chapitre 5 qui ne paraîtra sans doute pas avant fin 1960, en mettant les choses au mieux. Lang affirme que Greenberg sait « caractériser complètement », dans le cas d'un anneau d'Artin local de corps résiduel parfait k, les schémas sur k qui proviennent de schémas simples sur A, en me parlant vaguement de fibrations successives
4 avec espaces affines en fibres... En fait, connaissant Lang, je doute fort qu'il y ait vraiment une « caractérisation », ce qui doit faire intervenir des structures supplémentaires un peu subtiles je pense (connexions d'ordre supérieur dans le cas d'égales caractéristiques, notamment). C'est en tout cas là la question que je n'ai pas encore élucidée, et qui me semble le point vraiment essentiel si le foncteur de Greenberg devait vraiment pouvoir servir — ce que j'espère encore. Je serais en tout cas intéressé de savoir si Greenberg sait quelque chose, et quoi. (L'histoire de la fibration est de toutes façons immédiate.)

Il se peut que le foncteur Greenberg (moyennant la clarification de la question précédente) permette de résoudre, par constructions explicites purement formelles, la question que je posais à Tate, savoir : si X est une variété abélienne sur un corps k algébriquement clos de caractéristique $p \neq 0$, est-il vrai que sa variété formelle M des modules (pour la catégorie des schémas simples et propres à section marquée) soit régulière, et que le schéma formel simple propre correspondant V/M est abélien (i.e. muni d'une structure de schéma en groupes, dont la section marquée soit la section unité). C'est en fait une question d'existence : il faut trouver, sur l'anneau B des séries formelles en n^2 variables ($n = \dim X$) sur le p-anneau A de corps résiduel k, un schéma

having this property forms an open subset of S); *then all the* X_t (where t runs over the k-points of S) *are isomorphic to each other.* Conclusion: to find a counterexample to Weil's question, it is enough to find a projective and smooth algebraic scheme over k such that $H^1(X, \mathscr{G}_{X/k}) = 0$, and which is not isomorphic to all its conjugates. In other words, there is then no need to worry about the existence of automorphisms of X.

There was a slip in my last letter: when I assert that $N_{T/S}(X/T)$ is simple over S if X is simple over T, I forgot to specify that T should be affine over S, otherwise the proof is obviously wrong, and it is even easy to give counter-examples. As it happens, I have just received a letter from Lang, who is worried that I may publish something on Greenberg before Greenberg himself does. He can calm down; it is intended for Chapter 5, which will probably not come out before the end of 1960 at the very best. Lang claims that in the case of a local Artinian ring A with perfect residue field k, Greenberg knows how to "completely characterize" the schemes over k which come from simple schemes over A, and talks vaguely about successive bundles with affine fibers... In fact, knowing Lang, I very much doubt that there really is such a "characterization", 4
which I think must involve additional rather subtle structures (higher order connections for equal characteristic, in particular). In any case, this is the question I have not yet cleared up, and which seems to me to be the really crucial point if the Greenberg functor is actually to be useful—which I still hope. In any case, I would be interested to know if Greenberg knows something, and if so, what. (The fibration business is obvious in any case).

It may be that the Greenberg functor (modulo clarification of the question above) enables us to resolve by purely formal explicit constructions the question I asked Tate, namely: if X is an abelian variety over an algebraically closed field k of characteristic $p \neq 0$, is it true that its formal moduli variety M (in the category of simple proper schemes with marked section) is regular and that the corresponding simple proper formal scheme V/M is abelian (i.e. equipped with a group scheme structure for which the marked section is the identity)? In fact, this is an existence question: over the ring B of formal series in n^2 variables ($n = \dim X$) over the p-ring A with residue field k, one needs to

abélien V/B, tel que, en réduisant B modulo l'idéal maximal pA de A *et* le carré de l'idéal maximal de B (de sorte qu'il reste l'anneau k + V, où V est un vectoriel de dimension n^2 sur k, de carré nul dans l'anneau envisagé), l'élément de $\mathrm{H}^1(\mathrm{X}, \mathscr{G}_{\mathrm{X}/k}) \otimes \mathrm{V}$ qui exprime la classe du schéma réduit de V (cf. mon exposé Bourbaki) définisse un *isomorphisme* de V′ sur $\mathrm{H}^1(\mathrm{X}, \mathscr{G}_{\mathrm{X}/k})$. Si on arrive à prouver cela par constructions explicites (via l'hyperalgèbre), on saura sans doute démontrer dans le même temps l'existence du schéma abélien dual d'un schéma abélien (sans hypothèse de polarisabilité), qui doit être lui-même *abélien.*

J'ai aussi reçu tout à l'heure ta lettre avec ton résultat sur les valeurs
5 propres. Ça a évidemment bonne gueule, mais sans doute je n'y méditerai guère pour l'instant !

Bien à toi

A. Grothendieck

Princeton, 13 Novembre 1959

Cher Grothendieck,

Merci pour ta lettre ; mais tu te fais des illusions si tu crois qu'il est facile d'exhiber une variété « sans modules » qui n'est pas définissable sur **Q**. Les variétés que l'on construit usuellement font partie de « familles », et bien entendu ces familles sont toujours (dans tous les cas que je connaisse du moins) définies sur **Q**. Comment faire pour définir *une* variété toute seule ? Je ne sais
1 vraiment pas, et j'aurais plutôt tendance à penser que la conjecture de Weil est vraie. Quoi qu'il en soit, je regarderai encore un peu si je peux faire un exemple, mais j'ai peu d'espoir.

Nous continuons à avancer dans le Multiplodoque. J'ai fait deux exposés sur les Proj(S) et les morphismes projectifs. Comme vous n'avez pas encore

find an abelian scheme V/B such that, reducing B modulo the maximal ideal pA in A *and* the square of the maximal ideal of B (so that what remains is the ring $k + \mathrm{V}$, where V is a vector space of dimension n^2 over k whose square is zero in the ring in question), the element of $\mathrm{H}^1(\mathrm{X}, \mathscr{G}_{\mathrm{X}/k}) \otimes \mathrm{V}$ which expresses the class of the reduced scheme of V (cf. my Bourbaki lecture) defines an *isomorphism* from V′ to $\mathrm{H}^1(\mathrm{X}, \mathscr{G}_{\mathrm{X}/k})$. If this can be proved via explicit constructions (using hyperalgebras) it would probably be possible to prove at the same time that there exists an abelian scheme dual to an abelian scheme (without the polarisability condition) which should itself be *abelian*.

I have also just received your letter containing your result on eigenvalues. 5
It looks very good, of course, but I will probably not meditate much on it for the moment!

Regards,

A. Grothendieck

Princeton, November 13, 1959

Dear Grothendieck,

Thank you for your letter, but you are laboring under an illusion if you think it is easy to give an example of a variety "without moduli" which cannot be defined over **Q**. The varieties one constructs are usually members of "families", and of course these families are always (at least in all the cases I know) defined over **Q**. How can one define *one* variety by itself? I really don't know,
and rather tend to think that Weil's conjecture is true. Be that as it may, I 1
will look at it a little more to see if I can construct an example, but I don't have much hope.

We are advancing through the Multiplodocus. I have given two talks on Proj(S) and projective morphisms. As you have not yet sent this chapter to

envoyé ce chapitre à l'impression, il vaut peut-être la peine que je t'envoie des
2 critiques de détails :

1) Dans tout ce qui concerne les morphismes, on est un peu gêné par des hypothèses de noethérien qui ont l'air inutiles. J'ai vérifié effectivement que certaines sont inutiles : pour d'autres, j'en suis moralement sûr, mais j'aurais été obligé de reconstruire des démonstrations embêtantes. Voici les exemples principaux :

(a) p. II-97, th. 3, l'hypothèse noethérienne est inutile pour le (v) et (vi). En effet, de façon générale, soit $\mathscr{C}$ une catégorie de morphismes vérifiant les trois axiomes suivants : (I) Toute application identique est $\in \mathscr{C}$, (II) Si $\mathrm{X}\to\mathrm{Y}$ est une immersion fermée, et si $\mathrm{Y}\to\mathrm{Z}$ est $\in \mathscr{C}$, alors $\mathrm{X}\to\mathrm{Z}$ est $\in \mathscr{C}$, (III) Si $\mathrm{X}\to\mathrm{Y}$ est $\in \mathscr{C}$, et si $\mathrm{Y}'\to\mathrm{Y}$ est quelconque, alors $\mathrm{X}\times_{\mathrm{Y}}\mathrm{Y}'\to\mathrm{Y}'$ est $\in \mathscr{C}$. Alors, $\mathscr{C}$ vérifie tes propriétés (v) et (vi) ; autrement dit (je recopie (v)) : si $\mathrm{X}\to\mathrm{Y}\to\mathrm{Z}$ est $\in \mathscr{C}$, et si $\mathrm{Y}\to\mathrm{Z}$ est séparé, alors $\mathrm{X}\to\mathrm{Y}$ est $\in \mathscr{C}$ (démonstration : on factorise $\mathrm{X}\to\mathrm{X}\times_{\mathrm{Z}}\mathrm{Y}\to\mathrm{Y}$). Même chose pour (vi). Il est trivial que les morphismes projectifs vérifient (I), (II) et (III) (bien que (II) ne soit pas énoncé dans le Multiplodoque, il résulte évidemment de la définition !).

Quant aux morphismes quasi-projectifs, la situation est encore meilleure : ils vérifient l'axiome (II') : Si $\mathrm{X}\to\mathrm{Y}$ est une immersion, et si $\mathrm{Y}\to\mathrm{Z}$ est $\in \mathscr{C}$, alors $\mathrm{X}\to\mathrm{Z}$ est $\in \mathscr{C}$. Le raisonnement fait ci-dessus montre alors qu'ils vérifient (v') : Si $\mathrm{X}\to\mathrm{Y}\to\mathrm{Z}$ est $\in \mathscr{C}$, alors $\mathrm{X}\to\mathrm{Y}$ est $\in \mathscr{C}$. Autrement dit, dans ta prop. 25, p. II-100, tu peux supprimer dans (v) toute hypothèse sur g, et dans (vi) ton hypothèse sur $\mathrm{Y}_{\mathrm{red}}$.

On peut se demander d'ailleurs s'il ne vaudrait pas la peine d'avoir (par exemple en théorie générale des catégories) un précis sur les classes de morphismes où l'on démontrerait que certaines propriétés en entraînent d'autres. Par exemple, si la catégorie est stable par composition, alors l'axiome le plus faible sur les produits (i.e. mon axiome (III)) entraîne l'axiome plus fort (celui sur $f\times_{\mathrm{S}} f'$). C'est énervant d'avoir à refaire tout le temps ces raisonnements.

(b) p. II-98, th. 4, je crois (il faut vérifier) que l'hypothèse noethérienne est inutile. Comme ce théorème est plus ou moins analogue au théorème « d'extension des spécialisations », et que ce dernier ne suppose pas de noethérien, c'est assez naturel, et c'est en même temps assez important. Il y a deux parties dans la démonstration du th. 4 :

the printer, it may be worthwhile sending you criticisms of some details: 2

1) In everything concerning morphisms, one is somewhat bothered by Noetherian conditions which seem to be unnecessary. I have checked that some of them really are unnecessary: for others, I am morally certain of it but would have been obliged to reconstruct tiresome proofs. Here are the main examples:

(a) p. II-97, th 3: the Noetherian condition is not needed for (v) and (vi). Indeed, in general, let $\mathscr{C}$ be a category of morphisms satisfying the following three axioms: (I) Every identity morphism is $\in \mathscr{C}$, (II) If $X \to Y$ is a closed immersion and if $Y \to Z$ is $\in \mathscr{C}$, then $X \to Z$ is $\in \mathscr{C}$, (III) If $X \to Y$ is $\in \mathscr{C}$ and $Y' \to Y$ is arbitrary, then $X \times_Y Y' \to Y'$ is $\in \mathscr{C}$. Then $\mathscr{C}$ satisfies your properties (v) and (vi); in other words (I am copying (v)): if $X \to Y \to Z$ is $\in \mathscr{C}$ and $Y \to Z$ is separated then $X \to Y$ is $\in \mathscr{C}$ (proof: factor $X \to X \times_Z Y \to Y$). The same holds for (vi). It is trivial that projective morphisms satisfy (I), (II) and (III) (although (II) is not stated in the Multiplodocus, it obviously follows from the definition!).

The situation for quasi-projective morphisms is even better; they satisfy axiom (II′): If $X \to Y$ is an embedding, and $Y \to Z$ is $\in \mathscr{C}$, then $X \to Z$ is $\in \mathscr{C}$. The argument given above then shows they satisfy (v′): If $X \to Y \to Z$ is $\in \mathscr{C}$, then $X \to Y$ is $\in \mathscr{C}$. In other words, in your prop. 25, p. II-100, you can remove all the conditions on g in (v) and your condition on Y_{red} in (vi).

One might actually wonder whether it might not be worthwhile to have a short text on morphism classes (in general category theory, for example) in which it would be shown that certain properties imply others. For example, if the category is stable under composition, then the weakest axiom on products (i.e. my axiom (III)) implies the strongest one (the one on $f \times_S f'$). It is irritating to keep having to redo these arguments.

(b) p.II-98, th.4, I think (but would have to check) that the Noetherian condition is unnecessary. As this theorem is more or less analogous to the "extension of specializations" theorem, and the latter does not use any Noetherian conditions, this would be rather natural, and at the same time it is rather important. There are two parts to the proof of th. 4:

Tout d'abord, on suppose Y affine, ce n'est rien : ensuite on suppose X = $\mathbf{P}(\mathscr{E})$, avec $\mathscr{E}$ de type fini, et on se ramène à prouver que $f(\mathrm{X})$ est fermé. : on le fait en invoquant la prop. 21 (ii) où l'hypothèse noethérienne est utilisée : je crois (mais ne l'ai pas vérifié en détail) que l'on pourrait la supprimer, à condition évidemment de supposer S engendré par des éléments de degré 1 en nombre fini.

Le second pas consiste à prouver que $f(\mathrm{X})$ est fermé. Or $f(\mathrm{X})$ est l'ensemble des points où $\mathscr{E}_y/\mathfrak{m}_y\mathscr{E}_y \neq 0$; comme $\mathscr{E}$ est de type fini, Nakayama montre que ça signifie $\mathscr{E}_y \neq 0$, et, si $\mathfrak{a}$ est l'annulateur de $\mathscr{E}$, cela veut dire que l'idéal $\mathfrak{p}_y$ correspondant à y contient $\mathfrak{a}$: on a donc bien un fermé (le renvoi à FAC est donc inutile).

2) p. II-90, p. II-104 quater. Tu te donnes un homomorphisme surjectif $q^*(\mathscr{E})\to\mathscr{L}$ et tu veux en déduire un morphisme $r : \mathrm{X}\to\mathbf{P}$. Tu en déduis un morphisme d'algèbres $\mathscr{S}(\varphi)$: fourbi$\to\sum\mathscr{L}^n$, mais tu ne l'exploites pas assez, il me semble : en effet, il est bien clair que Proj$(\sum\mathscr{L}^n)$ s'identifie à X, et comme Proj(fourbi) = $\mathbf{P}$, tu as le morphisme r cherché (en remarquant que l'homomorphisme d'algèbres est surjectif). Je n'arrive pas à comprendre pourquoi tu ne fais pas comme ça.

3) p. III-83, dans la démonstration du Cor.7, tu dis que R(X) ne contient pas d'élément algébrique sur R(Y) ; en fait on a R(X) = R(Y), c'est parfaitement clair.

Je ne me suis pas encore plongé dans le théorème des fonctions holomorphes. J'aimerais bien simplifier ta démonstration, mais je sèche. Pourrais-tu me dire si tu sais démontrer (ou contre-exempler) ceci :

Soit A un anneau noethérien, soit $\mathrm{S} = \mathrm{A}[\mathrm{T}_0, \ldots, \mathrm{T}_n]$, soit M un S-module gradué de type fini. Pour chaque i, on forme $\mathrm{H}(\mathrm{T}^i, \mathrm{M})$, au sens du Chap. III,§ 2 (je n'écris pas la dimension de la cohomologie, qui n'a aucune importance) ; quand i varie, les $\mathrm{H}(\mathrm{T}^i, \mathrm{M})$ forment un système inductif, qui devient « constant » après un certain rang ; soit $i(\mathrm{M})$ ce rang. Ma question est la suivante : supposons donné un idéal $\mathfrak{a}$ de A ; est-ce que les $i(\mathrm{M}/\mathfrak{a}^k\mathrm{M})$ sont bornés ? Si oui, on a une démonstration essentiellement triviale du théorème des fonctions holomorphes (dans le cas d'un morphisme projectif). As-tu regardé la chose de ce point de vue ?

To start with, one may assume that Y is affine; this is not serious. Then assume that X = $\mathbf{P}(\mathscr{E})$ for $\mathscr{E}$ finitely generated, and reduce the problem to proving that $f(X)$ is closed; this is done by invoking property 21 (ii) in which the Noetherian hypothesis is used: I think (but have not checked in detail) that it could be removed, provided of course that S is assumed to be generated by a finite number of elements of degree 1.

The second step consists of proving that $f(X)$ is closed. But $f(X)$ is the set of points where $\mathscr{E}_y/\mathfrak{m}_y\mathscr{E}_y \neq 0$; as $\mathscr{E}$ is finitely generated, Nakayama shows that this means $\mathscr{E}_y \neq 0$, and if $\mathfrak{a}$ is the annihilator of $\mathscr{E}$, this means that the ideal $\mathfrak{p}_y$ corresponding to y contains $\mathfrak{a}$: we thus get a closed set (the reference to FAC is thus unnecessary).

2) p.II-90, p.II-104 d). You start with a surjective homomorphism $q^*(\mathscr{E}) \to \mathscr{L}$ from which you want to deduce a morphism $r : X \to \mathbf{P}$. You deduce from this an algebra morphism $\mathscr{S}(\varphi)$: mess $\to \sum \mathscr{L}^n$, but it seems to me you do not exploit it enough: indeed, it is clear that $\mathrm{Proj}(\sum \mathscr{L}^n)$ can be identified with X, and as Proj(mess) = $\mathbf{P}$, you get the required morphism r (upon noting that the algebra homomorphism is surjective). I cannot understand why you don't do it this way.

3) p.III-83 : in the proof of Cor.7, you say that R(X) does not contain any element which is algebraic over R(Y), but in fact, it is perfectly clear that R(X) = R(Y).

I have not plunged into holomorphic function theory yet. I would like to simplify your proof, but I am stuck. Could you tell me if you can prove (or counterexample) the following:

Let A be a Noetherian ring, $S = A[T_0, \ldots, T_n]$, and let M be a graded finitely generated S-module. For every i, consider $H(T^i, M)$, in the sense given in Chap.III,§2 (I have not specified the degree of the cohomology, which does not matter); when i varies, the $H(T^i, M)$ form an inductive system, which becomes "constant" after a certain rank; let $i(M)$ be this rank. My question is the following: given an ideal $\mathfrak{a}$ in A, are the $i(M/\mathfrak{a}^k M)$ bounded? If so, there is an essentially trivial proof of the theorem of holomorphic functions (in the case of a projective morphism). Have you looked at it from this point of view?

3 Weil est chargé pour M.Reviews de reviewer le mémoire de 380 pages de Kähler sur « Geometria aritmetica », c'est-à-dire la version Kähler des schémas. Il n'y a paraît-il pas grand-chose, sauf ceci que je ne connaissais pas :

Soit V une variété projective non singulière, définie sur un corps de nombres K ; soit $\Omega(\mathrm{V})$ le K-espace vectoriel des formes différentielles de première espèce sur V. Il y a alors dans $\Omega(\mathrm{V})$ un sous-A-module Ω_{A} canonique tel que $\Omega_{\mathrm{A}} \otimes_{\mathrm{A}} \mathrm{K} = \Omega(\mathrm{V})$, de type fini ! Sa définition est la suivante : une forme $\omega \in \Omega(\mathrm{V})$ se trouve dans Ω_{A} si, pour tout anneau de valuation discrète U contenant A de corps des fractions K(V), on peut écrire ω sous la forme $\sum x_i dy_i$ avec $x_i, y_i \in \mathrm{U}$. C'est trivialement canonique. Ce qui n'est pas évident, c'est que $\Omega_{\mathrm{A}} \otimes_{\mathrm{A}} \mathrm{K}$ est égal à $\Omega(\mathrm{V})$; en fait Kähler ne le démontre pas dans le cas général, mais je l'ai vérifié par un procédé assez marrant utilisant l'existence d'un schéma S sur Spec(A) normal et projectif, et qui donne V sur K ; si $\Omega_{\mathrm{S/A}}$ désigne les formes différentielles de S relatives à A, et si Ω'' désigne le faisceau bidual de celui-là , on montre facilement que les différentielles de Kähler contiennent les sections de $\Omega_{\mathrm{S/A}}$ (divisées par la torsion), et sont contenues dans les sections de Ω'', d'où le résultat. Si en outre le modèle est simple sur Spec(A), on trouve que les différentielles de Kähler coïncident avec les sections de $\Omega_{\mathrm{S/A}}$, et celles-ci ne dépendent donc pas du modèle choisi (bien entendu ce cas est assez rare).

En particulier, si l'on se donne une courbe elliptique sur **Q**, il y a une différentielle de première espèce privilégiée, définie *au signe près* ; Kähler la détermine dans un ou deux cas, et je t'assure que ce n'est pas facile.

Question : peut-on définir morphiquement les différentielles de Kähler comme la limite inductive des sections des $\Omega_{\mathrm{S/A}}$ quand S parcourt l'ensemble ordonné de tous les Spec(A)-schémas projectifs qui donnent V ?

Pas grand-chose d'autre à signaler. J'ai transmis à Borel ton refus pour l'an prochain — je n'ai *pas* transmis les commentaires sur Harvard (par contre, Tate les a vus, car je lui ai passé ta lettre).

Salut et fraternité

J-P. Serre

Math. Reviews have given Weil the task of reviewing Kähler's 380 page 3
memoir on "Geometrica aritmetica", i.e. Kähler's version of schemes. Apparently there is not much in it, apart from the following, which I did not know:

Let V be a non-singular projective variety, defined over a number field K; let $\Omega(\mathrm{V})$ be the K-vector space of differential forms of the first kind on V. There is then a canonical finitely generated A-submodule Ω_{A} in $\Omega(\mathrm{V})$ such that $\Omega_{\mathrm{A}} \otimes_{\mathrm{A}} \mathrm{K} = \Omega(\mathrm{V})$! Its definition is as follows: a form $\omega \in \Omega(\mathrm{V})$ lies in Ω_{A} if for every discrete valuation ring U containing A with fraction field K(V), ω can be written in the form $\sum x_i dy_i$ with $x_i, y_i \in \mathrm{U}$. This is trivially canonical. What is not obvious is that $\Omega_{\mathrm{A}} \otimes_{\mathrm{A}} \mathrm{K}$ is equal to $\Omega(\mathrm{V})$: in fact Kähler does not prove this in the general case, but I have checked it using a rather amusing method based on the existence of a normal projective scheme S over Spec(A) which gives V over K; if $\Omega_{\mathrm{S/A}}$ denotes the differential forms of S relative to A, and if Ω'' denotes its bidual sheaf, it is easy to show that the Kähler differentials contain the sections of $\Omega_{\mathrm{S/A}}$ (modulo torsion) and are contained in the sections of Ω'', which gives the result. If in addition the model is simple over Spec(A), one finds that the Kähler differentials coincide with the sections of $\Omega_{\mathrm{S/A}}$, and thus the latter do not depend on the chosen model (this case is of course quite rare).

In particular, given an elliptic curve over **Q**, it has a distinguished differential of the first kind, defined *up to sign*; Kähler determines it in one or two cases, and I can assure you that it is not easy.

Question: is it possible to define the Kähler differentials morphically as the inductive limit of sections of $\Omega_{\mathrm{S/A}}$ when S runs over the ordered set of all the projective Spec(A)-schemes which give V?

There isn't a lot of other news. I have told Borel about your refusal for next year—I did *not* tell him your comments on Harvard (on the other hand, Tate has seen them, since I gave him your letter).

Yours,

J-P. Serre

Princeton, 15 Novembre 1959

Cher Grothendieck,

D'abord une nouvelle assez étonnante : Dwork a téléphoné avant-hier soir à Tate qu'il avait démontré la rationalité des fonctions zêta (dans le cas le plus
1 général : singularités arbitraires). Il n'a pas dit comment il faisait (c'est Karin qui a reçu le coup de téléphone, pas Tate), mais j'avais déjà vu un manuscrit de lui où il démontrait un résultat nettement moins fort : sa méthode consiste à supposer que la variété est une hypersurface dans l'espace affine (toute variété est birationnellement isomorphe à une telle hypersurface, et un dévissage facile permet donc de passer de là au cas général) ; dans ce cas, il fait un calcul avec « sommes de Gauss » analogue à celui fait par Weil pour une équation $\sum a_i x_i^{n_i} = b$. Bien entendu, Weil lui-même avait essayé d'étendre sa méthode et ne s'en était pas sorti ; Delsarte aussi s'en était occupé ; il est donc étonnant
2 que Dwork ait pu le faire. Attendons confirmation !

De ton côté, comment se présente la rationalité dans le cas de singularités arbitraires ? Crois-tu que tes fourbis te la donneraient ? Y a-t-il encore un lien avec l'homologie, et lequel ?

Je reviens sur tes morphismes projectifs, et la suppression d'hypothèses noethériennes. J'ai effectivement vérifié ce que je te donnais seulement pour vraisemblable dans ma lettre d'avant-hier. En d'autres termes, si $\mathrm{X}\to\mathrm{Y}$ est un morphisme projectif (Y préschéma quelconque), il existe toujours une $\mathscr{O}_{\mathrm{Y}}$-algèbre quasi-cohérente $\mathscr{S}$, engendrée par $\mathscr{S}_1$ de type fini, et telle que $\mathrm{X} = \mathrm{Proj}(\mathscr{S})$. Du coup, cela vaudrait la peine de définir ainsi les morphismes projectifs !

La démonstration revient à vérifier que la prop. 21 du § 3 (p. II-70), partie (ii), vaut en supposant seulement S engendré par un nombre fini d'éléments de degré 1 ; c'est bien le cas. Plus généralement, sous ces conditions, si M est un S-module gradué, et si F est un sous-faisceau quasi-cohérent de $\widetilde{\mathrm{M}}$, alors le sous-module N de M formé des gens qui « appartiennent » à F localement est tel que $\widetilde{\mathrm{N}} = \mathrm{F}$; démonstration directe très simple.

Une fois ceci fait, on est nettement plus à l'aise. Dans le th. 3, p. II-97, partie (ii), tu peux remplacer « Z noethérien » par « Z quasi-compact ». Dans le th. 4,

Princeton, November 15, 1959

Dear Grothendieck,

First of all, a surprising piece of news: Dwork phoned Tate the evening of the day before yesterday to say he had proved the rationality of zeta functions (in the most general case: arbitrary singularities). He did not say how he did it (Karin took the call, not Tate), but I had already seen a manuscript of 1
his in which he proves a substantially weaker result: his method consists in assuming that the variety is a hypersurface in affine space (every variety being birationally isomorphic to such a hypersurface, so that an easy dévissage lets us to pass from this to the general case); in this case he does a computation using "Gauss sums" analogous to Weil's computation for an equation $\sum a_i x_i^{n_i} = b$. Of course, Weil himself had tried to extend his method, but with no success; Delsarte also worked on it; it is thus rather surprising that Dwork was able to do it. Let us wait for confirmation! 2

On your side of things, how is rationality for arbitrary singularities shaping up? Do you think you can get it from your stuff? Is there still a link with homology, and what is it?

Coming back to your projective morphisms and the elimination of the Noetherian conditions: I have now actually checked everything that I claimed in my letter of the day before yesterday. In other words, if $\mathrm{X}\rightarrow\mathrm{Y}$ is a projective morphism (Y an arbitrary prescheme), there is always a quasi-coherent $\mathscr{O}_{\mathrm{Y}}$-algebra $\mathscr{S}$ generated by a finitely generated $\mathscr{S}_1$, and such that $\mathrm{X} = \mathrm{Proj}(\mathscr{S})$. Thus, it would be worthwhile to define projective morphisms this way!

The proof comes down to checking that part (ii) of Prop 21 in §3 (p.II-70) holds assuming only that S is generated by a finite number of elements of degree 1; this is indeed the case. More generally, under these conditions, if M is a graded S-module and F is a quasi-coherent subsheaf of $\widetilde{\mathrm{M}}$, then the submodule N of M made of the guys that locally "belong" to F is such that $\widetilde{\mathrm{N}} = \mathrm{F}$; the proof is straightforward and very simple.

Once this is done, one feels much more comfortable. In part (ii) of th.3, p.II-97, you can replace "Z Noetherian" by "Z quasi-compact". In th.4, p.II-98,

p. II-98, tu peux supprimer toute hypothèse sur Y. A ce propos, je n'avais pas vu (c'est Tate qui me l'a fait remarquer hier) que la démonstration dudit th. 4 est canulée ; bien entendu, ça s'arrange tout de suite : on veut montrer que si Y = Spec(A), et X = Proj(S), où S vérifie nos conditions habituelles, alors f(X) est fermé. Or soit $\mathfrak{a}_n$ l'annulateur du A-module S_n ; comme $S_n \cdot S_1 = S_{n+1}$, on a $\mathfrak{a}_n \subset \mathfrak{a}_{n+1}$; soit $\mathfrak{a}$ la réunion des $\mathfrak{a}_n$. Alors dire que $\mathfrak{p}$ contient $\mathfrak{a}$ équivaut à dire que $(S_n)_{\mathfrak{p}} \neq 0$ pour tout n, c'est-à-dire justement que l'image réciproque de $\mathfrak{p}$ dans X est non vide, d'où le fait que f(X) est fermé (correspondant à $\mathfrak{a}$).

Il s'ensuit en particulier que les morphismes projectifs sont « propres » en un sens plus fort que celui de ton § 5 : on peut mettre n'importe quel préschéma Y′ en facteur. Comme je n'ai pas regardé en détail la théorie des propres, j'ignore quelle est la bonne définition (le « lemme de Chow » doit le montrer). Toutefois le th. 2, p. II-116, par exemple, est sûrement vrai si A est un anneau de valuation quelconque, je ne peux pas croire qu'il y ait du noethérien là-dedans.

3 A propos, ne comptes-tu jamais donner le critère de propreté par les valuations, qui est tout de même commode : si f : X→Y est un morphisme (séparé, de type fini, je suppose), si Y et X sont irréductibles et réduits, si f(X) est dense dans X, de façon qu'on puisse identifier le corps de fonctions R(X) de X à un sous-corps de R(Y), alors, pour que f soit propre, il faut et il suffit que tout anneau de valuation de R(Y) qui domine un anneau local de X domine aussi un anneau local de Y. (Avec des hypothèses noethériennes, les anneaux de valuation discrète doivent suffire.)

Salut et fraternité

J-P. Serre

you can remove all the conditions on Y. By the way, I had not noticed (Tate pointed it out to me yesterday) that the proof of the said th.4 is wrong; it can of course immediately be corrected: the aim is to show that if $\mathrm{Y} = \mathrm{Spec}(\mathrm{A})$, and $\mathrm{X} = \mathrm{Proj}(\mathrm{S})$, where S satisfies our usual conditions, then $f(\mathrm{X})$ is closed. Now, let $\mathfrak{a}_n$ be the annihilator of the A-module S_n: as $\mathrm{S}_n \cdot \mathrm{S}_1 = \mathrm{S}_{n+1}$, we have $\mathfrak{a}_n \subset \mathfrak{a}_{n+1}$; let $\mathfrak{a}$ be the union of the $\mathfrak{a}_n$. Then, saying that $\mathfrak{p}$ contains $\mathfrak{a}$ is equivalent to saying that $(\mathrm{S}_n)_{\mathfrak{p}} \neq 0$ for all n, which means precisely that the inverse image of $\mathfrak{p}$ in X is non-empty, so that $f(\mathrm{X})$ is closed (and corresponds to $\mathfrak{a}$).

It follows in particular that projective morphisms are "proper" in a stronger sense than the one of your § 5: one may put any prescheme Y' as a direct factor. As I have not gone into the theory of properness in detail, I do not know which definition is right (this should be made clear by "Chow's lemma"). Nevertheless, th.2, p.II-116, for example, is surely true if A is any valuation ring: I cannot believe that there is anything Noetherian behind it.

By the way, do you intend ever to give the criterion for properness via valuations, which is actually very convenient: if $f : \mathrm{X} \to \mathrm{Y}$ is a morphism 3
(separated and of finite type, I suppose), X and Y are irreducible and reduced, and $f(\mathrm{X})$ is dense in X, so that the field of functions $\mathrm{R}(\mathrm{X})$ on X can be identified with a subfield of $\mathrm{R}(\mathrm{Y})$, then for f to be proper it is necessary and sufficient that every valuation ring in $\mathrm{R}(\mathrm{Y})$ which dominates a local ring of X also dominates a local ring of Y. (Under Noetherian conditions, discrete valuation rings should be enough).

Yours,

J-P. Serre

Le Poët en Pelvoux, le 9.8.1960

Mon cher Serre,

Depuis un mois, je réfléchis (bien en dehors de mon programme prévu) aux jacobiennes généralisées, symboles locaux, adèles, et théorèmes de dualité. J'en arrive à un petit début de compréhension, pour l'instant largement heuristique, et à la constatation que ma théorie de dualité pour faisceaux cohérents sera un guide épatant pour l'édification d'une théorie générale de dualité, englobant celle-ci en même temps qu'une théorie de dualité des groupes algébriques ou schémas en groupes, et la dualité en cohomologie de Weil. Cela m'amène à élargir d'autant mon programme prévu, ces questions me semblant maintenant beaucoup plus abordables que je ne pensais. Une fois cette théorie développée, j'espère bien que les conjectures de Weil viendront toutes seules. J'y travaillerai l'an prochain en même temps qu'à la mise au point de la théorie des torseurs et cotorseurs.

1 J'ai envie aujourd'hui de faire quelques commentaires sur ton cours Rosenlicht-Lang. A mon avis, l'accent n'est pas mis suffisamment sur les espaces principaux homogènes P sous un groupe algébrique (sur un corps quelconque k, ou même une base quelconque S). La donnée d'un tel P équivaut à la donnée d'un schéma en groupes P^* augmenté vers le schéma en groupe $\mathbf{Z}_k$, P étant l'image inverse P^1 de la section 1 de $\mathbf{Z}_k$. Les homomorphismes d'espaces principaux homogènes (à groupes variables) correspondent aux homomorphismes de (schémas en) groupes augmentés etc. Étant donné un k-schéma X, le foncteur qui à tout P associe $\mathrm{Hom}_k(\mathrm{X}, \mathrm{P})$ est exact à gauche, donc (puisque les P sont des objets artiniens) proreprésentable, d'où une jacobienne généralisée (extension de $\mathbf{Z}_k$ par un progroupe algébrique) qui représente ce foncteur. Si on part d'une extension K/k, i.e. si $\mathrm{X} = \mathrm{Spec}(\mathrm{K})$, on obtient de même une jacobienne généralisée $\mathrm{J}^*_{\mathrm{K}/k}$ pour représenter le foncteur $\mathrm{P} \mapsto \mathrm{P}(\mathrm{K})$, c'est aussi la limite projective (si K est de type fini sur k) des jacobiennes généralisées $\mathrm{J}^*_{\mathrm{X}/k}$ pour les modèles X de K. Bien entendu, il n'y a pas lieu d'exclure les éléments nilpotents des anneaux locaux (des groupes algébriques par exemples). La définition et l'existence des jacobiennes est ainsi une trivialité ; en revanche le comportement de $\mathrm{J}^*_{\mathrm{X}/k}$ pour une extension k' de la base k est déjà un problème sérieux, même dans le cas de corps de base.

Le Poët en Pelvoux, 8.9.1960

My dear Serre,

I have spent the last month thinking (quite outside of my planned program) about generalized Jacobians, local symbols, adeles, and duality theorems. I am beginning to understand a little, largely heuristically for the moment, and have remarked that my duality theory for coherent sheaves will be a wonderful guide to constructing a general duality theory encompassing it together with duality theory for algebraic groups or group schemes and duality of Weil cohomology. This has led me to similarly expand my planned program, since such questions now seem much more amenable to attack than previously. Once this theory has been developed, I hope the Weil conjectures will come out all by themselves. I will work on this next year at the same time as I put the finishing touches to the theory of torsors and cotorsors.

Today I would like to make a few comments on your Rosenlicht-Lang course. In my opinion, there is not enough emphasis on principal homogeneous spaces P under algebraic groups (over an arbitrary field k or even an arbitrary base S). Giving such a P is equivalent to giving a group scheme P^*, augmented towards the group scheme $\mathbf{Z}_k$, where P is the inverse image P^1 of the section 1 in $\mathbf{Z}_k$. Homomorphisms of principal homogeneous spaces (with varying groups) correspond to homomorphisms of augmented group (schemes) etc. Given a k-scheme X, the functor which associates $\mathrm{Hom}_k(\mathrm{X}, \mathrm{P})$ to all P is left exact, and hence (since the P are Artinian objects) it is prorepresentable, whence one obtains a generalized Jacobian (an extension of $\mathbf{Z}_k$ by an algebraic progroup) which represents this functor. Starting from an extension K/k, i.e. setting $\mathrm{X} = \mathrm{Spec}(\mathrm{K})$, one similarly obtains a generalized Jacobian $\mathrm{J}^*_{\mathrm{K}/k}$ which represents the functor $\mathrm{P} \mapsto \mathrm{P}(\mathrm{K})$, which is also (if K is finitely generated over k) the projective limit of the generalized Jacobians $\mathrm{J}^*_{\mathrm{X}/k}$ for models X of K. Of course, there is no reason for excluding the nilpotent elements of the local rings (of algebraic groups, for example). The definition and existence of Jacobians is therefore trivial; on the other hand, even the behavior of $\mathrm{J}^*_{\mathrm{X}/k}$ for an extension k' of the base k is a serious problem, even in the base-field case. When k' is

Lorsque k' est fini sur k (et par suite aussi lorsque c'est une extension algébrique, X étant supposé de type fini sur k) on voit facilement que l'extension de la base marche bien, i.e. $J^*_{X'/k'}$ s'identifie à $J^*_{X/k} \otimes_k k'$. Lorsque X est un courbe algébrique non complète, il faut sans doute la théorie de Rosenlicht pour donner le même résultat pour une extension quelconque de la base, et on peut espérer qu'on pourra passer de là au cas où X est de type fini sur k (et par ailleurs quelconque).

Considérons un groupe algébrique G, et les extensions du groupe augmenté J^* par G. Faute de considérer systématiquement des groupes non de type fini sur k tels que J^*, les gens ne semblent pas avoir vu que ce sont les extensions de tels groupes (et non du J^0) qui donnent le bon truc fonctoriel et intrinsèque dans l'application des jacobiennes généralisées au corps de classes. (Du point de vue « classique », une telle extension s'interprète comme la donnée d'une extension E^0 de J^0 par G, d'un espace principal homogène E^1 sous E^0, et d'un isomorphisme de $E^1 \times_{E^0} J^0$ — le principal homogène associé à E^1 pour $E^0 \to J^0$ — avec J^1). Lorsque $J^* = J^*_{X/k}$ (X étant un k-schéma quelconque, par exemple X = Spec(K)), le morphisme canonique $X \to J^1$ définit par image inverse un foncteur canonique qui va de la catégorie des extensions de J^* (par des groupes algébriques commutatifs) dans la catégorie des fibrés principaux sur X de groupe algébrique commutatif variable. Il résulte facilement de la définition de la jacobienne généralisée que ce foncteur est *pleinement fidèle*, en particulier si un fibré principal sur X provient d'une extension E de J, cette dernière est déterminée à isomorphisme unique près. Quant à savoir s'il existe un tel E (pour un groupe structural donné par exemple), l'unicité permet d'appliquer la théorie de descente et de constater que le problème est en fait géométrique (i.e. on peut passer à la clôture algébrique de k). Il en résulte par exemple que si $\mathrm{Ext}^1(J^*, \mathbf{G}_a) \to H^1(X, \mathscr{O}_X)$ est surjectif (ce qui est le cas si X est affine mais dans bien d'autres cas encore) alors pour tout groupe algébrique G *unipotent* défini sur k, l'application $\mathrm{Ext}^1(J^*, G) \to H^1(X, G)$ est bijective. Si de plus, l'application $\mathrm{Ext}^1(J^*, \mathbf{G}_m) \to H^1(X, \mathbf{G}_m)$ est surjective (après passage au besoin à la clôture algébrique de k), alors pour tout groupe algébrique commutatif *affine*, l'application $\mathrm{Ext}^1(J^*, G) \to H^1(X, G)$ est bijective (on commence par le voir dans le cas connexe par dévissage, on en déduit le cas fini par immersion de G dans un groupe connexe G', puis on obtient le cas général). En particulier, prenant pour G un groupe fini ordinaire, on trouve alors que les

finite over k (and consequently also when it is an algebraic extension, X being assumed of finite type over k), it is easy to see that base change works well, i.e. $J^*_{X'/k'}$ can be identified with $J^*_{X/k} \otimes_k k'$. When X is a non-complete algebraic curve, one probably needs Rosenlicht's theory to get the same result for an arbitrary base change; hopefully, it will be possible to pass from there to the case where X is of finite type over k (and otherwise arbitrary).

Consider an algebraic group G, and the augmented group extensions of J^* by G. In the absence of a thorough analysis of groups over k not of finite type, such as J^*, nobody seems to have noticed that it is extensions of such groups (and not of J^0) which give the right intrinsic functorial object for the application of generalized Jacobians to class field theory. (From the "classical" point of view, such an extension can be interpreted as being given by the following data: an extension E^0 of J^0 by G, a principal homogeneous space E^1 under E_0, and an isomorphism between $E^1 \times_{E^0} J^0$—the principal homogeneous space associated to E^1 via $E^0 \to J^0$—and J^1). When $J^* = J^*_{X/k}$ (where X is any k-scheme, for instance $X = \mathrm{Spec}(K)$), the canonical morphism $X \to J^1$ defines by pullback a canonical functor from the category of extensions of J^* (by commutative algebraic groups) to the category of principal bundles over X with varying commutative algebraic groups. It follows easily from the definition of the generalized Jacobian that this functor is *fully faithful*; in particular, if a principal bundle on X comes from an extension E of J, then the latter is determined up to unique isomorphism. As to whether or not such an E exists (for a given structural group, for example), uniqueness makes it possible to apply descent theory and observe that the problem is in fact geometric (i.e. one can pass to the algebraic closure of k). It follows for example that if $\mathrm{Ext}^1(J^*, \mathbf{G}_a) \to H^1(X, \mathscr{O}_X)$ is surjective (which is the case if X is affine but in many other cases as well), then for any *unipotent* algebraic group G defined over k, the map $\mathrm{Ext}^1(J^*, G) \to H^1(X, G)$ is bijective. If in addition the map $\mathrm{Ext}^1(J^*, \mathbf{G}_m) \to H^1(X, \mathbf{G}_m)$ is surjective (after passing to the algebraic closure of k if necessary) then the map $\mathrm{Ext}^1(J^*, G) \to H^1(X, G)$ is bijective for any *affine* commutative algebraic group (prove this result first for connected groups by dévissage, then deduce the finite case by embedding G in a connected group, and finally get the general case). In particular, taking G to be an ordinary finite group, one finds that the unramified coverings of X are classified by separable

revêtements non ramifiés de X sont classifiés par les isogénies séparables de la jacobienne. Cela marche en particulier toujours quand $X = \mathrm{Spec}(K)$, puisque $H^1(K, \mathbf{G}_a) = H^1(K, \mathbf{G}_m) = 0$, ou pour une courbe algébrique non singulière affine, et *partiellement* pour une courbe algébrique non singulière complète (ici on n'obtient pas tout le $H^1(C, \mathbf{G}_m)$ par extensions de la jacobienne, mais on peut préciser, pour un G quelconque, exactement quelle partie de $H^1(C, G)$ provient d'extensions de la jacobienne). Je me suis borné aux groupes affines, mais le cas où on admet une composante abélienne s'y ramène quand X est non singulier, car comme tu sais il existe toujours un sous-groupe *affine* G' de G tel qu'un élément donné de $H^1(X, G)$ provienne de $H^1(X, G')$.

Bien entendu, il faut comparer le $\mathrm{Ext}^1(J^*, G)$ au $\mathrm{Ext}^1(J^0, G)$ qu'on considère d'habitude, grâce à la suite exacte de cohomologie déduite de $0 \to J^0 \to J^* \to \mathbf{Z} \to 0$:

$$
\begin{array}{l}
0 \longrightarrow G(k) \longrightarrow \mathrm{Hom}(J^*, G) \longrightarrow \mathrm{Hom}(J^0, G) \\
\quad \longrightarrow \mathrm{Ext}^1(\mathbf{Z}, G) \longrightarrow \mathrm{Ext}^1(J^*, G) \longrightarrow \mathrm{Ext}^1(J^0, G) \\
\quad \longrightarrow \mathrm{Ext}^2(\mathbf{Z}, G),
\end{array}
$$

en tenant compte que l'on a

$$\mathrm{Ext}^i(\mathbf{Z}, G) = H^i(k, G)$$

qui est nul en particulier si $i > 0$ et k algébriquement clos (auquel cas on a $\mathrm{Ext}^1(J^*, G) = \mathrm{Ext}^1(J^0, G)$), ce qui a permis dans ce cas de confondre J^* avec J^0. Lorsque J^1 est trivial i.e. a un point rationnel sur k, alors la suite exacte précédente se décompose en suites exactes

$$0 \to \mathrm{Ext}^i(\mathbf{Z}, G) \to \mathrm{Ext}^i(J^*, G) \to \mathrm{Ext}^i(J^0, G) \to 0.$$

Ceci est le cas en particulier si J^0 est connexe (par exemple si X est connexe — par quoi j'entends relativement connexe) *et* k fini, grâce au théorème de Lang. On récupère le corps de classes de Lang en définissant un isomorphisme canonique

$$\mathrm{Ext}^1(J^*, G) \cong \mathrm{Hom}(J^*(k), G)$$

isogenies of the Jacobian. In particular, this always works when $X = \mathrm{Spec}(K)$, since $H^1(K, \mathbf{G}_a) = H^1(K, \mathbf{G}_m) = 0$, or for a non-singular affine algebraic curve, and it *partially* works for a non-singular complete algebraic curve (here, one does not get the whole of $H^1(C, \mathbf{G}_m)$ by extensions of the Jacobian, but for any G it is possible to specify exactly which part of $H^1(C, G)$ comes from extensions of the Jacobian). I have restricted myself to affine groups, but the case where there is an abelian component can be reduced to this case if X is non-singular, since, as you know, there always exists an *affine* subgroup G' of G such that a given element of $H^1(X, G)$ comes from $H^1(X, G')$.

Of course, $\mathrm{Ext}^1(J^*, G)$ should be compared with the $\mathrm{Ext}^1(J^0, G)$ which are usually studied, thanks to the cohomology exact sequence derived from $0 \to J^0 \to J^* \to \mathbf{Z} \to 0$:

$$\begin{array}{ccccccc}
0 & \longrightarrow & G(k) & \longrightarrow & \mathrm{Hom}(J^*, G) & \longrightarrow & \mathrm{Hom}(J^0, G) \\
& & \mathrm{Ext}^1(\mathbf{Z}, G) & \longrightarrow & \mathrm{Ext}^1(J^*, G) & \longrightarrow & \mathrm{Ext}^1(J^0, G) \\
& & \mathrm{Ext}^2(\mathbf{Z}, G), & & & &
\end{array}$$

taking into account the fact that

$$\mathrm{Ext}^i(\mathbf{Z}, G) = H^i(k, G)$$

which in particular is trivial if $i > 0$ and k is algebraically closed (in this case $\mathrm{Ext}^1(J^*, G) = \mathrm{Ext}^1(J^0, G)$), so that in this case one may identify J^* and J^0. When J^1 is trivial (i.e. has a rational point over k), the exact sequence above breaks up into exact sequences

$$0 \to \mathrm{Ext}^i(\mathbf{Z}, G) \to \mathrm{Ext}^i(J^*, G) \to \mathrm{Ext}^i(J^0, G) \to 0.$$

This is the case, in particular, if J^0 is connected (for example if X is connected—by which I mean relatively connected) and k finite, by Lang's theorem. One recovers Lang's class field theory by defining a canonical isomorphism

$$\mathrm{Ext}^1(J^*, G) \cong \mathrm{Hom}(J^*(k), G)$$

pour k corps fini, G groupe fini ordinaire, défini ainsi : par Yoneda, un élément du premier membre définit un homomorphisme

$$\mathrm{J}^*(k) = \mathrm{H}^0(k, \mathrm{J}^*) \to \mathrm{H}^1(k, \mathrm{G})$$

d'autre part, comme le groupe de Galois de $\overline{k}$ sur k est le complété de $\mathbf{Z}$, et opère trivialement sur G, on a

$$\mathrm{H}^1(k, \mathrm{G}) = \mathrm{Hom}(\mathbf{Z}, \mathrm{G}(\overline{k})) = \mathrm{G}$$

d'où l'homomorphisme ci-dessus, dont on vérifie facilement que c'est un isomorphisme.

Pour présenter la théorie de Rosenlicht, le plus compréhensible me semble de commencer par considérer le Picard de courbes singulières et complètes C, soit $\mathrm{P}^*_{\mathrm{C}/k}$ (dont la structure se dévisse d'ailleurs facilement une fois obtenue l'*existence* de Picard), et de considérer le morphisme naturel $\mathrm{C}' \to \mathrm{P}^1_{\mathrm{C}/k}$ qui va de la partie non singulière C′ de C dans Picard, déduite du diviseur diagonal dans $\mathrm{C} \otimes_k \mathrm{C}'$. Le théorème de Rosenlicht s'exprime alors en disant que pour C′ fixé, en prenant le système projectif des Picard des C_i avec de plus en plus de singularités, on trouve une jacobienne généralisée de C′. Sous cette forme, un certain nombre de petits calculs m'ont convaincu que le théorème reste
2 valable aussi pour des schémas en courbes sur une base noethérienne S. J'ai dégagé un énoncé en forme qui me semble raisonnable, et j'ai même une idée de démonstration. Mais bien entendu, il faut commencer par prouver l'existence de Picard, ce que je pense faire avec les moyens du bord pendant ces vacances.

La démonstration que j'aurais en vue est liée à une définition directe des symboles locaux, qu'on obtient ainsi. Supposons pour simplifier qu'on travaille sur un corps k, soit A un anneau local complet régulier de dimension 1, qui est une algèbre sur k de corps résiduel k (donc isomorphe à $k[[t]]$). On définit alors de façon naturelle un groupe proalgébrique augmenté vers $\mathbf{Z}$, soit $\mathrm{J}^*_{\mathrm{A}/k}$, dont les points rationnels sur k sont les éléments de K^*, où K est le corps des fractions de A. Pour toute algèbre k' sur k, $\mathrm{J}^*_{\mathrm{A}/k}(k')$ est donc un groupe augmenté vers $\mathbf{Z}$, qui s'identifie d'ailleurs (une fois qu'une uniformisante t de A est choisie) au groupe multiplicatif des développements $\sum_i c_i t^i$, les $c_i \in k'$, nuls pour i petit, le premier c_i non nul étant inversible. Prenons $k' = \mathrm{K}$, et

for a finite field k and an ordinary finite group G in the following way: by Yoneda, an element of the left-hand side gives a homomorphism

$$\mathrm{J}^*(k) = \mathrm{H}^0(k, \mathrm{J}^*) \to \mathrm{H}^1(k, \mathrm{G});$$

however, since the Galois group of $\overline{k}$ over k is the completion of $\mathbf{Z}$ and acts trivially on G, one has

$$\mathrm{H}^1(k, \mathrm{G}) = \mathrm{Hom}(\mathbf{Z}, \mathrm{G}(\overline{k})) = \mathrm{G},$$

giving the homomorphism above, which is easily checked to be an isomorphism.

It seems to me that the most comprehensible way of presenting Rosenlicht's theory is to start with the Picard $\mathrm{P}^*_{\mathrm{C}/k}$ of complete singular curves C (whose structure is determined quite easily once the *existence* of Picard is established), and consider the natural morphism $\mathrm{C}' \to \mathrm{P}^1_{\mathrm{C}/k}$ which maps the non-singular part C' of C to the Picard group, induced by the diagonal divisor in $\mathrm{C} \otimes_k \mathrm{C}'$. Rosenlicht's theorem can then be formulated as saying that for fixed C', taking the projective system of Picard groups of C_i with more and more singularities yields a generalized Jacobian for C'. A bunch of short computations have convinced me that the theorem in this form remains valid for curve schemes over a Noetherian base S. I have worked out a precise statement which seems 2 reasonable, and I even have an idea of a proof. But I will of course have to start by proving the existence of Picard, which I intend to do during the holidays, with the tools I have available.

The proof I have in mind is linked to a direct definition of local symbols, obtained as follows. For simplicity, let us work over a field k; let A be a regular complete local ring of dimension 1 which is an algebra over k with residue field k (hence isomorphic to $k[[t]]$). It is then natural to define a proalgebraic group $\mathrm{J}^*_{\mathrm{A}/k}$ augmented towards $\mathbf{Z}$, whose k-rational points are the elements of K^* where K is the fraction field of A. For any algebra k' over k, $\mathrm{J}^*_{\mathrm{A}/k}(k')$ is thus a group augmented towards $\mathbf{Z}$, which moreover can be identified (once a uniformizing parameter t of A is chosen) with the multiplicative group of series $\sum_i c_i t^i$, where the $c_i \in k'$ vanish for small i, and the first non-zero c_i is

considérons la série formelle

$$\sum_{i\geqslant 1}(1/\mathrm{T}^i)t^i$$

où $\mathrm{T} = t$, mais considéré comme élément de l'anneau de coefficients K (et non comme indéterminée). On obtient ainsi un élément de $\mathrm{J}^1(\mathrm{K})$, et on constate que si on change d'uniformisante, cet élément est multiplié par un élément de $\mathrm{J}^0(\mathrm{A})^{(1)}$, où $\mathrm{J}^0(\mathrm{A})^{(1)}$ est le sous-groupe de $\mathrm{J}^0(\mathrm{A})$ noyau de l'homomorphisme de spécialisation $\mathrm{J}^0(\mathrm{A})\to\mathrm{J}^0(k)$. D'où un élément canonique

$$\xi_{\mathrm{A}/k} \in \mathrm{J}^1(\mathrm{K})/\mathrm{J}^0(\mathrm{A})^{(1)}.$$

On peut encore le définir lorsque A n'est plus supposé complet. Cet élément jouit de la propriété universelle suivante : pour tout espace principal homogène P^1 sous un groupe algébrique commutatif G sur k, et tout élément de $\mathrm{P}^1(\mathrm{K})/\mathrm{G}(\mathrm{A})^{(1)}$, il existe un homomorphisme unique de $\mathrm{J}^*_{\mathrm{A}/k}$ dans $\mathrm{P}^*_{\mathrm{A}/k}$ tel que l'élément donné soit l'image de ξ par ledit. Il faudrait pouvoir donner une démonstration directe de ce théorème, qui en tout cas résulte par voie globale de la théorie de Rosenlicht.

Une fois ce résultat local obtenu, la théorie du corps de classes local se développe certainement, dans le cas d'égales caractéristiques, comme dans le cas global, et en particulier, on peut définir directement, à l'aide d'une isogénie séparable de $\mathrm{J}^*_{\mathrm{A}/k}$, une extension abélienne de K par image inverse (cette extension étant définie modulo une extension abélienne non ramifiée sur A, i.e. modulo rien du tout dans le cas « géométrique » complet). Comme tu l'as toi-même remarqué dans ton cours de cette année, on vérifie sans difficulté que cette application est inverse de celle que tu définis en sens inverse (dans le cas géométrique), ce qui donne une démonstration simple du théorème d'existence dans la théorie du corps de classes local, en égales caractéristiques. Bien entendu, comme dans le cas global, il n'y a pas lieu de se limiter aux extensions abéliennes mais il faut regarder la classification des extensions de $\mathrm{J}^*_{\mathrm{A}/k}$ par des groupes algébriques commutatifs quelconques, et des fibrés principaux homogènes définis sur K d'autre part. Je n'ai pas examiné la situation de près.

Malheureusement, je ne comprends toujours pas mieux le cas d'inégales caractéristiques, sauf que j'ai une conscience plus nette de ce que je ne comprends pas. On aimerait énormément avoir une description directe de l'extension de

invertible. Set $k' = \mathrm{K}$, and consider the formal series

$$\sum_{i\geqslant 1}(1/\mathrm{T}^i)t^i,$$

where $\mathrm{T} = t$ viewed as an element of the ring of coefficients K (and not as an indeterminate.) This gives an element of $\mathrm{J}^1(\mathrm{K})$; note that on changing the uniformizing parameter, this element gets multiplied by an element of $\mathrm{J}^0(\mathrm{A})^{(1)}$, where $\mathrm{J}^0(\mathrm{A})^{(1)}$ is the subgroup of $\mathrm{J}^0(\mathrm{A})$ which is the kernel of the specialization homomorphism $\mathrm{J}^0(\mathrm{A})\rightarrow\mathrm{J}^0(k)$. This gives a canonical element

$$\xi_{\mathrm{A}/k} \in \mathrm{J}^1(\mathrm{K})/\mathrm{J}^0(\mathrm{A})^{(1)}.$$

It can still be defined without the assumption that A is complete. This element has the following universal property: for any principal homogeneous space P^1 under a commutative algebraic group G over k, and any element of $\mathrm{P}^1(\mathrm{K})/\mathrm{G}(\mathrm{A})^{(1)}$, there is a unique homomorphism from $\mathrm{J}^*_{\mathrm{A}/k}$ to $\mathrm{P}^*_{\mathrm{A}/k}$ such that the given element is the image of ξ under this homomorphism. It would be good to find a direct proof of this result, which in any case follows by global arguments from Rosenlicht's theory.

Once this local result has been obtained, local class field theory can certainly be developed, for equal characteristic, just as in the global case; in particular, it is possible to define an abelian extension of K directly by inverse image, using a separable isogeny of $\mathrm{J}^*_{\mathrm{A}/k}$ (where this extension is defined modulo an abelian extension unramified over A, i.e. modulo nothing at all in the complete "geometric" case). As you yourself remarked in your course this year, it is easily checked that this map is the inverse of the one you defined (in the geometric case) which goes in the other direction; this gives a simple proof of the existence theorem in local class field theory, in equal characteristic. Naturally, as in the global case, there is no reason to restrict to abelian extensions; one should consider the classification of extensions of $\mathrm{J}^*_{\mathrm{A}/k}$ by arbitrary commutative algebraic groups, and principal homogeneous bundles defined over K. I have not gone into this in detail.

Unfortunately, my understanding of unequal characteristics has still not improved, except that I have a clearer idea of what I do not understand. It would be enormously helpful to have a direct description of the extension of K

K qui correspond à une isogénie de la jacobienne, en même temps qu'une interprétation des extensions de la jacobienne par des groupes algébriques qui ne sont pas des groupes finis ordinaires.

Par contre, j'ai des idées très précises, en égales caractéristiques, sur les jacobiennes généralisées des anneaux locaux de dimension quelconque. Si A est un tel anneau local, régulier, en même temps une algèbre sur k (mais le corps résiduel pouvant être de degré de transcendance quelconque sur k), je sais lui associer un groupe pro-algébrique $\mathrm{J}_{\mathrm{A}/k}$ qui mérite le nom de jacobienne généralisée. Si A est un corps, c'est le $\mathrm{J}^*_{\mathrm{K}/k}$ déjà considéré, qui représente le foncteur G(K). Si A est de dimension 1, on considère le foncteur G(K)/G(A) (où K est le corps des fractions de A), i.e. les G-diviseurs de l'anneau local A, il est exact à gauche en G et correspond à un groupe proalgébrique $\mathrm{J}_{\mathrm{A}/k}$ (avec les notations ci-dessus et lorsque le corps résiduel est k, ce serait $\mathrm{J}^0_{\mathrm{A}/k}$). C'est un groupe proalgébrique relativement connexe, qui n'a plus de partie abélienne, mais une partie multiplicative isomorphe à $\mathbf{G}_m$. Pour $\dim \mathrm{A} \geqslant 2$, on trouve des groupes proalgébriques relativement connexes et *unipotents*, qui pro-représentent des foncteurs de cohomologie locale, savoir $\mathrm{H}^{n-1}(\mathrm{Spec}(\mathrm{A})-\text{origine}, \mathrm{G})$; la cohomologie est prise au sens des faisceaux ordinaires, et on trouverait une définition uniforme (indépendante de dim A) des foncteurs définissant les jacobiennes locales, en faisant intervenir la cohomologie *relative* de Spec(A) modulo le complémentaire de l'origine ; elle est nulle pour tout G sauf en dimension n (c'est un résultat local exactement analogue qui donne la dualité des variétés topologiques !), donc le H^n relatif à valeurs dans G est un foncteur exact à gauche en G... Si maintenant X est un schéma non singulier sur k, de type fini sur k pour simplifier, on peut considérer le progroupe produit des $\mathrm{J}_{\mathrm{A}/k}$ pour les localités A de X de dimension de Krull i, soit J_i, et les J_i forment un complexe J_* :

$$0 \leftarrow \mathrm{J}_0 \leftarrow \mathrm{J}_1 \leftarrow \mathrm{J}_2 \leftarrow \cdots \leftarrow \mathrm{J}_n \leftarrow 0$$

dont par exemple le 0-ième groupe d'homologie est la jacobienne $\mathrm{J}^*_{\mathrm{X}/k}$. Pour tout groupe algébrique G, la cohomologie de $\mathrm{Hom}(\mathrm{J}_*, \mathrm{G})$ est canoniquement isomorphe à $\mathrm{H}^*(\mathrm{X}, \mathscr{O}_{\mathrm{X}}(\mathrm{G}))$, où les groupes de cohomologie de X sont pris au sens faisceautique habituel. Les J_i sont d'ailleurs projectifs relativement aux suites exactes de groupes algébriques qui définissent des fibrés localement triviaux (i.e. pour lesquels la suite des faisceaux correspondants sur X est

corresponding to an isogeny of the Jacobian, as well as an interpretation of the extensions of the Jacobian by algebraic groups which are not ordinary finite groups.

On the other hand, I have some very precise ideas about generalized Jacobians of local rings of any dimension, in equal characteristic. If A is such a local ring, which is regular and is also a k-algebra (whose residue field can have any transcendence degree over k), I can associate to it a proalgebraic group $\mathrm{J}_{\mathrm{A}/k}$ which deserves to be called a generalized Jacobian. If A is a field, this is the $\mathrm{J}^*_{\mathrm{K}/k}$ considered above, which represents the functor G(K). If A is 1-dimensional, consider the functor G(K)/G(A) (where K is the fraction field of A), i.e. the G-divisors of the local ring A; this is left exact in G and corresponds to a proalgebraic group $\mathrm{J}_{\mathrm{A}/k}$ (with the notation above, this would be $\mathrm{J}^0_{\mathrm{A}/k}$ if the residue field were k). This is a relatively connected proalgebraic group, which no longer has an abelian part, but a multiplicative part isomorphic to $\mathbf{G}_m$. For $\dim \mathrm{A} \geqslant 2$, one obtains relatively connected *unipotent* proalgebraic groups, which pro-represent local cohomology functors, namely $\mathrm{H}^{n-1}(\mathrm{Spec}(\mathrm{A}) - \mathrm{origin}, \mathrm{G})$; cohomology is taken to mean ordinary sheaf cohomology, and one would obtain a uniform definition (independent of dim(A)) of the functors defining the local Jacobians by using *relative* cohomology of Spec(A) modulo the complement of the origin; this relative cohomology vanishes for all G except in dimension n (an analogous local result proves the duality for topological varieties!) so the relative H^n with values in G is a left exact functor of G... If X is now a non-singular scheme over k, of finite type over k for simplicity, consider the pro-group J_i, product of the $\mathrm{J}_{\mathrm{A}/k}$ for places A of X of Krull dimension i; the J_i form a complex J_*:

$$0 \leftarrow \mathrm{J}_0 \leftarrow \mathrm{J}_1 \leftarrow \mathrm{J}_2 \leftarrow \cdots \leftarrow \mathrm{J}_n \leftarrow 0$$

whose 0-th homology group, for example, is the Jacobian $\mathrm{J}^*_{\mathrm{X}/k}$. For any algebraic group G, the cohomology of $\mathrm{Hom}(\mathrm{J}_*, \mathrm{G})$ is canonically isomorphic to $\mathrm{H}^*(\mathrm{X}, \mathscr{O}_{\mathrm{X}}(\mathrm{G}))$, where the cohomology of X is taken in the usual sheaf-theoretic way. The J_i are actually projective relative to exact sequences of algebraic groups defining locally trivial bundles (i.e. for which the sequence of corresponding sheaves on X is exact). One may possibly find another, more satis-

exacte). Il est possible qu'on trouve une autre théorie, plus satisfaisante (avec des J_i projectifs pour de bon) en se plaçant dans une cohomologie de Weil.

On a des résultats un peu plus complexes lorsque X n'est plus supposé régulier, le complexe J est alors remplacé par un bicomplexe (dont le Hom dans G est le terme initial d'une suite spectrale qui aboutit à la cohomologie faisceautique de X à valeurs dans G) ; bicomplexe qu'on peut déduire d'un certain anneau simplicial, méritant le nom d'anneau simplicial adélique de X, qui fournit une résolution flasque de $\mathscr{O}_X$ par des faisceaux d'algèbres plates. Je peux te donner des détails sur demande, ça ne vaut sans doute pas le coup de donner ici une définition en forme.

Je reviens à Paris au début Septembre, y seras-tu ? As-tu reçu le chapitre I
3 du hyperplodoque ?

Salut et fraternité

A. Grothendieck

Paris, le 20 Septembre 1961

Cher Grothendieck,

1 Auslander vient de trouver une démonstration « homologique » du théorème de pureté de Nagata. Voici en gros l'idée de la démonstration :

Soit A régulier, et soit B une extension finie de A, normale, galoisienne, et non ramifiée en dehors de l'origine. On suppose que $\dim A \geqslant 2$ et il s'agit de prouver que B est libre (ce qui entraînera que B est non ramifiée).

[La réduction du cas général (« quasi-fini », non galoisien) à celui-là est triviale, sans même que l'on ait à passer aux complétés.]

Soit G le groupe de Galois, n son ordre. A $s \in G$ et $b \in B$, on fait correspondre l'endomorphisme $x \mapsto b \cdot s(x)$ de B. On envoie ainsi $B \times \cdots \times B$ (n fois)

fying, theory (with J_i which are truly projective) by working with some Weil cohomology.

There are some slightly more complicated results when X is not assumed to be regular; the complex J is replaced by a double complex (whose Hom into G is the first term of a spectral sequence which abuts at the sheaf-theoretic cohomology on X with values in G); this double complex can be derived from a certain simplicial ring, which deserves to be called the adelic simplicial ring of X, which provides a flasque resolution of $\mathscr{O}_X$ by sheaves of flat algebras.

I can provide the details on demand—it is probably not worthwhile to give the rigorous definition here.

I am coming back to Paris at the beginning of September; will you be there? Have you received chapter I of the hyperplodocus? 3

Yours,

A. Grothendieck

Paris, September 20, 1961

Dear Grothendieck,

Auslander has just found a "homological" proof of Nagata's purity theorem. 1
Here is an outline of the idea of the proof:

Let A be regular and let B be a finite normal Galois extension of A, unramified outside the origin. Assume that $\dim A \geqslant 2$; the aim is to prove that B is free (which will imply that B is unramified).

[The general ("quasi-finite", non-Galois) case can trivially be reduced to this one without even having to pass to completions.]

Let G be the Galois group and n its order. Associate to $s \in G$ and $b \in B$ the endomorphism $x \mapsto b \cdot s(x)$ of B. In this way, $B \times \cdots \times B$ (n times)

dans $\mathrm{Hom}_{\mathrm{A}}(\mathrm{B},\mathrm{B})$; comme les deux modules sont réflexifs, et que l'application est un isomorphisme localisée en codimension 1, c'est un isomorphisme. D'où $\mathrm{Hom}_{\mathrm{A}}(\mathrm{B},\mathrm{B}) = \mathrm{B}^n$. A partir de là, c'est une question de modules ; en effet, Auslander démontre :

THÉORÈME : *Soit* A *régulier, soit* M *un* A*-module réflexif, libre en dehors de l'origine, et tel que* Hom(M, M) *soit isomorphe à* M^n. *Alors* M *est libre.*

C'est trivial en dimension 2. En dimension 3, il donne une démonstration très astucieuse, que j'ai la flemme de reproduire (mais je l'ai vérifiée) ; le cas de la dimension $n \geqslant 4$ se ramène assez facilement (mais oui !) à celui de la dimension $n - 1$.

(Note que le théorème ci-dessus, appliqué à un module de rang 1, redémontre que A est factoriel.)

Salut et fraternité

J-P. Serre

P-S. Je prends le bateau après-demain pour New-York.

Harvard 1. Octobre 1961

Mon cher Serre,

Merci pour ta lettre. La démonstration de Auslander est en effet astucieuse, mais ne m'excite plus beaucoup, car je sais démontrer maintenant le théorème
1 de pureté et des généralisations diverses de façon nettement plus naturelle. En effet, j'ai transporté en algèbre locale le tapis de la complétion formelle le long d'un section hyperplane, et j'ai obtenu l'analogue exact, relatif aux relations entre un anneau local A et un quotient $\mathrm{A}/f\mathrm{A}$. (À vrai dire, je n'ai pas rédigé en détail le théorème principal, mais je n'ai aucun doute à son sujet). À vrai dire, il apparaît que les théorèmes locaux auxquels on aboutit sont toujours plus

maps to $\mathrm{Hom}_A(B, B)$; as these two modules are reflexive and the map is a localized isomorphism in codimension 1, it is an isomorphism. It follows that $\mathrm{Hom}_A(B, B) = B^n$. From this point on, it is a problem about modules; indeed, Auslander shows that:

THEOREM: *Let* A *be regular and let* M *be a reflexive* A*-module which is free outside of the origin and such that* Hom(M, M) *is isomorphic to* M^n. *Then* M *is free.*

This is trivial in dimension 2. In dimension 3, he gives a very ingenious proof, which I am too lazy to reproduce here (but I have checked it); the dimension $n \geqslant 4$ case can be reduced fairly easily (yes indeed!) to the dimension $n-1$ case.

(Note that the theorem above, applied to a rank 1 module, gives an alternative proof that A is factorial.)

Yours,

J-P. Serre

P-S. I will be taking the boat for New York the day after tomorrow.

Harvard, October 1, 1961

My dear Serre,

Thank you for your letter. Auslander's proof is indeed ingenious, but I do not find it that exciting any more, since I can now prove the purity theorem and various generalizations in a much more natural way. In fact, I have translated 1
all the stuff on formal completions along a hyperplane section into local algebra, and have obtained its exact analog with respect to the relation between a local ring A and a quotient ring A/fA. (Actually, I have not yet written up the main theorem in detail, but I have no doubt at all that it works.) To tell the truth, it seems that the local theorems one obtains this way are always

forts que les théorèmes globaux antérieurs, en ce sens que par des arguments de type standard, on peut déduire les énoncés projectifs des énoncés d'algèbre locale. Voici deux produit dérivés du tapis général :

A désigne un anneau local complet noethérien, f un élément de son radical, qu'on supposera pour simplifier non diviseur de 0, $\mathrm{X} = \mathrm{Spec}(\mathrm{A})$, $\mathrm{Y} = \mathrm{V}(f) = \mathrm{Spec}(\mathrm{A}/f\mathrm{A})$, x le point fermé de X, $\mathrm{X}' = \mathrm{X} - x$, $\mathrm{Y}' = \mathrm{Y} - y$. Alors

1) Si X est de profondeur $\geqslant 2$ en les points fermés de X' (par exemple A de profondeur $\geqslant 3$) alors $\pi_1(\mathrm{Y}')\to\pi_1(\mathrm{X}')$ est surjectif (« théorème de Bertini », impliquant le « théorème de pureté » pour un anneau local régulier à partir du fait que c'est connu en dimension 2). Si X est de profondeur $\geqslant 3$ en les points fermés de X' (par exemple A de profondeur $\geqslant 4$), alors tout revêtement étale de Y' se prolonge en un revêtement de X' qui est étale en dehors d'une partie finie de $\mathrm{X}' - \mathrm{Y}'$; donc si on suppose de plus que les anneaux locaux des $x' \in \mathrm{X}' - \mathrm{Y}'$ satisfont au théorème de pureté, alors $\pi_1(\mathrm{Y}')\to\pi_1(\mathrm{X}')$ est bijectif.

N.B. Je dis qu'un anneau local noethérien B satisfait au théorème de pureté si, posant $\mathrm{Z} = \mathrm{Spec}(\mathrm{B})$, $\mathrm{Z}' = \mathrm{Z} - z$, où z est le point fermé, le foncteur restriction induit une équivalence de catégorie entre la catégorie des revêtements étales de Z avec la catégorie des revêtements étales de Z'. Ainsi, utilisant la deuxième partie de 1) et le théorème de pureté, on obtient facilement : *Si* B *est une intersection complète de* dim $\geqslant 3$, *alors* B *satisfait au théorème de pureté*, (B pas nécessairement complet).

2) Si prof $\mathrm{A} \geqslant 4$ i.e. prof $\mathrm{A}/f\mathrm{A} \geqslant 3$, alors $\mathrm{Pic}(\mathrm{X}')\to\mathrm{Pic}(\mathrm{Y}')$ est injectif ; si prof $\mathrm{A} \geqslant 5$ i.e. prof $\mathrm{A}/f\mathrm{A} \geqslant 4$, alors tout Module inversible sur Y' se prolonge en un Module sur X' qui est inversible sauf en une partie finie de $\mathrm{X}' - \mathrm{Y}'$; par suite, si de plus les anneaux locaux des $x' \in \mathrm{X}' - \mathrm{Y}'$ sont quasi-factoriels, alors $\mathrm{Pic}(\mathrm{X}')\to\mathrm{Pic}(\mathrm{Y}')$ est bijectif.

N.B. Un anneau local B est dit quasi-factoriel si $\mathrm{Pic}(\mathrm{Z}') = 0$. Ainsi, utilisant la deuxième partie de 2), et le théorème d'unique factorisation pour les anneaux locaux réguliers, on obtient facilement : *Si* B *est une intersection complète de* dim $\geqslant 4$ (B pas nécessairement complet), *alors* B *est quasi-factoriel.* Par suite, si B est une intersection complète qui est factorielle en codim $\leqslant 3$, (par exemple régulière en codim $\leqslant 3$), alors B est un anneau factoriel : c'est la conjecture de Samuel.

stronger than the global theorems which were known before, in the sense that the projective statements can be deduced from the local algebra statements by standard arguments. Here are two products derived from the general stuff:

A denotes a complete Noetherian local ring, f an element of its radical, assumed for simplicity not to be a zero divisor, $X = \mathrm{Spec}(A)$, $Y = V(f) = \mathrm{Spec}(A/fA)$, x is the closed point of X, $X' = X - x$, $Y' = Y - y$. Then

1) If X is of depth $\geqslant 2$ at the closed points of X′ (for instance if A is of depth $\geqslant 3$), then $\pi_1(Y')\to\pi_1(X')$ is surjective ("Bertini's theorem" which implies the "purity theorem" for a local regular ring starting from the fact that it is known in dimension 2). If X is of depth $\geqslant 3$ at the closed points of X′ (for instance if A is of depth $\geqslant 4$), then every etale covering of Y′ can be extended to a covering of X′ which is etale outside of a finite subset of $X' - Y'$; thus under the additional assumption that the local rings of the $x' \in X' - Y'$ satisfy the purity theorem, $\pi_1(Y')\to\pi_1(X')$ is actually bijective.

N.B. I say that a local Noetherian ring B satisfies the purity theorem if, on setting $Z = \mathrm{Spec}(B)$ and $Z' = Z - z$, where z is the closed point, the restriction functor induces an equivalence of categories between the category of etale coverings of Z and the category of etale coverings of Z′. Thus, using the second part of 1) and the purity theorem, one easily obtains: *If* B *is a complete intersection of* dim $\geqslant 3$, *then* B *satisfies the purity theorem* (B not necessarily complete).

2) If depth $A \geqslant 4$, i.e. depth $A/fA \geqslant 3$, then $\mathrm{Pic}(X')\to\mathrm{Pic}(Y')$ is injective; if depth $A \geqslant 5$, i.e. depth $A/fA \geqslant 4$, then any invertible Module over Y′ can be extended to a Module over X′ which is invertible except at a finite subset of $X' - Y'$; consequently, if in addition the local rings of $x' \in X' - Y'$ are quasi-factorial, then $\mathrm{Pic}(X')\to\mathrm{Pic}(Y')$ is bijective.

N.B. A local ring B is said to be quasi-factorial if $\mathrm{Pic}(Z') = 0$. Thus, using the second part of 2) and the unique factorization theorem for regular local rings, one easily obtains: *If* B *is a complete intersection of* dim $\geqslant 4$ (B not necessarily complete), *then* B *is quasi-factorial.* It follows that if B is a complete intersection which is factorial in codimension $\leqslant 3$ (for instance if B is regular in codim $\leqslant 3$), then B is a factorial ring: this is Samuel's conjecture.

Ces résultats locaux donnent immédiatement des résultats globaux du type suivant : Soient X un préschéma localement noethérien, Y une partie fermée de X, supposons qu'en les points de Y, X soit une intersection complète. Si Y est de codim $\geqslant 3$ (resp. de codim $\geqslant 4$) alors le foncteur restriction des revêtements étales de X (resp. des Modules inversibles sur X) dans les revêtements étales (resp. Modules inversibles) sur $\mathrm{X}-\mathrm{Y} = \mathrm{U}$, est une équivalence de catégories, et en particulier on a des isomorphismes $\pi_1(\mathrm{U}) \cong \pi_1(\mathrm{X})$ (resp. $\mathrm{Pic}(\mathrm{X}) \to \mathrm{Pic}(\mathrm{U})$). A ce sujet, je signale aussi un résultat analogue, au cran précédent, qu'un
2 étudiant d'ici, Hartshorne, vient de démontrer : si Y est de codim $\geqslant 2$, alors $\pi_0(\mathrm{U}) \to \pi_0(\mathrm{X})$ est bijectif. (Il suffit même pour ceci que les anneaux locaux de X en les points de Y soient de profondeur $\geqslant 2$. Cela prouve que si X satisfait ta condition S_2 et est connexe, il est même « connexe en codim 1 » i.e. deux composantes irréductibles de X peuvent être jointes par une chaîne de composantes dont deux consécutives se coupent en codimension 1. Il ne me semble pas que ceci était connu même pour les intersections complètes dans l'espace projectif. La démonstration du théorème de Hartshorne est d'ailleurs presque triviale, quand on utilise les sorites de cohomologie relative et qu'on écrit la relation voulue sous la forme plus forte : $\mathrm{H}^0(\mathrm{X}, \mathscr{O}_\mathrm{X}) \to \mathrm{H}^0(\mathrm{Y}, \mathscr{O}_\mathrm{Y})$ est bijectif.)

Une morale évidente est qu'il faut étudier systématiquement la topologie des schémas locaux et plus précisément des différences de schémas locaux, surtout dans le cas « géométrique », i.e. relatif au cas d'un anneau local complet à corps résiduel algébriquement clos. Je suis convaincu par exemple que si A est un anneau local complet à corps résiduel algébriquement clos, tel que les composantes de $\mathrm{X} = \mathrm{Spec}(\mathrm{A})$ soient toutes de dimension $\geqslant 2$, alors
3 $\pi_1(\mathrm{X}')$ est topologiquement de type fini. En fait, le tapis Lefschetz et la technique de descente nous ramènent au cas où X est normal et de dimension 2, c'est-à-dire au cas étudié par Mumford dans le cas analytique complexe, et où la désingularisation donne des idées assez précises sur l'allure probable du groupe fondamental. Je viens d'ailleurs de vérifier, dans le cas d'égales carac-
4 téristiques, une conjecture de l'article de Mumford, disant que $\mathrm{Pic}(\mathrm{X}')$ devrait être l'ensemble des points rationnels d'un schéma en groupes de type fini sur le corps résiduel. En effet, si X_1 est un schéma régulier projectif sur X, et si E_1 désigne la fibre du point fermé x, munie d'une structure induite définie par un idéal assez petit sur X_1, i.e. E_1 assez gros, il suffit de prendre le

These local results immediately yield global results of the following kind: let X be a locally Noetherian prescheme and Y a closed subset of X, and assume that X is a complete intersection at all points of Y. If Y is of codim $\geqslant 3$ (resp. of codim $\geqslant 4$), then the restriction functor from etale coverings of X (resp. invertible Modules on X) to etale coverings (resp. invertible Modules) on $X - Y = U$ is an equivalence of categories, and in particular there are isomorphisms $\pi_1(U) \cong \pi_1(X)$ (resp. $\mathrm{Pic}(X) \to \mathrm{Pic}(U)$). On this topic, let me mention an analogous result one degree lower, which was just proved by a student here, Hartshorne: if Y is of codim $\geqslant 2$, then $\pi_0(U) \to \pi_0(X)$ is bijective. (Even better, 2
it is enough for the local rings of X at the points of Y to be of depth $\geqslant 2$. This proves that if X satisfies your condition S_2 and is connected, then it is in fact "connected in codim 1", i.e. two irreducible components of X can be joined by a chain of components of which any two consecutive members meet in codimension 1. I do not believe that this was known even for complete intersections in projective space. The proof of Hartshorne's theorem is actually practically trivial using the relative cohomology sorites and writing the desired relation in the stronger form that $H^0(X, \mathscr{O}_X) \to H^0(Y, \mathscr{O}_Y)$ is bijective.)

One obvious moral of this story is that it is necessary to make a systematic study of the topology of local schemes, and more precisely of differences of local schemes, especially in the "geometric" case, i.e. with respect to a complete local ring whose residue field is algebraically closed. For example, I am convinced that if A is a complete local ring with algebraically closed residue field, such that the components of $X = \mathrm{Spec}(A)$ are all of dim $\geqslant 2$, then $\pi_1(X')$ is topologically finitely generated. In fact, Lefschetz ideas and descent tech- 3
niques can be used to reduce the problem to the case where X is normal and 2-dimensional, i.e. to the case studied by Mumford in the analytic complex case, where desingularization gives some fairly precise ideas as to the probable shape of the fundamental group. Actually, in the case of equal characteristic, I have just proved a conjecture from Mumford's paper which says that $\mathrm{Pic}(X')$ 4
should be the set of rational points of a group scheme of finite type over the residue field. Indeed, if X_1 is a regular projective scheme over X and E_1 denotes the fiber over the closed point x, equipped with an induced structure defined by a sufficiently small ideal over X_1, i.e. E_1 is sufficiently large, then it suffices

schéma de Picard de E_1/k, et de le diviser par le sous-groupe discret induit par les Modules inversibles sur X_1 définis par les composantes irréductibles de E_1 (considérées comme des diviseurs premiers sur X_1), — groupe dont le rang est précisément celui du Néron-Severi de E, de sorte qu'il reste une extension d'un groupe *fini* (le $H^2(X', \mathbf{Z})$ de l'article de Mumford) par le Picard connexe de E_1/k. Il est assez amusant de constater que cette structure algébrique dépend effectivement de la façon dont on a relevé le corps résiduel k de A ; mais son existence nous donne déjà des renseignements de finitude sur la partie « kummérienne » de $\pi_1(X')$. Il n'est pas exclu que la technique de spécialisation du groupe fondamental, convenablement adaptée, permette de prouver que $\pi_1(X')$ est topologiquement de type fini.

Ces résultats suggèrent l'existence, en topologie également, de variantes « locales » du théorème de Lefschetz : Soit X un espace analytique complexe, Y une partie analytique de X, on suppose que X est localement une intersection
5 complète aux points de Y, et codim Y $\geqslant r$. Prouver que pour les groupes d'homotopie, homologie, cohomologie etc, pour X et U = X − Y, on a des isomorphismes en dimension $\geqslant r-2$, et des épimorphismes resp. monomorphismes (suivant la variance) en la dimension critique $r-1$. Ceci peut s'exprimer, du moins du côté cohomologie, par l'annulation de groupes de cohomologie relatifs locaux définis par le plongement local de Y dans X, et sans doute des invariants analogues peuvent se définir du point de vue homotopie. De même, les théorèmes de Lefschetz globaux pour les variétés projectives X devraient être vrais en remplaçant l'hypothèse de non singularité pour X par des hypothèses locales beaucoup plus faibles, vérifiées en tout cas si X est localement une intersection complète.

L'atmosphère mathématique à Harvard est tout à fait rupinante, un vrai souffle d'air frais en comparaison de Paris, chaque année plus morne. Il y a ici bon nombre d'étudiants intelligents, qui commencent à être familiers avec le langage des schémas et ne demandent qu'à travailler sur des problèmes intéressants, qui évidemment ne manquent pas. Je vends même des faisceaux de Weil et cohomologie de Weil (si peu que j'en sache) avec la plus grande facilité, y compris à Tate qui vient de démarrer sérieusement les structures analytiques « globales » qui le tracassaient depuis deux années, et qui semblent s'exprimer le plus aisément en termes « d'espaces annelés de Weil ». Il me semble de plus en plus évident à ce propos qu'il faudra reprendre complètement le concept

to take the Picard scheme of E_1/k and to divide it by the discrete subgroup induced by the invertible Modules over X_1 defined by irreducible components of E_1 (considered as prime divisors on X_1)—a group whose rank is exactly the Néron-Severi rank of E, so what is left is an extension of a *finite* group (the $\mathrm{H}^2(\mathrm{X}', \mathbf{Z})$ of Mumford's article) by the connected Picard of E_1/k. It is quite amusing to note that this algebraic structure actually depends on the way in which the residue field k of A has been lifted; however, the very fact of its existence gives finiteness information on the "Kummerian" part of $\pi_1(\mathrm{X}')$. It is not out of the question that a suitably adapted version of the technique of specialization of the fundamental group might make it possible to prove that $\pi_1(\mathrm{X}')$ is topologically finitely generated.

These results suggest, in topology as well, the existence of "local" versions of the Lefschetz theorem: Let X be a complex analytic space, Y an analytic subset of X, and assume that X is locally a complete intersection at the points of Y, and codim Y $\geqslant r$. Show that for the homology, homotopy, cohomology groups etc. of X and $\mathrm{U} = \mathrm{X} - \mathrm{Y}$, there are isomorphisms in dimension $\geqslant r-2$ and epimorphisms resp. monomorphisms (according to the situation) in the critical dimension $r-1$. This can be expressed, at least for cohomology, by the 5
vanishing of relative local cohomology groups defined by the local embedding of Y into X, and analogous invariants can probably be defined for homotopy. Likewise, the global Lefschetz theorems for projective varieties X should remain true when replacing the non-singularity condition on X by much weaker local conditions, which are satisfied for instance whenever X is locally a complete intersection.

The mathematical atmosphere at Harvard is absolutely terrific, a real breath of fresh air compared with Paris which is gloomier every year. There is a good number of intelligent students here, who are beginning to be familiar with the language of schemes, and ask for nothing more than to work on interesting problems, of which there is obviously no lack. I am even selling (the little I know of) Weil sheaves and Weil cohomology with the greatest of ease, including to Tate, who has just seriously started work on the "global" analytic structures which have been bothering him for two years, and which appear to be easiest to express in terms of "Weil ringed spaces". On this topic, it seems more and more obvious to me that the concept of a formal scheme

de schéma formel en même temps que celui d'espace analytique (ou « rigide-analytique » comme Tate et moi disons pour ses structures « globales »), pour les mettre dans un chapeau commun, qu'il reste à trouver. D'autre part Mike Artin est en train de s'exciter sur les phénomènes globaux de dégénérescence de courbes elliptiques (liés aux travaux de Kodaira, Néron, et Ogg), qu'il veut essayer de piger en termes de cohomologie de Weil. En principe Hironaka et lui vont démarrer un séminaire à ce sujet prochainement. Il y a de plus un cours de Zariski de désingularisation des surfaces (que je suis), et une espèce de cours de Kodaira, qui va prouver le grand théorème de caractérisation des surfaces réglées par $P_{12} = 0$, à commencer la semaine prochaine. Avec mon cours, et mon séminaire, cela fera presque un peu beaucoup !

Je pousse bon train la rédaction du Chap IV, que j'espère finir d'ici la fin de l'année. (Le Chap. III par contre reste en plan, car je vais y ajouter un tas de fourbis locaux, du genre esquissé dans cette lettre). Nous allons à ce propos mettre au Chap 0_{IV} un paragraphe où seront enfin mis ensemble les bons théorèmes pour les « bons anneaux », qui commençaient à devenir pour moi un petit cauchemar. J'ai l'impression que ce ne sera en fin de compte rien du tout [...]. Un des « incentives » récents pour rédiger quelque chose pour le Chap 0_{IV} venait de Tate, qui avait besoin du théorème de finitude pour le normalisé, pour un anneau quotient d'un anneau de séries formelles restreintes, sur un anneau de valuation discrète complet ou son corps des fractions. Il a dégagé à ce propos le théorème suivant, qui généralise le théorème de Nagata (pour le cas d'un anneau local complet) avec une démonstration directe très élégante : Soit A noethérien normal, $x \in A$, on suppose A séparé et complet pour la topologie x-adique, A/xA intègre et tel que son normalisé dans toute extension finie de son corps des fractions soit fini sur A/xA. Alors A a la même propriété.

Auras-tu envie de faire un tour par ici cet automne ?

Bien cordialement

A Grothendieck

will need to be completely reworked, together with that of an analytic space (or a "rigid-analytic" space as Tate and I call his "global" structures), in order to unite them into a single framework, which has yet to be found. Meanwhile, Mike Artin is getting excited about global degeneracy phenomena for elliptic curves (linked to the work of Kodaira, Néron and Ogg), which he wants to understand in terms of Weil cohomology. In principle, he will start a seminar with Hironaka on the subject in the near future. In addition, there is a course by Zariski on desingularization of surfaces (which I am following) and a kind of course by Kodaira, who will prove the grand theorem on the characterization of ruled surfaces by $P_{12} = 0$, starting next week. What with my course, and my seminar, it will almost be too much!

I am pushing ahead with the writing of chapter IV, which I hope to finish by the end of the year. (Chap.III, on the other hand, has temporarily stopped progress, since I intend to add a load of local stuff of the kind I have sketched in this letter). We are going to put a paragraph into Chap 0_{IV} in which the right theorems for the "good rings" will finally appear all together; they were turning into a little nightmare for me. I have the impression that in the end it will be easy [...]. One of the recent "incentives" for writing up something for Chap 0_{IV} came from Tate, who needed the finiteness theorem for the normalization, for a quotient ring of a ring of restricted formal series over a complete discrete valuation ring or its fraction field. He has worked out the following theorem on this subject, which generalizes Nagata's theorem (for a complete local ring) with a very elegant direct proof: let A be Noetherian and normal, $x \in$ A; assume that A is separated and complete for the x-adic topology, and that A$/x$A is a domain whose normalization in any finite extension of its fraction field is finite over A$/x$A. Then A has the same property.

Would you like to come and pay a visit over here in the autumn?

Cordially,

A. Grothendieck

Harvard 19.10.1961

Cher Serre,

Merci pour ta lettre. La théorie dont je t'ai donné quelques sous-produits affirme que sous certaines conditions, la considération de faisceaux cohérents sur certains schémas (projectifs, ou locaux) est équivalente à celle de faisceaux cohérents sur les complétés formels le long de « sections hyperplanes »... Sans doute est-il inutile de te donner le détail des énoncés, que j'ai déjà répété n fois à droite et à gauche, et qui seront développés avec soin dans mon séminaire à Paris. Ce que j'en dis suffira pour te convaincre que tu as canulé le
1 pauvre Schwarzenberger par des énoncés inexistants. Tu pourras peut-être le lui dire toi-même, ce qui me dispensera de lui écrire. Je suis en ce moment un peu bousculé dans mon programme, ayant fait un tour de quelques jours en Californie (ou en plus de Berkeley, il y a ma sœur...).

2 J'ai bien dévissé comme annoncé la théorie des bons anneaux, locaux ou non, et vais les rédiger prochainement, tant pour mon cours que pour le Chap IV. Je recommande à Bourbaki de s'en inspirer pour un joli Chapitre en Algèbre Commutative ! J'ai lu les commentaires généraux de Bourbaki sur l'Algèbre Commutative de la dernière tribu. Voici mes propres impressions, suggérées en partie par mes cogitations récentes sur les Chap III et IV des Éléments. Pour autant que je me rappelle, les Chap I à V d'Algèbre Commutative sont dans un état satisfaisant, et bien adaptés à l'usager. Les Chap. VI et VII par contre me semblent indignes de Bourbaki. J'ai plusieurs fois proposé en vain le vidage pur et simple de VI (Valuations) ; bien que depuis j'aie compris l'intérêt de la résolution des singularités, je suis cependant toujours d'avis de vider VI, ou tout au moins de l'endroit où il est maintenant pour le rejeter à la fin du livre, parmi les choses « à ne pas lire ». Sa place centrale actuelle donnera au lecteur une perspective fausse sur les bonnes notions et méthodes. Même en ce qui concerne la résolution des singularités, qui à vrai dire n'est pas finie même en dimension 2 (because les inégales caractéristiques), j'ai bien l'impression qu'il faudra reprendre la question par un bout complètement différent de celui de Zariski, et il est prématuré de prédire si et sous quelle forme on aura besoin de valuations ; je suspecte que pas du tout. Sous ces conditions, la place donnée aux valuations dans le plan actuel, uniquement parce que cette notion occupait

Harvard 10.19.1961

Dear Serre,

Thank you for your letter. The theory of which I gave you several sub-products asserts that under certain conditions, the study of coherent sheaves over certain (projective, or local) schemes is equivalent to the study of coherent sheaves on the formal completions along "hyperplane sections" ... It is probably useless to give you the results in detail; I have already repeated them n times here, there and everywhere, and they will be carefully developed in my Paris seminar. What I am saying will be enough to convince you that you have played a mean trick on poor Schwarzenberger by giving him non-existent
results. Maybe you could let him know this yourself, which would save me the 1
trouble of writing to him. My program is a little upset at the moment, as I just spent a few days in California (where besides Berkeley, there is also my sister...).

As promised, I have indeed worked out the theory of good rings, local or
otherwise, and will write them up shortly, as much for my course as for Chap. 2
IV. I suggest that Bourbaki use them as inspiration for a nice Chapter on Commutative Algebra! I have read Bourbaki's general comments on Commutative Algebra in the last Tribu. Here are my personal impressions, suggested in part by my recent reflections on Chap. III and IV of the Elements. As far as I can remember, Chaps. I to V of Commutative Algebra are satisfactory and well-adapted to users. On the other hand, Chaps. VI and VII appear to me to be unworthy of Bourbaki. I have proposed several times in vain that VI (Valuations) should be purely and simply thrown out; although since then I have come to understand why resolution of singularities is useful, I nevertheless remain of the opinion that VI should be removed, or at the very least moved from its current position to the end of the book, among the things "not to be read". Its current central position will mislead the reader as to the right ideas and methods. Even concerning the resolution of singularities, which to be perfectly honest is not yet finished even in dimension 2 (because of unequal characteristics), I really have the impression that the whole question will have to be taken up again with an approach entirely different from Zariski's, and it would be premature to predict whether and in what form valuations will be needed; I suspect not at all. In these circumstances, the importance given to valuations in the current plan, for the sole reason that this concept

une place centrale dans Krull et Zariski (qui ont aussi fait mieux que ça), est antibourbachique. Le Chap VII également se borne à copier Krull pour l'essentiel, et me semble à l'heure actuelle éloigné tant de l'intuition géométrique (qui est un bon guide) que de la pratique, — à commencer par la définition même des anneaux de Krull via les sempiternelles familles de valuations, et la fausse symétrie des Dedekind et factoriels, qu'on est bien fier de réussir à fourrer sous le chapeau Krullant. J'avoue que je ne suis pas arrivé à comprendre ce Chapitre tout au long des N rédactions successives, sauf une antique rédaction sur les anneaux factoriels, qui ne cherchait pas encore midi à quatorze heures. Il est vrai qu'on ne comprend *bien* qu'à condition de disposer du langage géométrique, y compris pour des schémas non affines. Un exemple frappant de ce
3 fait est fourni par ta démonstration du fait que régulier $\Longrightarrow$ factoriel (que j'ai écrite en détail) : il faudrait que de telles démonstrations puissent être écrites par Bourbaki. Comme tu sais, à ce propos, on rencontre aussi des propriétés du genre « factoriel » pour des anneaux locaux non normaux et même non réduits (par exemple des « intersections complètes »). Même si Bourbaki ne se lance pas dans de telles notions, il serait bon que son « yoga » au moins soit le bon. Pour l'instant c'est un académisme poussiéreux qui sévit dans le Chap VII. En ce qui concerne ton papier sur les modules sur les anneaux normaux, je lui reproche le point de vue « réseaux » qui parfois obscurcit le point de vue « modules », plus important. Il me semble que la plupart des propriétés que
4 tu donnes résultent en fait de la propriété S_2 de Serre (vraie pour les modules réflexifs sur un anneau satisfaisant S_2, et pour bien d'autres). Je rencontre fréquemment cette propriété, qui équivaut à la suivante, dont la signification géométrique est claire : Pour tout ouvert U de $X = \mathrm{Spec}(A)$, et pour toute partie fermée Y de U, considérons l'homomorphisme $\Gamma(U, F) \xrightarrow{u} \Gamma(U - Y, F)$, où F est le faisceau associé au module M, et où pour simplifier on suppose $\mathrm{supp}\, F = X$. Alors u est injectif si Y est de codimension $\geqslant 1$, bijectif si Y est de codimension $\geqslant 2$. (Il suffit ici de faire parcourir à U une base d'ouverts).

Rien n'oblige d'ailleurs de rédiger les anneaux normaux avant le Chapitre sur la dimension et celui sur la profondeur, les Cohen-Macaulay et les réguliers. Ce sont là deux chapitres qui sont substantiellement au point, et ne dépendent en rien du VII actuel (et encore moins du VI !). Note que la caractérisation la plus utile des anneaux normaux, à part leur définition comme noethérien + intégralement clos, est ta caractérisation par $S_2 + R_1$, qui fait appel aux deux

was central to Krull and Zariski (who have also done better things) is anti-Bourbaki. Equally, Chap VII is essentially copied from Krull, and appears to me to be currently far removed both from geometric intuition (which is a good guide) and from actual practice—starting with the very definition of a Krull ring via the sempiternal valuation families, and the misleading symmetry between Dedekind and factorial rings, which have been proudly thrust beneath the Krullish hat. I confess I did not manage to understand this Chapter throughout its N successive drafts, except for an ancient draft on factorial rings dating from before it started getting so complicated. It is a fact that one can only understand *properly* if a geometric language is available, including non-affine schemes. A striking example of this fact is your proof of the fact that regular $\Longrightarrow$ factorial (which I have written up in detail); such proofs 3
ought to be written up by Bourbaki. On the same subject, such properties as "factorialness" also exist for non-normal, and even non-reduced, local rings, as you know ("complete intersections", for example). Even if Bourbaki does not launch into such things, it would be nice if he at least had the right "yoga". At the moment, Chap. VII reeks of dusty academics. As for your paper on modules over normal rings, I am critical of the fact that the "lattice" point of view sometimes obscures the more important "modules" point of view. It seems to me that in fact most of the properties you give follow from Serre's S_2 property (which holds for reflexive modules over a ring satisfying S_2 and 4
many others besides). I encounter this property frequently; it is equivalent to the following, whose geometric significance is clear: For any open subset U in $X = \mathrm{Spec}(A)$, and for every closed subset Y in U, consider the homomorphism $\Gamma(U, F) \xrightarrow{u} \Gamma(U - Y, F)$, where F is the sheaf associated to the module M; assume for simplicity that $\mathrm{supp}\, F = X$. Then u is injective if Y is of codimension $\geqslant 1$, and bijective if Y is of codimension $\geqslant 2$. (Here it is enough to have U run over a basis of open sets.)

Nothing actually compels us to put normal rings before the two Chapters on dimension, depth, Cohen-Macaulay and regular. Those chapters are essentially complete, and do not depend in any way on the current Chapter VII (and even less on Chapter VI!). Note that the most useful characterization of normal rings, apart from their definition as Noetherian + integrally closed, is your characterization by $S_2 + R_1$, which relies on the two Chapters that I just

Chapitres que je viens de nommer. En fait, je n'ai bien compris ce que c'est qu'un anneau normal, ou un anneau de Dedekind, qu'après avoir compris la dimension et la profondeur des modules. Pourquoi Bourbaki s'astreindrait-il subitement à suivre les cheminements historiques ?

En ce qui concerne les théorèmes de Cohen, ils se dévissent fort bien sans utiliser les vecteurs de Witt. Ici encore, j'ai été mal à l'aise de voir sortir ces théorèmes, conceptuellement si simples, de formulaires rébarbatifs sur les vecteurs de Witt. Il y aura un tapis détaillé dans le chapitre 0_{IV} des Éléments, qui bouffera aussi la notion d'algèbre « formellement simple » sur une autre, de mon Séminaire IHES. Bien entendu, rien n'empêche après ça de définir les vecteurs de Witt sur un anneau, et de constater avec plaisir que quand ce dernier est un corps parfait, on trouve un « anneau de Cohen » ayant ce corps comme corps résiduel. Encore me semble-t-il plus raisonnable de renvoyer ça aux groupes algébriques, ou au tapis de Greenberg, — c'est-à-dire là où on est sûr que ça sert.

Je n'ai pas d'opinion arrêtée sur la non-ramification, et le calcul différentiel. Ici encore, on comprend tellement mieux avec le langage géométrique !

Concernant les Séminaires Bourbaki 61–62 : mon deuxième exposé « sur Grothendieck » sera en fait sur les modules, i.e. sur Mumford. D'autre part il y a des résultats tout à fait intéressants de Hochschild-Kostant-Mostow, affirmant que pour tout espace homogène affine sous un groupe algébrique affine sur **C**, la cohomologie de de Rham « algébrique » est isomorphe à la cohomologie de de Rham classique — et divers autres résultats connexes. Kostant va
5 jusqu'à conjecturer que la même chose serait vraie pour une variété affine non singulière sur **C**, et c'est effectivement le cas pour une courbe affine non singulière ! — Je trouve que ce n'est pas malin de faire laïusser Néron sur lui-même : on ne sera pas plus avancé après qu'avant. Ne pourrait-on pas essayer de trouver un brave qui essaierait de comprendre un peu ce que fait Néron ? Peut-être une série d'exposés sur Néron-Kodaira-Ogg-Tate, par Cartier ou quelque autre, puisque tout cela est lié et devrait être compris ensemble. Autre exposé possible : les espaces rigide-analytiques de Tate (à moins que tu les inclues dans ton cours au Collège). Peut-être cela incitera-t-il quelque Normalien (je pense à Houzel) à travailler sur le sujet ; il y aurait lieu de reprendre dans ce cadre au

mentioned. In fact, I did not really understand what normal rings or Dedekind rings were, until after understanding dimension and depth of modules. Why should Bourbaki suddenly require himself to follow the historical route?

As for Cohen's theorems, they come out quite nicely without using Witt vectors. Here, again, I was uncomfortable to see such conceptually simple theorems emerging from extremely off-putting formulas on Witt vectors. All this will be covered in detail in Chapter 0_{IV} of the "Elements", which will also absorb the idea (from my IHES seminar) of an algebra which is "formally simple" over another. Naturally, nothing stops us after that from defining Witt vectors over a ring, and noticing with pleasure that when the latter is a perfect field, one gets a "Cohen ring" whose residue field is the field in question. But it still strikes me as more reasonable to put it in with the algebraic groups, or the Greenberg stuff—that is to say, where it is certain to be useful.

I have no definite opinion on non-ramification and differential calculus. Here, again, one understands everything so much better in geometric terms!

On the subject of the Bourbaki Seminars 61-62: my second talk "on Grothen-linebreak dieck" will in fact be on modules, i.e. on Mumford. In addition, there are some extremely interesting results by Hochschild-Kostant-Mostow, which state that for any homogeneous affine space under an affine algebraic group over **C**, the "algebraic" de Rham cohomology is isomorphic to the classical de Rham cohomology—and various other related results. Kostant goes as far as conjecturing that the same result holds for any non-singular affine variety over **C**, and it actually is the case for a non-singular affine curve! — I do not 5
think it is very smart to let Néron talk about himself: we will be no better off afterwards than we were before. Couldn't we try to find someone courageous enough to try to understand what Néron is doing? Maybe we could have a series of talks by Cartier or someone else, on Néron-Kodaira-Ogg-Tate, since all this is linked, and should be understood together. Here is another potential lecture topic: Tate's rigid-analytic spaces (unless you are including them in your course at the Collège). Maybe this will incite some Normalien[6] (I am thinking of Houzel) to work on the subject; there would be good reasons for

[6]Normalien = student at the Ecole Normale Supérieure in Paris.

moins une grande partie de la théorie des espaces analytiques complexes (espaces de Stein, théorème de finitude de Grauert, GAGA de Remmert-Grauert, peut-être théorèmes à la Rothstein...). Je suis d'ailleurs convaincu que les espaces analytiques ordinaires, les rigides analytiques, les schémas formels, et même les schémas tout court, devront tôt ou tard rentrer dans une même espèce de structure, pour laquelle tous ces théorèmes habituels seront valables : il y a certainement là de quoi s'amuser.

6 J'ai lu aussi le rapport sur le groupe fondamental et revêtements. La rédaction est assez sympathique. Le point faible me semble le § 5 des revêtements, où Cartan doit traiter séparément les revêtements d'ensembles simpliciaux, de groupoïdes, d'espaces topologiques, sans que le sorite s'applique pour autant aux revêtements de schémas par exemple. Il y a moyen de tout unifier, assez simplement je crois même, en utilisant la notion d'espace de Weil (qui rapplique chaque fois qu'on a une notion de « localisation »). Le groupe fondamental via revêtements se définit dans ce contexte comme un progroupe, qui est un groupe si et seulement si il existe un revêtement universel. Il en est ainsi dans les cas envisagés par Cartan, mais non dans le cas des préschémas en général. Il faudrait qu'une fois je rédige en style 'résultats' les sorites de base sur les espaces de Weil; ils feront probablement reculer Bourbaki, mais pourront être utiles à des gens moins inhibés! Autre suggestion pour Bourbaki : essayer d'englober un théorème de van Kampen généralisé du type de SGA IX 5.1. et les corollaires, notamment 5.8., qui donne entre autres le fait que le groupe fondamental d'une puissance symétrique de X est le groupe fondamental de X rendu abélien. Bien entendu, de tels résultats de descente sont de nature essentiellement soritale (bien que peu familiers encore), et s'expriment sans doute aisément dans le contexte général des espaces de Weil que je recommande. Même si Bourbaki n'adopte pas ce contexte, il pourrait faire un effort pour obtenir dans le cas topologique habituel un théorème de van Kampen (qui est en fait un théorème de descente) aussi général que possible. — Autre critique : la place excessive donnée aux revêtements *connexes*; il est nécessaire d'expliciter que les revêtements quelconques correspondent aux ensembles où le groupe fondamental opère.

Tate vient de me passer un manuscrit du livre de Nagata sur les anneaux locaux. C'est bien du Nagata — cependant j'ai noté quelques résultats intéressants, notamment le suivant, qui résout une question que Zariski m'avait posée

rewriting at least a large part of the theory of complex analytic spaces (Stein spaces, Grauert's finiteness theorem, Remmert-Grauert GAGA, maybe also Rothstein-type theorems...) in this context. I am convinced that sooner or later it will be necessary to subsume ordinary analytic spaces, rigid analytic spaces, formal schemes and maybe even schemes themselves into a single kind of structure, for which all these usual theorems will hold: there is certainly some fun to be had doing it.

I have also read the draft on the fundamental group and covering spaces. **6**
It is rather nicely written. The weak point seems to me to be § 5 on covering spaces, where Cartan has to deal separately with coverings of simplicial spaces, groupoids and topological spaces, despite which the sorites do not apply to covering of schemes, for example. There is a way to unify all this—I even believe it can be done rather simply—using the concept of a Weil space (which comes up whenever one has any kind of "localization"). In this context, the fundamental group via coverings can be defined as a progroup, which is a group if and only if a universal covering exists. This holds for all the spaces considered by Cartan, but not in the case of general preschemes. Some time, I will have to write up the basic sorites on Weil spaces in the style of "results"; Bourbaki will probably back away in horror, but they could be useful to less inhibited people! Another suggestion for Bourbaki: try to include a generalized van Kampen theorem like SGA IX 5.1 and its corollaries, notably 5.8, which among other things yields the fact that the fundamental group of a symmetric power of X is the abelianization of the fundamental group of X. Of course, such descent results are basically sorites (although they are not yet well known) and can probably be easily expressed in the general context of Weil spaces which I recommend. Even if Bourbaki does not adopt this context, he could make an effort to obtain a van Kampen theorem (which is in fact a descent theorem) which is as general as possible in the usual topological setting. Another criticism: the emphasis on *connected* coverings is excessive; it must be said explicitly that arbitrary coverings correspond to sets on which the fundamental group acts.

Tate has just given me the manuscript of Nagata's book on local rings. It is vintage Nagata—however, I spotted a few interesting results, notably the following, which answers a question Zariski asked me recently and which I

récemment et que je ne savais pas résoudre : Soient A un anneau local, $\mathfrak{p}$ un idéal premier de A, tel que $\dim A/\mathfrak{p} + \dim A_{\mathfrak{p}} = \dim A$, et que le complété de $A/\mathfrak{p}$ soit sans éléments nilpotents (hypothèses inoffensives visiblement). Alors $\operatorname{mult} A_{\mathfrak{p}} \leqslant \operatorname{mult} A$. Appliquant ceci à un quotient B/xB, où B est régulier, on trouve que pour tout idéal premier $\mathfrak{q}$ de B, on a $\mathfrak{q}^{(n)} \subset \mathfrak{m}^n$, où $\mathfrak{m}$ est l'idéal maximal de B. (NB On pourrait aussi conclure que $\mathfrak{q} \subset \mathfrak{r}$ implique $\mathfrak{q}^{(n)} \subset \mathfrak{r}^{(n)}$ en localisant). C'était là la question de Zariski. — J'ai vaguement réfléchi à nouveau aux intersections locales, mais sans succès : je comprends que je ne comprends pas, c'est au moins ça.

7 J'ai trouvé une démonstration relativement rapide du théorème de résolution des singularités pour un préschéma localement noethérien de dimension 2 dont les anneaux locaux sont (disons) formellement normaux, *à corps résiduels de caractéristique* 0. On est ramené au cas d'un anneau local formellement normal A de dimension 2, on voit facilement qu'on peut le supposer complet (car une désingularisation peut toujours s'obtenir par éclatement d'un idéal primaire pour l'idéal maximal), donc par Cohen A est fini sur B régulier de dimension 2. Soit $X = \operatorname{Spec}(A)$, $Y = \operatorname{Spec}(B)$, l'assertion est qu'on résout A en construisant de proche en proche, par éclatements successifs de Y, des Y_i projectifs sur Y, et en prenant les X_i normalisés de $X \times_Y Y_i$: Y_{i+1} se déduit de Y_i, dans ce procédé, en éclatant les points de Y_i tels qu'il y ait un point de X_i non régulier au-dessus. Démonstration : soit C la courbe de ramification de X sur Y, soit C_i son image inverse dans Y_i, on utilise le fait (certainement facile, Y étant régulier) que aux points canulés de Y_i, C_i sera non singulier ou à point double ordinaire pour i grand. On est alors ramené à un exercice de théorie de Galois : Soit B fini normal sur A régulier de dimension 2, l'ensemble de ramification contenu dans la courbe $xy = 0$ (x, y système régulier de paramètres) ; alors par un nombre fini d'éclatements successifs de la base Y, on désingularise Y. Évidemment, c'est ici qu'intervient de façon essentielle l'hypothèse de caractéristique 0, qui nous permet d'écrire (grâce à Abhyankar via pureté) que X est un quotient d'un revêtement $B(x^{1/m}, y^{1/n})$, de sorte qu'on a la situation bien en main. Mais « for all one knows », il n'est pas dit que le même procédé bête ne marcherait pas pour un corps résiduel de caractéristique p, en utilisant astucieusement le corps de classes local. As-tu une idée ? Je suis convaincu maintenant que la résolution des singularités est un

did not know how to answer: Let A be a local ring, and $\mathfrak{p}$ a prime ideal of A such that $\dim A/\mathfrak{p} + \dim A_{\mathfrak{p}} = \dim A$, and the completion of $A/\mathfrak{p}$ does not have nilpotent elements (clearly harmless conditions). Then $\mathrm{mult} A_{\mathfrak{p}} \leqslant \mathrm{mult}\ A$. Applying this to a quotient ring B/xB, where B is regular, it follows that for any prime ideal $\mathfrak{q}$ of B, one has $\mathfrak{q}^{(n)} \subset \mathfrak{m}^n$, where $\mathfrak{m}$ is the maximal ideal of B. (N.B. On localizing, it also follows that $\mathfrak{q} \subset \mathfrak{r}$ implies that $\mathfrak{q}^{(n)} \subset \mathfrak{r}^{(n)}$.) This was Zariski's question. — I thought some more about local intersections, but with no success: I understand that I don't understand, which is at least something.

I have found a relatively quick proof of the theorem of resolution of singularities for a locally Noetherian 2-dimensional prescheme whose local rings are (let us say) formally normal *with residue field of characteristic 0.* The prob- 7
lem reduces to the case of a formally normal local 2-dimensional ring A; it is easy to see that A may be assumed to be complete (since a desingularization can always be obtained by blowing up an ideal which is primary for the maximal ideal); hence by Cohen, A is finite over a regular 2-dimensional B. Let $X = \mathrm{Spec}(A)$, $Y = \mathrm{Spec}(B)$; the claim is that A can be resolved by constructing a series of Y_i (projective over Y) one at a time by successive blow-ups of Y, and taking X_i to be the normalization of $X \times_Y Y_i$: in this procedure, Y_{i+1} is constructed as the blow-up of Y_i at all points over which there is a non-regular point of X_i. Here is the proof: let C be the ramification curve of X over Y, let C_i be its inverse image in Y_i, and use the fact (which is certainly easy, since Y is regular) that over the bad points of Y_i, C_i will either be non-singular or have ordinary double points for i large. The problem is then reduced to an exercise in Galois theory: let a regular 2-dimensional B be finite and normal over A, such that the ramification set is contained in the curve $xy = 0$ (x, y being a regular sytem of parameters); then the base Y can be desingularized by a finite number of blow-ups of Y. Obviously, this is where one makes essential use of the characteristic 0 condition, which allows one to say (using Abhyankar via purity) that X is a quotient of a covering $B(x^{1/m}, y^{1/n})$, so that the situation is under control. But "for all one knows", it is not clear that the same straightforward procedure wouldn't work for a characteristic-p residue field, by making ingenious use of local class field theory. Do you have any ideas? I am

bon truc, par exemple pour l'étude topologique d'une singularité (à la Mumford), et apparemment aussi pour les questions de modèles minimaux (genre Néron, Kodaira) pour des courbes sur le corps d'un anneau de valuation.

Salut et fraternité

A. Grothendieck

P.S. Pourrais-je avoir un exemplaire de la nouvelle version de Hensel ?

22.10.61

1 Mon cher Cartan,

Je t'écris aujourd'hui pour te soumettre quelques réflexions générales concernant la situation mathématique à Paris. Je sais que depuis des années tu t'inquiètes du « vieillissement » de Bourbaki et prêches la cure de rajeunissement. À ce moment je ne me faisais pas de soucis à ce sujet, mais je finis par me rendre compte qu'il y a quelque chose en effet qui cloche ; non pas tant dans Bourbaki, qui je crois ne demande pas mieux que de se rajeunir, mais par la carence de jeunes chercheurs de talent se groupant autour d'un sujet ou d'un autre, et l'absence de cette atmosphère stimulante produite par une forte communauté d'intérêts scientifiques. Il y avait une telle atmosphère à Nancy dans le temps, je l'ai trouvée aussi à Paris jusque vers 1959 environ (l'année où il y avait Lang et Tate), je la trouve aussi à un degré très fort ici à Harvard, alors que Paris me semble chaque année plus morne du point de vue atmosphère scientifique. Chacun couve ses œufs dans son coin, les séminaires deviennent des espèces de rites mondains, après lesquels chacun rentre chez soi en courant... Les jeunes chercheurs restent à distance respectueuse des anciens en grade, et d'ailleurs, comme ils s'astreignent souvent à suivre une dizaine de cours et séminaires par semaine, il ne leur reste plus le temps pour réfléchir forcément, et ils n'ont donc pas toujours grand-chose à dire, ni même à demander.

now convinced that resolution of singularities is a good thing, for instance for (Mumford-style) topological studies of a singularity, and apparently also for (Néron- or Kodaira-type) minimal model questions for curves over the field of a valuation ring.

Yours,

A. Grothendieck

P.S. Could I have a copy of the new draft of Hensel?

10.22.61

My dear Cartan, 1

I am writing this letter to submit to you some general thoughts concerning the mathematical situation in Paris. I know you have been worrying for years about the "ageing" of Bourbaki, and have been preaching the virtues of rejuvenation. This issue did not worry me at the time, but I have come to the realization that something is indeed going wrong, not so much with Bourbaki, who in my opinion needs nothing more than an infusion of fresh blood, but through a dearth of talented young researchers united around some subject or other, and the absence of the stimulating atmosphere produced by strong shared scientific interests. There used to be such an atmosphere in Nancy in the old days; I also found it in Paris up until around 1959 (the year that Lang and Tate were there), and I find it to a very strong degree here at Harvard, whereas Paris seems to be getting more gloomy every year as far as the scientific atmosphere goes. Everyone incubates his own ideas in his own corner, and the seminars are turning into some kind of social ritual, after which everyone runs home as fast as possible... The young researchers maintain a respectful distance from their hierarchical seniors, and moreover, since they often force themselves to follow about ten lecture courses and seminars a week, they do not necessarily have a lot of time left for thinking, and they therefore do not always have much to say, or even to ask.

Cet état de choses évidemment commence à être remarqué par des mathématiciens étrangers, même s'ils ont trop de tact pour le dire quand on ne le leur demande pas. J'en ai parlé avec plusieurs, comme Zariski, Tate, Chern, car je commence à m'en sentir gêné. Évidemment, il y a des causes multiples, la plus importante étant peut-être une question de « gènes » : il semble bien qu'il n'y ait pas de talents marquants à l'horizon, à Paris, depuis des années. Il y a aussi la dispersion géographique à Paris, moins favorable à la vie scientifique et aux discussions que les villes universitaires aux USA, ou des petites villes comme Nancy ou Strasbourg, où tout le monde habite tout près de l'Université. Mais je crois que ni l'un ni l'autre n'explique la quasi-stérilité des dernières années. Par contre, je réalise maintenant l'influence désastreuse du long service militaire. Il n'est sans doute pas nécessaire que je t'explique qu'il faut au débutant un effort extrêmement grand et une tension continue pour avaler une masse de notions techniques des plus diverses et arriver au point où il peut commencer à faire un travail utile, voire original. De notre côté, nous usons assez de salive et de craie jusqu'à ce moment, où enfin le gars va pouvoir pousser dans les roues. C'est le moment hélas où il est appelé sous les drapeaux, comme on dit, où la belle ardeur et les réflexes cérébraux subtils acquis par des années de bûchage et de méditations vont être mis dans un tiroir pour deux ans, s'il plaît au Général de ne pas le maintenir plus longtemps, à faire des exercices de tir FM. Avec de telles perspectives, je comprends que le Mathématicien en herbe est d'avance inhibé et son élan naturel coupé. Qu'il arrive à coincer hâtivement une thèse pour avant son service ou qu'il joue au plus fin et devance l'appel, il est foutu pendant des années comme « type dans le coup » ou tout au moins comme « parisien » i.e. contribuant à la fertilisation de l'atmosphère scientifique à Paris. Cartier n'existe plus comme parisien depuis belle lurette, même son cours au Collège n'y a rien changé, fugitives apparitions d'un gars en perm' faisant un devoir mondain et sans conséquence. Au moment où Gabriel
2 devient intéressant, départ au bonvoust, et à son retour il sera à Strasbourg, ce que je ressens comme une perte sérieuse pour Paris. Il paraît même qu'il ne faut pas l'inviter à l'IHÉS tout de suite, ce serait mal vu par l'Université qui manque de professeurs ! La situation est absolument grotesque. J'ai péniblement décroché pour mon séminaire de géométrie algébrique à l'IHÉS quatre ou cinq ex-normaliens, qui commencent à avoir de vagues lueurs, et dont un ou deux semblaient sur le point de démarrer sur du travail utile, voire urgent,

Obviously foreign mathematicians have started to notice this state of affairs, even if they are too tactful to say anything without being asked. I have talked to several of them about it, such as Zariski, Tate and Chern, because it was starting to embarrass me. There are obviously a number of factors, of which the most important is perhaps a question of "genes": no striking talent has appeared on the horizon in Paris for years. There is also Paris's geographical sprawl, which is less suited to scientific life and discussion than the university towns in the USA or small towns such as Nancy and Strasbourg, where everyone lives very near the University. But I think that neither of these explains the near sterility of recent years. On the other hand, I am starting to realize that the long military service has a disastrous influence. Surely it is not necessary for me to explain to you that an enormous effort and a continual tension are necessary for the beginner to be able to absorb a mass of very diverse technical ideas in order to get to the point where he may be able to do something useful, maybe even original. For our part, we use up enough chalk and saliva until the moment finally arrives when the fellow can pull his own weight. Alas, that is precisely the moment when he is called upon to serve his country, as they say, and the beautiful enthusiasm and subtle cerebral reflexes acquired by years of studying and meditation will be put aside for two years, provided the General consents not to keep him at the shooting range for even longer. With such a prospect in view, I quite understand that a budding Mathematician is inhibited before he starts, and his natural enthusiasm is blunted. Whether he manages to hastily cobble a thesis together before his military service, or plays it smart and enrolls early, he will be useless for several years as an "insider" or at least as a "Parisian" i.e. someone who contributes to the fertility of the scientific atmosphere of Paris. Cartier has not been a Parisian for ages, and even his lectures at the Collège have not changed this, being nothing but the fugitive appearances of a fellow on leave carrying out a social duty of no importance. Just when Gabriel is beginning to be interesting, off he goes to the army, and when he comes back he will go to Strasbourg, which I 2
feel as a serious loss for Paris. Apparently we cannot even invite him to IHES immediately, as this would not go down well with the University, which does not have enough professors! The situation is absolutely grotesque. With some difficulty, I have managed to scrape together four or five ex-Normaliens for my algebraic geometry seminar at IHES, who are just beginning to have some vague glimmers of understanding, and one or two of whom even appeared to be about to start on some useful and even urgent work, namely Verdier and

savoir Verdier et Giraud. Bernique, sauf erreur les deux, et en tout cas Verdier, devancent l'appel, et si ça se trouve quelqu'un d'autre fera le boulot à leur place (moi-même s'il le faut). Si je n'ai pas totalement l'impression de prêcher dans le désert, à Paris, du moins je suis bien sûr de bâtir sur du sable.

C'est là une situation qui n'existe pas aux USA, où l'État est assez intelligent tout au moins pour ne pas gaspiller son « brain-power » dans des exercices de corps de garde. Pour un étudiant de talent, il n'y a aucune difficulté pour obtenir des exemptions du service militaire comme « indispensable pour la défense », euphémisme dont sans doute aucun fonctionnaire américain n'est dupe. C'est précisément le point où je voulais en venir dans cette lettre. On ne peut demander ni aux militaires, ni aux politiciens, ni aux princes qui nous gouvernent, d'être au courant des finesses psychologiques de la recherche scientifique, et de réaliser qu'il n'est pas indifférent pour le rang scientifique d'un pays que le développement de ses jeunes chercheurs soit stoppé ou mis en veilleuse pendant deux années critiques de leur formation. S'ils doivent en être informés, il n'y a que des gens comme toi et nos collègues pour pouvoir le faire avec une certaine autorité. (Moi-même étant de toute façon hors-jeu.) Je pense plus particulièrement à toi, à cause de ta situation à l'École, qui après tout pourrait comporter des devoirs non routiniers, vis-à-vis de tes élèves et anciens élèves. De plus, n'étant je crois suspect d'aucun « parti pris » politique, tu es en meilleure posture que par exemple Schwartz pour entreprendre quelque chose à ce sujet, du genre : série d'articles dans « Le Monde », lettre personnelle au président, ou que sais-je. En tout cas, si tu ne dis rien, je me demande bien qui dirait quelque chose.

C'est une chose étrange que le Français, qui passe pour frondeur, ait en fait l'esprit moins politique que les Américains. Je pense à ce propos également à l'impossibilité pour un étranger d'enseigner en France dans un établissement d'État, malgré la pénurie d'enseignants chaque année plus dramatique. À ma connaissance, bien que tous les universitaires personnellement soient d'accord pour qualifier cette loi de périmée et absurde, il ne s'en est trouvé aucun pour soulever la question devant l'opinion du public et devant les pouvoirs publics, et les amendements timides à cette loi (étrangers au CNRS, postes de professeurs associés temporaires pour étrangers) ne proviennent pas d'initiatives d'universitaires « who should know ».

Giraud. Nothing doing: unless I am mistaken, both of them, and certainly Verdier, are enrolling early, and in the end someone else (myself if necessary) may end up doing the work for them. If I do not actually have the impression of preaching in the wilderness in Paris, I am at least certain of building on sand.

This situation does not exist in the USA, where at least the State is intelligent enough not to waste its "brain-power" on military exercises. There is no difficulty for a talented student to get exempted from the draft on the grounds of being "indispensable to the defense of the nation", a euphemism which has probably never fooled a single American civil servant. This is exactly the point I wanted to make in this letter. We cannot require the soldiers or the politicians or the princes that govern us to be aware of the psychological subtleties of scientific research, or to realize that it affects the scientific level of a country when the development of their young researchers is halted or put on hold for two critical years of their training. If they need to be informed of this fact, the only people who can do so with a certain degree of authority are yourself and our colleagues. (I personally am in any case completely out of it.) I am thinking particularly of you, because of your position at the Ecole Normale, which does after all potentially carry with it non-standard duties towards your present and former students. What is more, as you are not suspected of any political "partiality", you are in a better position to do something about it than Schwartz would be, for example: something like writing a series of articles in "Le Monde", or a personal letter to the President, or whatever. In any case, if you do not speak out, I really wonder who will.

It is strange that the French, with their reputation of rebelliousness, are in fact less politically-minded than the Americans. I am also thinking of the fact that it is impossible for a foreigner to teach in a State institution in France, despite a dearth of teachers which is becoming more acute every year. To the best of my knowledge, although all academics personally agree that this law is out-dated and absurd, none of them have ever raised the question with public opinion and public authority, and the timid changes to this law (foreigners in the CNRS, temporary associate professorships for foreigners) were not even initiated b academics "who should know".

J'arrête là mes réflexions, n'étant pas trop à l'aise pour prêcher action et vertu, quand par la force des choses je ne peux agir moi-même. La seule question pratique qui finira par se poser pour moi, à ce propos, est d'ordre simplement privé, savoir si je vais rester en France ou émigrer comme d'autres mathématiciens l'ont fait avant moi, même si je ne trouve pas ici des conditions matérielles de travail comparables.

Je te remercie pour ta lettre, et la peine que tu te donnes pour la correction de mes exposés. Comment va l'expression latine ?

Bien à toi

A. Grothendieck

Princeton, 26 octobre 1961

Cher Grothendieck,

Tes lettres soulèvent de nombreuses questions, auxquelles je vais essayer de répondre brièvement.

(1) J'ai été très intéressé avec ta lettre à Cartan, et je suis en gros d'accord avec ce que tu lui dis. Toutefois, tu te fais des illusions sur ce qu'a été Paris ; ce n'a jamais été une « serre chaude » comme Göttingen dans le temps, Princeton ensuite, et sans doute aussi maintenant Harvard, où les gens échangent continuellement des idées et se voient tous les jours. A Paris, chacun travaille chez lui, de façon plus indépendante de la « mode du jour », et les collaborations prennent en général la forme de coups de téléphone... Je suppose que la géographie est pour beaucoup là-dedans, mais je ne suis pas sûr que ce soit un mauvais état de choses.

Ce qui est certainement plus grave, c'est le niveau assez bas de la génération actuelle, (« orphelins », etc) et je crois avec toi que le service militaire y est pour beaucoup. Mais il est pratiquement certain qu'on n'obtiendra rien là-dessus tant que la guerre d'Algérie durera : en dispenser les scientifiques serait

I will stop my cogitations here, since I am not very comfortable preaching action and virtue when I am not in a position to act myself. All told, the only practical question arising from this for me is a strictly private one, namely whether I will stay in France or emigrate as other mathematicians have done before me, even if the actual working conditions here do not compare.

Thank you for your letter, and the trouble you have taken to correct my text. How is "expression latine" going?

Regards,

A. Grothendieck

Princeton, October 26, 1961

Dear Grothendieck,

Your letters raise a number of questions, to which I will try to give short answers.

(1) I was very interested by your letter to Cartan, and I more or less agree with what you say. However, you may have some illusions about what Paris used to be; it was never a "hothouse" like Göttingen in the old days, then Princeton, and now probably also Harvard, where people continually exchange ideas and see each other every day. In Paris, everyone works at home, and is more independent of the "latest fashion", and most collaborations happen by telephone... I suppose that geography has a lot to do with this, but I am not sure that it is such a bad state of affairs.

What is certainly more serious is the rather low level of the current generation ("orphans", etc.) and I agree with you that the military service is largely responsible. But it is almost certain we will get nowhere with this as long as the war in Algeria continues: an exemption for scientists would be a truly

une inégalité vraiment trop choquante, une fois que la peau des gens est en jeu. La seule action raisonnable en ce moment — on en revient toujours là — est celle contre la guerre d'Algérie elle-même (et, auxiliairement, contre un gouvernement de militaires). Il est impossible « de ne pas faire de politique ».

(2) J'ai essayé de préciser les choses pour Schwarzenberger.

(3) Algèbre Commutative de Bourbaki. Tu es bien sévère pour les Valuations ! Je persiste pourtant à les garder, pour plusieurs raisons : d'abord une pratique : n rédacteurs ont sué dessus, il n'y a rien à reprocher au fourbi, on ne doit pas le vider sans raisons très sérieuses (et tu n'en as pas). Bien sûr, s'il était prouvé que cela ne sert à rien et donne des idées fausses, cette première raison ne tiendrait pas. Mais ce n'est pas le cas. Même un noethérien impénitent a besoin des valuations discrètes, et de leurs extensions ; en fait, Tate, Dwork, et tous les gens p-adiques te diront qu'on ne peut se limiter au cas discret et que le cas de rang 1 est indispensable ; à ce moment, les méthodes noethériennes deviennent un vrai carcan, et on comprend beaucoup mieux en rédigeant le cas général que uniquement le cas de rang 1. Enfin, le théorème général d'extension des spécialisations est un fort bel énoncé, très satisfaisant esthétiquement, et qui a l'avantage (par exemple) de rendre claire l'existence d'une extension d'une valuation à un surcorps. Il n'y a pas lieu d'en faire un plat, bien sûr, et c'est pourquoi j'avais vivement combattu le plan Weil initial qui en faisait le théorème central de l'Algèbre Commutative, mais d'autre part il faut le garder. [Quant à dire que Zariski et Krull ont fait mieux que les valuations, c'est certain, mais je ne vois pas ce que cela vient faire dans la discussion.]

Je ne suis guère plus d'accord avec tes objections au chapitre des Krull. Tu dois te souvenir qu'on a fait plusieurs fois des rédactions suivant les deux points de vue : noethérien, intégralement clos, ou Krull général. La comparaison, et (quoi que tu en dises) le cas des factoriels où les valuations discrètes sont parfaitement à leur place, a fini par faire décider en faveur du cas général (Krull) et je ne le regrette pas. Il y a simplement une chose que je n'aime pas du tout dans la rédaction : la définition avec les systèmes de valuations discrètes, alors qu'il serait si simple de dire qu'un anneau intègre A est Krull si, pour tout idéal premier $\mathfrak{p}$ de hauteur 1, $A_{\mathfrak{p}}$ est un anneau de valuation discrète, si $A = \bigcap A_{\mathfrak{p}}$, et si tout $x \in A$, $x \neq 0$, n'est contenu que dans un nombre fini de $\mathfrak{p}$. J'ai essayé de faire revenir le congrès là-dessus, mais il aurait

shocking inequality when lives are at stake. The only reasonable action at the moment—we always come back to this—is campaigning against the war in Algeria itself (and secondarily, against a military government). It is impossible to "stay out of politics".

(2) I have tried to clear things up with Schwarzenberger.

(3) Bourbaki's Commutative Algebra. You are very harsh on Valuations! I persist nonetheless in keeping them, for several reasons, of which the first is practical: n people have sweated over them, there is nothing wrong with the result, and it should not be thrown out without very serious reasons (which you do not have). Of course, if it were proved to be of no use and misleading, this first argument would not hold water. But that is not the case. Even an unrepentant Noetherian needs discrete valuations and their extensions; in fact, Tate, Dwork and all the p-adic people will tell you that one cannot restrict oneself to the discrete case and the rank 1 case is indispensable; Noetherian methods then become a burden, and one understands much better if one considers the general case and not only the rank 1 case. Finally, the general theorem of extension of specializations is a very beautiful and aesthetically satisfying result, which has the advantage (for example) of making it clear that a valuation has an extension to an overfield. It is not worth making a mountain out of it, of course, which is why I energetically fought Weil's original plan to make it the central theorem of Commutative Algebra, but on the other hand it must be kept. [As for the fact that Zariski and Krull have done better things than valuations, that is certainly true, but I do not see how it is relevant to the discussion.]

Nor do I really agree with your objections to the Krull chapter. You must remember that on several occasions we wrote drafts following each of the two points of view: Noetherian and integrally closed, or general Krull. The comparison between them, and (whatever you may say) the factorial case where discrete valuations fit in perfectly well, ended up deciding in favor of the general (Krull) case, and I do not regret it. There is only one thing I really do not like in the draft, namely the definition using discrete valuation systems, when it would be so simple to say that an integral domain A is Krull if $A_\mathfrak{p}$ is a discrete valuation ring for any prime ideal $\mathfrak{p}$ of height 1, $A = \bigcap A_\mathfrak{p}$, and every $x \in A$, $x \neq 0$, is only contained in a finite number of $\mathfrak{p}$. I tried to get the

fallu rerédiger le chapitre, ce qui était contraire à des décisions antérieures. Ce n'est de toutes façons qu'un point de détail.

[Il est certain que ces deux chapitres sont au fond l'insertion dans Bourbaki de l'« algèbre commutative de papa » comme dirait Mongénéral. Mais je suis beaucoup moins « entier » que toi sur ces questions (je n'ai pas de prétention à connaître « l'essence » des choses), et cela ne me choque pas du tout.]

1 De toutes façons, on peut considérer ces chapitres comme imprimés et discuter dessus est très académique. Ce qui m'intéresse beaucoup plus, c'est la suite de l'Algèbre Commutative et les perspectives sont assez sombres : le congrès était très peu chaud pour se lancer dans d'autres chapitres, et moi-même j'ai eu le plus grand mal à faire des propositions cohérentes, en bonne partie parce que je ne sais pas ce qui doit figurer dans le cadre algébrique, ou dans le cadre schémas. On ne s'est guère mis d'accord que sur un seul chapitre, qui effec-
2 tivement, se présente très bien : celui de la dimension que doit rédiger Tate. Ensuite, c'est la pagaille : que va-t-on dire sur la théorie homologique ? On risque, je l'avais bien vu en rédigeant l'algèbre extérieure, d'être tout de suite entraîné dans le cadre des catégories abéliennes, et finalement de ne rien faire du tout ; on risque aussi, bien sûr, d'être tenté d'attendre le langage géométrique. J'aimerais bien savoir comment tu envisagerais la chose. Idem pour Cohen.

(4) Factorialité des anneaux locaux réguliers. Tu auras sans doute remarqué que la démonstration Kaplansky que je t'ai vendue démontre ceci : si A est local intégralement clos et $\mathfrak{a}$ un module réflexif de rang 1 sur A qui est de dimension homologique finie, alors $\mathfrak{a}$ est libre. En fait, il paraît qu'un élève de Kaplansky aurait réussi à remplacer l'hypothèse « $\mathfrak{a}$ de rang 1 » par « $\mathrm{Hom}(\mathfrak{a}, \mathfrak{a})$ est libre », mais je ne te garantis rien.

(5) Désingularisation des surfaces en caractéristique 0. C'est marrant que tu aies retrouvé la vieille méthode « de Jung », que je t'avais d'ailleurs expliquée (l'ayant plus ou moins retrouvée moi-même) il y a déjà assez longtemps. Abhyankar, qui la donne à la fin de l'un de ses papiers sur les revêtements (je crois que c'est celui « Ramification of algebraic functions » à l'American Journal) explique pourquoi elle ne marche pas en caractéristique p, essentiellement parce que la ramification n'est pas « tame ». Peut-être peut-on quand même
3 s'arranger pour qu'elle le soit ?

A ce propos, remarque que, lorsque tu fais éclater un point non singulier P d'une surface S, puis un point $P^{(1)}$ de la droite obtenue, et ainsi de suite

congress to change its mind about this, but it would have then been necessary to rewrite the chapter, which was contrary to decisions that had already been made. In any case, it is only a minor detail.

[It is clear that these two chapters are basically an insertion into Bourbaki of "Papa's Commutative Algebra", as de Gaulle would say. But I am much less "fundamentalist" than you on such questions (I have no pretension to know "the essence" of things) and this does not shock me at all.]

In any case, these chapters are as good as printed and discussing them is 1
now a moot question. I am much more interested by the next part of Commutative Algebra, and there the outlook is rather gloomy: Bourbaki showed little enthusiasm for embarking on further chapters, and I myself had great difficulty in making coherent propositions, largely because I do not know what should fit into the algebraic context or the scheme-theoretic one. We agreed on hardly anything except a single chapter, which does look very nice: the one 2
on dimension that Tate is supposed to write. After that comes chaos: what will we say about homology theory? The risk, as I clearly saw when writing exterior algebra, is of being immediately dragged into abelian categories and ending up doing nothing at all; the other risk, of course, is of being tempted to wait for the geometric language. I would very much like to know how you view these things. Idem for Cohen.

(4) Factoriality of regular local rings. You have probably noticed that the proof of Kaplansky's I sold you proves the following: if A is local and integrally closed and $\mathfrak{a}$ is a reflexive module of rank 1 over A which is of finite homological dimension, then $\mathfrak{a}$ is free. In fact, it seems that a student of Kaplansky's has managed to replace the condition "$\mathfrak{a}$ of rank 1" by "$\mathrm{Hom}(\mathfrak{a}, \mathfrak{a})$ is free", but I guarantee nothing.

(5) Desingularization of surfaces in characteristic 0. It is funny you should have rediscovered "Jung's" old method, which I myself actually explained to you (having more or less rediscovered it myself) quite some time ago. Abhyankar, who includes it at the end of one of his papers on coverings (I think it is in "Ramification of algebraic functions" in the American Journal) explains why it does not work in characteristic p, essentially because the ramification is not "tame". Perhaps it is somehow possible to make it so? 3

On this topic, note that when you blow up a non-singular point P on a surface S, then a point $P^{(1)}$ of the line obtained in this way, and so on

indéfiniment, tu trouves une suite croissante d'anneaux locaux dont la réunion $\mathcal{O}$ *est un anneau de valuation*; c'est une autre façon de dire que cette suite d'éclatements finit par « séparer » des branches distinctes. C'est là l'un des exemples les plus intéressants d'anneau de valuation non banal.

Toujours à propos de la méthode Jung : tu as peut-être remarqué que, lorsqu'on arrive à un revêtement contenu dans $\mathrm{B}(x^{1/m}, y^{1/n})$ il est en général
4 impossible de désingulariser simultanément la base et le revêtement. (Le premier exemple se fait, si je me souviens bien, avec un revêtement cyclique de degré 5.) En particulier, il faut faire sur la base des éclatements généraux, et non pas seulement des éclatements avec l'idéal maximal ; as-tu regardé avec précision ce qu'il faut faire ? C'est classique, bien sûr, mais j'ai toujours eu la flemme de regarder.

(6) Ce que tu me dis sur la cohomologie rationnelle des variétés affines ne me surprend pas trop. Au fond, c'est un retour au point de vue de nos pères, qui aimaient tant leurs intégrales de n-ième espèce, $n = 1, 2, 3$. Il faudrait vérifier dans Atiyah-Hodge, par exemple, mais je pense qu'on doit en savoir assez pour démontrer la conjecture de Kostant pour les variétés affines de la forme $\mathrm{X} - \mathrm{H}$, où X est projective non singulière et H n'est pas trop mal foutu.

(À propos des variétés affines : peux-tu décomposer (filtrer, ou n'importe quoi) leur cohomologie de façon à mettre en évidence les morceaux qui pro-
5 viennent de la variété complétée ? Je n'arrive pas à m'exprimer, mais tu comprendras ce que je veux si je le mets sous la forme : quelles conjectures doit-on faire pour la fonction zêta d'une variété affine non singulière ? Il me paraît scandaleux qu'il soit nécessaire de la plonger (si tant est que ce soit possible !) dans une variété projective non singulière, pas du tout unique, et dégueulasse ; d'autre part, je n'arrive à rien formuler. As-tu en main une autre homolo-
6 gie que l'usuelle (par exemple « à supports fermés », ou Dieu sait quoi) qui pourrait servir à quelque chose ?)

7 J'aurais aimé te parler de Dwork et de la théorie de Fredholm[5] sur les
8 corps valués complets, mais ce sera pour une autre fois.

Salut et fraternité

J-P. Serre

[5] Je n'ignore pas ton papier sur le sujet où tu dis que « tout marche ». Mais tu avais pas mal d'illusions sur les corps valués à l'époque, et tu avais tendance à utiliser des majorations du style $\left|\frac{1}{n!}x\right| \leqslant \frac{1}{n!}|x|$, oh, horreur ! Il faut y regarder de plus près.

indefinitely, you get an increasing sequence of local rings whose union $\mathcal{O}$ *is a valuation ring*; this is another way of saying that eventually this sequence of blow-ups ends up "separating" distinct branches. This is one of the most interesting examples of a non-banal valuation ring.

Still on the subject of Jung's method: you may have noticed that when a cover contained in $\mathrm{B}(x^{1/m}, y^{1/n})$ appears, it is not generally possible to simultaneously desingularize the base and the cover. (The first example of this, if 4
I remember rightly, involves a cyclic covering of degree 5.) In particular, one needs general blow-ups on the base, and not just blow-ups with the maximal ideal; have you ever carefully investigated what the right thing to do is? It is classical, of course, but I have always been too lazy to look into it.

(6) What you say about rational cohomology of affine varieties does not surprise me much. It is basically a return to the viewpoint of our fathers, who were so fond of their integrals of the n-th kind, $n = 1, 2, 3$. One would have to check in Atiyah-Hodge, for example, but I think what is already known should be enough to prove Kostant's conjecture for affine varieties of the form $\mathrm{X} - \mathrm{H}$, where X is projective and non-singular, and H is not too badly behaved.

(On the subject of affine varieties, can you decompose (filter or whatever) their cohomology in such a way as to highlight the parts that come from the completed variety? I cannot express what I mean, but you will understand 5
what I want if I put it in the following form: what conjectures should be made on the zeta function of a non-singular affine variety? I find it scandalous that it should be necessary to embed it (if that is even possible!) in a horrible non-singular projective variety, which is not at all unique; on the other hand, I have not been able to formulate anything. Have you any kind of homology at hand, besides than the usual one (for example, "with closed support" or God knows what) which could be of some use?) 6

I would have liked to talk to you about Dwork and Fredholm theory [7] and 7
complete valuation fields, but I will keep it for another time. 8

Yours,

J-P. Serre

[7] I am aware of your paper on the subject where you say that "everything works". But you had a fair number of illusions on valuation fields at the time, and you tended to use bounds of the type $\left|\frac{1}{n!}x\right| \leqslant \frac{1}{n!}|x|$; horror of horrors! It has to be looked into more closely.

31.10.1961

Mon cher Serre,

Je ne suis pas d'accord avec toi qu'il ne faille rien entreprendre contre le service militaire, en l'occurrence des scientifiques doués, avant la fin de la guerre d'Algérie. Tout d'abord, en ce qui concerne l'injustice « une fois que la peau des gens est en jeu », si injustice il y a en dispensant certaines personnes du service militaire, la différence entre pendant ou après la période de guérilla est une question de degré, non d'essence. Je pense que la peau n'est pas pour l'instant en danger à tel point que la question de la perte de deux ans de formation ne reste (pour chaque jeune, scientifique ou pas) la chose la plus importante, sans même parler de la question morale (à laquelle semble-t-il la plupart sont assez indifférents). La proba minime de se faire tuer ne me semble pas faire une grosse différence. D'autre part, si certains Universitaires signalent à l'opinion du pays et du pouvoir les effets du service militaire (et par inférence, de la guerre d'Algérie) sur le niveau scientifique du pays, en demandant des réformes, cela n'exclut pas que les humanistes, les techniciens, les pompiers et les lampistes ne soient fondés chacun pour son compte de demander des réformes analogues, avec des motivations analogues et à mes propres yeux toutes aussi fortes. Toute action dans ce sens, même très limitée, contribuera à faire prendre conscience aux gens des conséquences de la militarisation du pays, et pourra créer un précédent pour des actions analogues et plus vastes. Mais ce n'est évidemment, en l'occurrence , qu'en limitant le problème et les propositions à une situation restreinte, et à bien des égards « optima », qu'il y aurait des chances de succès rapides, surtout par des Universitaires non engagés politiquement comme Cartan. Note que les arguments avancés sont tout autant et même plus valables en temps de guerre, j'entends du point de vue du gouvernement, comme il est bien évident qu'en temps de guerre les Américains par exemple se garderont encore plus qu'en temps de paix d'enlever leurs savants ou techniciens de classe de leurs laboratoires. — Enfin, j'ai dans la question du service militaire un point de vue très terre à terre, savoir que ce qui est pris est pris, et que plus il y a des gens qui arrivent, par n'importe quel moyen, comme l'objection de conscience, désertion, fraude, ou même piston, à se soustraire à cette idiotie, mieux cela vaut.

Ton argument pour les valuations est assez marrant : « n rédacteurs ont sué dessus, il n'y a rien à reprocher au fourbi, on ne doit pas le vider sans

10.31.1961

My dear Serre,

I do not agree with you that nothing should be done against the military service—for gifted scientists in particular—before the end of the Algerian war. To start with, as far as injustice is concerned "when lives are at stake", if it is an injustice to exempt certain people from national service, then the difference between doing so during or after a time of guerilla war is one of degree and not of essence. I do not think that the danger of losing one's life is such, at this point, that it has become more important than the loss of two years of training (for any young person, scientist or otherwise), leaving aside entirely the moral question (to which most people are apparently indifferent). The minimal probability of being killed does not seem to me to make a big difference. On the other hand, if certain Academics brought the effects of military service (and, by implication, of the Algerian war) on the scientific level of the country to the attention of the public and the authorities, and required some reforms, it would not exclude the possibility of classical scholars, technicians, firemen and lamp-lighters grouping together to require analogous reforms for themselves, on analogous and to my mind equally valid grounds. Any action in this direction, even if very limited, will contribute to making people realize the consequences of the militarization of the country, and might create a precedent for analogous and vaster actions. But in this case it is obvious that it is only by limiting the problem and the proposals to a restricted situation which from many points of view is "ideal" that there is any chance for rapid success, especially if it is done by Academics without political affiliations, such as Cartan. Note that the arguments being put forward are just as valid in wartime, if not more so, I mean from the government's point of view, as it is quite obvious that the Americans, for example, are even more careful to keep from removing their scientists and their high-class technicians from their laboratories in wartime than in peacetime. — And finally, I have a very down to earth point of view on the military service, namely catch as catch can, and the more people there are who, by whatever means, be it conscientious objection, desertion, fraud or even knowing the right people, manage to extricate themselves from this idiocy, the better.

Your argument in favor of valuations is pretty funny: " n people have sweated over it, there is nothing wrong with it, and it should not be thrown out

raisons très sérieuses ». Le principe généralement admis par Bourbaki serait plutôt qu'il faut avoir des raisons sérieuses pour insérer un gros fourbi, surtout quand c'est à une place centrale ; le fait que n rédacteurs aient sué dessus en tout cas n'en est pas une, car ces n rédacteurs n'avaient aucune idée du rôle du fourbi en algèbre commutative, mais avaient reçu mission simplement de dévisser bourbachiquement un fourbi qu'ils se sont malheureusement dispensés d'examiner critiquement comme partie d'un tout. Ce que tu me dis des valuations de rang zéro est un argument pour le vidage de l'endroit actuel. En effet, le bon point de vue pour cela n'est pas du tout l'algèbre commutative, mais les valeurs absolues de corps (archimédiennes ou non). Les analystes p-adiques se fichent tout autant que les géomètres algébristes (et j'ai l'impression que Zariski lui-même, revenu de ses amours qui font encore pâmer Notre Maître), des gammes à plus soif sur les valuations composées, les groupes ordonnés baroques, sous-groupes pleins desdits et que sais-je. Ces gammes méritent tout au plus d'enrichir les exercices de Bourbaki, tant que personne ne s'en sert. Une solution qui m'aurait paru raisonnable (mais sans doute est-il trop tard pour la première édition) aurait été du type suivant. a) Deux ou trois pages sur les anneaux de valuation généraux avec les entiers : définition, extension, application à la caractérisation de la clôture normale, un point c'est tout. b) Anneaux de valuation discrète n'importe où après, à la rigueur (si les Krulliens restent inexorables) comme paragraphe 1 aux anneaux de Krull. [A propos de Krull, il est assez marrant de noter que le nom « anneau de Krull » ne figure probablement dans aucun papier d'un disciple, et sans doute n'y figurera non plus à l'avenir, tant il est sûr pour les disciples que Bourbaki est une chose, et les Mathématiques une autre...]. Bien entendu, on les a quand on veut. c) Les valeurs absolues (déjà définies depuis belle lurette dans Bourbaki), à la rigueur dans un dernier Chapitre ou réservées pour « la partie de notre Traité consacrée à la Théorie des Espaces Analytiques, également appelée 'Analyse p-adique'. » Cette dernière solution serait peut-être la plus raisonnable.

J'ai l'impression qu'après la dimension, il y a deux beaux Chapitres qu'on peut écrire de façon assez terre à terre, en n'utilisant guère plus d'Algèbre Homologique que pour le Chapitre 1 sur la platitude, et où le langage géométrique n'ajoute pas grand-chose, savoir 1°) Profondeur, Cohen-Macaulay, propriété S_k de Serre, anneaux réguliers, propriété R_k (anneaux réguliers en codimension $\leqslant k$). 2°) Les bons anneaux. Il est vrai que la profondeur et S_k sont des

without very serious reasons". The principle generally respected by Bourbaki is rather that there should be very good reasons for including a huge mess, especially in a central position; the fact that n people have sweated over it is certainly not a good reason, since these n people had no idea of the role of the mess in commutative algebra, but had simply received an order to figure out, Bourbakically, some stuff that they unfortunately did not bother to examine critically as part of a whole. Your comments on rank zero valuations constitute an argument for removing it from where it is now. Indeed, the right point of view for this is not commutative algebra at all, but absolute values of fields (archimedean or not). The p-adic analysts do not care any more than the algebraic geometers (or even Zariski himself, I have the impression, as he seems disenchanted with his former loves, who still cause Our Master to swoon) for endless scales and arpeggios on compositions of valuations, baroque ordered groups, full subgroups of the above and whatever. These scales deserve at most to adorn Bourbaki's exercise section, as long as no one uses them. A solution which seems reasonable to me (but it is probably too late for the first edition) would be as follows: a) Two or three pages on general valuation rings with the integers: definition, extension, application to the characterization of the normal closure, and that's it. b) Discrete valuation rings anywhere after that, for example (if the Krullians remain inexorable) as paragraph 1 of Krull rings. [On the subject of Krull, it is funny to notice that the term "Krull ring" probably does not appear in any paper by a disciple, and will probably not appear in the future either, so certain are the disciples that Bourbaki is one thing and Mathematics is another ...]. Of course, we can have them whenever we want. c) Absolute values (which were defined ages ago by Bourbaki) to be put in a final chapter if need be or kept in reserve for "the part of our Treatise devoted to the Theory of Analytic Spaces, also known as p-adic Analysis." This last solution is perhaps the most reasonable.

I have the impression that after the dimension, there are a couple of beautiful Chapters which could be written in a fairly down-to-earth way, hardly using any more Homological Algebra than Chapter 1 on flatness, and to which geometric language would not add very much, namely 1°) Depth, Cohen-Macaulay, Serre's S_k property, regular rings and the R_k property (rings which are regular in codimension $\leqslant k$). 2°) Good rings. It is true that depth and S_k are notions

notions qui ont un sens pour un faisceau abélien sur un espace noethérien quelconque, et se comprennent mieux de ce point de vue, utilisant la cohomologie relative. (Il y aura une rédaction dans les Eléments III.9.) Néanmoins, la définition de la profondeur par les M-suites est parfaitement suffisante et en fait la mieux appropriée pour l'usage immédiat qu'on a en vue ; il y aura un petit rapport dessus dans les Eléments IV, avec les propriétés spéciales à la situation : $\mathrm{A} \to \mathrm{B}$, M, N où $\mathrm{A} \to \mathrm{B}$ est un homomorphisme local d'anneaux locaux noethériens, M (N) un B (A)-module de type fini, et où on s'intéresse aux propriétés de $\mathrm{M} \otimes_{\mathrm{A}} \mathrm{N}$, M plat sur A. On a $\dim_{\mathrm{B}} \mathrm{M} \otimes_{\mathrm{A}} \mathrm{N} = \dim_{\mathrm{A}} \mathrm{N} + \dim_{\mathrm{B} \otimes k} \mathrm{M} \otimes k$, et mêmes formules pour la profondeur, coprofondeur, dimension cohomologique, et on a des variantes, concernant R_k, S_k. Ces résultats viendront à point nommé dans 2°, où on examine en particulier sous quelles conditions les fibres de $\operatorname{Spec} \widehat{\mathrm{A}}$ sur $\operatorname{Spec} \mathrm{A}$ sont des schémas réguliers, ou même « géométriquement » réguliers. Il est vrai qu'on est souvent tenté de partir dans les schémas, ou dans les catégories abéliennes, mais je ne crois pas qu'il soit moralement impossible de s'en empêcher. — Il y aurait un 3°) Algèbres de Cohen, sorte de variation sur Hensel, qui est disjoint des précédents, à cela près qu'on risque d'avoir besoin du théorème de structure de Cohen dans 2°), ce qui inciterait à échanger 2° et 3°. D'ailleurs 3° pouvait venir aussi n'importe où avant, par exemple il venait très bien comme paragraphe dans « filtrations et topologies » ; trop tard ! A l'exception de la théorie de la ramification, sur laquelle je n'ai pas d'idées de toute façon, il ne me semble pas dit qu'il faille en mettre plus dans l'Algèbre Commutative, car tout le reste (y compris les intersections, pourvu qu'on mette ce qu'il faut sur les *multiplicités* d'anneaux locaux) viendra mieux avec le langage géométrique. A propos, le résultat sur l'extension plate d'un anneau local noethérien correspondant à une extension résiduelle donnée (qui remplace avantageusement souvent la méthode d'extension d'une valuation), vient très bien dans le contexte des Algèbres de Cohen.

Je n'ai pas bien compris ta question sur la cohomologie (de Weil, je présume) des variétés affines, et d'ailleurs je ne sais rien d'une éventuelle filtration naturelle, même pour une variété complète. On pourra en recauser quand tu seras à Harvard.

Bien à toi

A. Grothendieck

which mean something for an abelian sheaf on any Noetherian space, and can be better understood from this point of view via relative cohomology. (This will be written up in Elements III.9.) Nevertheless, the definition of depth via M-sequences is perfectly adequate, and is indeed the one best adapted to the immediate use we have in mind for it: there will be a short report on this in Elements IV with the properties that are specific to the situation $\mathrm{A} \to \mathrm{B}$, M, N, where $\mathrm{A} \to \mathrm{B}$ is a local homomorphism of Noetherian local rings, M (N) a finitely generated B (A)-module, and one wants to determine the properties of $\mathrm{M} \otimes_{\mathrm{A}} \mathrm{N}$, for M flat over A. We have $\dim_{\mathrm{B}} \mathrm{M} \otimes_{\mathrm{A}} \mathrm{N} = \dim_{\mathrm{A}} \mathrm{N} + \dim_{\mathrm{B} \otimes k} \mathrm{M} \otimes k$; the same formulas hold for depth, codepth, cohomological dimension, and there are variants for R_k and S_k. These results will arrive just in time for 2°, which explores the conditions under which the fibers of $\operatorname{Spec} \widehat{\mathrm{A}}$ over $\operatorname{Spec} \mathrm{A}$ are regular or even "geometrically" regular schemes. It is true that one is often tempted to go off into schemes or abelian categories, but I do not believe it is morally impossible to prevent this. — There might also be a 3°) on Cohen algebras, a kind of variation on Hensel, disjoint from the preceding ones, except that the Cohen structure theorem may be needed in 2°), leading to the exchange of 2° and 3°. Anyway, 3° could be put in anywhere earlier, for instance it would have been very good as a paragraph in "filtrations and topologies": too late! Apart from ramification theory, about which I have no ideas in any case, it does not seem to me necessary to add anything else to Commutative Algebra, since all the rest (including intersections, as long as everything necessary about *multiplicities* of local rings is there) will be better expressed in geometric terms. By the way, the result on a flat extension of a Noetherian local ring corresponding to a given residue extension (which can often advantageously replace the method of extension of a valuation) fits very well in the context of Cohen Algebras.

I have not really understood your question on (Weil, I presume) cohomology of affine varieties, and moreover I know nothing about a potential natural filtration, even on a complete variety. We will talk about it again when you come to Harvard.

Regards,

A. Grothendieck

6 Septembre 62

Mon cher Serre,

J'ai repensé à tes fourbis d'algèbres de Lie associées aux groupes de type galoisien. Il me semble bien évident que, pour que ce soit maniable, il faut tout exprimer en termes de *représentations* de pro-algèbres de Lie (sinon tu es baisé pour exprimer les fonctorialités les plus évidentes). De façon précise, ℓ étant un nombre premier fixé, on associe à tout groupe G de type galoisien une « proalgèbre de Lie » sur $\mathbf{Q}_\ell$, $\mathfrak{g} = (\mathfrak{g}_i)$, les $\mathfrak{g}_i$ de dimension finie, $\mathfrak{g}_j \to \mathfrak{g}_i$ surjectifs. Alors $\mathfrak{g} = \mathrm{L}_\ell(\mathrm{G})$ dépend fonctoriellement de G ; en particulier, si G opère continûment sur un module de type fini sur $\mathbf{Z}_\ell$ (ou même seulement sur $\mathbf{Q}_\ell$), $\mathfrak{g}$ opère sur $\mathrm{M} \otimes_{\mathbf{Z}_\ell} \mathbf{Q}_\ell$ (resp. sur M) par l'intermédiaire d'un des $\mathfrak{g}_i$. $\mathfrak{g}$ ne dépend que du *germe* de G. Il serait agréable d'avoir un dictionnaire permettant de passer de $\mathfrak{g}$ à G (ou plutôt au germe de G), peut-être y a-t-il des résultats tangibles à prouver si le groupe G est un germe de *ℓ-groupe*, i.e. s'il existe un sous-groupe ouvert U qui est un ℓ-groupe. Ainsi :

1 QUESTION 1. Soit $\mathrm{H} \subset \mathrm{G}$, est-il vrai que $\mathfrak{h} = \mathrm{L}_\ell(\mathrm{H}) \to \mathfrak{g} = \mathrm{L}_\ell(\mathrm{G})$ est injectif ? (N.B. L'énoncé correspondant pour un épimorphisme est trivialement vrai.)

Il suffirait de savoir résoudre la question suivante : soit $u : \mathrm{H} \to \Gamma$ un homomorphisme continu, Γ de type galoisien (il suffit de prendre $\Gamma = \mathrm{GL}(n, \mathbf{Z}_\ell)$), alors u peut-il se prolonger en un homomorphisme d'un sous-groupe ouvert de G ?

QUESTION 2. Soient H_1, H_2 fermés dans G, d'algèbres de Lie $\mathfrak{h}_1$, $\mathfrak{h}_2 \subset \mathfrak{g}$. Si $\mathfrak{h}_1 \subset \mathfrak{h}_2$ a-t-on germe(H_1) $\subset$ germe(H_2) (donc $\mathfrak{h}_1 = \mathfrak{h}_2$ implique germe(H_1) = germe(H_2)) ?

Il suffirait sans doute de le prouver lorsque $\mathrm{H}_1 = \mathbf{Z}_\ell$. Si la réponse était affirmative, un homomorphisme de germes de ℓ-groupes galoisiens serait connu quand on connaît l'homomorphisme sur les algèbres de Lie (mais sans doute on ne peut partir d'un homomorphisme quelconque d'algèbres de Lie pour définir un homomorphisme de germes de groupes).

Autre remarque : On a une *application canonique* $\log : \mathrm{G} \to \mathfrak{g}$ [N.B. on écrit aussi $\mathfrak{g}$ pour $\varprojlim \mathfrak{g}_i$], comme on le voit à partir du cas où G est un groupe analytique, en formant $\frac{1}{n} \cdot \log x^n$ pour n grand (log étant défini en tout état de

September 6, 62

My dear Serre,

I have been thinking again about your stuff on Lie algebras associated to groups of Galois type. It seems quite obvious to me that to be usable, everything will have to be expressed in terms of *representations* of pro-Lie algebras (otherwise you are screwed for expressing even the most obvious functorialities). More precisely, if ℓ is a fixed prime number, associate to any group G of Galois type a "pro-Lie algebra" over $\mathbf{Q}_\ell$, $\mathfrak{g} = (\mathfrak{g}_i)$, where the $\mathfrak{g}_i$ are finite dimensional and the map $\mathfrak{g}_j \to \mathfrak{g}_i$ is surjective. Then $\mathfrak{g} = \mathrm{L}_\ell(\mathrm{G})$ depends functorially on G; in particular, if G acts continuously on a module of finite type over $\mathbf{Z}_\ell$ (or even over $\mathbf{Q}_\ell$), then $\mathfrak{g}$ acts on $\mathrm{M} \otimes_{\mathbf{Z}_\ell} \mathbf{Q}_\ell$ (resp. on M) via one of the $\mathfrak{g}_i$. This $\mathfrak{g}$ only depends on the *germ* of G. It would be nice to have a dictionary allowing us to pass from $\mathfrak{g}$ to G (or rather to the germ of G); maybe there are some tangible results to be proved when the group G is a germ of *ℓ-groups*, i.e. when there is an open subgroup U which is an ℓ-group. Thus:

QUESTION 1. Let $\mathrm{H} \subset \mathrm{G}$: is it true that $\mathfrak{h} = \mathrm{L}_\ell(\mathrm{H}) \to \mathfrak{g} = \mathrm{L}_\ell(\mathrm{G})$ is injective? 1
(N.B. The corresponding statement for an epimorphism is trivially true.)

It would be enough to be able to solve the following question: let $u : \mathrm{H} \to \Gamma$ be a continuous homomorphism, with Γ of Galois type (it is enough to take $\Gamma = \mathrm{GL}(n, \mathbf{Z}_\ell)$); can u then be extended to a homomorphism of an open subgroup of G?

QUESTION 2. Let H_1, H_2 be closed in G, with Lie algebras $\mathfrak{h}_1, \mathfrak{h}_2 \subset \mathfrak{g}$. If $\mathfrak{h}_1 \subset \mathfrak{h}_2$, is it true that $\mathrm{germ}(\mathrm{H}_1) \subset \mathrm{germ}(\mathrm{H}_2)$ (thus $\mathfrak{h}_1 = \mathfrak{h}_2$ implies $\mathrm{germ}(\mathrm{H}_1) = \mathrm{germ}(\mathrm{H}_2)$)?

It would probably be enough to prove this when $\mathrm{H}_1 = \mathbf{Z}_\ell$. If the answer were positive, then a homomorphism of germs of Galois ℓ-groups would be determined by the homomorphism on the Lie algebras (but it is probably impossible to start with an arbitrary Lie algebra homomorphism and define a homomorphism of germs of groups from it).

Another remark: There is a *canonical map* $\log : \mathrm{G} \to \mathfrak{g}$ [N.B. Write also $\mathfrak{g}$ for $\varprojlim \mathfrak{g}_i$], as can be deduced from the case where G is an analytic group, by forming $\frac{1}{n} \cdot \log x^n$ for large n (log is defined in a neighborhood of e in any

cause au voisinage de e et y satisfait $\log(z^m) = m \cdot \log z$). (Si la réponse à la question 2 est affirmative, on a $\log x = \log y$ si et seulement si il existe un n tel que $x^n = y^n$). Donc dans toutes les situations que tu envisages avec des variétés abéliennes par exemple, qu'on peut supposer définies sur des *anneaux* A *de type fini sur* **Z**, à tout élément fermé de Spec(A) correspond grâce à Frobenius, en prenant le log, un élément bien déterminé de $\mathfrak{g}$ (pas seulement une droite dans $\mathfrak{g}$), donc un endomorphisme bien déterminé (modulo opérations de G) de $\mathrm{V}_\ell = \mathrm{T} \otimes_{\mathbf{Z}_\ell} \mathbf{Q}_\ell$, pas seulement une sous-algèbre de dimension 1 de $\mathfrak{gl}(\mathrm{V}_\ell)$. Si on veut avoir une construction qui soit invariante par changement d'anneaux de base $\mathrm{A} \to \mathrm{B}$, on peut remplacer $\log \mathrm{F}$ par $\frac{1}{n} \log \mathrm{F}$, où $n = [k(x) : \mathbf{F}_p]$. La connaissance de ces opérateurs dans V détermine d'ailleurs complètement la
2 représentation de $\mathfrak{g}$ dans V, grâce au théorème de densité de…, du moins si A est un sous-anneau d'un corps de nombres. A ce propos, tu dois connaître la réponse à :

3 Question 3. Soit S un schéma normal de type fini sur **Z**, soit S′ un revêtement étale galoisien de groupe G, a-t-on le théorème de densité, i.e. pour tout $g \in \mathrm{G}$, existe-t-il des points fermés de S dont le Frobenius est dans la classe de g ?

Salut et fraternité

A. Grothendieck

Paris, le 7 Septembre 1962

Cher Grothendieck,

Un mot sur ta lettre reçue ce matin, bien que je ne puisse pas répondre à toutes tes questions :

La question 1 ($\mathrm{G} \subset \mathrm{H}$ entraîne-t-il $\mathfrak{g} \subset \mathfrak{h}$?) résiste. Une réponse affirmative entraînerait en particulier ceci : si C est un sous-groupe de G isomorphe à $\mathbf{Z}_\ell$ (i.e. « à 1 paramètre ») il y a une représentation linéaire de G (sur $\mathbf{Q}_\ell$) qui est

case, and y is such that $\log(z^m) = m \cdot \log z$). (If the answer to question 2 is positive, then $\log x = \log y$ if and only if there is an n such that $x^n = y^n$). Thus, in all the situations you consider with abelian varieties, for instance, which can be assumed to be defined over *rings* A *of finite type over* $\mathbf{Z}$, to any closed element of Spec(A), there corresponds via Frobenius, taking the log, a well defined element of $\mathfrak{g}$ (not just a line in $\mathfrak{g}$) and hence a well-defined endomorphism (modulo G actions) of $\mathrm{V}_\ell = \mathrm{T} \otimes_{\mathbf{Z}_\ell} \mathbf{Q}_\ell$, not just a 1-dimensional subalgebra of $\mathfrak{gl}(\mathrm{V}_\ell)$. If one desires a construction invariant under base change $\mathrm{A} \to \mathrm{B}$, then $\log \mathrm{F}$ can be replaced by $\frac{1}{n} \log \mathrm{F}$, where $n = [k(x) : \mathbf{F}_p]$. Moreover, knowing these operations on V completely determines the representation of $\mathfrak{g}$ on V by ...'s density theorem, at least if A is a subring of a number field. On 2
the same subject, you must know the answer to:

QUESTION 3. Let S be a normal scheme of finite type over $\mathbf{Z}$, and let S′ be 3
a Galois etale covering with group G: does the density theorem hold, i.e. for any $g \in \mathrm{G}$, do there exist closed points of S whose Frobenius lies in the class of g?

Yours,

A. Grothendieck

Paris, September 7, 1962

Dear Grothendieck,

Here is a remark on your letter received this morning, even though I cannot answer all your questions:

Question 1 (does $\mathrm{G} \subset \mathrm{H}$ imply that $\mathfrak{g} \subset \mathfrak{h}$?) resists my efforts. A positive answer would in particular imply the following: if C is a subgroup of G isomorphic to $\mathbf{Z}_\ell$ (i.e. "a 1-parameter group") there is a linear representation of

injective sur C. Ça ne me paraît pas facile, mais d'autre part je ne vois pas de contre-exemple.

La question 2 se résout négativement. En effet, elle entraînerait que, si $\mathfrak{g} = 0$, le germe de G est nul, i.e. G est fini. Or c'est visiblement faux (prendre pour G un produit infini de $\mathbf{Z}/\ell\mathbf{Z}$).

La question 3 (densité) se résout positivement, pourvu qu'on l'énonce avec plus de soin :

Soit T $\rightarrow$ S un revêtement étale galoisien, de groupe de Galois G, avec S de type fini sur $\mathbf{Z}$. Supposons T irréductible, et de dimension $\geqslant 1$. Alors, pour tout $s \in$ G, il y a une infinité de points fermés de T dont le Frobenius est égal à s (et on peut dire quelque chose sur leur densité, mais on s'en fout en général).

Cela se démontre au moyen des fonctions L d'Artin (Lang l'avait fait dans le cas « géométrique », mais, dans mon cours de 1961, je l'avais fait dans le cas général).

Je vais essayer de regarder un peu plus la question 1, bien que je n'aie guère d'espoir : cela entraînerait une caractérisation vraiment trop sympathique des groupes analytiques (celle dont je t'avais parlé dans ton bureau). Je suis un peu arrêté dans ce genre de questions par mon manque de familiarité avec les p-groupes, et en particulier les p-groupes libres ; peut-être essaierai-je un jour
1 d'intéresser Lazard à ce genre de questions : c'est tout à fait dans ses cordes.

Salut et fraternité

J-P. Serre

G (over $\mathbf{Q}_\ell$) which is injective on C. This does not look easy to me, but on the other hand I cannot find a counterexample.

The answer to Question 2 is negative. In fact, this would imply that if $\mathfrak{g} = 0$, then the germ of G is trivial, i.e. G is finite. However this is obviously false (take G to be an infinite product of copies of $\mathbf{Z}/\ell\mathbf{Z}$).

The answer to question 3 (density) is positive, provided it is stated more carefully:

Let $T \to S$ be a Galois etale covering, with Galois group G, where S is of finite type over $\mathbf{Z}$. Assume T is irreducible and of dimension $\geqslant 1$. Then for any $s \in G$, there are infinitely many closed points of T whose Frobenius is equal to s (and something can be said about their density, but in general one doesn't care).

This is proved using Artin's L-functions (Lang had done it in the "geometric" case, but in my course in 1961, I did it in the general case).

I will try to look at Question 1 some more, even though I do not really have much hope: it would imply a characterization of analytic groups (the one I told you about in your office) which would really be too nice. I am hindered, when dealing with this kind of question, by my unfamiliarity with p-groups, particularly free p-groups; I may try to get Lazard interested in this kind of question one of these days: it is right up his street. 1

Yours,

J-P. Serre

Paris, Mardi soir, Sept. 1962

Cher Grothendieck,

La réponse à ta première question est, elle aussi, négative. On peut même faire un contre-exemple *commutatif* — j'aurais dû m'en apercevoir plus tôt ! Le voici :

On prend pour G le produit, pour $n = 1, 2, \ldots$, des groupes cycliques $\mathrm{G}_n = \mathbf{Z}/p^n\mathbf{Z}$ (p étant le nombre premier qui m'intéresse). On vérifie aisément (en passant au dual, par exemple) que $\mathrm{Hom}(\mathrm{G}, \mathbf{Z}_p)$ est réduit à 0 ; il s'ensuit que tout morphisme de G dans un groupe analytique sur $\mathbf{Q}_p$ a une image *finie* ; autrement dit, l'algèbre de Lie $\mathfrak{g}$ de G est réduite à 0. Mais d'autre part, G contient des éléments qui ne sont pas d'ordre fini ; un tel élément engendre topologiquement un sous-groupe H de G isomorphe à $\mathbf{Z}_p$, i.e. à un paramètre. L'algèbre de Lie $\mathfrak{h}$ de H est de dimension 1, et on a le contre-exemple cherché.

Salut et fraternité

J-P. Serre

Bures le 12.9.1962

Mon cher Serre,

J'ai bien l'impression que la réponse à ma Question 1 est également fausse. Prends par exemple

$$\mathrm{G} = \prod_n \mathbf{Z}/\ell^n\mathbf{Z}.$$

Alors pour toute représentation linéaire de G, le groupe image est fini (car en vertu d'une remarque de Serre-Borel, pour tout groupe linéaire sur un corps de caractéristique 0, il existe une borne supérieure pour l'ordre des éléments d'ordre fini. D'autre part un groupe analytique sur un corps de caractéristique

Paris, Tuesday evening, Sept. 1962

Dear Grothendieck,

The answer to your first question is also negative. There is even a *commutative* counterexample—I should have spotted it earlier! Here it is:

Take G to be the product, for $n = 1, 2, \ldots$, of cyclic groups $\mathrm{G}_n = \mathbf{Z}/p^n\mathbf{Z}$ (where p is the prime number which interests me). It is easy to prove (by dualizing, for example), that $\mathrm{Hom}(\mathrm{G}, \mathbf{Z}_p)$ is trivial; it follows that any morphism from G into an analytic group over $\mathbf{Q}_p$ has *finite* image; in other words, the Lie algebra $\mathfrak{g}$ of G is trivial. But on the other hand G contains elements which are not of finite order; such an element topologically generates a subgroup H of G which is isomorphic to $\mathbf{Z}_p$, i.e. a 1-parameter subgroup. The Lie algebra $\mathfrak{h}$ of H is 1-dimensional, and this gives the desired counterexample.

Yours,

J-P. Serre

Bures, 9.12.1962

My dear Serre,

I have the impression that the answer to my Question 1 is also false. Take for example

$$\mathrm{G} = \prod_n \mathbf{Z}/\ell^n\mathbf{Z}.$$

Then for any linear representation of G the image of the group is finite (since by a remark of Serre-Borel, for any linear group over a field of characteristic 0 there is an upper bound for the order of elements of finite order. On the other hand, an analytic group over a field of characteristic 0, all of whose elements

0, dont tout élément est de puissance m-ème égale à e, où m est fixe, a une algèbre de Lie nulle, donc est discret...). Donc l'algèbre de Lie $\mathfrak{g}$ de G est nulle, mais G contient des éléments qui ne sont pas d'ordre fini, donc des sous-groupes isomorphes à $\mathbf{Z}_\ell$ (sous-groupes à un paramètre).

[...]

Salut et fraternité

A. Grothendieck

Vendredi matin, Sept. 1962

Cher Grothendieck,

J'ai regardé un peu l'argument de Mike Artin prouvant que toute variété non singulière se recouvrait avec de « bons » ouverts ; il est moins trivial que tu ne semblais le croire, et je voudrais te signaler certaines difficultés (à vrai dire, spéciales à la caractéristique p) : On part de V^n, normale, et plongée dans un espace projectif P^N. On se donne dans V^n une hypersurface W contenant les points singuliers S (de dimension $\leqslant n-2$), et un point $x \in V - W$. Il faut prouver que l'on peut trouver un « bon » voisinage de x contenu dans $V - W$. La méthode que tu m'as indiquée consiste à couper V (donc aussi $V - W$) par une famille convenable de variétés linéaires L^{N-n+1} de telle sorte que les intersections $L \cap V$ soient des courbes. Soit L_x celle des L qui contient x. Il y a (au moins) deux précautions à prendre :

(i) $V \cap L_x$ doit être une courbe non singulière

(ii) L_x doit couper transversalement W (on veut en effet que W définisse une multisection étale de la base).

Note bien que x est donné, et qu'on n'a pas le choix ; on ne peut donc pas invoquer (pour (i)) le fait qu'une intersection $V \cap L_t$, t générique, est non singulière ; il faut se borner aux L passant par x, i.e. démontrer que $V \cap L$ est non singulière si L est générique *parmi* les variétés linéaires de codimension $n+1$

have m-th power equal to e where m is fixed, has trivial Lie algebra and is hence discrete...). Thus, the Lie algebra $\mathfrak{g}$ of G is trivial, but G contains elements which are not of finite order, so subgroups which are isomorphic to $\mathbf{Z}_\ell$ (1-parameter subgroups).

[...]

Yours,

A. Grothendieck

Friday morning, Sept. 1962

Dear Grothendieck,

I had a look at Mike Artin's argument which proves that any non-singular variety can be covered with "good" open sets ; it is less trivial than you seemed to believe, and I would like to point out some of the difficulties (which to be frank are specific to characteristic p): Start with a normal V^n embedded in a projective space P^{N}. Take a hypersurface W in V^n containing the singular points S (of dimension $\leqslant n-2$), and a point $x \in \mathrm{V}-\mathrm{W}$. The aim is to prove that there is a "good" neighborhood of x contained in $\mathrm{V}-\mathrm{W}$. The method you pointed out to me consists in slicing V (and therefore also $\mathrm{V}-\mathrm{W}$) with a suitable family of linear varieties $\mathrm{L}^{\mathrm{N}-n+1}$ in such a way that the intersections $\mathrm{L} \cap \mathrm{V}$ are curves. Let L_x be the L that contains x. There are (at least) two precautions to take:

(i) $\mathrm{V} \cap \mathrm{L}_x$ must be a non-singular curve

(ii) L_x must cut W transversally (indeed, one wants W to define an etale multisection of the base).

Note that x is given: no choice there; thus one cannot invoke (for (i)) the fact that the intersection $\mathrm{V} \cap \mathrm{L}_t$ is non-singular for generic t; one must restrict oneself to those L passing through x, i.e. show that $\mathrm{V} \cap \mathrm{L}$ is non-singular if L is generic *among* the linear varieties of codimension $n+1$ passing

passant par x. Or, je ne suis pas sûr du tout que ce soit vrai ; il se pourrait en effet (en caractéristique p) que toutes les variétés linéaires tangentes à V passent par x (sans que V soit linéaire) ; auquel cas, on serait baisé. Heureusement, on peut démontrer que ce canular ne se présente pas *si le plongement*
1 *projectif de* V *considéré est le double d'un autre* (ce qui est une hypothèse bien innocente) ; la démonstration n'est pas difficile : il faut voir que la quadrique générique passant par x n'est pas tangente à V, ce qui se fait par un calcul de dimensions. Je n'ai guère envie de te donner de détails. (Autre méthode : on montre que, si toutes les variétés linéaires tangentes à V passent par x, le degré projectif de V est $\equiv 1$ mod.p ; or on peut toujours trouver un plongement de degré projectif $\equiv 0$ mod.p.)

Il y a des précautions tout analogues à prendre pour la condition (ii) : si l'on part d'un plongement idiot de V, il se peut que tout hyperplan passant par x soit tangent à W ; on s'en tire encore en prenant un plongement projectif double.

Je crois que ces canulars sont les seuls, i.e. que la construction que tu m'as indiquée marche ensuite sans difficultés.

Salut et fraternité

J-P. Serre

P-S. Pour te convaincre, voici un exemple numérique : dans l'espace P^3 paramétré en coordonnées homogènes par (x, y, z, t), soit V la surface d'équation

$$t^p z + x^{p+1} + y^{p+1} = 0.$$

Elle est normale, son unique point singulier étant $(0,0,1,0)$. Soit $x = (0,0,0,1)$, qui est un point simple. Le plan générique L_x passant par x s'écrit $u\mathrm{X} + v\mathrm{Y} + w\mathrm{Z} = 0$, et tu constateras facilement qu'il est tangent à V au point (x, y, z, t) tel que $x^p = u$, $y^p = v$, $t^p = w$, $z =$ ce qu'il faut. L'intersection $\mathrm{L}_x \cap \mathrm{V}$ a donc *toujours* un point singulier.

P-S.2. Au cas où ce mot t'arriverait avant lundi : Hyman Bass parle lundi matin, 10h, à l'IHP sur sa construction d'un K^1 algébrique, inspiré des « simple homotopy type » de JHC.Whitehead.

through x. However, I am not at all sure that this is true; it could be possible (in characteristic p) that all the linear varieties tangent to V pass through x (without V being linear), in which case we are screwed. Fortunately, it can be shown that this hitch does not arise *if one considers a projective embedding of* V *which is the double of another one* (this is a harmless condition); the proof is 1
not difficult: one needs to check that the generic quadric passing through x is not tangent to V, which can be done by a dimension count. I feel no desire to give you the details. (Another method: show that if all linear varieties tangent to V pass through x, then the projective degree of V is $\equiv 1 \bmod p$; but one can always find an embedding whose projective degree is $\equiv 0 \bmod p$.)

Analogous precautions have to be taken for condition (ii): starting with a stupid embedding of V, it is possible that every hyperplane passing through x is tangent to W; once again one can get around the problem by taking the double of a projective embedding.

I think these are the only hitches, i.e. the construction you explained to me works after this with no other problems.

Yours,

J-P. Serre

P.S. To convince you, here is a numerical example: in the space P^3 parametrized by homogeneous coordinates (x, y, z, t), let V be the surface of equation

$$t^p z + x^{p+1} + y^{p+1} = 0.$$

V is normal, and its unique singular point is $(0, 0, 1, 0)$. Set $x = (0, 0, 0, 1)$, which is a simple point. The generic plane L_x passing through x can be written as $u\mathrm{X} + v\mathrm{Y} + w\mathrm{Z} = 0$, and you can easily check that it is tangent to V at the point (x, y, z, t) such that $x^p = u$, $y^p = v$, $t^p = w$, $z =$ whatever. The intersection $\mathrm{L}_x \cap \mathrm{V}$ therefore *always* has a singular point.

P.S.2. In case you receive this before Monday: Hyman Bass will be speaking on Monday morning at 10:00 at IHP on his construction of an algebraic K^1, inspired by J.H.C. Whitehead's "simple homotopy types".

Paris, Vendredi soir.... Sept. 1962

Cher Grothendieck,

1 Encore un petit papier, inspiré par la méthode de Mike Artin. Il s'agit des rapports entre cohomologie des groupes « discrets » et des groupes « galoisiens » (i.e. cohomologie « ordinaire » et cohomologie « grothendienne »). Soit donc G un groupe et $u : \mathrm{G} \to \mathrm{K}$ un homomorphisme de G dans un groupe compact totalement discontinu K. On suppose que l'image de G est dense dans K (le cas le plus intéressant est celui où K est le complété séparé de G pour la topologie des sous-groupes d'indice fini). Il est clair qu'un K-module topologique M est aussi un G-module, d'où $\mathrm{H}^q(\mathrm{K},\mathrm{M}) \to \mathrm{H}^q(\mathrm{G},\mathrm{M})$ pour tout $q \geqslant 0$. Considérons les propriétés suivantes :

C_n — $\mathrm{H}^q(\mathrm{K},\mathrm{M}) \to \mathrm{H}^q(\mathrm{G},\mathrm{M})$ est bijectif pour $i \leqslant n$ et injectif pour $i \leqslant n+1$, pour tout K-module fini M.

C'_n — $\mathrm{H}^q(\mathrm{K},\mathrm{M}) \to \mathrm{H}^q(\mathrm{G},\mathrm{M})$ est surjectif pour $i \leqslant n$.

E_n — Pour tout $x \in \mathrm{H}^q(\mathrm{G},\mathrm{M})$, $1 \leqslant q \leqslant n$, il existe un M′ fini contenant M tel que x donne 0 dans $\mathrm{H}^q(\mathrm{G},\mathrm{M}')$.

F_n — Pour tout $x \in \mathrm{H}^q(\mathrm{G},\mathrm{M})$, $1 \leqslant q \leqslant n$, il existe un sous-groupe G_0 de G, image réciproque d'un sous-groupe ouvert de K, tel que x induise 0 dans $\mathrm{H}^q(\mathrm{G}_0,\mathrm{M})$.

Ces quatre propriétés sont équivalentes. On a $\mathrm{C}_n \Rightarrow \mathrm{C}'_n$ trivialement, $\mathrm{C}'_n \Rightarrow \mathrm{E}_n$, et $\mathrm{C}'_n \Rightarrow \mathrm{F}_n$ facilement, $\mathrm{E}_n \Rightarrow \mathrm{C}_n$ par un petit dévissage standard, et $\mathrm{F}_n \Rightarrow \mathrm{E}_n$ grâce aux modules « induits ».

Note que $\mathrm{C}_0, \ldots, \mathrm{F}_0$ est toujours vrai, et que, si $\mathrm{K} = \widehat{\mathrm{G}}$, il en est de même de $\mathrm{C}_1, \ldots, \mathrm{F}_1$ (C'_1 est le plus facile à vérifier — ou bien aussi F_1). Je dirai qu'un groupe est *bon* s'il vérifie tous les C_n (pour $\mathrm{K} = \widehat{\mathrm{G}}$, bien entendu). Je dois dire tout de suite que je ne connais aucun groupe qui soit « mauvais », mais il en existe sûrement (j'ai un candidat en tête, mais je n'ai pas encore regardé en détail). Je suis non moins sûr que tous les groupes discrets intéressants sont « bons » ; en particulier, cela doit être vrai pour les groupes d'unités de groupes arithmétiques — sans doute aussi pour les groupes fondamentaux de variétés algébriques.

Paris, Friday evening.... Sept. 1962

Dear Grothendieck,

Here is another little paper, inspired by Mike Artin's method. It deals 1
with the relation between the cohomology of "discrete" groups and of "Galois" groups (i.e. "ordinary" cohomology and "Grothendian" cohomology). Let G be a group and let $u : \mathrm{G} \to \mathrm{K}$ be a homomorphism from G to a totally disconnected compact group K. Assume that the image of G is dense in K (the most interesting case is when K is the separated completion of G with respect to the finite-index subgroups topology). It is clear that a topological K-module M is also a G-module, whence $\mathrm{H}^q(\mathrm{K}, \mathrm{M}) \to \mathrm{H}^q(\mathrm{G}, \mathrm{M})$ for any $q \geqslant 0$. Consider the following properties:

C_n — For any finite K-module M, $\mathrm{H}^q(\mathrm{K}, \mathrm{M}) \to \mathrm{H}^q(\mathrm{G}, \mathrm{M})$ is bijective for $i \leqslant n$ and injective for $i \leqslant n+1$.

C'_n — $\mathrm{H}^q(\mathrm{K}, \mathrm{M}) \to \mathrm{H}^q(\mathrm{G}, \mathrm{M})$ is surjective for $i \leqslant n$.

E_n — For any $x \in \mathrm{H}^q(\mathrm{G}, \mathrm{M})$, $1 \leqslant q \leqslant n$, there is a finite M' containing M such that x becomes 0 in $\mathrm{H}^q(\mathrm{G}, \mathrm{M}')$.

F_n — For any $x \in \mathrm{H}^q(\mathrm{G}, \mathrm{M})$, $1 \leqslant q \leqslant n$, there is a subgroup G_0 of G, the inverse image of an open subgroup of K, such that x induces 0 in $\mathrm{H}^q(\mathrm{G}_0, \mathrm{M})$.

These four properties are equivalent. $\mathrm{C}_n \Rightarrow \mathrm{C}'_n$ is trivial, $\mathrm{C}'_n \Rightarrow \mathrm{E}_n$, and $\mathrm{C}'_n \Rightarrow \mathrm{F}_n$ are easy, $\mathrm{E}_n \Rightarrow \mathrm{C}_n$ follows by a standard little dévissage, and $\mathrm{F}_n \Rightarrow \mathrm{E}_n$ thanks to "induced" modules.

Note that $\mathrm{C}_0, \ldots, \mathrm{F}_0$ always hold and if $\mathrm{K} = \widehat{\mathrm{G}}$, then so do $\mathrm{C}_1, \ldots, \mathrm{F}_1$ (C'_1—or else F_1—is the easiest to prove). I will say a group is *good* if it satisfies all the C_n (for $\mathrm{K} = \widehat{\mathrm{G}}$, of course). I should immediately say that I do not know any "bad" groups, but they surely exist (I have a candidate in mind, but I have not yet looked into it in detail). I am no less certain that
all interesting discrete groups are "good"; in particular, this should be true for 2
unit groups of arithmetic groups—and probably also for fundamental groups of algebraic varieties.

Voici encore une propriété des bons groupes : soit $E/N = G$ une extension, et supposons que N soit engendré par un nombre fini d'éléments. Alors, si G est bon (il suffit qu'il vérifie C_2), tout sous-groupe d'indice fini de N contient un sous-groupe $N \cap E_0$, où E_0 est d'indice fini dans E ; en d'autres termes, on a une suite exacte :

$$0 \to \widehat{N} \to \widehat{E} \to \widehat{G} \to 0.$$

(La démonstration est facile quand N est abélien ; on se ramène à ce cas par des méthodes standard d'extensions de groupes.)

On déduit de ceci :

Soit $E/N = G$ une extension, avec N et G bons, N de type fini, $H^q(N, M)$ fini pour tout E-module fini M. Alors E est bon.

C'est trivial, en envoyant la suite spectrale de $\widehat{E}/\widehat{N} = \widehat{G}$ dans celle de $E/N = G$.

Corollaire : une extension successive de groupes libres de type fini est un « bon » groupe.

En effet, un groupe libre de type fini est « bon ».

C'est à ce corollaire que je voulais en venir ; en effet les jolis voisinages de Mike Artin ont justement pour π_1 un tel groupe G, et leurs π_i sont nuls ; leur cohomologie s'identifie donc à $H^q(G, M)$, et la propriété F_n montre que cette cohomologie est tuée par passage à des extensions finies étales convenables, d'où etc.

J'ai également vérifié que le groupe fondamental d'une courbe algébrique est bon — comme il se doit !

Salut et fraternité

J-P. Serre

Here is another property of good groups: let $E/N = G$ be an extension, and assume that N is finitely generated. If G is good (it is enough that just C_2 hold), then any subgroup of finite index of N contains a subgroup $N \cap E_0$, where E_0 is of finite index in E; in other words, there is an exact sequence:

$$0 \to \widehat{N} \to \widehat{E} \to \widehat{G} \to 0.$$

(This is easy to prove when N is abelian, and then standard methods of group extensions reduce the general problem to this case.)

This yields the following:

Let $E/N = G$ be an extension with N and G good, N finitely generated, and such that $H^q(N, M)$ is finite for any finite E-module M. Then E is good.

This is trivial upon mapping the spectral sequence of $\widehat{E}/\widehat{N} = \widehat{G}$ to that of $E/N = G$.

Corollary: a successive extension of finitely generated free groups is a "good" group.

Indeed, a finitely generated free group is "good".

This corollary is the point I wanted to get to; the π_1's of Mike Artin's good neighborhoods are precisely such groups, and their π_i's are trivial; their cohomology can therefore be identified with $H^q(G, M)$, and property F_n shows that this cohomology is killed by passage to a suitable finite etale extension, whence etc.

I also checked that the fundamental group of an algebraic curve is good—as it should be!

Yours,

J-P. Serre

10.04.63

Mon cher Serre,

Peut-être pourrais-tu me prêter tes lumières dans une histoire de corps locaux (que je rencontre à propos des questions d'intégralité en cohomologie). La motivation est la formule fondamentale de Ogg-Chafarévitch, qu'il y a intérêt à écrire en terme de cohomologie étale, de la façon suivante. Soit C courbe algébrique complète connexe simple/k, avec k algébriquement clos, F un faisceau de torsion « constructible » sur C, i.e. à fibres finies et « localement constant » (au sens de la topologie étale) sur un ouvert convenable $\mathrm{U} = \mathrm{C} - \mathrm{S}$, (i.e. défini au-dessus de U par un schéma en groupes étale sur U, ou encore par un groupe fini étale G sur $\mathrm{K} = k(\mathrm{C})$, non ramifié aux points de U). Nous dirons que F est *modérément ramifié* aux points de S s'il en est ainsi de G. La formule de Ogg, pour F *modérément ramifié*, et bien sûr premier à la caractéristique, s'écrit

$$\text{(0)} \qquad \mathrm{E}(\mathrm{C},\mathrm{F}) = n\mathrm{E}(\mathrm{C}) - \sum_{x\in\mathrm{C}} \varepsilon_x(\mathrm{F})$$

où $\mathrm{E}(\mathrm{C},\mathrm{F})$ est la caractéristique d'Euler-Poincaré de C à coefficients dans F :

$$\text{(1)} \qquad \mathrm{E}(\mathrm{C},\mathrm{F}) = \sum_{0\leqslant i\leqslant 2} (-1)^i \operatorname{long} \mathrm{H}^i(\mathrm{C},\mathrm{F}),$$

$\mathrm{E}(\mathrm{C})$ est la caractéristique d'Euler-Poincaré de C habituelle, savoir $2-2g$, et les termes correctifs locaux sont donnés par

$$\varepsilon_x(\mathrm{F}) = n - n_x,$$

n_x étant la longueur de F_x et n étant n_x pour x général i.e. la longueur de G considéré comme module galoisien. Comme tu n'es pas censé savoir la signification du deuxième membre de (1), je vais l'expliciter en notant que si S est une partie finie quelconque de C, on a

$$\text{(2)} \qquad \mathrm{E}(\mathrm{C},\mathrm{F}) = \mathrm{E}(\mathrm{C}-\mathrm{S},\mathrm{F}) + \sum_{x\in\mathrm{S}} n_x$$

(valable sans hypothèse de ramification modérée), et si S est non vide on aura $\mathrm{H}^2(\mathrm{C}-\mathrm{S},\mathrm{F}) = 0$ d'où

$$\text{(3)} \qquad \mathrm{E}(\mathrm{C}-\mathrm{S},\mathrm{F}) = \operatorname{long} \mathrm{H}^0(\mathrm{C}-\mathrm{S},\mathrm{F}) - \operatorname{long} \mathrm{H}^1(\mathrm{C}-\mathrm{S},\mathrm{F})$$

4.10.63

My dear Serre,

Could you shed some light on a question on local fields (which crops up in some integrality questions in cohomology). The motivation is the fundamental Ogg-Shafarevich formula, which it is a good idea to write in terms of etale cohomology as follows. Let C be a connected complete simple algebraic curve over k, where k is algebraically closed, and let F be a "constructible" torsion sheaf on C, i.e. having finite fibers and "locally constant" (in the etale topology) over some suitable open set $\mathrm{U} = \mathrm{C} - \mathrm{S}$ (i.e. defined over U by an etale group scheme over U, or alternatively by a finite etale group G over $\mathrm{K} = k(\mathrm{C})$ which is unramified at the points of U). Let us say that F is *tamely ramified* at points of S if this holds for G. Then Ogg's formula, for F *tamely ramified* and of course relatively prime to the characteristic, can be written

$$\mathrm{E}(\mathrm{C},\mathrm{F}) = n\mathrm{E}(\mathrm{C}) - \sum_{x\in\mathrm{C}} \varepsilon_x(\mathrm{F}) \tag{0}$$

where $\mathrm{E}(\mathrm{C},\mathrm{F})$ is the Euler-Poincaré characteristic of C with coefficients in F:

$$\mathrm{E}(\mathrm{C},\mathrm{F}) = \sum_{0\leqslant i\leqslant 2} (-1)^i \operatorname{length} \mathrm{H}^i(\mathrm{C},\mathrm{F}), \tag{1}$$

$\mathrm{E}(\mathrm{C})$ is the usual Euler-Poincaré characteristic of C, namely $2-2g$, and the local correction terms are given by

$$\varepsilon_x(\mathrm{F}) = n - n_x,$$

where n_x is the length of F_x and n is the value of n_x for general x, i.e. the length of G considered as a Galois module. As you are not supposed to know what the right-hand side of (1) means, I shall make it explicit by noting that if S is any finite subset of C then

$$\mathrm{E}(\mathrm{C},\mathrm{F}) = \mathrm{E}(\mathrm{C}-\mathrm{S},\mathrm{F}) + \sum_{x\in\mathrm{S}} n_x \tag{2}$$

(which holds without the tamely ramified condition), and if S is non-empty then $\mathrm{H}^2(\mathrm{C}-\mathrm{S},\mathrm{F}) = 0$, so that

$$\mathrm{E}(\mathrm{C}-\mathrm{S},\mathrm{F}) = \operatorname{length} \mathrm{H}^0(\mathrm{C}-\mathrm{S},\mathrm{F}) - \operatorname{length} \mathrm{H}^1(\mathrm{C}-\mathrm{S},\mathrm{F}) \tag{3}$$

enfin, si S contient l'ensemble singulier pour F, tu sais interpréter les H^i du second membre de (3) en termes de cohomologie galoisienne du groupe fondamental de C − S. Compte tenu de (2), (0) est équivalent à la même formule pour C − S (avec bien entendu

$$E(C - S) = 2 - 2g - s),$$

et en prenant S assez grand pour contenir les points singuliers de F, la formule de Ogg devient simplement

$$E(C - S, F) = nE(C - S). \tag{4}$$

Sa démonstration est facile, tenant compte de la structure du groupe fondamental « tame » de C − S, qui est à peu de choses près libre à r générateurs avec $E(C - S) = 1 - r$.

Malheureusement, d'après un contre-exemple de Tate cité par Ogg, cette formule devient fausse si on ne suppose plus F modérément ramifié. La question naturelle est de savoir si la formule (0) reste vraie à condition de définir convenablement les $\varepsilon_x(F)$, étant entendu que ceux-ci doivent être des invariants « locaux » en un sens évident. Une analogie très tentante est la formule de Weil faisant intervenir les représentations d'Artin, on aimerait une formule qui contienne à la fois le théorème de Weil, et la formule de Ogg dans le cas non nécessairement tame. J'ai essayé, en me laissant guider par le K-formalisme, mais n'arrive pas à une formulation raisonnable, et ne suis pas convaincu même qu'il en existe. En tout cas, l'existence d'invariants locaux ε_x rendant vraie la formule de Ogg est une question mathématique parfaitement précise, et si la réponse est négative, il faudrait trouver un contre-exemple (deux faisceaux donnant lieu aux mêmes invariants numériques n, E(C), ayant singularités locales de même type, mais ayant des caractéristiques d'Euler-Poincaré différentes). Par ailleurs, la recherche d'invariants locaux ayant des caractères de
1 variance raisonnables amène à formuler le problème suivant, pour lequel tu devrais avoir du sentiment :

Pour tout corps « local géométrique » K (i.e corps des fractions d'un anneau de valuation discrète complet à corps résiduel algébriquement clos), et tout groupe fini étale F défini sur K (i.e. un module galoisien fini sur le groupe de Galois $G(K_s/K)$), d'ordre premier à la caractéristique résiduelle, associer un entier $\varepsilon(F)$, satisfaisant aux conditions suivantes :

a) $\varepsilon(F) + \operatorname{long} H^0(K, F)$ est additif en F (pour des suites exactes).

and finally, if S contains the singular set of F, one can interpret the H^i of the right-hand side of (3) in terms of the Galois cohomology of the fundamental group of $\mathrm{C}-\mathrm{S}$. Bearing (2) in mind, (0) is equivalent to the same formula for $\mathrm{C}-\mathrm{S}$ (where of course

$$\mathrm{E}(\mathrm{C}-\mathrm{S}) = 2-2g-s),$$

and taking S large enough to contain all singular points of F, Ogg's formula becomes simply

$$\mathrm{E}(\mathrm{C}-\mathrm{S},\mathrm{F}) = n\mathrm{E}(\mathrm{C}-\mathrm{S}). \tag{4}$$

The proof is easy using the structure of the "tame" fundamental group of $\mathrm{C}-\mathrm{S}$, which is more or less free on r generators, with $\mathrm{E}(\mathrm{C}-\mathrm{S}) = 1-r$.

Unfortunately, by a counterexample due to Tate and quoted by Ogg, this formula is false if F is no longer assumed to be tamely ramified. The natural question is whether or not (0) remains valid provided a suitable definition of the $\varepsilon_x(\mathrm{F})$ is given, it being understood that they must be "local" invariants in an obvious sense. There is a very tempting analogy with Weil's formula involving the Artin representations; one would like a formula containing both Weil's theorem and Ogg's formula in the not necessarily tame case. I have tried this, using K-formalism as a guide, but have not found a reasonable formulation and am not even convinced that one exists. In any case, the existence of local invariants ε_x which would make Ogg's formula valid is a perfectly precise mathematical question, and if the answer is negative we will have to find a counterexample (two sheaves with the same numerical invariants n and $\mathrm{E}(\mathrm{C})$ and the same kinds of local singularities, but different Euler-Poincaré characteristics). Otherwise, the search for local invariants with reasonable variance behavior leads naturally to the following problem, for which you may have some feeling: 1

For any "geometric local" field K (i.e. fraction field of a complete discrete valuation ring with algebraically closed residue field), and any finite etale group F defined over K (i.e. a finite Galois module over the Galois group $\mathrm{G}(\mathrm{K}_s/\mathrm{K})$) whose order is relatively prime to the residue characteristic, define an integer $\varepsilon(\mathrm{F})$ satisfying the following conditions:

a) $\varepsilon(\mathrm{F}) + \operatorname{length}\mathrm{H}^0(\mathrm{K},\mathrm{F})$ is additive in F (for exact sequences).

b) $\varepsilon(\mathrm{F}) + \operatorname{long} \mathrm{H}^0(\mathrm{K}, \mathrm{F}) = \operatorname{long} \mathrm{F}$ si F est modérément ramifié.

c) Soit L une extension finie séparable de K, G un groupe fini étale défini sur L (d'ordre premier aux caractéristiques résiduelles), alors

$$\varepsilon(\prod_{\mathrm{L}/\mathrm{K}} \mathrm{G}) = \varepsilon(\mathrm{G}) + \theta(\mathrm{L}/\mathrm{K})\operatorname{long}(\mathrm{G}),$$

où $\theta(\mathrm{L}/\mathrm{K})$ est le degré du discriminant de L/K.

Enfin, si on peut trouver un tel invariant, on espère qu'il satisfera la condition

d) Soit A un groupe algébrique connexe défini sur K, et ℓ un nombre premier à la caractéristique résiduelle, alors $\varepsilon({}_\ell\mathrm{A})$ est indépendant[(6)] de ℓ, où ${}_\ell\mathrm{A} = \operatorname{Ker} \ell\, \mathrm{id}_{\mathrm{A}}$.

Note qu'il peut être plus commode de travailler avec

$$\lambda(\mathrm{F}) = \varepsilon(\mathrm{F}) + \operatorname{long} \mathrm{H}^0(\mathrm{K}, \mathrm{F})$$

alors a) et b) prennent une forme plus simple, c) et d) ne changent pas. Il n'est pas inconcevable d'ailleurs qu'il n'y ait pas de tel invariant pour les groupes finis, mais qu'il y en ait en travaillant sur le rang de groupes de cohomologie pour des coefficients ℓ-adiques (au lieu de longueurs de groupes finis).

Autre question : supposons qu'on soit sur le corps des complexes, et qu'on ait une variété abélienne définie sur $\mathrm{K} = k(\mathrm{C})$, d'où par Néron un schéma en groupes G sur C simple sur C. D'après Kodaira, on regarde le sous-schéma en groupes G^0 formé des composantes connexes des fibres de G, et le fibré analytique G'^0 correspondant, qu'on regarde comme un quotient V/Γ, où V est le fibré tangent le long de la section nulle, et Γ est formé des groupes fondamentaux des fibres de G'^0. Alors $\mathrm{H}^1(\mathrm{C}, \mathrm{G}^0)$ s'interprète comme le sous-groupe des points d'ordre fini de $\mathrm{H}^1(\mathrm{C}', \mathrm{G}'^0)$ (classes de fibrés principaux homogènes analytiques sous G'^0), d'autre part par la suite exacte de cohomologie, $\mathrm{H}^1(\mathrm{C}, \mathrm{G}^0)$ admet une « composante connexe » isomorphe à

$$(*) \qquad \mathrm{H}^1(\mathrm{C}', \mathrm{V}')/\operatorname{Im} \mathrm{H}^1(\mathrm{C}', \Gamma),$$

où $\operatorname{Im} \mathrm{H}^1(\mathrm{C}', \Gamma) = \mathrm{H}^1(\mathrm{C}', \Gamma)/\operatorname{Im} \mathrm{H}^0(\mathrm{C}', \mathrm{G}'^0)$.

Noter d'ailleurs que par GAGA

$$\mathrm{H}^i(\mathrm{C}', \mathrm{V}') = \mathrm{H}^i(\mathrm{C}, \mathrm{V}), \quad \mathrm{H}^0(\mathrm{C}', \mathrm{G}'^0) = \mathrm{H}^0(\mathrm{C}, \mathrm{G}^0).$$

(6) note en marge (Serre) « Non : λ au lieu de ε »

b) $\varepsilon(\mathrm{F}) + \operatorname{length} \mathrm{H}^0(\mathrm{K}, \mathrm{F}) = \operatorname{length} \mathrm{F}$ if F is tamely ramified.

c) Let L be a finite separable extension of K, G a finite etale group defined over L (of order relatively prime to the residue characteristic), then

$$\varepsilon(\prod_{\mathrm{L}/\mathrm{K}} \mathrm{G}) = \varepsilon(\mathrm{G}) + \theta(\mathrm{L}/\mathrm{K})\mathrm{length}(\mathrm{G}),$$

where $\theta(\mathrm{L}/\mathrm{K})$ is the degree of the discriminant of L/K.

Finally, if there is such an invariant one hopes it will satisfy the following condition:

d) Let A be an algebraic connected group defined over K, and let ℓ be a number which is relatively prime to the residue characteristic. Then $\varepsilon({}_\ell\mathrm{A})$ is independent[8] of ℓ, where ${}_\ell\mathrm{A} = \operatorname{Ker} \ell \operatorname{id}_{\mathrm{A}}$.

Note that it may be more practical to work with

$$\lambda(\mathrm{F}) = \varepsilon(\mathrm{F}) + \operatorname{length} \mathrm{H}^0(\mathrm{K}, \mathrm{F});$$

a) and *b*) are then simpler and *c*) and *d*) do not change. It is actually not out of the question that there is no such invariant for finite groups, but that there is one when working with the rank of cohomology groups with ℓ-adic coefficients (instead of lengths of finite groups).

Another question: working over the complex numbers, assume that an abelian variety defined over $\mathrm{K} = k(\mathrm{C})$ is given, hence by Néron a group scheme G over C which is simple over C. Following Kodaira, consider the group subscheme G^0 made up of the connected components of the fibers of G, and the corresponding analytic bundle G'^0, considered as a quotient V/Γ, where V is the tangent bundle along the zero section, and Γ is made up of the fundamental groups of fibers of G'^0. Then $\mathrm{H}^1(\mathrm{C}, \mathrm{G}^0)$ can be interpreted as the subgroup of points of finite order in $\mathrm{H}^1(\mathrm{C}', \mathrm{G}'^0)$ (the classes of analytic principal homogeneous G'^0-bundles); on the other hand, by the exact cohomology sequence, $\mathrm{H}^1(\mathrm{C}, \mathrm{G}^0)$ has a "connected component" isomorphic to

$$(*) \qquad \mathrm{H}^1(\mathrm{C}', \mathrm{V}')/\operatorname{Im} \mathrm{H}^1(\mathrm{C}', \Gamma),$$

where $\operatorname{Im} \mathrm{H}^1(\mathrm{C}', \Gamma) = \mathrm{H}^1(\mathrm{C}', \Gamma)/\operatorname{Im} \mathrm{H}^0(\mathrm{C}', \mathrm{G}'^0)$.

Note also that by GAGA,

$$\mathrm{H}^i(\mathrm{C}', \mathrm{V}') = \mathrm{H}^i(\mathrm{C}, \mathrm{V}), \quad \mathrm{H}^0(\mathrm{C}', \mathrm{G}'^0) = \mathrm{H}^0(\mathrm{C}, \mathrm{G}^0).$$

---

[8] note in the margin (Serre) "No : λ instead of ε"

Ceci posé, est-il vrai que $\operatorname{Im} \mathrm{H}^1(\mathrm{C}', \Gamma)$ soit un groupe *discret* de $\mathrm{H}^1(\mathrm{C}', \mathrm{V}')$? Le quotient par ce sous-groupe serait-il même un groupe algébrique, voire une variété abélienne ? En tout cas, utilisant la dualité, on peut définir sur $\mathrm{H}^1(\mathrm{C}', \Gamma)$ une forme bilinéaire alternée (provenant d'une polarisation de A), qui suggère la possibilité d'une polarisation de $(*)$. S'il est vrai que $\operatorname{Im} \mathrm{H}^1(\mathrm{C}', \Gamma)$ est discret, on en conclut que

$$r \leqslant 2 \dim \mathrm{H}^1(\mathrm{C}, \mathrm{V})$$

où r est le « rang » de $\mathrm{H}^1(\mathrm{C}, \mathrm{G})$, donné par la formule de Ogg, et où $\dim \mathrm{H}^1(\mathrm{C}, \mathrm{V})$ est donné, si $\dim \mathrm{A} = 1$, par Riemann-Roch en fonction du degré de V, que Kodaira exprime en termes uniquement des « types » des réductions de A en les points de C. Cette inégalité serait une égalité si le quotient $(*)$ était une variété abélienne. Or les gens compétents doivent savoir si une telle égalité ou inégalité est raisonnable : on peut la considérer comme une relation

$$r_0 \geqslant 2(g-1) + \sum_p \varepsilon_p - 2\delta,$$

$$\text{où} \quad \begin{cases} g = \text{genre de C} \\ \varepsilon_p = \text{invariant de Ogg} \\ \delta = \sum_p \delta_p \text{ donné par Kodaira p. 133 prop. 4} \end{cases}$$

reliant r_0 (le rang du groupe A(K)), le genre de C, et des invariants numériques dépendant uniquement des « types » des réductions de A en les points de C ; on suppose bien sûr A non « constante ».

Viens-tu poter mardi prochain ?

Salut et fraternité

A. Grothendieck

2 Merci pour le manuscrit de Chafarévitch, que j'ai bien reçu et transmis à Motchane

Given this, is it true that $\operatorname{Im} \mathrm{H}^1(\mathrm{C}', \Gamma)$ is a *discrete* subgroup of $\mathrm{H}^1(\mathrm{C}', \mathrm{V}')$? Might the quotient by this subgroup be an algebraic group, or even an abelian variety? In any case, using duality, one can define an alternating bilinear form on $\mathrm{H}^1(\mathrm{C}', \Gamma)$ (coming from a polarization of A) which suggests it may be possible to polarize $(*)$. If it is true that $\operatorname{Im} \mathrm{H}^1(\mathrm{C}', \Gamma)$ is discrete, it would follow that

$$r \leqslant 2 \dim \mathrm{H}^1(\mathrm{C}, \mathrm{V})$$

where r is the "rank" of $\mathrm{H}^1(\mathrm{C}, \mathrm{G})$, given by Ogg's formula, and $\dim \mathrm{H}^1(\mathrm{C}, \mathrm{V})$ is given, if $\dim(\mathrm{A}) = 1$, by Riemann-Roch as a function of the degree of V, which Kodaira expresses uniquely in terms of the "kinds" of reductions A has at points of C. This inequality would be an equality if the quotient $(*)$ were an abelian variety. But the experts must know if such an equality or inequality is reasonable: it may be viewed as a relation:

$$r_0 \geqslant 2(g-1) + \sum_p \varepsilon_p - 2\delta,$$

where $\begin{cases} g = \text{genus of C} \\ \varepsilon_p = \text{the Ogg invariant} \\ \delta = \sum_p \delta_p \text{ as in Kodaira p.133 prop.4} \end{cases}$

linking r_0 (the rank of the group A(K)), the genus of C and numerical invariants depending only on the "types" of the reductions of A at the points of C; A is of course assumed to be "non-constant".

Are you coming to eat here next Tuesday?

Yours,

A. Grothendieck

Thank you for Shafarevich's manuscript, which I have received and passed on to Motchane. 2

Paris,... avril 1963

Cher Grothendieck,

Je t'envoie comme annoncé un petit résumé sur ton ε et ton λ. Je note G le groupe de Galois d'une extension finie du corps local considéré, et

$$\mathrm{G} = \mathrm{G}_0 \supset \mathrm{G}_1 \supset \cdots$$

les groupes de ramification de G ; je te rappelle que G_1 est un p-groupe, et que G/G_1 est d'ordre premier à p.

On considère un nombre premier ℓ, et un G-module fini A qui est un ℓ-groupe. Bien sûr, on suppose $\ell \neq p$.

On note g_i l'ordre de G_i, $g = g_0$ celui de G. On pose :

$$\varepsilon(\mathrm{A}) = (d(\mathrm{A}) - d(\mathrm{A}^{\mathrm{G}})) + \frac{g_1}{g_0}(d(\mathrm{A}) - d(\mathrm{A}^{\mathrm{G}_1})) + \frac{g_2}{g_0}(d(\mathrm{A}) - d(\mathrm{A}^{\mathrm{G}_2})) + \cdots$$

[on note $d(\mathrm{A})$ la longueur de A].

On a $\lambda(\mathrm{A}) = \varepsilon(\mathrm{A}) + d(\mathrm{A}^{\mathrm{G}}) =$ comb. linéaire des $d(\mathrm{A}^{\mathrm{G}_i})$. Comme les G_i, $i \geqslant 1$, sont d'ordre premier à ℓ, les $\mathrm{A}^{\mathrm{G}_i}$ dépendent additivement de A, et on en déduit que $\lambda(\mathrm{A})$ est additif en A. Cela va permettre, dans la suite, de se borner à des A qui sont annulés par ℓ, ou plus généralement qui sont des vectoriels sur un corps de caractéristique ℓ.

Soit χ le caractère modulaire attaché à A. Il est élémentaire que $d(\mathrm{A}^{\mathrm{G}_i})$ est égal à $\frac{1}{g_i}\sum_{s\in \mathrm{G}_i}\chi(s)$. En portant cette expression dans $\lambda(\mathrm{A})$, et en notant a_{G} le caractère de la représentation d'Artin de G, on trouve

$$\lambda(\mathrm{A}) = \langle a_{\mathrm{G}} + 1, \chi\rangle,$$

avec la notation habituelle pour le produit scalaire [noter que χ n'est défini que pour les éléments ℓ-réguliers de G, mais que les autres sont dans $\mathrm{G} - \mathrm{G}_1$ et $a_{\mathrm{G}} + 1$ est justement nul sur $\mathrm{G} - \mathrm{G}_1$].

Il faut voir maintenant que $\lambda(\mathrm{A})$ a les propriétés voulues. Ce serait affreux avec la définition directe, mais heureusement, on connaît les propriétés formelles de $a_{\mathrm{G}} + 1$.

(i) Indépendance de G. Il faut voir que, si un sous-groupe distingué N de G opère trivialement sur A, $\lambda(\mathrm{A})$ est le même relativement à G et G/N. Or cela

Paris,... April 1963

Dear Grothendieck,

As promised, here is a short summary on your ε and λ. Let G denote the Galois group of a finite extension of the given local field, and let

$$\mathrm{G} = \mathrm{G}_0 \supset \mathrm{G}_1 \supset \cdots$$

be the ramification groups of G; let me remind you that G_1 is a p-group and that G/G_1 is of order relatively prime to p.

Consider a prime number ℓ and a finite G-module A which is an ℓ-group. Assume of course that $\ell \neq p$.

Let g_i denote the order of G_i and write $g = g_0$ for that of G. Set

$$\varepsilon(\mathrm{A}) = (d(\mathrm{A}) - d(\mathrm{A}^{\mathrm{G}})) + \frac{g_1}{g_0}(d(\mathrm{A}) - d(\mathrm{A}^{\mathrm{G}_1})) + \frac{g_2}{g_0}(d(\mathrm{A}) - d(\mathrm{A}^{\mathrm{G}_2})) + \cdots$$

[$d(\mathrm{A})$ denotes the length of A].

Then $\lambda(\mathrm{A}) = \varepsilon(\mathrm{A}) + d(\mathrm{A}^{\mathrm{G}})$ = linear comb. of $d(\mathrm{A}^{\mathrm{G}_i})$. As the G_i, $i \geqslant 1$, are of order relatively prime to ℓ, the $\mathrm{A}^{\mathrm{G}_i}$ depend additively on A, and it follows that $\lambda(\mathrm{A})$ is additive in A. This makes it possible, in what follows, to restrict to those A which are annihilated by ℓ, or more generally, which are vector spaces over a field of characteristic ℓ.

Let χ be the modular character associated to A. It is elementary that $d(\mathrm{A}^{\mathrm{G}_i})$ is equal to $\frac{1}{g_i}\sum_{s\in\mathrm{G}_i}\chi(s)$. Applying this expression to $\lambda(\mathrm{A})$ and denoting the character of the Artin representation of G by a_{G} yields

$$\lambda(\mathrm{A}) = \langle a_{\mathrm{G}} + 1, \chi\rangle,$$

with the usual notation for the scalar product [note that χ is only defined for ℓ-regular elements of G, but the others lie in $\mathrm{G} - \mathrm{G}_1$ and $a_{\mathrm{G}} + 1$ is in fact zero on $\mathrm{G} - \mathrm{G}_1$].

Let us now check that $\lambda(\mathrm{A})$ has the desired properties. This would be horrible with the direct definition, but luckily one can use the formal properties of $a_{\mathrm{G}} + 1$.

(i) Independence of G. One must check that if a normal subgroup N of G acts trivially on A, then $\lambda(\mathrm{A})$ is the same relative to G and to G/N. But this

résulte simplement de la formule

$$a_{\mathrm{G/N}} = (a_{\mathrm{G}})^{\natural}, \text{ cf. Corps Locaux, p. 108.}$$

(ii) Formule pour les modules induits. Même chose, en utilisant le cor. à la prop. 4 de Corps Locaux, p. 109.

(iii) Intégralité. On sait (Brauer) que tout caractère modulaire est combinaison à coefficients entiers de restrictions de caractères usuels. Or pour un caractère usuel on sait que $\langle a_{\mathrm{G}} + 1, \chi\rangle$ est entier (théorème d'Artin — pas trivial !). D'où etc.

En fouillant dans Brauer, je me suis aperçu d'une chose curieuse, que je vais d'abord énoncer incorrectement, pour mieux la vendre : du fait que $a_{\mathrm{G}} + 1$ est nul sur les éléments ℓ-singuliers, on peut trouver un $\mathbf{Z}_\ell[\mathrm{G}]$-module *projectif* L de caractère $a_{\mathrm{G}} + 1$, et l'expression donnée plus haut pour $\lambda(\mathrm{A})$ s'écrit alors tout simplement :

$$\lambda(\mathrm{A}) = d(\mathrm{Hom}_{\mathrm{G}}(\mathrm{L}, \mathrm{A})),$$

ce qui met admirablement en évidence son intégralité, et son caractère additif.

Deux corrections à apporter à ceci : a) il se pourrait bien qu'il faille prendre un L « virtuel », i.e. un élément du groupe de Grothendieck correspondant (en fait, je ne pense pas), b) il faut peut-être (très probablement) opérer sur un corps de caractéristique ℓ plus gros que le premier. Ce sont là des détails —
1 et probablement même des détails inutiles [7].

Pour des A infinis (disons libres de type fini sur $\mathbf{Z}_\ell$), on peut faire des choses analogues, mais je n'ai pas tiré ça bien au clair ; il faut faire attention à la ramification dans le cas infini.

Aucune idée sur la question des groupes algébriques. Ça paraît un drôle de fourbi.

Bien à toi

J-P. Serre

[7] note en marge : « existe d'après Swan ! »

follows easily from the formula

$$a_{G/N} = (a_G)^\natural, \text{ cf. Corps Locaux, p.108.}$$

(ii) Formula for induced modules. As above, using the cor. to Prop. 4 in Corps Locaux, p.109.

(iii) Integrality. It is known (by Brauer) that any modular character is a combination with integral coefficients of restrictions of ordinary characters. However, it is also known that $\langle a_G + 1, \chi \rangle$ is integral for ordinary characters (Artin's theorem — non-trivial!) Whence etc.

Searching through Brauer, I noticed a curious thing, which I will initially state incorrectly in order to sell it better: using the fact that $a_G + 1$ is zero on the ℓ-singular elements, one can find a *projective* $\mathbf{Z}_\ell[G]$-module L of character $a_G + 1$, and the above expression for $\lambda(A)$ can then be written simply as:

$$\lambda(A) = d(\mathrm{Hom}_G(L, A)),$$

which beautifully highlights its integrality and additivity.

There are two corrections to be made to this: a) it may be necessary to use a "virtual" L, i.e. an element of the corresponding Grothendieck group (although I don't think so), b) it may (very probably) be necessary to act on a larger field of characteristic ℓ than the first one. These are details—and probably even useless details.[9] 1

Analogous things are possible for infinite A (free of finite type over $\mathbf{Z}_\ell$, say), but I have not yet clarified this properly; one needs to beware of ramification in the infinite case.

I have no idea about the algebraic groups question. It looks strange.

Yours,

J-P. Serre

[9] note in the margin : "exists by Swan!"

Paris, le 31 mars 1964

Cher Grothendieck,

1 J'ai fabriqué un exemple de surface dont le corps de fonctions n'est pas contenu dans celui d'un produit de deux courbes (ni, bien entendu, d'un produit de n courbes, car on ramène trivialement le cas de n à celui de 2).

Je pars d'une variété abélienne, d'origine 0, et d'une sous-variété irréductible S de dimension 2 de A, passant par 0, non singulière en ce point, et jouissant de la bizarre propriété suivante :

(*) Si C et C′ sont deux courbes irréductibles, passant par 0 et contenue dans S, la somme $\mathrm{C}+\mathrm{C}'$ (au sens de la loi de composition de A) n'est pas contenue dans S.

Admets pour le moment que le couple (A,S) existe. Je dis que S est alors l'exemple cherché. En effet, supposons qu'on ait une application rationnelle dominante $\mathrm{X}\times\mathrm{X}'\xrightarrow{f}\mathrm{S}$ où X et X′ sont deux courbes non singulières ; d'après un théorème bien connu de Weil, f est en fait un morphisme (puisqu'il prend ses valeurs dans une variété abélienne). Il s'ensuit que f est surjectif, et il y a un point (x,x') de $\mathrm{X}\times\mathrm{X}'$ qui s'applique en 0. Soit C l'image par f de la courbe $\mathrm{X}\times x'$, et définit de même C′ ; d'après un autre théorème de Weil, l'image de f est $\mathrm{C}+\mathrm{C}'$ (tout morphisme d'un produit de variétés dans une variété abélienne est une somme de morphismes) ; comme cette image est S, on a une contradiction avec (*) (vu que ni C ni C′ ne peuvent être réduites à un point puisque $\mathrm{C}+\mathrm{C}'$ est de dimension 2).

Il reste à faire un exemple de couple (A,S), et ce n'est pas spécialement drôle (bien que, *a priori*, on pense que toute surface assez « générale » plongée dans A va marcher). Je vais me placer, pour simplifier, sur $\mathbf{C}$.

Lemme : Soit $\mathrm{V}=\mathbf{C}^2\times\mathbf{C}^3=\mathbf{C}^5$; considérons le bout de surface analytique donné par les équations :

$$x_3=x_1^2+\varphi(x_1,x_2),$$
$$x_4=x_1x_2+\chi(x_1,x_2),$$
$$x_5=x_2^2+\psi(x_1,x_2),$$

où φ, χ, ψ sont des séries convergentes (ou formelles si on voulait quitter $\mathbf{C}$) commençant par des termes de degré 3 au moins. Soit S le morceau de surface ainsi défini. Considérons deux systèmes de séries à 1 variable $(x_i(t))$, $(x_i'(\theta))$ (i.e. deux germes de courbes), passant par l'origine pour $t=0$ (resp. $\theta=0$), et

Paris, March 31, 1964

Dear Grothendieck,

I have constructed an example of a surface whose function field is not 1
contained in that of a product of two curves (nor, of course, of a product of n curves, since the case of n can be trivially reduced to that of 2).

I start with an abelian variety with origin 0 and an irreducible subvariety S of A of dimension 2, passing through 0, non-singular at this point and having the following bizarre property:

(*) If C and C′ are two irreducible curves passing through 0 contained in S, then the sum $\mathrm{C} + \mathrm{C}'$ (given by the composition law on A) is not contained in S.

Assume for the moment that such a pair (A, S) exists. Then I claim that S is the desired example. Indeed, suppose there were a dominating rational map $\mathrm{X} \times \mathrm{X}' \xrightarrow{f} \mathrm{S}$, where X and X′ are two non-singular curves; by a well-known theorem of Weil, f is in fact a morphism (since it takes values in an abelian variety). It follows that f is surjective, so there is a point (x, x') of $\mathrm{X} \times \mathrm{X}'$ which is mapped to 0. Let C be the image under f of the curve $\mathrm{X} \times x'$, and define C′ in the same way; by another theorem of Weil, the image of f is $\mathrm{C}+\mathrm{C}'$ (any morphism from a product of varieties to an abelian variety is a sum of morphisms); as the image is S, this contradicts (*) (since neither C nor C′ can be reduced to a point, because $\mathrm{C} + \mathrm{C}'$ is of dimension 2).

It remains to find an example of a pair (A, S), and this is not much fun (even though *a priori* one expects any sufficiently "general" surface embedded in A to work). To simplify things, I will work over **C**.

LEMMA: Let $\mathrm{V} = \mathbf{C}^2 \times \mathbf{C}^3 = \mathbf{C}^5$; consider the local analytic germ given by the equations:

$$x_3 = x_1^2 + \varphi(x_1, x_2),$$
$$x_4 = x_1 x_2 + \chi(x_1, x_2),$$
$$x_5 = x_2^2 + \psi(x_1, x_2),$$

where φ, χ, ψ are convergent series (or formal series if one wants to go beyond **C**) beginning with terms of degree at least 3. Let S be the germ of surface thus defined. Consider two systems of 1-variable series $(x_i(t))$, $(x_i'(\theta))$, i.e. two germs of curves, passing through the origin at $t = 0$ (resp. $\theta = 0$), and

contenues dans S. Supposons que le point $x(t)+x'(\theta)$ appartienne à S pour tout couple (t,θ) assez petit. Alors l'un des systèmes $x(t)$, $x'(\theta)$ est identiquement nul.

C'est un calcul con. Il faut regarder par quels termes commencent les développements de $x_1(t)$, $x_2(t)$, $x'_1(\theta)$, $x'_2(\theta)$, substituer $x(t)+x'(\theta)$ dans les équations de S, et voir que ça ne peut pas se détruire. J'ai la flemme de recopier le calcul ; je suppose que tu es convaincu de toutes façons.

On prend maintenant pour A un produit E×F, où E est une variété abélienne de dimension 2 et F une variété abélienne de dimension 3. D'un point de vue « formel » (et même convergent !) on peut prendre des coordonnées locales telles que la loi de composition de A soit *l'addition* ; de plus, on voit trivialement qu'on peut fabriquer un bout de surface dans A dont les équations locales sont du type du lemme (on ne se les donne qu'au troisième ordre près — ce n'est pas méchant). Il est maintenant clair que ce bout de surface répond à la question (plus exactement, on prend son adhérence Zariski).

Salut et fraternité

J-P. Serre

Paris, 1er avril 1964

Cher Grothendieck,

Finalement, je t'ai fait envoyer par la poste les bouquins de Hodge et Wallace. Rends-les moi dans un délai raisonnable (un mois disons) ; pourquoi d'ailleurs ne les ferais-tu pas acheter par Motchane ; ce serait commode de les avoir sous la main à Bures (avec Weil, Variétés Kählériennes, et Zariski, Algebraic Surfaces).

Je voudrais te signaler un exemple de *non* complète réductibilité pour un groupe de Galois de corps de nombres ; je ne sais pas très bien si cet exemple
1 rentre dans ton yoga général ; tu vas bien voir.

Soit A une courbe elliptique définie sur un corps de nombres k, et soit E_x une extension de A par $\mathbf{G}_m$; on sait qu'une telle extension est classifiée par

contained in S. Assume the point $x(t) + x'(\theta)$ belongs to S for any sufficiently small pair (t, θ). Then one of the systems $x(t)$, $x'(\theta)$ is identically zero.

This is just a stupid computation. Look at the first terms in the expansions of $x_1(t)$, $x_2(t)$, $x_1'(\theta)$, $x_2'(\theta)$, substitute $x(t) + x'(\theta)$ in the equations for S, and see that this cannot vanish. I am too lazy to copy it out; I suppose that you are convinced anyway.

Now take A to be a product $\mathrm{E} \times \mathrm{F}$, where E is a 2-dimensional abelian variety and F is a 3-dimensional abelian variety. From a "formal" (or even convergent!) point of view, it is possible to choose local coordinates such that the composition law on A is *addition*; moreover, it is trivial to construct a surface in A whose local equations are of the type in the lemma (they need only be given up to order 3—it is not too hard). It is now clear that this germ (or more precisely, its Zariski closure) answers the question.

Yours,

J-P. Serre

Paris, April 1, 1964

Dear Grothendieck,

I have ended up by sending you the books by Hodge and Wallace by post. Give them back to me reasonably soon (in a month, say); in fact, why not have them bought by Motchane; it would be convenient to have them around in Bures (along with Weil's Variétés Kählériennes and Zariski's Algebraic Surfaces).

I would like to show you an example of *non* complete reducibility for the Galois group of a number field; I don't really know whether this example fits into your general yoga; you will see for yourself. 1

Let A be an elliptic curve defined over a number field k, and let E_x be an extension of A by $\mathbf{G}_m$; it is known that such an extension is classified by

un élément de $A(k)$; c'est cet élément que je note x. On s'intéresse au module de Tate $T_p(E_x)$; on a une suite exacte

$$0 \longrightarrow T_p(\mathbf{G}_m) \longrightarrow T_p(E_x) \longrightarrow T_p(A) \longrightarrow 0,$$

qui est une suite exacte de modules sur le groupe de Galois $\mathfrak{g}$ de $\overline{k}/k$. Si j'ai bien compris ta terminologie, $T_p(\mathbf{G}_m)$ est un $\mathfrak{g}$-module de *poids* 2 (les valeurs propres de Frobenius ont pour valeur absolue ℓ), et $T_p(A)$ est de *poids* 1. Or je peux fabriquer *un exemple où la suite exacte précédente ne splitte pas* (même à isogénie près, i.e. tensorisée avec $\mathbf{Q}_p$). En termes d'algèbres de Lie, on trouve pour algèbre de Lie du groupe défini par $\mathfrak{g}$ une algèbre de dimension 6 ; explicitement :

$$\begin{pmatrix} a+d & e & f \\ 0 & a & b \\ 0 & c & d \end{pmatrix}$$

avec a, b, ..., f arbitraires.

Note que E_x peut être considérée comme une jacobienne généralisée (celle de la courbe A par rapport au « module » $\mathfrak{m} = P + Q$, où P et Q sont deux points tels que $P - Q = x$) ; il s'ensuit que $T_p(E_x)$ est le premier groupe d'homologie p-adique de la courbe affine $A - \{P\} - \{Q\}$. [J'ai oublié de dire ce que je prenais pour E_x : je prend pour A une courbe elliptique dont l'invariant j n'est pas entier en p, et je prend pour x un point de $A(k)$ non d'ordre fini.]

Je viens de recevoir un mot de Šafarevič ; il ne peut pas venir au colloque de Clermont. Pas surprenant !

2 D'autre part, mon papier aux Izvestia a paru, sans que j'en aie vu les épreuves ! Heureusement, ce n'est pas trop mal imprimé, et au premier coup d'œil je n'ai pas vu beaucoup de fautes. Šafarevič me dit que j'en aurai 25 exemplaires ; c'est maigre.

Le papier de Manin sur Mordell — corps de fonctions est paru aussi. (A ce propos, que dois-je faire du manuscrit Grauert ? Je n'ai pas l'intention pour le
3 moment d'en parler à Bourbaki ; ne faudrait-il pas le lui renvoyer ?)

Bien à toi

J-P. Serre

4 P-S. Bon courage pour ta « deuxième attaque » sur les conjectures de Weil. J'ai peut-être été un peu trop pessimiste au téléphone ; il n'est pas absolument exclu que ça marche.

an element of $A(k)$; I denote this element by x. Consider the Tate module $T_p(E_x)$; there is an exact sequence

$$0 \longrightarrow T_p(\mathbf{G}_m) \longrightarrow T_p(E_x) \longrightarrow T_p(A) \longrightarrow 0,$$

which is an exact sequence of modules over the Galois group $\mathfrak{g}$ of $\overline{k}/k$. If I have correctly understood your terminology, $T_p(\mathbf{G}_m)$ is a $\mathfrak{g}$-module of *weight* 2 (the eigenvalues of Frobenius have absolute value ℓ), and $T_p(A)$ is of *weight* 1. However, I can construct *an example where the preceding exact sequence does not split* (even up to isogeny, i.e. after tensoring with $\mathbf{Q}_p$). In Lie algebra terms, the Lie algebra of the group defined by $\mathfrak{g}$ is an algebra of dimension 6, explicitly:

$$\begin{pmatrix} a+d & e & f \\ 0 & a & b \\ 0 & c & d \end{pmatrix}$$

with $a, b, \ldots, f$ arbitrary.

Note that E_x can be considered as a generalized Jacobian (that of the curve A with respect to the "modulus" $\mathfrak{m} = P + Q$, where P and Q are two points such that $P - Q = x$); it follows that $T_p(E_x)$ is the first p-adic homology group of the affine curve $A - \{P\} - \{Q\}$. [I forgot to say what I had taken E_x to be: I take A to be an elliptic curve whose j-invariant is not p-integral, and I take x to be a point of $A(k)$ which is not of finite order.]

I have just received a note from Šafarevič; he cannot come to the Clermont conference. Not surprising!

Otherwise, my Izvestia paper has appeared, without my even having seen 2
the proofs! Fortunately, it is not too badly printed, and at first glance I did not see many errors. Šafarevič tells me I will get 25 copies, which is not much.

Manin's paper on Mordell—function fields has also appeared. (On this subject, what should I do with Grauert's manuscript? For the moment, I do not intend to talk about it at Bourbaki; shouldn't it be sent back to him?) 3

Yours,

J-P. Serre

P.S. Good luck for your "second attack" on the Weil conjectures. I may have been a bit too pessimistic on the telephone; it is not entirely out of the question that it works. 4

Bures le 2 Avril 1964

Cher Serre,

Merci pour tes deux lettres, et les bouquins ; tu m'expliqueras à l'occasion ton exemple de non complète réductibilité. Peux-tu faire un exemple analogue en caractéristique $p > 0$? Sans doute pas avec un corps de base fini, car cela sauf erreur serait contraire aux conjectures de Weil + la complète réductibilité dans le cas projectif non singulier + résolution des singularités !

... Je me suis convaincu que ma deuxième approche aux conjectures de Weil ne pouvait pas marcher telle quelle, i.e. qu'il ne suffirait pas d'utiliser la seule hypothèse de Riemann pour les courbes. Une idée à retenir peut-être, et qui tombe tout à fait dans ton yoga, est la suivante. Soit π le groupe fondamental $\pi_1(\overline{\mathrm{X}}, a)$, où X est un schéma de type fini sur le corps fini $k = \mathbf{F}_q$, a un élément de $\mathrm{X}(k)$ (N.B. on peut supposer X = droite rationnelle moins nombre fini de points rationnels). Considérons les groupes $\mathbf{Q}_\ell$-analytiques quotients $\mathrm{G} = \pi/\mathrm{R}$, où R est invariant par le Frobenius ϕ de sorte que ϕ opère sur G, donc sur son algèbre de Lie $\mathfrak{g}$. Que peut-on dire des valeurs propres de ϕ dans $\mathfrak{g}$? L'idéal serait que ce sont des nombres algébriques de valeurs absolues toutes de la forme $q^{-\frac{i}{2}}$ avec $i \in \mathbf{N}$. L'hypothèse de Riemann pour les courbes signifie qu'il en est ainsi lorsque $\mathfrak{g}$ est abélienne (et alors i est de la forme $1, 2$) ; sauf erreur, il en résulte formellement qu'il en est de même lorsque $\mathfrak{g}$ est résoluble (alors i est $\geqslant 1$). Dans la situation à laquelle je suis ramené, soit $\mathfrak{r}$ le radical de $\mathfrak{g}$, il se trouve que $\mathfrak{r}$ est abélien et ϕ opérant sur $\mathfrak{g}/\mathfrak{r}$ a comme valeurs propres des nombres algébriques de valeur absolue 1, et tout revient à montrer que les valeurs propres de ϕ opérant sur $\mathfrak{r}$ sont des nombres algébriques de valeur absolue de la forme $q^{-\frac{i}{2}}$ avec $i \geqslant 2$. Cela serait-il un fait général ? Je ne suis pas trop optimiste, car il est très possible que les quotients G qui proviennent de cohomologie de variétés algébriques satisfont à des conditions assez subtiles dont il faut tenir compte. En tout cas, il est bien vrai que (du point de vue galoisien) les espaces de cohomologie des variétés algébriques se « dévissent » en des espaces qui sont (à torsion près par un $\mathbf{Q}_\ell(\mathrm{N})$ convenable) des produits tensoriels d'espaces tels que $\mathfrak{r}$; on peut même se borner à prendre pour π le groupe fondamental tame, de sorte qu'on trouve un groupe essentiellement libre...

Bures, April 2, 1964

Dear Serre,

Thank you for your two letters and the books; you will explain your example of non complete reducibility to me when the opportunity arises. Can you construct an analogous example in characteristic $p > 0$? Probably not over a finite ground field, since unless I am mistaken that would contradict the Weil conjectures + complete reducibility in the projective non-singular case + resolution of singularities!

... I have convinced myself that my second approach to the Weil conjectures cannot work in its original form, i.e. that it would not suffice to use only the Riemann hypothesis for curves. One idea which is probably worth keeping, and which fits in very well with your yoga, is as follows. Let π be the fundamental group $\pi_1(\overline{\mathrm{X}}, a)$, where X is a scheme of finite type over the finite field $k = \mathbf{F}_q$, and let a be an element of $\mathrm{X}(k)$. (N.B. it is enough to assume that X= a rational line minus a finite number of rational points). Consider the $\mathbf{Q}_\ell$-analytic quotient groups $\mathrm{G} = \pi/\mathrm{R}$, where R is invariant under the Frobenius ϕ, so that ϕ acts on G, and hence on its Lie algebra $\mathfrak{g}$. What can be said about the eigenvalues of ϕ on $\mathfrak{g}$? Ideally, they should be algebraic numbers whose absolute values are all of the form $q^{-\frac{i}{2}}$ where $i \in \mathbf{N}$. The Riemann hypothesis for curves says that this is the case when $\mathfrak{g}$ is abelian (and i is then 1 or 2); unless I am mistaken, it follows formally that the same holds when $\mathfrak{g}$ is solvable (and i is then $\geqslant 1$). In the situation I am now reduced to, letting $\mathfrak{r}$ be the radical of $\mathfrak{g}$, it so happens that $\mathfrak{r}$ is abelian and ϕ, acting on $\mathfrak{g}/\mathfrak{r}$, has eigenvalues which are algebraic numbers of absolute value 1, and everything boils down to showing that the eigenvalues of ϕ acting on $\mathfrak{r}$ are algebraic numbers whose absolute values are of the form $q^{-\frac{i}{2}}$, where $i \geqslant 2$. Is this a general fact? I am not very optimistic, since it is highly likely that the quotients G coming from the cohomology of algebraic varieties satisfy rather subtle conditions which need to be taken into account. In any case, it is certainly true that (from the Galois point of view) the cohomology spaces of algebraic varieties are successive extensions of spaces which are (up to twisting by a suitable $\mathbf{Q}_\ell(\mathrm{N})$) tensor products of spaces such as $\mathfrak{r}$; one can even restrict to the case where π is the tame fundamental group, so as to obtain a group which is essentially free...

A propos, as-tu regardé de façon générale quelles sont les relations entre la cohomologie galoisienne ℓ-adique d'un groupe de type galoisien π, et celle du système projectif de ses quotients analytiques ?

Bien à toi

A. Grothendieck

Le Pyla, 2-3 août 1964

Cher Grothendieck,

Je reviens du « Summer Institute » de Woods Hole, qui a été assez intéressant. Histoire de me clarifier les idées, j'ai envie de te raconter ce qu'on y a fait. Tu recevras d'ailleurs dans quelque temps le texte des exposés principaux (et même en plusieurs exemplaires, pour que tu puisses en distribuer à ton « écurie ») ; toutefois, aucun des séminaires n'a été rédigé, et ce sont eux les plus intéressants.

1. Une formule de Lefschetz généralisée.

C'est une formule que tu dois déjà connaître — au moins partiellement. Shimura l'a signalée comme conjecturale au début de l' « Institute », et un
1 peu tout le monde s'y est mis, principalement Atiyah, Bott (qui ont fait des laïus dessus), Verdier, Mumford. A la fin du séjour, ils avaient en tout cas prouvé le cas « élémentaire » demandé par Shimura, qui est le suivant :

Soit X projective non singulière, définie sur k (caractéristique quelconque — mais je le suppose algébriquement clos, la question étant « géométrique »). Soit F un faisceau localement libre sur X (cohérent, bien sûr), et soit $f : \mathrm{X} \longrightarrow \mathrm{X}$ un morphisme ; on se donne également un morphisme de faisceaux

$$f' \ : \ f^{*}\mathrm{F} \longrightarrow \mathrm{F}$$

ce qui permet de faire opérer (f, f') sur $\mathrm{H}^{\bullet}(\mathrm{X}, \mathrm{F})$. On pose :

$$\mathrm{Tr}^{\bullet}(f) \ = \ \Sigma_{q=0}^{\infty}(-1)^{q}\mathrm{Tr}^{q}(f) \ ,$$

By the way, have you ever investigated the general relation between the ℓ-adic Galois cohomology of a Galois-type group π and that of the projective system of its analytic quotients?

Regards,

A. Grothendieck

Le Pyla, August 2-3, 1964

Dear Grothendieck,

I am just back from the "Summer Institute" at Woods Hole, which was quite interesting. In order to clarify my ideas, I would like to tell you what went on there. Actually, you will soon receive the text of the main talks (in several copies, so that you can distribute them to your "stable"); however, none of the seminars has been written up, and they were the most interesting part.

1. A generalized Lefschetz formula.

You must already know this formula —at least partially. Shimura mentioned it as a conjecture at the beginning of the "Institute", and more or less
everyone got down to it, particularly Atiyah, Bott (who both lectured on it), 1
Verdier and Mumford. At any rate, by the end of their stay they had proved the "elementary" version Shimura wanted, namely:

Let X be non-singular, projective and defined over k (of any characteristic— but I assume it is algebraically closed, since the question is "geometric"). Let F be a locally free sheaf on X (coherent, of course) and let $f : \mathrm{X} \longrightarrow \mathrm{X}$ be a morphism; also, assume there is a map of sheaves

$$f' \;:\; f^*\mathrm{F} \longrightarrow \mathrm{F},$$

so that (f, f') can be made to act on $\mathrm{H}^{\bullet}(\mathrm{X}, \mathrm{F})$. Set:

$$\mathrm{Tr}^{\bullet}(f) \;=\; \Sigma_{q=0}^{\infty}(-1)^q\mathrm{Tr}^q(f)\;,$$

où $\mathrm{Tr}^q(f)$ désigne la trace de l'endomorphisme de $\mathrm{H}^q(\mathrm{X},\mathrm{F})$ défini par (f, f'). On veut calculer le « nombre de Lefschetz » $\mathrm{Tr}^\bullet(f)$.

Pour cela, on suppose que les points fixes de f sont *isolés*. La formule s'écrit alors :

$$\mathrm{Tr}^\bullet(f) \;=\; \Sigma_{\mathrm{P}\in\mathrm{S}}\mathrm{L}_\mathrm{P}(f)\ ,$$

1/2 où la somme est étendue à l'ensemble S des points fixes, et où $\mathrm{L}_\mathrm{P}(f)$ est défini par une formule locale, assez compliquée dans le cas général. Le cas « élémentaire », qui est celui de Shimura, est le suivant : la diagonale Δ coupe *transversalement* le graphe de f. On a alors :

$$\mathrm{L}_\mathrm{P}(f) \;=\; t_\mathrm{P}(f')/\det(1 - df_\mathrm{P})\ ,$$

les symboles ayant la signification suivante :

df_P = application tangente à f au point fixe P ; cette application linéaire n'admet pas 1 pour valeur propre (hypothèses de transversalité), et $\det(1 - df_\mathrm{P})$ est donc bien inversible.

$t_\mathrm{P}(f') =$ trace de l'endomorphisme de $\mathrm{F(P)} = \mathrm{F_P}/\mathfrak{m}_\mathrm{P}\mathrm{F_P}$ défini par f'.

Le cas général (intersection non transversale) donne (sans garanties ici, car je ne suis pas sûr d'avoir bien compris) une expression de $\mathrm{L}_\mathrm{P}(f)$ liée à tes résidus supérieurs. Plus précisément, soit $x_1, \ldots x_n$ un système de paramètres en P (paramètres « réguliers », bien sûr), et posons $y_i = x_i - f(x_i)$; l'idéal (y)

2 engendré par les y_i est donc $\mathfrak{m}_\mathrm{P}$-primaire. La formule est alors :

$$\mathrm{L}_\mathrm{P}(f) = \mathrm{Res}_\mathrm{P}\Big(\frac{\mathrm{Tr\ F}/(y)\ dx_1\wedge\cdots\wedge dx_n}{(y_1,\ldots,y_n)}\Big),$$

avec des notations que tu dois comprendre mieux que moi.

De toutes façons, ceci n'est pas assez général, car il y a sûrement une formule pour $\mathrm{L}_p(f)$ valable sans hypothèse de non-singularité, et pour un faisceau cohérent quelconque. Peut-être est-elle déjà dans tes papiers ?

Atiyah a donné une démonstration (algébrique) de l'énoncé ci-dessus, en utilisant des choses élémentaires (théorème de dualité + un peu de Ext locaux). Pour une variété analytique complexe compacte, Bott nous a donné une démonstration analytique, où apparaissent des formes différentielles du type de celles introduites par Leray dans sa propre théorie des résidus. Atiyah et Bott ont des idées sur l'extension possible de la formule à des systèmes elliptiques

2/3 plus généraux que le malheureux opérateur $\overline{d}$.

where $\mathrm{Tr}^q(f)$ denotes the trace of the endomorphism on $\mathrm{H}^q(\mathrm{X},\mathrm{F})$ defined by (f,f'). The aim is to compute the "Lefschetz number" $\mathrm{Tr}^\bullet(f)$.

For this, assume that the fixed points of f are *isolated.* The formula can then be written:

$$\mathrm{Tr}^\bullet(f) \;=\; \Sigma_{\mathrm{P}\in\mathrm{S}}\,\mathrm{L}_\mathrm{P}(f)\;,$$

where the sum is taken over the set S of fixed points, and $\mathrm{L}_\mathrm{P}(f)$ is defined by 1/2
a local formula which is rather complicated in general. The "elementary" case, which is Shimura's case, is the one in which the diagonal Δ cuts the graph of f *transversally.* In this case,

$$\mathrm{L}_\mathrm{P}(f) \;=\; t_\mathrm{P}(f')/\det(1-df_\mathrm{P})\;,$$

where the symbols have the following meaning:

df_P = the tangent map to f at the fixed point P; 1 is not an eigenvalue of this linear map (by the transversality condition) and $\det(1-df_\mathrm{P})$ is therefore indeed invertible.

$t_\mathrm{P}(f')$ = the trace of the endomorphism of $\mathrm{F(P)} = \mathrm{F}_\mathrm{P}/\mathfrak{m}_\mathrm{P}\mathrm{F}_\mathrm{P}$ defined by f'.

The general case (non-transverse intersection) gives an expression for $\mathrm{L}_\mathrm{P}(f)$ (this is not guaranteed, as I am not sure that I really understand everything) connected to your higher residues. More precisely, let $x_1,\dots,x_n$ be a system of parameters at P ("regular" parameters, of course), and set $y_i = x_i - f(x_i)$; the ideal (y) generated by the y_i is therefore $\mathfrak{m}_\mathrm{P}$-primary. The formula is then 2

$$\mathrm{L}_\mathrm{P}(f) = \mathrm{Res}_\mathrm{P}\Big(\frac{\mathrm{Tr}\ \mathrm{F}/(y)\ dx_1\wedge\cdots\wedge dx_n}{(y_1,\dots,y_n)}\Big),$$

using notation that you probably understand better than I do.

In any case, this is not general enough, since there is surely a formula for $\mathrm{L}_p(f)$ which is valid without the non-singularity condition, and for an arbitrary coherent sheaf. Perhaps it is already somewhere in your papers?

Atiyah gave an (algebraic) proof of the above result, using elementary facts (duality theory + some local Ext). For a compact complex analytic variety, Bott gave an analytic proof involving differential forms of the type introduced by Leray in his own residue theory. Atiyah and Bott have some ideas for a potential extension of this formula to more general elliptic systems than the wretched $\overline{d}$ operator.

Applications

a) Le cas d'un groupe fini agissant sur X avec points fixes isolés ; les résultats obtenus étaient plus ou moins connus (de toi et moi, en tout cas), et pas très surprenants.

b) La *formule d'Hermann Weyl* donnant le caractère d'une représentation irréductible d'un groupe semi-simple (en caractéristique zéro).

C'est d'une simplicité étonnante : Soit G semi-simple sur **C** (pour fixer les idées), soit B un Borel de G, T un tore maximal de B, et $X = G/B$, identifié à la variété des Borel. On se donne un caractère

$$\lambda : B \to \mathbf{G}_m,$$

d'où un fibré de rang 1 $F(\lambda)$ sur X, avec action de G sur $F(\lambda)$. D'où une action de G sur chacun des $H^q(X, F(\lambda))$, d'où une trace :

$$\mathrm{Tr}^\bullet(g) = \sum_{q=0}^{\infty} (-1)^q \mathrm{Tr}^q(g),$$

définie de manière évidente. La formule d'H. Weyl revient à donner explicite-
3 ment $\mathrm{Tr}^\bullet(g)$ [On retombe sur le point de vue usuel en supposant λ « positive » ; on a alors $H^q = 0$ pour tout $q \geqslant 1$, et H^0 est la représentation irréductible de plus haut poids λ.]. Il suffit de le faire pour $g \in T$, puisque tout élément semi-simple a un conjugué dans T. On peut même prendre g régulier dans T, puisque ces éléments sont denses. Mais alors l'élément g, opérant sur la variété X des Borel, n'a qu'un nombre fini de points fixes, correspondant aux éléments $w \in W$, groupe de Weyl. Chacun de ces points fixes est du type « élémentaire » décrit ci-dessus. Le calcul des deux termes $t_P(f')$ et $\det(1 - df_P)$ est immédiat. On trouve (sauf erreur) :

$$\begin{aligned} t_P(f') &= w(\lambda)(g) \quad (\text{si } P \to w \quad - \text{ ou } w^{-1}!) \\ \det(1 - df_P) &= \prod_{\alpha > 0} (1 - w(\alpha)(g)) \ . \end{aligned}$$

On en déduit la formule cherchée :

$$\mathrm{Tr}^\bullet(g) = \Sigma_{w \in W} \frac{w(\lambda)(g)}{\prod_{\alpha > 0}(1 - w(\alpha)(g))} \ ,$$

qui est équivalente à la formule de Weyl classique. (Note que j'ai adopté la notation multiplicative pour les poids et racines ; en style « algèbres de Lie »
3/4 il faudrait remplacer mes λ par e^λ, etc.) N'est-ce pas magnifique ?

Applications.

a) The case of a finite group acting on X with isolated fixed points: the results obtained were more or less known (to you and me at least) and were not very surprising.

b) The *Hermann-Weyl formula* giving the character of an irreducible representation of a semi-simple group (in characteristic zero).

This is surprisingly straightforward: Let G be semi-simple over **C** (for simplicity), let B be a Borel of G, let T be a maximal torus in B and let $\mathrm{X} = \mathrm{G}/\mathrm{B}$ be identified with the Borel variety. Assume that a character

$$\lambda : \mathrm{B} \to \mathbf{G}_m$$

is given; then one has a rank 1 bundle $\mathrm{F}(\lambda)$ over X on which G acts. This yields an action of G on each $\mathrm{H}^q(\mathrm{X}, \mathrm{F}(\lambda))$, and thence a trace:

$$\mathrm{Tr}^\bullet(g) = \sum_{q=0}^{\infty} (-1)^q \mathrm{Tr}^q(g),$$

defined in an obvious way. The H. Weyl formula boils down to giving $\mathrm{Tr}^\bullet(g)$ explicitly. [One recovers the usual point of view upon assuming that λ is "positive"; then $\mathrm{H}^q = 0$ for any $q \geqslant 1$, and H^0 is the irreducible representation 3
of highest weight λ.]. It is enough to do this for $g \in \mathrm{T}$, since every semi-simple element has a conjugate in T. One may even assume that g is regular in T, since these elements are dense. But then the action of the element g on the Borel variety X has only a finite number of fixed points, corresponding to elements $w \in \mathrm{W}$, the Weyl group. Each of these fixed points is of the "elementary" type described above. The computation of the two terms $t_{\mathrm{P}}(f')$ and $\det(1 - df_{\mathrm{P}})$ is trivial. Unless I am mistaken, one finds:

$$\begin{aligned} t_{\mathrm{P}}(f') &= w(\lambda)(g) \quad (\text{if } \mathrm{P} \to w \quad - \text{ or } w^{-1}!) \\ \det(1 - df_{\mathrm{P}}) &= \prod_{\alpha>0} (1 - w(\alpha)(g)) \ . \end{aligned}$$

The desired formula follows:

$$\mathrm{Tr}^\bullet(g) = \Sigma_{w \in \mathrm{W}} \frac{w(\lambda)(g)}{\prod_{\alpha>0}(1 - w(\alpha)(g))} \ ,$$

which is equivalent to the classical Weyl formula. (Note that I have used the multiplicative convention for weights and roots: in "Lie algebra" terms, one should replace my λ by e^λ, etc.) Isn't this magnificent? 3/4

c) Variétés algébriques ayant des *points rationnels* sur un corps fini. *J'admets* ici que l'on a démontré que $\mathrm{Tr}^{\bullet}(f) = 0$ pour toute variété projective X, et tout morphisme $f : \mathrm{X} \longrightarrow \mathrm{X}$ *sans points fixes* (ce n'est démontré pour l'instant que si X est non singulière). Je suppose que X est définie sur $\mathbf{F}_q$, et que l'on a les propriétés suivantes :

$$\mathrm{H}^0(\mathrm{X}, \mathscr{O}_\mathrm{X}) \text{ est de dimension 1, } \mathrm{H}^q(\mathrm{X}, \mathscr{O}_\mathrm{X}) = 0 \text{ pour } q \geqslant 1.$$

En appliquant à f = Frobenius la formule $\mathrm{Tr}^{\bullet}(f) = 0$, on obtient une contradiction.

Corollaire : *une telle variété a toujours au moins un point rationnel sur*
4 $\mathbf{F}_q$. (Si l'on avait une formule plus précise, on en déduirait que le nombre de ces points est $\equiv 1$ mod. p — c'est en tout cas vrai si X est non singulière.)

Cet énoncé est fort raisonnable. En effet, si on prend par exemple pour X une intersection complète d'hypersurfaces de degrés $m_1, ..., m_k$ dans l'espace projectif $\mathbf{P}_r$, la trivialité de la cohomologie de X est équivalente à la condition $m_1 + ... + m_k < r + 1$, ce qui est justement celle qui intervient lorsqu'on écrit que $\mathbf{F}_q$ est (C_1) ! Note aussi que toutes les variétés rationnelles connues (non singulières) vérifient la condition $\mathrm{H}^q = 0$ — bien qu'on soit incapable de démontrer qu'il en est toujours ainsi.

5 Jouant le petit jeu habituel, je suis tenté de conjecturer ceci : Soit k un corps (parfait) de dimension cohomologique 1. Si une variété projective X sur k est telle que $\mathrm{H}^0(\mathrm{X}, \mathscr{O}_\mathrm{X}) = k$, $\mathrm{H}^q(\mathrm{X}, \mathscr{O}_\mathrm{X}) = 0$ pour $q \geqslant 1$, alors X contient un point rationnel sur k.

C'est sans doute trop optimiste ; disons en tous cas que l'énoncé précédent doit être vrai pour tous les corps qui sont « indiscutablement » de dimension 1, comme les corps de fonctions à une variable sur un corps algébriquement clos. Mais, même dans ce cas, ça ne paraît pas facile. (Note par exemple que, si on pouvait appliquer ce théorème à la variété des Borel, on retrouverait ma chère « conjecture I », prouvée par Steinberg.)

La (ou les) formules de Lefschetz dont il s'agit ici ont été baptisées « Woods Hole fixed point formula ». Si tu as des commentaires à faire dessus, je te conseille d'en envoyer des photocopies à Atiyah et Bott, qui se trouvent tous
4/5 deux à Harvard.

c) Algebraic varieties having *rational points* over a finite field. Here *I assume* that $\mathrm{Tr}^\bullet(f) = 0$ has already been proved for any projective variety X and any *fixed-point free* morphism $f : \mathrm{X} \longrightarrow \mathrm{X}$ (for the moment, this has been proved only for non-singular X). I assume that X is defined over $\mathbf{F}_q$ and has the following properties:

$$\mathrm{H}^0(\mathrm{X}, \mathscr{O}_\mathrm{X}) \text{ is 1-dimensional, } \mathrm{H}^q(\mathrm{X}, \mathscr{O}_\mathrm{X}) = 0 \text{ for } q \geqslant 1.$$

Applying the formula $\mathrm{Tr}^\bullet(f) = 0$ to $f =$ Frobenius yields a contradiction.

COROLLARY: *Such a variety always has at least one* $\mathbf{F}_q$*-rational point.* (If one had a more precise formula, one could deduce that the number of such points is $\equiv 1 \bmod p$—in any case, this holds if X is non-singular.) 4

This statement is very reasonable. Indeed, if for example X is a complete intersection of hypersurfaces of degrees $m_1, \ldots, m_k$ in projective space $\mathbf{P}_r$, the triviality of the cohomology of X is equivalent to the condition $m_1 + \cdots + m_k < r+1$, which is exactly what appears when writing that $\mathbf{F}_q$ is (C_1)! Note further that all known (non-singular) rational varieties satisfy the condition $\mathrm{H}^q = 0$—although no one can yet prove that this is always the case.

Playing the usual little game, I am tempted to conjecture the following: 5
Let k be a (perfect) field of cohomological dimension 1. If a projective variety X over k is such that $\mathrm{H}^0(\mathrm{X}, \mathscr{O}_\mathrm{X}) = k$, $\mathrm{H}^q(\mathrm{X}, \mathscr{O}_\mathrm{X}) = 0$ for $q \geqslant 1$, then X contains a k-rational point.

This is probably too optimistic; in any case, let us say that the above claim should hold for all fields which are "clearly" of dimension 1, such as the field of functions in one variable over an algebraically closed field. But even this case does not look easy. (Note for example that if this theorem could be applied to the Borel variety, it would yield my beloved "conjecture I", proved by Steinberg.)

The Lefschetz formula(s) in question have been christened the "Woods Hole fixed point formula". If you have any comments to make on them, I advise you to send photocopies to Atiyah and Bott, who are both at Harvard. 4/5

2. Résultats de Ogg plus une belle conjecture sur la cohomologie ℓ-adique.

Ogg s'intéresse aux courbes elliptiques définies sur un corps local k, à corps résiduel k_0 algébriquement clos (pour fixer les idées). On note p la caractéristique résiduelle, et on s'intéresse aux nombres premiers $\ell \neq p$ (déjà vu!). Les points d'ordre ℓ de E forment un module galoisien E_ℓ ; ce module galoisien possède un invariant $\beta(E_\ell)$ — celui dont tu m'avais demandé un jour de prouver l'existence. L'un des résultats de Ogg est que — comme tu l'avais toi-même conjecturé — *$\beta(E_\ell)$ est indépendant de ℓ.*

Cela plus d'autres résultats de Ogg (partiels) ont amené Tate et moi à conjecturer des tas de belles choses :

Mêmes hypothèses sur k, et on se donne une variété projective non singulière V sur k ; on note $\overline{V}$ la variété $V \otimes_k \overline{k}$, où $\overline{k}$ est une clôture algébrique de k. Soit $H^i_\ell(\overline{V})$ la cohomologie ℓ-adique de $\overline{V}$; c'est un module sur le groupe de Galois $G = G(\overline{k}/k)$.

6 Conjecture : *Il existe un sous-groupe ouvert distingué* U *de* G *tel que, pour tout $g \in G$, on ait :*

(a) *La trace de g opérant dans $H^i_\ell(\overline{V})$ est un nombre entier, noté $\mathrm{Tr}^i(g)$, indépendant de ℓ, et ne dépendant que de l'image de g dans* G/U.

Note que cet énoncé est trivial si V a une « bonne réduction » V_0, car $H^i_\ell(\overline{V}) = H^i_\ell(\overline{V_0})$, et le groupe de Galois agit trivialement dessus.

Note aussi que (a) n'affirme pas que les éléments de U opèrent trivialement sur $H^i_\ell(\overline{V})$ (il y a des exemples simples montrant que c'est impossible) ; mais les éléments de U donnent des automorphismes de $H^i_\ell(\overline{V})$ admettant 1 pour valeur propre. Il est clair qu'on pourrait reformuler la conjecture en disant que la représentation ℓ-adique $H^i_\ell(\overline{V})$ ne « dépend pas de ℓ », en un sens convenable (i.e. dans un groupe de Grothendieck fait exprès pour) ; j'ai préféré te la donner
5/6 en termes terre à terre pour commencer.

Les résultats de Ogg se laissent formuler (et généraliser) ainsi :

Théorème : (i) *Si la conjecture ci-dessus est vraie pour une variété abélienne* A, *l'invariant $\beta(A_\ell)$ est indépendant de ℓ, et sa valeur est donnée par :*

$$\beta(A_\ell) = \langle b_{G/U}, \mathrm{Tr}^1 \rangle,$$

où $b_{G/U}$ = car. Artin de (G/U) – car. augm.(G/U)

(ii) *La conjecture ci-dessus est vraie pour une courbe elliptique.*

2. Ogg's results plus a beautiful conjecture on ℓ-adic cohomology.

Ogg is interested in elliptic curves defined over a local field k whose residue field k_0 is algebraically closed (for simplicity). Denote the residue characteristic by p, and consider prime numbers $\ell \neq p$ (déjà vu!). The points of order ℓ on E form a Galois module E_ℓ, and this Galois module has an invariant $\beta(\mathrm{E}_\ell)$—the one whose existence you once asked me to prove. One of Ogg's results is that—as you yourself conjectured—$\beta(\mathrm{E}_\ell)$ *is independent of* ℓ.

This, plus other (partial) results of Ogg's, led Tate and myself to conjecture heaps of beautiful things:

With the same conditions on k, consider a non-singular projective variety V over k; let $\overline{\mathrm{V}}$ denote the variety $\mathrm{V} \otimes_k \overline{k}$, where $\overline{k}$ is the algebraic closure of k. Let $\mathrm{H}^i_\ell(\overline{\mathrm{V}})$ be the ℓ-adic cohomology of $\overline{\mathrm{V}}$; it is a module over the Galois group $\mathrm{G} = \mathrm{G}(\overline{k}/k)$.

Conjecture: *There exists an open normal subgroup* U *of* G *such that for any* 6
$g \in \mathrm{G}$:

(a) *The trace of g acting on* $\mathrm{H}^i_\ell(\overline{\mathrm{V}})$ *is an integer, denoted by* $\mathrm{Tr}^i(g)$, *which is independent of ℓ and depends only on the image of g in* G/U.

Note that this statement is trivial if V has "good reduction" V_0, since $\mathrm{H}^i_\ell(\overline{\mathrm{V}}) = \mathrm{H}^i_\ell(\overline{\mathrm{V}_0})$, on which the Galois group acts trivially.

Note further that (a) does not assert that the elements of U act trivially on $\mathrm{H}^i_\ell(\overline{\mathrm{V}})$ (there are simple examples which show that this is impossible); however, the elements of U give rise to automorphisms of $\mathrm{H}^i_\ell(\overline{\mathrm{V}})$ of which 1 is the only eigenvalue. It is clear that the conjecture could be rewritten saying that the ℓ-adic representation $\mathrm{H}^i_\ell(\overline{\mathrm{V}})$ "does not depend on ℓ" in a suitable sense (i.e. in a specially created Grothendieck group); I preferred to start by giving it to you in down-to-earth terms. 5/6

Ogg's results can be stated (and generalized) in the following way:

Theorem: (i) *If the conjecture above is true for an abelian variety* A, *then the invariant* $\beta(\mathrm{A}_\ell)$ *is independent of ℓ, and its value is given by* :

$$\beta(\mathrm{A}_\ell) = \langle b_{\mathrm{G/U}}, \mathrm{Tr}^1 \rangle,$$

where $b_{\mathrm{G/U}}$ = Artin char. of (G/U) – augm. char.(G/U)

(ii) *The conjecture above is true for an elliptic curve.*

La partie (i) est facile. Pour (ii), on distingue deux cas :

ii_a — l'invariant j de la courbe elliptique est non entier. Dans ce cas, la courbe devient « du genre Tate » (i.e. pouvant être décrite par des fonctions thêta) sur une extension quadratique de k. La situation est tellement bien en main qu'on n'a qu'à la regarder, c'est admirable (cf. mon exposé de Clermont).

ii_b — l'invariant j est entier. Il y a une extension galoisienne finie k'/k sur laquelle E a une bonne réduction. Soit U le sous-groupe ouvert de G correspondant. Si l'on note E′ le schéma en courbes elliptiques sur l'anneau $\mathfrak{o}'$ des entiers de k', l'unicité de ce schéma montre qu'il est stable par G/U ; d'où une action de G/U comme groupe de k_0-automorphismes de la courbe réduite E'_0 (note que le corps résiduel de k' est égal à celui de k). On obtient ainsi une action de G/U sur $\mathrm{H}^1(\overline{\mathrm{V}}) = \mathrm{H}^1(\mathrm{E}'_0)$, et les théorèmes de Weil sur les variétés abéliennes montrent que la conjecture est vraie. (Bien entendu le même argument s'applique à toute variété abélienne ayant une bonne réduction sur une extension finie de k.)

La démonstration que donnait Ogg d'un cas particulier de (ii) était nettement moins simple ; il lui fallait regarder en détail les cas $p = 2, 3$, avec classification de Kodaira-Néron à l'appui. Du point de vue pris ici, ces cas
7 correspondent à celui où $\mathrm{Aut}(\mathrm{E}'_0)$ est très gros (d'ordre 24, au maximum).
6/7

3. Une autre belle conjecture.

On garde les hypothèses et notations du n° 2 à cela près qu'on suppose maintenant que le corps résiduel k_0 est un *corps fini* $\mathbf{F}_q$. Dans le groupe de Galois $\mathrm{G} = \mathrm{G}(\overline{k}/k)$, on a donc un sous-groupe d'inertie I, noyau de l'homomorphisme canonique

$$\mathrm{G} \to \widehat{\mathbf{Z}} = \mathrm{G}(\overline{k}_0/k_0).$$

Comme précédemment, on se donne une variété projective non singulière V sur k, et on regarde le module galoisien $\mathrm{H}^i(\overline{\mathrm{V}})$.

CONJECTURE : *Il existe un sous-groupe distingué* U *de* G, *ouvert dans* I, *tel que la propriété* (a) *de la page 5 ait lieu pour tout élément* $g \in \mathrm{G}$ *dont l'image par* $\mathrm{G} \to \widehat{\mathbf{Z}}$ *est un entier* $\geqslant 0$.

Pour les éléments qui donnent 0 (i.e. ceux qui appartiennent à I), cette conjecture revient à celle de la page 5. Bien entendu, les éléments les plus intéressants sont *ceux qui donnent 1* ; ils méritent le nom de « Frobenius ».

The first part is easy. For the second part, consider two separate cases:

ii_a — The j-invariant of the elliptic curve is not integral. In this case, the curve becomes "of Tate type" (i.e. admits a description using theta functions) over a quadratic extension of k. The situation is so well under control that the result can simply be read off (cf. my Clermont lecture notes).

ii_b The j-invariant is integral. There is a finite Galois extension k'/k over which E has good reduction. Let U be the corresponding open subgroup of G. Letting E′ denote the corresponding elliptic curve scheme over the ring $\mathfrak{o}$ of integers of k', the uniqueness of this scheme shows that it is stable under G/U; hence, G/U acts as a group of k_0 automorphisms of the reduced curve E'_0 (note that the residue field of k' is equal to that of k). Thus, there is a G/U-action on $\mathrm{H}^1(\overline{\mathrm{V}}) = \mathrm{H}^1(\mathrm{E}'_0)$, and Weil's theorems on abelian varieties then show that the conjecture holds. (Of course, the same argument can be applied to any abelian variety with good reduction over a finite extension of k.)

The proof Ogg gave for a special case of (ii) was substantially less straightforward; he had to examine the case $p = 2, 3$ in detail using the Kodaira-Néron classification. From the point of view taken here, these cases correspond to the case where $\mathrm{Aut}(\mathrm{E}'_0)$ is very large (of order 24 at most). **7**

6/7

3. Another beautiful conjecture.

Keep the same conditions and notation as in n° 2, but assume now that the residue field k_0 is a *finite field* $\mathbf{F}_q$. There is therefore an inertia subgroup I of the Galois group $\mathrm{G} = \mathrm{G}(\overline{k}/k)$ which is the kernel of the canonical homomorphism

$$\mathrm{G} \to \widehat{\mathbf{Z}} = \mathrm{G}(\overline{k}_0/k_0).$$

As previously, let V be a non-singular projective variety V over k, and consider the Galois module $\mathrm{H}^i(\overline{\mathrm{V}})$.

CONJECTURE: *There is a normal subgroup* U *in* G, *which is open in* I, *such that property* (a) *on page 5 holds for every* $g \in \mathrm{G}$ *whose image under* $\mathrm{G} \to \widehat{\mathbf{Z}}$ *is an integer* $\geqslant 0$.

For the elements which map to 0 (i.e. which belong to I), this conjecture is equivalent to the one on page 5. Of course, the most interesting elements are *those that map to 1*; they deserve to be called "Frobenius". They are

Ils ne sont pas bien déterminés, mais il n'y en a qu'un nombre fini modulo U ; cela permet de parler de leur *moyenne*, et le polynôme caractéristique de cette moyenne est bien déterminé. On le notera $P_i(V,t)$. Lorsque V a « bonne réduction V_0 », $P_i(V,t)$ est le polynôme caractéristique de Frobenius de V_0 opérant sur la cohomologie de degré i. Ce que l'on a fait, c'est donc en quelque sorte de définir une « fonction zêta » locale (ou plutôt la i-ème composante de ladite) même lorsqu'il y a une mauvaise réduction.

Exemple. La méthode utilisée pour démontrer le théorème de la page 6 (courbes elliptiques) doit aussi montrer que la conjecture ci-dessus est vraie pour une courbe elliptique. Toutefois, je ne garantis pas totalement, car je n'ai pas fait le calcul en détail.

L'intérêt (pour moi) des constructions et conjectures ci-dessus est que cela
8 permet de définir les *facteurs manquants* de zêta. Je m'explique : prenons une
7/8 variété projective non singulière V sur $\mathbf{Q}$. Sur un ouvert U non vide de $\operatorname{Spec}(\mathbf{Z})$, on peut remplacer V par un schéma projectif et lisse, d'où une fonction zêta raisonnable pour chacune des fibres V_p correspondantes (et ladite fonction ne dépend pas du choix fait, même s'il y en a plusieurs non isomorphes — cela résulte de considérations galoisiennes). Mais on veut plus : une définition raisonnable pour les p exceptionnels, cette définition devant être telle que la fonction zêta globale ainsi obtenue n'ait plus besoin que de *facteurs à l'infini* du type $\prod \Gamma(\frac{s+m_\alpha}{2})A^s$ pour avoir une équation fonctionnelle parfaitement propre : i.e. $f(s) = \pm f(k-s)$.

J'espère que les P_i que j'ai définis plus haut fournissent une telle définition « raisonnable ». Il y a malheureusement peu de matériel avec lequel on puisse travailler : essentiellement les courbes elliptiques traitées par Deuring et Shimura ; le cas Shimura semble marcher, je ne connais pas assez le cas Deuring pour m'en tirer, du moins pour l'instant.

Il est clair que ce qu'on veut finalement, c'est écrire *complètement* les facteurs $\Phi_i(s)$ des fonctions zêta, avec leurs termes exceptionnels et leurs termes à l'infini ; on n'en est plus très loin. On peut espérer que, une fois cela fait, le résultat suggèrera une démonstration... Il faut certainement utiliser des adèles cohomologiques (i.e. intégrer dans les espaces $H^i_\ell(\overline{V})$, ainsi que dans la cohomologie à l'infini). Nous ne pourrons raisonnablement attaquer ces questions qu'une fois les conjectures ℓ-adiques élémentaires (i.e. positivités variées et conjectures de Weil) démontrées.

not well defined, but there are only a finite number of them modulo U; thus one can talk about their *average*, and the characteristic polynomial of this average is well-defined. Denote it by $P_i(V,t)$. When V has "good reduction V_0", $P_i(V,t)$ is the characteristic polynomial of the Frobenius of V_0 acting on degree i cohomology. What has been done here, therefore, is to define a local "zeta function", as it were (or more exactly, the i-th component of the said zeta), even for bad reduction.

Example. The method used to prove the theorem on page 6 (elliptic curves) should also show that the conjecture above holds for an elliptic curve. I do not entirely guarantee this, however, since I have not done the computation in detail.

The point (for me) of the constructions and conjectures above is that they make it possible to define the *missing factors* of the zeta function. Let me **8**
explain myself: take a non-singular projective variety V over $\mathbf{Q}$. Over a non- 7/8
empty open set U in Spec($\mathbf{Z}$), V can be replaced by a smooth projective scheme, giving a reasonable zeta function for each of the corresponding fibers V_p (and this function does not depend on the choice made, even if there are several non-isomorphic possibilities—this follows from Galois arguments). But one wants more: a reasonable definition for exceptional p, which should be such that the global zeta function thus obtained no longer needs anything except *factors at infinity* of the type $\prod \Gamma(\frac{s+m_\alpha}{2})A^s$ in order to satisfy a perfectly clean functional equation, i.e. $f(s) = \pm f(k-s)$.

I hope the P_i I defined above give us such a "reasonable" definition. Unfortunately, there is little material to work with, basically just the elliptic curves dealt with by Deuring and Shimura; Shimura's case seems to work; I do not know Deuring's well enough to be able to figure it out, at least for the moment.

It is clear that the ultimate aim is to be able to *completely* write down the factors $\Phi_i(s)$ of the zeta function, with their exceptional terms and their terms at infinity; this no longer seems too far away. Hopefully, once this has been done, the result will suggest a proof... It will certainly be necessary to use cohomological adeles (i.e. integrate over both the space $H^i_\ell(\overline{V})$ and the cohomology at infinity). These questions cannot reasonably be attacked until the elementary ℓ-adic conjectures (i.e. the various positivity conjectures and the Weil conjectures) have been proved.

4. Encore de la cohomologie ℓ-adique.

9 Tate a rédigé un très bel exposé (de plus de 20 pages) donnant l'état de la question, les conjectures style Weil, les siennes, et discutant un certain nombre d'applications et d'exemples. Voici une conséquence (non triviale) de ses conjectures :

Soit X un schéma régulier de type fini sur **Z**. Alors :

$$\text{ordre de } \zeta(\mathrm{X}, s) \text{ au point } \dim \mathrm{X} - 1 = \mathrm{rg}\ \mathrm{H}^0(\mathrm{X}, \mathscr{O}_\mathrm{X}^*) - \mathrm{rg}\ \mathrm{H}^1(\mathrm{X}, \mathscr{O}_\mathrm{X}^*).$$

(Note que les deux groupes en question sont *de type fini* sur **Z**, et leur rang
8/9 est bien défini.)

Un jeune Italien, Bombieri, travaille sur les fonctions zêta. Il s'est aperçu tout seul qu'il fallait prouver en toute caractéristique que la forme intersection sur les cycles algébriques « primitifs » de dimension moitié est définie ; il avait également vu, semble-t-il, la conjecture suivant laquelle les facteurs d'un cycle algébrique dans une décomposition « de Künneth » sont algébriques. A propos, où en es-tu toi-même dans cette direction ?

Un exercice (inspiré par Bombieri) : Soit X une variété projective non singulière définie sur un corps fini, et de dimension n. En admettant les conjectures de Tate, prouver que le rang du groupe des cycles algébriques de dimension n de $\mathrm{X} \times \mathrm{X}$ (modulo équivalence numérique) est $\geqslant \sum_{i=0}^{2n} \mathrm{B}_i(\mathrm{X})$, où $\mathrm{B}_i(\mathrm{X})$ est le i-ème nombre de Betti de X. Exemple : X courbe elliptique, $\sum \mathrm{B}_i(\mathrm{X}) = 4$, et on retrouve le fait que X admet nécessairement des multiplications complexes.

5. Groupes formels à 1 paramètre (Lubin).

Tate et moi avons organisé un séminaire sur les courbes elliptiques et groupes
formels ; cela a débuté par un laïus général, que j'ai fait, reprenant essentielle-
10 ment (avec à peine plus de détails) le § 2 de mon laïus à Clermont (dont tu as
sûrement une copie, vu qu'il a été tiré par les soins de l'IHES). Ensuite, Lubin
a fait trois exposés sur les groupes formels. La partie la plus intéressante est
11 la construction de *modules* (formels) :

Soit R local complet noethérien, de corps résiduel k de caractéristique $p \neq 0$, et soit $\mathrm{F}(x, y) = x + y + \cdots$ une loi de groupe formel à un paramètre *sur le corps résiduel* k. On suppose que F est de hauteur $h < \infty$; je te rappelle que cela signifie que l'homothétie de rapport p dans le groupe formel considéré est

4. Yet more ℓ-adic cohomology.

Tate has written up a very beautiful talk (of more than 20 pages), which 9
explains the state of the art, Weil-type conjectures and his own conjectures, and discusses a certain number of applications and examples. Here is a (non-trivial) consequence of his conjectures:

Let X be a regular scheme of finite type over **Z**. Then:

$$\text{The order of } \zeta(\mathrm{X}, s) \text{ at the point } \dim \mathrm{X} - 1 = \operatorname{rk} \mathrm{H}^0(\mathrm{X}, \mathscr{O}_{\mathrm{X}}^*) - \operatorname{rk} \mathrm{H}^1(\mathrm{X}, \mathscr{O}_{\mathrm{X}}^*).$$

(Note that the two groups in question are *finitely generated* over **Z**, and their rank is well-defined.) 8/9

There is a young Italian, Bombieri, who is working on zeta functions. He noticed all by himself that it was necessary to prove in all characteristics that the intersection form on "primitive" algebraic cycles of half dimension is definite; furthermore, he also apparently spotted the conjecture according to which the factors of an algebraic cycle in a "Künneth" decomposition are algebraic. By the way, what are you up to in these directions?

Here is an exercise (inspired by Bombieri): Let X be an n-dimensional projective, non-singular variety defined over a finite field. Assuming the Tate conjectures, prove that the rank of the group of n-dimensional algebraic cycles in $\mathrm{X} \times \mathrm{X}$ (modulo numerical equivalence) is $\geqslant \sum_{i=0}^{2n} \mathrm{B}_i(\mathrm{X})$, where $\mathrm{B}_i(\mathrm{X})$ is the i-th Betti number of X. Example: if X is an elliptic curve, $\sum \mathrm{B}_i(\mathrm{X}) = 4$, and one recovers the fact that X necessarily has complex multiplication.

5. One-parameter formal groups (Lubin).

Tate and I have organized a seminar on elliptic curves and formal groups; this started with a general talk, which I gave, essentially going over § 2 (with
hardly any extra details) from my Clermont lecture (of which you surely have 10
a copy, since it was printed by IHES). Lubin then gave three talks on formal
groups. The most interesting part is the construction of (formal) *moduli*. 11

Let R be local, complete and Noetherian, with residue field k of characteristic $p \neq 0$, and let $\mathrm{F}(x, y) = x + y + \cdots$ be a one-parameter formal group law *on the residue field* k. Assume that F is of height $h < \infty$; let me remind you that this means that the homothety of ratio p in the given formal group is of

de degré p^h, i.e. s'écrit :

$$[p]_{\mathrm{F}}(x) = u.x^{p^h} + \cdots, \qquad u \in k^*.$$

D'autre part, on se donne une R-algèbre locale noethérienne R′, et on s'intéresse aux lois de groupes formels F′ sur R′ qui ont F pour réduction modulo l'idéal maximal de R′. On considère deux de ces lois comme isomorphes si l'on peut passer de l'une à l'autre par un changement de variable $\varphi(x)$ tel que la réduction de $\varphi(x)$ soit $x \in k[[x]]$. D'où un ensemble T(R′), fonctoriel en R′.
9/10 Le théorème (si je ne me suis pas foutu dedans en essayant d'être canonique) est que T(R′) est représentable par un schéma formel lisse de dimension $h-1$ sur R, i.e. qu'il existe un « relèvement universel » de F sur l'algèbre locale

$$\mathscr{R} = \mathrm{R}[[\mathrm{T}_1, \ldots, \mathrm{T}_{h-1}]]$$

où les T_i sont des indéterminées.

12 Le cas le plus sympathique est celui où k est complet ; on a alors intérêt à prendre pour R l'anneau des vecteurs de Witt $\mathrm{W}(k)$ sur k, et la structure d'algèbre de R′ revient simplement à la donnée d'une injection de k dans le corps résiduel k' de R′.

Lubin n'a pas donné la démonstration en détail. Il utilise des méthodes très explicites, style Lazard, en grimpant sur les degrés des séries (et aussi bien sûr sur les filtrations des anneaux locaux). Un point essentiel est le suivant : si l'on définit comme on pense des groupes de cohomologie

$$\mathrm{H}^q_{\mathrm{form}}(\mathrm{F}, \mathbf{G}_a) \qquad \text{(avec F opérant trivialement sur } \mathbf{G}_a\text{)},$$

on a $\mathrm{H}^1_{\mathrm{form}}(\mathrm{F}, \mathbf{G}_a) = 0$, et $\mathrm{H}^2_{\mathrm{form}}(\mathrm{F}, \mathbf{G}_a)$ est de dimension $h-1$. Je suppose que tu as dans ton sac des fourbis généraux permettant de déduire le théorème de ces deux relations.

Le cas $h = 2$ est particulièrement intéressant. En effet, F peut être interprété comme le groupe formel d'une courbe elliptique (du moins si le corps résiduel k est algébriquement clos) ; soit E cette courbe. On vient de voir que les modules formels de F dépendent de « un paramètre », puisque $h - 1 = 1$; d'autre part, ceux d'une courbe elliptique font de même. Question naïve : a-t-on un isomorphisme entre ces deux variétés de modules (on a en tout cas une flèche évidente). Réponse : oui. Cela aussi devrait pouvoir se démontrer à coup de

degree p^h, i.e. can be written

$$[p]_F(x) = u.x^{p^h} + \cdots, \qquad u \in k^*.$$

Assume that a local Noetherian R-algebra R′ is also given: consider the formal group laws F′ on R′ whose reduction modulo the maximal ideal of R′ is F. Two such laws will be considered to be isomorphic if one can pass from one to the other via a change of variable $\varphi(x)$ such that the reduction of $\varphi(x)$ is $x \in k[[x]]$. This gives a set T(R′), which is functorial in R′. The theorem (if I have not screwed up by trying to make everything canonical) is that T(R′) is 9/10
representable by a smooth formal scheme of dimension $h-1$ over R, i.e. there exists a "universal lifting" of F to the local algebra

$$\mathscr{R} = R[[T_1, \ldots, T_{h-1}]]$$

where the T_i are indeterminates.

The nicest case is when k is complete; it is then useful to take R to be the 12
ring of Witt vectors $W(k)$ over k; the algebra structure on R′ then boils down to giving an injection of k into the residue field k' of R′.

Lubin did not give the proof in detail. He uses very explicit Lazard-style methods of climbing up the degrees of series (and also filtrations of local rings, of course). One key point is the following: if one defines in an obvious way the cohomology groups

$$H^q_{\text{form}}(F, \mathbf{G}_a) \qquad \text{(where F acts trivially on } \mathbf{G}_a\text{)},$$

one has $H^1_{\text{form}}(F, \mathbf{G}_a) = 0$, and $H^2_{\text{form}}(F, \mathbf{G}_a)$ is of dimension $h-1$. I suppose you have some general stuff lying around which gives the theorem starting from these two relations.

The case $h = 2$ is particularly interesting. Indeed, F can be interpreted as the formal group of an elliptic curve (at least when the residue field k is algebraically closed); let E be this curve. As above, the formal moduli of F depend on "one parameter" since $h - 1 = 1$; on the other hand, those of an elliptic curve do the same. Here is a naive question: is there an isomorphism between these two moduli varieties (there is in any case an obvious arrow).

« general non-sense », en comparant les H^2 ; on ne l'a pas fait comme ça, car ça résulte de toutes façons de la théorie de Tate, qui a fait l'objet des séminaires suivants (voir ci-après).

Question amusante : avec les hypothèses du début du n^{o}, supposons R de valuation discrète, et de caractéristique 0. Le module de Tate $T_p(F')$ (F' étant
10/11 un relèvement de F à R) est défini ; c'est un $\mathbf{Z}_p$-module libre de rang $h-1$ sur
13 lequel opère le groupe de Galois $\mathrm{Gal}(\overline{E}/E)$, avec $E = \mathrm{Frac}(R)$. On demande de construire un groupe formel de hauteur 1, qu'il s'impose d'appeler $N(F')$, tel
14 que $T_p(N(F')) = \bigwedge^h T_p(F')$. L'existence de $N(F')$ est évidente lorsque $h = 1$; lorsque $h = 2$ et k est algébriquement clos, elle résulte du fait que F' provient d'une courbe elliptique d'après ce qu'on a affirmé. Le cas général aurait l'intérêt de donner des renseignements sur l'action du groupe de Galois sur $T_p(F')$. Si on a de la veine, la question doit se résoudre en *définissant* les puissances extérieures des groupes formels commutatifs (d'abord sur un corps, puis sur un anneau), avec des propriétés de changement de base évidentes. Cela serait également utile dans les questions style Lubin-Tate, où l'on construit les corps de classes locaux au moyen des groupes formels ; il est clair que c'est ce dont on a besoin pour prouver (par cette méthode) les théorèmes de changement de base.

15 **6. La drôle de cohomologie de Tate.**

(C'est un auxiliaire pour la théorie des modules formels des variétés abéliennes.)

Soit S un schéma, soit X un schéma en groupes sur S, et soit B un schéma en groupes commutatif sur S ; on suppose que X opère sur B en un sens évident.

Tate définit alors, au moyen d'un complexe double assez compliqué, des groupes de cohomologie $H^q_{\mathrm{lt}}(X, B)$ qui sont un mélange de cohomologie des groupes et de cohomologie de Zariski (ils sont définis à la manière Čech, par des recouvrements). Si l'on note $H^q_{\mathrm{rég}}(X, B)$ ceux définis dans ton séminaire (où l'on laisse tomber le côté Zariski, pour ne garder que celui « cohomologie des groupes »), on a des homomorphismes $H^q_{\mathrm{rég}} \to H^q_{\mathrm{lt}}$. En dimension 1, c'est un isomorphisme. En dimension 2, on a la suite exacte :

$$0 \to H^2_{\mathrm{rég}}(X, B) \to H^2_{\mathrm{lt}}(X, B) \to H^1(X, \underline{B}_X),$$

11/12 dont l'interprétation en termes d'extensions de groupes est la suivante :

Answer: yes. It should also be possible to prove this via "general nonsense" by comparing the H^2; we did not do it this way, since in any case it follows from Tate's theory, which was the subject of the following seminars (see below).

An amusing question: with the assumptions from the beginning of this section, assume that R is a discrete valuation ring of characteristic 0. The
Tate module $T_p(F')$ (where F' is a lifting of F to R) is well-defined; it is a 10/11
free $\mathbf{Z}_p$-module of rank $h-1$ on which the Galois group $\mathrm{Gal}(\overline{E}/E)$ acts, where **13**
$E = \mathrm{Frac}(R)$. The aim is to construct a formal group, of height 1, which would naturally be called $N(F')$, such that $T_p(N(F')) = \bigwedge^h T_p(F')$. The existence of $N(F')$ is obvious when $h = 1$; when $h = 2$ and k is algebraically closed it follows from the fact that by what is already known, F' comes from an elliptic
curve. The general case would be particularly interesting since it would give **14**
some information on the Galois group action on $T_p(F')$. If luck is with us, it should be possible to answer this question by *defining* exterior powers of formal commutative groups (first over a field, then over a ring) with the obvious base change properties. This would also be useful for Lubin-Tate style questions, where the local class fields are constructed by means of formal groups; it is clear that this is what is needed to prove the base change theorems (by this method).

6. Tate's funny cohomology. **15**

(A useful aid for the theory of formal moduli of abelian varieties.)

Let S be a scheme, X a group scheme over S, and B a commutative group scheme over S; assume that X acts on B in an obvious sense.

Tate then defines, by means of a rather complicated double complex, cohomology groups $H^q_{lt}(X, B)$, which are a mixture of group cohomology and Zariski cohomology (they are defined by Cech's methods, using open covers.) Denoting by $H^q_{\mathrm{reg}}(X, B)$ the groups defined in your seminar (dropping the Zariski part and keeping only the "group cohomology" part), then there are homomorphisms $H^q_{\mathrm{reg}} \to H^q_{\mathrm{lt}}$. In dimension 1, this is an isomorphism. In dimension 2, there is an exact sequence

$$0 \to H^2_{\mathrm{reg}}(X, B) \to H^2_{\mathrm{lt}}(X, B) \to H^1(X, \underline{B}_X),$$

whose interpretation in terms of group extensions is as follows: 11/12

$H^2_{\text{rég}}(X, B)$ décrit les extensions de X par B qui sont triviales comme espaces fibrés,

$H^2_{\text{lt}}(X, B)$ décrit les extensions de X par B qui sont localement triviales (au sens Zariski) comme espaces fibrés,

$H^1(X, \underline{B}_X)$ est le groupe des principaux localement triviaux de groupe structural B, et de base X.

Personne ne doute qu'on pourrait faire aussi un H^2_{plat}, en remplaçant Zariski par fpqc, ou Dieu sait quoi. Mais comme les formules explicites de Tate sont plutôt moches, on n'a pas envie de faire ça avant d'y être forcé — à moins que tu ne voies une définition plus directe de ces malheureux groupes de cohomologie.

7. Modules formels de variétés abéliennes.

C'était le sujet du second exposé de Tate (et du mien ensuite). C'est vraiment très joli.

i/ *Relèvement de morphismes* — Soit R artinien local de corps résiduel $k = R/\mathfrak{m}$. Soit I un idéal contenu dans $\mathfrak{m}$, tel que $\mathfrak{m}I = 0$. On pose $R' = R/I$. On veut « relever » certains objets de R′ à R.

Soit B un schéma en groupes commutatifs (on fait là une hypothèse sûrement inutile — peu importe pour l'application aux variétés abéliennes), lisse sur R.

Soit X un schéma en groupes sur R.

On pose $B' = B \otimes_R R'$, $X' = X \otimes_R R'$, $\widetilde{B} = B \otimes_R k$, etc. Soit $t(\widetilde{B})$ l'espace tangent à l'origine en $\widetilde{B}$; le produit tensoriel $t(\widetilde{B}) \otimes I$ est un k-espace vectoriel de dimension finie. On notera W le k-schéma correspondant (on a essayé de prendre des notations compatibles avec les tiennes).

THÉORÈME : *On a une suite exacte :*

$$0 \to \operatorname{Hom}(\widetilde{X}, W) \to \operatorname{Hom}_R(X, B) \to \operatorname{Hom}_{R'}(X', B') \xrightarrow{\delta} H^2(\widetilde{X}, W).$$

[Il faut dire que les Hom sont des homomorphismes « de groupes » ; le H^2 est
16 celui défini au nº 6. Enfin l'image de δ est contenue dans la partie symétrique
12/13 de H^2, i.e. dans $\operatorname{Ext}^1(\widetilde{X}, W)$.]

Tate démontre ce théorème en prenant la suite exacte de complexes

$$0 \to C^{\bullet}(\widetilde{X}, W) \to C^{\bullet}(X, B) \to C^{\bullet}(X', B') \to 0,$$

$H^2_{\mathrm{reg}}(X, B)$ describes the extensions of X by B which are trivial as fiber spaces,

$H^2_{\mathrm{lt}}(X, B)$ describes the extensions of X by B which are locally trivial (in the Zariski sense) as fiber spaces,

$H^1(X, \underline{B}_X)$ is the group of locally trivial principal bundles with structural group B and base space X.

Nobody has any doubt that it is also possible to define an H^2_{flat}, by replacing Zariski by fpqc, or God knows what. But as Tate's explicit formulas are rather ugly, one doesn't want to do it until one is forced to—unless you can see a more straightforward definition of these wretched cohomology groups.

7. Formal moduli of abelian varieties.

This was the subject of Tate's second talk (and mine, later). It is really very pretty.

i/ *Lifting of morphisms.* — Let R be a local Artinian ring with residue field $k = R/\mathfrak{m}$. Let I be an ideal contained in $\mathfrak{m}$ such that $\mathfrak{m}I = 0$. Set $R' = R/I$. The aim is to "lift" certain objects from R' to R.

Let B be a commutative group scheme (commutative is surely an unnecessary assumption, but it doesn't matter for the application to abelian varieties), smooth over R.

Let X be a group scheme over R.

Set $B' = B \otimes_R R'$, $X' = X \otimes_R R'$, $\widetilde{B} = B \otimes_R k$, etc. Let $t(\widetilde{B})$ be the tangent space to the origin in $\widetilde{B}$; the tensor product $t(\widetilde{B}) \otimes I$ is a finite-dimensional k-vector space. Denote the corresponding k-scheme by W (we have tried to use notation compatible with yours).

THEOREM: *There is an exact sequence:*

$$0 \to \mathrm{Hom}(\widetilde{X}, W) \to \mathrm{Hom}_R(X, B) \to \mathrm{Hom}_{R'}(X', B') \xrightarrow{\delta} H^2(\widetilde{X}, W).$$

[It should be mentioned that the Hom are "group" homomorphisms; the H^2 is the one defined in n° 6. Finally, the image of δ is contained in the symmetric part of H^2, i.e. in $\mathrm{Ext}^1(\widetilde{X}, W)$.] 16 12/13

Tate proves this theorem by taking the exact sequence of complexes

$$0 \to C^{\cdot}(\widetilde{X}, W) \to C^{\cdot}(X, B) \to C^{\cdot}(X', B') \to 0,$$

où $C^{\bullet}(\widetilde{X}, W)$ est le complexe donnant la cohomologie du n° 6. Le fait que ce soit bien une suite exacte provient de ce qu'on peut définir les cochaînes sur des recouvrements ouverts *affines*. En passant à la cohomologie on trouve le résultat voulu.

Bien entendu, le point intéressant ici est le δ : l'obstruction à relever un homomorphisme en un homomorphisme se trouve dans un $\mathrm{Ext}(\widetilde{X}, W)$. Une description géométrique de cette extension de groupes serait bien commode ; cela rendrait inutile le complexe de Tate du n° 6. Il y aurait lieu aussi d'examiner les relations entre ceci et les obstructions données par le foncteur de Greenberg (en supposant k parfait, pour fixer les idées) ; la situation n'est pas
17 claire dans le cas général ; lorsque $I = \mathfrak{m}$, je suis à peu près sûr que l'obstruction de Greenberg se déduit de l'autre en appliquant une puissance convenable de Frobenius.

ii/ *Modules formels de variétés abéliennes* — On garde les mêmes hypothèses, mais *on suppose désormais que k est de caractéristique* $p \neq 0$.

Tate formule le théorème en disant qu'il y a une *équivalence de catégories* $C_1 \to C_2$, où :

(C_1) = catégorie des schémas abéliens sur R,

(C_2) = catégorie des couples (Φ, X), où Φ est une variété abélienne sur k, et où X est un relèvement sur R de Φ^* ; il faut dire ce qu'est A^* si A est une variété abélienne sur R :

$$A^* = \lim_{n\to\infty} A_{p^n}, \quad \text{où } A_{p^n} = \mathrm{Ker}(p^n : A \to A).$$

13/14 Attention : on prend le noyau A_{p^n} comme *schéma en groupes* (fini et plat) sur R. Quant à A^*, on le considère comme un Ind. objet ; la notion de relèvement de Φ^* équivaut donc à celle d'une suite de relèvements des Φ_n, avec des injections convenables. Dans la suite, je ferai comme si A^* (ou Φ^*) était un vrai schéma en groupes — il est clair que cela ne conduit pas à de bien grand canulars (!).

Le foncteur $C_1 \to C_2$ est clair ; il associe à toute variété abélienne A sur R sa réduction $\widetilde{A}$ qui est une variété abélienne sur k, et l'on prend $X = A^*$, ce qui est bien un relèvement de Φ^*. La chose merveilleuse, c'est que ce soit une
18 *équivalence de catégories* ! En d'autres termes, si on tient déjà la réduction $\widetilde{A}$ d'une variété abélienne A, tout ce qui manque pour la déterminer, c'est un

where $C^{\bullet}(\widetilde{X}, W)$ is the complex giving rise to the cohomology in n° 6. The fact that this sequence is indeed exact comes from the fact that the cochains can be defined over open *affine* covers. Passing to cohomology gives the desired result.

Of course, the interesting thing here is δ: the obstruction to lifting a homomorphism to another homomorphism lies in an $\mathrm{Ext}(\widetilde{X}, W)$. A geometric description of this group extension would be very useful: Tate's complex in n° 6 would then not be needed. There are also good reasons for examining the relation between this and the obstruction given by the Greenberg functor (assuming that k is perfect for simplicity); the general situation is not clear; when $I = \mathfrak{m}$, I am pretty much certain that the Greenberg obstruction can be **17**
deduced from the other by applying a suitable power of Frobenius.

ii/ *Formal moduli of abelian varieties*—Keep the same conditions, but *assume now that k is of characteristic $p \neq 0$.*

Tate formulates the theorem as saying that there is an *equivalence of categories* $C_1 \to C_2$, where

(C_1)= the categories of abelian schemes over R,

(C_2) = the category of pairs (Φ, X), where Φ is an abelian variety over k and X is a lifting of Φ^* over R; I should say what A^* is when A is an abelian variety over R:

$$A^* = \lim_{n \to \infty} A_{p^n}, \quad \text{where } A_{p^n} = \mathrm{Ker}(p^n : A \to A).$$

Beware: the kernel A_{p^n} should be considered as a (finite, flat) *group scheme* 13/14
over R. As for A^*, it should be considered as an Ind. object; a lifting of Φ^* is therefore equivalent to a sequence of liftings of the Φ_n, with suitable injections. In what follows, I will do as if A^* (or Φ^*) were a genuine group scheme—clearly this assumption cannot lead us too far astray(!).

The functor $C_1 \to C_2$ is clear; to any abelian variety A over R, it associates its reduction $\widetilde{A}$, which is an abelian variety over k; one takes $X = A^*$, which is indeed a lifting of Φ^*. The wonderful thing is that it is an *equivalence of categories*! In other words, given the reduction $\widetilde{A}$ of an abelian variety A, the **18**

relèvement du Ind. groupe $\widetilde{\mathrm{A}}^*$, ce qui est une chose bien innocente (voir plus loin).

Démonstration du théorème : Elle est à peu près formelle (je triche un peu) à partir du lemme :

LEMME : *On a* $\mathrm{Ext}^i(\Phi, \mathbf{G}_a) = \mathrm{Ext}^i(\Phi^*, \mathbf{G}_a)$ *pour tout* i.

(En fait, ces groupes sont nuls pour $i \neq 1$, et pour $i = 1$, ce sont des k-espaces vectoriels de dimension $\dim \mathrm{A}$.)

Démonstration (pas tout à fait correcte !) du lemme : Φ/Φ^* est uniquement divisible par p, donc tous les Ext avec $\mathbf{G}_a$ sont nuls.

En réalité, on a le sentiment que le théorème d'équivalence devrait être *complètement formel* à partir du lemme. De plus, le fait que $\mathrm{Ext}^2(\Phi, \mathbf{G}_a)$ est nul devrait être *la* bonne démonstration du fait que Φ se relève à R.

iii/ *Application au cas où* Φ *n'a pas de point d'ordre* p — Dans ce cas Φ^* est simplement le *groupe formel* attaché à Φ. On voit ainsi que *relever* Φ *équivaut à relever son groupe formel.* Dans le cas $\dim \mathrm{A} = 1$, c'est le théorème auquel j'avais fait allusion à la page 10.

iv/ *Application au cas où* Φ *a le maximum de points d'ordre* p — (C'est le cas que j'avais déjà traité par la méthode Greenberg. La théorie de Tate en donne
14/15 une nouvelle démonstration, plus satisfaisante à certains égards.)

Je vais supposer (cela semble essentiel — et non pas dû à mon goût naturel pour Galois) que k est *parfait.*

Soit $n = \dim \Phi$. L'hypothèse faite sur Φ peut se traduire en disant que Φ_p est somme directe d'un k-groupe étale d'ordre p^n et d'un k-groupe infinitésimal ; le premier est un $(\mathbf{Z}/p\mathbf{Z})^n$ tordu galoisiennement, et le second un $(\mu_p)^n$ tordu de façon analogue. Plus généralement, on a une décomposition canonique :

$$\Phi^* = \Phi^*_m + \Phi^*_{\text{ét}}.$$

Or il est clair que $\Phi^*_{\text{ét}}$ n'a qu'un seul relèvement à tout R (Hensel !). Il en est de même, par exemple à cause de la dualité de Cartier — ou de résultats à la Dieudonné, je suppose, de Φ^*_m. On voit donc tout de suite qu'*il y a une façon canonique de relever* Φ^*, à savoir la somme directe des relèvements de Φ^*_m et $\Phi^*_{\text{ét}}$. Ce sont là les relèvements canoniques qui me sont chers, et dont je t'ai souvent parlé. Il est clair qu'on obtient même ainsi un *foncteur* de la catégorie

only extra thing needed to determine A is a *lifting* of the Ind. group $\widetilde{\mathrm{A}}^*$, which is harmless enough (see below).

Proof of the theorem: This follows more or less formally (I am cheating a little) from the lemma:

LEMMA: *For every* i, $\mathrm{Ext}^i(\Phi, \mathbf{G}_a) = \mathrm{Ext}^i(\Phi^*, \mathbf{G}_a)$.

(In fact, these groups vanish for $i \neq 1$, and are k-vector spaces of dimension $\dim \mathrm{A}$ for $i = 1$.)

Here is a (not entirely correct!) proof of the lemma: Φ/Φ^* is uniquely divisible by p, so all the Ext with $\mathbf{G}_a$ are trivial.

In fact, one has the feeling that the equivalence theorem should be *completely formal*, given the lemma. Furthermore, the fact that $\mathrm{Ext}^2(\Phi, \mathbf{G}_a)$ vanishes should give *the* right proof of the fact that Φ lifts to R.

iii/ *Application to the case where* Φ *does not have any point of order* p. — In this case, Φ^* is simply the *formal group* associated to Φ. Hence, *lifting* Φ *is equivalent to lifting its formal group.* In the case $\dim \mathrm{A} = 1$, this is the theorem I alluded to on page 10.

iv/ *Application to the case where* Φ *has a maximal number of points of order* p. — (This is the case I had already dealt with by the Greenberg method. Tate's theory gives a new proof of this which is more satisfying from certain 14/15
aspects.)

I will assume (this seems essential—and not just a consequence of my natural taste for Galois theory) that k is *perfect.*

Let $n = \dim \Phi$. The hypothesis on Φ can be translated as saying that Φ_p is a direct sum of an etale k-group of order p^n and an infinitesimal k-group; the former is a Galois twisted $(\mathbf{Z}/p\mathbf{Z})^n$, and the latter is a $(\mu_p)^n$ with an analogous twisting. More generally, there is a canonical decomposition:

$$\Phi^* = \Phi^*_m + \Phi^*_{\mathrm{et}}.$$

Now, it is clear that Φ^*_{et} has only one lifting to all R (Hensel!). The same holds for Φ^*_m, by Cartier duality, for example—or by Dieudonné-style results, I suppose. It is therefore immediate that *there is a canonical lifting of* Φ^*, namely the direct sum of the liftings of Φ^*_m and Φ^*_{et}. These are my beloved canonical liftings, which I have often told you about. It is clear that one thus

des Φ dans la catégorie C_1, foncteur qui est inverse du foncteur réduction (attention, il n'est défini que sur les Φ ayant le maximum de points d'ordre p). Si l'on passe à la limite sur R, on trouve *a priori* un *schéma formel* relevant canoniquement Φ, mais Mumford nous a fait observer qu'on peut prouver que c'est en réalité une variété abélienne. Il y aurait des tas de choses à dire sur ces relèvements canoniques (j'ai fait un exposé entier dessus) ; j'y reviendrai un peu plus loin.

Il faut dire un mot des autres relèvements. Je supposerai, parce que je suis flemmard, que k est *algébriquement clos.* Il est bien évident (ou presque) que tout relèvement de Φ^*, soit A^*, est une extension :

$$0 \to A^*_m \to A^* \to A^*_{\text{ét}} \to 0,$$

où A^*_m et $A^*_{\text{ét}}$ sont les relèvements canoniques sur R de Φ^*_m et $\Phi^*_{\text{ét}}$. Supposer k algébriquement clos me permet d'identifier ces groupes aux groupes

$$(\mathbf{G}_m\text{-formel})^n, \text{ et } (\mathbf{Q}_p/\mathbf{Z}_p)^n,$$

15/16 ces groupes étant pris sur R, en un sens évident. C'est alors un exercice que de montrer qu'une R-extension de $\mathbf{Q}_p/\mathbf{Z}_p$ par $\mathbf{G}_m$-formel est caractérisée par un élément du groupe $R^*_1 = 1 + \mathfrak{m}(R)$, groupe multiplicatif des éléments de R congrus à 1 modulo l'idéal maximal $\mathfrak{m}(R)$.

En passant à la limite sur R, on voit que ce résultat subsiste si on se place plus généralement sur un anneau local noethérien complet de corps résiduel k. Bien entendu, on n'a plus ici la garantie de toujours attraper de vraies variétés abéliennes ; mais en tout cas, on a des schémas formels. On peut donc dire que
19 la *variété des modules formels* a pour points les systèmes de n^2 Einseinheiten ; elle a de plus une structure de groupe canonique.

Les variétés abéliennes dont les modules (au sens précédent) sont *d'ordre fini* méritent d'être appelées *quasi-canoniques.* Lorsque R est de valuation discrète, une telle variété est isogène à une variété canonique ; la situation n'est pas claire dans le cas général.

Toujours en supposant R de valuation discrète, et de caractéristique zéro, il y a une caractérisation simple des variétés quasi-canoniques : ce sont celles pour lesquelles le module de Tate T_p, tensorisé avec $\mathbf{Q}_p$, *splitte* comme module sur ma chère algèbre de Lie p-adique. On arrive ainsi à justifier le th. 1, p. 9 de mon laïus à Clermont.

(Tout ceci est évidemment encore bien vaseux ; il y a sûrement des énoncés bien plus propres à donner ; je me rends compte que je suis handicapé par ma

gets a *functor* from the category of Φ to the category C_1, which is the inverse of the reduction functor (warning: it is only defined on the Φ with the maximal number of points of order p). Passing to the limit over R gives something which is *a priori* a *formal scheme* canonically lifting Φ, but Mumford pointed out to us that one can prove that it is actually an abelian variety. There would be a great deal to say about these canonical liftings (I gave a whole talk on them); I will come back to them a little later on.

I should say something about other liftings. Being lazy, I will assume that k is *algebraically closed*. It is (almost) obvious that any lifting A^* of Φ^* is an extension:

$$0 \to A^*_m \to A^* \to A^*_{\text{et}} \to 0,$$

where A^*_m and A^*_{et} are the canonical liftings over R of Φ^*_m and Φ^*_{et}. Assuming that k is algebraically closed allows me to identify these groups with the groups

$$(\text{Formal- } \mathbf{G}_m)^n, \text{ and } (\mathbf{Q}_p/\mathbf{Z}_p)^n,$$

these groups being taken over R in an obvious way. It is then an exercise 15/16
to show that an R extension of $\mathbf{Q}_p/\mathbf{Z}_p$ by formal-$\mathbf{G}_m$ is characterized by an element of the group $R^*_1 = 1 + \mathfrak{m}(R)$, the multiplicative group of elements of R congruent to 1 modulo the maximal ideal $\mathfrak{m}(R)$.

Passing to the limit over R, one sees that this result still holds in the more general context of a complete local Noetherian ring with residue field k. Of course, in this context there no longer is any guarantee of ending up with actual abelian varieties, but one does in any case get formal schemes. Thus, the points
of the *formal moduli variety* are systems of n^2 Einseinheiten; moreover, it has **19**
a canonical group structure.

The abelian varieties whose moduli (in the sense given above) are *of finite order* deserve to be called *quasi-canonical*. When R is a discrete valuation ring, such a variety is isogenous to a canonical variety; it is not clear what happens in general.

Still assuming R to be a discrete valuation ring of characteristic zero, there is a simple characterization of quasi-canonical varieties: they are those for which the Tate module T_p, tensored with $\mathbf{Q}_p$, *splits* as a module over my beloved p-adic Lie algebra. This justifies th.1, p.9 of my Clermont lecture notes.

(Of course this is all still very woolly, and much cleaner statements could surely be made: I realize that I am handicapped by my poor knowledge of the

mauvaise connaissance des généralités sur les schémas en groupes... réjouis-toi !)

v/ *Le relèvement canonique des courbes elliptiques* — On se pose le problème
20 suivant : soit k parfait, et soit E elliptique d'invariant $j \in k$, et de Hasse $\neq 0$ (i.e. ayant le maximum de points d'ordre p) ; d'après le n° iv/, il existe un relèvement canonique de E sur l'anneau $\mathrm{W}(k)$ des vecteurs de Witt. Le j de ce relèvement est donc une fonction

$$\theta : k - \mathrm{Ker(Hasse)} \longrightarrow \mathrm{W}(k).$$

16/17 Comment calculer θ ?

Je sais presque répondre à cette question. Plus précisément, posons :

a) s = Frobenius agissant sur $\mathrm{W}(k)$ $[= (x_0, x_1, \dots) \mapsto (x_0^p, x_1^p, \dots)]$.

b) $\mathrm{T}_p(j, j')$ = équation classique liant les invariants modulaires de deux courbes elliptiques ayant entre elles une isogénie de degré p. C'est une équation à coefficients $\in \mathbf{Z}$, symétrique en j, j'.

Ceci étant :

THÉORÈME : (i) *Soit* $\lambda \in k - \mathrm{Ker(Hasse)}$ *et soit* $x = \theta(\lambda) \in \mathrm{W}(k)$. *On a*

$$(*) \qquad \mathrm{T}_p(x, s(x)) = 0 \quad \textit{et} \quad x \equiv \lambda \mod p.$$

(ii) *Si* $\lambda \in k$ *n'est pas contenu dans* $\mathbf{F}_{p^2}$, *le système* $(*)$ *a une solution et une seule.*

(En combinant (i) et (ii) on voit donc que $(*)$ caractérise $x = \theta(\lambda)$, pourvu que $\lambda \notin \mathbf{F}_{p^2}$.)

Pour démontrer (i), on part de l'isogénie Frobenius : $\mathrm{E} \to \mathrm{E}^{(p)}$, et on lui applique le foncteur « relèvement canonique ». Le relèvement canonique de $\mathrm{E}^{(p)}$ se déduit de celui de E en appliquant l'automorphisme s ; son invariant modulaire $s(x)$ est donc lié à l'invariant x du relèvement de E par $\mathrm{T}_p(x, s(x)) = 0$. D'où (i). L'assertion (ii) se prouve par approximations successives, de façon standard ; l'hypothèse $\lambda \notin \mathbf{F}_{p^2}$, qui a l'air canularesque, intervient pour assurer la non-nullité d'une certaine dérivée partielle de T_p.

21 Histoire de s'amuser, voici un exemple numérique : pour $p = 2$, $\lambda = 1$, le relèvement canonique $\theta(\lambda)$ est égal à $-3^3 5^3$.

basic generalities on group schemes... rejoice!)

v/ *Canonical lifting of elliptic curves* — Consider the following problem: let k be perfect, and let E be elliptic with j-invariant $\in k$ and Hasse $\neq 0$ (i.e. 20
having the maximal number of points of order p); by n° iv/, there is a canonical lifting of E to the ring W(k) of Witt vectors. The j of this lifting is thus a function

$$\theta : k-\mathrm{Ker(Hasse)} \longrightarrow \mathrm{W}(k).$$

How can θ be computed? 16/17

I almost know how to answer this question. More precisely, set:

a) $s=$ Frobenius acting on $\mathrm{W}(k)$ $[= (x_0, x_1, \dots) \mapsto (x_0^p, x_1^p, \dots)]$.

b) $\mathrm{T}_p(j, j') =$ the classical equation relating the modular invariants of two elliptic curves related by an isogeny of degree p. This is an equation with coefficients $\in \mathbf{Z}$, which is symmetric in j, j'.

Given this:

THEOREM: (i) *Let λ be in $k-$Ker(Hasse) and $x = \theta(\lambda) \in \mathrm{W}(k)$. Then*

$$(*) \qquad \mathrm{T}_p(x, s(x)) = 0 \quad \text{and} \quad x \equiv \lambda \mod p.$$

(ii) If $\lambda \in k$ is not contained in $\mathbf{F}_{p^2}$, the system $(*)$ has one and only one solution.

(Combining (i) and (ii) thus shows that $(*)$ characterizes $x = \theta(\lambda)$, provided that $\lambda \notin \mathbf{F}_{p^2}$.)

To prove (i), start with the isogeny Frobenius : $\mathrm{E} \to \mathrm{E}^{(p)}$, and apply the "canonical lifting" functor. The canonical lifting of $\mathrm{E}^{(p)}$ can be deduced from that of E by applying the automorphism s; its modular invariant $s(x)$ is thus related to the invariant x of the lifting of E by $\mathrm{T}_p(x, s(x)) = 0$, which gives (i). The assertion (ii) can be proved by successive approximation in a standard way; the hypothesis $\lambda \notin \mathbf{F}_{p^2}$, which looks strange, is needed to ensure the non-vanishing of a certain partial derivative of T_p.

Just for fun, here is a numerical example: for $p = 2$, $\lambda = 1$, the canonical 21
lifting $\theta(\lambda)$ is equal to $-3^3 5^3$.

Je crois que c'est à peu près tout ce que je peux te résumer. Bien sûr, il
y a eu plusieurs autres séminaires, mais, soit je les ai à peine suivis, soit je
suis incompétent pour les discuter. Exemples : singularités (enlèvement de —,
17/18 variations de —) : orateurs, Zariski, Hironaka, Abhyankar ; algèbre commuta-
tive (anneaux factoriels, différentielles, par Samuel, Lichtenbaum et un autre
type de Harvard — je n'y suis pas allé) ; familles de variétés abéliennes , mo-
dules, corps de classes (par Kuga et Shimura — il s'agit d'une généralisation
de Shimura-Taniyama à des familles de variétés abéliennes ayant des multi-
plications complexes — c'est techniquement assez compliqué, et il ne m'a pas
semblé qu'il se passait des choses vraiment nouvelles) ; cohomologie étale des
corps de nombres, etc. (M. Artin et Verdier ; j'en ai suivi une partie, mais tu
connais ça depuis longtemps) ; groupes formels sur un corps (Barsotti ; exposé
peu compréhensible de quelque chose qui est probablement équivalent à ce qui
se trouve chez Manin et Gabriel — il n'empêche qu'il faudra un jour raccrocher
ça au point de vue « naïf » de Lazard, et passer à des anneaux).

Salut et fraternité

J-P. Serre

Remords. Les espoirs mentionnés au bas de la page 7 et en haut de la page
8 (définition « raisonnable » des facteurs manquants de zêta) me paraissent un
peu exagérés. En tout cas, il se passe de drôles de choses pour la courbe ellip-
22 tique traitée par Shimura, et je n'y comprends rien. Peut-être faut-il modifier
23 encore un peu ces facteurs manquants ? Pourtant je suis persuadé que c'est la
bonne direction.

I believe this is more or less all I can tell you. Of course, there were several other seminars, but either I hardly followed them, or I am not competent to discuss them. For example: singularities (removal of — , variation of
—): speakers, Zariski, Hironaka, Abhyankar; commutative algebra (factorial 17/18
rings, differentials, by Samuel, Lichtenbaum and another guy from Harvard—I did not go), families of abelian varieties, moduli, class fields (by Kuga and Shimura—on a generalization of Shimura-Taniyama to families of abelian varieties with complex multiplication—it is technically rather complicated and it did not seem to me that anything really new was going on), etale cohomology of number fields, etc. (M. Artin and Verdier; I followed part of it, but you have known all this for ages); formal groups over a field (Barsotti; a not very understandable talk on something which is probably equivalent to results of Manin and Gabriel—still, it will one day be necessary to link this up with Lazard's "naive" point of view, and pass to rings).

Yours,

J-P. Serre

REMORSE. The hopes mentioned at the bottom of page 7 and at the top of page 8 (a "reasonable" definition of the missing factors of the zeta function) now seem to me to be somewhat exaggerated. In any case, peculiar things
happen for the elliptic curve considered by Shimura, and I don't understand **22**
the situation at all. Perhaps it will be necessary to alter these missing factors **23**
a little? Yet I am convinced that this is the right direction.

Bures le 8.8.1964

Mon cher Serre,

Merci pour ton rapport circonstancié sur Woods Hole, dont je viens de faire une lecture rapide. Je n'ai guère de commentaires à faire pour le moment. Du point de vue de mes préoccupations actuelles, je suis surtout intéressé par tes n°s 2, 3, 4. (Je pense que p. 8 il faut supposer X *propre* sur Spec $\mathbf{Z}$?). Le n° 1 ne m'excite guère, malgré les jolies applications ; le théorème des points fixes lui-même ne me semble pas plus qu'un exercice sur un air connu ! J'ai apprécié ta conjecture diophantienne page 4, bien que je ne sache pas quel est « le petit jeu habituel ».

Rien de bien intéressant de mon côté. J'ai essayé d'apprendre la théorie
1 des hauteurs à la Néron, et me propose d'essayer de généraliser ses symboles locaux et leur interprétation comme multiplicités d'intersection à des cycles de dimension quelconque. J'ai vérifié la compatibilité de la forme de Néron-Tate sur la jacobienne avec la forme d'intersection sur une surface projective non singulière fibrée sur une courbe, à fibres géométriques irréductibles, en utilisant la théorie locale de Néron (escamotée dans l'exposé Lang) plus la théorie des schémas de Picard. Les résultats de Néron sont rupinants, et prendront je crois une grande importance.

Bien à toi

A. Grothendieck

J'ai relu tes n°s 2 à 4, et aimerais si possible que tu m'éclaires un peu plus, car je n'ai pas l'impression de trop bien comprendre ces conjectures. Ainsi, vois-tu une démonstration transcendante de la conjecture page 5 dans le cas où V provient d'un morphisme projectif $X \longrightarrow Y$ à fibre générique lisse, à base une courbe algébrique lisse sur le corps $\mathbf{C}$, par un changement de base de la forme $\operatorname{Spec} \widehat{\mathscr{O}}_{Y,y} \longrightarrow Y$? Au bas de la page, quel est le « groupe de Grothendieck fait exprès pour » ? Page 7, je ne vois pas quel sens donner à l'opération de prendre la moyenne, alors qu'à la page 5 tu viens de m'expliquer que les $g \in U$ n'opèrent en général pas trivialement ! La théorie des « vanishing cycles » donne en effet des exemples typiques (l'opération de tourner autour

Bures, 8.8.1964

My dear Serre,

Thank you for your detailed report on Woods Hole, which I have just read over briefly. I have hardly any comments to make for the moment. Given my current concerns, I am mostly interested in n°s 2, 3, 4. (I suppose that on p.8, X should be assumed *proper* over Spec $\mathbf{Z}$?). I do not find n° 1 very exciting, despite the pretty applications; the fixed-point theorem itself seems to me nothing more than a variation on a well-worn theme! I did appreciate your diophantine conjecture on page 4, even though I do not know what the "usual little game" is.

I have nothing very interesting to tell you. I have been trying to learn
Néron-style height theory, and intend to try to generalize his local symbols 1
and their interpretation as intersection multiplicities to cycles of arbitrary dimension. I checked the compatibility of the Néron-Tate form on the Jacobian with the intersection form on a non-singular projective surface fibered over a curve with irreducible geometric fibers, using local Néron theory (which Lang avoided in his talk) plus the theory of Picard schemes. Néron's results are terrific, and I believe they will turn out to be very important.

Regards,

A. Grothendieck

I have re-read your n°s 2 to 4, and would like some more enlightenment if possible, since I don't have the impression that I really understand the conjectures. Can you see a transcendental proof of the conjecture on page 5 when V comes from a projective morphism $X \longrightarrow Y$ with smooth generic fiber, with base a smooth algebraic curve over $\mathbf{C}$, by a base change of the form $\operatorname{Spec} \widehat{\mathscr{O}}_{Y,y} \longrightarrow Y$? At the bottom of the page, what is "the specially created Grothendieck group"? On page 7 I do not understand what the averaging operation means, given that on page 5 you explain that the $g \in U$ do not act trivially in general! Indeed, the theory of "vanishing cycles" gives some typical examples (the operation of going around the singular fiber defines a

de la fibre singulière définit une transvection dans la cohomologie d'une fibre voisine, laquelle transvection est d'ordre infini). Si V est la fibre générique d'un schéma X sur Y = Spec(A) qui est lisse sur Y sauf au plus en un nombre fini de points, et en faisant éventuellement des hypothèses sur la nature de ces derniers points (genre : singularités non dégénérées au sens de Morse), que je n'ai pas envie de repêcher dans mes notes de ce printemps, je pense qu'une version généralisée de la théorie des vanishing cycles permet de déterminer la nature de l'opération de Galois en dimension critique $\mathrm{H}^n(\overline{\mathrm{V}})$ (ce qui implique alors la conjecture) ; cependant les hypothèses que j'ai évoquées sont sans doute très restrictives sur V, car elles impliquent par exemple que pour $p \neq n = \dim \mathrm{V}$, Galois opère trivialement dans $\mathrm{H}^p(\overline{\mathrm{V}})$, donc il n'y a guère d'espoir d'une démonstration générale dans cette direction. Peut-être pourrait-on du moins attraper ainsi le cas des variétés abéliennes via les jacobiennes, car il est possible que si V est une courbe, on puisse lui associer un modèle X projectif sur Y = Spec(A), genre Néron (quelque chose de beaucoup moins précis devrait suffire...). Cela irait au moins un peu plus loin que les sempiternelles courbes elliptiques via la sempiternelle construction de Tate... L'irritant c'est qu'on ne décolle toujours pas des variétés abéliennes !

Je pense que les n°s 5 et suivants de ton rapport vont plus ou moins constituer ton cours de l'an prochain ? Quelle est la « structure de groupe canonique » de la variété des modules formels dont tu parles p. 16 ?

Pyla sur Mer, 8 Août 1964

1 Cher Ogg,

J'ai regardé à nouveau vos résultats sur la « bonne réduction » des courbes elliptiques (et variétés abéliennes, tant qu'on y est). Il n'y a pas de doute qu'ils deviennent plus simples (quoique moins précis) si l'on regarde le module de Tate tout entier, et non simplement sa réduction modulo ℓ.

Plus précisément, soit A une variété abélienne sur un corps local K à corps résiduel k algébriquement clos (on pourrait traiter de même le cas où k est parfait — le cas général m'inquiète un peu). Soit d'autre part ℓ un nombre

transvection in the cohomology of a neighboring fiber which is of infinite order). If V is the generic fiber of a scheme over Y = Spec(A) which is smooth over Y except perhaps over at most a finite number of points, and possibly imposing some conditions on the nature of these points (non-degeneracy in Morse's sense of the word, for example) which I have no desire to go and fish out of my notes from last spring, I think a generalized version of the theory of vanishing cycles makes it possible to determine the nature of the Galois operation in the critical dimension $\mathrm{H}^n(\overline{\mathrm{V}})$ (which would then imply the conjecture); however, the conditions mentioned above are probably very restrictive on V, since they imply for example that for $p \neq n = \dim \mathrm{V}$, Galois acts trivially on $\mathrm{H}^p(\overline{\mathrm{V}})$, so there isn't much hope of a general proof by this route. It might perhaps be possible to get at least the abelian variety case by this method via Jacobians, since it is possible that if V is a curve, one can associate to it a Néron-type model X, projective over Y = Spec(A) (something much less precise should suffice...). This would at least get us a bit further than the sempiternal elliptic curves via Tate's sempiternal construction... The irritating thing is that one never seems to be able to get past abelian varieties!

I believe that n°s 5,... in your report will more or less form the contents of your course for next year? What is the "canonical group structure" on the formal moduli variety which you mentioned on p. 16?

Pyla sur Mer, August 8, 1964

Dear Ogg, 1

I have again been looking at your results on "good reduction" of elliptic curves (and abelian varieties, while we are about it). There is no doubt that they become simpler (although less precise) if one considers the whole of the Tate module, and not just its reduction modulo ℓ.

More precisely, let A be an abelian variety over a local field K with algebraically closed residue field k (perfect k can be dealt with in the same way— the case of general k worries me a little). Let ℓ be a prime number different

premier distinct de la caractéristique de k, et soit comme d'habitude $T_\ell(A)$ le module de Tate de A relatif à ℓ ; le groupe de Galois $G(\overline{K}/K)$ opère sur $T_\ell(A)$. L'analogue (en style T_ℓ) de votre lemme fondamental est :

2 THÉORÈME : *Pour que* A *ait une bonne réduction, il faut et il suffit que* $G(\overline{K}/K)$ *opère trivialement sur* $T_\ell(A)$.

(Si l'on avait seulement supposé k parfait, il faudrait dire que l'action de $G(\overline{K}/K)$ est « non ramifiée », i.e. se fait à travers le groupe $G(\bar{k}/k)$.)

Il faut prouver que, si A a une mauvaise réduction, $G(\overline{K}/K)$ opère non trivialement sur $T_\ell(A)$, ce qui revient à dire que A a *trop peu* de points d'ordre ℓ^n rationnels sur K. Or soit R l'anneau des entiers de K, et soit N le modèle de Néron attaché à A ; *j'admets* ici les propriétés de N énoncées dans l'exposé
3 Bourbaki de Néron (ou dans mon laïus à Stockholm) plus le fait que N est quasi-projectif sur R, ce qui résulte certainement de la construction de Néron. Je note $\widetilde{N}$ la réduction de N, i.e. le schéma en groupes $N \otimes_R k$. Du fait que ℓ est premier à la caractéristique de k, les points d'ordre ℓ^n de A rationnels sur K correspondent (par réduction) aux points d'ordre ℓ^n de $\widetilde{N}$ rationnels sur k. Si l'on suppose que $G(\overline{K}/K)$ opère trivialement sur $T_\ell(A)$, on obtient donc beaucoup de tels points, i.e. $\operatorname{rang} T_\ell(\widetilde{N}) = 2n$, avec $n = \dim A = \dim \widetilde{N}$. Mais ceci entraîne que la composante connexe de $\widetilde{N}$ est une variété abélienne (tout autre groupe commutatif ayant moins de points d'ordre fini). Utilisant le fait que N est quasi-projectif, et à fibre générique connexe (à savoir A), on en déduit que N est propre (même projectif) sur R, i.e. que A a une « bonne réduction ».

COROLLAIRE : *Pour que* A *ait une bonne réduction après extension finie du corps de base, il faut et il suffit que* $G(\overline{K}/K)$ *opère sur* $T_\ell(A)$ *« à travers » un groupe fini.*

C'est clair. On voit en outre que, dans ce cas, il existe une plus petite extension K'/K finie telle que $A \otimes K'$ ait une bonne réduction ; cette extension est galoisienne sur K ; son groupe de Galois G opère fidèlement sur les $T_\ell(A)$, donc aussi sur la variété abélienne $\widetilde{A}$ obtenue par réduction de $A \otimes K'$. Pour les courbes elliptiques, c'est le cas où j est entier.

Ce qu'il y a d'agréable dans ces énoncés, c'est qu'ils entraînent à peu près trivialement les résultats « fins » de Deuring sur les courbes elliptiques à multiplication complexe. En effet, pour une telle courbe, supposée définie sur un

from the characteristic of k, and as usual, let $\mathrm{T}_\ell(\mathrm{A})$ be the Tate module of A with respect to ℓ; the Galois group $\mathrm{G}(\overline{\mathrm{K}}/\mathrm{K})$ acts on $\mathrm{T}_\ell(\mathrm{A})$. The ($\mathrm{T}_\ell$-style) analog of your fundamental lemma is:

THEOREM: *For* A *to have good reduction, it is necessary and sufficient that* 2
$\mathrm{G}(\overline{\mathrm{K}}/\mathrm{K})$ *act trivially on* $\mathrm{T}_\ell(\mathrm{A})$.

(If k is only assumed to be perfect, one should say that the action of $\mathrm{G}(\overline{\mathrm{K}}/\mathrm{K})$ is "unramified", i.e. factors through the group $\mathrm{G}(\overline{k}/k)$.)

We have to prove that if A has bad reduction, then $\mathrm{G}(\overline{\mathrm{K}}/\mathrm{K})$ acts non-trivially on $\mathrm{T}_\ell(\mathrm{A})$, which boils down to saying that A has *not enough* K-rational points of order ℓ^n. Now, let R be the ring of integers of K, and let N be the Néron model attached to A; here *I assume* all the properties of N given in Néron's Bourbaki seminar (or in my Stockholm talk), plus the fact that N is 3
quasi-projective over R, which is certain to follow from Néron's construction. Let $\widetilde{\mathrm{N}}$ denote the reduction of N, i.e. the group scheme $\mathrm{N} \otimes_{\mathrm{R}} k$. Since ℓ is relatively prime to the characteristic of k, the K-rational points of order ℓ^n of A correspond (by reduction) to k-rational points of $\widetilde{\mathrm{N}}$ of order ℓ^n. Assuming that $\mathrm{G}(\overline{\mathrm{K}}/\mathrm{K})$ acts trivially on $\mathrm{T}_\ell(\mathrm{A})$, one thus obtains many such points, i.e. $\operatorname{rank} \mathrm{T}_\ell(\widetilde{\mathrm{N}}) = 2n$, where $n = \dim \mathrm{A} = \dim \widetilde{\mathrm{N}}$. But this implies that the connected component of $\widetilde{\mathrm{N}}$ is an abelian variety (since any other commutative group has fewer points of finite order). Using the fact that N is quasi-projective and has connected generic fiber (namely A), it follows that N is proper (and indeed projective) over R, i.e. A has "good reduction".

COROLLARY: *For* A *to have good reduction after finite extension of the base field, it is necessary and sufficient for* $\mathrm{G}(\overline{\mathrm{K}}/\mathrm{K})$ *to act on* $\mathrm{T}_\ell(\mathrm{A})$ *"via" a finite group.*

This is clear. Moreover, one sees that in this case there exists a smallest finite extension K'/K such that $\mathrm{A} \otimes \mathrm{K}'$ has good reduction; this extension is Galois over K; its Galois group G acts faithfully on the $\mathrm{T}_\ell(\mathrm{A})$, and hence also on the abelian variety $\widetilde{\mathrm{A}}$ obtained by reducing $\mathrm{A} \otimes \mathrm{K}'$. For elliptic curves this is the case where j is integral.

The nice thing about these results is that they more or less trivially imply Deuring's "subtle" results on elliptic curves with complex multiplication. Indeed, for such a curve, which is assumed to be defined over a number field,

corps de nombres, l'action du groupe de Galois sur les T_ℓ peut être définie explicitement (en fonction du « Grössencharakter » qui donne Frobenius). On peut ainsi vérifier, tout d'abord que l'action du groupe d'inertie sur T_ℓ est toujours « finie » (d'où le fait que j est entier — encore une démonstration !), puis que cette action est triviale si et seulement si la place considérée n'intervient pas dans le « conducteur » du Grössencharakter. C'est très sympathique, d'autant plus que rien n'empêche de faire tout ça pour les variétés abéliennes du type (CM) de Shimura-Taniyama. On voit ainsi qu'une telle variété abé-
4 lienne a une bonne réduction partout, à condition de faire une extension finie du corps de base, et l'on doit obtenir aussi explicitement l'ensemble des places d'un corps de base donné où la réduction est mauvaise (en fonction du conducteur du Grössencharakter donnant Frobenius). Même le premier résultat (qui correspond au fait que j est entier si dim $= 1$) n'était pas connu.

Revenons au cas d'une variété abélienne A définie sur un corps local K, avec corps résiduel k algébriquement clos. Il faudrait savoir un peu plus de choses
5 sur le cas de la « mauvaise réduction ». Voici une question « naïve » :

Existe-t-il toujours une extension *finie* K'/K, telle que le modèle de Néron N' correspondant ait pour réduction $\widetilde{N}'$ une extension d'une variété abélienne par un tore (et par un groupe fini, bien sûr) ?

C'est peut-être idiot. Voyez-vous un contre-exemple ?

J'ai regardé à nouveau la question des « facteurs exceptionnels » des fonctions zêta des courbes elliptiques. Je vous avais parlé du cas de la courbe de Shimura, où il est exceptionnel (cas Tate) ; nous avions vu ensemble que la fonction zêta globale obtenue avait une équation fonctionnelle propre (i.e. avec seulement des termes « à l'infini ») ; toutefois, je suis ennuyé par le fait que l'on ne trouve pas exactement la même fonction que Shimura, car cette dernière semble être « la bonne » ; en particulier, c'est une fonction entière dans tout le plan complexe (sauf erreur), alors que celle dont je vous avais parlé ne l'est pas. Je ne comprends pas ce qui se passe, et pourtant j'ai bien l'impression que le point de vue « action de Galois sur la cohomologie » est le bon.

Bien à vous

J-P. Serre

the action of the Galois group on the T_ℓ can be explicitly defined (as a function of the "Grössencharakter" which gives Frobenius). Using this, one can first prove that the action of the inertia group on T_ℓ is always "finite" (giving yet another proof of the fact that j is integral!) and then that this action is trivial if and only if the given place does not appear in the "conductor" of the Grössencharakter. This is very nice, especially since nothing stops us from doing all this for Shimura-Taniyama's abelian varieties of (CM) type. Thus,
such an abelian variety has good reduction everywhere, after finite extension 4
of the base field, and this should also give an explicit description of the set of places of a given base field at which the reduction is bad (as a function of the conductor of the Grössencharakter giving Frobenius). Even the first result (which corresponds to the fact that j is integral if dim $= 1$) was not known.

Let us return to the case of an abelian variety A defined over a local field K with algebraically closed residue field k. One needs to know a little more
about the case of "bad reduction". Here is a "naive" question: 5

Does there always exist a *finite* extension K'/K, such that the reduction $\widetilde{N}'$ of the corresponding Néron model N' is an extension of an abelian variety by a torus (and a finite group, of course)?

This may be a stupid question. Do you see a counterexample?

I looked again at the question of "exceptional factors" of zeta functions of elliptic curves. I had already told you about Shimura's curve, where 11 is exceptional (Tate's case); we had seen together that the global zeta function obtained satisfied a clean functional equation (i.e. one having terms only "at infinity"); nevertheless, the fact that one does not get exactly the same function as Shimura bothers me, since the latter appears to be "the right one"; in particular, it is an entire function on the whole complex plane (unless I am mistaken), whereas the one I told you about is not. I do not understand what is going on, and yet I do have the impression the "Galois action on cohomology" point of view is the right one.

Best regards,

J-P. Serre

Pyla, 13 août 1964

Cher Grothendieck,

Avant de répondre à tes questions, je veux ajouter un complément à la « lettre à Ogg » dont je t'ai envoyé une copie dernièrement. Le critère de « bonne réduction » qui y est donné (à savoir que le groupe de Galois du corps local opère de façon « non ramifiée » sur un T_ℓ, pour $\ell \neq$ caractéristique
1 résiduelle) entraîne trivialement le corollaire suivant (dû à Shimura plus autre japonais, sauf erreur) :

Soit A une variété abélienne définie sur le corps local K (à corps résiduel parfait), et ayant une bonne réduction. Soit B une variété abélienne sur K, possédant un K-homomorphisme $f : \mathrm{B} \to \mathrm{A}$ à noyau fini. Alors B a une bonne réduction sur K. (Car comment veux-tu que Galois opère sur $T_\ell(\mathrm{B})$, puisque celui-ci se plonge dans $T_\ell(\mathrm{A})$?).

Je crois me souvenir que tu avais une démonstration dans ton style de ce résultat. Est-ce vrai, et quelle est-elle ?

Plus généralement, si V est un schéma algébrique projectif et lisse sur le corps local K, et si $G(\overline{K}/K)$ opère de façon non ramifiée sur tous les $H^i_\ell(\overline{V})$, on peut se demander si V n'a pas forcément une *bonne réduction*. C'est proba-
2 blement un peu trop optimiste, mais tout de même, je ne vois pas de contre-exemple immédiat. Dans le même genre d'idées, j'ai l'impression que l'on doit pouvoir prouver *l'unicité* d'une bonne réduction éventuelle de V, en faisant des hypothèses astucieuses sur les groupes de cohomologie $H^i_\ell(\overline{V})$: ils ne doivent pas être trop triviaux ! (Mais je n'ai pas encore d'énoncé précis à proposer.)

Je vais maintenant essayer de répondre à tes questions — dans la mesure du possible, car tu vas voir que la situation n'est pas du tout claire :

1) Je n'ai pas de démonstration « transcendante » de la conjecture de la page 5, lorsque V provient d'un morphisme projectif $X \to Y$ à fibre générique lisse, et à base une courbe lisse sur $\mathbf{C}$. Il faudrait prouver que, si j'appelle s l'automorphisme de la cohomologie de la fibre générique qui provient de l'opération « faire un tour autour d'un trou », il existe une puissance s^n de s qui est unipotente (i.e. les valeurs propres de s sont des racines de l'unité). Bien entendu, le reste de la conjecture (intégralité des traces et indépendance

Pyla, August 13, 1964

Dear Grothendieck,

Before answering your questions, I want to add a supplement to my "letter to Ogg" of which I recently sent you a copy. The "good reduction" criterion it contains (namely that the Galois group of the local field should have "unramified" action on some T_ℓ, where $\ell \neq$ the residue characteristic) trivially implies the following corollary (due to Shimura plus another Japanese, unless I am
mistaken): 1

Let A be an abelian variety defined over the local field K (with perfect residue field), with good reduction. Let B be an abelian variety over K equipped with a K-homomorphism $f : \mathrm{B} \to \mathrm{A}$ with finite kernel. Then B has good reduction over K. (For how else could Galois act on $T_\ell(\mathrm{B})$, given that it is embedded in $T_\ell(\mathrm{A})$?).

I believe I remember that you had a proof of this result in your language. Am I right, and what is it?

More generally, if V is a smooth projective algebraic scheme over the local field K, and the $G(\overline{\mathrm{K}}/\mathrm{K})$-action on all the $\mathrm{H}^i_\ell(\overline{\mathrm{V}})$ is unramified, one can ask whether V does not necessarily have *good reduction*. This is probably a little
too optimistic, but nevertheless I cannot see any obvious counterexample. In 2
the same vein, I have the impression that it should be possible to prove the *uniqueness* of a putative good reduction of V by imposing ingenious conditions on the cohomology groups $\mathrm{H}^i_\ell(\overline{\mathrm{V}})$: these groups should not be too trivial! (But I do not have anything precise to propose yet.)

Let me now try to answer your questions—in so far as it is possible, since the situation is far from clear, as you will see:

1) I have no "transcendental" proof of the conjecture on page 5 when V comes from a projective map $X \to Y$ with smooth generic fiber, and base a smooth curve over **C**. It would be necessary to prove that, denoting by s the automorphism of the cohomology of the generic fiber induced by the operation "go once around the hole", there is a power s^n of s which is unipotent (i.e. the eigenvalues of s are roots of unity). Of course, the rest of the conjecture

de ℓ) est ici évident, vu l'existence de la cohomologie sur $\mathbf{Z}$. Mais je ne vois vraiment pas comment prouver cette unipotence de s^n ; c'est vraiment une jolie propriété des fibrés algébriques ! Il y a peut-être une astuce kählérienne que je ne vois pas. (Mais je ne mets pas le fait en doute.)

2) N'attache pas d'importance au « groupe de Grothendieck fait exprès pour » du bas de la page 5. J'ai simplement cédé au réflexe : trace de représentation $\to$ groupe de Grothendieck, mais je serais bien en peine de dire de quel groupe de Grothendieck il s'agit !

3) Page 7, l'opération de « prendre la moyenne » n'a pas de sens intrinsèque pour les Frobenius (et d'ailleurs je ne l'affirmais pas), mais elle en a pour leur polynôme caractéristique, ce qui permet de définir mon $\mathrm{P}_i(\mathrm{V}, t)$. Si tu veux une formule explicite, en voici une :

$$-\frac{d}{dt}\log \mathrm{P}_i(t) = \sum_{n=1}^{\infty} m_n t^{n-1},$$

où m_n est $\mathrm{Tr}(\mathrm{F}^n)$, i.e. la moyenne (sur G/U) des traces des éléments de G dont l'image par $\mathrm{G} \to \widehat{\mathbf{Z}}$ est l'entier n.

C'est d'ailleurs là un procédé général pour définir des fonctions L ; regarde par exemple dans le papier de Weil sur la théorie du corps de classes, où il donne une définition générale des fonctions L (englobant celles d'Artin et celles avec Grössencharakter).

Mes sentiments sur ces « facteurs manquants de zêta » que sont les P_i sont d'ailleurs assez variés. D'une part, je suis content d'avoir enfin une définition générale, un peu moins con que celle consistant simplement à compter des points (et surtout qui ne dépende que de la fibre générique) ; j'ai vérifié par exemple, que, pour les courbes elliptiques à multiplication complexe (cf. Deuring) on trouve bien exactement les conventions de Deuring, i.e. on met « 1 » en toute place où la réduction est mauvaise (dans ma lettre du 2-3 Août, je laissais la question en suspens). D'autre part, il y a un exemple un peu désagréable, celui d'une courbe elliptique traité par Shimura-Eichler-Igusa, où je ne trouve pas tout à fait ce qu'il faudrait. C'est bien vexant.

(A propos : si tu te places dans le cadre des « vanishing cycles » tu dis que tu peux vérifier la conjecture de la page 5, en prouvant que « tourner autour » donne une transvection — je crois d'ailleurs que c'est une des formules de Lefschetz ? Peux-tu vérifier aussi la conjecture de la page 7, lorsque le « trou »

(integrality of the traces and independence of ℓ) is obvious in that case, since the cohomology over $\mathbf{Z}$ exists. But I really do not see how to prove that s^n is unipotent; this is really a very pretty property of algebraic bundles! There may be a Kähler trick that I have missed. (I have no doubt that the result is true.)

2) Don't worry too much about the "specially created Grothendieck group" at the bottom of page 5. I had simply yielded to the instinct "trace of a representation $\rightarrow$ Grothendieck group," but I would be hard put to tell you what Grothendieck group I meant!

3) On page 7, the operation "taking the average" does not have any intrinsic meaning for the Frobenius (and I did not actually assert that it did), but it does mean something for their characteristic polynomials, which allows me to define my $\mathrm{P}_i(\mathrm{V}, t)$. If you want an explicit formula, here is one:

$$-\frac{d}{dt} \log \mathrm{P}_i(t) = \sum_{n=1}^{\infty} m_n t^{n-1},$$

where m_n is $\mathrm{Tr}(\mathrm{F}^n)$, i.e. the average (over G/U) of the traces of the elements of G whose image under $\mathrm{G} \rightarrow \widehat{\mathbf{Z}}$ is the integer n.

Moreover, this is a general procedure for defining L-functions: see for example Weil's paper on class field theory, in which he gives a general definition of L-functions (subsuming Artin's definitions and the Grössencharakter definitions).

My feelings about these "missing factors of zeta" given by the P_i are actually rather mixed. On the one hand, I am happy to finally have a general definition which is a little less stupid than the one consisting of simply counting points (and which above all depends only on the generic fiber); I have checked, for example, that for elliptic curves with complex multiplication (cf. Deuring), one does indeed recover exactly Deuring's conventions, i.e. one puts "1" at every place with bad reduction (I left this question hanging in my letter of August 2-3). On the other hand, there is the rather disagreeable example of an elliptic curve considered by Shimura-Eichler-Igusa, for which I do not obtain exactly what I should. It is very vexing.

(By the way, you say that in the context of "vanishing cycles", you can prove the conjecture given on page 5 by proving that "going around" gives a transvection—I believe this is actually one of Lefschetz's formulas? Can you also prove the conjecture on page 7 when the "hole" is over a finite field? I

est sur un corps fini ? Je sais que ça marche dans le cas des courbes elliptiques ;
3 dans ce cas d'ailleurs, Frobenius a deux valeurs propres 1 et q et je serais curieux de voir ce qui se passe en général.)

4) Oui, j'ai l'intention de raconter 5, 6, 7 dans le cours de l'an prochain plus peut-être des morceaux de 3, 4. Il y a un assez grand nombre de choses disparates, mais qui confluent (vers les courbes elliptiques — ou plus généralement les variétés abéliennes) ; je ne vois pas du tout pour le moment comment ça va s'organiser.

5) p. 8, en bas, la conséquence des conjectures de Tate que je te cite *ne suppose pas* X propre sur Spec $\mathbf{Z}$; c'est l'un de ses charmes.

Il faudrait que tu m'expliques une fois ce que sont ces symboles locaux de Néron. Je n'ai rien compris à ce que Lang en disait — et je n'avais pas compris davantage le papier de Néron que j'ai eu une fois entre les mains. Mais quel animal ce Néron ! Sous ses airs patauds, il ne démontre jamais que des choses fondamentales ! Dommage qu'il ne sache pas mieux les exposer.

A propos de théorie de Néron, j'aimerais bien comprendre ce que deviennent ses « modèles minimaux » lorsqu'on agrandit le corps local. J'aimerais (cf. lettre à Ogg) que la situation soit la suivante : le groupe réduit a une composante connexe stable (à partir d'une certaine extension finie), qui est une extension d'une variété abélienne par un tore T ; le groupe des composantes connexes, lui, grandit avec l'extension, pour donner finalement quelque chose comme un $(\mathbf{Q}/\mathbf{Z})^r$, avec $r = \dim \mathrm{T}$. C'est du moins ce qui se passe dans le cas elliptique et j'essaie d'extrapoler.

Salut et fraternité

J-P. Serre

P-S. Je m'aperçois que j'ai oublié de répondre à l'une de tes questions, celle relative à la structure canonique de groupe de la variété des modules formels considérée page 16 : c'est — si j'ose dire — la structure de groupe de $\mathrm{Ext}(\mathrm{A}^*_{\text{ét}}, \mathrm{A}^*_m)$, avec les notations du bas de la page 15. Lorsqu'on explicite ce Ext avec des Einseinheiten, cela donne tout simplement le *produit* desdites Einseinheiten.

know this works for elliptic curves; in that case, Frobenius actually has two eigenvalues, 1 and q, and I would be curious to see what happens in general.) 3

4) Yes, I do intend to lecture on 5, 6 and 7 in my course next year, maybe together with parts of 3 and 4. There is a rather large number of disparate things which all converge (towards elliptic curves, or more generally abelian varieties); for the moment I really do not see how this should be organised.

5) At the bottom of p.8, the consequence of the Tate conjectures which I quote *does not need* X to be proper over $\operatorname{Spec} \mathbf{Z}$; this is one of its charms.

One of these days, you will have to explain to me what Néron's local symbols. I understood nothing of what Lang said about them—and neither did I understand Néron's paper, which I once had a look at. What an animal Néron is! Underneath the clumsy airs, everything he proves is fundamental! It is a shame he doesn't know how to present his work better.

On the subject of Néron's theory, I would very much like to understand what happens to his "minimal models" when the local field is enlarged. I would like (cf. my letter to Ogg) the situation to be as follows: the reduced group has a connected component which is stable (starting from some finite extension), which is the extension of an abelian variety by a torus T; the group of connected components itself, on the other hand, should increase with the extension, and finally give something like $(\mathbf{Q}/\mathbf{Z})^r$, where $r = \dim \mathrm{T}$. At least, that is what happens in the elliptic case, and I am trying to extrapolate.

Yours,

J-P. Serre

P.S. I have just realized that I forgot to answer one of your questions, namely the one about the canonical group structure on the formal moduli variety considered on page 16: it is—if I may say so—the group structure on $\mathrm{Ext}(\mathrm{A}^*_{\mathrm{et}}, \mathrm{A}^*_m)$, with the notation from the bottom of page 15. When this Ext is made explicit using Einseinheiten, this simply gives the *product* of those Einseinheiten.

Bures, 16.8.1964

Mon cher Serre,

Merci pour la copie de la lettre à Ogg, et ta lettre du 13, dont je vais reprendre les questions.

1) « Ma » démonstration du théorème de Shimura-Koizumi (inspirée d'ailleurs de la leur). Soit B variété abélienne sur K (corps des fractions d'un anneau de valuation discrète V), ayant une bonne réduction i.e. provenant d'un schéma abélien $\overline{\mathrm{B}}$ sur V, et soit A une variété abélienne sur K qui est isomorphe à un quotient (ou ce qui revient au même, à une sous-variété abélienne) de B, soit $\mathrm{A} = \mathrm{B}/\mathrm{N}$, alors A admet une bonne réduction. En effet, soit $\overline{\mathrm{N}}$ l'adhérence schématique de N dans $\overline{\mathrm{B}}$, égal à l'unique sous-préschéma fermé plat de B dont la fibre générale soit N (c'est ici qu'intervient la dim 1), alors comme $\overline{\mathrm{B}}$ est projectif sur V (autre théorème japonais, utilisant le critère d'amplitude de Weil, et valable sur une base régulière), il résulte de la théorie du passage au quotient (par exemple rédigée par Gabriel dans le
1 séminaire SGAD) que $\overline{\mathrm{A}} = \mathrm{B}/\overline{\mathrm{N}}$ est représentable par un schéma projectif sur
V, et on constate trivialement que c'est un schéma abélien qui prolonge A, cqfd. Bien sûr, en général N n'est pas lisse sur K i.e. peut avoir des éléments nilpotents, d'autre part les japonais n'avaient pas de bonne théorie de passage au quotient, c'est pourquoi ils doivent se tortiller dans tous les sens (je crois qu'ils construisent un $\overline{\mathrm{A}}$ en généralisant pour cela le théorème de Weil sur la définition d'un groupe par des données birationnelles, dans la direction du
2 laïus de Mike dans SGAD).

2) J'ai été un peu vague en effet dans mes allusions aux « vanishing cycles ». Tout d'abord, le seul cas énoncé dans la littérature (et sans doute prouvé dans
3 les papiers secrets de Igusa) est dans la note de Igusa aux Proceedings (si
je me rappelle bien), qui part d'un schéma régulier X et d'un morphisme $f : \mathrm{X} \to \mathrm{Y} = \mathrm{Spec}(\mathrm{V})$ projectif, à fibre générale lisse et géométriquement connexe de dimension 1, à fibre spéciale géométriquement intègre et n'ayant qu'un seul point singulier, qui est un point double ordinaire. Dans ce cas, l'action de Galois est donnée par la formule de Poincaré. Je pense qu'il doit être possible d'analyser ce qui se passe quand il y a plusieurs points doubles (peut-être plus compliqués ? ?) et en dimensions supérieures, mais je n'ai rien

Bures, 8.16.1964

My dear Serre,

Thank you for the copy of your letter to Ogg, and your letter of the 13th, to whose questions I will now return.

1) "My" proof of the Shimura-Koizumi theorem (which is actually inspired by theirs). Let B be an abelian variety over K (the fraction field of a discrete valuation ring V), which has good reduction, i.e. comes from an abelian scheme $\overline{\mathrm{B}}$ over V, and let A be an abelian variety over K which is isomorphic to a quotient (or to an abelian subvariety, which boils down to the same thing) of B, that is $\mathrm{A} = \mathrm{B}/\mathrm{N}$; then A has good reduction. Indeed, let $\overline{\mathrm{N}}$ be the scheme-theoretic closure of N in $\overline{\mathrm{B}}$, namely the unique closed flat sub-prescheme of B whose general fiber is N (this is where dim 1 is used); then, since $\overline{\mathrm{B}}$ is projective over V (another Japanese theorem, using Weil's ampleness criterion, and valid over a regular base), it follows by the theory of passage to the quotient (written up by Gabriel in the SGAD seminar, for example) that $\overline{\mathrm{A}} = \mathrm{B}/\overline{\mathrm{N}}$ is 1 representable by a projective scheme over V, and it is trivial that this is an abelian scheme extending A, qed. Of course, N is not in general smooth over K, i.e. it can have nilpotent elements; moreover, the Japanese did not have a good theory of passage to the quotient, and that is why they are forced to twist and turn every which way (I believe they construct an $\overline{\mathrm{A}}$ by generalizing Weil's theorem on the definition of a group by birational data, rather like Mike's SGAD talk). 2

2) My allusions to "vanishing cycles" were indeed a little vague. To begin with, the only result which appears in the literature (which is probably proved in Igusa's secret papers) is in Igusa's note in the Proceedings (if I remember 3 rightly) which starts with a regular scheme X and a projective morphism $f : \mathrm{X} \to \mathrm{Y} = \mathrm{Spec}(\mathrm{V})$ whose generic fiber is smooth and geometrically connected of dimension 1, and whose special fiber is geometrically integral and has only one singular point which is an ordinary double point. In this case, the Galois action is given by the Poincaré formula. I think it should be possible to analyse what happens for several double points (and perhaps for more complicated points?) and in higher dimensions, but I have not written up anything

rédigé dans ce sens (c'est simplement dans mon programme proche, mais n'est pas encore fait). On peut espérer que les renseignements seront assez précis pour permettre de vérifier la conjecture de toi et Tate, dans le cas de la jacobienne d'une courbe qui « ne se réduit pas trop mal ».[8] Pour passer aux jacobiennes quelconques, il faut arriver à construire un modèle « pas trop mauvais » pour une courbe projective non singulière quelconque sur K, au besoin après extension finie de K. Dans une lettre d'il y a quelques semaines, Mumford disait plus ou moins qu'étant donné C, on peut trouver un modèle X dont la fibre spéciale n'a que des singularités ordinaires (si genre $\geqslant 2$) ; il l'aurait vérifié en tout cas lorsque le corps résiduel est de caractéristique 0. Une fois qu'on aurait le cas des jacobiennes, le passage aux variétés abéliennes quelconques soulève une question, que j'ai déjà rencontrée par ailleurs, et qui me paraît fort intéressante : est-ce que toute variété abélienne (sur un corps algébriquement clos, disons, cela suffira) admet une « résolution *finie* » par des
4 jacobiennes, du moins à isogénie près ? Ou encore, si on forme un « groupe K » avec les variétés abéliennes à isogénie près (groupe libre engendré par les variétés abéliennes simples à isogénie près), le sous-groupe engendré par les jacobiennes est-il tout ? Il suffirait d'ailleurs que cela soit vrai à torsion près, si dans ta conjecture avec Tate on se contente d'avoir des traces rationnelles et non entières, pour passer du résultat pour les jacobiennes au cas des variétés abéliennes générales. En tout cas, le cas des jacobiennes impliquera que pour une variété abélienne quelconque, les traces que tu envisages sont des entiers algébriques — mais je ne vois pas comment aller plus loin sans utiliser un résultat auxiliaire du type précédent.

5 3) Cette question est d'ailleurs liée à la suivante, sans doute bien hors de notre portée. Soit k un corps, algébriquement clos pour fixer les idées, et soit $\mathrm{L}(k)$ le « groupe K » défini par les schémas de type fini sur k, avec comme relations celles qui proviennent d'un découpage en morceaux (l'initiale L est suggérée bien sûr par les liens avec les fonctions L). Soit $\mathrm{M}(k)$ le « groupe K » défini par les « motifs » sur k. J'appelle « motif » sur k quelque chose comme un groupe de cohomologie ℓ-adique d'un schéma algébrique sur k, mais considéré comme indépendant de ℓ, et avec sa structure « entière », ou disons pour l'instant « sur $\mathbf{Q}$ », déduite de la théorie des cycles algébriques. La triste vérité, c'est que pour le moment je ne sais pas définir la catégorie

[8] note en marge passablement illisible « N.B. Je n'ai pas réfléchi au cas d'un corps résiduel fini. »

on this (it is in my short-term program, but has not yet been done). Hopefully, the information obtained this way will be precise enough to make it possible to prove your conjecture with Tate, in the case of the Jacobian of a curve whose reduction is "not too bad". [10] To pass to arbitrary Jacobians, one would need to construct a "not too bad" model for an arbitrary non-singular projective curve over K, after finite extension of K if necessary. In a letter a few weeks ago, Mumford more or less said that given C, it is possible to find a model X whose special fiber has only ordinary singularities (if the genus is $\geqslant 2$); in any case, he has apparently proved this for a residue field of characteristic 0. Once Jacobians are in the bag, the passage to arbitrary abelian varieties raises a question which I have actually already come across elsewhere, and which looks very interesting to me: does every abelian variety (over an algebraically closed field, say, that will suffice) have a "*finite* resolution" by Jacobians, at least up
to isogeny? Alternatively, on forming a "K group" from abelian varieties up to 4
isogeny (a free group generated by simple abelian varieties up to isogeny), is the subgroup generated by the Jacobians the whole group? It would actually suffice if this were true up to torsion, to be able to pass from the result for Jacobians to the case of general abelian varieties, if in your conjecture with Tate we settle for rational and not integral traces. In any case, the case of Jacobians would imply that for an arbitrary abelian variety, the traces you have in mind are algebraic integers—but I do not see how to get any further without using an auxiliary result of the kind mentioned above.

3) Moreover, this question is related to the following one, which is probably
far out of reach. Let k be a field, which for the sake of argument is algebraically 5
closed, and let $L(k)$ be the "K group" defined by schemes of finite type over k with relations coming from decomposition into pieces (the initial L is of course suggested by the link with L-functions). Let $M(k)$ be the "K group" defined by "motives" over k. I will say that something is a "motive" over k if it looks like the ℓ-adic cohomology group of an algebraic scheme over k, but is considered as being independent of ℓ, with its "integral structure", or let us say for the moment its "$\mathbf{Q}$" structure, coming from the theory of algebraic cycles. The sad truth is that for the moment I do not know how to define the abelian category

[10] rather illegible note in the margin "N.B. I have not thought about the case where the residue field is finite."

abélienne des motifs, bien que je commence à avoir un yoga assez précis sur cette catégorie, disons $\mathbf{M}(k)$. Par exemple, pour tout ℓ premier $\neq p$, on a un foncteur exact T_ℓ de $\mathbf{M}(k)$ dans la catégorie des vectoriels de dimension finie sur $\mathbf{Q}_\ell$, avec opérations du progroupe $(\mathrm{Gal}(\overline{k_i}/k_i))_i$ dessus, où k_i parcourt les sous-extensions de type fini de k et $\overline{k_i}$ est la clôture algébrique de k_i dans $\overline{k}$; ce foncteur est fidèle, mais bien entendu pas pleinement fidèle. Si k est de caractéristique 0, il y a également un foncteur T_∞ de $\mathbf{M}(k)$ dans la catégorie des vectoriels de dimension finie sur k (le « foncteur de de Rham-Hodge », alors que T_ℓ est le « foncteur de Tate »). En tout cas, si on admet les deux ingrédients que tu sais (Hodge, Künneth) de l'hypothèse de Riemann-Weil, je sais construire explicitement (en fait sur tout préschéma de base plus ou moins, pas seulement sur un corps) la sous-catégorie des objets *semi-simples* de $\mathbf{M}(k)$ (essentiellement comme des facteurs directs, définis par des classes de correspondances algébriques, d'un $\mathrm{H}^i(\mathrm{X}, \mathbf{Z}_\ell)$, où X est une variété projective non singulière). Il n'en faut pas plus pour construire le groupe $\mathrm{M}(k)$ (et je pense qu'on pourrait en donner une description indépendante des conjectures que j'ai dites, si on voulait). Ainsi, pour tout ℓ, on a un homomorphisme de $\mathrm{M}(k)$ dans le « groupe K », soit $\mathrm{M}_\ell(k)$, défini par les $\mathbf{Q}_\ell$-G-modules de type fini sur $\mathbf{Q}_\ell$, où G est le pro-groupe défini plus haut, ou si tu préfères, la pro-algèbre de Lie associée (qui a l'avantage sur le groupe d'être un pro-objet *strict*, i.e. à morphismes de transition surjectifs). Ceci dit, prenant des sommes alternées de cohomologies à support compact, on trouve un homomorphisme naturel

$$\mathrm{L}(k) \to \mathrm{M}(k),$$

qui est d'ailleurs un homomorphisme d'anneaux (pour le produit cartésien à gauche, le produit tensoriel à droite). La question générale qui se pose est alors de savoir ce qu'on peut dire sur cet homomorphisme, est-il très loin d'être bijectif ? Note que les deux membres de cet homomorphisme sont munis de filtrations naturelles, via la dimension des préschémas et l'homomorphisme est compatible avec ces filtrations. La question ci-dessus sur les jacobiennes peut encore se formuler ainsi : $\mathrm{L}^{(1)} \to \mathrm{M}^{(1)}$ est-il surjectif ? (En effet, à un facteur trivial $\mathbf{Z}$ près, provenant de la dimension 0, $\mathrm{M}^{(1)}$ n'est autre que le groupe K défini par les variétés abéliennes définies sur k).

Je ne me hasarde à aucune conjecture générale sur l'homomorphisme plus haut, j'espère seulement par des considérations heuristiques de ce genre finir par arriver à une construction effective de la catégorie des motifs, ce qui me

of motives, even though I am beginning to have a rather precise yoga for this category, let us call it $\mathbf{M}(k)$. For example, for any prime $\ell \neq p$, there is an exact functor T_ℓ from $\mathbf{M}(k)$ into the category of finite-dimensional vector spaces over $\mathbf{Q}_\ell$ on which the pro-group $(\mathrm{Gal}(\overline{k_i}/k_i))_i$ acts, where k_i runs over subextensions of finite type of k and $\overline{k_i}$ is the algebraic closure of k_i in $\overline{k}$; this functor is faithful but not, of course, fully faithful. If k is of characteristic 0, there is also a functor T_∞ from $\mathbf{M}(k)$ into the category of finite-dimensional vector spaces over k (this is the "de Rham-Hodge functor", whereas T_ℓ is the "Tate functor"). In any case, taking for granted the two ingredients (Hodge and Künneth) of the Riemann-Weil hypothesis that you know about, I can explicitly construct (and indeed I can do this over more or less any base prescheme, not only over a field) the subcategory of *semi-simple* objects of $\mathbf{M}(k)$ (essentially as direct factors defined by classes of algebraic correspondences of some $\mathrm{H}^i(\mathrm{X}, \mathbf{Z}_\ell)$, where X is a non-singular projective variety). This is all that is needed to construct the group $\mathrm{M}(k)$ (and I think it would be possible to give a description of it that would be independent of the conjectures mentioned above, if one wanted to). Hence, for any ℓ, there is a homomorphism from $\mathrm{M}(k)$ to the "K group", namely $\mathrm{M}_\ell(k)$, defined by the $\mathbf{Q}_\ell$-G-modules of finite type over $\mathbf{Q}_\ell$, where G is the pro-group defined above, or, if you prefer, the associated pro-Lie algebra (which has the advantage over the group of being a *strict* pro-object, i.e. with surjective transition morphisms). This being said, on taking alternating sums of cohomology with compact support, one obtains a natural homomorphism

$$\mathrm{L}(k) \to \mathrm{M}(k),$$

which is actually a ring homomorphism (with the Cartesian product on the left and the tensor product on the right). The general question which then arises is what can be said about this homomorphism; is it very far from being bijective? Note that the two sides of this homomophism are equipped with natural filtrations, via dimensions of preschemes, and the homomorphism is compatible with these filtrations. The above question on Jacobians can then be formulated as follows: is $\mathrm{L}^{(1)} \to \mathrm{M}^{(1)}$ surjective? (Indeed, up to a trivial factor of $\mathbf{Z}$ which comes from dimension 0, $\mathrm{M}^{(1)}$ is nothing other than the K group defined by the abelian varieties defined over k).

I will not venture to make any general conjecture on the above homomorphism; I simply hope to arrive at an actual construction of the category of motives via this kind of heuristic considerations, and this seems to me to be

semble un point essentiel de mon « long-run program ». Par contre, il y a d'autres conjectures en pagaille que je ne me prive pas de faire, pour préciser le yoga. Par exemple, que $M(k) \to M_\ell(k)$ est injectif, plus précisément que deux motifs simples non isomorphes (je devrais peut-être dire plutôt : non isogènes) donnent lieu à des composants simples ℓ-adiques deux à deux distincts. La conjecture de Tate se généralise en énonçant que pour X projective non singulière, la filtration « arithmétique » des $H^i(X)$ (via la filtration de X par la dimension) est déterminée par la filtration déjà signalée de $M(k)$, ou encore la filtration de $H^i(X, \mathbf{Z}_\ell)$ est déterminée par la structure de module galoisien (ou plutôt pro-galoisien) à l'aide de la filtration correspondante de $M_\ell(k)$. Par exemple en dimension impaire, le morceau de filtration maximale de $H^{2i-1}(X, \mathbf{Z}_\ell(i))$ est aussi le plus grand « morceau abélien », et correspond au module de Tate de la jacobienne intermédiaire $J^i(X)$ (définie par les cycles algébriquement équivalents à 0 de codimension i sur X).

Je te signale d'ailleurs que j'ai bel et bien une construction de telles jacobiennes intermédiaires (de dimension majorée par $b_{2i-1}/2$ comme il se doit). Malheureusement, même conjecturalement, je n'ai pas encore compris le lien entre la positivité à la Hodge, et la formule de Néron-Tate relative à l'autodualité de J^i pour $\dim X = 2i-1$, et j'aimerais en parler avec toi un jour avant ton départ. Pour les surfaces, on obtient bien une démonstration du théorème de l'index de Hodge à l'aide des fourbis de Néron et de Tate, essentiellement en se ramenant à la positivité de l'autodualité d'une jacobienne d'une courbe ; et je ne suis toujours pas convaincu que ce principe de démonstration par réduction à la dimension 1 n'a pas une portée plus générale.

4) Page 8 en bas, je pense qu'au lieu de $\mathcal{O}_X$, il faut lire $\mathbf{Z}_\ell$; c'est à cause de ce lapsus que j'avais eu l'impression que tu oubliais une hypothèse de propreté !

5) Pour ce qui est de ta question sur la variation du modèle de Néron, pour une augmentation illimitée du corps de base, je n'ai aucun sentiment. Tu devrais demander à Néron s'il sait quelque chose.

6) L'éditeur du Bulletin : F. Browder, W. Rudin, E.H. Spanier, 190 Hope street, Providence (Rhode Island)

Bien à toi

A. Grothendieck

an essential part of my "long run program". On the other hand, I have not refrained from making a mass of other conjectures in order to help the yoga take shape; for example, that $M(k) \to M_\ell(k)$ is injective, or more precisely that two simple non-isomorphic (perhaps I should rather say non-isogenous) motives give rise to simple ℓ-adic components which are pairwise distinct. Tate's conjecture can be generalized by saying that for non-singular projective X, the "arithmetic" filtration on the $H^i(X)$ (via the dimension filtration on X) is determined by the filtration on $M(k)$ mentioned above, or alternatively that the filtration on $H^i(X, \mathbf{Z}_\ell)$ is determined by the Galois (or rather pro-Galois) module structure via the corresponding filtration on $M_\ell(k)$. For example, in odd dimension, the maximal filtered part of $H^{2i-1}(X, \mathbf{Z}_\ell(i))$ is also the largest "abelian part", and corresponds to the Tate module of the intermediate Jacobian $J^i(X)$ (defined by the cycles of codimension i on X which are algebraically equivalent to 0).

I should also mention that I do indeed have a construction of such intermediate Jacobians (whose dimension is bounded by $b_{2i-1}/2$ as it should be). Unfortunately, I do not yet even conjecturally understand the link between Hodge-style positivity and the Néron-Tate formula on self-duality of J^i for $\dim X = 2i - 1$, and I would like to discuss this with you some day before you leave. For surfaces, one does indeed get a proof of the Hodge index theorem using the Néron and Tate stuff, essentially by reducing the problem to the positivity of the self-duality of the Jacobian of a curve, and I continue to suspect that this principle of proof by reduction to dimension 1 is actually applicable to more general situations.

4) At the bottom of page 8, I think $\mathcal{O}_X$ should read $\mathbf{Z}_\ell$; it is because of this slip that I had the impression that you had forgotten a properness condition!

5) I have no feeling for your question on the variation of the Néron model under unbounded extensions of the base field. You should ask Néron if he knows anything.

6) The editors of the Bulletin are F. Browder, W. Rudin, E.H. Spanier, 190 Hope Street, Providence (Rhode Island).

Regards,

A. Grothendieck

Pyla sur mer, vendredi x Août 64

Cher Grothendieck,

Je rentre à Paris Lundi 31 Août. J'ai envie de venir bavarder avec toi un de ces jours. Je te propose ceci : Mercredi 2 Septembre, après déjeuner (i.e. vers 14h), à l'IHES. Si tu n'es pas d'accord, envoie-moi un mot avenue Montespan (ou téléphone-moi : KLE 35 63 — je serai là en tout cas à l'heure des repas, et peut-être aussi dans la journée).

Bien reçu ta longue lettre. J'ai malheureusement peu (ou pas) de commentaires à faire sur la notion de « motif » et la métaphysique sous-jacente ; grosso modo, je pense comme toi que les fonctions zêta (ou la cohomologie avec action de Galois dessus) reflètent très fidèlement le schéma étudié. De là à avoir des conjectures précises...

Page 8 du bas de ma lettre fleuve : il faut lire $\mathscr{O}_{\mathrm{X}}^*$ (faisceau des éléments inversibles de $\mathscr{O}_{\mathrm{X}}$, i.e. $\mathbf{G}_m$ souligné comme toi seul le sais) à la place de $\mathscr{O}_{\mathrm{X}}$, et non $\mathbf{Z}_\ell$. Ce malentendu traîne depuis ma première lettre ! (Note la non-trivialité du rang du H^1 : points rationnels d'un Picard plus Néron-Severi !)

1 J'ai écrit à Néron pour lui demander s'il avait quelque sentiment sur ce que deviennent ses modèles par extension du corps de base. Pas de réponse.

Au sujet de la « dégénérescence gentille » des courbes, variétés abéliennes, etc : il me semble que c'est une question pour les gens qui connaissent les schémas de modules, et savent les compactifier (type Igusa, ou Mumford). Il y a quelque chose d'assez suggestif dans le fait que, pour avoir des schémas de modules en ton sens, il faut rigidifier par les points de division par m ($\geqslant 3$), et c'est probablement ce qu'il faut aussi pour que Galois opère bien. Je
2 m'explique : il me semble raisonnable de faire la conjecture suivante :

Soit k un corps local à corps résiduel algébriquement clos, et soit A une variété abélienne définie sur k. Soit m un entier premier à la caractéristique résiduelle de k, et supposons que les points de A d'ordre m soient rationnels sur k (avec $m \geqslant 3$). Alors l'action de $\mathrm{G}(\bar{k}/k)$ sur $\mathrm{T}_\ell(\mathrm{A})$ est « unipotente » pour
3 tout ℓ (i.e. les valeurs propres sont toutes égales à 1).

Pyla sur mer, Friday August x, 1964

Dear Grothendieck,

I will be coming back to Paris on Monday, August 31. I would like to come and chat to you one of these days. I propose the following: Wednesday September 2, after lunch (i.e. around 14h), at IHES. If you do not agree, send me a note at avenue Montespan (or call me: KLE 35 63—I will be there at meal times in any case, and maybe also during the day).

I have received your long letter. Unfortunately I have few (or no) comments to make on the idea of a "motive" and the underlying metaphysics; roughly speaking, I think as you do that zeta functions (or cohomology with Galois action) reflect the scheme one is studying very faithfully. From there to precise conjectures...

At the bottom of page 8 of my infinite letter, $\mathscr{O}_{\mathrm{X}}$ should read $\mathscr{O}_{\mathrm{X}}^{*}$ (the sheaf of invertible elements of $\mathscr{O}_{\mathrm{X}}$, i.e. $\mathbf{G}_m$ underlined as you alone know) and not $\mathbf{Z}_\ell$. This misunderstanding has been hanging around since my first letter! (Note the non-triviality of the rank of H^1: the rational points of a Picard plus Néron-Severi!)

I have written to Néron to ask him if he had any feeling about what happens 1
to his models under extension of the base field. No answer yet.

On the subject of "nice degeneration" of curves, abelian varieties etc.: it seems to me that this is a question for experts on moduli schemes and how to compactify them (such as Igusa or Mumford). There is something rather suggestive about the fact that in order to have moduli schemes in your sense, one needs to rigidify by the m-torsion points ($m \geqslant 3$), and this is probably also what is needed for the Galois action to be well-behaved. Let me explain myself; it seems reasonable to make the following conjecture: 2

Let k be a local field with algebraically closed residue field, and let A be an abelian variety defined over k. Let m be an integer which is relatively prime to the residue characteristic of k, and assume that the points of A of order m are k-rational (with $m \geqslant 3$). Then the action of $\mathrm{G}(\overline{k}/k)$ on $\mathrm{T}_\ell(\mathrm{A})$ is "unipotent" for any ℓ (i.e. the eigenvalues are all equal to 1). 3

Cet énoncé est en tout cas vrai lorsque A a une bonne réduction sur une extension finie de k (car $\mathrm{G}(\overline{k}/k)$ opère alors à travers un groupe d'automor-
4 phismes d'une variété abélienne réduite $\widetilde{\mathrm{A}}$, et on applique mon brillant théorème sur les automorphismes d'une telle variété abélienne). Tu devrais pouvoir le transformer en un énoncé portant sur le groupe fondamental de la variété des modules de A (rigidifiée d'ordre m), opérant sur le T_ℓ de la fibre générique ; et cet énoncé devrait être vérifiable dans le cas classique par des gens style Igusa ou Borel, qui nous diraient « à l'infini, c'est des paraboliques »... Wishful thinking !

Aucune idée sur le fait que toute variété abélienne doit être, à isogénie près, un produit de jacobiennes (excuse-moi : une différence de produits de jacobiennes). Je suis un peu sceptique, mais je doute que quelqu'un puisse trancher la question.

Une correction à ma lettre fleuve, n° 3, Conjecture. Je crois qu'il faut remplacer « entier $\geqslant 0$ » par « entier $\leqslant 0$ ». Le fait est qu'il faut être précis dans la définition de « Frobenius » opérant sur la cohomologie ; il y a diverses conventions possibles, différant par un exposant ± 1 ; pour moi, Frobenius est un élément du groupe d'automorphismes de $\overline{k}/k$, mais il faut savoir comment ça opère sur un schéma $\mathrm{V} \otimes_k \overline{k}$ (par transport de structure, ou par le foncteur contravariant naturel ?), puis sur la cohomologie dudit (mêmes remarques). Bref, il y a des conventions désagréables à préciser, et il me semble que les plus naturelles conduisent hélas au signe $-$. Tu t'en fous certainement.

A bientôt donc. Salut et fraternité

J-P. Serre

This statement holds in any case when A has good reduction over a finite extension of k (since $G(\overline{k}/k)$ then acts via a group of automorphisms of a reduced abelian variety $\widetilde{A}$, and one can apply my brilliant theorem on the 4
automorphisms of such abelian varieties). You should be able to transform it into a statement on the fundamental group of the moduli variety of A (rigidified at order m) acting on the T_ℓ of the generic fiber, and this statement should be provable in the classical case by people such as Igusa or Borel, who will tell us that "at infinity, everything is parabolic"... Wishful thinking!

I have no idea about the fact that every abelian variety should be a product of Jacobians up to isogeny (excuse me: a difference of products of Jacobians). I am somewhat skeptical, but I doubt that anyone is presently capable of settling the question.

A correction to my infinite letter, n° 3, Conjecture. I think "integer $\geqslant 0$" should be replaced by "integer $\leqslant 0$". The fact is that one needs to be careful with the definition of "Frobenius" acting on cohomology; there are various possible conventions, which differ by an exponent ± 1; for me, Frobenius is an element of the automorphism group of $\overline{k}/k$, but one needs to know how it acts on the scheme $V \otimes_k \overline{k}$ (by transport de structure or by the natural contravariant functor?), and thence on its cohomology (to which the same remarks apply). In short, there are disagreeable conventions to be specified, and it seems to me, alas, that the most natural ones lead to a $-$ sign. But you surely couldn't care less.

See you soon, then. Yours,

J-P. Serre

Bures le 5.9.1964

Mon cher Serre,

Je voudrais te signaler que ma conjecture sur la nature de tes chères algèbres de Lie ℓ-adiques est à peu de choses près une conséquence des conjectures de Tate. Soit en effet M un motif, réalisé si tu veux comme espace de cohomologie ℓ-adique d'un schéma projectif lisse sur le corps de base K. Le groupe de Galois G opère sur le vectoriel ℓ-adique M, donc de même sur le dual M′ (note d'ailleurs que si M est de poids p, $\mathrm{M}'(p)$ est isomorphe comme motif et a fortiori comme G-module à M), donc sur Sym(E) [$\mathrm{E} = \mathrm{M}' \otimes \mathrm{M}$]. En vertu de Tate, les invariants de G dans Sym(E) sont le vectoriel engendré par les classes de cycles algébriques. Comme E et les $\mathrm{Sym}^n(\mathrm{E})$ sont de poids 0, tout semi-
1 invariant sous G est en fait invariant (au moins *au signe près*; il est peut-être nécessaire de passer à une extension quadratique de K), par les conjectures de Weil. Ceci dit, comme tout sous-groupe algébrique H de $\mathrm{GL}_{\mathbf{Q}_\ell}(\mathrm{M})$ est défini par la condition d'admettre des semi-invariants donnés, ou de façon précise peut se décrire par des $\phi_i \in \mathrm{Sym}^{n_i}(\mathrm{M}')$ comme l'ensemble des $g \in \mathrm{GL}_{\mathbf{Q}_\ell}$ invariant les droites engendrées par les ϕ_i, on voit que l'*enveloppe algébrique*
2 H de l'image G_0 de G dans $\mathrm{GL}_{\mathbf{Q}_\ell}$ peut être définie de cette façon, et d'après la remarque que je viens de faire plus haut elle est définie comme formée des g qui laissent invariants les ϕ_i eux-mêmes. De façon équivalente, on peut trouver un ensemble fini Φ d'entiers tel que H soit formé des $g \in \mathrm{GL}_{\mathbf{Q}_\ell}$ tels que g laisse fixes tous les éléments des $\mathrm{Sym}^n(\mathrm{M}')^{\mathrm{G}}$, pour $n \in \Phi$. Comme $\mathrm{Sym}^n(\mathrm{M}')^{\mathrm{G}}$ est engendré par les cycles algébriques qu'il contient, on voit qu'on peut ci-dessus prendre pour ϕ_i des classes de cycles algébriques. Mais alors on voit que H est décrit par des équations « motiviques » i.e. à coefficients des cycles algébriques, *indépendants de ℓ*. Je pense qu'à partir de H on doit pouvoir récupérer tout au moins la partie semi-simple de G_0 (si cela a un sens précis), en prenant quelque chose comme le commutateur de H^0 (composante connexe de e) ; ce serait plutôt le centre de G_0 dont une description explicite échapperait à cette méthode. On peut dire néanmoins que le centre de H n'est autre que la partie de H invariée par G, ou encore $\mathrm{H} \cap \mathrm{GL}_{\mathbf{Q}_\ell}(\mathrm{M})^{\mathrm{G}}$, c'est-à-dire est l'intersection de H avec la partie $\mathbf{Q}_\ell$-algébrique de $\mathrm{End}_{\mathbf{Q}_\ell}(\mathrm{M}) = \mathrm{M}' \otimes \mathrm{M}$, et comme partie de ce dernier espace il est décrit comme groupe algébrique par des équations à coefficients *rationnels indépendants de ℓ*. Il resterait à voir comment est foutue là-dedans la trace de G_0 = centre de G_0, en particulier son algèbre de Lie.

Bures, 9.5.1964

My dear Serre,

I wanted to let you know that my conjecture on the nature of your beloved
ℓ-adic Lie algebras is more or less a consequence of the Tate conjectures.
Indeed, let M be a motive, identified if you like with the ℓ-adic cohomology
space of a smooth projective scheme over the base field K. The Galois group G
acts on the ℓ-adic vector space M, hence also on the dual space M′ (note also
that if M is of weight p, then $\mathrm{M}'(p)$ is isomorphic to M as a motive and thus a
fortiori as a G-module), and hence on Sym(E) [$\mathrm{E} = \mathrm{M}' \otimes \mathrm{M}$]. Thanks to Tate,
the G-invariants in Sym(E) are the vector space generated by the classes of
algebraic cycles. Since E and the $\mathrm{Sym}^n(\mathrm{E})$ are of weight 0, every semi-invariant
under G is in fact invariant (at least *up to sign*; it may be necessary to pass 1
to a quadratic extension of K), by the Weil conjectures. This being said, since
every algebraic subgroup H of $\mathrm{GL}_{\mathbf{Q}_\ell}(\mathrm{M})$ is defined by the fact of giving certain
semi-invariants, or more precisely can be described by some $\phi_i \in \mathrm{Sym}^{n_i}(\mathrm{M}')$
as the set of $g \in \mathrm{GL}_{\mathbf{Q}_\ell}$ leaving the lines generated by the ϕ_i invariant, it
follows that the *algebraic envelope* H of the image G_0 of G in $\mathrm{GL}_{\mathbf{Q}_\ell}$, can be 2
defined in this manner, and by the remark I just made above, it is defined as
consisting of all g which leave the ϕ_i themselves invariant. Equivalently, there
is a finite set Φ of integers such that H consists of all the $g \in \mathrm{GL}_{\mathbf{Q}_\ell}$ such that
g leaves all the elements of $\mathrm{Sym}^n(\mathrm{M}')^{\mathrm{G}}$ fixed for $n \in \Phi$. Since $\mathrm{Sym}^n(\mathrm{M}')^{\mathrm{G}}$
is generated by the algebraic cycles it contains, it follows that in the above,
the ϕ_i can be taken to be classes of algebraic cycles. But then, it follows
that H is described by "motivic" equations, i.e. with coefficients in algebraic
cycles which are *independent* of ℓ. I think that starting from H, it should
be possible to recover at the very least the semi-simple part of G_0 (if this
has a precise meaning), by taking something like the commutator of H^0 (the
connected component containing e); it is likely that a description of the center
of G_0 would escape this method. Nevertheless, one can say that the center of H
is nothing but the part of H invariant under G, or alternatively $\mathrm{H} \cap \mathrm{GL}_{\mathbf{Q}_\ell}(\mathrm{M})^{\mathrm{G}}$,
i.e. the intersection of H with the $\mathbf{Q}_\ell$-algebraic part of $\mathrm{End}_{\mathbf{Q}_\ell}(\mathrm{M}) = \mathrm{M}' \otimes \mathrm{M}$,
and as a subset of the latter space it can be described as an algebraic group
by equations whose coefficients are *rational and independent of ℓ*. It remains
to be seen what the trace of G_0 = center of G_0 looks like, and in particular
its Lie algebra.

Bien entendu, ces développements se transposent tels quels aux algèbres de Lie en remplaçant dans ce qui précède les représentations de groupes par des représentations d'algèbres, et les cycles algébriques rationnels sur K par cycles algébriques rationnels sur $\overline{\mathrm{K}}$. On trouve ainsi que l'enveloppe algébrique $\mathfrak{h}_0$ de ton algèbre de Lie $\mathfrak{g}_0$ provient bien d'un motif indépendant de ℓ, donc il en est de même de son algèbre dérivée, qui n'est autre que l'algèbre dérivée i.e. la partie semi-simple de $\mathfrak{g}_0$. Quant au centre de $\mathfrak{g}_0$, il est contenu dans le centre de $\mathfrak{h}_0$ lui-même défini par une sous-$\mathbf{Q}$-algèbre de Lie abélienne de la partie $\mathbf{Q}$-algébrique de $\mathrm{M}' \otimes \mathrm{M} = \mathfrak{gl}(\mathrm{M})$, cet espace étant indépendant de ℓ. Le point qui resterait à élucider est que le centre de $\mathfrak{g}_0$ lui-même est défini par un sous-$\mathbf{Q}$-espace vectoriel de cette nature. Le cas des courbes elliptiques est en tout cas extrêmement suggestif (et pour moi, convaincant) à cet égard, où on trouve comme par hasard l'invariant arithmétique dominant la situation, savoir *le corps quadratique* de la multiplication complexe (et non seulement un pâle tensorisé par $\mathbf{Q}_\ell$). J'ai d'ailleurs l'impression que tu dois avoir avec les conjectures de Tate assez en main pour regarder ce qui se passe pour un produit de courbes elliptiques.

Les considérations précédentes montrent aussi assez clairement comment on peut construire complètement (ou du moins le morceau qui opère fidèlement sur l'ensemble des motifs semi-simples) la proalgèbre de Lie associée à K (ou du moins son « enveloppe algébrique » et en particulier sa partie semi-simple), en termes de la catégorie des motifs sur K (munie de ses structures $\otimes$ et $\underline{\mathrm{Hom}}$, qui d'ailleurs se déterminent mutuellement, et de ses foncteurs T_ℓ dans la catégorie des vectoriels de dimension finie sur $\mathbf{Q}_\ell$). Note que la « bonne » proalgèbre de Lie associée à un corps quelconque K (pas nécessairement de type fini sur le corps premier, ni nécessairement un corps...) s'obtient en regardant K comme limite inductive filtrante de ses sous-anneaux de type fini sur $\mathbf{Z}$, dont on prend le système projectif des π_1, puis le système projectif des proalgèbres de Lie desdits. Même si K est algébriquement clos, on obtient une proalgèbre de Lie « de Galois » nullement triviale ; par exemple c'est elle qui s'introduit naturellement dans l'énoncé des conjectures de Tate, version algèbre de Lie.

Salut et fraternité

A. Grothendieck

Of course, these developments can be translated directly into Lie algebra terms by replacing group representations by algebra representations and K-rational algebraic cycles by $\overline{\mathrm{K}}$-rational algebraic cycles in the above. One thus finds that the algebraic envelope $\mathfrak{h}_0$ of your Lie algebra $\mathfrak{g}_0$ does indeed come from a motive which is independent of ℓ, so the same holds for its derived algebra, which is nothing but the derived algebra, i.e. the semi-simple part, of $\mathfrak{g}_0$. As for the center of $\mathfrak{g}_0$, it is contained in the center of $\mathfrak{h}_0$, which is itself defined by an abelian $\mathbf{Q}$-Lie subalgebra of the $\mathbf{Q}$-algebraic subspace of $\mathrm{M}' \otimes \mathrm{M} = \mathfrak{gl}(\mathrm{M})$, this space being independent of ℓ. The point which still has to be cleared up is whether the center of $\mathfrak{g}_0$ itself is defined by a $\mathbf{Q}$-vector subspace of this type. In any case, from this point of view, the case of elliptic curves is extremely suggestive (and for me, convincing): one then finds, as luck has it, the arithmetic invariant controlling the situation, namely the *quadratic field* of complex multiplication (and not simply an insipid tensor product with $\mathbf{Q}_\ell$). Moreover, I have the impression that your grasp of the Tate conjectures should be good enough to investigate what happens for a product of elliptic curves.

The above considerations show fairly clearly how one can give a complete construction (or at least a construction of the part acting faithfully on the set of semi-simple motives) of the Lie proalgebra associated to K (or at least of its "algebraic envelope", and in particular its semi-simple part), in terms of the category of motives over K (equipped with the structures $\otimes$ and $\underline{\mathrm{Hom}}$, which moreover determine each other, and its functors T_ℓ to the category of finite dimensional vector spaces over $\mathbf{Q}_\ell$). Note that the "right" Lie proalgebra associated to an arbitrary field K (which is not necessarily of finite type over the prime field nor even necessarily a field ...) can be obtained by considering K as the inductive limit of its subrings of finite type over $\mathbf{Z}$, of which one takes the projective system of π_1, followed by the projective system of their Lie proalgebras. Even if K is algebraically closed, one obtains a "Galois" Lie proalgebra which is not at all trivial: it is, for example, the one that appears naturally in the statement of the Lie algebra version of the Tate conjectures.

Yours,

A. Grothendieck

Paris, 8 Septembre 1964

Cher Grothendieck,

Je suis un peu « confusé », comme dirait Lang. Je vois bien que la conjecture de Tate donne l'enveloppe algébrique des groupes de Galois (et l'algèbre de Lie correspondante), mais je ne vois pas pourquoi les algèbres de Lie $\mathfrak{g}_\ell$ en question formeraient un *motif*. En fait, j'ai l'impression d'avoir un contre-exemple. Tu vas me dire si je déconne :

Soit E une courbe elliptique (bien sûr !) définie sur un *corps fini* k. Je supposerai qu'on est dans le cas « général » (Hasse pas nul), i.e. que son Frobenius π est tel qu'aucune de ses puissances ne soit une homothétie. L'anneau d'endomorphismes de E est alors un corps quadratique imaginaire K, et π s'identifie à un élément de K. Par passage au ℓ-adique, K définit une algèbre de Lie K_ℓ (opérant sur le H^1, disons) ; il est clair (!) que c'est là une algèbre de Lie motivée (i.e. provenant d'un motif), et qu'elle est décrite par ses invariants. Le malheur, c'est que l'algèbre de Lie $\mathfrak{g}_\ell$ qui nous intéresse n'est qu'une malheureuse sous-algèbre à une dimension de K_ℓ engendrée par $\log_\ell \pi^N$, où N est tel que $\pi^N \in$ domaine de définition de la série $\log_\ell$. Il faut bien noter que le log doit être pris au sens ℓ-adique, i.e. est vachement transcendant. Je suis sûr que les $\mathfrak{g}_\ell$ ne forment pas une algèbre de Lie motivée (il faudrait qu'elles soient définies par une droite de K, ce qui n'est certainement pas vrai) — et pas algébrique non plus.

Ce qui est curieux , c'est que je ne sois pas foutu de faire un exemple analogue sur un corps de nombres. Je ne serais pas étonné que, dans ce dernier cas, les groupes de Galois soient toujours algébriques, et les $\mathfrak{g}_\ell$ toujours motivées — mais c'est peut-être un peu optimiste. Il faudra que je regarde le cas Shimura-Taniyama avec plus de soin.

Note aussi que, de cette belle hypothèse, plus ton laïus sur Sym(E), on déduit la conjecture suivante (toujours sur un corps de nombres) :

1 l'algèbre de Lie $\mathfrak{g}_\ell$ contient toujours les homothéties.

J'avais posé la question dans mon papier russe.

Salut et fraternité

J-P. Serre

Paris, September 8, 1964

Dear Grothendieck,

I am a little "confusé", as Lang would say. I do see that Tate's conjecture gives the algebraic envelope of the Galois groups (and the corresponding Lie algebra), but I do not see why the Lie algebras $\mathfrak{g}_\ell$ in question would form a *motive.* In fact, I have the impression I have a counterexample. You will tell me if I am talking rubbish:

Let E be an elliptic curve (of course!) defined over a *finite field* k. I assume we are in the "general" case (non-zero Hasse), i.e. its Frobenius π is such that none of its powers is a homothety. The ring of endomorphisms of E is then an imaginary quadratic field K, and π can be identified with an element of K. Passing to ℓ-adics, K defines a Lie algebra K_ℓ (acting on H^1, say); it is clear (!) that this is a motivated Lie algebra (i.e. coming from a motive), and that it is described by its invariants. The unfortunate thing is that the Lie algebra $\mathfrak{g}_\ell$ which interests us is nothing but a wretched 1-dimensional subalgebra of K_ℓ generated by $\log_\ell \pi^{\mathrm{N}}$, where N is such that $\pi^{\mathrm{N}} \in$ the domain of definition of the series $\log_\ell$. It should be noted that log must be taken in the ℓ-adic sense, i.e. is awfully transcendent. I am sure the $\mathfrak{g}_\ell$ do not form a motivated Lie algebra (they would have to be defined by a line in K, which is certainly not true)—and are not algebraic either.

The odd thing is that I haven't been up to constructing an analogous example over a number field. I would not be surprised if in this case the Galois groups were always algebraic and the $\mathfrak{g}_\ell$ always motivated—but this may be somewhat optimistic. I will have to investigate the Shimura-Taniyama case more carefully.

Note also that from this beautiful hypothesis plus your Sym(E) stuff, one can deduce the following conjecture (still over a number field):

the Lie-algebra $\mathfrak{g}_\ell$ always contains the homotheties. 1

I had asked this question in my Russian paper.

Yours,

J-P. Serre

9.9.1964

Mon cher Serre,

J'avais également pensé depuis ma lettre au cas d'un corps de base fini, qui semble bien donner lieu à des algèbres ne provenant pas de motifs. Tu devrais regarder jusqu'au bout pour en avoir le cœur net. Si cela déconne, je ne vois plus de raison yogique plausible pour que le centre de tes $\mathfrak{g}_\ell$ ait un rang indépendant de ℓ, dans le cas général. Je pense seulement qu'il résulte sans doute des conjectures de Tate que le centre du groupe G_0 de ma lettre est engendré topologiquement par une famille (indépendante de ℓ) d'automorphismes « algébriques » de M, essentiellement les composantes suivant le centre des différents Frobenius. (Peut-être n'obtiendra-t-on ainsi que le centre de G_0 à un groupe fini près, i.e. un sous-groupe ouvert dudit). Mais de façon générale, lorsqu'on a une famille d'automorphismes, y a-t-il des raisons que la dimension du groupe qu'elle engendre topologiquement ℓ-adiquement soit indépendante de ℓ ? Quant à ta suggestion que peut-être sur un corps de nombres, les $\mathfrak{g}_\ell$ proviennent bien d'un motif, je n'ai aucun sentiment dessus (sinon que ce serait agréable !). Je suis très ennuyé d'ailleurs de n'arriver à me faire un yoga quelconque concernant les corps de nombres i.e. essentiellement le cas d'inégales caractéristiques, notamment pour me raccrocher à une signification géométrique quelconque pour les diverses conjectures concernant les fonctions L et assimilées. Sans doute pour y parvenir faudra-t-il faire intervenir un jour la partie connexe du « vrai » groupe de Galois (qui, d'après le principe de conservation des embêtements, semble le pendant de la « partie infinitésimale » également inexplorée, du groupe fondamental en caractéristique $p > 0$).

J'ai réfléchi hier un peu aux conjectures de Tate sur ses fonctions φ_i, dont je voulais comprendre le lien avec sa grande conjecture géométrique. Effectivement, ses conjectures 2 et 3 (de Woods Hole), dans le cas de la caractéristique $p > 0$, sont contenues dans sa conjecture 1 (bien entendu j'interprète librement sa conjecture 3 en supposant que le système de représentations du groupe fondamental dont il part provient d'un motif). Pour voir ce lien, il suffit de réinterpréter la fonction Φ_{M} définie par un motif M sur le préschéma

9.9.1964

My dear Serre,

Since my last letter I have also been giving some thought to the finite ground field case, which does seem to give rise to algebras which do not come from motives. You should look into this thoroughly. If this screws up, I do not see any other plausible yogic reason why the rank of the center of your $\mathfrak{g}_\ell$ should be independent of ℓ, in the general case. I believe only that it probably follows from Tate's conjectures that the center of the group G_0 of my letter is topologically generated by a family (independent of ℓ) of "algebraic" automorphisms of M, essentially the central components of the various Frobenius automorphisms. (Perhaps one only gets the center of G_0 up to a finite group, i.e. an open subgroup of this group.) But in general, given a family of automorphisms, is there any reason why the dimension of the group that it generates ℓ-adic-topologically should be independent of ℓ? As for your suggestion that maybe over a number field the $\mathfrak{g}_\ell$ do come from a motive, I have no feeling for it (except of course that it would be nice!). I am actually very annoyed not to have managed to produce any kind of yoga for number fields, i.e. essentially for unequal characteristics, notably in order to get hold of some geometric meaning for the various conjectures involving L-functions and such. To do this, it will probably be necessary to introduce the connected part of the "right" Galois group (which, by the principle of conservation of nuisance, seems to be the counterpart of the equally unexplored "infinitesimal part" of the fundamental group in characteristic $p > 0$).

I thought a little yesterday about Tate's conjectures on his functions φ_i, wanting to understand their link with his grand geometric conjecture. It is true that his conjectures 2 and 3 (from Woods Hole), for characteristic $p > 0$, are contained in his conjecture 1 (of course, I am freely interpreting his conjecture 3 by assuming that the system of representations of the fundamental group he starts with comes from a motive). To see this link, it is enough to re-interpret the function Φ_{M} defined by a motive M over the prescheme

X de type fini sur $\mathbf{F}_p$ comme étant le produit alterné des polynômes caractéristiques de Frobenius dans les cohomologies *à support compact* $\mathrm{H}^i_!(\overline{\mathrm{X}}, \mathrm{M})$, où le $\overline{\mathrm{X}}$ désigne le passage à la clôture algébrique de $\mathbf{F}_p$; lorsque X est lisse (ce qu'on peut supposer dans les conjectures 2 et 3 de Tate) on peut utiliser le théorème de dualité, on trouve directement (donc essentiellement sans utiliser Tate mais seulement Weil), que l'ordre du pôle de Φ_M au point $n = \dim \mathrm{X}$ (le poids de M étant 0) n'est autre que le rang du module des invariants M^G. Je pense d'ailleurs que l'expression « finie » en termes de cohomologie à supports compacts donnée plus haut peut se prouver dès maintenant sans utiliser ni Tate ni Weil ni la résolution des singularités. Dans le cas où on ne suppose pas X de caractéristique $p > 0$, on trouve de même que Φ_M est le produit alterné des Φ_{M_i} relatifs à des motifs M_i sur $\mathrm{Spec}(\mathbf{Z})$, savoir les $\mathrm{R}^i_! f(\mathrm{M})$, où $f : \mathrm{X} \to \mathrm{Spec}(\mathbf{Z})$ est la projection canonique. De cette façon, les conjectures 2 et 3 de Tate se ramènent au cas où $\mathrm{X} = \mathrm{Spec}(\mathbf{Z})$, et reviennent à dire que si $\mathrm{M}^\mathrm{G} = 0$, alors Φ_M est encore holomorphe inversible au point $s = 1$ (M étant supposé de poids 0). — J'ai aussi regardé comment s'interprète la conjecture de Birch et Swinnerton-Dyer dans le cas X de caractéristique $p > 0$; il se trouve (modulo Tate) qu'elle est exactement équivalente à la conjecture que je te disais sur les schémas abéliens sur un schéma de type fini X, savoir $\mathrm{H}^1(\mathrm{X}, \mathrm{A})(\ell)$ fini ; ce fait devrait d'ailleurs résulter lui-même des conjectures de Tate.

Bien à toi

A. Grothendieck

24.9.64

Mon cher Serre,

1 Je viens de m'apercevoir qu'il y a une partie de tes conjectures avec Tate qui se démontre de façon quasi-triviale, savoir celle précisément qui n'a pas d'explication « transcendante » évidente :

X of finite type over $\mathbf{F}_p$ as being the alternating product of the characteristic polynomials of Frobenius on the cohomology groups *with compact support* $\mathrm{H}^i_!(\overline{\mathrm{X}}, \mathrm{M})$, where $\overline{\mathrm{X}}$ denotes the passage to the algebraic closure of $\mathbf{F}_p$; when X is smooth (which can be assumed for Tate's conjectures 2 and 3), one can use the duality theorem; one finds directly (and therefore essentially without using Tate but only Weil) that the order of the pole of Φ_{M} at the point $n = \dim(\mathrm{X})$ (the weight of M being 0) is nothing but the rank of the invariant module M^{G}. Moreover, I think the "finite" expression in terms of cohomology with compact support given above can already be proved, using neither Tate nor Weil nor even resolution of singularities. In the case where X is not assumed to be of characteristic $p > 0$, one even finds similarly that Φ_{M} is the alternating product of the Φ_{M_i} relative to motives M_i over $\mathrm{Spec}(\mathbf{Z})$, namely the $\mathrm{R}^i_! f(\mathrm{M})$, where $f : \mathrm{X} \to \mathrm{Spec}(\mathbf{Z})$ is the canonical projection. In this way, Tate's conjectures 2 and 3 can be reduced to the case $\mathrm{X} = \mathrm{Spec}(\mathbf{Z})$, and are equivalent to saying that if $\mathrm{M}^{\mathrm{G}} = 0$, then Φ_{M} is still holomorphic and invertible at the point $s = 1$ (M being assumed of weight 0). — I have also looked at how to interpret the Birch–Swinnerton-Dyer conjecture for X of characteristic $p > 0$; it so happens that (modulo Tate) it is exactly equivalent to the conjecture I mentioned to you on abelian schemes over a scheme of finite type X, namely that $\mathrm{H}^1(\mathrm{X}, \mathrm{A})(\ell)$ is finite; moreover, this fact itself should follow from the Tate conjectures.

Regards,

A. Grothendieck

9.24.64

My dear Serre,

I have just noticed that part of your conjectures with Tate can be proved almost trivially, namely, exactly the part that has no obvious "transcendental" explanation: 1

THÉORÈME : *Soient* V *un anneau de valuation discrète de corps des fractions* K, ℓ *un nombre premier distinct de la caractéristique résiduelle,* E *un espace vectoriel de dimension finie sur* $\mathbf{Q}_\ell$ *sur lequel* $G = \mathrm{Gal}(\overline{K}/K)$ *opère, soit* I « *le* » *sous-groupe d'inertie de* G, *et supposons* : a) I *opère sur* E *par l'intermédiaire d'un pro-ℓ-groupe quotient de* I, *et* b) *Il existe un sous-anneau* A *de* K, *de type fini sur* $\mathbf{Z}$, *tel que les opérations de* G *sur* E *proviennent d'opérations de* $G_0 = \pi_1(\mathrm{Spec}(A))$ *sur* E, *grâce à l'homomorphisme naturel* $G \to G_0$.

Alors I *opère sur* E *de façon unipotente (i.e. les opérations des* $g \in I$ *sur* E *sont unipotentes).*

COROLLAIRE 1 : *Supposons au lieu de* a) *et* b), *que l'on ait la condition* :

b′) E *provient d'un module libre de type fini* E_0 *sur* $\mathbf{Z}_\ell$, *sur lequel un* G_0 *comme dessus opère.*

Alors il existe un sous-groupe ouvert U *de* I *qui opère sur* E *de façon unipotente.*

En effet, quitte à faire une extension finie sur K, on se ramène à la situation du théorème.

Au lieu de te démontrer le théorème tel quel, je me borne à te montrer une variante (la démonstration du théorème est essentiellement identique, modulo les petites gammes techniques habituelles) :

COROLLAIRE 2 : *Supposons, au lieu de* b), *qu'on ait la condition* :

b″) *le corps résiduel de* V *est fini* (*on suppose de plus que l'on a* a)).

Alors I *opère sur* E *de façon unipotente.*

En effet, on peut supposer évidemment V complet, et alors on connaît la structure du quotient de G par le plus petit sous-groupe fermé de I contenant les p-sous-groupes de Sylow de G : c'est un produit semi-direct $\widehat{\mathbf{Z}} \cdot \mathbf{Z}_\ell$, où le premier facteur (engendré par « Frobenius » f) opère sur le deuxième (engendré par g) par la formule

$$fgf^{-1} = g^q,$$

q étant le nombre d'éléments de k. (Bien entendu, le deuxième facteur $\mathbf{Z}_\ell$ s'écrirait intrinsèquement $\mathbf{Z}_\ell(1) = T_\ell(\mathbf{G}_m)$; le choix de g est vachement non canonique). Donc l'opération de G sur E est donnée par deux automorphismes f, g de E satisfaisant la relation ci-dessus. Cela implique que g et g^q sont des automorphismes équivalents, donc l'ensemble des valeurs propres de g est

THEOREM: *Let* V *be a discrete valuation ring with fraction field* K, *let* ℓ *be a prime number other than the residue characteristic, let* E *be a finite-dimensional vector space over* $\mathbf{Q}_\ell$ *on which* $\mathrm{G} = \mathrm{Gal}(\overline{\mathrm{K}}/\mathrm{K})$ *acts, let* I *be "the" inertia subgroup of* G, *and assume that:* a) I *acts on* E *via a pro-*ℓ*-group quotient of* I, *and* b) *There exists a subring* A *of* K *of finite type over* $\mathbf{Z}$, *such that the action of* G *on* E *comes from the action of* $\mathrm{G}_0 = \pi_1(\mathrm{Spec}(\mathrm{A}))$ *on* E *via the natural homomorphism* $\mathrm{G} \to \mathrm{G}_0$.

Then the action of I *on* E *is unipotent* (*i.e. the actions of the* $g \in \mathrm{I}$ *on* E *are unipotent*).

COROLLARY 1: *Suppose that instead of* a) *and* b), *one has the condition :*

b′) E *comes from a free module of finite type* E_0 *over* $\mathbf{Z}_\ell$, *on which a* G_0 *as above acts.*

Then there exists an open subgroup U *of* I *whose action on* E *is unipotent.*

Indeed, after taking a finite extension of K if necessary, the problem is reduced to the situation of the theorem.

Instead of proving the theorem as stated, I will restrict myself to proving a variant (the proof of the theorem is essentially identical, modulo the usual little technical exercises):

COROLLARY 2:*Assume that instead of* b) *we have the condition:*

b″) *The residue field of* V *is finite* (*assume also* a)).

Then the action of I *on* E *is unipotent.*

Indeed, V can obviously be assumed complete, and in this case the structure of the quotient of G by the smallest closed subgroup of I containing the Sylow p-subgroups of G is known: it is a semi-direct product $\widehat{\mathbf{Z}} \cdot \mathbf{Z}_\ell$, where the first factor (generated by the "Frobenius" f) acts on the second (generated by g) via the equation:

$$fgf^{-1} = g^q,$$

where q is the number of elements in k. (Of course, the second factor $\mathbf{Z}_\ell$ could be intrinsically written as $\mathbf{Z}_\ell(1) = \mathrm{T}_\ell(\mathbf{G}_m)$; the choice of g is awfully non-canonical.) Hence, the action of G on E is given by two automorphisms f, g of E satisfying the above relation. This implies that g and g^q are equivalent automorphisms, so the set of eigenvalues of g is stable under the operation

stable par l'opération $s \mapsto s^q$, et comme il est fini il s'ensuit aussitôt qu'il est formé de racines q^{N}-èmes de l'unité pour un N convenable. D'autre part, il résulte aussitôt de la continuité de $\mathbf{Z}_\ell \to \mathrm{Aut(E)}$ que les valeurs propres doivent être congrues à 1 modulo l'idéal maximal de l'anneau des entiers de l'extension finie de $\mathbf{Q}_\ell$ contenant les valeurs propres. Il s'ensuit que ces valeurs propres sont toutes égales à 1.

Bien entendu, il n'y a pas d'espoir de démontrer de façon aussi triviale vos conjectures d'entiers, qui elles sont essentiellement liées à la notion de *motif*; j'ai le sentiment qu'elles devraient sortir (comme les théorèmes d'entiers « globaux ») du « théorème de Künneth » conjectural pour les cycles algébriques.

Ces raisonnements par réduction à des schémas de type fini au sens absolu
2 (dont le premier exemple que je connaisse est celui de Lazard) sont bien amusants. En voici un autre échantillon, que je vais inclure dans EGA IV 10 avec les préschémas de Jacobson (avertis-moi si c'était connu, pour que j'en crédite qui de droit) : soit X de présentation finie sur un préschéma S, et soit g un endomorphisme de X qui est radiciel (resp. un monomorphisme), alors g est
3 surjectif (resp. un isomorphisme).

Je sèche sur la question dont je te parlais au téléphone, et dont voici un cas typique : tu prends une courbe algébrique X sur un corps fini $\mathbf{F}_q$, et un schéma abélien A sur X de dimension relative 1 (« pinceau de courbes elliptiques »),
4 soit $\mathrm{E} = \mathrm{T}_\ell(\mathrm{A})$. Étudier les $a_n = \chi(\mathrm{E}^{\otimes n}) \in \mathrm{K}(\mathbf{Q}_\ell[\mathbf{Z}])$ (donnés aussi par les fonctions Z à coefficients dans les $\mathrm{E}^{\otimes n}$) pour n variable, établir en particulier que $\sum a_n s^n \in \mathrm{K}[[s]]$ est une fonction rationnelle. Si cela t'amuse, remplace les $\mathrm{E}^{\otimes n}$ par les puissances symétriques, ou par les faisceaux virtuels déduits de E par les opérations de Adams, tout cela doit être bonnet-blanc, blanc-bonnet. Il me semble très plausible que des résultats de ce type doivent être vrais pour tous les *motifs* sur un X de type fini sur $\mathbf{F}_p$, mais d'autre part je ne suis pas arrivé encore à tirer au clair si cela a bien quelque chose à voir avec les motifs. On penserait à faire des contre-exemples avec des représentations « très transcendantes » du groupe fondamental de X, mais pour l'instant je ne suis pas arrivé à en construire qui ne proviennent essentiellement de faisceaux sur $\mathbf{F}_p$, et pour lesquels il n'y a pas de canular ; cela tient partiellement au fait que (si X est géométriquement intègre sur $\mathbf{F}_p$) le groupe fondamental rendu abélien de X a une composante ℓ-adique isomorphe à celle correspondant à $\mathbf{F}_p$ par la projection canonique. Pour arriver à faire des exemples destinés à être

$s \mapsto s^q$, and as it is finite, it follows that it consists of q^{N}-th roots of unity for a suitable N. Furthermore, it follows immediately from the continuity of $\mathbf{Z}_\ell \to \mathrm{Aut}(\mathrm{E})$ that these eigenvalues must be congruent to 1 modulo the maximal ideal of the ring of integers of the finite extension of $\mathbf{Q}_\ell$ containing the eigenvalues. Consequently, all these eigenvalues are equal to 1.

Of course, there is no hope of giving such a trivial proof of your integrality conjectures, which are fundamentally linked to the concept of *motive*; I have the feeling they should follow (like the "global" integrality theorems) from the conjectural "Künneth" formula for algebraic cycles.

These arguments by reduction to schemes of finite type in the absolute
sense (of which the first example known to me is Lazard's) are very amusing. 2
Here is another sample, which I am going to include in EGA IV 10 along with Jacobson preschemes (warn me if it is already known, so I can give credit where it is due): let X be finitely presented over a prescheme S, and let g be an endomorphism of X which is purely inseparable (resp. a monomorphism);
g is then surjective (resp. an isomorphism). 3

I am stuck on the question we talked about on the telephone, of which here is a typical example: take an algebraic curve X over a finite field $\mathbf{F}_q$, and an abelian scheme A over X of relative dimension 1 ("a pencil of elliptic
curves"); let E be $\mathrm{T}_\ell(\mathrm{A})$. The question is to study $a_n = \chi(\mathrm{E}^{\otimes n}) \in \mathrm{K}(\mathbf{Q}_\ell[\mathbf{Z}])$ 4
(also given by the Z-functions with coefficients in $\mathrm{E}^{\otimes n}$) for various n, and show in particular that $\sum a_n s^n \in \mathrm{K}[[s]]$ is a rational function. If you like, replace the $\mathrm{E}^{\otimes n}$ by symmetric powers, or by the virtual sheaves deduced from E via the Adams operations, all of which should be more or less the same. It seems very plausible to me that results of this type should hold for all *motives* over an X of finite type over $\mathbf{F}_p$, but on the other hand I have not yet managed to clarify whether all this really has anything to do with motives. One might think of trying to construct counterexamples using "very transcendental" representations of the fundamental group of X, but for the moment I have not managed to construct any which do not essentially arise from sheaves on $\mathbf{F}_p$ and for which there is no hitch; this is partly a consequence of the fact that (if X is absolutely irreducible over $\mathbf{F}_p$) the abelianization of the fundamental group of X has an ℓ-adic component isomorphic to the one corresponding to $\mathbf{F}_p$ under the canonical projection. In order to construct examples destined

pathologiques, on est obligé par suite de prendre des représentations tout à fait non abéliennes, et pour en construire il faudrait avoir une idée sur la manière dont Frobenius opère sur le groupe fondamental de $\overline{\mathrm{X}}$ (*pas rendu abélien*!). Aurais-tu la moindre conjecture à proposer dans cette direction ? Moi pas.

Je te signale d'ailleurs qu'il y a un dictionnaire évident qui permet d'interpréter les résultats divers sur les fonctions Z en tous genres (rationalité, hypothèse de Riemann dans les cas où on en dispose, ou est disposé à l'admettre) en termes des groupes fondamentaux G des schémas de type fini, du système des « éléments Frobenius » dans G (qui sont des classes privilégiées d'éléments de G modulo automorphismes intérieurs, correspondant biunivoquement aux points fermés du préschéma par lequel on a défini G), et de l'homomorphisme canonique $\mathrm{G} \to \pi_1(\mathbf{F}_p) = \widehat{\mathbf{Z}}$, comme des propriétés de représentations ℓ-adiques plus ou moins arbitraires de tels G. Lorsque X est une courbe, on peut même interpréter la cohomologie de X qui intervient dans l'expression des fonctions Z (définies de prime abord comme des produits infinis sur les Frobenius), comme la cohomologie du groupe G ; kif kif si X est un « schéma élémentaire » du type Mike. Cela posé, je me demande si les compétences en théorie des groupes, genre Tate ou toi-même, ne seraient pas foutus de tirer des informations plus complètes à partir des théorèmes resp. conjectures connu(e)s ; par exemple d'obtenir des informations sur les fonctions Z associées aux puissances tensorielles etc d'un G-module fixé.

Encore à propos de la formule de Lefschetz pour schémas de type fini. Comme je te l'avais signalé, on peut la considérer comme une identité dans un groupe $\mathrm{K}(\mathbf{Z})$, égalant une somme finie à une somme infinie, et à ce titre elle reste valable quand on tient compte de l'existence d'un groupe fini d'automorphismes de (X, F), et en plus d'un anneau quelconque opérant sur F par endomorphismes. La question qui se pose alors est celle de savoir si la formule reste correcte lorsqu'on tient compte d'endomorphismes quelconques sur (X, F), ou du moins d'endomorphismes g qui, sur X, opèrent comme un endomorphisme propre. Cela revient pratiquement (du moins pour un corps de coefficients de caractéristique 0, tel $\mathbf{Q}_\ell$) à la question [de savoir] si la formule de Lefschetz en termes de cohomologie à supports compacts est vraie, non seulement pour f et ses puissances, mais encore pour les produits de ces dernières par g et ses puissances. C'est certainement vrai si X est une courbe, d'après le résultat de Verdier que nous avions admis. Dans le cas général, la démonstration initiale ne marche pas telle quelle, car on ne pourra pas

to be pathological, one is therefore forced to consider genuinely non-abelian representations, and to construct those, one would need some idea of the way Frobenius acts on the (*non-abelianized!*) fundamental group of $\overline{\mathrm{X}}$. Do you have the slightest conjecture to propose in this direction? I don't.

I should also point out that there is an obvious dictionary which lets us interpret the various results on Z-functions in all genera (rationality, the Riemann hypothesis in the cases where one has it or wants to assume it) in terms of fundamental groups G of schemes of finite type, the system of "Frobenius elements" of G (classes of privileged elements of G modulo inner automorphisms which are in one-to-one correspondence with closed points of the prescheme used to define G) and the canonical homomorphism $\mathrm{G} \to \pi_1(\mathbf{F}_p) = \widehat{\mathbf{Z}}$, as properties of more or less arbitrary ℓ-adic representations of such G. When X is a curve, one can even interpret the cohomology of X which arises in the expression of the Z-functions (defined at first as infinite products over Frobenius automorphisms) as the cohomology of the group G; the case where X is a Mike-style "elementary scheme" is much the same. Given this, I wonder whether group theory experts, such as Tate or yourself, might not be up to the effort of extracting more complete information from the theorems resp. conjectures which are already known, in order to get information on the Z-functions associated to tensor powers etc. of a fixed G-module, for example.

Returning to the Lefschetz formula for schemes of finite type: as I had pointed out to you, this can be considered as an identity in a group $\mathrm{K}(\mathbf{Z})$, identifying a finite sum with an infinite sum, and because of this, it remains valid when taking into account the existence of a finite group of automorphisms of (X, F), and furthermore an arbitrary ring acting on F as endomorphisms. The question which then arises is whether the formula continues to hold when taking into account arbitrary endomorphisms of (X, F), or at least endomorphisms g which act as proper endomorphisms on X. This is practically equivalent (at least for a coefficient field of characteristic 0, such as $\mathbf{Q}_\ell$) to the question [of knowing] whether the Lefschetz formula in terms of cohomology with compact support is true not only for f and its powers, but also for the products of the latter with g and its powers. This is certainly true if X is a curve, by the result of Verdier's we assumed. In the general case, the initial proof does not work as it stands, since it will not be possible to find successive *g-invariant*

trouver des fibrations successives *invariantes par g* pour se ramener au cas d'une courbe. J'aurais plutôt l'impression qu'il faut chercher en direction d'un théorème purement géométrique, du type suivant : X de type fini sur k algébriquement clos, F un $\mathbf{Q}_\ell$-faisceau constructible sur X, g un endomorphisme propre de X, et $\mathrm{F} \to f_*(\mathrm{F})$ un homomorphisme, de sorte que f opère sur les $\mathrm{H}^i_!(\mathrm{X}, \mathrm{F})$. Supposons que l'application tangente de Zariski à f soit nulle en tout point rationnel de X (ce qui est une hypothèse qui pratiquement n'a de sens qu'en caractéristique $p > 0$), ce qui implique en particulier que les points fixes de f, donc aussi de ses puissances (qui satisfont la même condition que f)
5 sont isolés. Ceci posé, on veut que la formule de Lefschetz naïve soit vraie (en termes de traces ; pour des coefficients de caractéristique non nulle, il faudrait également une formule de Lefschetz en termes de polynômes caractéristiques). Il est possible que pour prouver un théorème de ce genre, et pouvoir se ramener par exemple au cas de courbes, il faudra reformuler les théorèmes de Lefschetz généraux non en termes d'endomorphismes d'un X (qu'on compare à l'endomorphisme identique) mais en termes de coïncidences de deux morphismes $\mathrm{X} \rightrightarrows \mathrm{Y}$ (dans le cas des variétés non singulières et des coefficients constants, une variante de ce type est sans doute plus ou moins classique, en tout cas j'en avais écrit une dans le temps).

N'oublie pas s'il te plaît de demander à Verdier s'il a reçu mes lettres, et de lui recommander de m'envoyer la fin des notes, et ses commentaires à mes observations. J'aimerais aussi savoir si Mike n'a pas laissé choir la (re)rédaction de ses exposés à notre séminaire. Enfin, tu pourras dire à Mumford que je me
6 suis décidé à inclure dans EGA IV dans un paragraphe 20 un certain nombre de
7 compléments sur les faisceaux inversibles, diviseurs, systèmes linéaires de diviseurs, à commencer par la détermination des faisceaux inversibles sur un fibré projectif P sur S ($\mathrm{Pic(P)} \cong \mathrm{Pic(S)} \times \mathbf{Z}$) et (comme corollaire) la détermination des automorphismes d'un fibré projectif ; nous inclurons aussi sans doute le théorème d'Auslander-Buchsbaum : régulier $\Rightarrow$ factoriel. J'avais d'abord pensé mettre ce genre de sorites au Chap. III, mais comme la fin du Chap. III ne semble pas trop près de sa publication, contrairement au Chap. IV, j'ai changé mon plan.

Bien à toi

A. Grothendieck

fibrations in order to reduce the problem to the case of a curve. My impression
is rather that we should look for a purely geometric theorem of the following
type: let X be of finite type over algebraically closed k, let F be a constructible
$\mathbf{Q}_\ell$-sheaf on X, g a proper endomorphism of X, and $\mathrm{F} \to f_*(\mathrm{F})$ a homomor-
phism, so that f acts on the $\mathrm{H}^i_!(\mathrm{X}, \mathrm{F})$. Assume that the Zariski tangent map
to f vanishes at every rational point of X (which is a condition which is prac-
tically meaningless except in characteristic $p > 0$), which implies in particular
that the fixed points of f, and thus also of its powers (which satisfy the same
conditions as f), are isolated. This being given, one wants the naive Lefschetz
formula to hold (in terms of traces; for coefficients of non-zero characteristic 5
one also needs a Lefschetz formula in terms of characteristic polynomials). It is
possible that in order to prove a theorem of this type and be able to reduce for
example to the case of curves, it will be necessary to reformulate the general
Lefschetz theorems in terms not of endomorphisms of a single X (which are
then compared with the identity endomorphism), but in terms of the coinci-
dence of two morphisms $\mathrm{X} \rightrightarrows \mathrm{Y}$ (in the case of non-singular varieties with
constant coefficients, a variant of this type is probably more or less classical;
in any case, I wrote one up in the old days).

Please do not forget to ask Verdier if he has received my letters, and to
urge him to send me the end of the notes, and his comments on my remarks.
I would also like to know if Mike has not dropped the (re-)writing of his talks
at our seminar. Finally, you can tell Mumford that I have decided to include
a certain number of supplements in EGA IV in a paragraph 20 on invertible 6
sheaves, divisors, linear systems of divisors, starting with the determination of 7
the invertible sheaves on a projective bundle P on S ($\mathrm{Pic}(\mathrm{P}) \cong \mathrm{Pic}(\mathrm{S}) \times \mathbf{Z}$) and
(as a corollary) the determination of the automorphisms of a projective bundle;
we will probably also include the Auslander-Buchsbaum theorem: regular $\Rightarrow$
factorial. I had originally intended to include these kinds of sorites in Chap.
III, but as the end of Chap. III does not seem very close to publication, unlike
Chap. IV, I have changed my mind.

Regards,

A. Grothendieck

Cambridge, 30 Septembre 1964

Cher Grothendieck,

Ton théorème sur l'action du groupe d'inertie est rupinant — si tu l'as vraiment démontré. En effet, je ne suis pas arrivé à voir comment tu généralisais ton raisonnement qui démontre le corollaire 2 ; dans le cas général, il faut trouver des Frobenius qui *normalisent* le groupe I et je ne vois pas du tout comment tu t'y prends

Note d'ailleurs que le théorème (et même le corollaire 2) sont faux[9] tels quels ; tout ce que tu démontres (mais cela suffit à m'enchanter) c'est l'existence d'un sous-groupe *ouvert* (style corollaire 1) où tout se passe bien ; en effet, reprends ta démonstration du corollaire 2 ; tu constateras que les soi-disant racines q^{N}-èmes de l'unité que tu obtiens sont en fait des racines $(q^{\mathrm{N}}-1)$-ièmes de l'unité, et $q^{\mathrm{N}}-1$ peut parfaitement être divisible par ℓ.

Je ne comprends pas ta question sur les séries $\sum a_n s^n$ (page 3 de ta lettre), faute de comprendre ce que signifie l'anneau $\mathrm{K}(\mathbf{Q}_\ell[\mathbf{Z}])$ dont tu parles ; pourrais-tu être plus explicite ?

Aucune idée sur la façon dont Frobenius opère sur le groupe fondamental
1 d'une courbe ; dans son laïus de Stockholm, Šafarevič mentionne lui aussi cette
question.

Aucune idée non plus sur la distribution des Frobenius, ni sur Lefschetz sauf que ce dernier considérait lui-même son théorème de points fixes comme un cas particulier de coïncidence entre deux applications.

Nouvelles locales : Atiyah-Bott continuent dans la direction de la Woods-Hole fixed point formula, côté « systèmes elliptiques ». Je n'y comprends rien, mais ça a l'air très beau, et sans grand rapport avec des points fixes ; ils pensent que ça doit donner une démonstration directe et élémentaire de Riemann-Roch par exemple. Bref, ils sont en train de fabriquer un nouveau « yoga » sur ce genre de questions.

[9] contre-exemples faciles

Cambridge, September 30, 1964

Dear Grothendieck,

Your theorem on the action of the inertia group is terrific —if you really have proved it. In fact, I cannot see how you generalized the argument which proves corollary 2; in the general case, you need Frobenius automorphisms which *normalize* the group I, and I really do not see how you go about it.

Note also that the theorem (and even corollary 2) are false[11] as stated; all that you prove (but it is quite sufficient to enchant me) is that there is an *open* subgroup (as in Corollary 1) where everything works; indeed, look at your proof of Corollary 2, you will see that the so-called q^{N}-th roots of unity you obtain are in fact $(q^{\mathrm{N}}-1)$-th roots of unity, and $q^{\mathrm{N}}-1$ can very well be divisible by ℓ.

I do not understand your question on the series $\sum a_n s^n$ (page 3 of your letter) because I do not understand what the ring $\mathrm{K}(\mathbf{Q}_\ell[\mathbf{Z}])$ you mention is: could you be more explicit?

I have no idea how Frobenius acts on the fundamental group of a curve; 1
Šafarevič also mentioned this question in his Stockholm talk.

Nor do I have any ideas on the distribution of the Frobenius automorphisms or on Lefschetz formulas, except that the latter himself considered his fixed point theorem as a special case of the coincidence between two maps.

Local news: Atiyah-Bott are continuing in the direction of the Woods-Hole fixed point formula, from the "elliptic systems" side. I don't understand any of it, but it looks beautiful, and rather unrelated to fixed points; they think it should give a direct and elementary proof of Riemann-Roch, for example. In a word, they are creating a new "yoga" for this kind of question.

[11] easy counterexamples

Mumford-Tate s'occupent de cycles algébriques sur les variétés abéliennes. Ils voudraient liquider la conjecture de Hodge (et le fait que tout cycle algébrique est combinaison linéaire de produits de diviseurs) pour les variétés abéliennes ; sauf erreur, ils ont réussi à traiter le cas d'un produit de courbes elliptiques, et ça n'a pas l'air trivial du tout. Tout à l'heure, ils m'ont indiqué une construction (conjecturale) du groupe algébrique sur $\mathbf{Q}$ qui doit donner dans le ℓ-adique le groupe de Galois G_ℓ que j'aime bien. Plus précisément :

Soit A une variété abélienne sur $\mathbf{C}$; soit V son H^1 (à coefficients dans $\mathbf{Q}$) ; le groupe que l'on veut va être un sous-groupe algébrique de GL(V) défini sur $\mathbf{Q}$. Plus précisément, décompose $V \otimes \mathbf{C}$ en type $(1,0)$ + type $(0,1)$ et soit T le tore de dimension 2 formé des homothéties λ sur le premier facteur et μ sur le second. C'est un sous-groupe algébrique de $GL(V \otimes \mathbf{C})$. Le groupe G cherché est par définition le plus petit sous-groupe algébrique de GL(V) dont
2 l'extension à $\mathbf{C}$ contient T (nos pères diraient : le groupe algébrique engendré par T et ses conjugués sur $\mathbf{Q}$).

Bien entendu, ils ne voient pas comment prouver ça pour le moment, mais c'est tout de même satisfaisant ; il faudra également vérifier que ça donne le
3 résultat correct dans les quelques cas où la question est tranchée.

J'ai fait essentiellement toutes tes commissions, avec des résultats variés :

Tate dit qu'il n'a pas grand-chose à dire sur les hauteurs (mais Mumford a des idées originales sur les « distributions » de Weil, qu'il doit nous expliquer au séminaire, un de ces jours). Je ne sais pas si Tate finira par t'écrire ; si je comprends bien, c'est aussi difficile que d'écrire un papier !

Mumford envoie à Gabriel une copie de son cours sur les surfaces, et t'en envoie 3 copies, pour ton « écurie ».

Verdier a bien reçu tes lettres ; je suppose qu'il te répondra directement. Je n'ai pas encore pu lui expliquer en détail ce que tu voulais de lui (formule de Lefschetz sur les courbes) ; je le verrai de nouveau un de ces jours.

Mike Artin n'a pas l'air d'être en train de rédiger pour le moment. Il dit qu'il a besoin que les exposés Verdier soient faits avant de se remettre aux siens ; j'ai l'impression que tu n'auras pas de rédaction de lui d'ici un bout de temps.

Je n'ai pas encore vu Schlessinger et Lichtenbaum.

Mumford-Tate are looking at algebraic cycles on abelian varieties. They would like to finish off the Hodge conjecture (and the fact that every algebraic cycle is a linear combination of products of divisors) for abelian varieties; unless I am mistaken, they have managed to deal with a product of elliptic curves, and it does not look at all trivial. Just now, they told me about a (conjectural) construction of the algebraic group over $\mathbf{Q}$ which in ℓ-adics should give the Galois group G_ℓ that I like. More precisely:

Let A be an abelian variety over $\mathbf{C}$; let V be its H^1 (with coefficients in $\mathbf{Q}$); the desired group will be an algebraic subgroup of GL(V) defined over $\mathbf{Q}$. More precisely, decompose $\mathrm{V} \otimes \mathbf{C}$ into type $(1, 0)$ + type $(0, 1)$, and let T be the torus of dimension 2 consisting of homotheties λ on the first factor and μ on the second. This is an algebraic subgroup of $\mathrm{GL}(\mathrm{V} \otimes \mathbf{C})$. The desired group G is by definition the smallest algebraic subgroup of GL(V) whose extension to $\mathbf{C}$ contains T (our forefathers would say: the algebraic group generated by 2
T and its conjugates over $\mathbf{Q}$).

Of course, for the moment they cannot see how to prove this, but it is nevertheless satisfying; it will also be necessary to check that this gives the right result in the few cases for which the question is settled. 3

I have run all the errands you set me, with mixed results:

Tate says that he does not have much to say about heights (but Mumford has some original ideas on Weil "distributions" which he is supposed to explain to us in the seminar, one of these days). I do not know whether Tate will end up writing to you; if I understand correctly, it is as difficult for him as writing a paper!

Mumford is sending a copy of his lecture notes on surfaces to Gabriel, and is sending you 3 copies for your "stable".

Verdier has received your letters; I assume he will reply directly to you. I have not yet been able to explain to him in detail what you wanted from him (a Lefschetz formula for curves); I will see him again one of these days.

Mike Artin does not seem to be writing up at the moment. He says he needs Verdier's lectures to be written before he goes back to his own; my impression is that it will be some time before you get a draft from him.

I have not yet seen Schlessinger or Lichtenbaum.

Ouf ! Je crois que c'est tout.

Salut et fraternité

J-P. Serre

P-S. A mon tour de te faire une commission : penses-tu à rédiger pour Bourbaki un résumé du chapitre sur la dimension ?

4 P-S.2. Samuel a rédigé les catégories : 70 pages ! Mais ce n'est qu'un état 1, ne désespère pas...

Bures, le 30.9.1964

Mon cher Serre,

1 J'ai réfléchi à l'équation fonctionnelle des fonctions Z dans le cas géométrique (corps de base $\mathbf{F}_p$), et les choses me semblent plus simples que tu ne semblais le croire.

Soit X un schéma de type fini sur $\mathbf{F}_p$, E un faisceau constructible de vectoriels sur $\mathbf{Q}_\ell$, ou une extension finie de $\mathbf{Q}_\ell$. Alors on associe à E un faisceau ou plutôt un complexe de faisceaux (considéré comme un objet d'une catégorie dérivée) D(E) (défini du moins, pour l'instant, si X est lisse ou si X est quasi-projectif). Dans les « bons cas », E $\longmapsto$ D(E) est une autodualité parfaite dans la catégorie triangulée construite avec les faisceaux constructibles, en particulier D(E) est également constructible (i.e. les faisceaux $\mathrm{H}^i(\mathrm{D(E)})$ le sont, et sont nuls sauf un nombre fini). Par « bons cas », j'entends pour l'instant ceux où on dispose de la résolution des singularités pour les schémas finis sur X munis de diviseurs (par exemple trivialement en dim $\leqslant 1$, et par Abhyankar en dim $\leqslant 2$), ou si on se borne à X lisse et des faisceaux « constants tordus » sur X, i.e. définis par des représentations continues du groupe fondamental de X. En tout cas, le théorème de dualité globale (lorsque D(E) est défini) nous

Phew! I think that is all.

Yours,

J-P. Serre

P.S. It is my turn to set you a task: will you remember to write up a summary of the chapter on dimension for Bourbaki?

P-S.2. Samuel has written up categories: 70 pages! But it is only a first 4
draft, do not despair...

Bures, 9.30.1964

My dear Serre,

I have been thinking about functional equations of Z-functions in the geometric case (base field $\mathbf{F}_p$), and things seem simpler to me than you appeared
to believe. 1

Let X be a scheme of finite type over $\mathbf{F}_p$, E a constructible sheaf of vector spaces over $\mathbf{Q}_\ell$ or a finite extension of $\mathbf{Q}_\ell$. Associate to E a sheaf, or rather a complex of sheaves (considered as an object of a derived category) D(E) (which for the moment is defined at least for smooth or quasi-projective X). In the "good cases", $\mathrm{E} \longmapsto \mathrm{D(E)}$ is a perfect self-duality in the triangulated category constructed from constructible sheaves, and in particular, D(E) is also constructible (i.e. the sheaves $\mathrm{H}^i(\mathrm{D(E)})$ are constructible, and all but a finite number of them vanish). For the moment, by "good cases" I mean those for which resolution of singularities is available for finite schemes over X equipped with divisors (this is trivial in dim $\leqslant 1$, for example, and follows from Abhyankar in dim $\leqslant 2$), or else restricting to smooth X with "twisted constant" sheaves on X, i.e. defined by continuous representations of the fundamental group of X. In any case, the global duality thoerem (when D(E) is defined)

donne un isomorphisme canonique ($g: \mathrm{X} \to \operatorname{Spec}(\mathbf{F}_p)$ est la projection)

$$\text{(1)} \qquad \mathrm{D}(\mathrm{R}_! g(\mathrm{E})) \simeq \mathrm{R}g_*(\mathrm{D}(\mathrm{E}))$$

où le D au premier membre est la dualité bêbête des vectoriels sur $\mathbf{Q}_\ell$ munis d'un automorphisme f (le Frobenius). Lorsque X est propre sur $\mathbf{F}_p$, alors dans le deuxième membre on peut aussi écrire $\mathrm{R}_! g$, il vient

$$\text{(1 bis)} \qquad \mathrm{D}(\mathrm{R}_! g(\mathrm{E})) = \mathrm{R}_! g(\mathrm{D}(\mathrm{E}));$$

mais dans le cas général, il y a lieu d'écrire (1) sous forme d'une formule de faisceaux virtuels

$$\text{(2)} \qquad \mathrm{D}(\mathrm{R}_! g(\mathrm{E})) = \mathrm{R}_! g(\mathrm{D}(\mathrm{E})) + \mathrm{R}_\infty g(\mathrm{D}(\mathrm{E}))$$

où du point de vue faisceau virtuel on pose

$$\text{(2 bis)} \qquad \mathrm{R}_\infty g(\mathrm{F}) = \mathrm{R}g_*(\mathrm{F}) - \mathrm{R}_! g(\mathrm{F})$$

ce qui rend (2) tautologique, mais $\mathrm{R}_\infty g$ peut aussi être défini comme foncteur cohomologique, ou foncteur de catégories triangulées, en utilisant une compactification $\overline{\mathrm{X}}$ de X, de la façon suivante : on pose $\mathrm{Y} = \overline{\mathrm{X}} - \mathrm{X}$, $i: \mathrm{X} \to \overline{\mathrm{X}}$ et $j: \mathrm{Y} \to \overline{\mathrm{X}}$ les immersions canoniques, et on pose

2 $$\text{(3)} \qquad \mathrm{R}_\infty g(\mathrm{F}) = \mathrm{R}\overline{g}_*(j^*(\mathrm{R}i_*(\mathrm{F})).$$

Le foncteur cohomologique obtenu ne dépend pas de la compactification choisie, il joue le rôle d'une cohomologie locale à l'infini ; bien entendu, la formule virtuelle (2) provient en fait d'un triangle exact qui relie les trois complexes intervenant dans (2), et provenant du triangle exact reliant de façon générale $\mathrm{R}g_*, \mathrm{R}_! g$ et $\mathrm{R}_\infty g$. Traduisant les formules (1 bis) et (2) en termes de polynômes caractéristiques, i.e. de fonctions Z, il vient les équations fonctionnelles

$$\text{(A)} \qquad \mathrm{L}_{\mathrm{D}(\mathrm{E})}(t) = (-t)^{-\chi(\mathrm{E})}\delta(\mathrm{E})\mathrm{L}_\mathrm{E}(t^{-1}) \qquad (g \text{ propre})$$

$$\text{(B)} \qquad \mathrm{L}_{\mathrm{D}(\mathrm{E})}(t) = (-t)^{-\chi(\mathrm{E})}\delta(\mathrm{E})\mathrm{L}_\mathrm{E}(t^{-1})\mathrm{A}_\mathrm{E}(t) \qquad (g \text{ quelconque})$$

où on pose

$$\text{(4)} \qquad \chi(\mathrm{E}) = \operatorname{rang}^* \mathrm{R}_! g(\mathrm{E}) = \sum_i (-1)^i \operatorname{rang} \mathrm{H}^i_!(\overline{\mathrm{X}}, \overline{\mathrm{E}}),$$

$$\text{(5)} \qquad \delta(\mathrm{E}) = \det{}^* \mathrm{R}_! g(\mathrm{E}) = \prod_i \det(f|\mathrm{H}^i_!(\overline{\mathrm{X}}, \overline{\mathrm{E}}))^{(-1)^i},$$

gives a canonical isomorphism ($g : \mathrm{X} \to \mathrm{Spec}(\mathbf{F}_p)$ is projection)

(1) $$\mathrm{D}(\mathrm{R}_!g(\mathrm{E})) \simeq \mathrm{R}g_*(\mathrm{D}(\mathrm{E}))$$

where the D on the left-hand side is the straightforward duality of $\mathbf{Q}_\ell$-vector spaces equipped with an automorphism f (Frobenius). When X is proper over $\mathbf{F}_p$, one can also write $\mathrm{R}_!g$ on the right-hand side, to obtain

(1 bis) $$\mathrm{D}(\mathrm{R}_!g(\mathrm{E})) = \mathrm{R}_!g(\mathrm{D}(\mathrm{E}));$$

but in general there are good reasons for writing (1) as a formula on virtual sheaves

(2) $$\mathrm{D}(\mathrm{R}_!g(\mathrm{E})) = \mathrm{R}_!g(\mathrm{D}(\mathrm{E})) + \mathrm{R}_\infty g(\mathrm{D}(\mathrm{E}))$$

where from the virtual sheaves point of view one sets

(2 bis) $$\mathrm{R}_\infty g(\mathrm{F}) = \mathrm{R}g_*(\mathrm{F}) - \mathrm{R}_!g(\mathrm{F})$$

which makes (2) tautological, but $\mathrm{R}_\infty g$ can also be defined as a cohomological functor, or a functor of triangulated categories, by using a compactification $\overline{\mathrm{X}}$ of X in the following way: set $\mathrm{Y} = \overline{\mathrm{X}} - \mathrm{X}$, let $i : \mathrm{X} \to \overline{\mathrm{X}}$ and $j : \mathrm{Y} \to \overline{\mathrm{X}}$ be the canonical immersions, and set

(3) $$\mathrm{R}_\infty g(\mathrm{F}) = \mathrm{R}\overline{g}_*(j^*(\mathrm{R}i_*(\mathrm{F})).$$ 2

The cohomological functor thus obtained does not depend on the choice of compactification, and plays the role of local cohomology at infinity; of course, the virtual formula (2) actually comes from an exact triangle linking the three complexes appearing in (2), which itself comes from the exact triangle linking $\mathrm{R}g_*, \mathrm{R}_!g$ and $\mathrm{R}_\infty g$ in general. Translating formulas (1 bis) and (2) in terms of characteristic polynomials, i.e. into Z-functions, yields functional equations:

(A) $$\mathrm{L}_{\mathrm{D(E)}}(t) = (-t)^{-\chi(\mathrm{E})}\delta(\mathrm{E})\mathrm{L}_\mathrm{E}(t^{-1}) \qquad (g \text{ proper})$$

(B) $$\mathrm{L}_{\mathrm{D(E)}}(t) = (-t)^{-\chi(\mathrm{E})}\delta(\mathrm{E})\mathrm{L}_\mathrm{E}(t^{-1})\mathrm{A}_\mathrm{E}(t) \qquad (g \text{ arbitrary})$$

where

(4) $$\chi(\mathrm{E}) = \operatorname{rank}^* \mathrm{R}_!g(\mathrm{E}) = \sum_i (-1)^i \operatorname{rank} \mathrm{H}^i_!(\overline{\mathrm{X}}, \overline{\mathrm{E}}),$$

(5) $$\delta(\mathrm{E}) = \det{}^* \mathrm{R}_!g(\mathrm{E}) = \prod_i \det(f|\mathrm{H}^i_!(\overline{\mathrm{X}}, \overline{\mathrm{E}}))^{(-1)^i},$$

enfin dans (B) $A_E(t)$ est un « terme correctif » s'explicitant comme une « fonction L à l'infini »

$$A_E(t) = L^{\infty}_{D(E)}(t)^{-1}, \tag{6}$$

où on pose pour tout F sur X

$$L^{\infty}_F(t) = L_{R_\infty g(F)}(t) = \prod_i \det(1 - tf|H^i_\infty(\overline{X}, \overline{E}))^{(-1)} \tag{6 bis}$$

Ce terme correctif est égal à 1 lorsque X est propre. Ces formules sont valables 3
dans le cas où on sait définir D(E) et où on sait que D(E) est constructible. L'on peut aussi, grâce à (1), exprimer $\chi(E)$ et $\delta(E)$ à l'aide de la cohomologie à support *quelconque* de D(E) par

$$\chi(E) = \mathrm{rang}^* \, Rg_*(D(E)) = \sum_i (-1)^i \,\mathrm{rang}\, H^i(\overline{X}, D(\overline{E})), \tag{4 bis}$$

$$\delta(E) = \det{}^* Rg_*(D(E))^{-1} = \prod_i \det(f|H^i(\overline{X}, \overline{E}))^{(-1)^{i+1}}, \tag{5 bis}$$

Noter aussi la différence de nature entre $\chi(E)$ et $\delta(E)$, le premier étant un invariant géométrique, le deuxième de nature arithmétique.

Lorsqu'on admet les conjectures de Weil et la résolution des singularités, le rôle de (B) comme équation fonctionnelle « approchée » se précise en remarquant que si E provient d'un motif effectif de poids $\leqslant \rho$, alors $R_\infty g(D(E))$ provient lui-même d'un motif sur $\mathbf{F}_p$, en général pas pur de poids ρ même si E l'est, ni même de poids $\leqslant \rho$, mais de « niveau » $\leqslant \rho - 1$, ce qui implique que les zéros et les pôles de la fonction L correctrice $A(t)$ ont des inverses qui sont multiples de puissances entières de p par des entiers algébriques de valeur absolue de la forme $p^{i/2}$, i entier $\leqslant \rho - 1$.

Les équations fonctionnelles (A) et (B) relient les fonctions L associées à deux faisceaux différents E et D(E). Dans certains cas, D(E) s'exprime simplement à l'aide de E et on obtient une équation fonctionnelle en L_E tout seul. Supposons par exemple que X soit lisse et partout de dimension n et que E soit « constant tordu », alors on aura (par définition)

$$D(E) = \check{E}(n)[2n], \tag{7}$$

and finally, the $A_E(t)$ in (B) is a "correction term" which can be explicitly written as an "L-function at infinity"

$$A_E(t) = L^{\infty}_{D(E)}(t)^{-1}, \tag{6}$$

where for all F on X,

$$L^{\infty}_{F}(t) = L_{R_{\infty}g(F)}(t) = \prod_i \det(1 - tf|H^i_{\infty}(\overline{X}, \overline{E}))^{(-1)} \tag{6 bis}$$

This correction term is equal to 1 when X is proper. These formulas are 3
valid in the case where D(E) can be defined and is known to be constructible. Using (1), $\chi(E)$ and $\delta(E)$ can also be expressed by means of cohomology with *arbitrary* support on D(E) via

$$\chi(E) = \operatorname{rank}^* Rg_*(D(E)) = \sum_i (-1)^i \operatorname{rank} H^i(\overline{X}, D(\overline{E})), \tag{4 bis}$$

$$\delta(E) = \det{}^* Rg_*(D(E))^{-1} = \prod_i \det(f|H^i(\overline{X}, \overline{E}))^{(-1)^{i+1}}. \tag{5 bis}$$

Note also the difference in nature between $\chi(E)$ and $\delta(E)$, the first being a geometric invariant, and the second being arithmetic.

Assuming the Weil conjectures and resolution of singularities, the role of (B) as an "approximate" functional equation becomes more precise upon noting that if E comes from an effective motive of weight $\leqslant \rho$, then $R_{\infty}g(D(E))$ also comes from a motive over $\mathbf{F}_p$, not generally pure of weight ρ even if E is, nor even of weight $\leqslant \rho$, but of "level" $\leqslant \rho - 1$, which implies that the zeros and poles of the correcting L-function $A(t)$ have inverses which are multiples of integer powers of p by algebraic integers whose absolute value is of the form $p^{i/2}$, where i is integral and $\leqslant \rho - 1$.

The functional equations (A) and (B) link the L-functions associated to two different sheaves, E and D(E). In certain cases, D(E) can be expressed simply in terms of E, yielding a functional equation of L_E alone. Assume for example that X is smooth and everywhere of dimension n, and that E is "twisted constant"; then (by definition)

$$D(E) = \check{E}(n)[2n], \tag{7}$$

où le signe (n) indique tensorisation par le faisceau de Tate $\mathbf{Q}_\ell(n)$, et le signe $[m]$ indique translation des degrés de m, enfin $\check{}$ désigne le faisceau dual au sens naïf. On aura par suite

$$\text{(7 bis)} \qquad \mathrm{L}_{\mathrm{D(E)}}(t) = \mathrm{L}_{\check{\mathrm{E}}}(p^{-n}t),$$

ce qui permet d'écrire les équations fonctionnelles (A) et (B) comme exprimant $\mathrm{L}_{\check{\mathrm{E}}}$ en termes de L_{E}. On peut aller plus loin lorsqu'on suppose de plus qu'on a un isomorphisme

$$\text{(8)} \qquad \check{\mathrm{E}} \simeq \mathrm{E}(\rho), \quad \text{d'où} \quad \mathrm{D(E)} = \check{\mathrm{E}}(\rho+n)[2n]$$

où ρ est un entier (moralement, le « poids » de E, quand il s'agit de motifs). Alors on peut écrire aussi

$$\text{(7 ter)} \qquad \mathrm{L}_{\mathrm{D(E)}}(t) = \mathrm{L}_{\mathrm{E}}(q^{-1}t), \quad \text{où } q = p^{\rho+n}.$$

Les équations fonctionnelles (A) et (B) prennent alors la forme

$$\text{(B}'\text{)} \qquad \mathrm{L}_{\mathrm{E}}(1/qt) = \mathrm{A}_{\mathrm{E}}(t)(-t)^{\chi(\mathrm{E})}\delta(\mathrm{E})\mathrm{L}_{\mathrm{E}}(t),$$

où les trois facteurs supplémentaires du second membre sont précisés par (4), (5), (6), et où le facteur correctif $\mathrm{A}_{\mathrm{E}}(t)$ vaut 1 si X est propre (i.e. on a alors une équation simple (A') que je ne copie pas). D'ailleurs ici $\mathrm{A}_{\mathrm{E}}(t)$ s'explicite aussi en termes de $\mathrm{L}^{\infty}_{\mathrm{E}}(t)$ au lieu de $\mathrm{L}^{\infty}_{\mathrm{D(E)}}(t)$, compte tenu de (8),

$$\text{(6 ter)} \qquad \mathrm{A}_{\mathrm{E}}(t) = \mathrm{L}^{\infty}_{\mathrm{E}}(1/qt)^{-1},$$

et de même (4 bis) et (5 bis) se simplifient en

$$\text{(4 ter)} \qquad \chi(\mathrm{E}) = \sum_i (-1)^i \operatorname{rang} \mathrm{H}^i(\overline{\mathrm{X}}, \overline{\mathrm{E}}),$$

$$\text{(5 ter)} \qquad \delta(\mathrm{E}) = q^{\chi(\mathrm{E})}\delta(\mathrm{R}g_*(\mathrm{E}))^{-1} = q^{\chi(\mathrm{E})} \prod_i \det(f|\mathrm{H}^i(\overline{\mathrm{X}}, \overline{\mathrm{E}}))^{(-1)^{i+1}}.$$

Lorsque X est de plus propre, la comparaison de (5) et (5 ter) donne d'ailleurs

$$\text{(9)} \qquad \delta(\mathrm{E})^2 = q^{\chi(\mathrm{E})} \quad \textit{i.e.} \quad \delta(\mathrm{E}) = \pm q^{\chi(\mathrm{E})/2}.$$

(NB cette égalité sort sans utiliser aucune conjecture, telle Weil) ; donc dans ce cas, au signe près $\delta(\mathrm{E})$ est connu quand on connaît $\chi(\mathrm{E})$. On peut préci-
4 ser un peu le signe $\pm$ dans (9) en procédant comme dans ton cours ; on peut

where (n) means tensoring by the Tate sheaf $\mathbf{Q}_\ell(n)$, $[m]$ means translation of degrees by m, and finally, $\check{}$ denotes the dual sheaf in the naive sense. It follows that

$$\text{(7 bis)} \qquad \mathrm{L}_{\mathrm{D(E)}}(t) = \mathrm{L}_{\check{\mathrm{E}}}(p^{-n}t),$$

which makes it possible to write the functional equations (A) and (B) as expressing $\mathrm{L}_{\check{\mathrm{E}}}$ in terms of L_{E}. One can go farther by making the additional assumption that there is an isomorphism

$$\text{(8)} \qquad \check{\mathrm{E}} \simeq \mathrm{E}(\rho), \quad \text{whence} \quad \mathrm{D(E)} = \check{\mathrm{E}}(\rho + n)[2n]$$

where ρ is an integer (which in the motivic case is morally the "weight" of E). Then one can also write

$$\text{(7 ter)} \qquad \mathrm{L}_{\mathrm{D(E)}}(t) = \mathrm{L}_{\mathrm{E}}(q^{-1}t), \quad \text{where } q = p^{\rho+n}.$$

The functional equations (A) and (B) are then of the form

$$\text{(B}'\text{)} \qquad \mathrm{L}_{\mathrm{E}}(1/qt) = \mathrm{A}_{\mathrm{E}}(t)(-t)^{\chi(\mathrm{E})}\delta(\mathrm{E})\mathrm{L}_{\mathrm{E}}(t),$$

where the three extra factors on the right-hand side are as given in (4), (5), (6), and the correction factor $\mathrm{A}_{\mathrm{E}}(t)$ is 1 if X is proper (i.e. one then has a simple equation (A′) which I will not copy down). Moreover, bearing (8) in mind, $\mathrm{A}_{\mathrm{E}}(t)$ can also be written explicitly in terms of $\mathrm{L}^{\infty}_{\mathrm{E}}(t)$ instead of $\mathrm{L}^{\infty}_{\mathrm{D(E)}}(t)$,

$$\text{(6 ter)} \qquad \mathrm{A}_{\mathrm{E}}(t) = \mathrm{L}^{\infty}_{\mathrm{E}}(1/qt)^{-1},$$

and similarly, (4 bis) and (5 bis) can be simplified to give

$$\text{(4 ter)} \qquad \chi(\mathrm{E}) = \sum_i (-1)^i \operatorname{rank} \mathrm{H}^i(\overline{\mathrm{X}}, \overline{\mathrm{E}}),$$

$$\text{(5 ter)} \qquad \delta(\mathrm{E}) = q^{\chi(\mathrm{E})}\delta(\mathrm{R}g_*(\mathrm{E}))^{-1} = q^{\chi(\mathrm{E})} \prod_i \det(f|\mathrm{H}^i(\overline{\mathrm{X}}, \overline{\mathrm{E}}))^{(-1)^{i+1}}.$$

When X is moreover proper, a comparison of (5) and (5 ter) actually shows that

$$\text{(9)} \qquad \delta(\mathrm{E})^2 = q^{\chi(\mathrm{E})} \quad \textit{i.e.} \quad \delta(\mathrm{E}) = \pm q^{\chi(\mathrm{E})/2}.$$

(N.B. this equality comes out without using any conjecture such as Weil); thus, in this case, knowing $\chi(\mathrm{E})$ determines $\delta(\mathrm{E})$ up to sign. One can specify the sign $\pm$ in (9) a little by proceeding as in your course; also, when X is not 4

également, lorsque X n'est pas nécessairement propre, mais qu'on admet les conjectures de Weil et la résolution des singularités, qui permettent la décomposition virtuelle de $\mathrm{R}_!g(\mathrm{E})$ en somme de composantes pures, expliciter $\chi(\mathrm{E})$ et $\delta(\mathrm{E})$ en termes de ces composantes virtuelles.

Supposons maintenant que X soit une courbe projective lisse, connexe i.e. irréductible pour fixer les idées (pas nécessairement géométriquement irréductible), de corps des fractions $\mathrm{K} = k(\eta)$. Supposons que l'on ait

$$\mathrm{E} = i_{\eta *}(\mathrm{M}), \tag{10}$$

où M est un faisceau constructible sur $\eta = \mathrm{Spec}(\mathrm{K})$ (le point générique de X), et $i_\eta : \eta \to \mathrm{X}$ est l'injection canonique. (Faire attention que dans le deuxième membre de (10) on écrit bien $i_{\eta *}$ et non $\mathrm{R}i_{\eta *}$). Il revient au même de dire que si U est un ouvert non vide de X sur lequel E est « constant tordu » ou comme nous dirons, non ramifié, alors E n'est autre que $i_*(\mathrm{E}_{|\mathrm{U}})$, où $i : \mathrm{U} \to \mathrm{X}$ est l'injection canonique. Notons qu'on a alors

$$\check{\mathrm{E}} = i_{\eta *}(\check{\mathrm{M}}), \tag{10 bis}$$

ce qui est une trivialité, et de plus

$$\mathrm{D}(\mathrm{E}) = \check{\mathrm{E}}(1), \tag{11}$$

ce qui est essentiellement le théorème de dualité locale sur X, déjà contenu dans la thèse de Ogg d'ailleurs. Ainsi, bien que E ne soit pas constant tordu, on obtient une équation fonctionnelle simple reliant directement L_E et $\mathrm{L}_{\check{\mathrm{E}}}$, savoir

$$\mathrm{L}_{\check{\mathrm{E}}}(1/pt) = (-t)^{\chi(\mathrm{E})}\delta(\mathrm{E})\mathrm{L}_\mathrm{E}(t). \tag{C}$$

Lorsque M satisfait à

$$\check{\mathrm{M}} = \mathrm{M}(\rho), \quad \text{d'où} \quad \mathrm{D}(\mathrm{E}) = \check{\mathrm{E}}(\rho + 1), \tag{12}$$

(moralement, M est un motif de poids ρ), alors (C) prend la forme

$$\mathrm{L}_\mathrm{E}(1/qt) = (-t)^{\chi(\mathrm{E})}\delta(\mathrm{E})\mathrm{L}_\mathrm{E}(t), \quad \text{avec } q = p^{1+\rho}. \tag{C'}$$

Dans ces formules, $\chi(\mathrm{E})$ et $\delta(\mathrm{E})$ sont encore données par (4), (5) et leurs variantes bis et ter ; on a en particulier la formule (9), qui détermine $\delta(\mathrm{E})$ en termes de $\chi(\mathrm{E})$, au signe près.

necessarily proper, but if one assumes the Weil conjectures and resolution of singularities, so as to be able to give a virtual decomposition of $\mathrm{R}_! g(\mathrm{E})$ as a sum of pure components, one can give $\chi(\mathrm{E})$ and $\delta(\mathrm{E})$ explicitly in terms of these virtual components.

Now assume that X is a projective smooth curve, which for the sake of argument is connected, i.e. irreducible (but not necessarily geometrically irreducible), with fraction field $\mathrm{K} = k(\eta)$. Assume that

$$\mathrm{E} = i_{\eta *}(\mathrm{M}), \tag{10}$$

where M is a constructible sheaf over $\eta = \mathrm{Spec}(\mathrm{K})$ (the generic point of X) and $i_\eta : \eta \to \mathrm{X}$ is the canonical injection. (Beware of the fact that the right-hand side of (10) really does say $i_{\eta *}$ and not $\mathrm{R}i_{\eta *}$.) It comes to the same to say that if U is an non-empty open subset of X over which E is "twisted constant", or, as we will say, unramified, then E is nothing else than $i_*(\mathrm{E}_{|\mathrm{U}})$, where $i : \mathrm{U} \to \mathrm{X}$ is the canonical injection. Note that one then has

$$\check{\mathrm{E}} = i_{\eta *}(\check{\mathrm{M}}), \tag{10 bis}$$

which is trivial, and moreover

$$\mathrm{D}(\mathrm{E}) = \check{\mathrm{E}}(1), \tag{11}$$

which is essentially the local duality theorem on X, already contained in Ogg's thesis. Thus, even though E is not twisted constant, one still obtains a simple functional equation linking L_E and $\mathrm{L}_{\check{\mathrm{E}}}$ directly, namely:

$$\mathrm{L}_{\check{\mathrm{E}}}(1/pt) = (-t)^{\chi(\mathrm{E})}\delta(\mathrm{E})\mathrm{L}_\mathrm{E}(t). \tag{C}$$

When M satisfies

$$\check{\mathrm{M}} = \mathrm{M}(\rho), \quad \text{whence} \quad \mathrm{D}(\mathrm{E}) = \check{\mathrm{E}}(\rho+1), \tag{12}$$

(morally M is a motive of weight ρ), (C) takes the form

$$\mathrm{L}_\mathrm{E}(1/qt) = (-t)^{\chi(\mathrm{E})}\delta(\mathrm{E})\mathrm{L}_\mathrm{E}(t), \quad \text{with } q = p^{1+\rho}. \tag{C$'$}$$

In these formulas, $\chi(\mathrm{E})$ and $\delta(\mathrm{E})$ are again as given by (4) and (5) and their variants bis and ter; in particular, one has formula (9), which determines $\delta(\mathrm{E})$ in terms of $\chi(\mathrm{E})$ up to sign.

Explicitons la forme globale de L_E :

$$L_E(t) = \frac{P^1_E(t)}{P^0_E(t)P^2_E(t)} \tag{13}$$

où

$$P^i_E(t) = \det(1 - tf|H^i(\overline{X}, \overline{E})),$$

l'hypothèse (12) impliquant d'ailleurs les équations fonctionnelles partielles suivantes, qui précisent (C′) :

$$\text{(C}''\text{)} \qquad \begin{cases} P^2_E(t)(1/qt) = (-t)^{-b^0(E)}\delta^0(E)^{-1}P^0_E(t), \\ P^1_E(t)(1/qt) = (-t)^{-b^1(E)}\delta^1(E)^{-1}P^1_E(t). \end{cases}$$

Plaçons-nous maintenant dans le cadre des motifs, en admettant la résolution des singularités et les conjectures de Weil, et supposons que E provienne d'un motif M sur K, purement de poids ρ (ce qui implique (12) lorsque M est un motif semi-simple, et même sans cette hypothèse si on raisonne sur des faisceaux virtuels). On vérifie alors que les valeurs propres inverses de Frobenius opérant sur H^0, H^1, H^2 sont respectivement de valeur absolue $p^{\rho/2}, p^{(\rho+1)/2}, p^{(\rho+2)/2}$, celles intervenant dans H^0 et dans H^2 étant d'ailleurs accouplées par paires de produit $q = p^{\rho+1}$; enfin, si M est un motif effectif, donc $\rho \geqslant 0$, H^2 (tout en étant de poids $\rho + 2$) est de *niveau* $\leqslant \rho$ et sauf erreur on doit même avoir un isomorphisme du type Lefschetz (indépendant de la théorie hypothétique des motifs) $H^2 = H^0(-1)$, d'où

$$P^2_E(t) = P^0_E(pt); \tag{14}$$

En particulier, les zéros de L_E sont exactement les valeurs propres de Frobenius sur H^1 et sont de valeur absolue inverse $p^{(\rho+1)/2} = q^{1/2}$, les pôles sont exactement les valeurs propres de Frobenius dans H^0 (pour les pôles de valeur absolue inverse $p^{\rho/2}$) et dans H^2 (pour ceux de valeur absolue inverse $p \cdot p^{\rho/2}$). Lorsque M est un motif effectif de poids 0, i.e. essentiellement dans le cas des fonctions L classiques associées à des groupes finis, ces résultats sont valables sans aucune conjecture, comme conséquence de l'hypothèse de Riemann pour les courbes. Dans le cas d'un motif effectif de poids 1 éventuellement tordu par $\mathbf{Q}_\ell(1)$, i.e. associé à une variété abélienne A_η sur K, disons

$$M = T_\ell(A_\eta) \tag{15}$$

Let us write down the global form of $\mathrm{L_E}$ explicitly:

$$\mathrm{L_E}(t) = \frac{\mathrm{P}^1_{\mathrm{E}}(t)}{\mathrm{P}^0_{\mathrm{E}}(t)\mathrm{P}^2_{\mathrm{E}}(t)} \tag{13}$$

where

$$\mathrm{P}^i_{\mathrm{E}}(t) = \det(1 - tf|\mathrm{H}^i(\overline{\mathrm{X}}, \overline{\mathrm{E}}));$$

condition (12) actually implies the following partial functional equations which make (C′) more precise:

$$\text{(C}''\text{)} \qquad \begin{cases} \mathrm{P}^2_{\mathrm{E}}(t)(1/qt) = (-t)^{-b^0(\mathrm{E})}\delta^0(\mathrm{E})^{-1}\mathrm{P}^0_{\mathrm{E}}(t), \\ \mathrm{P}^1_{\mathrm{E}}(t)(1/qt) = (-t)^{-b^1(\mathrm{E})}\delta^1(\mathrm{E})^{-1}\mathrm{P}^1_{\mathrm{E}}(t). \end{cases}$$

Let us now work in the framework of motives, assuming resolution of singularities and the Weil conjectures. Assume that E comes from a motive M over K, purely of weight ρ (which implies (12) when M is a semi-simple motive; this condition can even be dropped when working with virtual sheaves). One can then check that the inverses of the eigenvalues of the Frobenius action on $\mathrm{H}^0, \mathrm{H}^1, \mathrm{H}^2$ are respectively of absolute value $p^{\rho/2}, p^{(\rho+1)/2}, p^{(\rho+2)/2}$, and moreover those appearing in H^0 and H^2 come in pairs whose product is $q = p^{\rho+1}$; finally, if M is an effective motive, so that $\rho \geqslant 0$, H^2 (while being of weight $\rho+2$) is of *level* $\leqslant \rho$, and unless I am mistaken there should even be a Lefschetz-type isomorphism (which does not depend on the hypothetical theory of motives) $\mathrm{H}^2 = \mathrm{H}^0(-1)$, whence

$$\mathrm{P}^2_{\mathrm{E}}(t) = \mathrm{P}^0_{\mathrm{E}}(pt). \tag{14}$$

In particular, the zeros of $\mathrm{L_E}$ are precisely the eigenvalues of Frobenius on H^1 and have inverse absolute value $p^{(\rho+1)/2} = q^{1/2}$, the poles are exactly the eigenvalues of Frobenius on H^0 (for those of inverse absolute value $p^{\rho/2}$)) and H^2 (for those of inverse absolute value $p \cdot p^{\rho/2}$). When M is an effective motive of weight 0, i.e. essentially for classical L-functions associated to finite groups, these results are valid without any conjectures thanks to the Riemann hypothesis for curves. For an effective motive of weight 1, possibly twisted by $\mathbf{Q}_\ell(1)$, i.e. associated to an abelian variety A_η over K, say

$$\mathrm{M} = \mathrm{T}_\ell(\mathrm{A}_\eta) \tag{15}$$

(avec ce choix on a donc $\rho = -1$), comme on dispose de la résolution des surfaces, la validité des résultats précédents sur les valeurs absolues est équivalente aux conjectures de Weil dans le cas des surfaces. (NB on peut évidemment toujours supposer que A est une jacobienne, ce qui permet de se ramener à la théorie des surfaces.)

Pour terminer avec les bonnes propriétés de $\mathrm{L_E}$ dans le cas envisagé, précisons l'allure des facteurs locaux

$$\mathrm{L}_{\mathrm{E}}^{x}(t) = \frac{1}{\mathrm{P}_{\mathrm{E}}^{x}(t)} = \frac{1}{\det(1 - t^{d(x)} f_x | \mathrm{E}_x)},$$

f_x étant le Frobenius relatif à x (moralement, la puissance $d(x)$-ième du Frobenius absolu f), $d(x) =$ degré de $k(x)$ sur $\mathbf{F}_p$. Pour x « non ramifié » pour M, le facteur local correspondant est purement de poids ρ ; pour x « ramifié » pour M, le facteur local correspondant est de poids $\leqslant \rho$, mais en général non pur de poids ρ. Dans le cas (15), les facteurs locaux s'explicitent particulièrement bien en termes du modèle de Néron A de A_η, en effet on aura (par définition même du modèle de Néron par ses propriétés axiomatiques)

$$\mathrm{E} = \mathrm{T}_\ell(\mathrm{A}) \tag{16}$$

d'où

$$\mathrm{E}_x = \mathrm{T}_\ell(\mathrm{A}_x) \tag{16 bis}$$

où A_x est la fibre du modèle de Néron A en x. (NB J'ai oublié dans les formules (15) et (16 bis) de tensoriser par $\mathbf{Q}_\ell$ au deuxième membre...). Ainsi le facteur local $\mathrm{P}_{\mathrm{E}}^{x}(t)$ en x se décompose en un produit de deux facteurs, respectivement de poids $\rho - 1 = -2$ et $\rho = -1$, savoir essentiellement les polynômes caractéristiques de f_x dans $\mathrm{T}_\ell(\mathrm{A}_x^{\mathrm{mult}})$ et dans $\mathrm{T}_\ell(\mathrm{A}_x^{\mathrm{abél}})$, où $\mathrm{A}_x^{\mathrm{mult}}$ et $\mathrm{A}_x^{\mathrm{abél}}$ sont respectivement le morceau de type multiplicatif et le morceau abélien de A_x (dont la définition en forme est évidente, grâce au fait que $k(x)$ est fini donc parfait).

A première vue, d'après ces considérations, il semblerait que si on veut définir une fonction L pour un faisceau M sur $\eta = \mathrm{Spec}(\mathrm{K})$ provenant d'un E, la bonne définition consiste à prendre $\mathrm{L_M} = \mathrm{L_E}$. On trouve des résultats parfaits du point de vue équation fonctionnelle, distribution des zéros et des pôles, relations avec les modèles de Néron. J'ai oublié d'ailleurs de préciser plus haut l'interprétation birationnelle sympathique de la multiplicité du pôle 1 (ou

(for this choice, therefore, $\rho = -1$), the validity of the above results for absolute values is equivalent to the Weil conjectures for surfaces, given that resolution exists for surfaces. (N.B. One may obviously always assume that A is a Jacobian, which reduces the problem to surface theory.)

To finish up with the good properties of L_E in this situation, let us specify what the local factors

$$L_E^x(t) = \frac{1}{P_E^x(t)} = \frac{1}{\det(1 - t^{d(x)} f_x | E_x)},$$

look like, where f_x is the Frobenius relative to x (morally, the $d(x)$-th power of the absolute Frobenius f), and $d(x)$ = the degree of $k(x)$ over $\mathbf{F}_p$. For x "unramified" for M, the corresponding local factor is purely of weight ρ; for x "ramified" for M, the corresponding local factor is of weight $\leqslant \rho$, but is not in general purely of weight ρ. In the case (15), the local factors can be given especially nicely in terms of the Néron model A of A_η; ; indeed (by the very definition of the Néron model via its axiomatic properties) one has

$$E = T_\ell(A) \tag{16}$$

whence

$$E_x = T_\ell(A_x) \tag{16 bis}$$

where A_x is the fiber of the Néron model A at x. (N.B. In formulas (15) and (16 bis), I forgot to tensor the right-hand side by $\mathbf{Q}_\ell \ldots$). Thus, the local factor $P_E^x(t)$ splits into a product of two factors at x, respectively of weight $\rho - 1 = -2$ and $\rho = -1$, namely essentially the characteristic polynomials of f_x on $T_\ell(A_x^{\text{mult}})$ and $T_\ell(A_x^{\text{abel}})$, where A_x^{mult} and A_x^{abel} are respectively the multiplicative and abelian parts of A_x (whose formal definition is obvious, given that $k(x)$ is finite and hence perfect).

At first glance, it would seem from these considerations that if the aim is to define an L-function for a sheaf M over $\eta = \mathrm{Spec}(K)$ coming from some E, the right definition would be to take $L_M = L_E$. This gives results which are perfect from the point of view of functional equations, distribution of zeros and poles and relationship with the Néron model. In fact, I forgot to mention in the above the attractive birational interpretation of the multiplicity of the pole

p) dans L_E, lorsque M est un motif semi-simple (pas nécessairement effectif) de poids 0, comme étant la dimension de $H^0(K, M) = M^\pi$ (où M est considéré comme module sur $\pi = \mathrm{Gal}(\overline{K}/K)$). Je ne vois qu'une seule imperfection à cette définition de L_M, c'est que L_M n'est pas multiplicatif par rapport à des suites exactes en M, (et probablement, lorsqu'on fait également intervenir des groupes finis d'automorphismes G pour définir des fonctions $L_{M,\phi}$ relativement à des fonctions centrales ϕ sur G, les variances de $L_{M,\phi}$ ne s'écrivent pas par des formules aussi simples qu'on le voudrait ; je n'ai pas regardé ce point). Lorsqu'on veut à tout prix une fonction L qui dépende multiplicativement de M, il me semble hors de doute que la définition que tu préconises est la meilleure. Du point de vue adopté ici, elle consiste à considérer la fonction L à coefficients, non dans E défini par (10), mais à valeurs dans un faisceau un peu plus gros

$$\text{(10 bis)} \qquad E^\natural = E + \sum_x i_{x*}(\alpha_x(M)),$$

la somme étant étendue à un ensemble quelconque de points fermés $x \in X$ contenant tous les points ramifiés pour M ; pour un point fermé $x \in X$, $\alpha_x(M)$ est un faisceau constructible sur $k(x)$, de rang au plus égal à $r - \mathrm{rang}\, E_x$ (r étant le rang de M), donc nul si x est non ramifié pour E, et dont la définition explicite est la suivante : on considère M comme un module sur $\pi = \mathrm{Gal}(\overline{K}/K)$, soit D_x, I_x un groupe de décomposition (inertie) de x dans π, avec $I_x \subset D_x$, d'où un isomorphisme canonique

$$D_x/I_x = \mathrm{Gal}(\overline{k(x)}/k(x)) = \widehat{\mathbf{Z}}.$$

On sait alors (cf. ma lettre précédente) qu'il existe un sous-groupe ouvert U dans I_x invariant dans D_x qui opère de façon unipotente dans M, et on filtre M par les sous espaces $M_{x,0} = M^U, M_{x,1} =$ image inverse de $(M/M_{x,1})^U$ dans M, etc. Alors les $\mathrm{gr}_{x,i}(M)$, $i \geqslant 0$, sont des modules sur D_x/U, donc les $\mathrm{gr}_{x,i}(M)^{I_x/U}$ sont des modules sur D_x/I_x, donc peuvent être considérés comme des faisceaux sur $k(x)$. D'ailleurs $\mathrm{gr}_{x,0}(M)^{I_x} = M^{I_x} = E_x$ n'est autre que la fibre de E en x. Ceci posé, on pose avec tézigue

$$\text{(17)} \qquad \alpha_x(M) = \sum_{i \geqslant 1} \mathrm{gr}_{x,i}(M)^{I_x}$$

at 1 (or p) of L_E when M is a (not necessarily effective) semi-simple motive of weight 0; it is the dimension of $H^0(K, M) = M^\pi$ (where M is considered as a module over $\pi = \mathrm{Gal}(\overline{K}/K)$). I can only see one flaw in this definition of L_M, namely that L_M is not multiplicative with respect to exact sequences in M (and probably, when finite groups G of automorphisms are also introduced in order to define functions $L_{M,\phi}$ with respect to class functions ϕ on G, the variance of the functions $L_{M,\phi}$ is given by formulas that are not as simple as one would like; I have not looked into this question). If one insists on having an L-function which depends multiplicatively on M, it seems to me beyond doubt that the definition you recommend is the best one. From the point of view adopted here, it consists in considering the L-function with coefficients not in the E defined in (10), but with values in a slightly larger sheaf

$$E^\natural = E + \sum_x i_{x*}(\alpha_x(M)), \tag{10 bis}$$

where the sum is taken over an arbitrary set of closed points $x \in X$ containing all the ramification points of M; for a closed point $x \in X$, $\alpha_x(M)$ is a constructible sheaf on $k(x)$, of rank at most $r - \operatorname{rang} E_x$ (where r is the rank of M), and hence zero if x is unramified for E; its explicit definition is as follows: consider M as a module over $\pi = \mathrm{Gal}(\overline{K}/K)$, let D_x, I_x, be a decomposition (inertia) group of x in π, with $I_x \subset D_x$; then there is a canonical isomorphism

$$D_x/I_x = \mathrm{Gal}(\overline{k(x)}/k(x)) = \widehat{\mathbf{Z}}.$$

Then one knows (cf. my last letter) that there exists an open subgroup U in I_x, invariant in D_x, which has a unipotent action on M, and one can filter M by the subspaces $M_{x,0} = M^U, M_{x,1} =$ inverse image of $(M/M_{x,1})^U$ in M, etc. Then the $\mathrm{gr}_{x,i}(M)$, $i \geqslant 0$ are modules over D_x/U, and hence the $\mathrm{gr}_{x,i}(M)^{I_x/U}$ are modules over D_x/I_x, so they can be considered as sheaves on $k(x)$. Actually, $\mathrm{gr}_{x,0}(M)^{I_x} = M^{I_x} = E_x$ is nothing but the fiber of E at x. Given this, we set as you do

$$\alpha_x(M) = \sum_{i \geqslant 1} \mathrm{gr}_{x,i}(M)^{I_x} \tag{17}$$

et

$$\text{(18)}\qquad \mathrm{L}^{\natural}_{\mathrm{E}}(t) = \mathrm{L}_{\mathrm{E}^{\natural}}(t) = \mathrm{L}_{\mathrm{E}}(t)\prod_x \mathrm{L}_{\alpha_x(\mathrm{M})} = \mathrm{L}_{\mathrm{E}}(t)/\prod_x \mathrm{P}_{\alpha_x(\mathrm{M})}(t^{d(x)}),$$

où $\mathrm{P}_{\alpha_x(\mathrm{M})}(t) = \det(1 - tf_x|\alpha_x(\mathrm{M}))$ est le polynôme caractéristique de f_x dans $\alpha_x(\mathrm{M})$.

On peut préciser dans le cadre des motifs, du moins conjecturalement, l'allure des facteurs en rabiot $\frac{1}{\mathrm{P}_{\alpha_x(\mathrm{M})}(t)}$que tu veux mettre à L_{E}, et qui a priori peuvent lui rajouter des pôles (ou détruire des zéros). Supposant toujours que M provienne d'un motif pur de poids ρ, il doit être vrai que tous les $\mathrm{gr}_{x,i}(\mathrm{M})^{\mathrm{I}_x}$ sont en fait des motifs sur $k(x)$, effectifs si M l'est : c'est à peu de choses près l'interprétation du point de vue motifs de tes conjectures avec Tate (à cela près qu'il faut dire, de façon un peu plus précise, que les $\mathrm{gr}_{x,i}(\mathrm{M})$ eux-mêmes sont des motifs définis sur l'extension finie de $k(x)$ de groupe I_x/U...). Si on veut que tes facteurs en rabiot ne salopent pas trop l'allure des zéros et des pôles de la fonction L (de façon précise, qu'elle n'acquière pas d'autres pôles de poids $\neq \rho+1$) il faut supposer resp. admettre que le morceau $\alpha_x(\mathrm{M})$ est pur de poids $\rho+1$ (ce qui implique que $\mathrm{E}_x = \mathrm{gr}_{x,0}(\mathrm{M})^{\mathrm{I}_x}$ est exactement le morceau de poids $\leqslant \rho$ de $\mathrm{E}^{\natural}_x$). Dans le cas où M est défini par une variété abélienne A_η par (15), ceci est très exactement équivalent à dire que sur une extension finie assez grande K′ de K, le modèle de Néron de $\mathrm{A}_{\mathrm{K}'}$ n'a en les points au-dessus de x aucune composante additive, i.e. à ta chère conjecture personnelle (sur laquelle je vais revenir tout à l'heure) [10] [Mais cela peut être *faux* pour M motif effectif de poids 2, par exemple M produit tensoriel $\mathrm{R}^1(\mathrm{A}_\eta)\otimes\mathrm{R}^1(\mathrm{A}_\eta)$ A_η certaine courbe elliptique sur K ! *Alors* $\alpha_x(\mathrm{M})$ *a du poids* ρ *et* $\rho+2$.] Lorsqu'il en est ainsi, alors (et alors seulement !) les facteurs en rabiot satisfont essentiellement la même équation fonctionnelle que L_{E}, aux coefficients numériques près, et on trouve pour $\mathrm{L}^{\natural}_{\mathrm{M}}$ une équation fonctionnelle honnête

$$\text{(D)}\qquad \mathrm{L}^{\natural}_{\mathrm{M}}(1/qt) = (-t)^{\chi(\mathrm{E})+\sum_x \chi_x(\mathrm{M})}(\delta(\mathrm{E})\prod_x \delta_x(\mathrm{M}))\mathrm{L}^{\natural}_{\mathrm{M}}(t),$$

avec

$$\text{(19)}\qquad \chi_x(\mathrm{M}) = d(x)\cdot \operatorname{rang}\alpha_x(\mathrm{M})$$

$$\text{(20)}\qquad \delta_x(\mathrm{M}) = (\det(f_x|\alpha_x(\mathrm{M})))^{d(x)} = \pm q^{\chi_x(\mathrm{M})/2},\ \text{où } q = p^{\rho+1}.$$

(10) Ce qui suit est écrit à la main en bas de page et une partie est effacée

and

$$\text{(18)}\qquad \mathrm{L}_{\mathrm{E}}^{\natural}(t)=\mathrm{L}_{\mathrm{E}^{\natural}}(t)=\mathrm{L}_{\mathrm{E}}(t)\prod_{x}\mathrm{L}_{\alpha_x(\mathrm{M})}=\mathrm{L}_{\mathrm{E}}(t)/\prod_{x}\mathrm{P}_{\alpha_x(\mathrm{M})}(t^{d(x)}),$$

where $\mathrm{P}_{\alpha_x(\mathrm{M})}(t)=\det(1-tf_x|\alpha_x(\mathrm{M}))$ is the characteristic polynomial of f_x in $\alpha_x(\mathrm{M})$.

In the framework of motives, one can specify, at least conjecturally, the structure of the supplementary factors $\frac{1}{\mathrm{P}_{\alpha_x(\mathrm{M})}(t)}$ that you want to add to L_{E}, and which a priori might add some poles (or destroy some zeros). Still assuming that M comes from a pure motive of weight ρ, it should be true that all the $\mathrm{gr}_{x,i}(\mathrm{M})^{\mathrm{I}_x}$ are in fact motives over $k(x)$, which are effective if M is effective: this is more or less the motivic interpretation of your conjectures with Tate (up to the fact that one should say, more precisely, that the $\mathrm{gr}_{x,i}(\mathrm{M})$ are themselves motives defined over the finite extension of $k(x)$ with group I_x/U...). If your extra factors are not to screw up the zeros and poles of the L-function too badly (precisely, if it is not to acquire extra poles of weight $\neq\rho+1$), then it must be assumed resp. admitted that the $\alpha_x(\mathrm{M})$ piece is pure of weight $\rho+1$ (which implies that $\mathrm{E}_x=\mathrm{gr}_{x,0}(\mathrm{M})^{\mathrm{I}_x}$ is exactly the part of $\mathrm{E}_x^{\natural}$ weight $\leqslant\rho$). When M is defined by an abelian variety A_η by (15), this is exactly equivalent to saying that over a sufficiently large finite extension K' of K, the Néron model of $\mathrm{A}_{\mathrm{K}'}$ does not have any additive component at the points over x, i.e. to your beloved personal conjecture (to which I will soon return)[12]. [But this can be *false* when M is an effective motive of rank 2, for instance when M is the tensor product $\mathrm{R}^1(\mathrm{A}_\eta)\otimes\mathrm{R}^1(\mathrm{A}_\eta)$, A_η some elliptic curve over K! *Then* $\alpha_x(\mathrm{M})$ *has parts of weight* ρ *and* $\rho+2$.] In this case (and only then!), the extra factors essentially satisfy the same functional equation as L_{E}, up to numerical coefficients, and there is a nice functional equation for $\mathrm{L}_{\mathrm{M}}^{\natural}$,

$$\text{(D)}\qquad \mathrm{L}_{\mathrm{M}}^{\natural}(1/qt)=(-t)^{\chi(\mathrm{E})+\sum_x\chi_x(\mathrm{M})}(\delta(\mathrm{E})\prod_{x}\delta_x(\mathrm{M}))\mathrm{L}_{\mathrm{M}}^{\natural}(t),$$

with

$$\text{(19)}\qquad \chi_x(\mathrm{M})=d(x)\cdot\operatorname{rank}\alpha_x(\mathrm{M})$$

$$\text{(20)}\qquad \delta_x(\mathrm{M})=(\det(f_x|\alpha_x(\mathrm{M})))^{d(x)}=\pm q^{\chi_x(\mathrm{M})/2},\ \text{where } q=p^{\rho+1}.$$

[12]What follows was hand-written at the bottom of the page and was partially erased.

Si d'autre part on veut que $L_M^\natural(t)$ n'ait pas d'autres pôles que de poids ρ et $\rho+2$ (ce qui semble être selon toi l'un des critères qui doit distinguer une fonction L honnête) il faudrait que les zéros des facteurs locaux définis par les $\alpha_x(M)$ soient neutralisés par ceux de $P_E^1(t)$, c'est-à-dire à peu de choses près que $H^1(\overline{X},\overline{E})$ en tant qu'espace avec automorphisme f « contienne » la somme des $g_{x*}(\alpha_x(M))$ (où $g_x : \operatorname{Spec}(k(x)) \to \operatorname{Spec}(\mathbf{F}_p)$ est le morphisme canonique, induit par $g : X \to \operatorname{Spec}(\mathbf{F}_p)$). Je n'ai pas réfléchi sérieusement à cette question, mais une telle compensation semblerait à première vue assez miraculeuse !

Pour terminer ces considérations générales sur les fonctions L, je peux pré-
5 ciser ce qui se passe lorsque $M = T_\ell(A)$, dans le cas où ta conjecture est vraie en x. Alors la filtration de M par les $M_{x,i}$ se fait exactement en deux crans, et (prenant une polarisation de A définissant un accouplement $M \times M \to \mathbf{Q}_\ell(1)$), $M_{x,0}$ est l'orthogonal dans M du morceau de « type multiplicatif » i.e. de poids $\rho - 1 = -2$ de $M_{x,0}$. Passant aux invariants, on trouve alors un isomorphisme canonique

$$\text{(21)} \qquad \alpha_x(M) = (M/M^U)^{I_x/U} = T_\ell(A_x^{\text{mult}})^\vee(1) \quad (\simeq T_\ell(A_x^{\text{mult}})(-1))$$

d'où

$$\text{(21 bis)} \qquad \chi_x(M) = \dim A_x^{\text{mult}}, \quad \delta_x(M) = \pm 1.$$

De façon précise, A_x^{mult} est déterminé par un réseau discret

$$R_x = \operatorname{Hom}_{\text{gr}}(\mathbf{G}_{m\ k(x)}, A_x^{\text{mult}})$$

de rang $\chi_x(M)$ sur lequel f_x opère comme un automorphisme d'ordre fini, et on a

$$\text{(22)} \qquad L_{\alpha_x(M)}(t) = 1/\det(1 - t^{d(x)} f_x | R_x), \quad \delta_x(M) = (\det f_x | R_x)^{d(x)},$$

donc le facteur local total de $L_M^\natural$ en x est

$$\text{(23)} \qquad L_{M,x}^\natural(t) = P_x^0(t) P_x^1(t) P_x^2(t)$$

avec

$$\text{(23 bis)} \quad \begin{cases} P_x^0(t) = \det(1 - (p^{-1}t)^{d(x)} f_x | R_x) \\ P_x^2(t) = P_x^0(pt) = \det(1 - t^{d(x)} f_x | R_x) \leftarrow \text{c'est ton rabiot provenant de } \alpha_x(M) \\ P_x^1(t) = \det(1 - t^{d(x)} f_x | T_\ell(A_x^{\text{abél}})) \end{cases}$$

If in addition one wants $L^\natural_M(t)$ not to have poles of weights other than ρ and $\rho+2$ (which according to you seems to be one of the criteria which should distinguish nice L-functions) then the zeros of the local factors defined by the $\alpha_x(M)$ must be cancelled out by those of the $P^1_E(t)$, which is almost the same thing as saying that $H^1(\overline{X}, \overline{E})$, as a space with automorphism f, "contains" the sum of the $g_{x*}(\alpha_x(M))$ (where $g_x : \operatorname{Spec}(k(x)) \to \operatorname{Spec}(\mathbf{F}_p)$ is the canonical morphism, induced by $g : X \to \operatorname{Spec}(\mathbf{F}_p)$). I have not given this question any serious thought, but at first glance such a cancellation would seem fairly miraculous!

To finish up these general considerations on L-functions, I can say exactly what happens when $M = T_\ell(A)$ and your conjecture holds at x. Then the 5
filtration of M by the $M_{x,i}$ has exactly two steps, and (taking a polarization of A which defines a pairing $M \times M \to \mathbf{Q}_\ell(1)$), $M_{x,0}$ is the orthogonal complement in M of the "multiplicative type" part, i.e. the weight $\rho - 1 = -2$ part, of $M_{x,0}$. Passing to invariants, one then gets a canonical isomorphism

$$\alpha_x(M) = (M/M^U)^{I_x/U} = T_\ell(A_x^{\mathrm{mult}})^\vee(1) \quad (\simeq T_\ell(A_x^{\mathrm{mult}})(-1)) \tag{21}$$

whence

$$\chi_x(M) = \dim A_x^{\mathrm{mult}}, \quad \delta_x(M) = \pm 1. \tag{21 bis}$$

Precisely, A_x^{mult} is determined by a discrete lattice

$$R_x = \operatorname{Hom}_{\mathrm{gr}}(\mathbf{G}_{m\ k(x)}, A_x^{\mathrm{mult}})$$

of rank $\chi_x(M)$ on which f_x acts as an automorphism of finite order, and one has

$$L_{\alpha_x(M)}(t) = 1/\det(1 - t^{d(x)} f_x | R_x), \quad \delta_x(M) = (\det f_x | R_x)^{d(x)}, \tag{22}$$

so the total local factor of $L^\natural_M$ at x is

$$L^\natural_{M,x}(t) = P^0_x(t) P^1_x(t) P^2_x(t) \tag{23}$$

with

$$\begin{cases} P^0_x(t) = \det(1 - (p^{-1}t)^{d(x)} f_x | R_x) \\ P^2_x(t) = P^0_x(pt) = \det(1 - t^{d(x)} f_x | R_x) \leftarrow \text{this is your extra stuff coming from } \alpha_x(M) \\ P^1_x(t) = \det(1 - t^{d(x)} f_x | T_\ell(A_x^{\mathrm{abel}})) \end{cases} \tag{23 bis}$$

réfléchi sérieusement à cette question, mais une telle compensation semblerait à première vue assez miraculeuse !

Pour terminer ces considérations générales sur les fonctions L, je peux préciser ce qui se passe lorsque $M=T_\ell(A)$, dans le cas où ta conjecture est vraie en x. Alors la filtration de M par les $M_{x\,i}$ se fait exactement en deux crans, et (prenant une polarisation de A définissant un accouplement $M \times M \to \underline{Q}_\ell(1)$) $M_{x\,1}$ est l'orthogonal dans M du morceau "de type multiplicatif" i.e. de poids $p^{-1} = -2$ de $M_{x\,0}$. Passant aux invariants, on trouve alors un isomorphisme canonique

(21) $\alpha_x(M) = (M/M^U)^{I_x/U} = T_\ell(A_x^{\mathrm{mult}})(-1) \quad (\simeq T_\ell(A_x^{\mathrm{mult}})(-1))$

d'où

(21 bis) $\lambda_x(M) = \dim A_x^{\mathrm{mult}}, \quad \delta_x(M) = \pm 1$

De façon précise, A_x^{mult} est déterminé par un réseau discret

$$R_x = \mathrm{Hom}_{gr}(\underline{G}_{m\,k(x)}, A_x^{\mathrm{mult}})$$

de rang $\lambda_x(M)$ sur lequel f_x opère comme un automorphisme d'ordre fini, et on a

(22) $L_{\alpha_x(M)}(t) = 1 / \det(1 - t^{d(x)} f_{x\,R_x}), \quad \delta_x(M) = (\det f_{x\,R_x})^{d(x)}$,

donc le facteur local total de $L_M^{\natural}$ en x est

(23) $L^{\natural}_{M,x}(t) = P_x^0(t)\, P_x^1(t)\, P_x^2(t)$

avec

(23 bis)
$$\begin{cases} P_x^0(t) = \det(1 - t^{d(x)} f_{x\,R_x}) \\ P_x^2(t) = P_x^0(pt) = \det(1 - t^{d(x)} f_{x\,R_x}) \\ P_x^1(t) = \det(1 - t^{d(x)} f_{x\,T_\ell(A_x^{\mathrm{abél}})}) \end{cases}$$
← C'est ton rabiot provenant de $\alpha_x(M)$

Cette lettre étant déjà devenue bien longue, je m'arrête pour le moment et reviendrai un jour prochain sur les conjectures "locales" sur les VA, qui me semblent démontrables (du moins en car. 0) modulo le résultat de Mumford que je t'avais déjà signalé à leur propos.

Salut et fraternité

A Grothendieck

Fac-similé de la lettre de Grothendieck du 30.9.1964, page 198

Cambridge, 30 Septembre 1964

Cher Grothendieck,

Ton théorème sur l'action du groupe d'inertie est rupinant – si tu l'as vraiment démontré. En effet, je ne suis pas arrivé à voir comment tu généralisais ton raisonnement qui démontre le cor.2 ; dans le cas général, il faut trouver des Frobenius qui <u>normalisent</u> le groupe I et je ne vois pas du tout comment tu t'y prends.
Note d'ailleurs que le théorème (et même le cor.2) sont faux(*) tels quels; tout ce que tu démontres (mais cela suffit à m'enchanter) c'est l'existence d'un sous-groupe <u>ouvert</u> (style Corollaire 1) où tout se passe bien; en effet, reprends ta démonstration du cor.2 ; tu constateras que les soit-disant racines q^N-èmes de l'unité que tu obtiens sont en fait des racines (q^N-1)-ièmes de l'unité, et q^N-1 peut parfaitement être divisible par ℓ .

Je ne comprends pas ta question sur les séries $\sum a_n s^n$ (page 3 de ta lettre), faute de comprendre ce que signifie l'anneau $K(Q_\ell[\underline{Z}])$ dont tu parles; pourrais-tu être plus explicite ?

Aucune idée sur la façon dont Frobenius opère sur le groupe fondamental d'une courbe; dans son laius de Stockholm, Šafarevič mentionne lui aussi cette question.
Aucune idée non plus sur la distribution des Frobenius, ni sur Lefschetz sauf que ce dernier considérait lui-même son th. de pts fixes comme un

(*) Contre-exemples faciles.

Facsimile of Serre's letter of September 30, 1964, page 187.

Cette lettre étant déjà devenue bien longue, je m'arrête pour le moment et reviendrai un jour prochain sur les conjectures « locales » sur les variétés abéliennes, qui me semblent démontrables (du moins en caractéristique 0) modulo le résultat de Mumford que je t'avais déjà signalé à leur propos.

Salut et fraternité

A. Grothendieck

PS, Un exemple. Pars avec une courbe elliptique A sur K , de modèle de Néron A, et suppose $x \in \mathrm{X}$ tel que A_x^0 soit un groupe de type multiplicatif, mettons $\mathbf{G}_{m\ x}$ lui-même, de sorte que $\mathrm{M}_{x,0} = \mathrm{M}_0 = \mathrm{M}^{\mathrm{I}_x} = \mathrm{E}$ est de rang 1 et de poids $\rho - 1 = 0$, et $\mathrm{M}/\mathrm{M}_0 = \mathrm{gr}_{x,1}(\mathrm{M}) = \mathrm{gr}_{x,1}(\mathrm{M})^{\mathrm{I}_x}$ est de poids $\rho + 1 = 2$, I_x opérant sur M par transvection. (NB On a pris $\mathrm{M} = \mathrm{R}^1 h_*(\mathbf{Q}_{\ell \mathrm{A}})$, motif effectif de poids 1). On a la situation complètement en main, et on peut analyser complètement la filtration en x d'un motif de la forme $\mathrm{M}^\rho = \mathrm{M} \otimes \cdots \otimes \mathrm{M}$ (ρ facteurs), qui est effectif de poids ρ. Sauf erreur on trouve que $\alpha_x(\mathrm{M})$ fait intervenir des poids qui sont exactement tous les nombres pairs entre ρ et 2ρ (et en tout cas, il fait intervenir le poids 2ρ, comme on constate immédiatement). Donc dès que $\rho \geqslant 2$, la fonction $\mathrm{L}^\natural_{\mathrm{M}^\rho}$ a des pôles déconnants, tels le pôle $p^{-\rho}$ de poids 2ρ, et également une équation fonctionnelle peu appétissante. Il me semble donc que ce n'est guère que pour les motifs effectifs de poids 1 (éventuellement tordus à la Tate) que ta fonction $\mathrm{L}^\natural$ est raisonnable — et encore n'est-il pas exclu que même dans ce cas, on trouve des pôles indésirables
6 de poids $\rho = 1$. Bien entendu, pour les motifs effectifs de poids 0, correspondant essentiellement aux fonctions L ordinaires, relatives à des groupes finis, les $\alpha_x(\mathrm{M})$ sont nuls i.e. $\mathrm{L}_\mathrm{E} = \mathrm{L}^\natural_\mathrm{M}$.

As this letter has already become rather long, I will stop for the moment, and will return in the near future to the "local" conjectures on abelian varieties, which look provable to me (at least in characteristic 0), modulo the result of Mumford's which I have already mentioned to you in this context.

Yours,

A. Grothendieck

PS. An example. Take an elliptic curve A over K of Néron model A, and assume that $x \in \mathrm{X}$ is such that A_x^0 is a group of multiplicative type, say $\mathbf{G}_{m,x}$ itself, so that $\mathrm{M}_{x,0} = \mathrm{M}_0 = \mathrm{M}^{\mathrm{I}_x} = \mathrm{E}$ is of rank 1 and weight $\rho - 1 = 0$, and $\mathrm{M}/\mathrm{M}_0 = \mathrm{gr}_{x,1}(\mathrm{M}) = \mathrm{gr}_{x,1}(\mathrm{M})^{\mathrm{I}_x}$ is of weight $\rho + 1 = 2$, where I_x acts on M by transvection. (N.B. Here $\mathrm{M} = \mathrm{R}^1 h_*(\mathbf{Q}_{\ell\mathrm{A}})$, an effective motive of weight 1). The situation is completely under control, and it is possible to analyse completely the filtration at x of a motive of the form $\mathrm{M}^\rho = \mathrm{M} \otimes \ldots \otimes \mathrm{M}$ (ρ factors), which is effective of weight ρ. Unless I am mistaken, one finds that $\alpha_x(\mathrm{M})$ contains the weights that are exactly all the even numbers between ρ and 2ρ (and in any case, the weight 2ρ appears as can be seen immediately). Thus, the function $\mathrm{L}^\natural_{\mathrm{M}^\rho}$ has screwed-up poles as soon as $\rho \geqslant 2$, such as the pole $p^{-\rho}$ of weight 2ρ, and it also has a rather unappetizing functional equation. Therefore, it seems to me that it is only for effective motives of weight 1 (possibly with Tate twists) that your function $\mathrm{L}^\natural$ is reasonable—and even then, it is not certain that there will be no unwanted poles of weight $\rho = 1$. Of course, 6
for effective motives of weight 0, which essentially correspond to ordinary L-functions, relative to finite groups, the $\alpha_x(\mathrm{M})$ vanish, i.e. $\mathrm{L}_\mathrm{E} = \mathrm{L}^\natural_\mathrm{M}$.

Bures, 3 et 5 Octobre 1964

Mon cher Serre,

Voici la suite promise à ma lettre du 30 septembre, que j'ai envie de commencer par quelques commentaires sur cette dernière.

a) Dernière page, ligne -3, tu auras rectifié le lapsus, en lisant « de poids $\rho + 1 = 2$ » au lieu de « de poids $\rho = 1$ ». A propos de la formule (14), liée à un isomorphisme « du type Lefschetz », la validité de ce dernier signifie très exactement (comme on constate par dualité) que les invariants de M et de $\check{\mathrm{M}}$ sont duaux l'un de l'autre, ce qui n'est évidemment pas toujours le cas, mais est vrai si M est semi-simple sous l'action de π, donc (en admettant le yoga des motifs) est vrai si M provient d'un motif semi-simple, tel un $\mathrm{H}^i(\mathrm{Y}, \mathbf{Q}_\ell)$ (Y_η projective et lisse sur K).

b) Les formules de la lettre se transposent de façon évidente lorsqu'on a un groupe fini G opérant sur (X, E), et qu'on prend des fonctions $\mathrm{L}_{\mathrm{E},\mathrm{G},\phi}$ associées à des fonctions centrales ϕ sur G (à valeurs dans le corps de coefficients pour E, extension finie de $\mathbf{Q}_\ell$). En effet, la formule de dualité fondamentale (1) est valable évidemment en tenant compte des opérations de G (i.e. comme formule dans la catégorie dérivée pour les faisceaux à groupe G d'opérateurs). Dans (8), il faudra simplement supposer que l'isomorphisme envisagé est compatible avec les opérations de G (en faisant opérer G sur $\check{\mathrm{E}}$ par transport de structure, i.e. de façon contragrédiente à l'opération sur E) ; note d'ailleurs que (en acceptant le yoga des motifs) prenant des moyennes des transformées d'une forme « définie positive » sur un motif semi-simple M de poids ρ par les opérations de G, un isomorphisme (8) compatible avec G doit exister effectivement pour un tel
1/2 motif. Sous ces conditions, l'équation fonctionnelle (B') devient

$$\text{(B')} \qquad \mathrm{L}_{\mathrm{E},\mathrm{G},\check{\phi}}(1/qt) = \mathrm{A}_{\mathrm{E},\mathrm{G},\phi}(t)(-t)^{\chi(\mathrm{E},\mathrm{G},\phi)}\delta(\mathrm{E},\mathrm{G},\phi)\mathrm{L}_{\mathrm{E},\mathrm{G},\phi}(t),$$

avec l'interprétation évidente des quantités $\mathrm{A}_{\mathrm{E},\mathrm{G},\phi}$, $\chi(\mathrm{E},\mathrm{G},\phi)$ et $\delta(\mathrm{E},\mathrm{G},\phi)$, $\check{\phi}$ étant la fonction centrale contragrédiente de ϕ :

$$\check{\phi}(g) = \phi(g^{-1}),$$

et on a des variantes analogues pour toutes les autres formules de ma lettre. Remarque analogue si on se donne de plus une algèbre fixée sur le corps de

Bures, October 3 and 5, 1964

My dear Serre,

Here is the promised sequel to my letter of September 30th, which I would like to start with some comments on the latter.

a) Last page, ligne -3, you will have already corrected the slip, by reading "of weight $\rho + 1 = 2$" for "of weight $\rho = 1$". On the subject of formula (14), which is related to a "Lefschetz type" isomorphism, its validity means exactly (as can be seen by duality) that the invariants of M and $\check{\mathrm{M}}$ are dual to each other, which obviously is not always the case, but holds if M is semi-simple under the action of π, so (assuming the motivic yoga) if M comes from a semi-simple motive, such as $\mathrm{H}^i(\mathrm{Y}, \mathbf{Q}_\ell)$ (for projective smooth Y_η over K).

b) The formulas in the letter can be transposed in an obvious way to the situation where a finite group G acts on (X, E), and one considers the functions $\mathrm{L}_{\mathrm{E,G},\phi}$ associated to class functions ϕ on G (with values in the coefficient field of E, a finite extension of $\mathbf{Q}_\ell$). Indeed, the fundamental duality formula (1) obviously holds if the G-action is taken into account (i.e. as a formula in the derived category of sheaves with group of operators G). In (8), the only thing to assume is that the envisaged isomorphism is compatible with the operations of G (where G acts on $\check{\mathrm{E}}$ by transport of structure, i.e. by an action contragredient to the action on E); note actually that (accepting the motivic yoga), taking averages of the transforms of a "positive definite" form on a semi-simple motive M of weight ρ under the operations of G, an isomorphism (8) compatible with G should indeed exist for such a motive M. Under these conditions, the functional equation (B′) becomes 1/2

$$\text{(B}')\qquad \mathrm{L}_{\mathrm{E,G},\check{\phi}}(1/qt) = \mathrm{A}_{\mathrm{E,G},\phi}(t)(-t)^{\chi(\mathrm{E,G},\phi)}\delta(\mathrm{E,G},\phi)\mathrm{L}_{\mathrm{E,G},\phi}(t),$$

with the obvious interpretation of the quantities $\mathrm{A}_{\mathrm{E,G},\phi}$, $\chi(\mathrm{E,G},\phi)$ and $\delta(\mathrm{E,G},\phi)$, and where $\check{\phi}$ is the contragredient class function of ϕ:

$$\check{\phi}(g) = \phi(g^{-1}),$$

and there are analogous variations of all the other formulas in my letter. An analogous remark can be made if one also takes a fixed algebra over the co-

coefficients, qu'on se borne à des faisceaux E qui sont des modules sur cette algèbre, et qu'on prend des fonctions L relativement à des caractères de cette dernière. On peut aussi corser la situation en faisant opérer G sur ladite algèbre...

c) J'ai changé d'avis, en cours de rédaction, sur le point que « si on veut à tout prix une fonction L qui dépende multiplicativement de M, la définition que tu préconises est la meilleure ». Il me semble maintenant que la solution la plus bébête (que j'avais d'abord rejetée) est alors la meilleure, savoir : prendre une suite de composition de M à quotients simples M_i (pour l'action du groupe $\pi = \mathrm{Gal}(\overline{K}/K)$) et définir L_M comme le produit des L_{E_i}, où E_i est l'image directe de M_i sur X. De cette façon, sans perdre l'équation fonctionnelle, ni la disposition sympathique des zéros et pôles (modulo les conjectures de Weil), on a additivité par définition même. De plus, dans les cas les plus intéressants, M est déjà semi-simple, et L_M n'est autre que L_E, dont la description théorique (via les facteurs locaux) est particulièrement simple. Il convient de noter d'ailleurs que si M provient d'un motif semi-simple, alors (admettant le yoga général des motifs) M est semi-simple comme module sous π, donc L_M n'est autre que L_E, et de plus cette fonction ne dépend pas du nombre premier ℓ choisi pour « réaliser » le motif donné. Cette dernière remarque s'étend aussitôt au cas d'un
2/3 motif quelconque, pas nécessairement semi-simple, par linéarité à partir du cas simple. L'argument qui m'avait d'abord fait rejeter cette définition bébête de L_M était que en apparence, avec cette définition, les facteurs locaux de L_M ne sont plus des invariants purement locaux, i.e. qui ne dépendent que du faisceau déduit de E par le changement de base $K \to K_x$ (où K_x est le complété de K en x), du fait que la décomposition virtuelle de E en composants simples n'en est plus une après le changement de base $K \to K_x$; de façon précise même si F est simple, $F \times_K K_x$ n'est pas nécessairement semi-simple, et on n'obtient *pas* le facteur local qu'on veut en prenant une suite de composition à facteurs simples de ce dernier. Cependant, il semble que le seul intérêt (if any) des fonctions L est dans le cas d'un faisceau de coefficients provenant de *motifs* (ce qui rend possible des conjectures genre Riemann et Artin). Or restant dans la catégorie des motifs, la semi-simplicité est préservée par changement de base, et par suite le facteur local de L_M en x ne dépend que du *motif* image inverse du motif envisagé sur Spec(K) par $\mathrm{Spec}(K_x) \to \mathrm{Spec}(K)$. D'ailleurs, contrairement à ce que je prévoyais d'abord (influencé par tes discours sur les

efficient field, and restricts to sheaves E which are modules over this algebra, taking L-functions relative to the characters of the latter. Things can also be spiced up by having G act on the said algebra...

c) In the middle of writing, I have changed my mind about the point that "if one insists on having an L-function which depends multiplicatively on M, the definition you suggest is the best". It now seems to me that the simplest solution (which I had initially rejected) is best, namely: take a composition sequence of M with simple quotients M_i (for the group action $\pi = \mathrm{Gal}(\overline{K}/K)$) and define L_M to be the product of the L_{E_i}, where E_i is the direct image of M_i over X. In this way, additivity holds by definition, without losing either the functional equation or the nice distribution of zeros and poles (modulo the Weil conjectures). What is more, in the most interesting cases, M is already semi-simple, and L_M is nothing but L_E, whose theoretical description (via local factors) is particularly simple. Actually, it is good to note that if M comes from a semi-simple motive, then (assuming the general motivic yoga) M is semi-simple as a π-module, hence L_M is nothing but L_E, and moreover this function does not depend on the prime number ℓ chosen to "realize" the given motive. This last remark can be immediately extended to the case of an arbitrary motive which is not necessarily semi-simple, by linearity from the 2/3
simple case. The argument that initially made me reject this simple definition of L_M was that with this definition, the local factors of L_M appear not to be purely local invariants, i.e. depending only on the sheaf deduced from E by the base change $K \to K_x$ (where K_x is the completion of K at x), because the virtual decomposition of E into simple components is no longer one after the base change $K \to K_x$; precisely, even if F is simple, $F \times_K K_x$ is not necessarily semi-simple, and one does *not* obtain the desired local factor by taking a composition sequence with simple factors of the latter. However, it seems that the only use (if any) of L-functions is in the case of coefficient sheaves coming from *motives*, (which makes conjectures such as Riemann and Artin possible). Now, remaining in the category of motives, semi-simplicity is preserved by base change, and consequently the local factor of L_M at x only depends on the *motivic* pullback of the motive in question over Spec(K) under $\mathrm{Spec}(K_x) \to \mathrm{Spec}(K)$. Actually, contrary to my inital predictions (influenced by your view of

facteurs locaux), les L_M (tout comme les L_E eux-mêmes) se comportent comme il faut pour l'opération de restriction et d'induction de caractères, lorsqu'on a des groupes finis entrant en jeu. Il me semble donc que les fonctions L_M n'ont que des qualités, et pas un seul vrai défaut.

d) J'ai rejeté un coup d'œil sur l'article de Weil « Sur la théorie du corps de classes », et il me semble que dans le dernier alinéa de ce travail, Weil s'est
1 laissé un peu emporter par la « généralité de l'Analyse » (bien sûr, je sous-entends comme Weil le fait en disant « qu'il y a lieu de conjecturer, comme le fait Artin au sujet de ses fonctions L non abéliennes, que les fonctions L
3/4 introduites ici sont des fonctions entières », qu'il se borne au cas d'un caractère *irréductible distinct du caractère trivial*). Et ceci de deux façons : 1°) D'après le cas géométrique (le seul où j'aie un yoga précis), j'ai le sentiment qu'il est loufoque d'espérer des résultats du type hypothèse de Riemann — conjecture d'Artin (qui sont plus ou moins la même chose apparemment) pour des faisceaux, ou si tu préfères, des caractères, qui ne soient associés à des *motifs*. Evidemment, je ne sais trop pour l'instant ce qu'il faut entendre par là dans le cadre de Weil, où il a des caractères à coefficients complexes, mais il doit y avoir des restrictions de nature géométrique draconiennes sur la nature des caractères envisagés, pour donner lieu raisonnablement à des conjectures du type envisagé. 2°) Même en admettant faites ces restrictions draconiennes, le cas géométrique semble indiquer que les facteurs locaux de Weil ne sont pas ceux qu'il faut pour faire marcher Riemann-Artin (cf. PS de ma lettre précédente). — Je vais essayer ces jours-ci de préciser ce point, en essayant de tirer au clair les relations entre motifs et fonctions L à la Weil.

e) Quelques questions en vrac sur les fonctions L classiques. Les fonctions L à la Artin contiennent-elles celles de Hecke, i.e. sont-elles « avec Grössencharactere » comme chez Weil ? Y a-t-il des hypothèses de Riemann et conjectures d'Artin pour les unes et les autres ? Quelle est la position à cet égard des fonctions introduites dans la thèse de Tate, sont-elles plus qu'une astuce de démonstration pour prouver joliment une équation fonctionnelle pour les fonctions du type connu, ou les fonctions ζ généralisées de Tate se rencontrent-elles par ailleurs ? Y a-t-il des contextes géométriques frappants où on rencontre les fonctions du type Hecke-Artin-Tate voire Weil ? Je me rappelle que tu m'avais
4/5 parlé de Deuring à propos des courbes à multiplication complexe ; y a-t-il
2 d'autres exemples connus ? Enfin, est-il connu si la fonction ζ de Riemann a une infinité de zéros ?

local factors), the L_M (just like the L_E themselves) behave well under restriction and induction of characters when finite groups come into play. Therefore, it seems to me that the functions L_M have nothing but virtues, and not a single true defect.

d) I have taken another look at Weil's article "Sur la théorie du corps de classes", and it seems to me that in the last paragraph of this work, Weil let himself get a little carried away by "the generality of analysis" (of course, I 1
take it, as Weil does in saying that "there are good reasons for conjecturing, as Artin does for his non-abelian L-functions, that the L-functions introduced here are entire functions", that he restricts himself to an *irreducible character* 3/4
other than the trivial character). And this in two ways: 1°) By the geometric case (the only one for which I have a precise yoga), I have the feeling that it is crazy to hope for Riemann hypothesis—Artin conjecture type results (which apparently are more or less the same thing) for sheaves, or if you prefer, for characters, which are not associated to *motives*. Obviously, for the moment I do not really know what this means in Weil's context, where he has characters with complex coefficients, but there must be Draconian geometric restrictions on the nature of the characters in question in order to reasonably give rise to conjectures of the envisaged type. 2°) Even assuming these Draconian restrictions, the geometric case seems to indicate that Weil's local factors are not what is needed to get Riemann-Artin to work (cf. the P.S. in my previous letter). — I will try to make this point precise in the next few days, by trying to clarify the link between motives and Weil-type L-functions.

e) Here is a bunch of questions on classical L-functions. Do Artin's L-functions contain Hecke's, i.e. are they associated to a "Grössencharactere" as Weil's are? Are there Riemann hypotheses or Artin conjectures available for either of them? From this point of view, what is the status of the functions introduced in Tate's thesis; are they anything more than a trick for giving a pretty proof of a functional equation for functions of a known type, or do Tate's generalized ζ functions turn up anywhere else? Are there any striking geometric contexts in which Hecke-Artin-Tate or even Weil-type functions turn up? I remember you mentioning Deuring in the context of curves with complex multiplication; are there any other known examples? Finally, is it known 4/5
whether the Riemann ζ function has infinitely many zeros? 2

Re-regardant Weil, à l'instant, j'y trouve que les fonctions L de Hecke ne sont pas contenues dans celles d'Artin, apparemment de trouver une généralisation commune devait être une des motivations principales de Weil. D'autre part, j'y trouve aussi la réponse à mes objections dans d), car (contrairement à ce dont je croyais me souvenir) Weil se borne à prendre une extension galoisienne *finie* K de $\mathbf{Q}$ (disons) et l'extension canonique $G_{K/\mathbf{Q}}$ de Gal(K/$\mathbf{Q}$) par le groupe des classes d'idèles C_K, sans passer à la limite projective sur tous les K. Sous les conditions dans lesquelles se place Weil, et nous bornant à un caractère trivial sur la composante connexe pour fixer les idées, on trouve que ledit caractère est trivial sur un sous-groupe ouvert, i.e. provient d'un caractère du groupe de Galois d'une extension finie de $\mathbf{Q}$, donc correspond à un motif effectif de poids 0 de $\mathbf{Q}$ (ce qui répond à la fois aux deux objections 1°) et 2°) que j'envisageais).

f) Je reçois à l'instant tes lettres du 30.9 et du 2.10. D'accord pour ma confusion entre q^N et $q^N - 1$, et le fait qu'il faut modifier en conséquence, comme tu l'indiques, la conclusion que j'énonce. Voici comme on traite le cas
3 général. Soient $X_0 = \mathrm{Spec}(V)$, $U_0 = \mathrm{Spec}(K)$, $Y_0 = \mathrm{Spec}(k)$, d'où une suite exacte

$$1 \to I_0 \to \pi_1(U_0) \to \pi_1(X_0) \to 1,$$

où I_0 est le groupe d'inertie (NB on suppose V complet, ce qui est loisible). V est la limite inductive de ses sous-anneaux de type fini A, donc K est limite inductive des $A[t^{-1}]$ (on se borne aux A contenant t), et par hypothèse E provient d'une représentation d'un groupe fondamental d'un $\mathrm{Spec}(A[t^{-1}])$.
5/6 Quitte à localiser un peu, on peut supposer $X = \mathrm{Spec}(A)$ régulier, et $Y = V(t)$ (sous-schéma défini par t) régulier et irréductible. Enfin, remplaçons A par son complété pour la topologie tA-adique, on trouve donc un morphisme $X_0 \to X = \mathrm{Spec}(A)$, A étant un anneau noethérien régulier séparé et complet pour une topologie tA-adique, $Y = V(t)$ étant un sous-schéma régulier irréductible de X, Y_0 étant l'image inverse de Y donc U_0 l'image inverse de $U = X - Y$, E provenant d'un module sur $\pi_1(U)$; enfin Y est un schéma de type fini et par suite contient un point dont le corps résiduel est *fini*. Comme A est régulier et complet, et Y régulier, on trouve une suite exacte

$$1 \to I \to \pi_1(U) \to \pi_1(X) \to 1$$

où I est l'image du groupe d'inertie relativement à l'idéal premier tA, et on a un homomorphisme de la première suite exacte dans celle-ci, cet homomorphisme

Having just taken another look at Weil, I find there that Hecke's L-functions are not special cases of Artin's; apparently, finding a common generalization of them was one of Weil's main motivations. Moreover, I have also found the answer to my objections in d), since (contrary to what I thought I remembered), Weil restricts himself to a *finite* Galois extension K of $\mathbf{Q}$ (let us say) and the canonical extension $G_{K/\mathbf{Q}}$ of $\mathrm{Gal}(K/\mathbf{Q})$ by the idele class group C_K, without passing to the projective limit over all K. Under Weil's conditions, and restricting for the sake of argument to a character which is trivial on the connected component, one finds that the character in question is trivial on an open subgroup, i.e. comes from a character of the Galois group of a finite extension of $\mathbf{Q}$, so that it corresponds to an effective motive of weight 0 of $\mathbf{Q}$ (which counters both my objection 1°) and my objection 2°)).

f) I have just received your letters of 9.30 and 10.2. All right, I had confused q^N and $q^N - 1$, and my conclusion thus has to be modified as you say. Here is how one deals with the general case. Let $X_0 = \mathrm{Spec}(V)$, $U_0 = \mathrm{Spec}(K)$, **3**
$Y_0 = \mathrm{Spec}(k)$; there is then an exact sequence;

$$1 \to I_0 \to \pi_1(U_0) \to \pi_1(X_0) \to 1,$$

where I_0 is the inertia group (N.B. V is assumed complete, which is legitimate). V is the inductive limit of its finitely generated subrings A, hence K is the inductive limit of the $A[t^{-1}]$ (restricting to A containing t), and by assumption E comes from a representation of a fundamental group of a $\mathrm{Spec}(A[t^{-1}])$. Up to 5/6
localizing a little, one may assume that $X = \mathrm{Spec}(A)$ is regular, and $Y = V(t)$ (the subscheme defined by t) is regular and irreducible. Finally, replacing A by its completion with respect to the tA-adic topology, one obtains a morphism $X_0 \to X = \mathrm{Spec}(A)$, where A is a regular separated Noetherian ring which is complete for the tA-adic topology; $Y = V(t)$ is a regular irreducible subscheme of X, Y_0 is the inverse image of Y, and U_0 is thus the inverse image of $U = X - Y$; E comes from a module over $\pi_1(U)$, and finally, Y is a scheme of finite type and hence contains a point whose residue field is *finite*. As A is regular and complete, and Y is regular, one finds an exact sequence

$$1 \to I \to \pi_1(U) \to \pi_1(X) \to 1,$$

where I is the image of the inertia group relative to the prime ideal tA, and there is a homomorphism from the first exact sequence into this one, which

induisant un isomorphisme $I_0(\ell) \to I'_0(\ell)$ des plus grands quotients de I_0, I qui sont des pro-ℓ-groupes. Ceci nous ramène à prouver l'assertion voulue en oubliant la situation de départ, et partant d'un module E sur $\pi_1(U)$ sur lequel I opère via $I(\ell)$. Tu peux maintenant finir en notant que $\pi_1(X) = \pi_1(Y)$ (A complet !) reçoit $\pi_1(y) \simeq \widehat{\mathbf{Z}}$, où y est le point de Y de corps résiduel fini, et bien sûr l'opération de $\pi_1(y)$ sur $I(\ell)$ est encore la puissance q-ième, où q est le nombre d'éléments de $k(y)$. Tu peux également te ramener au cas du cor. 2 de ma lettre du 24 septembre, en construisant (ce qui est facile) un homomorphisme $\mathrm{Spec}(V) \to X$, où V est un anneau de valuation discrète dont le corps résiduel est $k(y)$, de façon que l'image inverse de y soit précisément le point fermé de Spec(V). — Il est d'ailleurs possible que j'aie un peu charrié
6/7 dans la démonstration, en prétendant que I est le groupe d'inertie de tA (je ne sais pas à vrai dire si le groupe d'inertie est bien invariant), mais cela marchera en tout cas en remplaçant $\pi_1(U)$ par le quotient $\pi_1(U)'$ qui classifie les revêtements galoisiens modérément ramifiés en tA (et donne lieu à un noyau I′ qui est bel et bien isomorphe au plus grand pro-ℓ-quotient du groupe d'inertie).

g) Note que le théorème local de ma lettre du 24 septembre donne (par voie « arithmétique ») le résultat analogue pour un morphisme projectif d'espaces analytiques $f : X \to Y$, la base étant non singulière de dimension 1 : pour n'importe quel faisceau localement constant de $\mathbf{Z}$-Modules F sur X, les faisceaux $R^i f_*(F)$ sont localement constants en dehors d'un ensemble discret, et modulo passage à un sous-groupe d'indice fini $n\mathbf{Z}$ dans le groupe fondamental local $\mathbf{Z}$ sur Y, l'action de ce dernier sur la cohomologie de la fibre est unipotente. Je me demande bien si un résultat analogue est vrai pour un morphisme propre quelconque d'espaces analytiques ; en un sens, il serait plus satisfaisant qu'il soit faux, i.e. que la raison de sa validité dans le cas d'un morphisme projectif soit vraiment de nature arithmétique. — Note que le résultat local est vrai également pour un module sur le groupe fondamental du complémentaire d'un diviseur à croisement normaux en un point régulier x d'un schéma (ou d'une variété analytique). Mais comme on voit déjà dans le cas du cône projetant d'une courbe algébrique, il n'y a pas de généralisation à des groupes fondamentaux locaux bien plus généraux.

h) L'anneau $K\big(\mathbf{Q}_\ell[\mathbf{Z}]\big)$ est l'anneau K construit avec les vectoriels de dimen-
4 sion finie sur $\mathbf{Q}_\ell$ munis d'un automorphisme f. — Cela m'étonnerait que la

induces an isomorphism $I_0(\ell) \to I'_0(\ell)$ of the largest quotients of I_0, I which are pro-ℓ groups. This reduces the problem to proving the desired statement, forgetting about the initial situation and starting with a module E over $\pi_1(U)$ on which I acts via $I(\ell)$. You can now complete the proof by noting that there is a map from $\pi_1(y) \simeq \widehat{\mathbf{Z}}$ to $\pi_1(X) = \pi_1(Y)$ (A is complete!) where y is the point of Y with finite residue field, and of course the action of $\pi_1(y)$ on $I(\ell)$ is once again the q-th power, where q is the number of elements in $k(y)$. You can also reduce the problem to cor 2. of my letter of September 24, by constructing (this is easy) a homomorphism Spec(V) $\to$ X, where V is a discrete valuation ring whose residue field is $k(y)$, such that the inverse image of y is precisely the closed point of Spec(V). — It is actually possible that I exaggerated a little in the proof, in claiming that I is the inertia group of tA (to be honest, I 6/7
don't know if the inertia group is really invariant), but in any case it will work if $\pi_1(U)$ is replaced by the quotient $\pi_1(U)'$ classifing Galois coverings tamely ramified at tA (and gives rise to a kernel I′ which really is isomorphic to the largest pro-ℓ quotient of the inertia group).

g) Note that the local theorem in my letter of September 24 gives (via "arithmetic") an analogous result for a projective morphism of analytic spaces $f : X \to Y$, when the base is non-singular of dimension 1; for an arbitrary locally constant sheaf of $\mathbf{Z}$-Modules F on X, the sheaves $R^i f_*(F)$ are locally constant outside a discrete set, and modulo passage to a finite-index subgroup $n\mathbf{Z}$ in the local fundamental group $\mathbf{Z}$ on Y, the action of the latter on the cohomology of the fiber is unipotent. I wonder whether an analogous result holds for an arbitrary proper morphism of analytic spaces; in a way, it would be more satisfying if the answer were no—i.e. the reason this holds for a projective morphism really is arithmetic. Note that the local result is also true for a module over the fundamental group of the complement of a divisor with normal crossings at a regular point x of a scheme (or an analytic variety). But, as can already be seen in the case of the projecting cone of an algebraic curve, there is no generalization to much more general local fundamental groups.

h) The ring $K(\mathbf{Q}_\ell[\mathbf{Z}])$ is the K-ring constructed from finite-dimensional vector spaces over $\mathbf{Q}_\ell$ equipped with an automorphism f. — It would sur-

suggestion de Tate (que sur une variété abélienne les cycles algébriques soient « décomposables ») soit vraie, il m'avait semblé que ce devait être très spécial aux produits de courbes elliptiques. — Pas de commentaire à faire sur le groupe algébrique de Mumford-Tate, faute d'avoir pu y réfléchir. — En principe, j'ai toujours l'intention de consacrer une semaine ce mois-ci à faire un résumé pour Bourbaki sur la dimension ; je tâcherai de tenir parole. Je profite de l'occasion pour t'avouer que je suis un peu ennuyé de l'honneur que me fait Bourbaki en m'invitant si régulièrement aux congrès. Je me suis pas mal ennuyé au dernier, ce qui évidemment n'est pas chose étonnante, mais de plus j'avais pendant quinze jours l'impression de n'avoir pratiquement rien à dire, et avais du mal à m'empêcher de sommeiller la plupart du temps. Ce serait peut-être une meilleure politique que Bourbaki m'invite seulement (tout comme les membres retraités) lorsqu'il lui semble que dans tel ou tel sujet au programme, mes lumières puissent lui être utiles. N'oublie pas aussi que du point de vue sorites, je m'en tape déjà de fières tartines avec la rédaction des Éléments, ce qui peut-être diminue ma réceptivité pour ceux de Bourbaki. Quelque chose comme deux semaines par an sur les quatre semaines de Congrès Bourbaki me semblerait un dosage à peu près raisonnable.

i) J'en viens enfin à l'objet de cette lettre ! Pars avec un anneau de valuation discrète V, que tu peux supposer complet à corps résiduel algébriquement clos. Il donne un groupe d'inertie I, d'où un quotient $\mathrm{I}(\ell)$, et on suppose donné un vectoriel M de dimension finie sur lequel $\mathrm{I}(\ell)$ opère (de sorte que l'on a un faisceau ℓ-adique sur $\mathrm{U} = \mathrm{Spec(K)}$). Alors les conditions suivantes (plus fortes que le fait que I opère de façon unipotente) sont équivalentes trivialement (NB g désigne un générateur topologique de $\mathrm{I}(\ell)$) :

a) $\mathrm{M}' = (1-g)\mathrm{M} \subset \mathrm{M}^g$.

7/8 a') I opère trivialement sur $\mathrm{M}/\mathrm{M}^{\mathrm{I}} = \mathrm{M}/\mathrm{M}^g$.

a'') $(1-g)^2 = 0$.

b) $(\mathrm{M}^{\mathrm{I}})^{\mathrm{orth}} \subset \mathrm{M}^{\mathrm{I}}$.

b') $(1-g)\mathrm{M} \subset \big((1-g)\mathrm{M}\big)^{\mathrm{orth}}$.

c) $\operatorname{rang} \mathrm{M}^{\mathrm{I}} \cap (\mathrm{M}^{\mathrm{I}})^{\mathrm{orth}} = d$ (où on a posé $d = \operatorname{rang} \mathrm{M}/\mathrm{M}^{\mathrm{I}} = \operatorname{rang} \mathrm{M}'$). (NB a priori, on a l'inégalité $\leqslant$).

prise me if Tate's suggestion (that algebraic cycles on an abelian variety are 4
"decomposable") were true; it had seemed to me that this must be a particularity of products of elliptic curves. — I have no comments to make on the Mumford-Tate algebraic group, as I haven't been able to think about it. — In principle, I still intend to devote a week this month to writing a summary on dimension for Bourbaki; I will try to keep my word. Let me take advantage of this opportunity to confess that I am a little bothered by the honour Bourbaki grants me in inviting me so regularly to the meetings. I was quite bored at the last one, which is of course not surprising, but in addition I had the impression of having almost nothing to say for a fortnight, and had difficulty keeping myself from dozing off most of the time. It might be better policy if Bourbaki were only to invite me (like the retired members) when it seems to him that my insight could be useful for such and such a subject on the program. Also, don't forget that I am already up to my neck in sorites with the writing of the Elements, which perhaps diminishes my appetite for Bourbaki's. Something like two weeks a year out of the four weeks of Bourbaki meetings would seem like a reasonable dose to me.

i) I have finally come to the point of this letter! Start with a discrete valuation ring V, which you may assume complete with algebraically closed residue field. It gives an inertia group I, thence a quotient $\mathrm{I}(\ell)$: assume we have a finite-dimensional vector space M on which $\mathrm{I}(\ell)$ acts (so there is an ℓ-adic sheaf on $\mathrm{U} = \mathrm{Spec}(\mathrm{K})$). Then the following conditions (which are stronger than the fact that the action of I is unipotent) are trivially equivalent (N.B. g denotes a topological generator of $\mathrm{I}(\ell)$):

a) $\mathrm{M}' = (1-g)\mathrm{M} \subset \mathrm{M}^g$.

a′) I acts trivially on $\mathrm{M}/\mathrm{M}^{\mathrm{I}} = \mathrm{M}/\mathrm{M}^g$. 7/8

a″) $(1-g)^2 = 0$.

b) $(\mathrm{M}^{\mathrm{I}})^{\mathrm{orth}} \subset \mathrm{M}^{\mathrm{I}}$.

b′) $(1-g)\mathrm{M} \subset \big((1-g)\mathrm{M}\big)^{\mathrm{orth}}$.

c) $\operatorname{rank} \mathrm{M}^{\mathrm{I}} \cap (\mathrm{M}^{\mathrm{I}})^{\mathrm{orth}} = d$ (where $d = \operatorname{rank} \mathrm{M}/\mathrm{M}^{\mathrm{I}} = \operatorname{rank} \mathrm{M}'$).
(N.B. a priori, we have the inequality $\leqslant$).

d) L'opération de g sur M est donnée par une transvection, de façon intrinsèque par un homomorphisme

$$\mathrm{I}(\ell) = \mathbf{Z}_\ell(1) \longrightarrow \mathrm{Hom}(\mathrm{M}/\mathrm{M}^{\mathrm{I}}, \mathrm{M}'),$$

d′) ou encore par un élément

$$\xi \in \mathrm{M}' \otimes \mathrm{M}'(\rho - 1) \quad \text{où on a posé } \mathrm{M}' = (1-g)\mathrm{M}.$$

J'avais oublié de préciser que dans l'énoncé de b), b′), c), d′) on supposait donné un accouplement séparant

$$\mathrm{M} \times \mathrm{M} \longrightarrow \mathbf{Q}_\ell(\rho)$$

compatible avec les opérations de I (I opérant trivialement sur le deuxième membre), symétrique ou alterné (pratiquement, ce sera l'un ou l'autre suivant que ρ est pair ou impair). Pratiquement, cela signifiera que M provient d'un motif semi-simple de poids ρ sur U. Note que dans d), l'homomorphisme obtenu $\mathbf{Q}_\ell(1) \otimes \mathrm{M}/\mathrm{M}^{\mathrm{I}} \to \mathrm{M}'$ est nécessairement bijectif, donc dans d′) la « forme » obtenue est nécessairement non dégénérée. — Supposons maintenant que M provient d'un *motif* semi-simple effectif de poids $\rho \geqslant 0$. Alors nous admettrons que M^{I} provient lui-même d'un motif effectif sur Spec(k), indépendant de ℓ (c'est une conséquence du yoga général des motifs !), d'ailleurs en général pas purement de poids ρ. C'est en tout cas ce qu'on vérifie via le modèle de Néron si M provient d'une variété abélienne i.e. est effectif de poids $\rho = 1$. En général le motif dont provient M^{I} n'est pas semi-simple ni purement de poids ρ, il sera seulement de poids $\leqslant \rho$; soit $\mathrm{M}_0^{\mathrm{I}}$ le sous-espace qui correspond au plus grand
8/9 sous-motif de poids $\leqslant \rho - 1$. Alors pour des raisons de poids (complètement justifiées dans le cas d'une variété abélienne) on voit que $\mathrm{M}_0^{\mathrm{I}}$ *est orthogonal à* M^{I}, i.e. contenu dans M′ (cela semble le contenu essentiel de la théorie des « vanishing cycles » d'Igusa). Utilisant ceci, on trouve que les conditions envisagées plus haut équivalent aussi aux suivantes :

e) $\mathrm{M}_0^{\mathrm{I}} = (\mathrm{M}^{\mathrm{I}})^{\mathrm{orth}} \quad (= \mathrm{M}')$.

e′) rang $\mathrm{M}_0^{\mathrm{I}} = d$ (NB a priori, on a l'inégalité $\leqslant$).

f) $\mathrm{M}/\mathrm{M}^{\mathrm{I}}$ considéré comme motif virtuel sur Spec(k) est de poids $\geqslant \rho + 1$.

Pour expliciter f), il aurait fallu que je note également que les facteurs successifs dans la filtration de M, obtenue en prenant les invariants sous I, puis

d) The action of g on M is given by a transvection, or intrinsically, by a homomorphism

$$\mathrm{I}(\ell) = \mathbf{Z}_\ell(1) \longrightarrow \mathrm{Hom}(\mathrm{M}/\mathrm{M}^{\mathrm{I}}, \mathrm{M}'),$$

d$'$) or alternatively by an element

$$\xi \in \mathrm{M}' \otimes \mathrm{M}'(\rho - 1) \quad \text{where } \mathrm{M}' = (1 - g)\mathrm{M}.$$

I forgot to mention that in b), b$'$), c), and d$'$) one assumes given a perfect pairing

$$\mathrm{M} \times \mathrm{M} \longrightarrow \mathbf{Q}_\ell(\rho)$$

compatible with the action of I (where I acts trivially on the right-hand side) and symmetric or alternating (it will practically be one or the other according to whether ρ is even or odd). In practice, this means that M comes from a semi-simple motive of weight ρ on U. Note that in *d*), the homomorphism $\mathbf{Q}_\ell(1) \otimes \mathrm{M}/\mathrm{M}^{\mathrm{I}} \to \mathrm{M}'$ obtained is necessarily bijective, and therefore in d$'$) the "form" obtained is necessarily non-degenerate. — Assume now that M comes from an effective semi-simple *motive* of weight $\rho \geqslant 0$. Let us assume that then M^{I} also comes from an effective motive over Spec(k), independent of ℓ (this follows from the general motivic yoga!) which will not generally be pure of weight ρ. This is in any case what can be proved via the Néron model when M comes from an abelian variety, i.e. is effective of weight $\rho = 1$. In general, the motive that M^{I} comes from is neither semi-simple nor pure of weight ρ, but only of weight $\leqslant \rho$; let $\mathrm{M}_0^{\mathrm{I}}$ be the subspace which corresponds to the largest submotive of weight $\leqslant \rho - 1$. Then, for reasons of weight (which are entirely 8/9
justified for an abelian variety) one sees that $\mathrm{M}_0^{\mathrm{I}}$ *is orthogonal to* M^{I}, i.e. is contained in M$'$ (this appears to be the essential point in Igusa's theory of "vanishing cycles"). Using this, one sees that the conditions above are also equivalent to the following:

e) $\mathrm{M}_0^{\mathrm{I}} = (\mathrm{M}^{\mathrm{I}})^{\mathrm{orth}} \quad (= \mathrm{M}')$.

e$'$) rank $\mathrm{M}_0^{\mathrm{I}} = d$ (N.B. a priori, we have the inequality $\leqslant$).

f) $\mathrm{M}/\mathrm{M}^{\mathrm{I}}$, considered as a virtual motive over Spec(k), is of weight $\geqslant \rho + 1$.

To make f) explicit, I should also have mentioned that the successive factors in the filtration on M obtained by taking the invariants under I, then

les invariants modulo ces derniers etc., doivent être également (d'après Serre-Tate) des motifs sur Spec(k), ce qui donne un sens à f) lorsqu'on suppose (ce que nous ferons) que l'opération de I sur M est unipotente. Lorsqu'on suppose déjà que l'action de I sur $\mathrm{M}/\mathrm{M}^{\mathrm{I}}$ est triviale (condition a′) plus haut) alors $\mathrm{M}/\mathrm{M}^{\mathrm{I}}$ est déjà un motif sur Spec(k), dual modulo twist de M′ qui est un sous-motif de M^{I}, et la condition f) s'énonce en disant que M′ est de poids $\leqslant \rho - 1$ i.e. $\mathrm{M}' \subset \mathrm{M}_0^{\mathrm{I}}$ i.e. équivaut à e), lui-même trivialement équivalent à e′). Mais en tout cas f) doit impliquer a′), car pour des raisons de poids l'homomorphisme $\mathrm{M}' \to \mathrm{M}/\mathrm{M}^{\mathrm{I}}$ est nul moyennant f). Reste à prouver que a) implique e), ou encore que moyennant a) le poids de M′ est $\leqslant \rho - 1$, or cela résulte encore de l'existence d'une forme non dégénérée comme dans d′), par considérations de poids qui montrent également : *sous les conditions précédentes,* $\mathrm{M}' = \mathrm{M}_0^{\mathrm{I}}$ *est purement de poids* $\rho - 1$, *donc* $\mathrm{M}/\mathrm{M}^{\mathrm{I}}$ *est purement de poids* $\rho + 1$. On voit en même temps que M^{I} n'est purement de poids ρ que si $\mathrm{M}' = 0$, i.e. $\mathrm{M} = \mathrm{M}^{\mathrm{I}}$ i.e.
9/10 dans le cas non ramifié.

Dans le cas effectif de poids $\rho = 1$, i.e. où on part d'une variété abélienne sur K, ces raisonnements peuvent s'expliciter sans référence à la métaphysique des motifs (les considérations de poids reviennent à se ramener à un cas où on a un corps résiduel fini, dont le Frobenius va opérer sur les faisceaux qu'on a sur Spec(k)...). Alors $\mathrm{M}_0^{\mathrm{I}}$ correspond à la partie de type multiplicatif de la variété réduite de Néron A_0, M^{I} n'étant autre que $\mathrm{T}_\ell(\mathrm{A}_0)$. La validité de la condition e′) signifie alors (admettant déjà que l'opération de I sur M est unipotente, ce qui sera le cas quitte à faire une extension finie sur K) que A_0 n'a pas de partie additive, c'est-à-dire ce n'est autre que ta conjecture sur le comportement « à la limite » des modèles de Néron, par extension arbitrairement grande du corps de base K. (Note que, une fois qu'on suppose I unipotent, la validité des conditions envisagées est invariante — pas seulement stable — par extension de K, et M^{I} et $\mathrm{M}_0^{\mathrm{I}}$ ne bougent plus par extension de K). L'intérêt de l'équivalence de cette condition géométrique avec les conditions en apparence plus faibles du type a″), c'est que ces dernières sont manifestement héréditaires par passage à un sous-module N de M. Cela permet, pour vérifier ta conjecture (et en même temps celles de Serre-Tate), de se borner au cas où la variété abélienne envisagée est une *jacobienne*. En caractéristique 0, il résulterait alors d'un théorème de Mumford sur la dégénérescence des courbes que cela marche — car pour la jacobienne d'une courbe se réduisant en une courbe n'ayant que des points doubles ordinaires, la vérification de e′) est immédiate via le schéma

the invariants modulo these etc., should also (by Serre-Tate) be motives over $\mathrm{Spec}(k)$, which makes f) meaningful if we assume (as we shall) that the action of I on M is unipotent. If in addition we assume that the action of I on $\mathrm{M}/\mathrm{M}^{\mathrm{I}}$ is trivial (condition a′) above), then $\mathrm{M}/\mathrm{M}^{\mathrm{I}}$ is also a motive over $\mathrm{Spec}(k)$, dual modulo twist of M' which is a submotive of M^{I}, and condition f) can be stated as saying that M' is of weight $\leqslant \rho - 1$, i.e. $\mathrm{M}' \subset \mathrm{M}_0^{\mathrm{I}}$ i.e. is equivalent to e), which is itself trivially equivalent to e′). But in any case, f) should imply a′), since for reasons of weight, the homomorphism $\mathrm{M}' \to \mathrm{M}/\mathrm{M}^{\mathrm{I}}$ is zero given f). It remains to prove that a) implies e), or alternatively that given a), the weight of M' is $\leqslant \rho - 1$, but this again follows from the existence of a non-degenerate form, just as for d′), by weight considerations which also show that *under the above conditions,* $\mathrm{M}' = \mathrm{M}_0^{\mathrm{I}}$ *is purely of weight* $\rho - 1$, *and therefore* $\mathrm{M}/\mathrm{M}^{\mathrm{I}}$ *is purely of weight* $\rho + 1$. At the same time, one sees that M^{I} is purely of weight ρ only if $\mathrm{M}' = 0$, i.e. $\mathrm{M} = \mathrm{M}^{\mathrm{I}}$, i.e. in the unramified case. 9/10

In the effective case of weight $\rho = 1$, i.e. starting with an abelian variety over K, these arguments can be explained without reference to motivic metaphysics (the weight considerations boil down to reduction to the case of a finite residue field, whose Frobenius will act on the given sheaves on $\mathrm{Spec}(k)\ldots$). Then $\mathrm{M}_0^{\mathrm{I}}$ corresponds to the multiplicative part of the reduced Néron variety A_0, M^{I} being nothing but $\mathrm{T}_\ell(\mathrm{A}_0)$. The validity of condition e′) then means (assuming that the action of I on M is unipotent, which will be the case after finite extension of K) that A_0 has no additive part, i.e. it is nothing else than your conjecture on the "limit" behavior of Néron models under arbitrarily large extension of the base field K. (Note that once I is assumed unipotent, the validity of the conditions above is invariant—and not simply stable—under extension of K, and M^{I} and $\mathrm{M}_0^{\mathrm{I}}$ are not modified by extension of K). The equivalence of this geometric condition with apparently weaker conditions such as a″) is interesting because the latter are clearly inherited under passage to a submodule N of M. This makes it possible, in order to prove your conjecture (along with the Serre-Tate conjectures), to assume that the abelian variety in question is a *Jacobian.* In characteristic 0, it then follows from a theorem of Mumford's on degeneration of curves that this works—since for the Jacobian of a curve whose reduction is a curve with only ordinary double points, the proof of e′) is trivial via the Picard scheme. For the general case, it seems to

de Picard. Pour le cas général, il me semble qu'on peut se ramener au cas du complété d'un corps de nombres, mais cela nous fait une belle jambe ; *il faudrait que Mumford tâche de prouver son théorème en caractéristique quelconque,*
10/11 *possibly unequal.*

Pour des motifs effectifs de poids $\rho \geqslant 2$, l'exemple de ma dernière lettre montre que les conditions que je viens d'envisager sont plutôt exceptionnelles, en général il faut s'attendre à trouver dans M^{I} des morceaux de tous les poids entre 0 et ρ. Je voudrais attirer ton attention sur un phénomène intéressant qui se passe dans le cas « favorable » savoir que la forme de départ sur M donne naissance à *deux* formes non dégénérées sur des motifs sur $\mathrm{Spec}(k)$, l'une sur $\mathrm{M}^{\mathrm{I}}/\mathrm{M}_0^{\mathrm{I}}$ étant induite par celle qu'on avait sur M, l'autre moins évidente étant décrite dans d$'$). Il résulte du yoga général des motifs que la première est « motivique », et je ne doute pas non plus un instant que la seconde l'est également, (sans avoir essayé encore de le déduire du yoga général). Ceci posé, il y a lieu de conjecturer que si la forme de départ sur M (que nous avons supposé évidemment motivique dans ce qui précède) est définie positive, alors les deux formes auxquelles elle donne naissance sont également définies — le signe qui intervient pouvant éventuellement dépendre de ρ, et devant être assez facile à déterminer d'après des cas particuliers (courbe elliptique et puissances tensorielles de ses T_ℓ). Cela signifie donc, dans le cas d'une variété abélienne A, qu'une polarisation de A induit une *polarisation* de la partie abélienne de A_0,
5 et une *forme quadratique* définie positive, à coefficients dans $\mathbf{Q}$, sur le réseau qui correspond à la partie de type multiplicatif. De façon plus intrinsèque, introduisant la duale A' de A, il devrait être vrai que les accouplements canoniques entre les T_ℓ de $\mathrm{A}_0^{\mathrm{ab\acute{e}l}}$ et $\mathrm{A}_0'^{\,\mathrm{ab\acute{e}l}}$ d'une part, $\mathrm{A}_0^{\mathrm{mult}}$ et $\mathrm{A}_0'^{\,\mathrm{mult}}$ d'autre part, proviennent d'un accouplement à valeurs dans $\mathbf{Q}$ entre les réseaux associés, et que toute isogénie de polarisation $\mathrm{A} \to \mathrm{A}'$ induise une isogénie de
11/12 *polarisation* $\mathrm{A}_0^{\mathrm{ab\acute{e}l}} \to \mathrm{A}_0'^{\,\mathrm{ab\acute{e}l}}$, et une forme *définie positive* sur le réseau associé
6 à $\mathrm{A}_0^{\mathrm{mult}}$ — du moins modulo un signe que je n'ai pas regardé. Déjà dans le cas d'une courbe elliptique, cette dernière fournirait un invariant intéressant, savoir (si il y a ramification i.e. A_0 est de type multiplicatif) un nombre rationnel positif, qui sera d'ailleurs multiplié par n lorsqu'on passe à une extension de degré n de K (du moins si n est premier à la caractéristique résiduelle). Dans le cas où la courbe elliptique admet un modèle propre sur Spec(V) qui est régulier et dont la fibre spéciale a juste un point double ordinaire, la théorie

me that the problem can be reduced to the case of the completion of a number field, but a fat lot of good that does us; *Mumford will have to try to prove his theorem in arbitrary characteristic, possibly unequal.* 10/11

For effective motives of weight $\rho \geqslant 2$, the example in my last letter shows that the conditions I have just proposed are rather exceptional, and in general one should expect to find parts of all weights between 0 and ρ in M^{I}. I would like to call your attention to an interesting phenomenon which arises in the "favorable" case, namely that the initial form on M gives rise to *two* non-degenerate forms on motives over $\mathrm{Spec}(k)$, the first one, on $\mathrm{M}^{\mathrm{I}}/\mathrm{M}^{\mathrm{I}}_0$, being induced by the one on M, and the less obvious second one being described in d$'$). It follows from the general yoga of motives that the first one is "motivic", and I do not doubt for a moment that the second one is as well (although I have not yet tried to deduce this from the general yoga). This being said, there are good reasons for conjecturing that if the initial form on M (which has of course been assumed motivic in the above) is positive definite, then the two forms it gives rise to are also definite—the sign which appears may possibly depend on ρ, and should be fairly easy to determine from special cases (an elliptic curve and tensor powers of its T_ℓ). This therefore means that for an abelian variety A, a polarization of A induces a *polarization* of the abelian part of A_0, and a positive definite *quadratic form* with coefficients 5
in $\mathbf{Q}$ on the lattice corresponding to the part of multiplicative type. More intrinsically, introducing the dual A' of A, it should be true that the canonical pairings between the T_ℓ of $\mathrm{A}_0^{\mathrm{abel}}$ and $\mathrm{A}_0'^{\ \mathrm{abel}}$ on the one hand, and $\mathrm{A}_0^{\mathrm{mult}}$ and $\mathrm{A}_0'^{\ \mathrm{mult}}$ on the other, come from a $\mathbf{Q}$-valued pairing between the associated lattices, and every polarization isogeny $\mathrm{A} \to \mathrm{A}'$ induces a *polarization* isogeny $\mathrm{A}_0^{\mathrm{abel}} \to \mathrm{A}_0'^{\ \mathrm{abel}}$, and a *positive definite* form on the lattice associated to $\mathrm{A}_0^{\mathrm{mult}}$—at least up to a sign which I have not investigated. Already in the 11/12
case of an elliptic curve, the latter would yield an interesting invariant, namely 6
(when there is ramification, i.e. A_0 is of multiplicative type) a positive rational number, which will be multiplied by n (at least when n is relatively prime to the residue characteristic) upon passage to a degree n extension of K. When the elliptic curve has a proper model over $\mathrm{Spec}(\mathrm{V})$ which is regular and whose

d'Igusa semble montrer que cet invariant est 1. Que se passe-t-il en général ? Les compétences en courbes elliptiques devraient pouvoir le dire.

Bien à toi

A. Grothendieck

PS J'ai oublié de remarquer dans i) que les conditions envisagées dans le cas d'une variété abélienne, i.e. essentiellement ta conjecture sur les modèles de Néron des variétés abéliennes, donnent immédiatement dans le cas général les deux conjectures de Serre-Tate pour les variétés abéliennes (tu t'en étais sans doute aperçu déjà). Autre remarque : dans ma lettre du 24 septembre, dans le cas d'inégales caractéristiques, on peut je crois remplacer l'hypothèse « ℓ distinct de car. k » par « I opère sur E par l'intermédiaire du quotient correspondant à l'extraction de racines ℓ^{N}-ièmes, N variable, d'une uniformisante convenable », sauf erreur le raisonnement fait dans f) marche et montre ici que si $\ell = \text{car.}\, k$, I opère de façon unipotente (sans passer à un sous-groupe d'indice fini). Utilisant ce fait, j'ai l'impression que le même raisonnement de réduction montre que cette conclusion est valable (quel que soit ℓ) si la caractéristique résiduelle est nulle — en se ramenant au cas de la caractéristique résiduelle ℓ ; cela impliquerait que dans le cas car. $k = 0$, si I opère en fait sur un module de type fini sur $\mathbf{Z}_\ell$, et si réduisant modulo ℓ l'opération est triviale (hypothèse de « rigidité ») alors I opère de façon unipotente. Cela est-il compatible avec tes contre-exemples ?

Harvard, Vendredi x Octobre 64

Cher Grothendieck,

Verdier me dit qu'il faut que je te réponde au sujet de tes « questions naïves » sur les fonctions L. A la lecture de ta lettre (page 3-4, puis page 5) j'avais cru que tu avais répondu toi-même aux dites questions. Voici donc quelques commentaires :

special fiber has only one ordinary double point, Igusa's theory seems to show that this invariant is 1. What happens in general? Experts on elliptic curves should be able to say.

Regards,

A. Grothendieck

PS In i), I forgot to mention that for an abelian variety, the envisaged conditions, i.e. basically your conjecture on Néron models of abelian varieties, immediately give the two Serre-Tate conjectures on abelian varieties in the general case (you have probably already noticed this). Another remark: in my letter of September 24th, I think that for unequal characteristics, the condition "ℓ different from char. k" can be replaced by "I acts on E via the quotient corresponding to extraction of the ℓ^{N}-th roots, for various N, of a suitable uniformizing parameter"; unless I am mistaken, the argument given in f) works and shows here that if $\ell =$ char. k, the action of I is unipotent (without passage to a finite-index subgroup). Using this fact, I have the impression that the same reduction argument shows that the conclusion is valid (for any ℓ) if the residue characteristic is 0—by reduction to the case of residue characteristic ℓ: this would imply that in the case char. $k = 0$, if I in fact acts on a finitely generated module over $\mathbf{Z}_\ell$, and if this action becomes trivial after reduction modulo ℓ (the "rigidity condition"), then the action of I is unipotent. Is this compatible with your counterexamples?

Harvard, Friday October x, 64

Dear Grothendieck,

Verdier tells me I should reply to your "naive questions" on L-functions. On reading your letter (page 3-4, then page 5) I had thought that you had answered the said questions yourself. So here are a few comments:

Comme tu l'as vu (p. 5), les fonctions L d'Artin ne contiennent pas celles de Hecke ; les fonctions L généralisées de Weil (dans son papier sur la théorie du corps de classes) constituent sans doute la plus petite famille raisonnable contenant les unes et les autres. Sauf erreur de ma part, l'hypothèse de Riemann et la conjecture d'Artin « valent » pour ces fonctions : les zéros de $L(s)$ sont sur $R(s) = \frac{1}{2}$ (disons pour $R(s) > 0$ car il y a des zéros « triviaux » sur l'axe réel négatif), et si la représentation (le caractère) dont on est parti ne contient pas le caractère unité, L est holomorphe partout.

Les fonctions L de la thèse de Tate sont essentiellement les fonctions L de Hecke (i. e. correspondent à une représentation abélienne de C_k si j'ose dire). Par « essentiellement » je veux dire d'abord qu'elles donnent les fonctions L de Hecke, et que probablement (demander à Godement des précisions) les fonctions qu'elles donnent sont des combinaisons linéaires des L de Hecke. Je te renvoie à Godement car c'est visiblement une question de groupes localement compacts (en quel sens peut-on approcher toute fonction par une combinaison de caractères ?).

Il y a effectivement des questions géométriques où l'on rencontre des fonctions L de Hecke (avec Grössencharakter). C'est là même l'un des plus beaux résultats de Weil. Il s'en est aperçu en étudiant la fonction zêta des hyper-
1 surfaces style Fermat $\sum x_i^{n_i} = 0$ (cf. son papier du Bulletin). Dans ce cas, on peut déterminer explicitement Frobenius pour chaque p, et la *variation de Frobenius avec p est un Grössencharakter.* C'est là une façon un peu dégueulasse de parler ; il faut d'abord avoir précisé qu'un caractère de C_k peut être identifié à une fonction $f(\mathfrak{p})$ sur l'ensemble des idéaux premiers $\mathfrak{p}$ du corps non contenus dans un ensemble fini S convenable. Voici comment on fait : si S est une partie finie des idéaux premiers, soit I_S la partie du groupe I des idèles formés des (x_v) tels que $x_v = 1$ pour v à l'infini et $v \in S$; soit U_S le produit des unités des corps locaux k_v, $v \notin S$ (on a U_S ouvert dans I_S). Le caractère $\chi : C_k \to T$ définit un caractère χ de I, d'où par restriction un caractère χ_S de I_S. Utilisant la continuité de χ_S, on voit que (quitte à remplacer S par un plus grand), χ_S est égal à 1 sur U_S, i.e. correspond à un caractère $\overline{\chi}_S$ du groupe discret $I_S/U_S = \mathrm{Id}_S$, groupe des *idéaux* premiers à S. De plus, comme $k^*.I_S$ est dense dans I, la connaisance de χ_S (et donc aussi de $\overline{\chi}_S$) *détermine χ lui-*
2 *même.* Ce qu'on appelle Grössencharakter, c'est, indifféremment, le caractère χ de C_k, ou le caractère $\overline{\chi}_S$ de Id_S. (Bien entendu, les $\overline{\chi}_S$ sont des caractères *très particuliers* du groupe Id_S ; leur caractérisation est un exercice facile et

As you noticed (p. 5) Artin's L-functions do not contain Hecke's L functions; Weil's generalized L-functions (in his paper on class field theory) are probably the smallest reasonable family containing them both. Unless I am mistaken, the Riemann hypothesis and Artin's conjectures are "valid" for these functions: the zeros of $\mathrm{L}(s)$ lie on $\mathrm{R}(s) = \frac{1}{2}$ (for $\mathrm{R}(s) > 0$, let us say, since there are "trivial" zeros on the negative real axis) and if the original representation (the character) does not contain the unit character, then L is everywhere holomorphic.

The L-functions in Tate's thesis are essentially Hecke's L-functions (i.e. correspond to an abelian representation of C_k, if I may say so). By "essentially" I mean first of all that they give Hecke's L-functions, and that the functions they give are probably linear combinations of Hecke's L-functions (ask Godement for more details). I refer you to Godement because this is obviously a question of locally compact groups (in what sense can any function be approximated by a combination of characters?).

There are indeed some geometric questions in which Hecke's L-functions (with Grössencharakter) turn up. Indeed, this is one of Weil's most beautiful results. He noticed it while studying the zeta function of Fermat-style hypersurfaces $\sum x_i^{n_i} = 0$ (cf. his paper in the Bulletin). In this case, Frobenius can 1
be determined explicitly for every p, and *the variation of Frobenius with p is a Grössencharakter.* This is a rather messy way of talking; it should first be specified that a character of C_k can be identified with a function $f(\mathfrak{p})$ on the set of prime ideals $\mathfrak{p}$ of the field not contained in a suitable finite set S. Here is the method: if S is a finite set of prime ideals, let $\mathrm{I_S}$ be the subset of the idele group I consisting of (x_v) such that $x_v = 1$ for v at infinity and $v \in \mathrm{S}$; let $\mathrm{U_S}$ be the product of the units of the local fields k_v, $v \notin \mathrm{S}$ ($\mathrm{U_S}$ is open in $\mathrm{I_S}$). The character $\chi : \mathrm{C}_k \to \mathrm{T}$ defines a character χ of I, and thence by restriction a character χ_S of $\mathrm{I_S}$. By continuity of χ_S, one sees that (replacing S by a larger set if necessary) χ_S is equal to 1 on $\mathrm{U_S}$, i.e. corresponds to a character $\overline{\chi}_\mathrm{S}$ of the discrete group $\mathrm{I_S}/\mathrm{U_S} = \mathrm{Id_S}$ of *ideals* prime to S. Moreover, since $k^*.\mathrm{I_S}$ is dense in I, knowledge of χ_S (and thus also of $\overline{\chi}_\mathrm{S}$) *determines χ itself.* What is 2
called the Grössencharakter is either the character χ of C_k or the character $\overline{\chi}_\mathrm{S}$ of $\mathrm{Id_S}$. (Of course, the $\overline{\chi}_\mathrm{S}$ are *very special* characters of the group $\mathrm{Id_S}$; their

emmerdant ; voir le résultat dans le laïus de Weil au colloque de Kyoto, 1er exposé.)

3 Voici un exemple (dû à Deuring, mais inspiré par Weil) où un Grössencharakter intervient naturellement :

Soit E une courbe elliptique, définie sur un corps de nombres k, et admettant de la multiplication complexe par un corps quadratique imaginaire L ; je suppose $\mathrm{L} \subset k$ (i.e. la multiplication complexe est définie sur k). Soit S un ensemble fini de nombres premiers de k assez gros (sauf erreur, il suffit de prendre pour S l'ensemble des points où la courbe se réduit mal — peu importe). Si $\mathfrak{p}$ est un idéal premier de k, $\mathfrak{p} \notin \mathrm{S}$, le Frobenius de la courbe réduite $\pi_{\mathfrak{p}}$ est un endomorphisme de ladite courbe réduite $\overline{\mathrm{E}}_{\mathfrak{p}}$. Or le corps L se plonge de façon naturelle dans $\mathrm{End}(\overline{\mathrm{E}}_{\mathfrak{p}}) \otimes \mathbf{Q}$; on démontre (facilement !) que $\pi_{\mathfrak{p}} \in \mathrm{L}$. Si l'on choisit un plongement de L dans $\mathbf{C}$, on a donc une fonction complexe $\mathfrak{p} \mapsto \pi_{\mathfrak{p}}$; comme $\pi_{\mathfrak{p}}$ n'est pas de module 1, on le force à l'être en divisant par $\mathrm{N}\mathfrak{p}^{1/2}$. Le résultat (pas bien difficile non plus, une fois la théorie de la réduction des courbes elliptiques bien établie) est que

$$\chi : \mathfrak{p} \mapsto \pi_{\mathfrak{p}}/(\mathrm{N}\mathfrak{p}^{1/2})$$

est un Grössencharakter de k (en fait, à un caractère d'ordre fini près ce caractère provient même d'un Grössencharakter *de* L).

Remarques 1) Il est en fait plus commode de ne pas exiger que les Grössencharaktere prennent leurs valeurs dans les nombres complexes de valeur absolue 1 ; ainsi on peut dire, en un sens évident, que $\mathfrak{p} \mapsto \pi_{\mathfrak{p}}$ est un Grössencharakter *de poids* 1.

2) Bien sûr, le résultat précédent se traduit en termes de fonctions zêta : le facteur de zêta correspondant au H^1 de la courbe elliptique est égal au produit $\mathrm{L}(s,\chi) \cdot \mathrm{L}(s,\overline{\chi})$, où $\overline{\chi}$ désigne ici l'imaginaire conjugué de χ.

Deuring a prouvé (et c'est maintenant très facile) que cette identité est vraie *sans saloperie aucune* : i.e. la bonne zêta (en ton sens) coïncide terme à terme avec la « bonne » L de Hecke (celle qui a une équation fonctionnelle parfaitement jolie).

Ce fait avait beaucoup excité Weil, comme tu sais (et avec raison !). Il (+ Shimura-Taniyama) a généralisé tout ça aux variétés abéliennes. Je te renvoie à Tokyo-Nikko pour l'exposé des résultats. Weil y explique notamment

characterization is an easy and boring exercise; see the result in Weil's talk at the Kyoto symposium, 1st lecture).

Here is an example (due to Deuring, but inspired by Weil) in which a Grössencharakter turns up naturally: 3

Let E be an elliptic curve defined over a number field k, which has complex multiplication by an imaginary quadratic field L: I assume $L \subset k$ (i.e. the complex multiplication is defined over k). Let S be a sufficiently large finite set of primes of k (unless I am mistaken, it is enough to take S to be the set of points where the curve has bad reduction—but never mind). If $\mathfrak{p}$ is a prime ideal of k, $\mathfrak{p} \notin S$, the Frobenius of the reduced curve $\pi_{\mathfrak{p}}$ is an endomorphism of the said reduced curve $\overline{E}_{\mathfrak{p}}$. However the field L can be naturally embedded into $\mathrm{End}(\overline{E}_{\mathfrak{p}}) \otimes \mathbf{Q}$; it can (easily!) be shown that $\pi_{\mathfrak{p}} \in L$. Choosing an embedding of L into $\mathbf{C}$, then gives a complex function $\mathfrak{p} \mapsto \pi_{\mathfrak{p}}$; as $\pi_{\mathfrak{p}}$ is not of absolute value 1, one can force it to be so by dividing by $N\mathfrak{p}^{1/2}$. The theorem (which is not very difficult either, once the theory of reduction of elliptic curves is well established) is that

$$\chi : \mathfrak{p} \mapsto \pi_{\mathfrak{p}}/(N\mathfrak{p}^{1/2})$$

is a Grössencharakter of k (in fact, up to a character of finite order, this character actually comes from a Grössencharakter *of* L).

REMARKS 1) In fact, it is more convenient not to demand that the Grössencharaktere take values which are complex numbers of absolute value 1; thus, one can say in an obvious sense that $\mathfrak{p} \mapsto \pi_{\mathfrak{p}}$ is a Grössencharakter *of weight* 1.

2) Of course, the result above can be translated in terms of zeta functions: the zeta factor corresponding to H^1 of the elliptic curve is equal to the product $L(s, \chi) \cdot L(s, \overline{\chi})$, where $\overline{\chi}$ denotes the imaginary conjugate of χ.

Deuring proved (and this is now very easy) that this identity holds *without any fudge factors*: i.e. the right zeta (in your sense) coincides term-by-term with the "right" Hecke L-function (the one that has a perfectly pretty functional equation).

As you know, this fact is what really got Weil excited (and rightly so!) He (+Shimura-Taniyama) generalized all this to abelian varieties. I refer you to Tokyo-Nikko for a presentation of their results. Weil explains there in

4 que l'on n'attrape ainsi essentiellement que la « moitié » des Grössencharaktere possibles ; on n'attrape que ceux dont les valeurs se trouvent dans un corps de nombres. La question n'a pas fait de progrès depuis.

Il ne faut pas croire que ce soit là le seul cas où l'on ait calculé astucieusement des fonctions zêta de variétés sur des corps de nombres. Eichler, Shimura, Igusa ont étudié les fonctions zêta de ce qui nous apparaît maintenant comme des *variétés de modules* (pour des variétés abéliennes polarisées, munies éventuellement d'un anneau d'endomorphismes fixé). Par des méthodes astucieuses (que je connais très mal), ils arrivent à écrire explicitement les Frobenius au moyen des correspondances naturelles de ces variétés, et ils en déduisent l'expression de zêta. Dans le cas où le problème de modules est celui des courbes elliptiques rigidifiées d'une certaine façon, les fonctions obtenues sont celles que Hecke avait associées aux Spitzenformen du groupe modulaire (pour le poids
5 1 — car là aussi il y a une théorie du poids, qui très probablement coïncide
6 avec la géométrique). Cette correspondance fournit des renseignements *dans les deux directions* : puisque ce sont des fonctions de Hecke (automorphes) l'équation fonctionnelle et le prolongement analytique sont vrais (ce que l'on n'a pas en général même pour une courbe sur $\mathbf{Q}$) — puisque ce sont des fonctions zêta de courbes, les valeurs absolues de Frobenius sont $(\mathrm{N}\mathfrak{p})^{1/2}$ (ce que la théorie analytique de Hecke avait conduit à conjecturer, mais n'était pas foutue de démontrer). D'où l'intérêt du fourbi.

Tes questions m'ont entraîné un peu loin ; de plus, je suis sûr que je t'ai déjà raconté tout ça maintes fois.

Bien à toi

J-P. Serre

particular that by this method, one basically only gets holds of "half" of the
possible Grössencharaktere; one only gets those whose values are contained in 4
a number field. No progress has been made on the question since.

Do not think that this is the only case in which zeta functions of varieties over number fields have been cleverly computed. Eichler, Shimura, Igusa studied zeta functions of what we now know as *moduli varieties* (of polarized abelian varieties, possibly equipped with a fixed ring of endomorphisms). By ingenious methods (of which I know little), they manage to write down the Frobenius automorphisms explicitly by using the natural correspondences of these varieties, and from this they deduce a formula for zeta. In the case where the moduli problem is that of elliptic curves with a certain rigidification, the functions obtained are those that Hecke associated to Spitzenformen of the modular group (for weight 1—since there is then once again a the-
ory of weights, which very probably coincides with the geometric one). This 5
correspondence gives information *in both directions*: since these functions are 6
(automorphic) Hecke functions, the functional equation and analytic continuation work (which is not known in general, not even for a curve over $\mathbf{Q}$)—and since they are zeta functions of curves, the absolute values of Frobenius are $(\mathrm{N}\mathfrak{p})^{1/2}$ (which Hecke's analytic theory made it natural to conjecture, without being up to providing a proof). That is why all this is interesting.

Your questions have led me a bit too far: moreover, I am sure I have already told you all this many a time.

Regards,

J-P. Serre

Bures, 30 octobre 1964

Mon cher Serre ;

Merci pour ta lettre du 24 octobre. Je suis content que Tate-Mumford nous
1 aient débarrassés de la conjecture canularesque sur les cycles algébriques sur les variétés abéliennes ; quant aux conjectures de Hodge, j'en fais maintenant un article de foi au même titre que des conjectures de Tate ; elles sont en effet trop intimement liées pour que je puisse croire que l'une puisse être fausse sans que l'autre le soit, en d'autres termes, il faut qu'elles soient vraies toutes les deux. Je serais très intéressé à avoir des échos un peu détaillés sur le séminaire sur les hauteurs et les distributions de Weil, prévoyant que j'en serai utilisateur dans un avenir peu éloigné. Peut-être tu pourrais me tenir au courant ? J'ai été déçu que tu laisses tomber la plupart de mes questions sur les fonctions L (dans e), peut-être voudras-tu me répondre un jour où tu te sentiras plus bavard ; de même pour la dernière question de ma lettre, à la fin du PS.

J'ai été également déçu que tu n'aies pas trouvé une compétence en théorie des surfaces pour résoudre ta conjecture sur les variétés abéliennes, et dire des choses sur la forme quadratique que je signalais dans j). Pour le coup, saisi d'une salutaire colère, j'ai interrompu mes cogitations présentes pour trouver une démonstration moi-même, que je te livre toute chaude. Soit donc $f : \mathrm{X} \to \mathrm{S}$ un morphisme projectif, S étant le spectre d'un anneau de valuation discrète V, qu'on peut supposer complet à corps résiduel algébriquement clos. On suppose la fibre générique X_1 lisse géométriquement connexe de dimension 1 sur le corps des fractions K de V, on choisit un ℓ premier à la caractéristique résiduelle, et on suppose que $\pi = \mathrm{Gal}(\overline{\mathrm{K}}/\mathrm{K})$ opère de façon unipotente sur $\mathrm{H}^1(\overline{\mathrm{X}}_1, \mathbf{Z}_\ell)$. A prouver qu'il opère trivialement sur $\mathrm{H}^1/(\mathrm{H}^1)^\pi$. Utilisant la résolution des singularités (Abhyankar), on peut supposer X régulier, et de plus $\mathrm{C} = \mathrm{X}_{0,\text{réd}}$ à croisements normaux dans X. Soient C_i les composantes irréductibles réduites de X_0, et posons $\mathrm{X}_0 = \sum_i m_i \mathrm{C}_i$. Supposons d'abord pour simplifier que ℓ est *premier* aux m_i. Soit F un ℓ-groupe fini (nous prendrons $\mathrm{F} = \mathbf{Z}/\ell^{\mathrm{N}}\mathbf{Z}$ et passerons à la limite sur N). Grâce à l'hypothèse faite sur les opérations de π sur $\mathrm{H}^1(\overline{\mathrm{X}}_1, \mathbf{Z}_\ell)$, on voit que l'on a

$$(*) \qquad \mathrm{H}^1(\overline{\mathrm{X}}_1) = \varinjlim_i \mathrm{H}^1(\mathrm{X}_1(i)),$$

Bures, October 30, 1964

My dear Serre;

Thank you for your letter of October 24th. I am glad Tate and Mumford
have gotten rid of the screwed-up conjecture on algebraic cycles on abelian 1
varieties; as for the Hodge conjectures, I now hold them to be an article of faith on a par with the Tate conjectures; indeed, they are too intimately linked for me to be able to believe that one could be wrong without the other: in other words, they must both be true. I would be very interested to have some detailed information about the seminar on heights and Weil distributions, since I anticipate that I will be using them in the not-too-distant future. Could you perhaps keep me informed? I was disappointed that you didn't answer most of my questions on L-functions (from e)—perhaps you would like to answer me some day when you feel more chatty; the same goes for the last question in my letter, at the end of the P.S.

I was also disappointed that you did not find an expert on surfaces to solve your conjecture on abelian varieties, and tell you something about the quadratic form I mentioned in j). And therefore, finding myself in a healthy temper, I broke off my current reflections to find a proof myself, which I hand you fresh out of the oven. Let $f : \mathrm{X} \to \mathrm{S}$ be a projective map, S being the spectrum of a discrete valuation ring V, which may be assumed complete with algebraically closed residue field. Assume that the generic fiber X_1 is smooth and geometrically connected of dimension 1 over the fraction field K of V, choose an ℓ prime to the residue characteristic, and assume that the action of $\pi = \mathrm{Gal}(\overline{\mathrm{K}}/\mathrm{K})$ on $\mathrm{H}^1(\overline{\mathrm{X}}_1, \mathbf{Z}_\ell)$ is unipotent. The result to be proved is that π acts trivially on $\mathrm{H}^1/(\mathrm{H}^1)^\pi$. By resolution of singularities (Abhyankar), X may be assumed regular, and furthermore $\mathrm{C} = \mathrm{X}_{0,\mathrm{red}}$ may be assumed to have normal crossings in X. Let C_i be the reduced irreducible components of X_0, and set $\mathrm{X}_0 = \sum_i m_i \mathrm{C}_i$. Assume first for the sake of simplicity that ℓ is *relatively prime* to the m_i. Let F be a finite ℓ-group (we will take $\mathrm{F} = \mathbf{Z}/\ell^{\mathrm{N}}\mathbf{Z}$ and pass to the limit over N). It follows from the conditions imposed on the action of π on $\mathrm{H}^1(\overline{\mathrm{X}}_1, \mathbf{Z}_\ell)$ that

$$(*) \qquad \mathrm{H}^1(\overline{\mathrm{X}}_1) = \varinjlim_i \mathrm{H}^1(\mathrm{X}_1(i)),$$

où nous sous-entendons F comme faisceau de coefficients partout et où on pose

$$\mathrm{X}_1(i) = \mathrm{X}_1 \times_{\mathrm{S}} \mathrm{S}(i), \quad \mathrm{S}(i) = \mathrm{Spec}\big(\mathrm{V}[z]/(z^{\ell^i} - t)\big),$$

t étant une uniformisante de V. Soient de même $\mathrm{X}(i)$, $\mathrm{X}_0(i)$ déduits de X, X_0 par le même changement de base, alors on a les suites exactes

2 $$\cdots \to \mathrm{H}^n_{\mathrm{X}_0(i)}(\mathrm{X}(i)) \to \mathrm{H}^n(\mathrm{X}(i)) \to \mathrm{H}^n(\mathrm{X}_1(i)) \to \mathrm{H}^{n+1}_{\mathrm{X}_0(i)}(\mathrm{X}(i)) \to \cdots$$

d'où en passant à la limite sur i, et en tenant compte des isomorphismes $(*)$ et

$$\mathrm{H}^n(\mathrm{X}(i)) \xrightarrow{\sim} \mathrm{H}^n(\mathrm{X}_0(i)) \xleftarrow{\sim} \mathrm{H}^n(\mathrm{X}_0),$$

la suite exacte

$$\cdots \to \Phi^n \to \mathrm{H}^n(\mathrm{X}_0) \to \mathrm{H}^n(\overline{\mathrm{X}}_1) \to \Phi^{n+1} \to \cdots,$$

avec

$$\Phi^n = \varinjlim_i \mathrm{H}^n_{\mathrm{X}_0(i)}(\mathrm{X}(i)).$$

Donc la comparaison des $\mathrm{H}^n(\mathrm{X}_0)$ et des $\mathrm{H}^n(\overline{\mathrm{X}}_1)$ est essentiellement ramenée au calcul des Φ^n (fait général d'ailleurs, qui n'a rien à voir spécialement avec les courbes relatives...). Nous allons voir que ici, les Φ^n peuvent se calculer comme invariants essentiellement *locaux* sur X. Pour ceci, prenons la suite spectrale

$$\mathrm{H}^n_{\mathrm{X}_0(i)}(\mathrm{X}(i)) \Longleftarrow \mathrm{H}^p(\mathrm{X}_0(i), \underline{\mathrm{H}}^q_{\mathrm{X}_0(i)}(\mathrm{F}_{\mathrm{X}(i)}))$$

d'où en passant à la limite sur i, et désignant par $p_i : \mathrm{X}_0(i) \to \mathrm{X}_0$ l'isomorphisme de projection :

$$\Phi^n \Longleftarrow \mathrm{E}_2^{p,q} = \mathrm{H}^p(\mathrm{X}_0, \underline{\Phi}^q)$$

avec $$\underline{\Phi}^n = \varinjlim_i p_{i*}\underline{\mathrm{H}}^n_{\mathrm{X}_0(i)}(\mathrm{F}_{\mathrm{X}(i)}).$$

Or je dis qu'on a

$$(**) \qquad \begin{cases} \underline{\Phi}^n = 0 \quad \text{pour } n = 0, 1, \\ \underline{\Phi}^n \text{ concentré sur l'ensemble T des points doubles de } \mathrm{X}_0 \\ \qquad\qquad \text{pour tout } n, \end{cases}$$

d'où résultera que la suite spectrale précédente dégénère et fournit les valeurs

$$\Phi^n = \sum_{x \in \mathrm{T}} \underline{\Phi}^n_x,$$

in which it is implicitly understood that F is everywhere the coefficient sheaf, and

$$\mathrm{X}_1(i) = \mathrm{X}_1 \times_{\mathrm{S}} \mathrm{S}(i), \quad \mathrm{S}(i) = \mathrm{Spec}\big(\mathrm{V}[z]/(z^{\ell^i} - t)\big),$$

where t is a uniformizing parameter of V. Similarly, let $\mathrm{X}(i)$, $\mathrm{X}_0(i)$ be deduced from X, X_0 by the same base change; there are then exact sequences

$$\cdots \to \mathrm{H}^n_{\mathrm{X}_0(i)}(\mathrm{X}(i)) \to \mathrm{H}^n(\mathrm{X}(i)) \to \mathrm{H}^n(\mathrm{X}_1(i)) \to \mathrm{H}^{n+1}_{\mathrm{X}_0(i)}(\mathrm{X}(i)) \to \cdots$$ 2

whence, by passage to the limit over i, and taking into account the isomorphisms $(*)$ and

$$\mathrm{H}^n(\mathrm{X}(i)) \xrightarrow{\sim} \mathrm{H}^n(\mathrm{X}_0(i)) \xleftarrow{\sim} \mathrm{H}^n(\mathrm{X}_0),$$

one obtains an exact sequence

$$\cdots \to \Phi^n \to \mathrm{H}^n(\mathrm{X}_0) \to \mathrm{H}^n(\overline{\mathrm{X}}_1) \to \Phi^{n+1} \to \cdots,$$

with

$$\Phi^n = \varinjlim_i \mathrm{H}^n_{\mathrm{X}_0(i)}(\mathrm{X}(i)).$$

Hence the comparison of the $\mathrm{H}^n(\mathrm{X}_0)$ and the $\mathrm{H}^n(\overline{\mathrm{X}}_1)$ is essentially reduced to the computation of the Φ^n (actually a general fact having nothing to do with relative curves...). We are going to see that here, the Φ^n can be computed as essentially *local* invariants on X. For this, consider the spectral sequence

$$\mathrm{H}^n_{\mathrm{X}_0(i)}(\mathrm{X}(i)) \Longleftarrow \mathrm{H}^p(\mathrm{X}_0(i), \underline{\mathrm{H}}^q_{\mathrm{X}_0(i)}(\mathrm{F}_{\mathrm{X}(i)}))$$

whence by passage to the limit over i, and writing $p_i : \mathrm{X}_0(i) \to \mathrm{X}_0$ for the projection isomorphism, one gets:

$$\Phi^n \Longleftarrow \mathrm{E}_2^{p,q} = \mathrm{H}^p(\mathrm{X}_0, \underline{\Phi}^q)$$

with
$$\underline{\Phi}^n = \varinjlim_i p_{i*}\underline{\mathrm{H}}^n_{\mathrm{X}_0(i)}(\mathrm{F}_{\mathrm{X}(i)}).$$

Now, I claim that:

$$(**)\qquad \begin{cases} \underline{\Phi}^n = 0 \quad \text{for } n = 0, 1, \\ \underline{\Phi}^n \text{ is concentrated on T, the set of double points of } \mathrm{X}_0 \\ \qquad \text{for all } n, \end{cases}$$

whence the spectral sequence above degenerates and yields the values

$$\Phi^n = \sum_{x \in \mathrm{T}} \underline{\Phi}^n_x$$

exprimant les Φ^n comme somme d'invariants locaux, associés aux points doubles de X_0. La vérification de $(**)$ est facile, car on tient la situation locale complètement en main. L'hypothèse que ℓ est premier aux m_i sert uniquement à assurer que les $X(i)$ sont géométriquement unibranches, ce qui implique $\underline{\Phi}^0 = \underline{\Phi}^1 = 0$ (la première relation étant triviale de toutes façons sans cette hypothèse). Si on omet l'hypothèse en question, $\underline{\Phi}^1$ peut avoir un support de dimension 1, ce qui empêche la dégénérescence de la suite spectrale et ne permet plus un calcul purement local des Φ^n, mais il restera vrai que les autres $\underline{\Phi}^n$ $(n \geqslant 2)$ sont concentrés sur T. Rappelons l'expression explicite

$$\underline{\Phi}^n_x = \varinjlim_i \mathrm{H}^{n-1}(\mathrm{U}_x(i)) \quad \text{pour } n \geqslant 2,$$

où X_x désigne un localisé strict de X en x, U_x l'image inverse de $X - X_0 = X_1$ dans U_x, qui s'obtient donc (si $x \in T$) en enlevant de X_x deux diviseurs correspondant à un système régulier de paramètres (u, v) de X_x ; $U_x(i)$ a la signification habituelle, et est l'image inverse de U_x dans le revêtement $X_x(i)$ de X obtenu en adjoignant un z_i satisfaisant

$$z_i^{\ell^i} = t \quad (= u^p v^q, \text{où } p, q \text{ sont deux parmi les } m_i \text{ introduits plus haut}).$$

On trouve aussitôt, grâce à la connaissance du groupe fondamental « tame » de U_x :

$$\underline{\Phi}^2_x \cong \mathrm{Hom}(\mathrm{N}_x, \mathrm{F})$$

où N_x est défini via la suite exacte

$$0 \longrightarrow \mathrm{N}_x \longrightarrow \mathbf{Z}_\ell(1) \times \mathbf{Z}_\ell(1) \xrightarrow{w_x} \mathbf{Z}_\ell(1),$$

avec

$$w_x(a, b) = pa + qb.$$

Ici on a supposé les m_i, donc en particulier q, premiers à ℓ, de sorte que l'équation $pa + qb = 0$ qui définit N_x se résout en $b = -(p/q)a$, donc N_x apparaît comme isomorphe plus ou moins canoniquement à $\mathbf{Z}_\ell(1)$, et on trouve

$$\underline{\Phi}^2_x = \mathrm{Hom}(\mathbf{Z}_\ell(1), \mathrm{F}) = \mathrm{F}(-1).$$

D'ailleurs, on vérifie que cet isomorphisme est compatible avec les opérations naturelles de π, qui opère donc *trivialement* sur Φ^2. Mettant ensemble les renseignements obtenus, on trouve une suite exacte

$$0 \to \mathrm{H}^1(\mathrm{X}_0) \to \mathrm{H}^1(\overline{\mathrm{X}}_1) \to \Phi^2 \to \mathrm{H}^2(\mathrm{X}_0) \to \mathrm{H}^2(\overline{\mathrm{X}}_1) \to \Phi^3 \to 0$$

which express Φ^n as a sum of local invariants associated to the double points of X_0. The proof of $(**)$ is easy, since the local situation is well under control. The hypothesis that ℓ is relatively prime to the m_i is used only to ensure that the $X(i)$ are geometrically unibranch, which implies that $\underline{\Phi}^0 = \underline{\Phi}^1 = 0$ (the first relation is in any case trivial without this condition). If the hypothesis in question is omitted, $\underline{\Phi}^1$ can have 1-dimensional support, which prevents the spectral sequence from degenerating, so that the Φ^n can no longer be computed purely locally, but it remains true that the other $\underline{\Phi}^n$ $(n \geqslant 2)$ are concentrated on T. Recall the explicit formula

$$\underline{\Phi}^n_x = \varinjlim_i \mathrm{H}^{n-1}(\mathrm{U}_x(i)) \quad \text{for } n \geqslant 2,$$

where X_x denotes a strict localization of X at x, U_x is the inverse image of $\mathrm{X} - \mathrm{X}_0 = \mathrm{X}_1$ in U_x, which can therefore be obtained (if $x \in \mathrm{T}$) by removing from X_x two divisors corresponding to a regular system of parameters (u, v) for X_x; $\mathrm{U}_x(i)$ means the usual thing, and is the inverse image of U_x in the covering $\mathrm{X}_x(i)$ of X obtained by adjoining a z_i such that

$$z_i^{\ell^i} = t \quad (= u^p v^q, \text{where } p, q \text{ are two of the } m_i \text{ introduced above}).$$

Knowing the "tame" fundamental group of U_x, one immediately finds

$$\underline{\Phi}^2_x \cong \mathrm{Hom}(\mathrm{N}_x, \mathrm{F})$$

where N_x is defined via the exact sequence

$$0 \longrightarrow \mathrm{N}_x \longrightarrow \mathbf{Z}_\ell(1) \times \mathbf{Z}_\ell(1) \xrightarrow{w_x} \mathbf{Z}_\ell(1),$$

with

$$w_x(a, b) = pa + qb.$$

Here, the m_i, and hence in particular q, are assumed relatively prime to ℓ, so that the equation $pa + qb = 0$ defining N_x has the solution $b = -(p/q)a$, so N_x appears to be more or less canonically isomorphic to $\mathbf{Z}_\ell(1)$, and one finds

$$\underline{\Phi}^2_x = \mathrm{Hom}(\mathbf{Z}_\ell(1), \mathrm{F}) = \mathrm{F}(-1).$$

In fact, one can check that this isomorphism is compatible with the natural action of π, which therefore acts *trivially* on Φ^2. Combining these pieces of information yields an exact sequence

$$0 \to \mathrm{H}^1(\mathrm{X}_0) \to \mathrm{H}^1(\overline{\mathrm{X}}_1) \to \Phi^2 \to \mathrm{H}^2(\mathrm{X}_0) \to \mathrm{H}^2(\overline{\mathrm{X}}_1) \to \Phi^3 \to 0$$

(car $H^3(X_0) = 0$), où d'ailleurs on peut remplacer Φ^3 par 0 lorsqu'il existe sur X_1 un faisceau inversible de degré 1, ce qui implique en effet que

$$H^2(X_0) = H^2(X) \to H^2(\overline{X}_1) \cong F$$

est surjectif. Passant à la limite sur les $F = \mathbf{Z}/\ell^N\mathbf{Z}$, on trouve la même suite exacte à coefficients dans $\mathbf{Z}_\ell$, avec cette fois-ci

$$(***) \qquad \Phi^2 = \mathbf{Z}_\ell(-1)^T,$$

et des opérations triviales de π dessus, Φ^3 étant d'ailleurs un groupe cyclique fini (annulé par le degré de tout faisceau inversible sur X_1).

3 D'ailleurs, je m'aperçois à l'instant que, K étant un corps de Tsen, il existe toujours sur X_1 un faisceau inversible de degré 1, donc il s'ensuit que l'on a
4 $\Phi^3 = 0$ en tout cas (donc $\Phi^n = 0$ pour $n \geqslant 3$). Comme π opère trivialement sur l'image de $H^1(X_0)$ dans $H^1(\overline{X}_1)$, et qu'il opère trivialement sur Φ^2, l'assertion qu'on voulait démontrer résulte de la suite exacte, qui donne d'ailleurs des renseignements supplémentaires, par exemple

$$(****) \qquad \operatorname{rang}(H^1(\overline{X}_1)/H^1(X_0)) = d - c + 1,$$

où d est le nombre de points doubles de $X_{0,\text{réd}}$, c le nombre de ses composantes irréductibles.

Lorsqu'on ne suppose plus ℓ premier aux m_i, il y a des petits détails à changer. La première idée serait évidemment de changer simplement de nombre premier ℓ, puisqu'on sait par ailleurs que la conclusion (exprimée en termes du modèle de Néron de la jacobienne) est en fait indépendante de ℓ ; mais il ne me semble pas évident a priori que l'hypothèse que π opère de façon unipotente dans $H^1(\overline{X}_1)$ restera valable. Il est possible qu'il soit assez facile de montrer cependant que, quitte à faire une extension finie convenable sur S et tout en gardant le même ℓ, on peut se ramener aux conditions favorables précédentes. Voici une autre solution, qui consiste à reprendre la démonstration précédente avec de menus changements : on considère le plus grand entier i_0 tel que ℓ^{i_0} divise un des m_i, on se borne à considérer les $i \geqslant i_0$, et on remplace les $X(i)$ par les $X'(i) = X'(i_0) \times_{S_{i_0}} S_i$, où $X'(i_0)$ est le normalisé de $X(i_0)$. Avec ce menu changement, les développements précédents doivent être valables, dans le produit final i.e. la suite exacte finale, les $H^i(X_0)$ doivent se remplacer par $H^i(X'_0(i_0))$

$$0 \to H^1(X'_0(i_0)) \to H^1(\overline{X}_1) \to \Phi'^2 \to H^2(X'_0(i_0)) \to H^2(\overline{X}_1) \to 0$$

(since $\mathrm{H}^3(\mathrm{X}_0) = 0$), in which Φ^3 can actually be replaced by 0 when there is an invertible sheaf of degree 1 on X_1, as this implies that

$$\mathrm{H}^2(\mathrm{X}_0) = \mathrm{H}^2(\mathrm{X}) \to \mathrm{H}^2(\overline{\mathrm{X}}_1) \cong \mathrm{F}$$

is indeed surjective. Passing to the limit over the $\mathrm{F} = \mathbf{Z}/\ell^{\mathrm{N}}\mathbf{Z}$, one gets the same exact sequence with coefficients in $\mathbf{Z}_\ell$, but this time

$$(***) \qquad \Phi^2 = \mathbf{Z}_\ell(-1)^{\mathrm{T}},$$

with trivial π-action; Φ^3 is now a finite cyclic group (annihilated by the degree of any invertible sheaf on X_1).

In fact, I have just realized that since K is a Tsen field, there is always an 3
invertible sheaf of degree 1 on X_1, so in fact $\Phi^3 = 0$ in any case (so $\Phi^n = 0$ for 4
$n \geqslant 3$). As π acts trivially on the image of $\mathrm{H}^1(\mathrm{X}_0)$ in $\mathrm{H}^1(\overline{\mathrm{X}}_1)$, and also on Φ^2, the assertion we want to prove follows from the exact sequence, which in fact gives additional information such as:

$$(****) \qquad \operatorname{rang}(\mathrm{H}^1(\overline{\mathrm{X}}_1)/\mathrm{H}^1(\mathrm{X}_0)) = d - c + 1,$$

where d is the number of double points of $\mathrm{X}_{0,\mathrm{red}}$, and c is the number of its irreducible components.

If ℓ is no longer assumed relatively prime to the m_i, some small details must be changed. Obviously, the first idea is to simply change the prime number ℓ, since it is known for other reasons that the conclusion (expressed in terms of the Néron model of the Jacobian) is in fact independent of ℓ, but it does not seem obvious to me a priori that the hypothesis that the action of π on $\mathrm{H}^1(\overline{\mathrm{X}}_1)$ is unipotent will then remain valid. It might be quite easy, however, to prove that up to taking a suitable finite extension over S, and keeping the same ℓ, the problem can be reduced to the favorable situation above. Here is another solution, which consists of repeating the argument above with some slight changes: consider the largest integer i_0 such that ℓ^{i_0} divides one of the m_i, consider only the $i \geqslant i_0$, and replace $\mathrm{X}(i)$ by $\mathrm{X}'(i) = \mathrm{X}'(i_0) \times_{\mathrm{S}_{i_0}} \mathrm{S}_i$, where $\mathrm{X}'(i_0)$ is the normalization of $\mathrm{X}(i_0)$. With this slight change, all the arguments above should work, and in the finished product i.e. the final exact sequence, $\mathrm{H}^i(\mathrm{X}_0)$ should be replaced by $\mathrm{H}^i(\mathrm{X}'_0(i_0))$

$$0 \to \mathrm{H}^1(\mathrm{X}'_0(i_0)) \to \mathrm{H}^1(\overline{\mathrm{X}}_1) \to \Phi'^2 \to \mathrm{H}^2(\mathrm{X}'_0(i_0)) \to \mathrm{H}^2(\overline{\mathrm{X}}_1) \to 0$$

où Φ'^2 est encore la somme des $\underline{\Phi}'^2_x$, $x \in \mathrm{T}$, et $\underline{\Phi}'^2_x$ est donné par la formule générale $\mathrm{Hom}(\mathrm{N}_x, \mathbf{Z}_\ell)^{a_x}$ où $a_x = \mathrm{card.\,coker}\, w_x =$ plus grande puissance de ℓ divisant p et $q =$ nombre de « branches » de $\mathrm{X}_x(i_0)$... (Le fait qu'on puisse encore mettre un zéro à droite i.e. $\Phi'^3 = 0$ se voit en utilisant la classe de cohomologie sur X définie par un faisceau inversible sur X induisant sur X_1 un faisceau de degré 1, en prenant l'image réciproque de cette classe sur $\mathrm{X}(i_0)$.) La conclusion est que si $\pi(i_0)$ désigne le sous-groupe de π correspondant à $\mathrm{S}(i_0)$, alors $\pi(i_0)$ opère trivialement sur $\mathrm{H}^1(\overline{\mathrm{X}}_1)/\mathrm{H}^1(\overline{\mathrm{X}}_1)^{\pi(i_0)}$, (vu qu'il opère trivialement sur $\mathrm{H}^1(\mathrm{X}'_0(i_0)) = \mathrm{H}^1(\mathrm{X}(i_0))$ et sur Φ'^2).

Ce qu'on a démontré réellement est ceci : supposant X régulier, X_0 à croisements normaux, X_1 lisse géométriquement connexe de dimension 1, ℓ premier à la caractéristique résiduelle, $\mathrm{H}^1(\overline{\mathrm{X}}_1, \mathbf{Z}_\ell)$ *modérément ramifié*, i.e. l'image de π dans $\mathrm{Aut}(\mathrm{H}^1)$de cardinal supernaturel N premier à p, soit i_0 le ppcm des $\mathrm{pgcd}(\mathrm{N}, m_i)$. Alors le sous-groupe $\pi(i_0)$ d'indice i_0 de π opère par des transvections sur $\mathrm{H}^1(\overline{\mathrm{X}}_1)$ i.e. il opère trivialement sur $\mathrm{H}^1(\overline{\mathrm{X}}_1)/\mathrm{H}^1(\overline{\mathrm{X}}_1)^{\pi(i_0)}$. Le rang de ce quotient est majoré par $\sum_{x \in \mathrm{T}} a_x - \sum b_i + 1$, où pour tout $x \in \mathrm{T}$, on pose $a_x = \mathrm{pgcd}(m'_x, m''_x, \mathrm{N})$, m'_x, m''_x étant les multiplicités des deux composantes de X_0 passant par x, et pour toute composante C_i de X_0, on pose $b_i = \mathrm{pgcd}(m_i, \mathrm{N})$, m_i étant la multiplicité de C_i [NB $\sum a_x$ est le rang de Φ'^2, $\sum b_i$ celui de $\mathrm{H}^2(\mathrm{X}'_0(i_0))$ i.e. le nombre de composantes irréductibles de $\mathrm{X}'_0(i_0)$, 1 le rang de $\mathrm{H}^2(\overline{\mathrm{X}}_1)$] ; il est possible qu'on ait toujours égalité, i.e. qu'on ait $\mathrm{H}^1(\overline{\mathrm{X}}_1)^{\pi(i_0)} = \mathrm{Im}\,\mathrm{H}^1(\mathrm{X}'_0(i_0))$ modulo groupe fini. C'est en tout cas ce qu'on peut vérifier si $i_0 = 1$, de façon plus générale on vérifie directement (sans hypothèse sur i_0) que l'on a

$$\mathrm{H}^1(\mathrm{X}_0) \longrightarrow \mathrm{H}^1(\overline{\mathrm{X}}_1)^\pi$$

est un isomorphisme sur un sous-groupe d'indice fini, le conoyau étant isomorphe à $\mathbf{Z}/d_\ell\mathbf{Z}(-1)$, où d_ℓ est la plus grande puissance de ℓ qui divise le pgcd des m_i. (Cela sort de la comparaison des deux suites spectrales de Leray pour $\mathrm{X}_1 \to \mathrm{S}$, factorisé d'une part par S, d'autre part par X).

J'avoue n'avoir pas vérifié avec soin les calculs dans le cas général avec des $'$, mais je suis persuadé que la méthode doit marcher. D'ailleurs, revenant au cas où on suppose d'avance que l'opération de π sur $\mathrm{H}^1(\overline{\mathrm{X}}_1)$ est unipotente,
5 et Serre-Tate étant désormais démontré (dans le cas des variétés abéliennes), on voit que l'hypothèse d'unipotence est conservée en changeant de ℓ. Utilisant

where Φ'^2 is once again the sum of the $\underline{\Phi}'^2_x$, $x \in \mathrm{T}$, and $\underline{\Phi}'^2_x$ is given by the general formula $\mathrm{Hom}(\mathrm{N}_x, \mathbf{Z}_\ell)^{a_x}$ where $a_x = \mathrm{card.\,coker}\, w_x$ = largest power of ℓ dividing p and q = number of "branches" of $\mathrm{X}_x(i_0)$... (The fact that one can again put zero on the right-hand side, i.e. $\Phi'^3 = 0$, can be seen using the cohomology class on X defined by an invertible sheaf on X which induces a sheaf of degree 1 on X_1 on taking the inverse image of this class on $\mathrm{X}(i_0)$.) The conclusion is that if $\pi(i_0)$ denotes the subgroup of π corresponding to $\mathrm{S}(i_0)$, then $\pi(i_0)$ acts trivially on $\mathrm{H}^1(\overline{\mathrm{X}}_1)/\mathrm{H}^1(\overline{\mathrm{X}}_1)^{\pi(i_0)}$ (since it acts trivially on $\mathrm{H}^1(\mathrm{X}'_0(i_0)) = \mathrm{H}^1(\mathrm{X}(i_0))$ and on Φ'^2).

What we have really shown is the following: assuming that X is regular, X_0 has normal crossings, X_1 is smooth and geometrically connected of dimension 1, ℓ is relatively prime to the residue characteristic and $\mathrm{H}^1(\overline{\mathrm{X}}_1, \mathbf{Z}_\ell)$ is *tamely ramified*, i.e. the image of π in $\mathrm{Aut}(\mathrm{H}^1)$ is of supernatural cardinal N which is relatively prime to p, let i_0 be the lcm of the $\gcd(\mathrm{N}, m_i)$. Then the subgroup $\pi(i_0)$ of index i_0 in π acts by transvections on $\mathrm{H}^1(\overline{\mathrm{X}}_1)$, i.e. acts trivially on $\mathrm{H}^1(\overline{\mathrm{X}}_1)/\mathrm{H}^1(\overline{\mathrm{X}}_1)^{\pi(i_0)}$. The rank of this quotient is bounded above by $\sum_{x \in \mathrm{T}} a_x - \sum b_i + 1$, where for every $x \in \mathrm{T}$, we set $a_x = \gcd(m'_x, m''_x, \mathrm{N})$, where m'_x, m''_x are the multiplicities of the two components of X_0 passing through x, and for any component C_i of X_0, we set $b_i = \gcd(m_i, \mathrm{N})$, where m_i is the multiplicity of C_i [N.B. $\sum a_x$ is the rank of Φ'^2, $\sum b_i$ is that of $\mathrm{H}^2(\mathrm{X}'_0(i_0))$ i.e. the number of irreducible components of $\mathrm{X}'_0(i_0)$, and 1 is the rank of $\mathrm{H}^2(\overline{\mathrm{X}}_1)$]; it is possible this is always an equality, i.e. that $\mathrm{H}^1(\overline{\mathrm{X}}_1)^{\pi(i_0)} = \mathrm{Im}\,\mathrm{H}^1(\mathrm{X}'_0(i_0))$ modulo a finite group. In any case, this is what one can check when $i_0 = 1$, and more generally, one can check directly (without any hypotheses on i_0) that

$$\mathrm{H}^1(\mathrm{X}_0) \longrightarrow \mathrm{H}^1(\overline{\mathrm{X}}_1)^\pi$$

is an isomorphism on a finite-index subgroup, the cokernel being isomorphic to $\mathbf{Z}/d_\ell\mathbf{Z}(-1)$, where d_ℓ is the largest power of ℓ dividing the gcd of the m_i. (This comes from a comparison of the two Leray spectral sequences for $\mathrm{X}_1 \to \mathrm{S}$, factored through S on the one hand and through X on the other.)

I confess that I have not checked the computations carefully in the general case with $'$, but I am convinced the method should work. In fact, returning to the case where one assumes beforehand that the action of π on $\mathrm{H}^1(\overline{\mathrm{X}}_1)$ is unipotent, and as Serre-Tate has now been proved (for abelian varieties), one 5
sees that the unipotence condition is preserved on changing ℓ. Using the exact

la suite exacte

$$\text{(X)} \qquad 0 \to \mathrm{H}^1(\mathrm{X}_0) \to \mathrm{H}^1(\overline{\mathrm{X}}_1) \to \Phi^2 \to \mathrm{H}^2(\mathrm{X}_0) \to \mathrm{H}^2(\overline{\mathrm{X}}_1) \to 0$$

pour tout ℓ, (le fait qu'on puisse mettre des zéros aux deux bouts, se voit directement indépendamment de ℓ ; à gauche cela résulte simplement de la normalité de X...), le rang de Φ^2 sera alors indépendant de ℓ, donc égal à la valeur établie pour ℓ « général », savoir $d - c + 1$. Une analyse plus détaillée devrait faire apparaître une suite exacte canonique :

$$0 \to \mathbf{Z}_\ell / d_\ell \mathbf{Z}_\ell(-1) \to \Phi^2 \to \mathbf{Z}_\ell(-1)^{(\mathrm{T})},$$

le conoyau du dernier homomorphisme écrit étant fini (et nul évidemment si ℓ premier aux m_i). — Note d'ailleurs que la dualité entre $\mathrm{H}^1(\overline{\mathrm{X}}_1)/\mathrm{H}^1(\overline{\mathrm{X}}_1)^\pi$ et la partie « de poids zéro = de type multiplicatif » de $\mathrm{H}^1(\mathrm{X}_0)$, apparaît de façon particulièrement frappante sur (X), en effet (modulo groupes finis éventuellement) le premier groupe n'est autre que le noyau de $\Phi^2 \to \mathrm{H}^2(\mathrm{X}_0)$ qui s'identifie (toujours éventuellement modulo groupes finis) à $\mathbf{Z}_\ell^{(\mathrm{T})}(-1) \to \mathbf{Z}_\ell^{(\mathrm{I})}(-1)$, où I est l'ensemble des composantes irréductibles de X_0, et le deuxième groupe se calcule de façon bien connue, via le normalisé de $\mathrm{X}_{0,\text{réd}} = \mathrm{C}$, comme le conoyau d'un homomorphisme $\mathbf{Z}_\ell^{(\mathrm{I})} \to \mathbf{Z}_\ell^{(\mathrm{T})}$, qui ne peut guère être autre chose que le transposé du précédent (en tout cas, les choix à faire de côté et d'autre pour identifier un certain groupe à $\mathbf{Z}_\ell^{(\mathrm{T})}$ sont exactement les mêmes, savoir pour tout $x \in \mathrm{T}$ le choix d'une des deux composantes de X_0 passant par x). En fait, il y a intérêt à écrire (X) sous forme d'une suite *autoduale* un peu plus longue

$$0 \to \mathrm{H}^0(\mathrm{C}) \to \mathrm{H}^0(\widetilde{\mathrm{C}}) \to \Psi^2 \to \mathrm{H}^1(\overline{\mathrm{X}}_1) \to \Phi^2 \to \mathrm{H}^2(\mathrm{X}_0) \to \mathrm{H}^2(\overline{\mathrm{X}}_1) \to 0,$$

suite qui est exacte partout sauf en son milieu, où le défaut d'exactitude est $\mathrm{H}^1(\widetilde{\mathrm{C}})$ (où $\widetilde{\mathrm{C}}$ est la normalisée de C), i.e. la partie de poids 1 de $\mathrm{H}^1(\mathrm{X}_0) = \mathrm{H}^1(\mathrm{C})$. Il reste surtout à déterminer la forme quadratique (probablement définie) non dégénérée sur $\mathrm{Ker}(\Phi^2 \to \mathrm{H}^2(\mathrm{X}_0)) = \mathrm{Ker}(\mathbf{Z}_\ell^{(\mathrm{T})} \to \mathbf{Z}_\ell^{(\mathrm{I})})$ dont je parlais dans ma précédente lettre, dont la connaissance est équivalente à celle de l'opération de π sur $\mathrm{H}^1(\overline{\mathrm{X}}_1)$; je n'ai pas eu le temps de chercher sérieusement un bon candidat.

Voici quelques autres réflexions sur les variétés abéliennes que je te donne en vrac. Soit X un schéma de type fini sur k algébriquement clos, X normal

sequence:

$$\text{(X)}\qquad 0 \to \mathrm{H}^1(\mathrm{X}_0) \to \mathrm{H}^1(\overline{\mathrm{X}}_1) \to \Phi^2 \to \mathrm{H}^2(\mathrm{X}_0) \to \mathrm{H}^2(\overline{\mathrm{X}}_1) \to 0$$

for every ℓ (the fact that one can put zeros at both ends can be seen directly and independently of ℓ; on the left this is a simple consequence of the normality of X...), the rank of Φ^2 will then be independent of ℓ, and therefore equal to the value obtained for "general" ℓ, namely $d - c + 1$. A more detailed analysis should give a canonical exact sequence:

$$0 \to \mathbf{Z}_\ell/d_\ell\mathbf{Z}_\ell(-1) \to \Phi^2 \to \mathbf{Z}_\ell(-1)^{(\mathrm{T})},$$

in which the cokernel of the last homomorphism is finite (and obviously trivial if ℓ is relatively prime to the m_i). — Note that the duality between $\mathrm{H}^1(\overline{\mathrm{X}}_1)/\mathrm{H}^1(\overline{\mathrm{X}}_1)^\pi$ and the part "of weight zero = of multiplicative type" of $\mathrm{H}^1(\mathrm{X}_0)$ appears in a particularly striking way in (X); indeed (possibly modulo finite groups) the first group is none other than the kernel of $\Phi^2 \to \mathrm{H}^2(\mathrm{X}_0)$ which can be identified (again modulo finite groups) with $\mathbf{Z}_\ell^{(\mathrm{T})}(-1) \to \mathbf{Z}_\ell^{(\mathrm{I})}(-1)$, where I is the set of irreducible components of X_0, and the second group can be computed by a well-known method using the normalization of $\mathrm{X}_{0,\mathrm{red}} = \mathrm{C}$, as the cokernel of a homomorphism $\mathbf{Z}_\ell^{(\mathrm{I})} \to \mathbf{Z}_\ell^{(\mathrm{T})}$ which can hardly be anything other than the transpose of the previous one (in any case, the choices which have to be made on each side in order to identify some group with $\mathbf{Z}_\ell^{(\mathrm{T})}$ are exactly the same, namely the choice, for every $x \in \mathrm{T}$, of one of the two components of X_0 passing through x). In fact, it is useful to write (X) as a slightly longer *self-dual* sequence

$$0 \to \mathrm{H}^0(\mathrm{C}) \to \mathrm{H}^0(\widetilde{\mathrm{C}}) \to \Psi^2 \to \mathrm{H}^1(\overline{\mathrm{X}}_1) \to \Phi^2 \to \mathrm{H}^2(\mathrm{X}_0) \to \mathrm{H}^2(\overline{\mathrm{X}}_1) \to 0,$$

which is exact everywhere except in the middle, where the failure to be exact is $\mathrm{H}^1(\widetilde{\mathrm{C}})$ (where $\widetilde{\mathrm{C}}$ is the normalization of C), i.e. the weight 1 part of $\mathrm{H}^1(\mathrm{X}_0) = \mathrm{H}^1(\mathrm{C})$. What remains to be done is mostly to determine the (probably definite) non-degenerate quadratic form on $\mathrm{Ker}(\Phi^2 \to \mathrm{H}^2(\mathrm{X}_0)) = \mathrm{Ker}(\mathbf{Z}_\ell^{(\mathrm{T})} \to \mathbf{Z}_\ell^{(\mathrm{I})})$ which I mentioned in my last letter and which contains the same information as the action of π on $\mathrm{H}^1(\overline{\mathrm{X}}_1)$; I have not had the time to search seriously for a good candidate.

Here is a few other thoughts on abelian varieties. Let X be a scheme of finite type over an algebraically closed field k, X normal and irreducible, let A

irréductible, soit A un schéma abélien sur X, et supposons que $\pi_1(X)$ opère sur $T_\ell(A)$ (ℓ nombre premier donné $\neq$ car. k) par l'intermédiaire d'un groupe *commutatif* : c'est le cas par exemple s'il y a « beaucoup » de multiplications complexes dans A définies sur X (cas CM), où si $\pi_1(X)$ est commutatif (par exemple, X une variété abélienne) ou si $X = P^1$ moins deux points, et si $T_\ell(A)$ est tamely ramified... Alors A provient d'un schéma abélien défini sur k, du moins après avoir passé à un revêtement fini étale de X au préalable : cela peut en effet se déduire des conjectures de Tate (de façon précise, de la semi-simplicité de l'opération de Galois d'un corps de type fini sur $\mathbf{F}_p$). L'analogue arithmétique de l'énoncé géométrique précédent est le suivant : soit A variété abélienne définie sur un corps K de type fini sur le corps premier $\mathbf{Q}$, et supposons que $\mathrm{Gal}(\overline{K}/K)$ opère sur $T_\ell(A)$ de façon commutative, alors $A_{\overline{K}}$ provient d'un schéma abélien sur l'anneau des entiers d'un corps de nombres; c'est encore une conséquence de Tate. Ces énoncés, modulo Tate, sont également valables pour des motifs quelconques d'ailleurs. Toujours à propos de l'action commutative de Galois, supposons A définie sur un corps de nombres K, avec action commutative de Galois, j'ai l'impression qu'alors A a bonne
6 réduction partout (sans passer à une extension finie de K), as-tu des exemples
7 ou contre-exemples à cet égard ? Voici enfin un énoncé qui peut se démontrer sans utiliser aucune conjecture, en utilisant le schéma des modules de Mumford pour les variétés abéliennes polarisées : soit X le spectre d'un anneau local normal noethérien, et soit A un schéma abélien sur $X - a$ (a = point fermé) tel que $T_\ell(A)$ soit trivial, où ℓ est un nombre premier $\neq$ car. résiduelle; alors A se prolonge en un schéma abélien sur X. Corollaire : si X est un schéma régulier, Y une partie fermée de X de codimension $\geqslant 2$, alors tout schéma abélien sur $X - Y$ se prolonge à X.

Je te signale un résultat qui montre que Frobenius opère énormément sur les π_1, et qui à première vue a une allure assez invraisemblable : soit X normal et géométriquement connexe sur le corps fini $\mathbf{F}_q$, alors pour tout $\ell \neq p$, $\pi_1(X) \to \pi_1(\mathbf{F}_q)$ induit un isomorphisme modulo groupes finis sur les composantes ℓ-primaires des groupes rendus abéliens, et pour presque tout ℓ, il induit un isomorphisme sur les pro-ℓ-groupes quotients maximaux (en particulier, pour presque tout ℓ, le groupe quotient en question de $\pi_1(X)$ est commutatif, et en fait isomorphe à $\mathbf{Z}_\ell$). Démonstration par réduction au cas des courbes, le deuxième énoncé résulte du calcul de $H^1(X, \mathbf{Z}/\ell\mathbf{Z})$. — Pour préciser l'allure de l'opération de Frobenius sur les ℓ-quotients maximaux de

be an abelian scheme over X, and assume that $\pi_1(X)$ acts on $T_\ell(A)$ (ℓ being a given prime number $\neq$ char. k) via a *commutative* group: this is the case, for example, if there is "a lot" of complex multiplication on A defined over X (the (CM) case), or if $\pi_1(X)$ is commutative (X an abelian variety, for instance), or if $X = P^1$ minus two points and if $T_\ell(A)$ is tamely ramified... Then A comes from an abelian scheme defined over k, at least after passage to a finite etale covering of X: indeed, this can be deduced from the Tate conjectures (more precisely, from the semi-simplicity of the action of the [absolute] Galois group of a finitely generated field extension of $\mathbf{F}_p$). The arithmetic analog of the geometric statement above is the following: let A be an abelian variety defined over a field K which is finitely generated over the prime field $\mathbf{Q}$, and assume that $\mathrm{Gal}(\overline{K}/K)$ acts commutatively on $T_\ell(A)$; $A_{\overline{K}}$ then comes from an abelian scheme over the ring of integers of a number field; this is another consequence of Tate. In fact, modulo Tate, these claims are also valid for arbitrary motives. Still on the subject of commutative Galois actions, assume that A is defined over a number field K, with commutative Galois action;
I have the impression that A then has good reduction everywhere (without 6
passing to a finite extension of K); do you have examples or counterexamples
relating to this? Here, finally, is a statement that can be proved without using 7
any conjectures, but using Mumford's moduli scheme for polarized abelian varieties: let X be the spectrum of a local normal Noetherian ring, and let A be an abelian scheme over $X - a$ (a = closed point) such that $T_\ell(A)$ is trivial, where ℓ is a prime number $\neq$ residue char.; A can then be extended to an abelian scheme over X. Corollary: if X is a regular scheme, and Y is a closed subset of X of codimension $\geqslant 2$, then every abelian scheme over $X - Y$ can be extended to X.

Let me point out a result which shows that the Frobenius action on the π_1 is enormous, and at first glance appears very strange: let X be normal and geometrically connected over the finite field $\mathbf{F}_q$, then for every $\ell \neq p$, $\pi_1(X) \to \pi_1(\mathbf{F}_q)$ induces an isomorphism modulo finite groups on the ℓ-primary components of the abelianized groups, and for almost all ℓ, it induces an isomorphism on the maximal pro-ℓ quotient groups (in particular, for almost all ℓ, the maximal pro-ℓ quotient of $\pi_1(X)$ is commutative, and in fact isomorphic to $\mathbf{Z}_\ell$). The proof is by reduction to curves; the second statement follows on computing $H^1(X, \mathbf{Z}/\ell\mathbf{Z})$. — To have a clearer idea of what the Frobenius ac-

$\pi_1(\overline{\mathrm{X}})$, j'aimerais savoir si on connaît la détermination des automorphismes extérieurs d'un groupe libre : est-ce simplement le groupe des automorphismes du même groupe rendu abélien ? La question se pose tant pour les groupes discrets que pour les pro-ℓ-groupes. Connait-on au moins la réponse à la question analogue pour les algèbres de Lie ?

Je m'excite beaucoup depuis trois semaines sur l'interprétation de groupes
8 de Galois et fondamentaux en tous genres, en termes de groupes algébriques
sur des corps de nombres, notamment sur **Q**, et même en termes de schémas en
groupes sur les entiers. Je me suis convaincu que ces groupes, et le yoga général
des motifs, forment la clef d'une bonne compréhension d'une conjecture de
9 transcendance liée aux différents réseaux (cohomologie entière, cohomologie
de Hodge–de Rham) en cohomologie, des relations de ces dernières avec les
conjectures de Tate et de Hodge, d'une meilleure compréhension du corps de
classes « non commutatif », qui réaliserait le « Jugendtraum » de Kronecker, de
l'équation fonctionnelle des fonctions L sur **Q**. Sans doute je t'enverrai encore
10 quelque lettre fleuve un de ces quatre matins, mais il me faudra quelque temps
avant d'arriver à un ensemble de conjectures cohérent.

Bien à toi

A. Grothendieck

1.11.1964

Cher Serre,

Juste un mot pour te dire que mon assertion $\Phi^3 = 0$ dans ma dernière lettre, soi-disant parce que K est un corps de Tsen, déconnait manifestement, je m'étais mélangé les pinceaux. En fait on vérifie facilement que l'homomorphisme $\mathrm{H}^2(\mathrm{X}_0) \to \mathrm{H}^2(\overline{\mathrm{X}}_1)$ est donné par $(\lambda_i) \mapsto \sum m_i\lambda_i$, les m_i étant les multiplicités des composantes irréductibles de X_0. Donc $\Phi^3 = \mathbf{Z}/d_\ell\mathbf{Z}(-1)$ avec les notations de ma lettre précédente. Quant à la détermination de Φ^2 en

tion on maximal ℓ-quotients of $\pi_1(\overline{\mathrm{X}})$ looks like, I would like to know if one knows how to determine the outer automorphism group of a free group: is it simply the group of automorphisms of the abelianization of this group? The question arises both for discrete groups and for pro-ℓ-groups. Is the answer known at least for the analogous question on Lie algebras?

For the last three weeks I have been getting very excited about the in-
terpretation of Galois and fundamental groups of all kinds in terms of alge-
braic groups over number fields, especially over **Q**, and even in terms of group 8
schemes over the integers. I have convinced myself that these groups, to-
gether with the general motivic yoga, are the key to a good understanding of a
transcendence conjecture linked to various cohomology lattices (integral coho- 9
mology, Hodge-de Rham cohomology), the relations between the latter and the
Hodge and Tate conjectures, and a better understanding of "non-commutative"
class field theory, which would realize Kronecker's "Jugendtraum", and of a
functional equation for L-functions over **Q**. I will probably send you another
infinite letter one of these days, but I will need some time to arrive at a coherent 10
set of conjectures.

Regards,

A. Grothendieck

11.1.1964

Dear Serre,

This is just a note to tell you that my claim, in my last letter, that $\Phi^3 = 0$, allegedly because K is a Tsen field, was obviously idiotic; I was mixed up. In fact, it is easy to check that the homomorphism $\mathrm{H}^2(\mathrm{X}_0) \to \mathrm{H}^2(\overline{\mathrm{X}}_1)$ is given by $(\lambda_i) \mapsto \sum m_i\lambda_i$, where the m_i are the multiplicities of the irreducible components of X_0. Hence $\Phi^3 = \mathbf{Z}/d_\ell\mathbf{Z}(-1)$ in the notation of my last letter. As for determining Φ^2 in general, this should more or less follow from the

général, elle devrait sortir plus ou moins de la suite spectrale, tenant compte de la structure connue du faisceau $\underline{\Phi}^1$. Quant à la forme quadratique, je n'ai toujours pas plus d'idées dessus, et je ne pense d'ailleurs pas y réfléchir maintenant. Peut-être Kleiman, qui s'intéresse aux questions numériques et semble bien astucieux, sera-t-il intéressé par la question, si tu veux lui en parler.

Mon séminaire s'appellera « Cohomologie ℓ-adique et fonctions L ». Il y aura beaucoup de dualité, et le sorite de passage à la limite projective, qui risque d'être long (et peu excitant).

Qui s'occupe du choix des textes russes traduits par les soins de l'AMS ? Il faudrait leur suggérer de traduire un certain nombre de choses de Manin et Šafarevič, par exemple l'article de Manin sur les groupes formels, qui est un exposé systématique qui devrait être mis à la disposition des usagers ne lisant pas le russe.

Bien à toi

A. Grothendieck

Harvard, 8 Novembre 1964

Cher Grothendieck,

Il est difficile de répondre à tes lettres fleuves : il faudrait des réponses-fleuves, et cela supposerait que j'aie compris ce que tu racontes. Comme ce n'est pas le cas, je vais me borner à répondre aux questions triviales :

1) Tu peux toujours écrire à l'AMS pour leur suggérer de traduire tel et tel papier que tu estimes devoir être traduit. Je suis sûr qu'ils seront enchantés. D'autre part, sauf erreur de ma part, l'article de Manin sur les groupes formels est paru aux Uspekhi Ak. Nauk, lesquels sont traduits régulièrement (par une revue anglaise, intitulée « Russian Math. Surveys Translations » ou quelque chose comme ça). Quand j'ai quitté Paris, le n° contenant Manin n'était pas

spectral sequence, taking into account the fact that the structure of the sheaf $\underline{\Phi}^1$ is known. I still do not have any ideas on the quadratic form, and I don't actually think I will give it any thought now. Maybe Kleiman, who is interested in numerical questions and seems very clever, might be interested in this question, if you want to discuss it with him.

My seminar will be called "ℓ-adic cohomology and L-functions". There will be a lot of duality and the passage to projective limit sorite, which runs the risk of being long (and rather unexciting).

Who is in charge of selecting the Russian texts translated by AMS? Someone should suggest they translate a certain number of things by Manin and Šafarevič, such as Manin's article on formal groups, which is a systematic exposition that should be made available to users who do not read Russian.

Regards,

A. Grothendieck

Harvard, November 8, 1964

Dear Grothendieck,

It is difficult to reply to your infinite letters: they would require infinite answers, which presupposes I have understood what you are talking about. As this is not the case, I will restrict myself to answering the trivial questions:

1) You can always write to AMS to suggest they translate any paper which you feel should be translated. I am sure they will be delighted. Furthermore, unless I am mistaken, Manin's article on formal groups appeared in Uspekhi Ak. Nauk, which is regularly translated (by an English journal, entitled "Russian Math. Surveys Translations", or something like that). When I left Paris, the n° containing Manin had not yet appeared; it should have done so by now

encore sorti ; à l'heure actuelle, il doit l'être (mais Harvard n'est pas abonné). Regarde donc à l'IHP, ou mieux fais abonner l'IHES à cette revue. (Par contre, aucune revue ne traduit systématiquement les Izvestia Akad. Nauk où Manin et Šafarevič publient régulièrement — tu pourrais signaler ça à l'AMS.)

2) Dans ta lettre-correction du 1er Novembre, tu me dis de parler de forme quadratique à un nommé « Kleiman » ; j'ai dû mal déchiffrer ce nom. Qui est-ce ?

3) Une suggestion de Tate : lorsque une variété abélienne se réduit suivant un tore (cas extrême) ta forme quadratique doit être celle qui sert à écrire les fonctions thêta (à la Morikawa-Tate). Dans le cas elliptique, ça doit être $-v(j)n^2$, ou quelque chose de ce genre.

4) J'ai la flemme, au moins pour aujourd'hui, de te parler de hauteurs. D'ailleurs, il n'y a rien de bien nouveau à signaler. A ce propos, Mumford nous a exposé la plus grande partie de la démonstration Grauert-Manin (style Grauert). Malheureusement, il s'est pas mal embrouillé à la fin. Il doit achever la semaine prochaine ; j'espère qu'on y verra un peu plus clair.

5) Tes résultats sur Frobenius opérant sur le π_1 ℓ-adique sont en effet amusants ; pour une fois, je n'ai pas eu de mal à les reconstituer ! Quant aux automorphismes des pro-ℓ-groupes libres, et l'usage d'iceux, le moyen le plus propre consiste à les filtrer par la suite centrale descendante ; l'algèbre de Lie graduée $\mathrm{gr}(\mathrm{F})$ est une algèbre de Lie *libre* (cf. une rédaction Bourbaki récente), et puisque tu connais la façon dont Frobenius opère sur le groupe rendu abélien (i.e gr^1) tu sais comment il opère sur $\mathrm{gr}(\mathrm{F})$ tout entier. Cela donne de petits renseignements (Je suppose d'ailleurs que tu sais que $\mathrm{gr}^n\mathrm{F}$ est motivique de poids $-n$ pour tout n — je suis sûr que ça a un sens, et que c'est évident, dans ton système). Évidemment la connaissance de l'action de Frobenius sur $\mathrm{gr}(\mathrm{F})$ n'est pas du tout équivalente à celle de son action sur F lui-même, et là je ne peux guère t'aider. En tout cas, il est faux que les automorphismes de F qui induisent l'identité sur $\mathrm{F}/(\mathrm{F},\mathrm{F}) = \mathrm{gr}^1\mathrm{F}$ soient intérieurs : divise F par le n-ème terme F_n de la suite centrale descendante, de façon à ce que F/F_n soit un groupe de Lie, et compte les dimensions du groupe des automorphismes intérieurs et du groupe des automorphismes. Ça ne colle pas, il s'en faut de

(but Harvard does not subscribe). So go and look in the IHP library, or even better, get IHES to take out a subscription to this journal. (On the other hand, no journal systematically translates the Izvestia Akad. Nauk, in which Manin and Šafarevič publish regularly—you could mention this to AMS.)

2) In your correction-letter of November 1st, you ask me to discuss your quadratic form with a certain "Kleiman"; the name is hard to decipher. Who is it?

3) Here is a suggestion of Tate's: when an abelian variety has purely multiplicative reduction (the extreme case), your quadratic form should be the one used to write down the (Morikawa-Tate) theta functions. In the elliptic case it should be $-v(j)n^2$, or something similar.

4) I feel too lazy, at least for today, to talk to you about heights. Besides, there is nothing very new to tell you. While I am on the subject, Mumford presented most of the Grauert-Manin proof to us (Grauert-style). Unfortunately, he got rather mixed up toward the end. He is to finish it next week; I hope things will become a little clearer.

5) Your results on the Frobenius action on the ℓ-adic π_1 are really amusing; for once, I had no problem reconstructing them! As for automorphisms of free pro-ℓ groups, and their use, the cleanest method consists of filtering them by the descending central sequence; the graded Lie algebra gr(F) is a *free* Lie algebra (cf. a recent Bourbaki draft), and since you know how Frobenius acts on the abelianization of the group (i.e. gr^1), you know how it acts on the whole of gr(F). This gives a little information (I am actually assuming that you know that $\mathrm{gr}^n\mathrm{F}$ is motivic of weight $-n$ for all n—I am sure this is meaningful, and that it is obvious in your system). Of course, knowing the Frobenius action on gr(F) is not at all equivalent to knowing it on F itself, and there I can no longer help you. In any case, it is false that the automorphisms of F which induce the identity on $\mathrm{F}/(\mathrm{F},\mathrm{F}) = \mathrm{gr}^1\mathrm{F}$ are inner: divide F by the n-th term F_n of the descending central sequence, so that F/F_n is a Lie group, and count the dimensions of the group of inner automorphisms and the

beaucoup. (Note que les automorphismes de F ou F/F_n sont triviaux à obtenir : on envoie les générateurs sur n'importe quoi qui, dans $F/(F,F)$, fait un automorphisme.)

La question analogue (automorphismes) pour le cas d'un groupe libre *discret* est beaucoup plus subtile. Nielsen a démontré que le groupe des automorphismes d'un groupe libre est engendré par les éléments « évidents » du genre
1 $(x, y) \mapsto (x, x^{-1}y)$ et transpositions. Je crois (vieux souvenir !) que quelqu'un a démontré que, pour *deux* générateurs la réponse à ta question est oui (tout automorphisme agissant trivialement sur $F/(F,F)$ est intérieur), et que pour plus de 3 c'est non. Mais je te cite ça absolument sans garantie. Lazard et Cerf doivent savoir ça, ou en tout cas connaître une référence.

6) Tes résultats sur les variétés abéliennes lorsque Galois opère abéliennement sur T_ℓ sont intéressants. Peux-tu m'expliquer comment tu utilises Tate pour faire la « descente » qui montre qu'il n'y a pas de paramètres ? Dans le cas d'un corps de nombres et avec l'hypothèse (CM), je savais qu'on peut trouver un schéma abélien sur une extension finie (cf. la lettre à Ogg du 8 août, page 3, dont tu as une copie). Toutefois, il est *faux* que A ait bonne réduction partout, i.e. qu'on puisse se passer d'agrandir le corps. Voici un moyen de fabriquer un exemple : prend une courbe elliptique à multiplication complexe, soit E, avec pour automorphismes seulement ± 1 (ce qui est le cas général !) et définie sur k. Suppose qu'elle ait bonne réduction en la place v. Choisis maintenant une extension quadratique de k, soit k'/k, ramifiée en v ; tu as donc un homomorphisme $\mathrm{Gal}(\overline{k}/k) \to \mathrm{Aut}(E)$. Utilise cet homomorphisme pour *tordre* E. Tu obtiens une courbe elliptique E'/k, de même invariant modulaire j que E, ayant tout autant de multiplications complexes, et tu peux vérifier que E' a *mauvaise réduction* en v.

Toutefois, dans ce cas particulier, il y a un énoncé positif agréable : Pour tout v donné, tu peux trouver une courbe elliptique E_1/k de même j que E telle que
2 E_1 se réduise bien en v. Cela a été démontré par Deuring, et c'est maintenant très facile, grâce au critère de bonne réduction que tu sais (l'action de $\mathrm{Gal}(\overline{k}/k)$ sur T_ℓ est non ramifiée pour ℓ ne divisant pas la caractéristique résiduelle). Il est probable que cela vaut aussi pour les variétés abéliennes ayant de la multiplication complexe à la Shimura-Taniyama (i.e. *conjecturalement* pour celles où l'action de $\mathrm{Gal}(\overline{k}/k)$ est abélienne), mais je ne l'ai pas vérifié, faute du courage nécessaire pour me plonger une bonne fois dans Shimura-Taniyama.

group of automorphisms. It does not add up at all. (Note that finding the automorphisms of F or F/F_n is trivial: map the generators to anything at all that gives an automorphism in $F/(F,F)$).

The analogous question (on automorphisms) for a *discrete* free group is much more subtle. Nielsen has shown that the group of automorphisms of a free group is generated by "obvious" elements of the type $(x, y) \mapsto (x, x^{-1}y)$
and transpositions. I think (an old memory!) that someone has proved that for 1
two generators, the answer to your question is yes (any automorphism acting trivially on $F/(F,F)$ is inner) and for 3 or more it is no. I absolutely cannot guarantee this, however. Lazard and Cerf should know, or at least know a reference.

6) Your results on abelian varieties for which the Galois action on T_ℓ is commutative are interesting. Can you explain to me how you use Tate for the "descent" which shows that there are no parameters? For a number field with the (CM) hypothesis, I knew it was possible to find an abelian scheme over a finite extension (cf. page 3 of the letter to Ogg of August 8, of which you have a copy). Nevertheless, it is *false* that A has good reduction everywhere, i.e. that one can manage without enlarging the field. Here is a way to construct an example: take an elliptic curve E with complex multiplication whose only automorphisms are ± 1 (which is the general case!), defined over k. Assume it has good reduction at the place v. Now choose a quadratic extension k'/k of k, ramified at v; thus there is a homomorphism $\mathrm{Gal}(\overline{k}/k) \to \mathrm{Aut}(E)$. Use this homomorphism to *twist* E. You get an elliptic curve E'/k with the same modular invariant j as E, and just as much complex multiplication, and you can check that E' has *bad reduction* at v.

There is, however, an attractive positive statement in this special case: For any given v, you can find an elliptic curve E_1/k with the same j as E
such that E_1 has good reduction at v. This was proved by Deuring and is 2
now very easy, using the criterion for good reduction which you know (the action of $\mathrm{Gal}(\overline{k}/k)$ on T_ℓ is unramified when ℓ does not divide the residue characteristic). It is probable that this also holds for abelian varieties with Shimura-Taniyama complex multiplication (i.e. *conjecturally* when the action of $\mathrm{Gal}(\overline{k}/k)$ is abelian), but I have not checked this, lacking the necessary courage to plunge once and for all into Shimura-Taniyama.

Autre cas particulier positif : si A a suffisamment de multiplications complexes, et si ses points d'ordre 3 (disons...) sont rationnels sur k (ou non ramifiés), alors A a bonne réduction partout. C'est immédiat par les mêmes méthodes.

7) Comment démontres-tu le résultat sur le prolongement des schémas abéliens sur $X - a$ quand $T_\ell(A)$ est trivial ?

Bien à toi

J-P. Serre

Harvard, lundi 9 Novembre 1964

Cher Grothendieck,

Je reviens sur cette question de la bonne réduction des courbes elliptiques ayant des multiplications complexes. Dans ma lettre d'avant-hier, je t'ai écrit ceci : « (Si E est une telle courbe) tu peux trouver une courbe elliptique E_1/k de même j que E, telle que E_1 se réduise bien en v (pour v donné). cela a été démontré par Deuring, et c'est maintenant très facile... etc. »

Une fois la lettre expédiée, j'ai commencé à avoir des doutes sur la démonstration que j'avais en tête, et ces doutes ont fini par se concrétiser en un contre-exemple ; ainsi l'énoncé de Deuring (Tokyo-Nikko, p. 49, th. 3) est *faux*.

Voici la situation :

Soit $L = \mathrm{End}(E)$ et soit $\overline{L}$ la clôture intégrale de L ; soit $L_0 = L \otimes \mathbf{Q}$. On sait que L_0 est un corps quadratique imaginaire ; $\overline{L}$ est l'anneau de ses entiers, et L est un sous-anneau de $\overline{L}$ de rang 2 sur $\mathbf{Z}$. (Incidemment, il est facile de classifier tous ces anneaux : on prend un entier $f \geqslant 1$, et on forme $L_f = \mathbf{Z} + f\overline{L}$; tout L est égal à un L_f et un seul ; le f correspondant s'appelle le conducteur pour des raisons évidentes.) Je noterai U (resp. $\overline{U}$) le groupe des éléments inversibles de L (resp. de $\overline{L}$). On va voir que *le théorème de Deuring est vrai lorsque* $U = \overline{U}$. Cela fait « beaucoup » de cas. En effet, soit $R_2 = \mathbf{Q}(i)$ et $R_3 = \mathbf{Q}(\rho)$ les corps des racines quatrièmes et sixièmes de l'unité. Si $U \neq \overline{U}$, on a $\overline{U} \neq \{\pm 1\}$,

Another positive special case: if A has enough complex multiplication, and its points of order 3 (say …) are k-rational (or unramified), then A has good reduction everywhere. This is immediate by the same methods.

7) How do you prove the result on extensions of abelian schemes over $X - a$ when $T_\ell(A)$ is trivial?

Regards,

J-P. Serre

Harvard, Monday November 9, 1964

Dear Grothendieck,

Let me return to the question of good reduction of elliptic curves with complex multiplication. In my letter of the day before yesterday, I wrote the following: "(If E is such a curve) you can find an elliptic curve E_1/k with the same j as E such that E_1 has good reduction at v (for a given v). This was proved by Deuring and is now very easy … etc."

After sending the letter, I began to have doubts about the proof I had in mind, and these doubts have crystallized into a counterexample: Deuring's claim (Tokyo-Nikko, p.49, th.3) is therefore *false*.

Here is the situation:

Let $L = \mathrm{End}(E)$ and let $\overline{L}$ be the integral closure of L; set $L_0 = L \otimes \mathbf{Q}$. It is known that L_0 is a quadratic imaginary field; $\overline{L}$ is its ring of integers and L is a subring of $\overline{L}$ of rank 2 over $\mathbf{Z}$. (Incidentally, it is easy to classify all such rings: take an integer $f \geqslant 1$, and form $L_f = \mathbf{Z} + f\overline{L}$; every L is equal to one and only one L_f; the corresponding f is called the conductor for obvious reasons.) Let me write U (resp. $\overline{U}$) for the group of invertible elements of L (resp. $\overline{L}$). We will see that *Deuring's theorem is true when* $U = \overline{U}$. This is "a lot" of cases. Indeed, let $R_2 = \mathbf{Q}(i)$ and $R_3 = \mathbf{Q}(\rho)$ be the fields of the fourth and sixth roots of unity. If $U \neq \overline{U}$, then $\overline{U} \neq \{\pm 1\}$, so L_0 contains more roots of unity

donc L_0 contient davantage de racines de l'unité qu'il n'est usuel, et on a donc nécessairement (exercice !) $L_0 = \mathbf{Q}(i)$ ou $L_0 = \mathbf{Q}(\rho)$. Ainsi le théorème de Deuring est vrai dès que L_0 n'est pas un des deux corps précédents ; cela fait déjà pas mal !

Supposons donc $U = \overline{U}$; voici comment on démontre Deuring : on considère l'action de $\mathrm{Gal}(\overline{k}/k)$ sur T_ℓ (pour $(\ell, v) = 1$, où v est la place donnée) ; cette action est commutative, et se fait à travers le groupe des unités du corps local (« semi-local » en fait !) $L \otimes \mathbf{Q}_\ell$. Soit I_v le groupe d'inertie correspondant ; comme tu sais, il opère à travers un groupe *fini*, indépendant de ℓ, qui peut être interprété comme un groupe d'automorphismes d'une réduction $\overline{E}_w$ de la courbe E (sur une extension convenable de k). On en déduit facilement que l'action de I_v se fait à travers un homomorphisme $\varphi : I_v \to L^*$, ou (ce qui revient au même)

$$\varphi : I_v \longrightarrow \overline{U}.$$

(Je suis sûr que, de ton point de vue, c'est non moins évident, car l'action de I_v doit être « motivique ». En tout cas, ici c'est facile à démontrer.)

Mais j'ai supposé $U = \overline{U}$. Choisissons donc un homomorphisme

$$\psi : \mathrm{Gal}(\overline{k}/k) \longrightarrow U$$

dont la restriction à I_v coïncide avec φ (cela est possible — cela se voit au moyen de la théorie de Kummer — attention au fait qu'il n'y a pas de théorème
1 général disant qu'un caractère d'un corps local est toujours induit par un caractère du groupe des classes d'idèles). Si maintenant tu *tords* la courbe E au moyen de ψ (ou ψ^{-1} suivant les conventions adoptées), l'action de I_v sur la courbe obtenue devient triviale ce qui signifie que la courbe en question a une bonne réduction en v.

Inversement, on voit ce qu'on a à faire pour obtenir un contre-exemple lorsque $U \neq \overline{U}$: fabriquer une courbe E pour laquelle l'homomorphisme $\varphi : I_v \longrightarrow \overline{U}$ n'est pas à valeurs dans U. Or ce n'est pas bien difficile ; j'ai à la fois une méthode générale pour fabriquer un tel exemple, et des exemples numériques. (Note que le théorème de Deuring peut être vrai lorsque $U \neq \overline{U}$; par exemple lorsque la place v considérée ne divise pas le conducteur f — je n'ai pas encore entièrement dévissé la situation, mais cela n'offre aucune difficulté.)

Le cas des variétés abéliennes de type (CM) se traite de la même façon : le théorème de Deuring est en tout cas vrai lorsque $U = \overline{U}$ (avec les notations

than is usual, and thus necessarily $L_0 = \mathbf{Q}(i)$ or $L_0 = \mathbf{Q}(\rho)$ (exercise!). Thus Deuring's theorem is true whenever L_0 is not one of these two fields, which is quite a few cases!

Assume thus that $U = \overline{U}$; here is the method for proving Deuring: consider the action of $\mathrm{Gal}(\overline{k}/k)$ on T_ℓ (for $(\ell, v) = 1$, where v is the given place); this action is commutative, and works via the group of units of the local (in fact, "semi-local"!) field $L \otimes \mathbf{Q}_\ell$. Let I_v be the corresponding inertia group; as you know, it acts via a *finite* group, independent of ℓ, which can be interpreted as a group of automorphisms of a reduction $\overline{E}_w$ of the curve E (over a suitable extension of k). It easily follows that I_v acts via a homomorphism $\varphi : I_v \to L^*$, or equivalently,

$$\varphi : I_v \longrightarrow \overline{U}.$$

(I am sure that this is just as obvious from your point of view, since the action of I_v must be "motivic". Anyway, it is easy to prove.)

But I assumed that $U = \overline{U}$. Let us thus choose a homomorphism

$$\psi : \mathrm{Gal}(\overline{k}/k) \longrightarrow U$$

whose restriction to I_v coincides with φ (this is possible, as can be seen using Kummer theory—beware of the fact that there is no general theorem saying that the character of a local field is always induced by a character of the group
of idele classes). If you now *twist* the curve E using ψ (or ψ^{-1} depending on 1
the sign conventions), the action of I_v on the resulting curve becomes trivial, which means that the curve in question has good reduction at v.

Conversely, this shows how to get a counterexample when $U \neq \overline{U}$: namely, construct a curve E for which the homomorphism $\varphi : I_v \longrightarrow \overline{U}$ does not have values in U. But this is not very difficult: I have both a general method for constructing such examples, and numerical examples. (Note that Deuring's theorem can be true when $U \neq \overline{U}$, for instance if the place v does not divide the conductor f—I have not yet entirely worked out the details of the situation, but it does not present any difficulties.)

Abelian varieties of (CM) type can be dealt with in the same way: in any case, Deuring's theorem is true when $U = \overline{U}$ (with the corresponding notation),

correspondantes), donc en particulier si End(A) est l'anneau de tous les entiers du corps considéré.

Dans le cas général d'une variété abélienne de type (CM) ayant pour endomorphismes un sous-anneau de l'anneau des entiers, on peut remarquer qu'il existe en tout cas une variété abélienne A′ isogène à A (sur le corps donné) qui a pour endomorphismes la clôture intégrale de End(A). On en déduit ainsi la *forme faible* suivante du théorème de Deuring :

Pour tout A de type (CM) définie sur k, et toute place v, il existe B définie sur k, ayant une bonne réduction en v, et $\overline{k}$-isogène à A.

On pourrait même se donner un nombre fini de places si on y tenait.

Il y a quelque chose d'amusant dans cette situation : les éléments de $\overline{\mathrm{U}}$ sont des automorphismes « motiviques » de la situation, et ne sont pas forcément de vrais automorphismes. C'est la raison du canular.

Salut et fraternité

J-P. Serre

P-S. Le papier de Deuring contenant sa démonstration est le n° 3 de sa série aux Göttingen Nach. Le théorème est énoncé page 48. Deuring donne un raisonnement de 4 pages (48–51) pour prouver qu'on peut supposer End(E) intégralement clos — ce qui est faux. Je n'ai pas eu le courage de décanuler ses notations suffisamment pour trouver exactement où est l'erreur.

Harvard, 14 Novembre 1964

Cher Grothendieck,

1 Je reviens sur ce théorème faux de Deuring. Voici exactement dans quel cas il est faux :

Notations : L = End(E), $\overline{\mathrm{L}}$ = clôture intégrale de L, f = conducteur, k = corps sur lequel E est définie (ainsi que sa multiplication complexe), v = place de k. On se demande s'il existe une courbe E′ sur k, de même j que E, qui a

so it is true in particular if End(A) is the full ring of integers of the field in question.

For a general abelian variety of (CM) type whose endomorphisms are a subring of the ring of integers, note that in any case there exists an abelian variety A′ isogenous to A (over the given field) whose endomorphisms are the integral closure of End(A). From this one can easily deduce the following *weak form* of Deuring's theorem:

For any A of (CM) type defined over k and any place v there exists B defined over k with good reduction at v which is $\bar{k}$-isogenous to A.

One could even consider a finite number of places if one wanted to.

There is something amusing about this situation: the elements of $\overline{\mathrm{U}}$ are "motivic" automorphisms of the set-up, and are not necessarily actual automorphisms. This is the source of the hitch.

Yours,

J-P. Serre

P-S. Deuring's paper containing his proof is n° 3 of his series in the Göttingen Nach. The theorem is stated on page 48. Deuring gives a 4 page argument (48-51) to prove that End(E) can be assumed integrally closed—which is false. I have not had the courage to unravel his notation enough to find out exactly where the error is.

Harvard, November 14, 1964

Dear Grothendieck,

Let me come back to Deuring's wrong theorem. Here is exactly the case 1
where it is wrong:

Notation: L = End(E), $\overline{\mathrm{L}}$ = integral closure of L, f = conductor, k = field over which E is defined, (along with its complex multiplication), v = place of k. The aim is to determine whether there exists a curve E′ over k, with the

bonne réduction en v. Réponse ; *oui*, sauf si l'on a *à la fois* toutes les déveines, i.e. :

a) le corps L_0 des fractions de L est le corps des racines quatrièmes ou sixièmes de l'unité,

b) le conducteur f est une puissance p^e d'un nombre premier (avec $e \geqslant 1$),

c) la place v divise p (i.e. a p pour caractéristique résiduelle).

Inversement, si ces conditions défavorables sont toutes remplies, on peut *choisir* le corps k de telle sorte que la réponse soit *non*. (Note d'ailleurs que, pour un L donné, il y a un corps k minimum où une telle courbe existe — c'est une extension abélienne de L_0 dont on peut décrire le groupe de Galois par la théorie du corps de classes.)

Il faudra un de ces jours que j'écrive à Deuring — ou que je rédige une note aux CR — ou les deux, sur ce genre de choses et l'extension aux variétés abéliennes de type (CM).

Salut et fraternité

J-P. Serre

Paris, Mercredi après-midi[(11)]

Cher Grothendieck,

1 J'ai regardé ton problème d'obstruction lié au groupe projectif, et je suis arrivé à la conclusion — plutôt surprenante — qu'il n'y avait pas de contre-exemple : Si X est, disons, un polyèdre fini, et si $x \in H^3(X, \mathbf{Z})$ est une classe de torsion, il y a un fibré projectif sur X d'invariant égal à x.

La question revient à étudier la topologie du classifiant de PGL_n, pour $n \to \infty$. Il faut toutefois faire très attention à la façon dont les PGL_n (ou les GL_n) s'envoient les uns dans les autres : on prend le système filtrant des

[(11)] sans plus de précision

same j as E, which has good reduction at v. Answer; *yes* unless all possible bad luck occurs *at the same time*, i.e.:

a) the fraction field L_0 of L is the field of fourth or sixth roots of unity,

b) the conductor f is a power of a prime number p^e (with $e \geqslant 1$),

c) the place v divides p (i.e. has residue characteristic p).

Conversely, if these unfavorable conditions are all satisfied, then it is possible to *choose* the field k so that the answer is *no.* (Note that actually, for a given L, there is a minimal field k over which such a curve exists—it is an abelian extension of L_0 whose Galois group can be described by class field theory.)

One of these days, I will have to write to Deuring—or write a note for the CR[13]—or both, on this kind of thing and the extension to abelian varieties of (CM) type.

Yours,

J-P. Serre

Paris, Wednesday afternoon [undated]

Dear Grothendieck,

I looked at your problem on obstructions linked to the projective group and 1
have come to the—rather surprising—conclusion that there is no counterexample: If X is, let us say, a finite polyhedron, and $x \in H^3(X, \mathbf{Z})$ is a torsion class, there is a projective bundle over X whose invariant is equal to x.

The question comes down to studying the topology of the classifying space of PGL_n, as $n \to \infty$. It is however necessary to pay careful attention to the way in which the PGL_n (or the GL_n) are mapped to each other: take the

[13]The Comptes Rendus (de l'Académie des Sciences de Paris.)

entiers n (pour la divisibilité) et on expédie GL_n dans GL_{nm} par

$$\mathrm{A} \to 1_m \otimes \mathrm{A} = (\mathrm{A}, \ldots, \mathrm{A});$$

par passage au quotient par $\mathbf{G}_m$ cela fait le plongement $\mathrm{PGL}_n \to \mathrm{PGL}_{nm}$ cherché.

Il s'ensuit que la limite des GL_n (par exemple) n'est pas du tout celle qui intervient dans Bott. Mais, en utilisant Bott, on peut calculer les π_i de GL_∞. On trouve $\pi_i = \mathbf{Q}$ pour i impair, et $\pi_i = 0$ pour i pair (je dis bien « $\mathbf{Q}$ »— c'est plutôt rare, comme groupe d'homotopie !). On en déduit ceux de PGL_∞ : $\pi_1 = \mathbf{Q}/\mathbf{Z}$ et $\pi_i = \mathbf{Q}$ ou 0 pour $i \geqslant 2$ comme ci-dessus. D'où les groupes d'homotopie du classifiant B de PGL_∞ :

$$\pi_2 = \mathbf{Q}/\mathbf{Z}, \quad \pi_4 = \mathbf{Q}, \quad \pi_6 = \mathbf{Q}, \quad \text{etc.}$$

En outre, la technique des invariants k (i.e. l'étude des fibrations successives bien connues) montre qu'un tel espace est homotopiquement équivalent au *produit* $\mathrm{K}(\mathbf{Q}/\mathbf{Z}, 2) \times \mathrm{K}(\mathbf{Q}, 4) \times \cdots$. A partir de là, c'est gagné : si $x \in \mathrm{H}^3(\mathrm{X}, \mathbf{Z})$ est de torsion, x est de la forme dy avec $y \in \mathrm{H}^2(\mathrm{X}, \mathbf{Q}/\mathbf{Z})$, ce qui définit une application $\mathrm{X} \to \mathrm{K}(\mathbf{Q}/\mathbf{Z}, 2)$ puis une application $\mathrm{X} \to \mathrm{B}$. Comme B peut être considéré comme limite inductive des $\mathrm{B}_{\mathrm{PGL}_n}$, on a gagné.

C'est un peu bizarre — l'argument de limite inductive, notamment, fiche la trouille. Cependant j'ai bien l'impression que ça marche. Si l'on prend pour B_G la construction de Milnor (ou si l'on se place au point de vue semi-simplicial), les inclusions $\mathrm{PGL}_n \to \mathrm{PGL}_{nm} \to \cdots$ donnent des inclusions pour les B, et on a une limite inductive très innocente. J'avoue que je serais tout de même content de trouver une démonstration plus terre à terre de ce résultat bizarre.

Bien à toi

J-P. Serre

filtered system of the integers (for divisibility), and map GL_n into GL_{nm} via

$$\mathrm{A} \to 1_m \otimes \mathrm{A} = (\mathrm{A}, \ldots, \mathrm{A});$$

passing to the quotient by $\mathbf{G}_m$ gives the desired embedding $\mathrm{PGL}_n \to \mathrm{PGL}_{nm}$.

It follows that the limit of the GL_n's (for example) is not at all the one which arises in Bott. However, the π_i of GL_∞ can be computed using Bott. One gets $\pi_i = \mathbf{Q}$ for odd i and $\pi_i = 0$ for even i (I really do mean "$\mathbf{Q}$"—it is quite rare for a homotopy group!). Those of PGL_∞ can be deduced from this: $\pi_1 = \mathbf{Q}/\mathbf{Z}$ and $\pi_i = \mathbf{Q}$ or 0 for $i \geqslant 2$ as above. This gives the homotopy groups of the classifying space B of PGL_∞:

$$\pi_2 = \mathbf{Q}/\mathbf{Z}, \quad \pi_4 = \mathbf{Q}, \quad \pi_6 = \mathbf{Q}, \quad \text{etc.}$$

Furthermore, the technique of k-invariants (i.e. the study of well-known successive fibrations) shows that such a space is homotopically equivalent to the *product* $\mathrm{K}(\mathbf{Q}/\mathbf{Z}, 2) \times \mathrm{K}(\mathbf{Q}, 4) \times \cdots$ Thereafter it is in the bag: if $x \in \mathrm{H}^3(\mathrm{X}, \mathbf{Z})$ is torsion, x is of the form dy where $y \in \mathrm{H}^2(\mathrm{X}, \mathbf{Q}/\mathbf{Z})$, which defines a map $\mathrm{X} \to \mathrm{K}(\mathbf{Q}/\mathbf{Z}, 2)$, and thence a map $\mathrm{X} \to \mathrm{B}$. Since B can be considered as the inductive limit of the $\mathrm{B}_{\mathrm{PGL}_n}$, we are done.

It is a bit strange—in particular, the inductive limit argument is a bit scary. However, I really have the impression that it works. Taking Milnor's construction for B_G (or adopting the semi-simplicial point of view), the inclusions $\mathrm{PGL}_n \to \mathrm{PGL}_{nm} \to \cdots$ give inclusions of the B, and the inductive limit is very harmless. I must admit that I would still be happy to find a more down-to-earth proof of this bizarre result.

Regards,

J-P. Serre

Paris, le 2 mai 1965

Cher Grothendieck,

Je reviens sur le sujet de notre dernier coup de téléphone : groupe de Brauer.

1/ L'argument de « descente » dont je te parlais est le suivant : soient L un corps (non nécessairement commutatif), G un groupe d'automorphismes de L, et K le sous-corps des points fixes. Soit V_0 un vectoriel sur K, et $V_0 \otimes_K L = V$ son extension par L (disons qu'il s'agit de vectoriels à droite). Soit W un sous-L-espace vectoriel de V. Pour que W soit de la forme $W_0 \otimes L$, il faut et il suffit qu'il soit stable par G, opérant comme on pense sur V.

1 Ce résultat est dans Bourbaki (Algèbre II, 3ème éd., p. 188 — le théorème énoncé étant d'ailleurs plus général), et se démontre très facilement. Note que, même dans le cas commutatif, l'énoncé est nettement plus général que ceux qui se bornent à traduire la descente fidèlement plate : par exemple L et K peuvent avoir des degrés de transcendance différents. [En termes qui te sont chers : on a un foncteur $V_0 \mapsto V$ des K-espaces vectoriels dans les L-espaces vectoriels munis d'une action de G ; le théorème, si on le reformule dans ce style, dit que ce foncteur est pleinement fidèle. Mais il est faux en général que ce soit une équivalence de catégories.]

Application : on prend pour L un corps gauche, pour K son centre, et pour G les automorphismes intérieurs. D'où facilement l'énoncé que je disais au téléphone : si A_0 est une K-algèbre, les idéaux bilatères de $A_0 \otimes L$ sont ceux qui proviennent de A_0. Note que je n'ai pas supposé [L : K] fini, ce qui fait qu'on ne peut pas déduire cet énoncé par descente du cas des algèbres de matrices.

Cette astuce de regarder un corps gauche comme « galoisien » sur son centre est très rupinante. Autant que je puisse voir, elle est due à Emmy Noether (Math. Zeit., 1933). Les bouquins de Deuring et van der Waerden l'ont pieusement recopiée.

2 2/ J'ai envie de te raconter un peu d'histoire du groupe de Brauer et des systèmes de facteurs.

a/ Systèmes de facteurs — Dus à Schur (Crelle, 1904). Schur s'intéresse au problème suivant : représentations projectives d'un groupe. Il voit tout de suite qu'il y a une obstruction à relever dans le groupe linéaire ; il interprète

Paris, May 2, 1965

Dear Grothendieck,

I am returning to the subject of our last telephone conversation: the Brauer group.

1/ The "descent" argument I told you about goes as follows: let L be a (not necessarily commutative) field, G a group of automorphisms of L, and K the subfield of fixed points. Let V_0 be a vector space over K, and let $V_0 \otimes_K L = V$ be its extension by L (let us say these are right vector spaces). Let W be an L-vector subspace of V. For W to be of the form $W_0 \otimes L$, it is necessary and sufficient for it to be stable under G acting in the obvious way on V.

This result is contained in Bourbaki (Algebra II, 3ème éd., p.188—the 1
theorem stated there is actually more general) and is very easy to prove. Note that even for commutative fields, the statement is much more general than those which limit themselves to simply translating faithfully flat descent: for instance, L and K can have different transcendence degrees. [In terms dear to your heart, there is a functor $V_0 \mapsto V$ from K-vector spaces to L-vector spaces equipped with G actions; the theorem, if rewritten in these terms, says that this functor is fully faithful. But it is not generally an equivalence of categories.]

Application: take L to be a skew field, K its center, and G the group of inner automorphisms. The result I told you about on the telephone then follows easily: if A_0 is a K-algebra, then the two-sided ideals of $A_0 \otimes L$ are those coming from A_0. Note that I have not assumed [L : K] to be finite, so that this result cannot be deduced by descent from the case of matrix algebras.

This trick of thinking of a skew field as being "Galois" over its center is really very nice. As far as I can see, it is due to Emmy Noether (Math. Zeit., 1933). Deuring and van der Waerden copied it piously into their books.

2/ I feel like telling you a bit of the history of the Brauer group and factor systems. 2

a/ Factor systems—due to Schur (Crelle, 1904). Schur is interested in the following problem: projective representations of a group. He sees at once that there is an obstruction to lifting to the linear group; he interprets it as

ceci comme un système a_{st} de nombres complexes de module 1 (si on veut), modulo la relation d'équivalence qu'on sait. Il en fait un groupe, montre qu'il est fini, annulé par l'ordre de G (supposé fini), et que tout élément de ce groupe intervient comme obstruction ; il voit que ce groupe joue un rôle universel quand on veut classifier les extensions centrales de G. Il le calcule dans des cas triviaux et aussi dans des cas pas du tout triviaux (groupe alterné, groupe symétrique, groupe $\mathrm{SL}(2, \mathbf{Z}/p^n\mathbf{Z})$ — voir Crelle, 1907, 1911). Bibliographie : van der Waerden, Gruppen von linearen Transformationen, § 21. Note toutefois que dans ces systèmes de facteurs, le groupe n'opère que trivialement sur les coefficients.

Le cas d'une action non triviale — et son interprétation par des extensions — est, je crois, dû à Schreier (Abh. Hamburg, 1926). Toutefois, il y a pu y avoir une interaction entre lui, E. Noether et R. Brauer.

b/ Utilisation des systèmes de facteurs pour les algèbres simples. C'est dû à Brauer, mais l'histoire en est amusante :

Brauer s'intéressait au problème suivant : écrire une représentation irréductible donnée sur un corps de nombres donné K, ce corps contenant bien sûr les valeurs du caractère. Ce problème avait été regardé par Schur et Frobenius qui avaient obtenu des résultats tout à fait non triviaux dessus. En particulier, Schur avait reconnu que l'obstruction se trouvait dans la présence de corps gauches (leurs degrés donnant ce que l'on appelle les indices de Schur). Brauer prend les choses du point de vue descente galoisienne qui nous est familier : on écrit la représentation sur un surcorps L/K, si M est cette représentation, on a $\mathrm{M}^\sigma \cong \mathrm{M}^\tau$ etc. A vrai dire, il fallait avoir ici le th. 90 ; il se trouve que celui-ci (sous forme systèmes de facteurs) avait été démontré par Speiser en 1919 — il faut donc croire (contrairement à ce que je disais plus haut) que les systèmes de facteurs à action non triviale étaient connus en 1919 ; je n'ai malheureusement pas assez de documents sous la main pour voir s'ils sont dus à Speiser ou tout simplement à Schur lui-même (ce que j'aurais tendance à penser). En tout cas, c'est bien Brauer (Sitz. Berlin, 1926) qui voit le premier arriver les systèmes de facteurs galoisiens comme obstruction à une typique descente galoisienne.

Dans ce mémoire de 1926, il ne s'agit que de représentations de groupes finis, et pas d'algèbres simples. Mais Brauer sait bien que l'obstruction que mesurent ses systèmes de facteurs est aussi mesurée par un corps gauche. Comparant les deux points de vue, il se rend compte que les systèmes de facteurs lui

a system a_{st} of complex numbers of absolute value 1 (if so desired) modulo the equivalence relation we know. He makes this into a group, shows that it is finite, killed by the order of G (assumed to be finite) and that every element of this group appears as an obstruction; he observes that this group plays a universal role in classifying the central extensions of G. He computes it in some trivial cases and in some not at all trivial cases (alternating groups, symmetric groups, the group $\mathrm{SL}(2, \mathbf{Z}/p^n\mathbf{Z})$—see Crelle, 1907, 1911). Bibliography: van der Waerden, Gruppen von linearen Transformationen, § 21. Note however that in these factor systems the group only acts trivially on the coefficients.

The case of a non-trivial action—and its interpretation by extensions—is, I believe, due to Schreier (Abh. Hamburg, 1926). There may, however, have been some interaction between him, E. Noether and R. Brauer.

b/ Using factor systems for simple algebras. This is due to Brauer; its history is amusing:

Brauer was interested in the following problem: write a given irreducible representation over a given number field K, which of course contains the values of the character. This problem had been considered by Schur and Frobenius, who had obtained very non-trivial results on it. In particular, Schur had recognized that the obstruction comes from the occurrence of skew fields (whose degrees give what are known as the Schur indices). Brauer takes the point of view of Galois descent which is familiar to us: writes the representation over a larger field L/K, and if M is this representation, then $\mathrm{M}^\sigma \cong \mathrm{M}^\tau$ etc. Actually, theorem 90 was really necessary at this point; it so happens that (in its factor systems form) it had been proved by Speiser in 1919—it thus seems (contrary to what I said above) that factor systems with non-trivial actions must have been known in 1919; unfortunately, I do not have enough documents at hand to see if they are due to Speiser or to Schur himself (which is what I would tend to think). In any case, it was definitely Brauer (Sitz. Berlin, 1926) who was the first to see Galois factor systems cropping up as obstructions to a typical Galois descent.

In this memoir from 1926, only representations of finite groups are considered, and not simple algebras. But Brauer is perfectly well aware that the obstruction described by his factor systems is also described by a skew field. Comparing the two points of view, he realizes that factor systems allows him

permettent d'écrire le corps gauche en question (ou plutôt l'algèbre de matrices sur celui-ci qui intervient dans le problème), et finalement s'aperçoit que les groupes finis n'ont rien à voir dans tout ça (Crelle, 1932).

Les systèmes de facteurs de Brauer sont « homogènes » à trois variables, définis pour toute extension séparable ; le passage au non-homogène dans le cas galoisien est dû à E. Noether — c'est du moins ce qu'affirme Deuring, mais j'ignore si elle a publié quelque chose.

Bien à toi

J-P. Serre

Thil, 27.8.1965

Mon cher Serre,

Je continue à retourner dans tous les sens les questions de cycles algébriques ; techniquement parlant je vois la question plus clairement, mais cependant il
1 manque toujours le pas décisif. Comme je te connais allergique à la cohomolo-
2 gie, j'ai envie de t'énoncer les deux conjectures-clef, qu'il s'agit de démontrer, de façon purement géométrique i.e. sans parler de cohomologie. X désigne une variété projective lisse connexe sur le corps algébriquement clos k, de dimension n, Y une section hyperplane lisse. Par $\mathrm{C}^i(\mathrm{X})$ je désigne le groupe des classes de cycles de codimension i modulo équivalence algébrique, tensorisé par $\mathbf{Q}$; par $\xi \in \mathrm{C}^1(\mathrm{X})$ la classe de Y.

CONJECTURE A : *Pour tout entier i tel que $2i \leqslant n$, le produit par ξ^{n-2i} induit un isomorphisme* $\mathrm{C}^i(\mathrm{X}) \cong \mathrm{C}^{n-i}(\mathrm{X})$.

Modulo vérification que je n'ai pas écrite en détail, il suffit même, dans cette conjecture, de vérifier la surjectivité, et de le faire pour $n = 2i + 1$. Le premier cas qui échappe pour le moment est $i = 1$, $n = 3$. Cette conjecture implique l'analogue, pour les C^i, des théorèmes connus de Lefschetz sur la comparaison de la cohomologie de X et de Y par les homomorphismes d'image directe

to write down the skew field in question (or rather the matrix algebra over it which occurs in the problem), and he finally notices that this has nothing at all to do with finite groups (Crelle, 1932).

Brauer's factor systems are "homogeneous" in three variables and are defined for any separable extension; the passage to the non-homogeneous case in the Galois situation is due to Emmy Noether—or at least so Deuring says, but I do not know whether she published anything.

Yours,

J-P. Serre

Thil, 8.27.1965

My dear Serre,

I am still turning algebraic cycles classes every which way in my head;
from a technical point of view, I now see things more clearly, but the final
breakthrough is still missing. As I know you are allergic to cohomology, I 1
would like to show you the two key conjectures, which should be proved purely 2
geometrically, i.e. without reference to cohomology. Let X denote a smooth connected projective n-dimensional variety over an algebraically closed field k, and Y a smooth hyperplane section. Let me denote by $\mathrm{C}^i(\mathrm{X})$ the group of cycle classes of codimension i modulo algebraic equivalence, tensored with $\mathbf{Q}$, and by $\xi \in \mathrm{C}^1(\mathrm{X})$ the class of Y.

CONJECTURE A: *For every integer i such that $2i \leqslant n$, the product with ξ^{n-2i} induces an isomorphism* $\mathrm{C}^i(\mathrm{X}) \cong \mathrm{C}^{n-i}(\mathrm{X})$.

Modulo a verification which I have not written down in detail, to prove this conjecture it would be enough to prove surjectivity, and in fact to do it for $n = 2i+1$. For the moment, the first case that eludes me is $i = 1$, $n = 3$. This conjecture would imply the analog, for the C^i, of the well-known Lefschetz theorems comparing the cohomologies of X and Y under the direct image and

et d'image inverse (pour la formulation correcte, se rappeler seulement que C^i devient H^{2i}), en même temps qu'elle implique les théorèmes de Lefschetz cohomologiques eux-mêmes, dont la forme formellement la plus forte consiste à affirmer que ξ^{n-i} induit un isomorphisme de H^i et H^{2n-i} pour la cohomologie à coefficients $\mathbf{Q}_\ell$; je te signale que ce théorème purement cohomologique n'est
3 même pas démontré pour le moment ! N'est démontré que le théorème de Lefschetz « faible » affirmant que la dimension cohomologique d'une variété affine de dimension n est majoré par n, ce qui pour la variété affine $U = X - Y$ prend la forme $H^i(X) \to H^i(Y)$ est bijectif pour $i \leqslant n-2$, injectif pour $i = n-1$, ou encore $H^i(Y) \to H^{i+2}(X)$ est bijectif pour $i \geqslant n$, surjectif pour $i = n - 1$. En fait, sauf erreur je sais prouver la conjecture A à partir de la forme plus faible suivante (dans la nature d'un théorème de Lefschetz « faible ») :

Conjecture A′ : *Pour tout entier i tel que* $2i \geqslant n - 1$, *l'application image directe* $C^i(Y) \to C^{i+1}(X)$ *est surjective, i.e. tout cycle algébrique de dimension*
4 $j < n/2$ *sur* X *est* τ*-équivalent à l'image d'un cycle algébrique à coefficients rationnels de* Y.

Ici encore il suffit, sauf erreur, de faire $n = 2i + 1$. D'ailleurs, dans l'argument utilisé pour ramener A à A′, il semble qu'il faille démontrer A′ sur un corps de base pas nécessairement algébriquement clos, et pour des classes de cycles rationnelles sur ce dernier, *ou* se borner à énoncer A pour l'équivalence cohomologique (mais alors A perd le caractère « purement géométrique » que je t'avais promis !)

Comme je te l'avais dit, A implique « la formule de Künneth pour les cycles » (j'avais d'ailleurs charrié en prétendant que les deux énoncés sont équivalents). Par là, il implique tous les théorèmes d'entiers qu'on peut désirer (par exemple pour des coefficients de polynômes caractéristiques), à cela près qu'il semble possible qu'il y ait des puissances de $p =$ car. k en dénominateur. Cela implique donc les conjectures de Weil, à la seule exception de la question des valeurs absolues des valeurs propres, qui sera justiciable de B. Je te signale aussi que c'est la conjecture A qui semble le « minimum minimorum » pour donner une définition en forme utilisable de la notion de motif sur un corps.

Conjecture B : *Supposons* $n = 2m$, *et soit* $P^m(X)$ *le noyau de l'homomorphisme de multiplication par* ξ *de* $C^m(X)$ *dans* $C^{m+1}(X)$. *Alors la forme* $(-1)^m\varepsilon(xx')$ *sur* $P^m(X)$ *est définie positive.*

inverse image homomorphisms (to get the correct formulation all you need to remember is that C^i becomes H^{2i}), and it would simultaneously imply the cohomological Lefschetz theorems themselves, whose formally strongest form consists of asserting that ξ^{n-i} induces an isomorphism between H^i and H^{2n-i} for the cohomology with coefficients in $\mathbf{Q}_\ell$; let me point out that even this purely cohomological theorem is not yet proved! The only thing that has been 3
proved is the "weak" Lefschetz theorem, which says that the cohomological dimension of an affine variety of dimension n is bounded by n, which, for the affine variety $U = X - Y$ takes the form that $H^i(X) \to H^i(Y)$ is bijective for $i \leqslant n-2$, and injective for $i = n-1$, or alternatively $H^i(Y) \to H^{i+2}(X)$ is bijective for $i \geqslant n$ and surjective for $i = n-1$. In fact, unless I am mistaken, I can deduce conjecture A from its following weaker form (which looks like a "weak" Lefschetz theorem):

CONJECTURE A′: *For every integer i such that $2i \geqslant n-1$, the direct image map $C^i(Y) \to C^{i+1}(X)$ is surjective, i.e. any algebraic cycle of dimension $j < n/2$ on X is τ-equivalent to the image of an algebraic cycle with rational coefficients* 4
on Y.

Once again, unless I am mistaken, it is enough to work with $n = 2i + 1$. Moreover, in the argument used to reduce A to A′, it seems necessary to prove A′ over a not necessarily algebraically closed base field and for cycle classes which are rational over it, *or* restrict to stating A for cohomological equivalence alone (but A then loses the "purely geometric" nature I promised you!)

As I told you, A implies "the Künneth formula for cycles" (actually, I exaggerated a bit when I claimed that the two statements were equivalent). This then implies all the integrality theorems one could wish for (on coefficients of characteristic polynomials, for example), except that it seems possible to have powers of $p=$ char. k in the denominator. This therefore implies the Weil conjectures, except for the question of the absolute values of eigenvalues, which will be covered by B. Note also that conjecture A appears to be the "minimum minimorum" to be able to give a usable rigorous definition of the concept of a motive over a field.

CONJECTURE B: *Assume that $n = 2m$, and let $P^m(X)$ be the kernel of the multiplication by ξ homomorphism from $C^m(X)$ to $C^{m+1}(X)$. Then the form $(-1)^m\varepsilon(xx')$ on $P^m(X)$ is positive definite.*

Pour les conjectures de Weil, il suffirait d'ailleurs de prouver que cette forme est positive. Mais la forme forte implique aussi d'autres résultats agréables, comme le fait que τ-équivalence = équivalence numérique (= équivalence homologique à coefficients $\mathbf{Q}_\ell$, cette dernière étant coincée entre les deux) et le fait que les $\mathrm{C}^m(\mathrm{X})$ sont de dimension finie, — en fait, que les groupes de classes de cycles pour la τ-équivalence sont de type fini. (De là, on déduit d'ailleurs formellement que $\mathrm{C}^m(\mathrm{X}) \otimes \mathbf{Q}_\ell \to \mathrm{H}^{2m}(\mathrm{X})(m)$ est injectif, donc que le rang de $\mathrm{C}^m(\mathrm{X})$ est majoré par $b_{2m}(\mathrm{X})$.) D'autre part, B implique également que la catégorie des motifs construits par des variétés projectives non singulières est semi-simple, et de façon plus terre à terre, que l'anneau des classes de correspondances algébriques (modulo τ-équivalence et tensorisé par $\mathbf{Q}$) de X est une algèbre finie semi-simple sur $\mathbf{Q}$, qu'on peut d'ailleurs munir d'une involution et d'une trace satisfaisant les conditions habituelles. On en conclut aussi le résultat suivant, qui peut être considéré dans une certaine mesure comme une généralisation de A (lorsqu'on admet que la variante cohomologique de A est déjà acquise) : Soit $\mathrm{H}^{2i}(\mathrm{X})(i) \to \mathrm{H}^{2i+2r}(\mathrm{X}')(i+r)$ un homomorphisme défini par une classe de correspondance algébrique, et $\mathrm{C}^i(\mathrm{X}) \to \mathrm{C}^{i+r}(\mathrm{X}')$ l'homomorphisme qu'elle définit sur les cycles. Alors un élément de $\mathrm{C}^{i+r}(\mathrm{X}')$ est dans l'image de $\mathrm{C}^i(\mathrm{X})$ si et seulement si son image dans H^{2i+2r} est dans celle de H^{2i}. Note aussi que le résultat de semi-simplicité signalé plus haut impliquerait le résultat de semi-simplicité analogue pour les opérations du groupe de Galois, dans les conjectures de Tate. Enfin, je me suis à peu près convaincu que A et B impliquent également une théorie raisonnable des variétés abéliennes qui interviennent comme variétés de paramètres pour les familles continues de cycles algébriques, et notamment permettent d'obtenir les relations qu'il faut entre ces « jacobiennes intermédiaires » (qui peuvent être conçues comme les « morceaux de nature algébrique » des jacobiennes de Weil) et la cohomologie de dimension impaire. Mais il est fort possible que la démonstration de B soit déjà liée à l'introduction de ces variétés abéliennes.

En tout cas, A et A′ me semblent, dans un sens, préliminaires à B, et il semble raisonnable de commencer par celles-ci. Je te signale la forme équivalente assez suggestive de A′ :

Conjecture A″ : *Soit* U *l'ouvert affine* (*de dimension* n) $\mathrm{X} - \mathrm{Y}$, *alors* $\mathrm{C}^i(\mathrm{U}) = 0$ *pour tout* i *tel que* $2i > n$.

For the Weil conjectures, it would actually be enough to show that this form is positive. But this stronger formulation also implies other attractive results, such as the fact that τ-equivalence = numerical equivalence (= homological equivalence with $\mathbf{Q}_\ell$ coefficients, since this one is sandwiched in between the other two), and the fact that the $\mathrm{C}^m(\mathrm{X})$ are finite-dimensional,—and in fact, that the groups of τ-equivalence classes of cycles are finitely generated. (From this, one can formally deduce that $\mathrm{C}^m(\mathrm{X}) \otimes \mathbf{Q}_\ell \to \mathrm{H}^{2m}(\mathrm{X})(m)$ is injective, and thus the rank of $\mathrm{C}^m(\mathrm{X})$ is bounded by $b_{2m}(\mathrm{X})$.) Furthermore, B also implies that the category of motives constructed from non-singular projective varieties is semi-simple, and in more down-to-earth terms, that the ring of classes of algebraic correspondences on X (modulo τ-equivalence and tensored with $\mathbf{Q}$) is a finite semi-simple algebra over $\mathbf{Q}$ which can in fact be equipped with an involution and a trace satisfying the usual conditions. One also gets the following result, which may be viewed in some sense as a generalization of A (assuming that the cohomological version of A is already proved): Let $\mathrm{H}^{2i}(\mathrm{X})(i) \to \mathrm{H}^{2i+2r}(\mathrm{X}')(i+r)$ be a homomorphism defined by an algebraic correspondence class, and let $\mathrm{C}^i(\mathrm{X}) \to \mathrm{C}^{i+r}(\mathrm{X}')$ be the homomorphism it defines on cycles. Then an element of $\mathrm{C}^{i+r}(\mathrm{X}')$ lies in the image of $\mathrm{C}^i(\mathrm{X})$ if and only if its image in H^{2i+2r} lies in that of H^{2i}. Note also that the semi-simplicity result mentioned above would imply the analogous semi-simplicity result for the Galois group actions in the Tate conjectures. Finally, I have more or less convinced myself that A and B also imply a reasonable theory of the abelian varieties which appear as parameter varieties of continuous families of algebraic cycles, and in particular allow us to obtain the necessary relations between these "intermediate Jacobians" (which can be viewed as "algebraic pieces" in Weil's Jacobians) and the cohomology in odd degree. It is however quite possible that the proof of B will itself be linked to the introduction of these abelian varieties.

In any case, A and A′ seem to me to be in some sense preliminary to B, and it seems reasonable to start with them. Let me point out a rather suggestive statement which is equivalent to A′:

CONJECTURE A″: *Let* U *be the n-dimensional affine open set* $\mathrm{X}-\mathrm{Y}$, *then* $\mathrm{C}^i(\mathrm{U}) = 0$ *for every i such that* $2i > n$.

En fait, il est possible que ceci soit vrai pour toute variété affine lisse, et même que pour toute variété (affine ou non) lisse, tout cycle cohomologiquement équivalent à 0 soit τ-équivalent à 0 (pour les variétés projectives, cela résulterait, comme j'ai dit, de A et B).

Ce qu'il faut pour le moment, c'est inventer un procédé pour déformer un cycle de dimension pas trop grande, pour le pousser à l'infini. Peut-être aurais-tu envie d'y réfléchir de ton côté ? Je viens seulement de m'y mettre aujourd'hui même, et t'écris faute de trouver une idée.

Bien à toi

A. Grothendieck

Paris, le 7 décembre 1966

Cher Grothendieck,

Tu m'avais demandé, il y a quelque temps, si le K des représentations sur **Z** de GL_n est « ce qu'on pense », i.e. le même que sur **Q**. Il me semble bien que
1 c'est vrai, et que cela résulte facilement de la théorie de Chevalley, le point essentiel étant le fait que les représentations de GL_n en caractéristique p se remontent « presque » en représentations sur **Z**.

Plus précisément, soit G un schéma en groupes réductif connexe et déployé sur un anneau principal (honte !) A, de corps des fractions E (il faut que je me retienne pour ne pas appeler K ce corps...). Considère deux représentations L_1 et L_2 de G sur A (données par des modules libres de type fini sur A), correspondant à la même représentation de G sur E. Il me faut montrer que $[\mathrm{L}_1] = [\mathrm{L}_2]$ dans le groupe K des représentations de G sur A. Cela prouvera que ce K est le même que sur E (et ce dernier a été essentiellement déterminé par Chevalley).

Par dévissage, je peux supposer qu'il existe un élément extrémal p de A tel que $\mathrm{L}_1 \supset \mathrm{L}_2 \supset p\mathrm{L}_1$, et qu'en outre la représentation de G dans $\mathrm{L}_1/\mathrm{L}_2$ est irréductible. Soit k le corps A/p. Je peux considérer $\mathrm{L}_1/\mathrm{L}_2$ comme une représentation du groupe $\mathrm{G}_{/k}$.

In fact, it is possible that this holds for any smooth affine variety, and even that for any smooth variety (affine or not), every cycle which is cohomologically equivalent to 0 is τ-equivalent to 0 (as I said, this would follow for projective varieties from theorems A and B).

For the moment, what is needed is to invent a process for deforming a cycle whose dimension is not too large, in order to push it to infinity. Perhaps you would like to think about this yourself? I have only just started on it today, and am writing to you because I have no ideas.

Yours,

A. Grothendieck

Paris, December 7, 1966

Dear Grothendieck,

You asked me some time ago if the K of representations of GL_n over $\mathbf{Z}$ is
"what one expects", i.e. the same as over $\mathbf{Q}$. It seems to me that this is true,
and follows easily from Chevalley's theory, the key point being that represen- 1
tations of GL_n in characteristic p can "almost" be lifted to representations over
$\mathbf{Z}$.

More precisely, let G be a split connected reductive group scheme over a principal ring (shame on me!) A with fraction field E (I have to restrain myself from calling this field K...). Consider two representations L_1 and L_2 of G over A (given by free modules of finite type over A), corresponding to the same representation of G over E. I have to prove that $[\mathrm{L}_1] = [\mathrm{L}_2]$ in the K-group of representations of G over A. This will prove that this K is the same as over E (and the latter has essentially been determined by Chevalley).

By dévissage, I may assume there is an extremal element p in A such that $\mathrm{L}_1 \supset \mathrm{L}_2 \supset p\mathrm{L}_1$, and that in addition, the representation of G on $\mathrm{L}_1/\mathrm{L}_2$ is irreducible. Let k be the field A/p. I can view $\mathrm{L}_1/\mathrm{L}_2$ as a representation of the group $\mathrm{G}_{/k}$.

Disons qu'une représentation de $G_{/k}$ « se remonte sur A » si on peut l'écrire sous la forme L/pL, où L est une représentation de G sur A. La propriété non formelle de G dont j'ai besoin est la suivante :

LEMME : *Soit* M *une représentation irréductible de* $G_{/k}$. *On peut écrire* M *comme un quotient* $M = M_1/M_2$ *où* M_1 *se remonte sur* A, *et où* M_2 *ne fait intervenir, dans sa suite de Jordan-Hölder, que des modules irréductibles de poids dominant inférieur* (*strictement*) *à celui de* M.

(Je dis qu'un poids dominant est inférieur à un autre si leur différence est une combinaison à coefficients $\geqslant 0$ de racines. Bien entendu tout ceci présuppose un épinglage préalable du groupe G.)

Ce lemme doit résulter de la théorie de Chevalley, mais je dois dire que je serais bien ennuyé si tu me demandais des références précises. L'idée est évidemment de prendre le poids dominant ω de M, de fabriquer avec ω une représentation linéaire de G sur A (en prenant le faisceau inversible associé à ω sur G/B), et, si M_1' est cette représentation, de définir M_1 comme la réduction modulo p de M_1'. Un ennui : est-il bien vrai que M_1' soit libre sur A ? J'ai peur que l'on retombe sur la question non résolue de la nullité du H^1 de G/B. Bref, je ne garantis pas totalement ce lemme, mais Chevalley ou toi pourraient certainement le faire.

Ceci étant admis, je reviens à mon problème initial. Voici un autre lemme, bien trivial cette fois :

LEMME ÉVIDENT : *Soient* $L_1 \supset L_2$ *et* $L_1' \supset L_2'$ *des représentations de* G *sur* A. *Si* $L_1/L_2 \simeq L_1'/L_2'$, *on a* $[L_1] - [L_2] = [L_1'] - [L_2']$ *dans le groupe* K *des représentations de* G *sur* A.

Soit M le sous-truc de $L_1 \times L_1'$ formé des éléments ayant même image dans L_1/L_2 et dans L_1'/L_2'. On peut dévisser M en L_1 et L_2', et aussi en L_1' et L_2. D'où etc.

Je reviens, cette fois pour de bon, à la situation initiale, avec

$$L_1 \supset L_2 \supset pL_1,$$

et L_1/L_2 irréductible. On veut prouver que $[L_1] = [L_2]$. On peut supposer que c'est fait pour toutes les situations analogues relatives à des $G_{/k}$-modules irréductibles de poids dominant strictement inférieur à celui de $L_1/L_2 = M$. En appliquant le lemme non évident, on voit qu'on peut trouver $L_3 \supset L_4 \supset pL_3$

Let us say that a representation of $G_{/k}$ "lifts to A" if it can be written in the form L/pL, where L is a representation of G over A. The non-formal property of G that I need is the following:

LEMMA: *Let* M *be an irreducible representation of* $G_{/k}$. *Then* M *can be written as a quotient* $M = M_1/M_2$, *where* M_1 *lifts to* A *and the only irreducible modules appearing in the Jordan-Hölder sequence of* M_2 *are of highest weight (strictly) less than that of* M.

(I say that a highest weight is less than another one if their difference is a combination of roots with coefficients $\geqslant 0$. Of course, all this presupposes a preliminary pinning of the group G.)

This lemma must follow from Chevalley's theory, but I must confess I would be a little embarrassed if you were to ask me for a precise reference. The idea is obviously to take the highest weight ω of M, and use it to construct a linear representation of G over A (by taking the invertible sheaf associated to ω over G/B); if M_1' denotes this representation, then define M_1 to be the reduction modulo p of M_1'. There is one problem: is it really true that M_1' is free over A? I am afraid we may find ourselves facing the unresolved problem of the vanishing of the H^1 of G/B. In short, I do not totally guarantee this lemma, but either you or Chevalley will certainly be able to do so.

Admitting this, let me return to my original problem. Here is another lemma, which is now really trivial:

OBVIOUS LEMMA: *Let* $L_1 \supset L_2$ *and* $L_1' \supset L_2'$ *be representations of* G *over* A. *If* $L_1/L_2 \simeq L_1'/L_2'$, *then* $[L_1] - [L_2] = [L_1'] - [L_2']$ *in the* K*-group of representations of* G *over* A.

Let M be the sub-object of $L_1 \times L_1'$ consisting of elements which have the same image in L_1/L_2 and in L_1'/L_2'. One may view M as an extension of L_1 by L_2' and also of L_1' by L_2. Whence etc.

Let me now go back to the original situation, with

$$L_1 \supset L_2 \supset pL_1,$$

and L_1/L_2 irreducible. The aim is to show that $[L_1] = [L_2]$. One may assume this is already known for all analogous situations with irreducible $G_{/k}$-modules with highest weight strictly less than that of $L_1/L_2 = M$. Applying the non-obvious lemma, one sees that there are $L_3 \supset L_4 \supset pL_3$ such that $L_3/L_4 = M$,

tel que $L_3/L_4 = M$, et que L_4/pL_3 se dévisse en $G_{/k}$-modules irréductibles de poids dominant strictement inférieur à celui de M. Vu mon hypothèse de récurrence, j'ai alors $[L_4] = [pL_3] = [L_3]$. D'autre part, le lemme évident dit que $[L_1] - [L_2] = [L_3] - [L_4]$. C'est gagné !

(Note que « A principal » m'a effectivement servi pour affirmer que $[pL_3] = [L_3]$. Dans le cas des Dedekind, le groupe des classes d'idéaux de A serait intervenu.)

Bien sûr, on voit en particulier que le K des représentations de GL_n sur $\mathbf{Z}$ est un λ-anneau spécial (puisque c'est le même que sur $\mathbf{Q}$) ; d'où, comme tu me l'as fait remarquer, le fait que tous les λ-anneaux de la nature sont spéciaux (j'exagère un peu !).

Comme cette méthode terre à terre de regarder les K t'a sûrement dégoûté, je vais essayer de vendre un tapis un peu plus beau. Je garde mes notations du début, mais j'affaiblis les hypothèses en supposant seulement :

a) que A est de Dedekind ;

b) que G est un schéma en groupes plat[12] et de type fini sur A (mais pas nécessairement réductif, ni déployé).

Je note $K_A(G)$ et $K_E(G)$ les groupes K que tu penses (pour A, je prends les représentations qui sont des A-modules projectifs de type fini) ; si $\mathfrak{p}$ est un idéal maximal de A, je note $K_{\mathfrak{p}}(G)$ le groupe K correspondant au groupe $G \otimes A/\mathfrak{p}$. J'ai envie de définir, exactement comme dans la théorie de Brauer, une suite exacte :

$$\coprod K_{\mathfrak{p}}(G) \to K_A(G) \to K_E(G) \to 0.$$

L'homomorphisme $K_A(G) \to K_E(G)$ est défini de manière évidente. Il est sûrement vrai qu'il est surjectif (bien que je ne voie pas pourquoi !).

Les homomorphismes $K_{\mathfrak{p}}(G) \to K_A(G)$ sont nettement moins évidents. Si l'on part d'un $G_{/A/\mathfrak{p}}$-module M, il faut montrer qu'on peut l'écrire comme quotient L_1/L_2 où L_i est une représentation de G sur A (i.e. un module projectif de type fini sur A sur lequel opère G), avec $L_1 \supset L_2 \supset \mathfrak{p}L_1$. (Autrement dit, toute représentation de G sur $A/\mathfrak{p}$ est *quotient* d'une représentation qui se relève. Cela me paraît un résultat général bon à savoir. Démonstration : on se ramène au cas des représentations contenues dans la Ind-représentation donnée par l'algèbre de coordonnées de $G_{/A/\mathfrak{p}}$, auquel cas c'est évident. Note également

(12) note en marge : Peut-être faut-il renforcer cette hypothèse en « localement libre sur A » ?

and L_4/pL_3 is a successive extension of irreducible $G_{/k}$-modules of highest weight strictly less than that of M. Given my induction hypothesis, I then have $[L_4] = [pL_3] = [L_3]$. On the other hand, the obvious lemma says that $[L_1] - [L_2] = [L_3] - [L_4]$. The result is in the bag!

(Note that "A principal" has been used to assert that $[pL_3] = [L_3]$. For Dedekind rings, the ideal class group of A would have appeared.)

Of course, one sees in particular that the K of representations of GL_n over **Z** is a special λ-ring (since it is the same as over **Q**); whence, as you pointed out to me, it follows that all λ-rings in nature are special (I am exaggerating a little!)

As this down-to-earth method of considering K has probably disgusted you, let me try and sell you something prettier. I will keep the notation above, but will weaken my hypotheses by assuming only that:

a) A is Dedekind;

b) G is a flat group scheme[14] of finite type over A (but is not necessarily reductive, nor split).

Let $K_A(G)$ and $K_E(G)$ denote the K-groups that you guess (for A, I take those representations which are finitely generated projective A-modules); if $\mathfrak{p}$ is a maximal ideal of A, I write $K_{\mathfrak{p}}(G)$ for the K-group corresponding to the group $G \otimes A/\mathfrak{p}$. I would like to define, just as in Brauer theory, an exact sequence:

$$\coprod K_{\mathfrak{p}}(G) \to K_A(G) \to K_E(G) \to 0.$$

The homomorphism $K_A(G) \to K_E(G)$ is defined in an obvious way. It is certainly surjective (even though I do not see why!).

The homomorphisms $K_{\mathfrak{p}}(G) \to K_A(G)$ are much less obvious. Starting with a $G_{/A/\mathfrak{p}}$-module M, one has to show that it can be written as a quotient L_1/L_2, where L_i is a representation of G over A (i.e. a finitely generated projective module over A on which G acts) such that $L_1 \supset L_2 \supset \mathfrak{p}L_1$. (In other words, every representation of G over $A/\mathfrak{p}$ is a *quotient* of a liftable representation. This seems to me to be a good general result to know. Proof: reduce to the case of representations contained in the Ind-representation given by the algebra of coordinates of $G_{/A/\mathfrak{p}}$, for which it is obvious. Note also that

[14]Note in the margin: Perhaps one should strengthen these hypotheses to "locally free over A"?

que tu peux remplacer « quotient » par « sous-truc », quitte à dualiser.) Ceci étant, on fait correspondre à M la différence $[L_1] - [L_2]$ qui, d'après le lemme évident de tout à l'heure, ne dépend pas du choix des L_i. Il est immédiat que l'on obtient ainsi un homomorphisme de $K_{\mathfrak{p}}(G)$ dans $K_A(G)$. L'exactitude de la suite écrite plus haut est maintenant claire.

On peut continuer à imiter Brauer : pour chaque $\mathfrak{p}$, on a un homomorphisme de réduction

$$r_{\mathfrak{p}} : K_E(G) \to K_{\mathfrak{p}}(G)$$

caractérisé par le fait que le composé $K_A(G) \to K_E \to K_{\mathfrak{p}}(G)$ soit l'homomorphisme évident (provenant de $A \to A/\mathfrak{p}$).

Ceci étant, on peut reformuler ma démonstration du début comme ceci :

THÉORÈME : *Supposons* A *principal, et tous les* $r_{\mathfrak{p}}$ *surjectifs. Alors* $K_A(G) \to K_E(G)$ *est un isomorphisme.*

En effet, il suffit de voir que $K_{\mathfrak{p}}(G) \to K_A(G)$ est nul. Or, par hypothèse, $K_p(G)$ est engendré par les classes d'éléments de la forme $L/\mathfrak{p}L$, avec L représentation de G sur A ; puisque A est principal, on peut choisir un générateur p de $\mathfrak{p}$, et on a $[\mathfrak{p}L] = [L]$, d'où etc.

On aimerait bien savoir quand les $r_{\mathfrak{p}}$ sont surjectifs. La théorie de Chevalley dit que ce sont des isomorphismes lorsque G est réductif déployé (du moins si je ne me fous pas dedans — il est dommage que ceci n'ait pas été clarifié dans le SGAD). C'est donc « géométriquement vrai » quand G est réductif non déployé. Pour les groupes finis, on a une situation analogue : $r_{\mathfrak{p}}$ est géométriquement surjectif, i.e. devient surjectif après extension finie du corps E (c'est
2 l'un des plus jolis résultats de Brauer, je l'avais exposé à Bures l'an dernier). Quelque type courageux devrait bien regarder le cas d'un groupe réductif non connexe, et prouver que $r_{\mathfrak{p}}$ est, là aussi, géométriquement surjectif ; ce serait tout à fait satisfaisant.

Prends ce qui précède avec un grain de sel : il se peut fort bien, vu mon peu d'entraînement avec les schémas en groupes, que je me sois foutu dedans quelque part.

Salut et fraternité

J-P. Serre

by duality, you can replace "quotient" by "sub-object".) This being so, map M to the difference $[L_1]-[L_2]$, which by the obvious lemma above does not depend on the choice of the L_i. It is immediate that one thus obtains a homomorphism from $K_{\mathfrak{p}}(G)$ to $K_A(G)$. The exactness of the sequence written above is now clear.

Continuing to imitate Brauer: for every $\mathfrak{p}$, there is a reduction homomorphism

$$r_{\mathfrak{p}} : K_E(G) \to K_{\mathfrak{p}}(G)$$

characterized by the fact that the composition $K_A(G) \to K_E \to K_{\mathfrak{p}}(G)$ is the obvious homomorphism (coming from $A \to A/\mathfrak{p}$).

My initial proof can now be reformulated as follows:

THEOREM: *Assume* A *is principal and all the* $r_{\mathfrak{p}}$ *are surjective. Then* $K_A(G) \to K_E(G)$ *is an isomorphism.*

Indeed, it is enough to prove that $K_{\mathfrak{p}}(G) \to K_A(G)$ vanishes. However, by assumption, $K_p(G)$ is generated by classes of elements of the form $L/\mathfrak{p}L$, where L is a representation of G over A; since A is principal, one can choose a generator p of $\mathfrak{p}$; then $[\mathfrak{p}L] = [L]$, whence etc.

One would very much like to know when the $r_{\mathfrak{p}}$ are surjective. Chevalley's theory says they are isomorphisms when G is reductive and split (unless I am wrong—it is a shame this was not clarified in SGAD). This is therefore "geometrically true" when G is reductive non-split. For finite groups, the situation is similar: $r_{\mathfrak{p}}$ is geometrically surjective, i.e. becomes surjective after finite extension of the field E (this is one of Brauer's prettiest results; I gave a talk
on it in Bures last year). Some brave soul should investigate non-connected re- 2
ductive groups, and prove that $r_{\mathfrak{p}}$ is again geometrically surjective; that would be quite satisfactory.

Take the above with a grain of salt: it is quite possible, given my lack of familiarity with group schemes, that I have screwed up somewhere.

Yours,

J-P. Serre

Bures, le 15.1.1969

Mon cher Serre,

1 J'ai réfléchi un peu à ce que tu m'as dit sur le théorème de Steinberg, et j'ai quelques questions et commentaires.

1) A priori, ce que montre le raisonnement que tu m'as indiqué, c'est que (G
2 étant semi-simple simplement connexe sur k) tout élément de $\mathrm{H}^1(k, \mathrm{G})$ provient d'un $\mathrm{H}^1(k, \mathrm{T})$ où T est le *centralisateur* d'un élément régulier de $\mathrm{G}(k)$. Je doute qu'en général ce centralisateur soit nécessairement un tore maximal (c'est en
3 tout cas faux pour un groupe non simplement connexe comme GP(1)), mais en fait, c'est vrai pour un élément régulier « assez général », ce qui suffit pour le raisonnement que tu fais. De façon précise, si g est un élément semi-simple régulier de $\mathrm{G}(k)$, G lisse et connexe sur k (pas nécessairement semi-simple), alors ce que j'ai déjà fait dans le séminaire (critère de régularité par le polynôme de Killing) implique que son centralisateur Z(G) est un sous-groupe *lisse* de G, et bien sûr $\mathrm{Z}(g)^0$ est l'unique sous-groupe de Cartan C contenant g, d'autre part $\mathrm{Z}(g) \subset \mathrm{N}(\mathrm{C})$. On voit donc que pour un tore maximal donné T, les éléments de $\mathrm{T}(k)$ dont le centralisateur est exactement $\mathrm{C} = \mathrm{Centr}(\mathrm{T})$ sont les éléments de $\mathrm{T}(k)$ réguliers dans G et qui ne sont pas points fixes d'éléments géométriques $\neq 1$ de $\mathrm{W}(\mathrm{T}) = \mathrm{N}(\mathrm{T})/\mathrm{T}$. En fait, dans le cas où G est semi-simple, on voit tout de suite que la condition de ne pas être point fixe sous W implique déjà la régularité (l'inverse n'étant pas vrai en général comme je l'ai dit plus haut). On pourrait appeler « strictement réguliers » les points semi-simples de $\mathrm{G}(k)$ dont le centralisateur est un sous-groupe de Cartan ; ils forment un ouvert de la variété des points réguliers semi-simples, donc un ouvert de G quand le rang unipotent de G est nul ($\mathrm{T} = \mathrm{C}$).

Donc pour la correction du raisonnement que tu m'as indiqué, il semble qu'il faille remplacer « régulier » par « strictement régulier ». A part cela, il n'est pas nécessaire bien sûr que k soit parfait, pourvu que le résultat de Steinberg soit démontré sur k (pour un groupe quasi-déployé).

2) On voit « a priori » que la méthode indiquée : prendre dans G et le groupe G' obtenu en tordant G deux points rationnels g, g' qui soient strictement réguliers et soient « conjugués », donne *toutes* les façons de restreindre le groupe structural du fibré principal homogène P sous G à un tore maximal. (Cette

Bures, 1.15.1969

My dear Serre,

I have been thinking about what you told me about Steinberg's theorem, 1
and I have some questions and comments.

1) A priori, what the argument you gave me shows is that (for semi-simple connected G over k) every element of $H^1(k, G)$ comes from some $H^1(k, T)$, 2
where T is the *centralizer* of a regular element of $G(k)$. I doubt that this centralizer is necessarily a maximal torus in general (in any case this is false for a non-simply connected group such as GP(1)), but in fact it is true for a 3
"sufficiently general" regular element, which is sufficient for the argument you use. Precisely, if g is a semi-simple regular element of $G(k)$, G smooth and connected (not necessarily semi-simple) over k, then what I have already done in the seminar (the regularity criterion via the Killing polynomial) implies that its centralizer Z(G) is a *smooth* subgroup of G, and of course $Z(g)^0$ is the unique Cartan subgroup C containing g; furthermore $Z(g) \subset N(C)$. Thus, for a given maximal torus T, the elements of $T(k)$ whose centralizer is exactly $C = \mathrm{Centr}(T)$ are the elements of $T(k)$ which are regular in G and which are not fixed points of geometric elements $\neq 1$ in $W(T) = N(T)/T$. In fact, in the case where G is semi-simple, one immediately sees that the fact of not being a fixed point of W already implies regularity (as I said above, the converse is not true in general). One could use the term "strictly regular" to describe the semi-simple points of $G(k)$ whose centralizer is a Cartan subgroup; they form an open subset of the variety of regular semi-simple points, hence an open subset of G when the unipotent rank of G is zero ($T = C$).

Thus, to correct the argument you indicated to me, it seems that "regular" must be replaced by "strictly regular". Apart from this, it is of course not necessary for k to be perfect, provided Steinberg's result has been proved over k (for a quasi-split group).

2) "A priori", the method in question—taking two rational points g and g' in G and in the group G′ obtained by twisting G, which are strictly regular and "conjugate"—gives *every* possible way of restricting the structural group of the homogeneous principal G bundle P to a maximal torus. (This remark

remarque vaut même dès que G est lisse connexe sur k, à condition de remplacer « tore maximal » par « sous-groupe de Cartan »). De plus, le théorème de Steinberg (toute orbite rationnelle « assez générale » a un point rationnel) n'est vrai pour G' que si la classe $H^1(k, G)$ dont provient G' est nulle, i.e. que si G' est lui-même quasi-déployé. En effet, appliquant le raisonnement de Steinberg à rebours, on en conclut que le groupe structural de P peut être réduit à un tore T choisi à l'avance, or il y a un tel T (celui contenu dans le Borel) dont la cohomologie est triviale, comme tu l'avais brillamment remarqué.

3) Le théorème de Steinberg (sous la forme disons d'existence de points rationnels dans une orbite rationnelle) est-il vrai uniquement pour le simplement connexe, et en est-il de même du corollaire qu'on peut toujours réduire le groupe structural à un tore maximal ? Que se passe-t-il par exemple pour GP(1) ? Y a-t-il une section rationnelle de G sur I(G) (« invariants ») dans ce
4 cas ?

4) Je me suis amusé, pour G lisse connexe sur k, à regarder la construction d'un quotient G/ad(G). Il existe peut-être toujours, je l'ai vérifié en tout cas lorsque G est affine de rang unipotent nul, et alors pour tout tore maximal T, de groupe de Weyl W, on a

$$\mathrm{T/W} \xrightarrow{\sim} \mathrm{G/ad(G)}.$$

Posant I(G) = G/ad(G), on a un morphisme canonique

$$\mathrm{I : G \to I(G)},$$

et on aurait grande envie d'en faire l'étude (géométrique) à la Kostant (dans le cas semi-simple), genre : Si U est l'ouvert des points où I est lisse (« points quasi-réguliers »), alors pour tout $s \in \mathrm{I(G)}$, U_s est l'unique orbite ouverte de G dans $\mathrm{O}_s = \mathrm{I}^{-1}(s)$, les orbites de ad(G) dans G sont de dimension paire, ce qui impliquerait déjà que les O_s sont des variétés normales, dont l'ensemble des singularités serait $\mathrm{O}_s - \mathrm{U}_s$, les points quasi-réguliers de G seraient ceux dont le centralisateur est de dimension r = rang. Sans doute l'ouvert $\mathrm{G}^{\text{str reg}}$ de G est-il l'image inverse d'un ouvert $\mathrm{I(G)}^{\text{str reg}} = \mathrm{T}^{\text{str reg}}/\mathrm{W}$ de sorte que $\mathrm{G}^{\text{str reg}}$ devient un espace homogène au-dessus de $\mathrm{I(G)}^{\text{str reg}}$ de groupe $\mathrm{G}_{\mathrm{I(G)}^{\text{str reg}}}$. L'énoncé analogue pour « régulier » au lieu de « strictement régulier » est-il vrai ? Les points réguliers (ou strictement réguliers) sont-ils caractérisés par le fait que leur orbite sous ad(G) est fermée ? L'ensemble O_0 est-il identique à l'ensemble

remains valid whenever G is smooth and connected over k, provided "maximal torus" is replaced by "Cartan subgroup"). Moreover, Steinberg's theorem (every "sufficiently general" rational orbit has a rational point) only holds for G' if G' comes from a class $H^1(k, G)$ which is zero, i.e. if G' is itself quasi-split. Indeed, applying Steinberg's argument backwards, one concludes that the structural group of P can be reduced to any given torus, but there exists such a T (the one contained in the Borel) whose cohomology is trivial, as you brilliantly observed.

3) Is Steinberg's theorem (in the form that says that rational points exist on rational orbits, say) only true for simply connected groups, and is this also true of the corollary which states that the structural group can always be reduced to a maximal torus? What happens for GP(1), for instance? Is there a rational section of G over I(G) ("invariants") in this case? 4

4) I have been amusing myself by looking at the construction of a quotient G/ad(G) for smooth connected G over k. Maybe it always exists: in any case, I have checked it for affine G of trivial unipotent rank; then for any maximal torus T with Weyl group W, one has

$$T/W \xrightarrow{\sim} G/\mathrm{ad}(G).$$

Setting $I(G) = G/\mathrm{ad}(G)$, this gives a canonical morphism

$$I : G \to I(G),$$

and one is very tempted to study this (geometrically) Kostant-style (in the semi-simple case), for instance: if U is the open set of points where I is smooth ("quasi-regular points"), then for every $s \in I(G)$, U_s is the unique open orbit of G in $O_s = I^{-1}(s)$; the orbits of ad(G) in G are of even dimension, which would already imply that the O_s are normal varieties, whose set of singularities would be $O_s - U_s$, and the quasi-regular points of G will be those whose centralizer is of dimension r = rank. The open set $G^{\mathrm{str\,reg}}$ in G is probably the inverse image of an open set $I(G)^{\mathrm{str\,reg}} = T^{\mathrm{str\,reg}}/W$ in such a way that $G^{\mathrm{str\,reg}}$ becomes a homogeneous space over $I(G)^{\mathrm{str\,reg}}$ of group $G_{I(G)^{\mathrm{str\,reg}}}$. Does the analogous statement with "strictly regular" replaced by "regular" hold? Are regular (or strictly regular) points characterized by the fact that their orbits under ad(G) are closed? Can the set O_0 be identified with the set of unipotents of G?

des unipotents de G ? Lorsque G est un groupe adjoint, peut-on engendrer l'anneau affine de I(G) par des coefficients du polynôme de Killing ? Dans le cas général, suffit-il de prendre les coefficients des polynômes analogues pour certaines des représentations linéaires (peut-être n'importe quelle représentation fidèle) ? Etc.

5) Pour G semi-simple sur k, est-il vrai que I(G) est une variété rationnelle ? Il suffit évidemment de supposer G quasi-déployé ; dans le cas déployé, on trouve même un espace Spec $k[t_1, \ldots, t_r]$!

J'ai envie de demander à Steinberg de venir poter mardi à Bures. Seras-tu chez Borel lundi matin, et y sera-t-il, de sorte que tu puisses nous présenter l'un à l'autre ?

J'ai une lettre de Remmert, de la part de Grauert qui (dit-il) est gravement malade, de sorte qu'il n'a pu mettre la dernière main à un manuscrit qu'il m'avait promis pour les Publications, contenant une démonstration de Mordell géométrique en caractéristique quelconque. J'avais soulevé la question d'exposer sa démonstration au séminaire Bourbaki, et il propose de mettre son manuscrit (« mathématiquement complet ») à notre disposition. Comme je crois que tu voulais laïusser sur Manin, et que Grauert semble aller plus loin par une méthode purement algébrique, peut-être cela t'intéresserait-il de
5 faire ce laïus. Une autre possibilité serait que Artin le fasse (il était avec moi quand Grauert nous a expliqué sa démonstration, mais faute de réflexion on n'a pas compris le point essentiel) ; mais à vrai dire il travaille déjà beaucoup, avec des exposés en pagaille à préparer...

Salut et fraternité

A. Grothendieck

When G is an adjoint group, is it possible to generate the affine ring of I(G) with coefficients of the Killing polynomial? In the general case, is it enough to take the coefficients of analogous polynomials for certain linear representations (perhaps arbitrary faithful representations)? Etc.

5) Is it true that I(G) is a rational variety when G is semi-simple over k? It is obviously enough to assume that G is quasi-split; in the split case, one even gets a space $\operatorname{Spec} k[t_1, \ldots t_r]$!

I would like to ask Steinberg to come to lunch on Tuesday in Bures. Will you be at Borel's on Monday morning, and will he be there, so that you can introduce us to each other?

I have had a letter from Remmert with a message from Grauert, who (he says) is seriously ill, so that he hasn't been able to put the finishing touches to a manuscript which he promised me for the Publications, containing a proof of geometric Mordell in arbitrary characteristic. I had raised the question of lecturing on his proof in the Bourbaki seminar, and he suggests putting his ("mathematically complete") manuscript at our disposal. As I believe that you wanted to talk about Manin, and Grauert seems to go farther by a purely algebraic method, it might interest you to give this talk. Another possibility
would be for Artin to give it (he was with me when Grauert explained his proof 5
to us, but we didn't think about it enough to understand the key point), but actually he already has a lot of work, and masses of talks to prepare...

Yours,

A. Grothendieck

1 Les Aumettes, 2/9/84

Cher Serre,

2 Merci pour l'envoi de la documentation sur le cours Peccot et l'invitation. Comme tu le sais sans doute, je ne sors plus de chez moi, pour des rencontres mathématiques quelles qu'elles soient.

Je profite de l'occasion pour te demander deux informations, si tu peux me les donner. 1) Où peut-on écrire à Leray ? (Est-il toujours au Collège ?) 2) Connais-tu le prénom de Delsarte ?

3 Je viens d'écrire une réflexion-rétrospective « sur mon passé de mathématicien », qui est à la frappe en ce moment, et c'est là que j'aimerais inclure le prénom de Delsarte*. Quand le tirage sera fait, je compte envoyer un exemplaire, entre autres, aux anciens amis et élèves, en particulier aux membres de Bourbaki que j'ai connus (donc tu es sur la liste), et aussi à Leray. Tu es d'ailleurs mentionné à différents endroits de la réflexion, et tu fais partie des « aînés » à qui elle est dédiée (en même temps qu'à mes ex-élèves), ce qui fait trois raisons de te l'envoyer...

Dans l'attente de te lire, bien amicalement à toi

A. Grothendieck

*Donc si tu le connais, ce serait bien que tu me le donnes rapidement. Je te signale mon n° de téléphone (16/90) 61 88 30. Adresse : Les Aumettes, 84570 Mormoiron.

Les Aumettes, 9/2/84 1

Dear Serre,

Thank you for sending me the information on the Peccot course and the invitation. As you probably know, I no longer leave my home for any mathe- 2
matical meeting, whatever it may be.

I am going to take advantage of the opportunity to ask you for two pieces of information, if you can give them to me. 1) Where can I write to Leray? (Is he still at the Collège?) 2) Do you know Delsarte's first name?

I have just written a retrospective reflection "on my past life as a math- 3
ematician", which is currently being typed, and this is where I would like to inculde Delsarte's first name⋆. When it is printed, I intend to send a copy to various people, old friends and students, and in particular to the members of Bourbaki I knew (so you are on the list), and also to Leray. As it happens, you are mentioned at several points in the reflection, and you are one of the "elders" to whom it is dedicated (along with my former students), which makes a total of three reasons for sending it to you...

Hoping to hear from you soon, cordially yours,

A. Grothendieck

⋆ So, if you know it, it would be good if you could give it to me quickly. Please note my telephone n° : (16/90) 61 88 30. Address : Les Aumettes, 84570 Mormoiron.

Paris, le 23/7/85

Cher Grothendieck,

Merci beaucoup pour les premiers chapitres de « Récoltes et Semailles » que tu m'as envoyés. Ils sont arrivés juste avant que je n'aille à Luminy (pour une réunion sur les méthodes numériques en théorie des nombres — un sujet certainement bien loin de tes préoccupations), et j'ai profité du voyage et de mon séjour là-bas pour les regarder, assez en détail. (Je dis quand même « regarder » car je n'ai pas pu m'astreindre à les lire dans l'ordre, et ligne à ligne. Ce texte est vraiment trop répétitif pour qu'on puisse le lire ainsi. Tu l'as écrit comme une espèce de « journal de bord », et l'on ne peut guère faire plus que de le consulter localement.)

Il y aurait beaucoup à dire sur le fond. Comme je te l'ai dit au téléphone (ce qui m'a fait du tort dans ton esprit, cf L. 26), je suis triste que tu sois aussi amer sur Deligne, qui est l'un des mathématiciens les plus honnêtes que je connaisse — et l'un de ceux qui te sont le plus attachés. Je n'essaierai pas de te faire changer d'avis à ce sujet (ni au sujet de quoi que ce soit d'autre) : je sais trop la solidité et la rigidité de tes convictions. C'est sans doute ce que je trouve de plus pénible dans ton texte. Cela, et le ton général de récrimination, soit sur toi-même, soit sur tes élèves. D'ailleurs, tu dois te rendre compte inconsciemment de ce ton récriminatif, car tu as tenté de l'exorciser (L. 23) :

« ... qui a préservé mon témoignage de jamais virer (je crois) à la récrimination stérile... »

Cette page est d'ailleurs remarquable par la phrase qui la suit, qui est si contradictoire que l'on se demande comment tu as pu la taper à la machine sans rire : « Cette absence de complaisance vis-à-vis de moi-même... »

Comment peux-tu ?

Parmi les questions que tu discutes, il y a :

— Mebkhout et les faisceaux pervers. Il doit y avoir près d'une centaine de pages là-dessus, avec une curieuse terminologie de « théorème du Bon Dieu » que j'ai eu bien du mal à comprendre (j'ai fini par voir que « du Bon Dieu » signifiait que c'était un beau théorème). Comme je n'ai jamais essayé de comprendre ce qu'est un « faisceau pervers » (ce terme de « pervers » me déplaît

Paris, 7/23/85

Dear Grothendieck,

Thank you very much for the first chapters of "Récoltes et Semailles" which you sent me. They arrived just before I went to Luminy (for a meeting on numerical methods in number theory—a subject certainly far removed from your concerns) and I took advantage of the trip and my stay there to look at them, in some detail. (I say nevertheless that I "looked" at them, since I could not compel myself to read them in order, and line-by-line. The text is really too repetitive to be readable that way. You wrote it as a kind of "diary", and one can hardly do otherwise than dip into it locally).

There would be much to say about the content. As I told you on the phone (which damaged me in your eyes, cf L. 26), I am sad that you should be so bitter about Deligne, who is one of the most honest mathematicians I know—and one of those who cares most about you. I will not try to change your mind on this subject (nor indeed on any other subject): I know too well the strength and rigidity of your convictions. This is probably what I find most painful in your text. That, and the general tone of recrimination towards both yourself and your former students. Moreover, you must have unconsciously recognized this recriminatory tone, since you tried to exorcise it (L.23):

"...which has prevented my testimony (I believe) from ever veering into sterile recrimination..."

This page is actually remarkable for the next sentence, which is so contradictory that one wonders how you could have typed it without laughing: "This absence of complacency with respect to myself..."

How can you?

Among the questions you bring up, there are:

— Mebkhout and perverse sheaves. There must be about a hundred pages on this subject, containing the curious expression "the Good Lord's theorem" which I had great difficulty understanding (I finally realized that "Good Lord's" meant it was a beautiful theorem). As I have never tried to understand what a "perverse sheaf" is (I find the term "perverse" just as unpleasant as you do:

tout autant qu'à toi : voilà un point où nous sommes d'accord), je ne suis pas compétent.

— Publication de SGA 5 et de SGA 4 1/2. Cette publication m'a paru très utile. Les notes polycopiées existantes de SGA 5 étaient à la fois incomplètes et peu convaincantes : je me souviens d'un exposé d'Illusie sur la formule des traces où celui-ci avouait avoir été incapable de vérifier toutes les compatibilités de diagrammes nécessaires. Or on ne peut pas se borner à dire que les diagrammes qu'on écrit « doivent » commuter — surtout quand des choses aussi sérieuses (pour moi...) que la conjecture de Weil ou celle de Ramanujan en dépendent ! (Si le diagramme naturel « dualité algébrique = dualité analytique » commutait, on en déduirait que π est algébrique, comme tu sais — et même que $2i\pi = 1$.)

Quant au fait que personne n'ait rédigé ton exposé de conjectures, c'est bien naturel : seul l'auteur peut écrire de tels textes. J'imagine avec horreur que quelqu'un essaie d'écrire un exposé où j'aurais fait des conjectures (par exemple sur les représentations ℓ-adiques) : je suis sûr d'avance qu'il y en aurait des quantités qui seraient fausses !

— Non continuation de ton œuvre par tes anciens élèves. Tu as raison : ils n'ont pas continué. Cela n'est guère surprenant : c'était toi qui avais une vision d'ensemble du programme, pas eux (sauf Deligne, bien sûr). Ils ont préféré faire autre chose. Je vois mal pourquoi tu le leur reprocherais.

En ce qui concerne Deligne, il a évolué petit à petit vers des questions qui débordent le cadre de la géométrie algébrique : formes modulaires, représentations, programme de Langlands. Et il a utilisé sa profonde compréhension de la géométrie algébrique (« motifs » compris) pour diverses questions — par exemple la construction avec Lusztig de beaucoup (pas toutes...) de représentations des groupes $G(\mathbf{F}_q)$, G réductif. Pourquoi n'aurait-il pas utilisé le yoga des « motifs » ? Tu l'as introduit, tout le monde le sait, et tout le monde a le droit de s'en servir — à condition de bien distinguer ce qui est conjectural dedans (et peut-être même faux, jusqu'à preuve du contraire), et ce qui peut être démontré. J'ai trouvé très beau, par exemple, ce que fait Deligne dans LN 900 (le texte que tu rejettes avec horreur...) pour contourner le problème des cycles de Hodge, et obtenir malgré cela des résultats fort utiles (par exemple pour les représentations ℓ-adiques). Je sais bien que l'idée même de « contourner une difficulté » t'est étrangère — et c'est peut-être cela qui te choque le

this is one point we agree on), I am not competent to comment.

— The publication of SGA 5 and SGA 4 1/2. This publication seemed very useful to me. The existing notes of SGA 5 were both incomplete and unconvincing: I remember a talk by Illusie on the trace formula where he confessed to having been unable to prove compatibility of all the necessary diagrams. It is not enough to claim that the diagrams one writes "should" commute—especially when things as important (for me...) as Weil's or Ramanujan's conjectures depend on them! (If the natural diagram "algebraic duality= analytic duality" commuted, it would follow that π is algebraic, as you know—and even that $2\pi i = 1$.)

As for the fact that no one wrote up your conjectures lecture, it is perfectly natural: only the author can write such a text. I imagine with horror someone trying to write up a talk in which I had made conjectures (on ℓ-adic representations, for example); I am sure that half of them would be false!

— The fact that your work was not continued by your former students. You are right: they did not continue. This is hardly surprising: it was you who had a global vision of the project, not they (except Deligne, of course). They preferred to do other things. I do not see why you should reproach them with this.

As for Deligne, he moved little by little towards questions that go beyond the framework of algebraic geometry: modular forms, representations, the Langlands program. And he applied his deep understanding of algebraic geometry (including "motives") to various questions—for example the construction with Lusztig of many (not all...) representations of the groups $G(\mathbf{F}_q)$ for reductive G. Why should he not have used the yoga of "motives"? You introduced it, everyone knows that, and everyone has the right to use it—provided one carefully distinguishes what is conjectural (and perhaps even false, until proof of the contrary) from what can be proved. For example, I found very beautiful what Deligne does in LN 900 (the text you reject with horror...) to get around the problem of Hodge cycles and obtain highly useful results nevertheless (on ℓ-adic representations, for example). I know that the very idea of "getting around a problem" is foreign to you—and maybe that is what shocks

plus dans les travaux de Deligne (autre exemple : dans sa démonstration des conjectures de Weil, il « contourne » les « conjectures standard » — cela te choque, mais cela me ravit).

(En fait, malgré ce que tu dis dans L28, mes façons de penser ne sont pas très différentes — profondeur à part — de celles de Deligne. Et elles sont assez éloignées des tiennes — ce qui explique d'ailleurs que nous nous soyons très bien complétés pendant 10 ou 15 ans, comme tu le dis très gentiment dans ton premier chapitre.)

A propos de choses gentilles, j'ai beaucoup aimé ce que tu dis sur le Bourbaki de tes débuts, sur Cartan, Weil et moi, et particulièrement sur Dieudonné. Peut-être as-tu envie d'avoir des nouvelles fraîches de ces gens-là ? En voici :

Cartan a 81 ans, et n'a pas changé. Il est toujours aussi vif, c'est un plaisir de le voir. Il ne fait pas de maths à proprement parler, mais s'occupe de ce que j'appelle « les bonnes œuvres » (mathématiciens en prison, ou asile psychiatrique façon URSS). Il a une calculette programmable SHARP avec laquelle il s'amuse beaucoup ; récemment il me posait des questions pas triviales sur les unités des corps quadratiques réels.

Weil est un peu fatigué physiquement (il traîne la jambe, au sens propre), mais pas du tout intellectuellement. Il s'est arrêté de faire des maths, mais continue à s'intéresser à leur histoire. Tu as vu peut-être le très beau livre de lui « Number Theory — An approach through history from Hammurapi to Legendre », paru en 1983 chez Birkhäuser. J'espérais qu'il en écrirait une suite (sur Gauss, Jacobi et les autres), mais je ne crois pas qu'il le fasse. D'après ce qu'il m'a dit, il s'occupe en ce moment de l'édition des Œuvres (ou de la
1 correspondance ?) de l'un des Bernoulli.

Dieudonné, tu le sais sûrement, avait subi plusieurs opérations il y a quelques années. Elles l'ont beaucoup fatigué, et il a perdu ce côté « force de la nature » qui était le sien. Il a achevé la rédaction de son grand traité d'Analyse (9 volumes, culminant par groupes de Lie et topologie différentielle élémentaire)
2 et il travaille à une histoire de la Topologie.

Il y aurait bien d'autres choses à dire sur ton texte. Je me limite à des questions typographiques :

— J'aime beaucoup les caractères de ta machine à écrire (ou de celle de la secrétaire ?). C'est vraiment très joli, et très lisible.

you the most in Deligne's work. (Another example: in his proof of the Weil conjectures, he "gets around" the "standard conjectures"—this shocks you, but delights me).

(As a matter of fact, despite what you said in L28, my way of thinking is not very different—depth excepted—from Deligne's. And it is also quite distant from yours—which, moreover, explains why we complemented each other so well for 10 or 15 years, as you say very nicely in your first chapter.)

On the topic of nice things, I very much liked what you say about the Bourbaki of your beginnings, about Cartan, Weil and myself, and particularly about Dieudonné. Perhaps you would like some recent news of these people? Here is some:

Cartan is 81, and has not changed. He is as lively as ever, it is a pleasure to see him. He is not doing any real math, but takes care of what I call "good works" (mathematicians in prison or mental institutions, URSS-style). He has a programmable SHARP calculator with which he plays a great deal; recently he asked me some non-trivial questions on units in real quadratic fields.

Weil is somewhat tired physically (he is literally dragging his feet) but not at all intellectually. He has stopped doing math, but continues to be interested in its history. You may have seen his very beautiful book "Number Theory—An approach through history from Hammurapi to Legendre" which was published in 1983 by Birkhäuser. I was hoping he would write a sequel (on Gauss, Jacobi and the others), but I do not think he will. According to what he tells me, he is presently taking care of editing the collected works (or correspondence?) of
one of the Bernoullis. 1

Dieudonné, as you surely know, underwent several operations some years ago. They tired him a lot, and he has lost that "force of nature" quality he used to have. He finished writing his grand treatise on Analysis (9 volumes, culminating with Lie groups and elementary differential topology), and he is
now working on a history of Topology. 2

A lot more could be said about your text. I will restrict myself to typographical questions:

— I like the characters of your typewriter (or the secretary's typewriter?) very much. They are really very pretty, and very legible.

— Pour les parties que tu veux mettre en évidence, tu utilises un intervalle entre les lettres :

« A l a P o u r s u i t e d e s C h a m p s », par exemple. C'est peu lisible. As-tu essayé le demi-intervalle :

« A l a P o u r s u i t e d e s C h a m p s » ?

C'est un peu mieux (mais c'est moins facile à faire à la machine).

— « cru » ne prend un accent circonflexe que lorsque c'est le participe passé du verbe croître : « j'ai crû en sagesse », mais « j'ai cru en la conjecture de Hodge » (et, curieusement, on dit « Le cru et le cuit » sans accent circonflexe : c'est illogique, mais c'est comme ça).

— A propos de « ça », je trouve désagréable ton habitude d'omettre la cédille dans « Ça », avec une majuscule : pourquoi ne taperais-tu pas une virgule au-dessous du « C », comme je viens de le faire ?

— ambiguë et non ambigüe.

— Ramanujan et non Ramanuyam (p. 192, 195, 225).

— (p. 263) 355/113 et non 344/133 (qui serait < 3, contredisant ce que tu viens d'expliquer !).

Bien à toi

J-P. Serre

PS — Dans ta lettre, tu t'étonnes des tons différents de mes deux lettres. Voici l'explication :

Dans la première, je te parlais de mes propres résultats, depuis une quinzaine d'années, et je t'en parlais sans enthousiasme excessif — cela correspond à ce que j'en pense.

Dans la seconde, je te parlais de ce que l'on a fait en maths ces derniers temps, et là j'avais le droit d'être tout à fait enthousiaste : nous vivons une époque remarquablement riche, au moins autant que celle que tu as connue.

D'où la différence de tons.

— For the parts that you want to emphasize, you use an interval between the letters:

"P u r s u i n g S t a c k s", for example. This is not very legible. Have you tried half-intervals:

"P u r s u i n g S t a c k s"?

This is a little better (but harder to produce on a typewriter).

— "cru" only takes a circumflex when it is the past participle of the verb croître "j'ai crû en sagesse", but "j'ai cru en la conjecture de Hodge" (and, oddly enough, one says "Le cru et le cuit" without a circumflex: it is illogical, but that is how it is.)[15]

— For the word "ça", I find disagreeable your habit of omitting the cedilla underneath a "Ça" with a capital C: why don't you type a comma underneath the "C", as I just did?

— ambiguë and not ambigüe.

— Ramanujan and not Ramanuyam (p.192, 195, 225).

— (p.263) 355/113 and not 344/133 (which would be < 3, contradicting what you just explained!).

Regards,

J-P. Serre

PS — In your letter, you express surprise at the difference in tone between my two letters. Here is the explanation:

In my first letter, I told you about my own results from the last 15 years or so, and I spoke without excessive enthusiasm—which corresponds to what I think of them.

In the second, I talked about what has been done in mathematics recently, and thus I had every right to be extremely enthusiastic: we are living in a remarkably rich period, at least as rich as the one you knew.

Whence the difference in tone.

[15]The terms in French mean, respectively, to grow, "I grew in wisdom", "I believed in the Hodge conjecture" and "the raw and the cooked"

Les Aumettes, le 25.7.1985

Cher Serre,

J'ai été content tantôt de recevoir ta lettre, où tu me donnes tes premières impressions de lecture sur Récoltes et Semailles. Comme je pouvais m'y attendre, tu as rejeté dans ce témoignage ce qui pouvait t'être désagréable, mais cela ne t'a pas empêché au moins de le lire (partiellement, tout au moins), et de « prendre » quand même ce qui t'est agréable (tout ce qui est « gentil », comme tu écris !). Je n'étais nullement sûr que tu lirais au-delà de la Lettre introductive, t'annonçant la couleur. Une chose qui m'avait déjà frappé en toi dans les années soixante (si ce n'est avant déjà), c'est que la seule idée de porter un regard sur soi-même te hérissait — je me rappelle encore combien j'avais été interloqué de t'entendre dire un jour, je ne me rappelle plus trop à quelle occasion, que dans le seul fait de dire une chose désavantageuse sur son propre compte, tu sentais un « cynisme » (c'est là ton expression), se surajoutant à la chose désavantageuse en question (supposée fondée). Je ne crois pas avoir discuté alors de la chose avec toi — j'ai dû sentir cette fois (contrairement à mes habitudes d'alors) que ce serait peine perdue. Je suis resté alors sous le coup d'un étonnement, comme devant un mystère... Pourtant, dans ce temps-là et jusqu'en ces dernières (neuf) années, ce n'était guère dans mes habitudes, non plus de risquer un regard sur moi-même (ni même, à vrai dire, sur autrui). Mais l'idée qu'on puisse le faire, en allant au-delà d'une façade « gentille », ne m'inspirait aucun mouvement de recul viscéral, comme celui que je constatais chez toi. Ça ne changeait pas grand chose, peut-être, puisque j'étais intimement persuadé (sans même avoir eu à jamais me poser la question) que dans mon propre cas, tout au moins, il n'y avait aucune façade — que mes idées (ou plutôt, mes intimes convictions, car c'était ainsi que je les percevais) me concernant, n'étaient autre chose que le fidèle reflet de la réalité vraie, de ce que j'étais bel et bien. En cela, comme en beaucoup d'autres choses bien sûr, je ne me distinguais en rien de toi ou de n'importe qui.

Toujours est-il que je sais bien que, mis à part même le fait que tu es personnellement (et nommément) impliqué dans ma réflexion, celle-ci ne peut manquer de susciter en toi des réactions de défense et de rejet très fortes, de par son esprit même. Pas plus qu'en maths, mon propos n'est d'être « gentil »

Les Aumettes, 7.25.1985

Dear Serre,

I was glad to get your letter this afternoon, in which you gave me your first impressions on reading Récoltes et Semailles. As I might have expected, you rejected everything in the testimony which could be unpleasant for you, but that did not prevent you from reading it (partially, at least) or from "taking" the parts you find pleasant (those that are "nice", as you write!). I was not at all convinced that you would read past the Introductory Letter giving the tone of it. One thing that had already struck me about you in the sixties (or maybe even earlier) was that the very idea of examining oneself gave you the creeps—I still remember how flabbergasted I was to hear you say one day, I no longer remember in what context, that in the very fact of saying something negative about oneself you sensed a "cynicism" (this was the expression you used) on top of the negative thing in question (assumed to be true). I do not believe I discussed the matter with you then—I must have sensed for once (which was not usual for me then) that it was a lost cause. I remained with an impression of surprise, as if faced with a mystery. ...And yet, at the time, and up until these last (nine) years, it was not usual for me either, to risk taking a close look at myself (or at anyone else, to be frank). But the idea that it is possible to do so, going beyond a "nice" façade, did not inspire any visceral rejection in me like the one I observed in you. This did not, perhaps, change much, since I was fundamentally convinced (without even having ever had to ask myself the question) that in my own case, at least, there was no façade—that my ideas (or rather, my intimate convictions, since that was how I perceived them) about myself were nothing other than the faithful reflection of the real truth of what I actually was. In this, as of course in many other things, I was not at all different from you or anyone else.

The fact remains that I know that even if you were not personally (and by name) implicated in my reflection, it could not do otherwise than inspire very strong reactions of defense and rejection in you, by its very nature. My aim is not to be "nice" or "not nice" any more than it was in math, but to discover

ou « pas gentil », mais de découvrir une réalité, en la « disant » au fur et à mesure que je la sonde, comme moyen de découverte. Tu qualifies mon texte (ou ma démarche ?) de « complaisant », et c'est là en toi une autre intime conviction sans doute, se présentant avec un caractère « d'évidence » tel, que la pensée ne te serait pas venue de préciser où tu voyais complaisance. Ça m'intéresserait pourtant bien, si tu voulais prendre la peine de le préciser (si dans une telle peine, ou dans cette question que je viens de poser, tu ne vois une « complaisance » encore !). Est-ce dans le fait de m'exprimer sans réticence au sujet de la beauté d'une œuvre (qui se trouve être la mienne), et que je sens profondément, avec les « tripes » de mon esprit, si on peut dire ? Ces choses-là, si vivement senties soient-elles, restent presque toujours dans le non-dit. Il a fallu tout l'impact sur mon être (l'an dernier) du saccage et de la dérision frappant cette œuvre, pour que ce sentiment profond me reliant à elle trouve les voies du langage pour s'exprimer clairement, « devant ceux qui affectent de dédaigner et devant les témoins indifférents ». Il est vrai que cet « acte de respect » t'interpelle fortement — et ceci d'autant plus que quelque chose au fond de toi y acquiesce, qu'il y trouve une résonance. Car toi aussi, tout en t'en défendant souvent, tu as senti cette beauté vivante, cette puissance, dans cette œuvre d'un autre dont tu as été plus proche, pendant longtemps, qu'aucun autre (à part moi). C'est à cause de tout cela, sans doute, qu'il n'y aurait rien d'étonnant à ce que tu rejettes cette interpellation comme une « complaisance » en moi ; car d'après les consensus courants (qui viennent à la rescousse à point nommé), on est censé sentir seulement la beauté d'autrui et de l'œuvre d'autrui et s'exprimer à son sujet (une chose donc qui reste extérieure à nous), et jamais celle qui imprègne notre propre personne ou les œuvres de *nos* amours.

Il n'est d'ailleurs nullement exclu qu'il se trouve des passages dans RS où une complaisance aurait trouvé à se glisser — c'est le contraire qui serait étonnant ! Ce n'est pas de cela qu'il s'agit, quand je parle « d'absence de complaisance » — mais de la tonalité de base, de l'esprit qui anime l'ensemble de la réflexion. Mais il est probable que cette expression « complaisance » (comme bien d'autres sans doute) a pour toi un sens bien différent de celui qu'elle a pour moi — et il ne peut en être différemment, si ce qui est l'objet même de la quête poursuivie dans RS est pour toi objet d'un rejet viscéral ! Et c'est ce même rejet encore, j'imagine, qui fait que tu ne fasses aucune allusion à l'avant-dernière lettre, assez personnelle, où je t'annonçais l'envoi de la partie introductive de RS…

a truth, which I "express" as I continue my probings, as a means of discovery. You call my text (or my method?) "complacent", and this is probably another of your intimate convictions, which presents itself to you as "obvious" to such an extent that it would not have occurred to you to specify where, exactly, you perceived complacency. And yet it would interest me a great deal if you would take the trouble to specify it (if in taking this trouble, or in the question I have just asked, you do not yet again perceive some "complacency"!) Is it in the fact that I express myself without reserve on the beauty of a work (which happens to be mine) and which I feel very deeply, with the "guts" of my mind, if I may say? Such things, however intensely they may be felt, almost always remain unsaid. It took all the impact on my being (last year) of the desecration and derision which struck this work, for this deep feeling linking me to it to find the path of language to express itself clearly, "before those who pretend to disdain it and before indifferent witnesses". It is true that this "act of respect" must call out to you strongly—all the more so since something deep inside you concurs, and finds in it an echo. For you too, while often denying it to yourself, have also sensed this living beauty, this power, in this work of another person, a work which you were closer to, for a long time, then anyone else (apart from myself). It is probably because of all this that it would not be at all surprising if you were to reject this call as a "complacency" of mine—for by general consensus (which comes to the rescue just in time), one is only supposed to feel and express beauty in others and in the work of others (something, therefore, which remains exterior to us), and never that which fills our very selves, or the products of our *own* loves.

It is actually not impossible that there are passages in R.S. where complacency might have slipped in—the contrary would be surprising! This is not what I mean when I talk about "absence of complacency"—but the fundamental tone, the intention that drives the whole reflection. But it is likely that this expression "complacency" (like many others, no doubt) means something very different to you than it does to me—and it could not be otherwise, given that the very aim of the quest pursued in RS inspires a visceral rejection in you! And I imagine it is this very rejection which leads you to make no reference to my rather personal letter before last, in which I told you I was sending you the introductory part of RS...

Je te remercie pour tes commentaires typographiques, orthographiques etc — pour ce qui est des derniers, j'en tiendrai compte dans la version imprimée (« s'il se trouve éditeur assez fou... »). Pour la machine à écrire je n'ai aucun mérite, c'est celle de la Fac ! Quant à la mienne, tu commences à la connaître, j'imagine... Cela m'a fait plaisir aussi de recevoir des nouvelles de Cartan, Weil, Dieudonné. Si tu m'en parles, c'est sans doute qu'il t'arrive encore de les rencontrer ? Aux Séminaires Bourbaki, j'imagine ?

Ta lettre s'est croisée avec la mienne, où justement je te disais que j'étais impatient d'avoir tes échos à RS III et IV que je t'y annonce, et que tu recevras peut-être en même temps que cette lettre-ci. Mais dans tout ça, je crains (et tu ne dois pas être le seul), le bât va blesser au même endroit — c'est que tout ça est un peu personnel !

Bien cordialement à toi

A. Grothendieck

Paris, le 8 février 1986

Cher Grothendieck,

J'ai bien reçu le fascicule de R. et S. que tu m'as fait envoyer. Merci beaucoup. Il me manque encore l'avant-dernier fascicule (pages 500 à 800, en gros) dont j'ai seulement quelques pages isolées, que j'aimerais replacer dans leur contexte. Peux-tu me le faire envoyer aussi, de sorte que j'aie un jeu complet ? Merci d'avance.

Une chose me frappe, dans les textes que j'ai pu voir : tu t'étonnes et tu t'indignes de ce que tes anciens élèves n'aient pas continué l'œuvre que tu avais entreprise et menée en grande partie à bien. Mais tu ne te poses pas la question la plus évidente, celle à laquelle tout lecteur s'attend à ce que tu répondes :

pourquoi, toi, tu as abandonné l'œuvre en question ?

Thank you for the typographical and orthographical comments etc.—the latter will be taken into account in the printed version ("if I find an editor mad enough ..."). I deserve no praise for the typewriter, which belongs to the university! As for my own, I imagine you are beginning to know it well... I was glad to read your news of Cartan, Weil and Dieudonné. If you tell me about them, it probably means that you still meet them from time to time? At the Bourbaki seminars, I suppose?

Your letter crossed mine, in which I told you I was impatient to have your reactions to RS III and IV, which I told you I had sent you, and which you will perhaps receive at the same time as this letter. But I am afraid that in all this (and you will not be the only one) the blow will hurt in the same place—because all this is a bit personal!

Very cordially yours,

A. Grothendieck

Paris, February 8, 1986

Dear Grothendieck,

I have received the volume of R. and S. which you had sent to me. Thank you very much. I still do not have the second-to-last volume (pages 500 to 800, more or less), of which I have only a few isolated pages which I would like to put back into their context. Could you have it sent to me as well, so that I have the complete set? Thank you in advance.

One thing strikes me in the texts that I have seen: you are surprised and indignant that your former students did not continue the work which you had undertaken and largely completed. But you do not ask the most obvious question, the one every reader expects you to answer:
why did you yourself abandon the work in question?

Tu parles, par exemple, de Jouanolou et de son peu d'intérêt pour sa propre thèse (limites projectives intervenant dans la cohomologie ℓ-adique). Ce peu d'intérêt n'est pas surprenant : il s'agit là de résultats techniques qui ne prennent un sens que dans le cadre du programme que tu étais le seul à maîtriser. Mais toi qui avais créé ce programme, pourquoi l'as-tu abandonné ? La réponse à cette question aurait mérité au moins la moitié des quelques 1200 pages que tu consacres à Verdier, Deligne, moi, etc. Autant que je puisse m'en souvenir, c'est vers 1968–1970 que ton intérêt dans ton propre programme avait baissé. Il faut dire que le chapitre V des EGA (celui que tu n'as pas écrit : sections hyperplanes en tout genre) n'était guère enthousiasmant. Certes, il aurait été utile (j'ai appris récemment avec plaisir que P. Blass avait l'inten-
1 tion de le ressusciter, avec ton autorisation mais pas ta collaboration), mais il n'aurait rien contenu d'aussi original que les chapitres I et III par exemple. Je comprends très bien que tu aies reculé devant le travail de mise au point nécessaire — mais si c'est le cas, tu ne peux pas reprocher aux autres, beaucoup moins motivés (encore les motifs, diras-tu...), d'avoir reculé aussi.

J'ai l'impression que, malgré ton énergie bien connue, tu étais tout simplement fatigué de l'énorme travail que tu avais entrepris. D'autant plus qu'il y avait aussi les SGA qui prenaient du retard, année après année. Je me souviens notamment de l'état plutôt désastreux de SGA 5 où les rédacteurs se perdaient dans des masses de diagrammes dont ils étaient réduits à affirmer sans preuve la commutativité (au signe près, en étant optimiste...) ; et ces commutativités étaient essentielles pour la suite. C'est à cet état désastreux (et non pas idyllique comme on le croirait à lire R. et S.) que se réfère ma phrase du séminaire Bourbaki : « ... la version définitive de SGA 5, qui devrait être plus convaincante que les exposés polycopiés existants. »

On aimerait avoir tes impressions sur tout ceci, même modifiées par 15 ans « d'enterrement » pour employer tes termes. On reste sur sa faim.

On peut se demander, par exemple, s'il n'y a pas une explication plus profonde que la simple fatigue d'avoir à porter à bout de bras tant de milliers de pages. Tu décris quelque part ton approche des maths, où l'on n'attaque pas un problème de front, mais où on l'enveloppe et le dissout dans une marée montante de théories générales. Très bien : c'est là ta façon de travailler, et ce que tu as fait montre que cela marche effectivement. Du moins pour les EVT et la géométrie algébrique... C'est beaucoup moins clair pour la théorie des nombres (où les structures en jeu sont loin d'être évidentes — ou plutôt, où toutes les structures possibles sont en jeu) ; même réserve pour la théorie des

For example, you talk about Jouanolou and his lack of interest in his own thesis (projective limits arising in ℓ-adic cohomology). This lack of interest is not surprising: these are technical results which are only meaningful in the context of a program which you alone mastered. But you, who had created this program, why did you abandon it? The answer to this question would have deserved at least half of the 1200 or so pages which you devote to Verdier, Deligne, myself, etc. As far as I remember, your interest in your own program declined around 1968-1970. It is true that chapter V of the EGA's (the one you never wrote: hyperplane sections of all kinds) was not very inspiring. Of course it would have been useful (I was pleased to learn recently that P. Blass intended
to resurrect it with your authorization but without your collaboration), but 1
it would not have contained anything as original as chapters I and III, for instance. I understand very well that you may have shrunk from the necessary fine-tuning—but if this is the case, you can hardly reproach other, much less motivated people (motives again, you will say...), for shrinking from it also.

I have the impression that, despite your well-known energy, you were quite simply tired of the enormous job you had taken on. Especially since the SGA's were also getting increasingly behind schedule with the years. I particularly remember the rather disastrous state of SGA 5, where the authors got lost in masses of diagrams whose commutativity they were reduced to asserting without proof (up to sign, with a little optimism...); and these commutations were essential for the sequel. My comment to the Bourbaki seminar: "...the definitive version of SGA 5, which should be more convincing than the existing photocopies" referred to this state of affairs, which was disastrous (and not idyllic, as one is led to believe on reading R. and S.).

One would like to know what you think of all this, even modified by 15 years of "burial", to use your term. One is left unsatisfied.

One might ask oneself, for example, if there is not a deeper explanation than simply being tired of having to bear the burden of so many thousands of pages. Somewhere, you describe your approach to mathematics, in which one does not attack a problem head-on, but one envelopes and dissolves it in a rising tide of general theories. Very good: this is your way of working, and what you have done proves that it does indeed work. For topological vector spaces or algebraic geometry, at least... It is not so clear for number theory (in which the structures involved are far from obvious—or rather, in which all possible structures are involved); I have the same reservation for the theory of

formes modulaires, visiblement plus riche que son simple aspect « groupes de Lie » et son simple aspect « géométrie algébrique — schémas de modules ». D'où la question : ne serais-tu pas arrivé, vers 1968–1970, à te rendre compte que la méthode « marée montante » était impuissante contre ce genre de problèmes, et qu'il fallait changer de style — ce qui te déplaisait ?

Voilà le genre de questions qu'on se pose.

Bien à toi

J-P. Serre

Paris, le 31 décembre 1986

Cher Grothendieck,

Tu vas recevoir un de ces jours une copie de « Sur les représentations modu-
1 laires de degré 2 de $\mathrm{Gal}(\overline{\mathbf{Q}}/\mathbf{Q})$ », un travail que j'ai rédigé ces derniers mois, mais qui était en fait en chantier depuis une douzaine d'années.

J'ai envie de t'expliquer un peu de quoi il s'agit, car tu risques d'être rebuté par le côté technique des §§ 1, 2 et 3 et je ne suis pas sûr que tu aimes beaucoup les exemples numériques du § 5.

Tu te souviens sans doute de la conjecture avancée par Weil en 1966 : toute courbe elliptique sur $\mathbf{Q}$ est « modulaire ». On a appelé ça la « conjecture de Weil » ; on dit maintenant « conjecture de Taniyama-Weil » ou « conjecture de Shimura-Taniyama », suivant les auteurs, mais peu importe. Le grand intérêt de cette conjecture est qu'elle décrit comment on peut obtenir les motifs les
2 plus simples qui soient : ceux de dimension 2, de hauteur 1 et de corps de base $\mathbf{Q}$. En particulier, si la conjecture est vraie (et elle a été vérifiée numériquement dans de très nombreux cas), la fonction zêta du motif a les propriétés analytiques (prolongement et équation fonctionnelle) que l'on pense.

Plus généralement, toutes les fonctions zêta attachées aux motifs devraient (conjecturalement) provenir de « représentations modulaires » convenables ; il y a là-dessus des conjectures assez précises de Langlands et Deligne.

modular forms, which is visibly richer than its simple "Lie groups" aspect or its "algebraic geometry–moduli schemes" aspect. Whence this question: did you not come, in fact, around 1968-1970, to realize that the "rising tide" method was powerless against this type of question, and that a different style would be necessary—which you did not like?

This is the kind of question one asks oneself.

Regards,

J-P. Serre

Paris, December 31, 1986

Dear Grothendieck,

One of these days, you should be receiving a copy of "Sur les représentations
modulaires de degré 2 de $\mathrm{Gal}(\overline{\mathbf{Q}}/\mathbf{Q})$", a piece of work which I have written up 1
over the last few months, but which has in fact been in progress for a dozen years.

I would like to give you some explanation of what it is about, since you might be put off by the technical aspect of §§ 1, 2 and 3, and I am not sure you will really like the numerical examples in § 5.

You probably remember the conjecture made by Weil in 1966: every elliptic curve over $\mathbf{Q}$ is "modular". We called it the "Weil conjecture"; it is now called the "Taniyama-Weil conjecture" or the " Shimura-Taniyama conjecture", depending on the authors, but never mind. The importance of this conjecture comes from the fact that it describes how to get the simplest possible motives:
those of dimension 2, height 1 and base field $\mathbf{Q}$. In particular, if the conjecture 2
is true (and it has been checked numerically in very many cases), then the zeta function of a motive has the analytic properties (continuation and functional equation) one expects.

More generally, all zeta functions attached to motives should (conjecturally) come from suitable "modular representations"; Langlands and Deligne have made fairly precise conjectures on this subject.

Ce que j'ai essayé de faire dans le texte que je t'envoie, c'est un *analogue* (modulo p) de la conjecture de Weil en question. On veut décrire en termes de formes modulaires (modulo p) certaines représentations galoisiennes. Ces représentations sont en apparence très spéciales ; ce sont des représentations

$$\mathrm{Gal}(\overline{\mathbf{Q}}/\mathbf{Q}) \to \mathrm{GL}_2(\mathbf{F}_p),$$

irréductibles (sinon ce n'est pas très intéressant) et de déterminant impair (la conjugaison complexe doit avoir un déterminant égal à -1). La conjecture que je fais est que toutes ces représentations sont « modulaires », i.e. proviennent de formes modulaires modulo p dont je prédis en outre le niveau et le poids (la recette prédisant le niveau est très naturelle — celle du poids ne l'est pas). Bien entendu, je ne suis pas du tout sûr que cette conjecture soit vraie ! Mais elle est étayée par quantité d'exemples mi-théoriques, mi-numériques, et j'ai fini par me décider à la publier. D'autant plus que ses applications sont nombreuses :

a) elle entraîne la conjecture de Weil citée au début, ainsi que des conjectures
3 analogues sur des motifs de hauteur > 1 (cf. le § 4 de mon texte) ; a priori, cela
peut paraître surprenant : comment déduire un énoncé de caractéristique 0 d'un énoncé de caractéristique p ? C'est beaucoup moins surprenant lorsqu'on se rend compte qu'on a une infinité de p à sa disposition.

b) elle entraîne le (grand) théorème de Fermat, ainsi que des variantes assez surprenantes : non-existence de solutions non triviales de $x^p + y^p + \ell z^p = 0$,
4 $p \geqslant 11$, pour ℓ premier égal à 3,5,7,11,17,19,... (mais la méthode ne s'applique
pas à $\ell = 31$).

c) elle entraîne que tout schéma en groupes sur $\mathbf{Z}$, plat, fini, de type (p, p) est somme directe (pour $p \geqslant 3$) de copies de $\mathbf{Z}/p\mathbf{Z}$ et de μ_p. (Attention : il ne s'agit que de schémas de rang 2. Je ne sais rien faire pour un rang plus grand.)

Bien sûr, on serait un peu plus rassuré si on savait faire une conjecture générale (sur un corps global quelconque, pour des représentations de dimension quelconque). J'y ai souvent réfléchi, mais je ne vois pas comment faire (et cependant je suis sûr que c'est possible, au moins dans certains cas). On verra bien...

Bien à toi — et meilleurs vœux pour 1987

J-P. Serre

What I tried to do in the text I am sending you is an *analog* (modulo p) of this Weil conjecture. One would like to describe certain Galois representations in terms of modular forms (modulo p). These representations appear to be very special; they are representations

$$\mathrm{Gal}(\overline{\mathbf{Q}}/\mathbf{Q}) \to \mathrm{GL}_2(\mathbf{F}_p)$$

which are irreducible (otherwise it is not very interesting) with odd determinant (complex conjugation must have determinant -1). The conjecture I make is that all such representations are "modular", i.e. come from modular forms modulo p whose weight and level I actually predict (the recipe predicting the level is very natural—the one for the weight is not). Of course, I am not at all sure this conjecture is true! But it is supported by a large number of half-theoretical, half-numerical examples, and I have finally decided to publish it, all the more because it has many applications:

a) it implies the Weil conjecture cited above, along with analogous conjectures on motives of height > 1 (cf. § 4 in my text); this may appear surprising 3
at first: how can a result in characteristic 0 be deduced from a result in characteristic p? This is much less surprising when one realizes that there is an infinite number of p.

b) it implies Fermat's (big) theorem, along with some rather surprising variations: the non-existence of non-trivial solutions of $x^p + y^p + \ell z^p = 0$, $p \geqslant 11$, for primes ℓ equal to 3,5,7,11,17,19,... (the method does not apply to $\ell = 31$). 4

c) it implies that any finite flat group scheme over $\mathbf{Z}$ of type (p, p) is a direct sum of copies of $\mathbf{Z}/p\mathbf{Z}$ and μ_p (for $p \geqslant 3$). (Beware: this refers only to schemes of rank 2. I don't know how to do anything for higher rank.)

Of course, it would be slightly reassuring to be able to formulate a general conjecture (over an arbitrary global field, for representations of arbitrary dimension). I have thought about this often, but I do not see what to do (and yet I am convinced it is possible, at least in certain cases). We'll see...

Regards — and best wishes for 1987

J-P. Serre

Les Aumettes, le 25.1.1987

Cher Serre,

Merci pour ton tirage à part, et pour la peine que tu t'es donnée pour m'en expliquer les tenants et les aboutissants. Je me rends compte par ta lettre qu'il y a des belles maths qui se font, mais aussi et surtout, que ce genre de lettres et le travail qu'elles commentent méritent des interlocuteurs et lecteurs plus disponibles que je ne le suis. De plus en plus, mes recherches m'éloignent de ce qui est communément considéré comme un travail « scientifique » (sans pour autant que j'aie l'impression d'une véritable « coupure », dans l'ardeur et dans l'esprit que je mets dans mon travail) — et il serait d'ailleurs tout à fait inutile que je t'en parle, ne fut-ce qu'en quelques mots. Mais j'en parlerai pour ceux que cela pourra intéresser (s'il s'en trouve...). J'ai d'ailleurs pris la décision de prendre ma retraite l'an prochain (j'aurai alors soixante ans), pour me sentir plus libre de poursuivre dans une direction qui ne s'insère dans aucune « discipline » reconnue d'utilité publique et subventionnable comme telle, et où je suis le seul à m'engager. Mon intérêt pour la mathématique n'est pas éteint, mais je doute qu'il me restera le loisir d'écrire les quelques esquisses à grands traits que je prévoyais encore d'écrire.

Je profite de cette occasion pour te souhaiter une heureuse année 1987, et tout le succès que tu souhaites dans ton travail.

Bien cordialement

A. Grothendieck

Les Aumettes, 1.25.1987

Dear Serre,

Thank you for your reprint, and the trouble you took to try to explain the ins and outs of it to me. I realize from your letter that beautiful work is being done in math, but also and especially that such letters and the work they discuss deserve readers and commentators who are more available than I am. My research is taking me farther and farther from what is generally considered as "scientific" work (not that I have the impression of any real "break" in the ardor and the spirit I put into my work)—and anyway, it would be entirely useless for me to tell you about it, even briefly. I will talk about it, however, for those who might be interested (if any...). I have taken the decision to retire next year (I will then be sixty), in order to feel freer to pursue my research in a direction which does not fit into any "discipline" of recognized usefulness to society and fundable as such, and in which I will be the only one to go. My interest in mathematics is not dead, but I doubt I will have the spare time to write up the few grand sketches I had still intended to write.

I would like to take advantage of this opportunity to wish you a happy 1987 and all the success you hope for in your work.

Yours,

A. Grothendieck

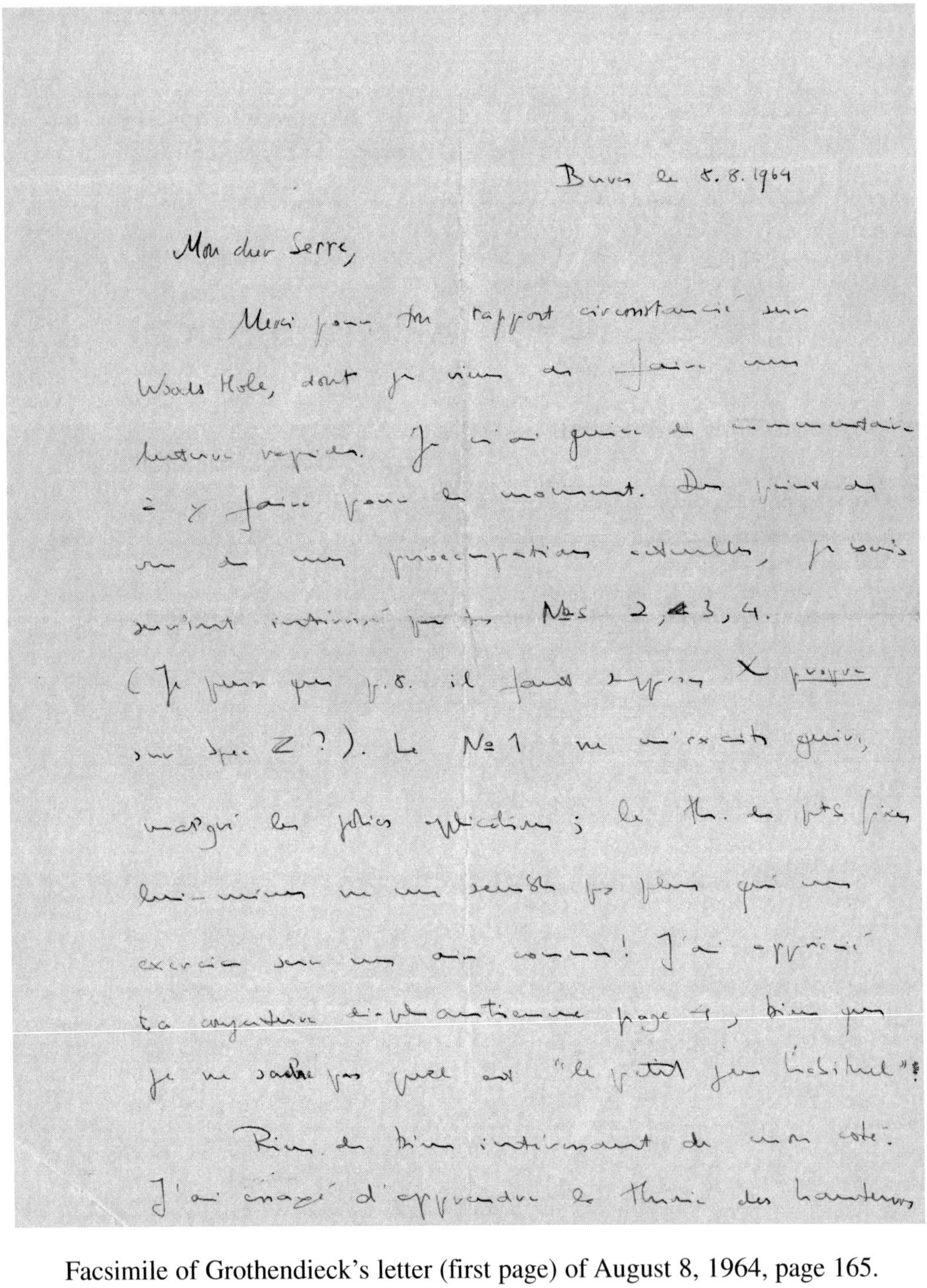

Bures le 8.8.1964

Mon cher Serre,

Merci pour ton rapport circonstancié sur Woods Hole, dont je viens de faire une lecture rapide. Je n'ai guère de commentaire à y faire pour le moment. Du point de vue de mes préoccupations actuelles, je suis surtout intéressé par tes Nos 2, 3, 4. (Je pense que p. 8 il faut supposer X propre sur Spec Z ?). Le No 1 ne m'excite guère, malgré les jolies applications ; le th. des pts fixes lui-même ne me semble pas plus qu'un exercice sur un air connu ! J'ai apprécié ta conjecture diophantienne page 4, bien que je ne sache pas quel est "le petit jeu habituel" !

Rien de bien intéressant de mon côté. J'ai essayé d'apprendre la théorie des hauteurs

Facsimile of Grothendieck's letter (first page) of August 8, 1964, page 165.

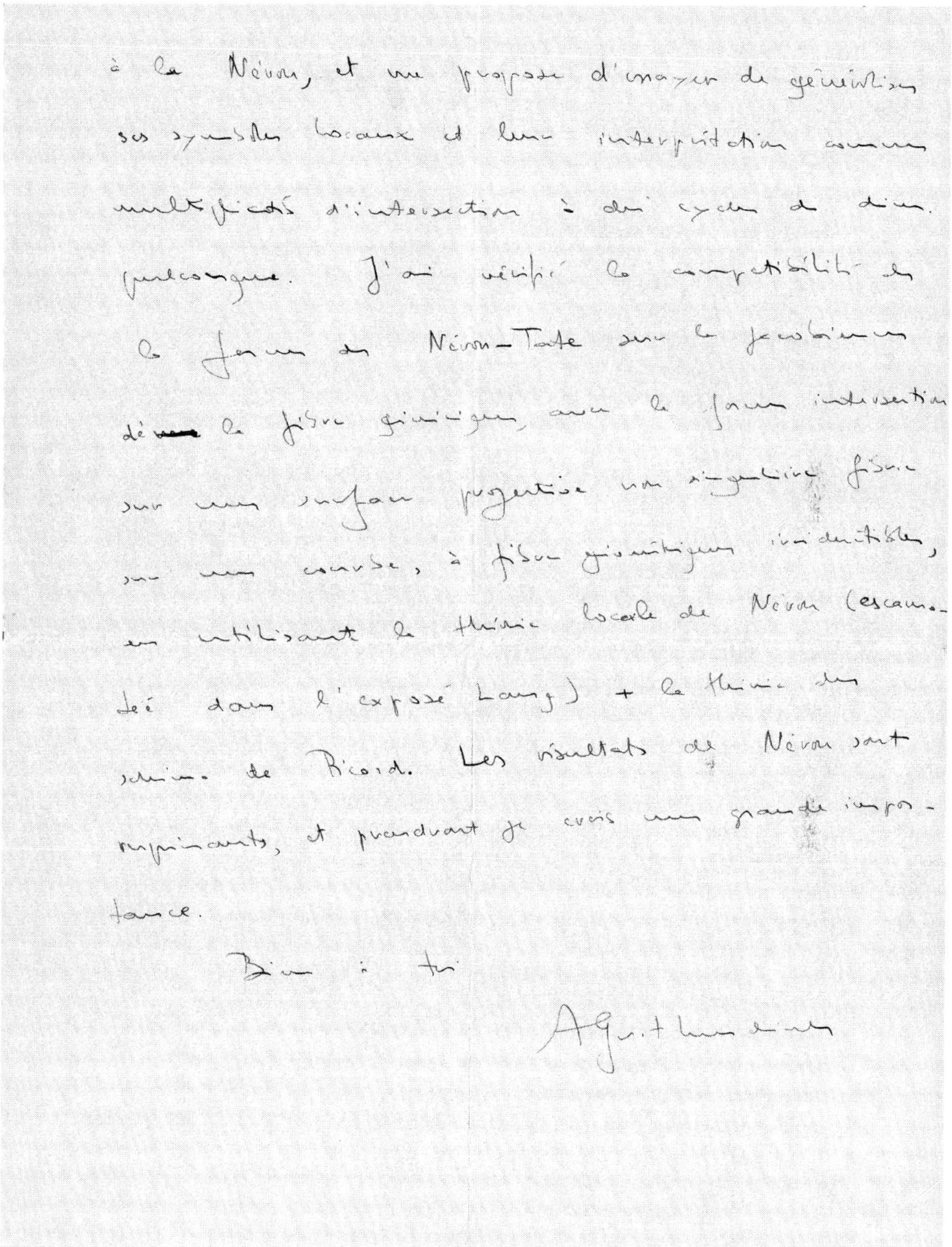

à la Néron, et me propose d'essayer de généraliser ses symboles locaux et leur interprétation comme multiplicités d'intersection à des cycles de dim. quelconque. J'ai vérifié la compatibilité de la forme de Néron–Tate sur la jacobienne de la fibre générique, avec la forme intersection sur une surface projective non singulière fibrée sur une courbe, à fibres géométriques irréductibles, en utilisant la théorie locale de Néron (escamotée dans l'exposé Lang) + la théorie des schémas de Picard. Les résultats de Néron sont surprenants, et pourtant je crois une grande importance.

Bien à toi

A Grothendieck

Facsimile of Grothendieck's letter (second page) of August 8, 1964, page 165.

NOTES

28 janvier 1955 (Grothendieck)

1.1 Grothendieck se trouvait à Lawrence (Kansas) où il avait été invité (par N. Aronszajn, je crois) à cause de ses travaux sur les E.V.T. Il avait décidé de changer de sujet et de s'orienter vers la topologie et les fonctions de variables complexes, ce qui l'a amené à la géométrie algébrique (comme moi-même, un ou deux ans plus tôt).

2.2 « les "variétés" de Thom ». Il s'agit de :

R. Thom, *Quelques propriétés globales des variétés différentiables*, Comment. Math. Helv. **28** (1954), 17–86.

2.3 « ton article sur les $H(\Pi; q, \mathbf{Z}_2)$ » : [Se53b].

2.4 (HLC) signifie « homologiquement localement connexe ». Un espace X a cette propriété si, pour tout $x \in X$, tout entier $p \geqslant 0$, et tout voisinage V de x, il existe un voisinage U de x contenu dans V tel que l'homomorphisme $H_p(U, \mathbf{Z}) \to H_p(V, \mathbf{Z})$ soit nul. (Ici, H_p désigne le p-ième groupe *d'homologie singulière* si $p > 0$; lorsque $p = 0$, on le remplace par le « groupe réduit » correspondant, i.e. le noyau de $H_0 \to \mathbf{Z}$.) Tout espace localement contractile (par exemple tout complexe simplicial) est (HLC).

Dans le séminaire Cartan 1948/49, Cartan démontre que, si X est un espace (HLC) localement compact, la cohomologie singulière de X s'identifie à sa cohomologie faisceautique.

Notes

January 28, 1955 (Grothendieck)

1.1 Grothendieck was in Lawrence (Kansas), where he had been invited (by N.Aronszajn, I believe) because of his work on Topological Vector Spaces. He had decided to change subjects and move towards topology and functions of complex variables, which had led him to algebraic geometry (as it had led me, a year or two earlier).

2.2 "Thom's 'varieties' ". This is a reference to:

R. Thom, *Quelques propriétés globales des variétés différentiables*, Comment. Math. Helv. **28** (1954), 17–86.

2.3 "your article on $H(\Pi; q, \mathbf{Z}_2)$" : [Se53b].

2.4 (HLC) means "homologically locally connected". A space X has this property if for any $x \in X$, any integer $p \geqslant 0$ and any neighborhood V of x, there is a neighborhood U of x in X contained in V such that the homomorphism $H_p(U, \mathbf{Z}) \to H_p(V, \mathbf{Z})$ is trivial. (Here, H_p denotes the p-th group of *singular homology* if $p > 0$; when $p = 0$, this is replaced with the corresponding "reduced group", i.e. the kernel of $H_0 \to \mathbf{Z}$.) Every locally contractible space (any simplicial complex, for example) is (HLC).

In the Cartan seminar of 1948/1949, Cartan showed that if X is a locally compact (HLC) space, then the singular cohomology of X can be identified with its sheaf cohomology.

18 février 1955 (Grothendieck)

6.1 « le problème du fibré holomorphe à base et fibre Stein » : il s'agit de savoir si un tel fibré est une variété de Stein. La réponse est « non », cf. H. Skoda (Invent. Math. **43** (1977), 97–107) et J-P. Demailly (*ibid.* **48** (1978), 293–302).

7.2 « recouvrement universel » → revêtement universel.

26 février 1955 (Serre)

7.1 « groupe discret ». Grothendieck voulait sans doute dire « groupe fini », auquel cas la réponse à sa question est « oui ».

8.2 « biunivoque » = injectif.

9.3 Le théorème de finitude dont il s'agit ici est celui prouvé par Grothendieck dans [Gr56a].

9.4 « celle donnée par Cartan et moi » : voir [CS53].

9.5 Bien sûr, il y a beaucoup de groupes de type fini (et même de présentation finie) qui ne sont pas plongeables dans un groupe linéaire ! On n'a que l'embarras du choix.

9.6 Grothendieck construira un peu plus tard une théorie des classes de Chern du genre de celle que je réclamais ; voir [Gr58].

10.7 Cette méthode de démonstration de la formule de Künneth (pour les faisceaux algébriques cohérents) est expliquée dans *Groupes Algébriques et Corps de Classes*, p. 186.

26 février 1955 (Grothendieck)

11.1 « Je recommande à la sollicitude de Bourbaki le théorème général suivant... ». Bourbaki a mis un énoncé de ce genre dans TG II, § 3, n° 5.

14.2 « la théorie des faisceaux cohérents... marche sur les spectres des anneaux commutatifs où tout idéal premier... ». Cette première approximation de la théorie des schémas affines était « dans l'air » en 1954–1955, du moins sous certaines restrictions sur les anneaux. L'une des contributions de Grothendieck a été de supprimer les restrictions en question : en définitive, la meilleure catégorie d'anneaux commutatifs est celle de *tous* les anneaux commutatifs !

14.3 « ton article » : FAC.

February 18, 1955 (Grothendieck)

6.1 "the problem of a holomorphic bundle whose fiber and base are both Stein": the question is whether or not such a variety is itself a Stein variety. The answer is "no", cf. H. Skoda (Invent. Math. **43** (1977), 97–107) and J-P. Demailly (*ibid.* **48** (1978), 293–302).

7.2 "universal cover": Grothendieck used "recouvrement" (cover, as in "open cover"), instead of "revêtement" (covering, in the geometric sense).

February 26, 1955 (Serre)

7.1 "discrete group". Grothendieck probably meant "finite group"; in this case, the answer to his question is "yes".

8.2 "one-to-one" = injective.

9.3 This is a reference to the finiteness theorem that was proved by Grothendieck in [Gr56a].

9.4 "the one given in my paper with Cartan": see [CS53].

9.5 Of course, there are many finitely generated groups (and even finitely presented groups) which cannot be embedded in a linear group! There is a lot of choice.

9.6 A little later, Grothendieck was to construct a theory of Chern classes of the sort I was asking for; see [Gr58].

10.7 This method for proving the Künneth formula (for coherent algebraic sheaves) is explained in *Groupes Algébriques et Corps de Classes*, p.186.

February 26, 1955 (Grothendieck)

11.1 "I recommend to Bourbaki's attention the following theorem": Bourbaki included a statement of this kind in TG II, § 3, n° 5.

14.2 "the theory of coherent sheaves... also works for spectra of commutative rings for which any prime ideal ...". This first approximation to the theory of affine schemes was "in the air" in 1954-1955, at least with some restrictions on the rings in question. One of Grothendieck's contributions was to remove these restrictions: the best category of commutative rings is the category of *all* commutative rings!

14.3 "your paper": FAC.

12 mars 1955 (Serre)

15.1 « Sammy » = Samuel Eilenberg, bien sûr.

4 juin 1955 (Grothendieck)

16.1 « classe abélienne » = catégorie abélienne.

13 juillet 1955 (Serre)

17.1 « La Tribu ». Il s'agit du bulletin rédigé par Bourbaki à l'usage de ses collaborateurs, où l'on trouve les engagements de rédactions de chacun.

15 décembre 1955 (Grothendieck)

19.1 Il s'agit du th. 1 de FAC, n° 72.

22 décembre 1955 (Serre)

21.1 Le Ext de la formule (**) est Ext^{m-n}, où $m = \dim \mathrm{V}$ et $n = \dim \mathrm{X}$.

21.2 « ... pas de définition satisfaisante du faisceau Ω_{X}^n » : le faisceau dualisant !

22.3 « homomorphisme ». Une application linéaire continue $f : \mathrm{E} \to \mathrm{F}$ (où E et F sont des e.v.t.) était appelée un « homomorphisme » si l'application canonique $\mathrm{E}/\mathrm{Ker}(f) \to \mathrm{Im}(f)$ est un homéomorphisme. On dit maintenant « morphisme strict », cf. Bourbaki TG III.26.

22.4 « H_*^{n-p} ». L'étoile en indice signifie « à support compact ».

22.5 « j'ai fini par le démontrer ». Il s'agit de prouver que, pour toute variété projective non singulière X, connexe, de dimension n, il existe une base e_{X} de l'espace vectoriel $\mathrm{H}^n(\mathrm{X}, \Omega_{\mathrm{X}}^n)$ ayant la propriété suivante :

(**) Pour tout diviseur irréductible non singulier Y de X, l'homomorphisme

$$\delta : \mathrm{H}^{n-1}(\mathrm{Y}, \Omega_{\mathrm{Y}}^{n-1}) \longrightarrow \mathrm{H}^n(\mathrm{X}, \Omega_{\mathrm{X}}^n)$$

applique e_{Y} sur e_{X}. (Précisons que δ est l'opérateur de cobord relatif à la suite exacte de faisceaux

$$0 \longrightarrow \Omega_{\mathrm{X}}^n \longrightarrow \Omega_{\mathrm{X}}^n(\mathrm{Y}) \xrightarrow{r} \Omega_{\mathrm{Y}}^{n-1} \longrightarrow 0,$$

où $\Omega_{\mathrm{X}}^n(\mathrm{Y})$ est le faisceau des formes différentielles de degré n sur X dont le diviseur est localement $\geqslant -\mathrm{Y}$. Quant à r, c'est l'application « résidu », définie par $\eta \wedge dt/t \mapsto \eta_{|\mathrm{Y}}$ si $t = 0$ est une équation locale de Y, et η une section

March 12, 1955 (Serre)

15.1 "Sammy" = Samuel Eilenberg, of course.

June 4, 1955 (Grothendieck)

16.1 "abelian class"= abelian category.

July 13, 1955 (Serre)

17.1 "the Tribu". This is the newsletter produced by Bourbaki for the use of participants, containing a list of the drafts which each one has accepted to write.

December 15, 1955 (Grothendieck)

19.1 This is a reference to th.1 of FAC, n° 72.

December 22, 1955 (Serre)

21.1 The Ext in formula $(**)$ is Ext^{m-n}, where $m = \dim \mathrm{V}$ and $n = \dim \mathrm{X}$.

21.2 "... no satisfactory definition of the sheaf Ω_{X}^{n}": the dualizing sheaf!

22.3 "homomorphism". A continuous linear map $f : \mathrm{E} \to \mathrm{F}$ (where E and F are topological vector spaces) was called a "homomorphism" if the canonical map $\mathrm{E}/\mathrm{Ker}(f) \to \mathrm{Im}(f)$ is a homeomorphism. Such maps are now called "strict morphisms", cf. Bourbaki T.G. III.26.

22.4 "H_{*}^{n-p}". The subscript star means "compact support".

22.5 "I finally proved it". The "it" in question is the following result: for any non-singular, projective, connected X of dimension n, there exists a basis e_{X} of the vector space $\mathrm{H}^n(\mathrm{X}, \Omega_{\mathrm{X}}^n)$ having the following property:

$(**)$ For every non-singular irreducible divisor Y of X, the homomorphism

$$\delta : \mathrm{H}^{n-1}(\mathrm{Y}, \Omega_{\mathrm{Y}}^{n-1}) \longrightarrow \mathrm{H}^n(\mathrm{X}, \Omega_{\mathrm{X}}^n)$$

sends e_{Y} onto e_{X}. (Note that δ is the connecting map associated to the exact sequence of sheaves

$$0 \longrightarrow \Omega_{\mathrm{X}}^n \longrightarrow \Omega_{\mathrm{X}}^n(\mathrm{Y}) \xrightarrow{\ r\ } \Omega_{\mathrm{Y}}^{n-1} \longrightarrow 0,$$

where $\Omega_{\mathrm{X}}^n(\mathrm{Y})$ is the sheaf of differential n-forms on X whose divisor is locally $\geqslant -\mathrm{Y}$. As for r, it is the "residue" map, defined by $\eta \wedge dt/t \mapsto \eta_{|\mathrm{Y}}$ where $t = 0$ is a local equation for Y and η is a local section of $\Omega_{\mathrm{X}}^{n-1}$.) The *uniqueness*

locale de $\Omega_{\mathrm{X}}^{n-1}$.) *L'unicité* d'un tel e_{X} est évidente, par récurrence sur n (si $n = 0$, on impose à e_{X} d'être l'élément « 1 » de $\mathrm{H}^0(\mathrm{X}, \mathscr{O}_{\mathrm{X}})$). *L'existence* est moins claire. Il semble que je m'en étais construit une démonstration, mais je ne l'ai pas rédigée, vu que le résultat est un cas particulier des théorèmes de dualité obtenus peu de temps après par Grothendieck.

22.6 « formule des Tor » : ce sera le sujet de mon cours au Collège de France de 1957–1958, publié sous le titre de « *Algèbre Locale – Multiplicités* » (traduction anglaise révisée et complétée : *Local Algebra*, Springer-Verlag, 2000).

22.7 « diplodocus analytique = algébrique » = [Se56a], i.e. GAGA.

22.8 Non, le plongement usuel de $\mathbf{PGL}_n$ dans $\mathbf{GL}_{n^2}$ ne satisfait pas à la condition en question si $n > 1$; je m'en suis aperçu un peu plus tard. Grothendieck et moi sommes revenus là-dessus dans le Séminaire Chevalley de 1958.

23.9 « un petit papier » : [Se57].

12 janvier 1956 (Grothendieck)

24.1 « ta formule avec les Ext ». Le « ta » est sans doute un lapsus pour « ma ».

24.2 « la variété obtenue en recollant P_1 et P_2 suivant X est projective ». Il n'est pas évident que cette variété existe, mais cela a été démontré par D. Ferrand dans sa thèse (*Conducteur, Descente et Pincement*, Paris, 1970), et aussi par S. Anantharaman, *Schémas en groupes, espaces homogènes et espaces algébriques sur une base de dimension* 1, Bull. S.M.F., Mém. **33** (1973). Toutefois, une telle variété n'est pas projective en général ; elle ne l'est que si les deux faisceaux inversibles sur X définis par $\mathrm{X} \to \mathrm{P}_1$ et $\mathrm{X} \to \mathrm{P}_2$ sont proportionnels (dans $\mathbf{Q} \otimes \mathrm{Pic}(\mathrm{X})$). La méthode proposée par Grothendieck ne marche donc pas.

16 janvier 1956 (Grothendieck)

26.1 « spectres d'anneaux à la Cartier-Serre » : cela s'appellera plus tard des schémas affines.

27.2 « un fibré algébrique projectif provient d'un fibré vectoriel ». Attention ! Le terme de « fibré » est employé ici au sens de Weil. Les fibrés dont il s'agit sont donc localement triviaux. Il faudra attendre mon exposé au Séminaire Chevalley 1958 pour qu'il y en ait d'autres : ceux qui sont « localement isotriviaux » ; l'énoncé de Grothendieck ne s'applique pas à ceux-là.

of such an e_X is clear by induction on n (if $n = 0$, e_X is required to be the "unit" element of $H^0(X, \mathscr{O}_X)$). The *existence* is less obvious. It seems that I had constructed a proof of this, but I never wrote it up, since the result is a special case of the duality theorems proved shortly afterwards by Grothendieck.

22.6 "Tor formula" : this was to be the subject of my course at the Collège de France in 1957–58, published under the title " *Algèbre Locale – Multiplicités*" (revised English translation, with additional material: *Local Algebra*, Springer-Verlag, 2000).

22.7 "analytic = algebraic diplodocus" = [Se56a], i.e. GAGA.

22.8 No, the usual embedding of $\mathbf{PGL}_n$ in $\mathbf{GL}_{n^2}$ does not satisfy this condition if $n > 1$; I realized this shortly afterwards. I came back to this question with Grothendieck in the Chevalley Seminar of 1958.

23.9 "a little paper ": [Se57].

January 12, 1956 (Grothendieck)

24.1 "your Ext formula". The "your" is probably a slip for "my".

24.2 "the variety obtained by gluing P_1 and P_2 along X is projective". It is not a priori clear that this variety even exists, but this was proved by both D. Ferrand in his thesis (*Conducteur, Descente et Pincement*, Paris, 1970) and S. Anatharaman, *Schémas en groupes, espaces homogènes et espaces algébriques sur une base de dimension* 1, Bull. S.M.F., Mém. **33** (1973). However, such a variety is not in general projective; it is projective only if the two invertible sheaves on X defined by $X \to P_1$ and $X \to P_2$ are proportional (in $\mathbf{Q}\otimes\mathrm{Pic}(X)$). Therefore, the method proposed by Grothendieck here does not work.

January 16, 1956 (Grothendieck)

26.1 "Cartier-Serre type ring spectra": these were later to be called affine schemes.

27.2 "A projective algebraic bundle . . . comes from a vector bundle" . Beware! The term "bundle" is here used in Weil's sense. The bundles in question are thus locally trivial. It was not until my lecture in the Chevalley seminar of 1958 that other bundles appeared; namely, "locally isotrivial" bundles; Grothendieck's statement does not apply to these.

27.3 Grothendieck a reproduit cette construction dans [Gr57b], p. 156.

30 janvier 1956 (Grothendieck)

28.1 « Je réponds rapidement à tes questions ». Il s'agit sans doute de questions que je lui avait posées dans une lettre précédente, dont je n'ai pas gardé de copie.

29.2 « j'admettais que... il y a une section rationnelle ». Non, il n'y en a pas, cf. note 22.8.

2 février 1956 (Serre)

30.1 J'avais démontré dans [Se56b] que :
A régulier $\Rightarrow$ $A_{\mathfrak{p}}$ régulier pour tout idéal premier $\mathfrak{p}$ de A.

31.2 La cohomologie galoisienne non commutative fait son apparition.

31.3 « mon sacré papier analytique » : [Se56a].

31.4 « les jolies choses que fait Lang... ». Voir :
S. Lang, *Algebraic groups over finite fields*, Amer. J. Math. **78** (1956), 555–563 ;
" , *Unramified class field theory over function fields in several variables*, Ann. Math. **64** (1956), 285–325.

16 février 1956 (Grothendieck)

32.1 « les variétés arithmétiques obtenues par recollement de spectres d'anneaux commutatifs noethériens ». Voici les schémas qui se précisent ; il ne leur manque plus que leur nom, d'ailleurs déjà utilisé par Chevalley et Nagata.

32.2 « d'après ton dévissage » : il s'agit de [Se57], que Grothendieck interprète comme une méthode de dévissage, cf. lettre du 8 mars 1956.

33.3 « d'un module » est sans doute un lapsus pour « d'un espace ».

33.4 « ta méthode pour les formules de Plücker » : je ne vois pas bien à quoi Grothendieck fait allusion (il est possible que je lui aie expliqué que ces formules se démontrent par des calculs de cycles dans une grassmannienne).

8 mars 1956 (Grothendieck)

34.1 Il s'agit encore de [Se57].

27.3 Grothendieck reproduced this construction in [Gr57b], p.156.

January 30, 1956 (Grothendieck)

28.1 "Let me briefly answer your questions". Grothendieck is probably referring to questions I had asked him in a previous letter, of which I have not kept a copy.

29.2 "I was taking it on trust... has a rational section". No, it does not, cf. note 22.8.

February 2, 1956 (Serre)

30.1 I had proved in [Se56b] that:

A regular ⇒ $A_\mathfrak{p}$ regular for every prime ideal $\mathfrak{p}$ of A.

31.2 Non-commutative Galois cohomology makes its appearance.

31.3 "my blasted analytic paper ": [Se56a].

31.4 "the pretty things Lang is doing... ". Cf:

S. Lang, *Algebraic groups over finite fields*, Amer. J. Math. **78** (1956), 555–563;

" , *Unramified class field theory over function fields in several variables*, Ann. Math. **64** (1956), 285–325.

February 16, 1956 (Grothendieck)

32.1 "arithmetic varieties obtained by gluing together spectra of commutative Noetherian rings". Here one sees scheme theory taking shape: all that is missing is the name, which was in fact already being used by Chevalley and Nagata.

32.2 "by your dévissage": this is a reference to [Se57], which Grothendieck interprets as a method of dévissage, cf. the letter of March 8, 1956.

33.3 "of a module" is probably a slip for "of a space" .

33.4 "your method for the Plücker formulas": I do not see what Grothendieck is alluding to here (it is possible that I had explained to him that these formulas can be proved using computations on cycles in a Grassmannian).

March 8, 1956 (Grothendieck)

34.1 This is another reference to [Se57].

34.2 « ton papier sur les classes de groupes abéliens » : [Se53a].

35.3 « G est discret ». Cela signifie que G, muni de la topologie discrète, opère *proprement*, au sens de Bourbaki, TG III.32.

35.4 « opère sans points fixes » = opère librement (autrement dit, aucun élément du groupe, à part l'élément neutre, n'a de point fixe).

37.5 « opère trivialement » : un lapsus pour « opère fidèlement ».

38.6 « l'homomorphisme de transgression ». Ce n'est pas une « transgression » au sens usuel du terme. C'est l'une des différentielles de la suite spectrale.

38.7 « classification des fibrés analytiques sur la sphère de Riemann » : voir [Gr57a].

14 mars 1956 (Serre)

39.1 « composé direct » : produit direct.

39.2 « mon papier » : [Se56a].

39.3 Voir M.F. Atiyah, *Vector bundles over an elliptic curve*, Proc. London Math. Soc. **7** (1957), 414–452 (= *Coll. Works*, vol. 1, n° 7).

39.4 « Un petit résultat marrant » : S.S. Chern, F. Hirzebruch et J-P. Serre. *On the index of a fibered manifold*, Proc. A.M.S. **8** (1957), 587–596.

39.5 « les p et p^n-revêtements » : voir [Se58a], n°s 17–18.

10 avril 1956 (Grothendieck)

42.1 « cela semble cependant vrai ». C'est faux, comme on s'en est rendu compte plus tard. La partie « première à p » de la cohomologie de F peut être à peu près n'importe quoi, même si X est un espace euclidien, ou un simplexe. Voir là-dessus :

L. Jones, *The converse of the fixed point theorem of P. A. Smith* I, Ann. Math. **94** (1971), 52–68.

R. Oliver, *Fixed point sets of actions on finite acyclic complexes*, Comment. Math. Helv. **50** (1975), 155–177.

23 juillet 1956 (Grothendieck)

42.1 Voir Séminaire Cartan 1956–1957, exposé n° 2.

34.2 "your paper on classes of abelian groups": [Se53a].

35.3 "G is discrete". This means that G, equipped with the discrete topology, acts *properly*, in Bourbaki's sense of the word, T.G. III.32.

35.4 "fixed-point free" = acts freely (in other words, no element of the group except the identity has any fixed point).

37.5 "acts trivially": a slip of the pen for "acts faithfully".

38.6 "transgression homomorphism": This is not a "transgression" in the usual sense of the word. It is merely one of the differentials of the spectral sequence.

38.7 "the classification of analytic bundles over the Riemann sphere": see[Gr57a].

March 14, 1956 (Serre)

39.1 "direct composition": direct product.

39.2 "my paper" : [Se56a].

39.3 See M.F. Atiyah, *Vector bundles over an elliptic curve*, Proc. London Math. Soc. **7** (1957), 414–452 (= *Coll. Works*, vol.1, n° 7).

39.4 "an entertaining little result": S.S. Chern, F. Hirzebruch and J-P. Serre. *On the index of a fibered manifold*, Proc. A.M.S. **8** (1957), 587–596.

39.5 "p and p^n coverings": see [Se58a], n^{os}17–18.

April 10, 1956 (Grothendieck)

42.1 "this appears to be true, however". This is false, as was later shown. The "coprime to p" part of the cohomology of F can be more or less anything, even if X is a Euclidean space or a simplex. For more information, see:

L. Jones, *The converse of the fixed point theorem of P.A.Smith* I, Ann. Math. **94** (1971), 52–68.

R. Oliver, *Fixed point sets of actions on finite acyclic complexes*, Comment. Math. Helv. **50** (1975), 155–177.

July 23, 1956 (Grothendieck)

42.1 See the Cartan Seminar 1956–1957, exposé n° 2.

42.2 Hironaka a montré qu'il existe des variétés complètes non singulières qui ne sont pas plongeables dans un espace projectif (cf. R. Hartshorne, *Algebraic Geometry*, Appendix B, Example 3.4.1.).

1er septembre 1956 (Grothendieck)

43.1 « ma longue "théorie de Fredholm" de malheur » : [Gr56b].

43.2 « l'exposition de Godement ». Au début des années 50, Godement avait rédigé des notes sur les opérations de Steenrod qui n'ont pas été publiées.

19 septembre 1956 (Grothendieck)

45.1 L'article en question est [Gr57b] (« Tôhoku »).

45.2 La première secrétaire de Bourbaki à Nancy s'appelait Bastien. Il s'agit ici de celle qui lui a succédé : Andrée Vigneron, devenue plus tard Andrée Aragnol.

23 septembre 1956 (Serre)

47.1 Soient K un corps de nombres et L son corps de classes absolu (plus grande extension abélienne non ramifiée). Soit $\mathscr{O}_{\mathrm{K}}$ l'anneau des entiers de K, et soit $\mathscr{O}_{\mathrm{L}}$ l'anneau des entiers de L. Le *Hauptidealsatz* dit que l'homomorphisme $\mathrm{Cl}(\mathscr{O}_{\mathrm{K}}) \to \mathrm{Cl}(\mathscr{O}_{\mathrm{L}})$ est trivial ; autrement dit, tout idéal de $\mathscr{O}_{\mathrm{K}}$ engendre un idéal de $\mathscr{O}_{\mathrm{L}}$ qui est *principal.* La loi de réciprocité d'Artin transforme cet énoncé en le suivant, démontré par Furtwängler (*Hamburg Abh.* **7** (1930), 14–36) :

$(*)$ Soit G un groupe fini, et soit $\mathrm{H} = (\mathrm{G}, \mathrm{G})$ son groupe dérivé. Supposons H abélien. Alors l'homomorphisme de *transfert* $\mathrm{G}/\mathrm{H} \to \mathrm{H}$ est trivial.

On trouve dans Artin-Tate, *Class Field Theory*, Chap. 13, § 4, une démonstration cohomologique de $(*)$, inspirée d'une démonstration (non cohomologique) de Witt (*Ges. Abh.* n° 17). Ces deux démonstrations sont nettement plus courtes que celle de Furtwängler, mais j'aurais aimé (et j'aimerais encore) quelque chose de plus simple.

48.2 Pour la définition du carré de Pontrjagin, voir par exemple :
L. Pontrjagin, Dokl. Akad. Nauk. U.S.S.R. **34** (1942), 35–37 ;
N.E. Steenrod, Comm. Math. Helv. **31** (1956), 195–218.

48.3 « la partie de mon papier relative aux revêtements » : les dernières sections de [Se58a].

42.2 Hironaka has shown that there exist non-singular complete varieties which cannot be embedded into projective space (cf. R. Hartshorne, *Algebraic Geometry*, Appendix B, Example 3.4.1.).

September 1, 1956 (Grothendieck)

43.1 "my long and wretched 'Fredholm theory' ": [Gr56b].

43.2 "Godement's approach". In the beginning of the 50's, Godement had written up some notes on Steenrod operations which were never published.

September 19, 1956 (Grothendieck)

45.1 The article in question is [Gr57b] ("Tôhoku").

45.2 The first secretary of Bourbaki in Nancy was called Bastien. This is a reference to her successor, Andrée Vigneron, later Andrée Aragnol.

September 23, 1956 (Serre)

47.1 Let K be a number field and L its absolute class field (the maximal unramified abelian extension). Let $\mathscr{O}_{\mathrm{K}}$ be the ring of integers of K, and let $\mathscr{O}_{\mathrm{L}}$ be the ring of integers of L. The *Hauptidealsatz* says that the homomorphism $\mathrm{Cl}(\mathscr{O}_{\mathrm{K}}) \to \mathrm{Cl}(\mathscr{O}_{\mathrm{L}})$ is trivial; in other words, every ideal of $\mathscr{O}_{\mathrm{K}}$ generates an ideal of $\mathscr{O}_{\mathrm{L}}$ which is *principal*. Artin's reciprocity law transforms this statement into the following, which was proved by Furtwängler (*Hamburg Abh.* **7** (1930), 14–36):

$(*)$ Let G be a finite group, and $\mathrm{H} = (\mathrm{G}, \mathrm{G})$ its derived subgroup. Assume that H is abelian. Then the *transfer* homomorphism $\mathrm{G}/\mathrm{H} \to \mathrm{H}$ est trivial.

Artin and Tate's *Class Field Theory*, Chap.13, § 4, contains a cohomological proof of $(*)$, which is inspired by Witt's (non-cohomological) proof in (*Ges. Abh.* n° 17). Both of these proofs are substantially shorter than Furtwängler's, but I would have liked (and would still like) something simpler.

48.2 For the definition of the Pontryagin square, see for example:
L. Pontryagin, Dokl. Akad. Nauk. U.S.S.R. **34** (1942), 35–37;
N.E. Steenrod, Comm. Math. Helv. **31** (1956), 195–218.

48.3 "the part of my paper which deals with coverings" : the final sections of [Se58a].

17 novembre 1956 (Serre)

52.1 Référence : C. Papakyriakopoulos, *On Dehn's lemma and the asphericity of knots*, Ann. Math. **66** (1957), 1—26.

52.2 « la classification des isogénies inséparables » : c'est le § 2 de [Se58b].

52.3 « la symétrie est fausse » : on peut avoir $h^{p,q} \neq h^{q,p}$ lorsque la caractéristique est $\neq 0$.

22 novembre 1956 (Grothendieck)

54.1 « le papier de Weil sur Picard » : A. Weil, Oe. Sci. [1952e].

55.2 « pratiquement jamais une variété algébrique » ; en effet, ce n'est le cas que si la monodromie (i.e. l'image du groupe fondamental dans $\mathbf{GL}_n(\mathbf{Z})$) est *finie*, cf. SGA 3, exposé X, Rem. 1.3.

4 décembre 1956 (Serre)

56.1 Il est sous-entendu que X et X′ sont non singulières. La question revient alors à prouver que $\mathrm{R}^q f(\mathscr{O}_{\mathrm{X}'}) = 0$ pour tout $q > 0$, où f est le morphisme donné $\mathrm{X}' \to \mathrm{X}$. Grothendieck citera cette question dans son exposé au Congrès d'Edinburgh, en 1958, cf. [Gr60], Problem B, p. 116.

56.2 « Aucune idée... » : voir note 55.2 à la lettre du 22 novembre 1956.

56.3 Oui, c'est vrai, cf. Séminaire Cartan 1960/1961, exposé n° 19 (C. Houzel), § 5.

1er novembre 1957 (Grothendieck)

57.1 « une démonstration très simple de Riemann-Roch » : cette démonstration est reproduite (avec des interpolations de mon cru) dans SGA 6, pp. 71–77.

12 novembre 1957 (Grothendieck)

59.1 « D'accord avec toutes tes rectifications » : Grothendieck répond à une lettre que je lui avais envoyée, et dont je n'ai pas conservé de copie.

59.2 RRR = Rapport sur Riemann-Roch, reproduit dans SGA 6, pp. 20–71.

60.3 La théorie des classes de Chern esquissée dans cette lettre est exposée en détail dans [Gr58].

62.4 « la rédaction des variétés » : il s'agit d'une rédaction à l'usage de Bourbaki.

November 17, 1956 (Serre)

52.1 Reference: C. Papakyriakopoulos, *On Dehn's lemma and the asphericity of knots*, Ann. Math. **66** (1957), 1 —26.

52.2 "the classification of inseparable isogenies": this is § 2 of [Se58b].

52.3 "the symmetry does not hold": in characteristic $\neq 0$ it is possible to have $h^{p,q} \neq h^{q,p}$.

November 22, 1956 (Grothendieck)

54.1 "Weil's 1952 paper on the Picard variety" : A. Weil, Oe. Sci. [1952e].

55.2 "almost never be an algebraic variety"; indeed, this is only the case if the monodromy (i.e. the image of the fundamental group in $\mathbf{GL}_n(\mathbf{Z})$) is *finite*, cf. SGA 3, exposé X, Rem. 1.3.

December 4, 1956 (Serre)

56.1 It should be understood that X and X′ are non-singular. The question is then equivalent to proving that $\mathrm{R}^q f(\mathscr{O}_{\mathrm{X}'}) = 0$ for all $q > 0$, where f is the given map $\mathrm{X}' \to \mathrm{X}$. Grothendieck was to quote this question in his lecture at the Edinburgh Congress in 1958, cf. [Gr60], Problem B, p. 116.

56.2 "no idea...": see note 55.2 on the letter of November 22, 1956.

56.3 Yes, it is true, cf. Séminaire Cartan 1960/1961, exposé n° 19 (C. Houzel), § 5.

November 1, 1957 (Grothendieck)

57.1 "a very simple proof of Riemann-Roch": this proof is reproduced (with some interpolations of my own) in SGA 6, 71–77.

November 12, 1957 (Grothendieck)

59.1 "I agree with all your corrections": Grothendieck is replying to a letter I had sent him, of which I have not kept a copy.

59.2 RRR = Report on Riemann-Roch, reproduced in SGA 6, 20–71.

60.3 The theory of Chern classes sketched in this letter is presented in detail in [Gr58].

62.4 "writing up the varieties": this is a reference to a draft for Bourbaki.

17 octobre 1958 (Grothendieck)

63.1 La rédaction des EGA vient de commencer.

63.2 « notre “joint paper” sur les revêtements ». Grothendieck et moi avions eu l'intention de publier ensemble un article sur la théorie des revêtements. Cela ne s'est pas fait, mais le sujet a été repris dans SGA 1.

63.3 De même, les schémas en groupes ont été publiés dans SGA 3 et non dans les EGA.

63.4 « application tangente partout surjective » : cela s'appellera plus tard un morphisme « simple », et ensuite un morphisme « lisse ». Quant à la propriété d'invariance du groupe fondamental énoncée par Grothendieck, il s'est rapidement aperçu qu'elle était un peu trop optimiste.

64.5 « On devrait pouvoir en extraire quelque chose » : oui, nous en avons extrait le très utile *lemme d'Abhyankar* sur les revêtements modérément ramifiés (ici appelés « gentiment ramifiés »).

22 octobre 1958 (Serre)

64.1 Il n'est rien sorti de concret de ce rapport Bourbaki sur les équations aux dérivées partielles. C'est bien dommage.

64.2 Il s'agit des rédactions du livre d'*Algèbre Commutative*. Le chapitre sur les modules plats (Chap. 1) a été publié très vite (1961). Celui sur la dimension (Chap. 8) a dû attendre 1983 ; même chose pour les théorèmes de Cohen (Chap. 9).

65.3 « mettre en Topologie Générale les applications propres » : voir TG I, § 10, paru en 1971.

65.4 « papier avec Borel sur Riemann-Roch » : [BS58].

5 novembre 1958 (Grothendieck)

66.1 La théorie du groupe fondamental est l'un des premiers grands succès de la théorie des schémas. Grothendieck l'a exposée au séminaire Bourbaki 1958/59, n° 182, et en a fait le sujet de SGA 1.

66.2 Dans cet énoncé, il convient de supposer que l'anneau local $\mathscr{O}$ est noethérien (ce qui était sous-entendu) et *complet*. Cette dernière hypothèse provient de ce

October 17, 1958 (Grothendieck)

63.1 The writing up of the EGA's had just started.

63.2 "our "joint paper" on covering spaces". Grothendieck and I had intended to publish a paper together on the theory of covering spaces. This never happened, but the subject was taken up in SGA 1.

63.3 Likewise, group schemes were published in SGA 3 and not in the EGA's.

63.4 "tangent map is everywhere surjective": this was later to be called a "simple" morphism, then a "smooth" morphism. As for the invariance property of the fundamental group stated by Grothendieck, he quickly realized it is a little too optimistic.

64.5 "We should be able to get something out of this": indeed, we extracted from it the very useful result called *Abhyankar's lemma* for tamely ramified coverings (here called "nicely ramified coverings").

October 22, 1958 (Serre)

64.1 Nothing concrete came out of this Bourbaki draft on partial differential equations, which is a great pity.

64.2 This is a reference to the writing of the book *Commutative Algebra.* The chapter on flat modules (Chap. 1) was published very quickly (1961). The chapter on dimensions (Chap. 8) had to wait till 1983, as did the Cohen theorems (Chap. 9).

65.3 "put proper maps into General Topology" : see T.G. I, § 10, which came out in 1971.

65.4 "paper on Riemann-Roch with Borel": [BS58].

November 5, 1958 (Grothendieck)

66.1 The theory of the fundamental group was one of the first major successes of scheme theory. Grothendieck presented it to the Bourbaki seminar 1958/1959, n° 182, and made it the subject of SGA 1.

66.2 In this statement, it should be assumed that the local ring $\mathscr{O}$ is Noetherian (which is implicit) and *complete.* The latter hypothesis is required because the

que l'énoncé b) ci-après est incorrect, même si $\mathscr{O}$ est un anneau de valuation discrète : Raynaud m'a communiqué un contre-exemple.

66.3 Pour *GAGA formel*, voir EGA III, §§ 4,5.

67.4 « Ton idée de considérer un anneau d'Artin comme l'ensemble des points rationnels... ». Il s'agit du *foncteur de Greenberg* que j'avais utilisé pour construire une théorie « géométrique » du corps de classes local, cf. lettre du 9 novembre 1958, ainsi que [Se61a].

67.5 « Il est possible de relever canoniquement... ». Trop optimiste ! Mais c'est vrai pour les variétés abéliennes ordinaires, comme je m'en suis aperçu plus tard, cf. lettre du 2-3 août 1964.

9 novembre 1958 (Serre)

68.1 Les résultats énoncés dans cette lettre ont été publiés dans [Se60b] et [Se61a]. Voir aussi *Corps locaux et isogénies*, Séminaire Bourbaki, 1958/59, n° 185.

69.2 corps des restes = corps résiduel.

70.3 « équations de Whaples-MacKenzie » : ces équations sont appelées « d'Artin-Schreier » dans [Se61a], § 4.4.

70.4 Les « formules explicites » ont été beaucoup étudiées depuis Shafarevich. Voir par exemple les chapitres 7 et 8 de :

I.B. Fesenko et S.V. Vostokov, *Local Fields and their Extensions*, A.M.S. Transl. of Math. Monographs **121** (1993).

73.5 « Je ne vois malheureusement pas pourquoi... ». Tate me l'a expliqué, cf. [Se61a], prop. 8.

74.6 « Que Tate avait définie dans le temps... ». Il doit s'agir de résultats non publiés.

74.7 « Les détails sont ennuyeux... ». Ils sont résumés à la fin de l'exposé Bourbaki cité dans la note 68.1, et ils ont été explicités dans la thèse de M. Hazewinkel (Amsterdam, 1959 — voir aussi l'Appendice au Chap. V de Demazure-Gabriel, *Groupes Algébriques*, Masson et North-Holland, Amsterdam, 1970).

74.8 « Il faille des espaces homogènes... ». Grothendieck reviendra un peu plus tard sur ce point, cf. lettre du 9/8/1960.

statement b) below is wrong, even if $\mathscr{O}$ is a discrete valuation ring: Raynaud showed me a counterexample.

66.3 About *formal GAGA*, see EGA 111, §§4,5.

67.4 "your idea of considering an Artinian ring as the set of k-rational points ...": This is a reference to the *Greenberg functor* which I had used in order to construct a "geometric" local class field theory, cf. the letter of November 9, 1958, as well as [Se61a].

67.5 "it is possible to canonically lift ...". Too optimistic! But it is true for ordinary abelian varieties, as I later realized, cf. the letter of August 2-3 1964.

November 9, 1958 (Serre)

68.1 The results stated in this letter were published in [Se60b] and [Se61a]: see also *Corps locaux et isogénies*, Séminaire Bourbaki, 1958/59, n° 185.

69.2 remainder field = residue field.

70.3 "Whaples-MacKenzie equations": in [Se61a], § 4.4, they are called "Artin-Schreier equations".

70.4 The "explicit formulas" have been much studied since Shafarevich: see for example chapters 7 and 8 of:

I.B. Fesenko and S.V. Vostokov, *Local Fields and their Extensions*, A.M.S. Transl. of Math. Monographs **121** (1993).

73.5 "unfortunately, I cannot see why it does...". Tate explained this to me: cf. [Se61a], prop. 8.

74.6 "which had already been defined by Tate... ". The results in question have probably not been published.

74.7 "the details are boring... ". These details were summarized at the end of the Bourbaki lecture quoted in 68.1, and they have been given in M. Hazewinkel's thesis (Amsterdam, 1959—see also the Appendix to Chap V of Demazure-Gabriel, *Groupes Algébriques*, Masson and North-Holland, Amsterdam, 1970).

74.8 "Homogeneous spaces will be required...". Grothendieck was to come back to this point a little later, cf. the letter of 8/9/1960.

75.9 Il s'agit de : M. Auslander et D.A. Buchsbaum, *On ramification theory in noetherian rings*, Amer. J. Math. **81** (1959), 749–765.

18 août 1959 (Grothendieck)

79.1 Il s'agit de la théorie p-adique des « courbes de Tate », qui a été à l'origine de la géométrie analytique rigide.

Le texte de Tate, rédigé en 1959, a été publié (et complété) en 1995 : J. Tate, *A review of non-archimedean elliptic functions*, in « Elliptic Curves, Modular Forms and Fermat's Last Theorem » (J. Coates and S. T. Yau edit.), Intern. Press, Boston, 1995, 162–184.

83.2 « Il est possible... un module sur l'anneau de Witt ». Cela a été fait (et cela continue à se faire dans des cas de plus en plus généraux) par Cartier, Gabriel, Manin, Fontaine, ... Voir par exemple le Chap. V de l'ouvrage de Demazure-Gabriel cité dans la note 74.7.

83.3 « J'espère arriver dans l'année prochaine... ». Que d'illusions ! Cela fait penser aux débuts de Bourbaki, qui espérait en finir en quelques années.

En fait, les EGA se sont arrêtés au Chap. IV, un texte de près de 800 pages, dont la dernière partie est parue en 1967.

25 octobre 1959 (Serre)

84.1 Ce cours a été publié par l'I.A.S. et reproduit plus tard par Birkhäuser : A. Weil, *Adèles and Algebraic groups* (notes par M. Demazure et T. Ono), Birkhäuser, Boston, 1982.

Voir aussi : A. Weil, *Adèles et groupes algébriques*, Séminaire Bourbaki 1958/59, n° 186 = Oe. Sci. [1959a].

85.2 « Ça n'existe sûrement pas sans... » : voir par exemple le § 7.6 de :

S. Bosch, W. Lütkebohmert et M. Raynaud, *Néron Models*, Springer-Verlag, 1990.

85.3 Non ce n'est pas ainsi qu'il faut définir X' si l'on veut généraliser la formule de Castelnuovo-Weil $\sigma(\mathrm{X}\cdot\mathrm{X}')\geqslant 0$. Il faut faire intervenir une *polarisation* de V, cf. [Se60a].

87.4 J'ai un souvenir très vif d'avoir tenté d'expliquer à Weil (resp. Grothendieck) que la définition de Grothendieck (resp. Weil) est équivalente à la sienne.

75.9 This is a reference to: M. Auslander and D.A. Buchsbaum, *On ramification theory in Noetherian rings*, Amer. J. Math. **81** (1959), 749–765.

August 18, 1959 (Grothendieck)

79.1 This is a reference to the p-adic theory of "Tate curves", which is at the origin of rigid analytic geometry.

Tate's text, which was written in 1959, was published (and completed) in 1995: J. Tate, *A review of non-archimedean elliptic functions*, in "Elliptic Curves, Modular Forms and Fermat's Last Theorem" (J. Coates and S. T. Yau, eds.), Intern. Press, Boston, 1995, 162–184.

83.2 "It is possible ... a module over the Witt ring". This was done (and continues to be done in increasing generality) by Cartier, Gabriel, Manin, Fontaine ... See for instance Chap.V of the work by Demazure and Gabriel quoted in note 74.7.

83.3 "Next year, I hope to get..." Hope springs eternal! This reminds one of the beginnings of Bourbaki, who had hoped to be done within a few years.

In fact, the EGA's stopped after chapter IV, a text of almost 800 pages, whose last part came out in 1967.

October 25, 1959 (Serre)

84.1 This lecture course was published by the IAS and later reproduced by Birkhäuser: A. Weil, *Adèles and Algebraic groups* (notes by M. Demazure and T. Ono), Birkhäuser, Boston, 1982.

See also: A. Weil, *Adèles et groupes algébriques*, Séminaire Bourbaki 1958/59, n° 186 = Oe. Sci. [1959a].

85.2 "This probably doesn't exist...": see for instance § 7.6 in S. Bosch, W. Lütkebohmert and M. Raynaud, *Néron Models*, Springer-Verlag, 1990.

85.3 No, this is not the right way to define X′ if one wants to generalize the Castelnuovo-Weil formula $\sigma(\mathrm{X} \cdot \mathrm{X}') \geqslant 0$. One has to introduce a *polarization* on V, cf. [Se60a].

87.4 I have a very vivid memory of attempting to explain to Weil (resp. Grothendieck) that Grothendieck's (resp. Weil's) definition is equivalent to his. Neither of them wanted to listen: his definition was obviously "the right one", why go looking for another one?

Aucun des deux n'a voulu m'écouter : sa définition étant évidemment « la bonne », pourquoi en chercher une autre ?

87.5 Il s'agit de :

S. Abhyankar, *Tame coverings and fundamental groups of algebraic varieties* I, Amer. J. Math. **81** (1959), 46–94.

J'ai fait un exposé là-dessus au séminaire Bourbaki (1959/60, n° 204).

87.6 « Il se peut que certains soient quand même vrais... ». Ils ont en effet été justifiés 20 ans plus tard par les travaux de W. Fulton et J. Hansen :

W. Fulton et J. Hansen, *A connectedness theorem for projective varieties, with applications to intersections and singularities of mappings*, Ann. Math. **109** (1979), 159–166 ;

W. Fulton, *On the fundamental group of the complement of a node curve*, Ann. Math. **111** (1980), 407–409.

Voir aussi l'exposé de Deligne au séminaire Bourbaki 1979/80, n° 543.

31 octobre 1959 (Grothendieck)

88.1 « Le Maître » : Bourbaki, bien sûr.

88.2 En fait ni le Chap. V ni le Chap. VI n'ont été rédigés. Une partie des notes préliminaires du Chap. V ont été traduites en anglais et publiées :

J. Blass, P. Blass et S. Klasa, *EGA V, Parts I-IV*, Ulam Quaterly **1-2** (1992–1993).

88.3 Cette « esquisse de démonstration » n'a pas abouti, cf. lettre du 2 avril 1964.

89.4 « il est bonvoust » = il fait son service militaire (argot ENS).

89.5 Grothendieck m'avait suggéré d'écrire des *Notes historiques* pour les EGA. Je ne l'ai pas fait.

89.6 Hélas, Grothendieck n'a rien rédigé sur le foncteur de Greenberg.

92.7 « Ce cas est intéressant... ». Il l'est particulièrement lorsque T = Spec(L), S = Spec(K), où K est un corps et L est une extension radicielle de K, cf. J. Oesterlé, *Nombres de Tamagawa et groupes unipotents en caractéristique p*, Invent. Math. **78** (1984), 13–88.

92.8 « Les pesantes démonstrations de Weil... ». Il s'agit d'une rédaction Bourbaki sur les variétés. Si V est une k-variété, et si A est une k-algèbre locale, de dimension finie, et de corps résiduel k, Weil définit la variété V^A des *points*

87.5 This is a reference to:

S. Abhyankar, *Tame coverings and fundamental groups of algebraic varieties*I, Amer. J. Math. **81** (1959), 46–94.

I presented this work in a Bourbaki seminar (1959/60, n° 204).

87.6 "it is possible that some of them are true nevertheless… " Indeed, they were justified 20 years later by the work of W. Fulton and J. Hansen:

W. Fulton and J. Hansen, *A connectedness theorem for projective varieties, with applications to intersections and singularities of mappings*, Ann. Math. **109** (1979), 159–166;

W. Fulton, *On the fundamental group of the complement of a node curve*, Ann. Math. **111** (1980), 407–409.

See also Deligne's talk in the Bourbaki seminar 1979/80, n° 543.

October 31, 1959 (Grothendieck)

88.1 "The Master": Bourbaki, of course.

88.2 In fact, neither chapter V nor chapter VI were ever written up. A part of the preliminary notes for Chap. V were translated into English and published: J. Blass, P. Blass and S. Klasa, *EGA V, Parts I-IV*, Ulam Quarterly **1-2** (1992–1993).

88.3 This "sketch of a proof" did not work, cf. the letter of April 2, 1964.

89.4 The expression in the original text is "il est bonvoust", ENS slang term for "he is doing his military service".

89.5 Grothendieck had suggested I write *Historical Notes* for the EGA's. I never did.

89.6 Alas, Grothendieck never wrote up anything on the Greenberg functor.

92.7 "This case is particularly interesting …". It is especially interesting when T = Spec(L), S = Spec(K), where K is a field and L is a purely inseparable extension of K, cf. J. Oesterlé, *Nombres de Tamagawa et groupes unipotents en caractéristique p*, Invent. Math. **78** (1984), 13–88.

92.8 "Weil's heavy proofs…". This is a reference to a Bourbaki draft on varieties. If V is a k-variety, and A is a finite-dimensional local k-algebra, with residue field k, Weil defines the variety V^A of *neighboring points* of V of type A; if

proches de V d'espèce A ; si par exemple $\mathrm{A} = k[\varepsilon]$ avec $\varepsilon^2 = 0$, V^{A} est le fibré tangent de V. L'un des principaux résultats est un isomorphisme $(\mathrm{V}^{\mathrm{A}})^{\mathrm{B}} \cong \mathrm{V}^{\mathrm{A}\otimes\mathrm{B}}$, cf. Weil, Oe. II, p. 107.

93.9 « simple » se dit maintenant « lisse ».

93.10 Voir D. Ferrand, *Un foncteur norme*, Bull. S.M.F. **126** (1998), 1–49.

5 novembre 1959 (Grothendieck)

94.1 « Le grand théorème d'existence ». Voir les exposés de Grothendieck au séminaire Bourbaki rassemblés dans FGA.

95.2 La notation $\mathscr{G}_{\mathrm{X}/k}$ désigne le faisceau des k-dérivations de $\mathscr{O}_{\mathrm{X}}$ (faisceau tangent), cf. FGA, pp. 195–197.

95.3 « Un exemple, résolvant par la négative la question de Weil ». J'ai construit un tel exemple cinq ans plus tard, cf. [Se64b].

97.4 « En fait, connaissant Lang... ». Grothendieck avait raison : ni Greenberg, ni personne d'autre, n'a pu donner une telle caractérisation. J'ai signalé cette question dans mon rapport au congrès de Stockholm [Se62b].

98.5 Il s'agit d'une lettre à Weil, publiée en 1960 aux Ann. Math. cf. [Se60a]

13 novembre 1959 (Serre)

98.1 « Est vraie... ». En fait elle est fausse, cf. note 95.3. (Mais je ne crois pas que Weil en ait jamais fait une « conjecture ».)

99.2 Ici encore, la plupart de ces corrections ont été incorporées par Grothendieck dans les EGA.

101.3 La « review » de Weil se trouve dans *Math. Reviews*, vol. **21**, n° 4155.

15 novembre 1959 (Serre)

102.1 Karin = Karin Tate, née Artin.

102.2 Peu de temps après, Dwork est venu expliquer sa démonstration à l'I.A.S. Cela m'a tellement intéressé que je me suis proposé comme « referee » pour son texte (publié en 1960 à l'Amer. J. Math.), et que je l'ai exposé au séminaire Bourbaki 1959/60, n° 198.

$A = k[\varepsilon]$ with $\varepsilon^2 = 0$, for example, then V^A is the tangent bundle of V. One of his main results is an isomorphism $(V^A)^B \cong V^{A \otimes B}$, cf. Weil, Oe. II, p. 107.

93.9 "simple" is now called "smooth".

93.10 See D. Ferrand, *Un foncteur norme*, Bull. S.M.F. **126** (1998), 1–49.

November 5, 1959 (Grothendieck)

94.1 "Grand existence theorem". See the Bourbaki talks by Grothendieck collected in FGA.

95.2 The notation $\mathscr{G}_{X/k}$ means the sheaf of k-derivations of $\mathscr{O}_X$ (tangent sheaf), cf. FGA, 195–197.

95.3 "an example...in the negative". I constructed such an example five years later, cf. [Se64b].

97.4 "In fact, knowing Lang...". Grothendieck was right: neither Greenberg nor anybody else has been able to give such a characterization. I mentioned this question in my talk at the Stockholm ICM, [Se62b].

98.5 This is a reference to a letter to Weil, published in 1960 in Ann. Math., cf. [Se60a]

November 13, 1959 (Serre)

98.1 "Is true ...". In fact, it is false, cf. note 95.3. (I do not think, however, that Weil ever made a "conjecture" out of it).

99.2 Once again, most of these corrections were incorporated into the EGA's by Grothendieck

101.3 Weil's "review" can be found in *Math. Reviews* , vol. **21**, n° 4155.

November 15, 1959 (Serre)

102.1 Karin = Karin Tate, née Artin.

102.2 Shortly afterwards, Dwork came to IAS to explain his proof. I found it so interesting that I volunteered to be the referee for his text (published in 1960 in the Amer. J. Math), and I presented it in the Bourbaki seminar 1959/60, n° 198.

103.3 « ... donner le critère de propreté par les valuations ». Malgré son peu de goût pour les valuations (cf. lettre du 19 octobre 1961), Grothendieck a inséré ce critère dans les EGA : Chap. II, th. 7.3.8.

9 août 1960 (Grothendieck)

104.1 « Ton cours Rosenlicht-Lang. ». Il s'agit de mon premier cours au Collège de France (1956/57), publié plus tard sous le titre « Groupes Algébriques et Corps de Classes » (Hermann, Paris, 1959).

107.2 « le théorème reste valable aussi pour des schémas en courbes ». Voir :
C. Contou-Carrère, *Jacobiennes généralisées globales relatives*, in *The Grothendieck Festschrift*, vol. II, Birkhäuser-Boston 1990, pp. 70–109.

110.3 hyperplodoque = multiplodoque = EGA.

20 septembre 1961 (Serre)

110.1 Cf. M. Auslander, *On the purity of the branch locus*, Amer. J. Math. **84** (1962), 116–125.

1er octobre 1961 (Grothendieck)

111.1 Pour la démonstration du *théorème de pureté*, voir SGA 2, exposé X, th. 3.4.

113.2 Cf. R. Hartshorne, *Complete intersections and connectedness*, Amer. J. Math. **84** (1962), 497–508.

113.3 « $\pi_1(\mathrm{X}')$ est topologiquement de type fini ». Cet énoncé est mentionné comme conjecture dans SGA 2, exposé XIII, p. 181. J'ignore s'il y a eu des progrès depuis.

113.4 « L'article de Mumford ». Référence :
D. Mumford, *Topology of normal singularities and a criterion for simplicity*, Publ. Math. I.H.E.S. **9** (1960), 1–22.

114.5 Voir les exposés XII (Grothendieck) et XIV (Michèle Raynaud) de SGA 2.

19 octobre 1961 (Grothendieck)

116.1 J'avais donné à Schwarzenberger des énoncés faux, en lui affirmant que Grothendieck les avait démontrés.

116.2 La théorie des « bons anneaux » se trouve dans EGA 0.13 et EGA IV.7.

103.3 "... to give the criterion for properness via valuations": Despite his dislike of valuations (cf. the letter of October 19, 1961), Grothendieck included this criterion in the EGA's: Chap. II, th. 7.3.8.

August 9, 1960 (Grothendieck)

104.1 "Your Rosenlicht-Lang course.". This is a reference to the first course I gave at the Collège de France (1956/1957), later published under the title "Groupes Algébriques et Corps de Classes" (Hermann, Paris, 1959).

107.2 "the theorem in this form remains valid for curve schemes". See:
C. Contou-Carrère, *Jacobiennes généralisées globales relatives*, in *The Grothendieck Festschrift*, vol.II, Birkhäuser-Boston 1990, 70–109.

110.3 hyperplodocus = multiplodocus = EGA.

September 20, 1961 (Serre)

110.1 Cf. M. Auslander, *On the purity of the branch locus*, Amer. J. Math. **84** (1962), 116–125.

October 1, 1961 (Grothendieck)

111.1 For the proof of the *purity theorem*, see SGA 2, exposé X, th. 3.4.

113.2 Cf. R. Hartshorne, *Complete intersections and connectedness*, Amer. J. Math. **84** (1962), 497–508.

113.3 "$\pi_1(X')$ is topologically finitely generated". This statement was given as a conjecture in SGA 2, exposé XIII, p. 181. I do not know whether any progress has been made on it since.

113.4 "Mumford's paper". Reference:
D. Mumford, *Topology of normal singularities and a criterion for simplicity*, Publ. Math. IHES **9** (1960), 1–22.

114.5 See lectures XII (Grothendieck) and XIV (Michèle Raynaud) from SGA 2.

October 19, 1961 (Grothendieck)

116.1 I had given Schwarzenberger some false statements, claiming that Grothendieck had proved them.

116.2 The theory of "good rings" can be found in EGA 0.13 and EGA IV.7.

117.3 « ... ta démonstration du fait que régulier $\Longrightarrow$ factoriel ». Il s'agit en fait de la démonstration d'Auslander-Buchsbaum (P.N.A.S. **45** (1959), 733–734), que j'avais expliquée à Grothendieck sous une forme légèrement différente, cf. Bourbaki AC VII.68 et AC X.53.

117.4 « Propriété S_2 de Serre ». C'est la propriété : « $\mathrm{prof}(A_{\mathfrak{p}}) \geqslant \inf(2, \dim A_{\mathfrak{p}})$ pour tout idéal premier $\mathfrak{p}$ de A », cf. EGA IV.5.7.

Grothendieck m'avait un jour posé la question « que signifie, pour un anneau, d'être normal ? ». Je lui avait signalé le critère « $R_1 + S_2$ », cf. EGA IV, th. 5.8.6. J'avais fabriqué ce critère (dû à Krull dans le cas des anneaux intègres) pour comprendre le théorème de Seidenberg disant qu'une section hyperplane générale d'une variété normale est normale.

118.5 L'énoncé conjecturé par Kostant a été démontré un peu plus tard par Grothendieck : *On the de Rham cohomology of algebraic varieties*, Publ. Math. I.H.E.S. **29** (1966), 95–103 (extrait d'une lettre à M. F. Atiyah du 14/10/1963).

119.6 « Groupe fondamental et revêtements ». Ce Chapitre de la *Topologie Générale* de Bourbaki est en chantier depuis près de 40 ans.

120.7 Il s'agit de la méthode de résolution des singularités d'une surface due à Jung. Je l'avais expliquée à Grothendieck quelques années auparavant ; il l'avait oubliée puis redécouverte.

22 octobre 1961 (Grothendieck)

121.1 Cette lettre de Grothendieck à Cartan est insérée ici (avec la permission de Cartan) parce qu'elle fait l'objet des deux lettres qui la suivent.

122.2 « départ au bonvoust » = départ à l'armée (argot ENS).

26 octobre 1961 (Serre)

126.1 « On peut considérer ces chapitres comme imprimés... ». Le chapitre 7 ne le sera que quatre ans plus tard.

126.2 La publication de la fin de l'*Algèbre Commutative* de Bourbaki a pris beaucoup de temps : les Chapitres 8 et 9 sont parus en 1983 et le Chapitre 10 en 1998. C'est dommage ; ces chapitres sont bien rédigés, et ils auraient été très utiles s'ils étaient parus vingt ou trente ans plus tôt. Heureusement, des rédactions provisoires ont circulé, et Grothendieck lui-même s'en est parfois inspiré pour les EGA.

117.3 "... Your proof of the fact that regular $\Longrightarrow$ factorial". In fact, this is a reference to a proof of Auslander and Buchsbaum's (P.N.A.S. **45** (1959), 733–734), which I had explained to Grothendieck in a slightly different form, cf. Bourbaki A.C. VII.68 and A.C. X.53.

117.4 "Serre's S_2 property". This is the property: "$\mathrm{depth}(A_{\mathfrak{p}}) \geqslant \inf(2, \dim A_{\mathfrak{p}})$ for every prime ideal $\mathfrak{p}$ of A", cf EGA IV.5.7.

One day, Grothendieck asked me "What does it mean for a ring to be normal?" I pointed out to him the criterion "$R_1 + S_2$", cf. EGA IV, th. 5.8.6. I had made up this criterion (which for integral rings is due to Krull) in order to understand Seidenberg's theorem which says that a general hyperplane section of a normal variety is normal.

118.5 The result conjectured by Kostant was proved a little later by Grothendieck: *On the de Rham cohomology of algebraic varieties*, Publ. Math. IHES **29** (1966), 95–103 (extract from a letter to M.F. Atiyah dated 10/14/1963).

119.6 "Fundamental group and covering spaces". This Chapter of Bourbaki's *General Topology* has now been a work in progress for more than forty years.

120.7 This is a reference to Jung's method for resolving the singularities of a surface. I had explained it to Grothendieck some years previously; he had forgotten it and then rediscovered it.

October 22, 1961 (Grothendieck)

121.1 This letter from Grothendieck to Cartan is included here (with Cartan's permission) because it is the subject of the two following letters.

122.2 The French term is "bonvoust", ENS slang for military service.

October 26, 1961 (Serre)

126.1 "These chapters are as good as printed...". Chapter 7 was only printed four years later.

126.2 The publication of the end of Bourbaki's *Commutative Algebra* took a long time: Chapters 8 and 9 came out in 1983 and chapter 10 in 1998. It is a pity; these chapters are well written, and would have been very useful if they had appeared twenty or thirty years earlier. Fortunately, provisional drafts circulated, and Grothendieck himself occasionally used them for the EGA's.

126.3 « S'arranger pour qu'elle le soit... ». Non : on ne se débarrasse pas si facilement de la ramification sauvage.

127.4 « Désingulariser simultanément la base et le revêtement... ». D'après Shephard-Todd, ce n'est possible que si les groupes d'inertie locaux sont engendrés par des pseudo-réflexions.

127.5 « Je n'arrive pas à m'exprimer... ». Il me manquait le langage des motifs.

127.6 « A supports fermés ou Dieu sait quoi » : à supports propres.

127.7 « De Dwork et de la théorie de Fredholm » : voir [Se62a].

127.8 « Ton papier sur le sujet » (cf. note en bas de page) : [Gr56b].

6 septembre 1962 (Grothendieck)

131.1 Questions 1 et 2 : non, cf. lettres du 7 septembre 1962 et 12 septembre 1962.

132.2 « théorème de densité de... ». Grothendieck ne s'est pas souvenu du nom de Chebotarev.

132.3 La réponse à la question 3 est « presque oui », cf. lettre du 7 septembre 1962.

7 septembre 1962 (Serre)

133.1 « peut-être essaierai-je un jour d'intéresser Lazard à ce genre de questions ». J'y suis parvenu. Le résultat a été son grand mémoire :

M. Lazard, *Groupes analytiques p-adiques*, Publ. Math. I.H.E.S. **26** (1965), 389–603.

septembre 1962, vendredi matin (Serre)

136.1 C'est en effet au moyen d'hypersurfaces de degré > 1 que M. Artin démontre l'existence de ses « bons ouverts », cf. SGA 4 III, exposé XI, th. 2.1, p. 65.

septembre 1962, vendredi soir (Serre)

137.1 Voir les exercices de *Cohomologie Galoisienne*, LN 5, Chap. I, § 2.6.

137.2 « Je suis non moins sûr que tous les groupes discrets intéressants sont bons ». J'avais bien tort. Je me suis rapidement rendu compte que la plupart des groupes arithmétiques de rang > 1 (tels $\mathrm{SL}_n(\mathbf{Z})$, $n > 2$) ne sont pas « bons » au sens en question.

126.3 "possible to make it so". No: it is not that easy to get rid of wild ramification.

127.4 "Simultaneously desingularize the base and the cover ...". According to Shephard-Todd, this is only possible if the local inertia groups are generated by pseudo-reflections.

127.5 "I cannot express what I mean ...". The language of motives was missing.

127.6 "with closed support or God knows what": with proper support.

127.7 "About Dwork and Fredholm theory": see [Se62a].

127.8 "Your paper on the subject" (cf. footnote): [Gr56b].

September 6, 1962 (Grothendieck)

131.1 Questions 1 and 2: no, cf. the letters of September 7, 1962 and September 12, 1962.

132.2 "...'s density theorem...". Grothendieck had forgotten the name Chebotarev.

132.3 The answer to Question 3 is "almost yes", cf. the letter of September 7, 1962.

September 7, 1962 (Serre)

133.1 "I may try to get Lazard interested in this kind of question". I succeeded. The result was his grand memoir:

M. Lazard, *Groupes analytiques p-adiques*, Publ. Math. IHES **26** (1965), 389–603.

Friday morning, September 1962 (Serre)

136.1 It is indeed by means of hypersurfaces of degree > 1 that M. Artin proves that his "good open sets" exist, cf. SGA 4 III, exposé XI, th. 2.1, p. 65.

Friday evening, September 1962 (Serre)

137.1 See the exercises in *Galois Cohomology*, LN 5, Chap. I, § 2.6.

137.2 "I am no less certain that all interesting discrete groups are good" . I was entirely wrong. I quickly realized that most arithmetic groups of rank > 1 (such as $\mathrm{SL}_n(\mathbf{Z})$, $n > 2$) are not "good" in the sense given here.

10 avril 1963 (Grothendieck)

140.1 Je n'ai pas eu de mal à définir les invariants réclamés par Grothendieck (cf. lettre suivante d'avril 1963), et il en a aussitôt déduit la formule d'Euler-Poincaré qu'il désirait (formule dite de « Ogg-Shafarevich-Grothendieck »). Voir là-dessus l'exposé de Raynaud au séminaire Bourbaki 1964/65, n° 286, ainsi que SGA 5, exposé X (par I. Bucur), et J. Milne, *Étale Cohomology*, Princeton Univ. Press, 1980, p. 190, th. 2.12.

142.2 « Le manuscrit de Chafarévitch ». Il s'agit du texte de Shafarevich, publié en russe (avec un résumé français, que j'avais rédigé) dans Publ. Math. I.H.E.S. **18** (1964), 295–319 (traduction anglaise : Transl. A.M.S. Series II, **59** (1966), 128–149).

avril 1963 (Serre)

144.1 En effet, ce sont là des détails inutiles. En utilisant des résultats de Fong et Swan, on peut construire un $\mathbf{Z}_\ell[G]$-module projectif L ayant les propriétés voulues, cf. *Représentations Linéaires des Groupes Finis*, § 19.2.

31 mars 1964 (Serre)

145.1 Grothendieck avait eu l'espoir de démontrer les conjectures de Weil en prouvant que toute variété est birationnellement un quotient d'un produit de courbes.

Dans la présente lettre, je construis un contre-exemple en dimension 2. Il y en a sûrement de plus simples !

1er avril 1964 (Serre)

146.1 Non, cela ne rentre pas vraiment dans le yoga général de Grothendieck, car l'exemple donné ici provient d'un motif « mixte » et non d'un motif « pur ».

147.2 « Mon papier aux Izvestia » : il s'agit de [Se64a].

147.3 C'est Samuel qui a exposé au séminaire Bourbaki les travaux de Manin et Grauert démontrant la conjecture de Mordell pour les corps de fonctions (Séminaire Bourbaki 1964/65, n° 287).

147.4 Cette « seconde attaque » des conjectures de Weil a été vite abandonnée par Grothendieck, cf. lettre du 2 avril 1964.

April 10, 1963 (Grothendieck)

140.1 I had no difficulty defining the invariants Grothendieck was asking for (cf. the following letter of April 10, 1963) and he immediately deduced from them the Euler-Poincaré formula that he wanted (which is known as the "Ogg-Shafarevich-Grothendieck" formula). For more details, see Raynaud's presentation to the Bourbaki seminar 1964-1965, n° 286, and SGA 5, exposé X (by I. Bucur), and J. Milne *Étale Cohomology*, Princeton Univ. Press, 1980, p. 190, th. 2.12.

142.2 "Shafarevich's manuscript". This is a reference to a text by Shafarevich, published in Russian (with a French abstract which I had written) in Publ. Math. IHES **18** (1964), 295–319 (English translation: Transl. A.M.S., Series II, **59** (1966), 128–149).

April 1963 (Serre)

144.1 These details are indeed unnecessary. Using results of Fong and Swan, one can construct a projective $\mathbf{Z}_\ell$[G]-module L having the desired properties, cf. *Représentations Linéaires des Groupes Finis*, § 19.2.

March 31, 1964 (Serre)

145.1 Grothendieck had hoped to prove the Weil conjectures by showing that every variety is birationally a quotient of a product of curves.

In the present letter, I construct a counterexample in dimension 2. There are certainly simpler ones!

April 1, 1964 (Serre)

146.1 No, the example given here does not really fit into Grothendieck's general yoga, since it comes from a "mixed" motive, and not from a "pure" one.

147.2 "my Izvestia paper": this is a reference to [Se64a].

147.3 It was Samuel who presented to the Bourbaki seminar the work of Manin and Grauert proving the Mordell conjectures for function fields (Séminaire Bourbaki 1964/65, n° 287).

147.4 This "second attack" on the Weil conjectures was quickly abandoned by Grothendieck, cf. the letter of April 2, 1964.

2–3 août 1964 (Serre)

149.1 Voir ce qu'en dit Atiyah, *Coll. Works*, vol. III, n° 61, 62, 63.

Le cas algébrique (en caractéristique quelconque) a été traité par P. Donovan : *The Lefschetz-Riemann-Roch formula*, Bull. S.M.F. **97** (1969), 257–273 ; voir aussi SGA 5, exposé III (L. Illusie), Appendice.

150.2 J'ai mal écrit cette formule. Sa forme correcte est donnée, et démontrée, dans SGA 5, *loc. cit.*, p. 133.

151.3 On doit faire attention aux conventions de signe. Voir :
M.F. Atiyah and R. Bott, *A Lefschetz fixed point formula for elliptic complexes* : II. *Applications*, Ann. Math. **88** (1968), 451–491, § 5 (= M.F. Atiyah, *Coll. Works*, vol. 3, 129–169),

et, dans le cas algébrique :
J.C. Jantzen, *Représentations of Algebraic Groups*, Acad. Press 1985, § II.5.

152.4 « Si l'on avait une formule plus précise, on en déduirait que le nombre de ces points est $\equiv 1$ mod. p ». Cela a été démontré par N. Katz, sans aucune hypothèse de lissité, cf. SGA 7 II, exposé XXII, pp. 410–411.

152.5 Le « petit jeu habituel » consiste à remplacer « corps fini » par « corps de dimension cohomologique 1 ». C'est un jeu dangereux ! Ainsi, la conjecture faite ici est fausse ; il est facile d'en donner des contre-exemples en utilisant des corps de dimension cohomologique 1 qui ne sont pas C_1 (voir les exemples construits par J. Ax et reproduits sous forme d'exercices dans *Cohomologie Galoisienne*, Chap. II, § 3.2).

Si l'on remplace « dimension cohomologique 1 » par « C_1 », la question devient un peu plus raisonnable. C'est d'ailleurs sous cette forme qu'elle est mentionnée dans SGA 5, p. 134. Un cas particulier intéressant (et non résolu) est celui où $k = \mathbf{C}(T)$ et où la variété est $\overline{k}$-rationnelle, cf. J. Kollár, *Rational Curves on Algebraic Varieties* (Ergebn. der Math. **32**, Springer-Verlag, 1996), § IV.6 (cette référence m'a été indiquée par J-L. Colliot-Thélène).

153.6 Cette conjecture n'est toujours pas démontrée en dehors du cas $i = 1$, où elle résulte de l'existence de modèles semi-stables.

154.7 « D'ordre 24 au maximum ». Ce cas ne se produit que si $p = 2$, et si le groupe $\mathrm{Aut}(E'_0)$ est isomorphe à $SL_2(\mathbf{F}_3)$.

August 2–3, 1964 (Serre)

149.1 See Atiyah's comments in his *Coll. Works*, vol. III, n° 61, 62, 63.

The algebraic case (in arbitrary characteristic) was dealt with by P. Donovan: *The Lefschetz-Riemann-Roch formula*, Bull. S.M.F. **97** (1969), 257–273; see also SGA 5, exposé III (L. Illusie), Appendix.

150.2 I wrote this formula incorrectly. Its correct form is given, and proved, in SGA 5, *loc cit.*, p. 133.

151.3 One should pay attention to sign conventions. See:

M.F.Atiyah and R.Bott, *A Lefschetz fixed point formula for elliptic complexes*: II. *Applications*, Ann. Math. **88** (1968), 451–491, § 5 (= M.F.Atiyah, *Coll. Works*, vol.3, 129–169),

and, for the algebraic case:

J.C.Jantzen, *Representations of Algebraic Groups*, Acad. Press 1985, § II.5.

152.4 "If one had a more precise formula, one could deduce that the number of such points is $\equiv 1 \bmod p$". This was proved by N. Katz without any smoothness condition, cf. SGA 7 II, exposé XXII, 410–411.

152.5 This "usual little game" consists of replacing "finite field" by "field of cohomological dimension 1". It is a dangerous game! For instance, the result conjectured here is false; it is easy to give counterexamples using fields of cohomological dimension 1 which are not C_1 (see the examples constructed by J. Ax and reproduced as exercises in *Cohomologie Galoisienne*, Chap.II, § 3.2).

On replacing "cohomological dimension 1" by "C_1", the question becomes a bit more reasonable. This is actually the form in which it is mentioned in SGA 5, p. 134. An interesting special case (which is not yet settled) is that where $k = \mathbf{C}(T)$ and the variety is $\overline{k}$-rational, cf. J. Kollár, *Rational Curves on Algebraic Varieties* (Ergebn. der Math. **32**, Springer-Verlag, 1996), § IV.6 (this reference was pointed out to me by J-L. Colliot-Thélène.)

153.6 This conjecture has not yet been proved, except for $i = 1$, in which case it follows from the existence of semi-stable models.

154.7 "of order 24 at most". This only happens if $p = 2$ and the group $\mathrm{Aut}(E_0')$ is isomorphic to $SL_2(\mathbf{F}_3)$.

155.8 J'ai mis plusieurs années à comprendre ce que doivent être les facteurs locaux (ultramétriques et archimédiens) des fonctions zêta, cf. [Se69].

156.9 L'exposé de Tate est paru : *Algebraic cycles and poles of zeta functions*, in « Arithmetical Algebraic Geometry », Harper and Row, New York (1965), 93–110.

156.10 « Mon laïus à Clermont » : [Se66].

156.11 Pour les modules de groupes formels, voir :
J. Lubin et J. Tate, *Formal moduli for one-parameter formal Lie groups*, Bull. S.M.F. **94** (1966), 49–60.

157.12 « complet » est un lapsus pour « parfait ».

158.13 « De rang $h-1$ » est un lapsus pour « de rang h ».

158.14 L'existence de $\mathrm{N}(\mathrm{F}')$ est connue, mais seulement de manière indirecte. Elle résulte d'un théorème de Raynaud disant que l'action du groupe d'inertie sur $\det \mathrm{T}_p(\mathrm{F}')$ est donnée par le caractère cyclotomique (M. Raynaud, *Schémas en groupes de type* $(p, \ldots, p)$, Bull. S.M.F. **102** (1974), 241–280, th. 4.2.1.)

158.15 La « drôle de cohomologie » de Tate n'a pas été publiée.

159.16 « Le H^2 est celui défini au n° 6 » : $\mathrm{H}^2_{\mathrm{lt}}$.

160.17 « Je suis à peu près sûr » : j'en suis toujours aussi sûr, mais je ne l'ai jamais rédigé.

160.18 « Équivalence de catégories... ». C'est ce qu'on appelle parfois le « théorème de Serre-Tate », bien que ma contribution ne concerne que le cas des variétés abéliennes ordinaires. Pour une démonstration (différente de celle de Tate), voir V. G. Drinfeld, *Revêtements de domaines symétriques p-adiques* (en russe), Funk. Anal. i Prilozen. **10** (1976), 29–40 ; cette démonstration est reproduite dans : N. Katz, *Serre-Tate local moduli*, LN **868** (1981), 138–202.

162.19 « Einseinheit » : élément de $\mathrm{R}_1^* = 1 + \mathfrak{m}(\mathrm{R})$.

163.20 « de Hasse $\neq 0$ ». Il s'agit de l'invariant de Hasse d'une courbe elliptique ; c'est une forme différentielle invariante de poids $p-1$. Dire que cet invariant est $\neq 0$ signifie que la courbe est ordinaire, i.e. possède un point d'ordre p.

163.21 On trouvera d'autres exemples de relèvements canoniques dans mon exposé au séminaire Bourbaki 1966/67, n° 318.

155.8 It took me several years to understand what the local (archimedean or ultrametric) factors of zeta functions should be, cf. [Se69].

156.9 Tate's talk appeared: *Algebraic cycles and poles of zeta functions*, in "Arithmetical Algebraic Geometry", Harper and Row, New York (1965), 93–110.

156.10 "my Clermont lecture": [Se66].

156.11 For more information on moduli of formal groups, see:
J. Lubin and J. Tate, *Formal moduli for one-parameter formal Lie groups*, Bull. S.M.F. **94** (1966), 49–60.

157.12 "complete" should be "perfect".

158.13 "of rank $h-1$" should be "of rank h".

158.14 $\mathrm{N}(\mathrm{F}')$ is known to exist, but only indirectly. This follows from a theorem due to Raynaud which says that the action of the inertia group on $\det \mathrm{T}_p(\mathrm{F}')$ is given by the cyclotomic character (M. Raynaud, *Schémas en groupes de type* $(p,\ldots,p)$, Bull. S.M.F. **102** (1974), 241–280, th.4.2.1.).

158.15 Tate's "funny cohomology" was never published.

159.16 "the H^2 is as defined in n° 6": $\mathrm{H}^2_{\mathrm{lt}}$.

160.17 "I am pretty much certain": I am still just as certain, but have never written it up.

160.18 "equivalence of categories…". This is sometimes known as the "Serre-Tate theorem", even though my contribution was limited to ordinary abelian varieties. For a proof (different from Tate's), see V. G. Drinfeld, *Revêtements de domaines symétriques p-adiques* (in Russian), Funk. Anal. i Prilozen. **10** (1976), 29–40; this proof is reproduced in: N. Katz, *Serre-Tate local moduli*, LN **868** (1981), 138–202.

162.19 "Einseinheit": element of $\mathrm{R}_1^* = 1 + \mathfrak{m}(\mathrm{R})$.

163.20 "Hasse $\neq 0$". This is a reference to the Hasse invariant of an elliptic curve—an invariant differential form of weight $p-1$. Saying that this invariant is $\neq 0$ means that that the curve is ordinary, i.e. has a point of order p.

163.21 One may find other examples of canonical liftings in my Bourbaki talk 1966/67, n° 318.

164.22 « ... traitée par Shimura ». Il s'agit de la courbe modulaire $X_0(11)$, qui donne un exemple remarquable de la théorie d'Eichler-Shimura-Igusa. Cet exemple m'a beaucoup aidé à comprendre la structure de la fonction L d'un motif ; je crois qu'il a rendu un service analogue à Langlands.

164.23 « Je n'y comprends rien... ». Voir note 155.8.

(Le cas qui me posait un problème était celui d'une courbe elliptique E sur **Q** ayant une mauvaise réduction de type multiplicatif en un nombre premier p. J'étais certain que le facteur local correspondant était de la forme $(1-a{\cdot}p^{-s})^{-1}$. Fallait-il prendre pour a la valeur propre de Frob_p opérant sur le sous-espace de $V_\ell E$, $\ell \neq p$, fixé par l'inertie en p, ou opérant sur le quotient correspondant (« invariants » ou « co-invariants ») ? Le premier choix donne $a = \pm p$, le second donne $a = \pm 1$. J'ai mis longtemps à comprendre que c'était le second choix qui était le bon.)

8 août 1964 (Grothendieck)

165.1 « théorie des hauteurs à la Néron » : A. Néron, *Quasi-fonctions et hauteurs sur les variétés abéliennes*, Ann. Math. **82** (1965), 249–331.

8 août 1964 (Serre)

166.1 Cette lettre à Ogg est reproduite avec sa permission.

167.2 Ce théorème est le critère de « Ogg-Néron-Shafarevich », publié par Tate et moi dans [ST68]. Grothendieck l'a généralisé, cf. [Gr66b].

167.3 « l'exposé Bourbaki de Néron » : Séminaire Bourbaki 1961/62, exposé 227.
« mon laïus à Stockholm » : [Se62b].

168.4 Tout ceci est détaillé dans [ST68].

168.5 « Question naïve ». Il s'agit de l'existence d'un modèle semi-stable (après extension finie du corps de base), existence qui a été démontrée peu après par Mumford (en caractéristique résiduelle $\neq 2$) et par Grothendieck (dans le cas général).

13 août 1964 (Serre)

169.1 Il s'agit de : S. Koizumi and G. Shimura, *On specializations of abelian varieties*, Sc. Papers Univ. Tokyo **9** (1959), 187–211.

164.22 "... considered by Shimura". This is a reference to the modular curve $X_0(11)$, which is a remarkable example of the Eichler-Shimura-Igusa theory. This example helped me enormously to understand the structure of the L-function of a motive; I believe it helped Langlands in a similar way.

164.23 "I don't understand the situation at all..." See note 155.8.

(The case which worried me was that of an elliptic curve E over $\mathbf{Q}$ with bad reduction of multiplicative type at a prime number p. I was certain that the corresponding local factor was of the form $(1-a\cdot p^{-s})^{-1}$. Should a be the eigenvalue of Frob_p acting on the subspace of $V_\ell E$, $\ell \neq p$, fixed by inertia at p, or acting on the corresponding ("invariant" or "co-invariant") quotient? The first choice yields $a = \pm p$ and the second $a = \pm 1$. It was a long time before I understood that the second choice is the right one.)

August 8, 1964 (Grothendieck)

165.1 "Néron-style height theory": A. Néron, *Quasi-fonctions et hauteurs sur les variétés abéliennes*, Ann. Math. **82** (1965), 249–331.

August 8, 1964 (Serre)

166.1 This letter to Ogg has been reproduced with his permission.

167.2 This theorem is known as the "Ogg-Néron-Shafarevich" criterion, and was published by Tate and myself in [ST68]. Grothendieck generalized it, cf. [Gr66b].

167.3 "Néron's Bourbaki seminar": Séminaire Bourbaki 1961/62, n° 227.
"my Stockholm talk": [Se62b].

168.4 All this is explained in detail in [ST68].

168.5 "Naive question". The issue at stake here is the existence of a semi-stable model (after finite extension of the base field), which was proved shortly afterwards by Mumford (when the residue characteristic $\neq 2$), and by Grothendieck (in the general case).

August 13, 1964 (Serre)

169.1 This is a reference to: S. Koizumi and G. Shimura, *On specializations of abelian varieties*, Sc. Papers Univ. Tokyo **9** (1959), 187–211.

169.2 « Un peu trop optimiste ». Bien sûr ! Une courbe de genre 2 peut avoir pour mauvaise réduction deux courbes elliptiques avec un point en commun. Sa jacobienne a bonne réduction, et le groupe de Galois local opère de façon non ramifiée sur sa cohomologie.

171.3 Encore mes problèmes de facteurs locaux, cf. notes 155.8 et 164.23.

16 août 1964 (Grothendieck)

172.1 SGAD = SGA 3.

172.2 « laïus de Mike dans SGAD » : SGA 3, exposé XVIII. Pour plus de détails sur cette délicate démonstration, voir le chapitre 5 de *Néron Models*, par Bosch-Lütkebohmert-Raynaud, Springer-Verlag, 1990.

172.3 « Note de Igusa » : J. Igusa, *Abstract vanishing cycle theory*, Proc. Japan Acad. Sci. **34** (1958), 589–593.

173.4 « Est-ce que toute variété abélienne admet une résolution finie par des jacobiennes, du moins à isogénie près ? ». C'est peu probable, mais il ne paraît pas facile de construire un contre-exemple.

173.5 « Cette question est d'ailleurs liée... ». A ma connaissance, ce texte est le premier où la notion de *motif* apparaisse. Je l'ai reproduit dans [Se91] en même temps que des extraits de *Récoltes et Semailles.*

août 1964 (Serre)

176.1 Le 28/08/64, Néron m'a répondu ceci : « ... Je pense comme toi que les groupes additifs doivent disparaître quand on étend le corps de base K — bien que je ne sache pas le démontrer... ».

176.2 « la conjecture suivante ». Cette conjecture est facile à démontrer, une fois que l'on connaît le théorème de réduction semi-stable, cf. SGA 7 I, p. 366.

176.3 « pour tout ℓ » : « pour tout ℓ distinct de la caractéristique résiduelle ».

177.4 « Mon brillant théorème ». Il s'agit d'une conséquence facile d'un résultat de Minkowski (*Ges. Abh.* I, p. 203 et p. 213) disant que, si un élément x d'ordre fini de $\mathrm{GL}_n(\mathbf{Z})$ est tel que $x \equiv 1 \pmod{\mathrm{N}}$, avec $\mathrm{N} \geqslant 3$, alors $x = 1$. Voir par exemple SGA 7 I, p. 367, lemme 4.7.11.

169.2 "A little too optimistic". Of course it is! A curve of genus 2 may have as bad reduction two elliptic curves intersecting in one point. Its Jacobian has good reduction, and the local Galois group acts without ramification on its cohomology.

171.3 Yet again my problems of local factors, cf. notes 155.8 and 164.23.

August 16, 1964 (Grothendieck)

172.1 SGAD = SGA 3.

172.2 "Mike's SGAD talk": SGA 3, exposé XVIII. For more details on this delicate proof, see chapter 5 of *Néron Models*, by Bosch-Lütkebohmert-Raynaud, Springer-Verlag, 1990.

172.3 "Igusa's note": J. Igusa, *Abstract vanishing cycle theory*, Proc. Japan Acad. Sci. **34** (1958), 589–593.

173.4 "Does every abelian variety have a finite resolution by Jacobians, at least up to isogeny?". This is unlikely, but it does not seem easy to construct a counterexample.

173.5 "Moreover, this question is related...": As far as I know, this text is the first one in which the notion of a *motive* appears. I reproduced it in [Se91] along with extracts from *Récoltes et Semailles*.

August 1964 (Serre)

176.1 Néron replied as follows on 28/08/64: "... I think, as you do, that the additive groups should disappear on extending the base field K—although I do not know how to prove it...".

176.2 "make the following conjecture". This conjecture is easy to prove, once the semi-stable reduction theorem is known, cf. SGA 7 I, p. 366.

176.3 "for any ℓ": "for any ℓ different from the characteristic of the residue field".

177.4 "my brilliant theorem": an easy consequence of a theorem of Minkowski's (*Ges. Abh.* I, p.203 and p.213), which says that if an element x of finite order in $\mathrm{GL}_n(\mathbf{Z})$ is such that $x \equiv 1 \pmod{\mathrm{N}}$, where $\mathrm{N} \geqslant 3$, then $x = 1$. See for example SGA 7 I, p. 367, lemme 4.7.11.

5 septembre 1964 (Grothendieck)

178.1 « au signe près ». Ce n'est pas aussi simple. Il vaudrait mieux dire « à un groupe fini près », i.e. après extension finie du corps de base. Un cas classique est celui des surfaces cubiques de $\mathbf{P}_3$, où le groupe fini qui intervient peut être égal au groupe de Weyl de E_6, d'ordre 51840.

178.2 « Enveloppe algébrique H ». C'est la première apparition des groupes de Galois motiviques.

8 septembre 1964 (Serre)

180.1 La conjecture « $\mathfrak{g}_\ell$ contient les homothéties » a été démontrée en 1980 par Bogomolov (C.R.A.S. **290**, 701–703).

24 septembre 1964 (Grothendieck)

182.1 « tes conjectures avec Tate » : celles énoncées dans les §§ 2,3 de ma lettre du 2-3 août 1964.

184.2 « Celui de Lazard ». Il s'agit de :

M. Lazard, *Sur la nilpotence de certains groupes algébriques*, C.R.A.S. **241** (1955), 1687–1689.

Lazard démontre qu'un groupe algébrique dont la variété sous-jacente est isomorphe à un espace affine Aff^n est nilpotent : il se ramène au cas d'un corps de base fini de caractéristique p, et observe que le groupe des points rationnels est nilpotent puisque c'est un p-groupe.

184.3 Grothendieck a inclus cet énoncé (« tout endomorphisme injectif est bijectif ») dans EGA IV.10.4.11.

184.4 Ici, $\mathrm{K}(\mathbf{Q}_\ell[\mathbf{Z}])$ désigne le groupe de Grothendieck de la catégorie des $\mathbf{Q}_\ell$-espaces vectoriels de dimension finie munis d'un automorphisme, cf. § h) de la lettre du 3-5 octobre 1964.

186.5 Pour la formule de Lefschetz, voir SGA 5, exposés III et III.B.

186.6 « dans un paragraphe 20 » : cela se trouve au § 21.

186.7 « systèmes linéaires ». Cette notion classique ne se traduit pas commodément dans le langage des schémas ; autant que je puisse voir, elle n'apparaît pas dans les chapitres publiés des EGA.

September 5, 1964 (Grothendieck)

178.1 "up to sign". Things are not so simple. It would be better to say "up to a finite group", i.e. after finite extension of the base field. A classical case is that of cubic surfaces in $\mathbf{P}_3$, where the finite group which appears can be equal to the Weyl group of E_6, whose order is 51,840.

178.2 "algebraic envelope H". This is the first appearance of motivic Galois groups.

September 8, 1964 (Serre)

180.1 The conjecture "$\mathfrak{g}_\ell$ contains the homotheties" was proved in 1980 by Bogomolov (C.R.A.S. **290**, 701–703).

September 24, 1964 (Grothendieck)

182.1 "your conjectures with Tate": those stated in §§ 2 and 3 of my letter of August 2-3, 1964.

184.2 "Lazard's": This is a reference to:

M. Lazard, *Sur la nilpotence de certains groupes algébriques*, C.R.A.S. **241** (1955), 1687–1689.

Lazard proves that an algebraic group whose underlying variety is isomorphic to an affine space Aff^n is nilpotent: he reduces the problem to the case where the base field is finite and of characteristic p, and notes that the group of rational points is nilpotent since it is a p-group.

184.3 Grothendieck included this result ("every injective endomorphism is bijective") in EGA IV 10.4.11.

184.4 Here $\mathrm{K}(\mathbf{Q}_\ell[\mathbf{Z}])$ denotes the Grothendieck group of the category of finite dimensional $\mathbf{Q}_\ell$-vector spaces equipped with an automorphism, cf. h) of the letter of October 3–5, 1964.

186.5 For the Lefschetz formula, see SGA 5, exposés III and III.B.

186.6 "paragraph 20": this is found in § 21.

186.7 "linear systems". This classical notion is not easy to translate into the language of schemes; as far as I can see, it does not appear in the published chapters of the EGA's.

30 septembre 1964 (Serre)

187.1 « dans son laïus de Stockholm » : voir I.R. Shafarevich, *Collected Math. Papers*, Springer-Verlag, 1989, haut de la p. 284.

188.2 On reconnaît là le *groupe de Mumford-Tate.*

188.3 « les quelques cas où la question est tranchée ». Il n'y en avait pas beaucoup en 1964. Je commençais à m'attaquer aux courbes elliptiques, mais je n'avais pas de résultats complets en dehors du cas, bien connu, de la multiplication complexe.

189.4 « Samuel a rédigé les catégories ». Il s'agit d'une rédaction Bourbaki.

30 septembre 1964 (Grothendieck)

189.1 Cette lettre, ainsi que la suivante, contient des corrections manuscrites difficiles à déchiffrer. Le lecteur désireux de vérifier l'exactitude des formules est invité, soit à refaire lui-même les calculs, soit à se reporter à [Gr64], qui est moins détaillé, mais plus clair.

190.2 Ici $\overline{g}$ désigne la projection $\overline{\mathrm{X}} \to \mathrm{Spec}(\mathbf{F}_p)$.

191.3 L'exposant (-1) du terme de droite de (6bis) doit sans doute être remplacé par $(-1)^i$.

192.4 « Comme dans ton cours ». Il s'agit du cours de 1960/61, où j'avais donné les propriétés formelles des fonctions L, cf. [Se61b].

198.5 « Ta conjecture » : existence d'un modèle semi-stable, après extension finie du corps de base, cf. note 168.5.

200.6 Remplacer « de poids $\rho = 1$ » par « de poids $\rho + 1 = 2$ », cf. lettre du 3-5 octobre 1964.

3–5 octobre 1964 (Grothendieck)

203.1 Grothendieck a mal compris Weil, comme le montre le bas de la page.

203.2 « est-il connu si la fonction ζ de Riemann a une infinité de zéros ? ». Malgré ses travaux d'Analyse (par exemple sur la théorie de Fredholm), Grothendieck ne s'est jamais intéressé à la théorie analytique des nombres.

204.3 Cette démonstration est développée dans SGA 7 I, exposé IX.

September 30, 1964 (Serre)

187.1 "in his Stockholm talk": see I.R. Shafarevich, *Collected Math. Papers*, Springer-Verlag, 1989, top of page 284.

188.2 One recognizes the *Mumford-Tate group.*

188.3 "the few cases in which the question is settled". There were not many of them in 1964. I was starting to attack elliptic curves, but I did not have complete results except, of course, for the case of complex multiplication.

189.4 "Samuel has written up categories". This is a reference to a Bourbaki report.

September 30, 1964 (Grothendieck)

189.1 This letter, like the next one, contains hand-written corrections which are hard to decipher. The reader wishing to check the exactness of the formulas is invited to either redo the computations himself or refer to [Gr64], which is less detailed but clearer.

190.2 Here $\overline{g}$ denotes the projection $\overline{\mathrm{X}} \to \mathrm{Spec}(\mathbf{F}_p)$.

191.3 The exponent (-1) in the right-hand side of (6 bis) should probably be replaced by $(-1)^i$.

192.4 "as in your course". This is a reference to the course of 1960/61, in which I had given the formal properties of L-functions, cf. [Se61b].

198.5 "Your conjecture": the existence of a semi-stable model after finite extension of the base field, cf. note 168.5.

200.6 Replace "of weight $\rho = 1$" by "of weight $\rho + 1 = 2$", cf. the letter of October 3–5, 1964.

October 3–5, 1964 (Grothendieck)

203.1 Grothendieck had misunderstood Weil, see below.

203.2 "is it known whether the Riemann ζ function has infinitely many zeros?". Despite his work in Analysis (on Fredholm theory, for example), Grothendieck was never interested in analytic number theory.

204.3 This proof is developed in SGA 7, I, lecture IX.

205.4 « Cela m'étonnerait... ». Effectivement, Mumford a construit un contre-exemple :

D. Mumford, *A note on Shimura's paper « Discontinuous groups and abelian varieties »*, Math. Ann. **181** (1969), 345–351.

209.5 Voir lettre du 30 octobre 1964, ainsi que SGA 7 I, exposé IX.

209.6 « modulo un signe que je n'ai pas regardé ». C'est le signe +, cf. SGA 7 I, p. 144, th. 10.4.b).

octobre 1964 (Serre)

211.1 « son papier du Bulletin » : celui où il énonce les « conjectures de Weil », Œ. Sci. [1949b].

211.2 Le passage de χ à χ_S est expliqué avec davantage de détails dans *Abelian ℓ-adic Representations and Elliptic Curves*, Benjamin, New York, 1968. Voir aussi [ST68], § 7, th. 10.

212.3 Référence : M. Deuring, *Die Zetafunktion einer algebraischen Kurve vom Geschlechte Eins*, I,..., IV, Gött. Nach., 1953–1957.

213.4 « la moitié des Grössencharaktere ». Je ne vois pas ce que « moitié » veut dire. Il s'agit des caractères qui sont « de type A_0 » au sens de Weil, i.e. « motivés » (leur type de Hodge est entier).

213.5 « une théorie du poids, qui très probablement coïncide avec la géométrique ». Pas tout à fait : le poids modulaire k correspond au poids géométrique $k-1$. Le cas traité par Eichler, Shimura et Igusa est celui où $k=2$.

213.6 On est tout près de la conjecture de Taniyama-Weil !

30 octobre 1964 (Grothendieck)

214.1 « la conjecture canularesque » : celle qui disait que la **Q**-algèbre des classes de cycles est engendrée par ses éléments de degré 1, i.e. par les classes de diviseurs.

215.2 La notation $\mathrm{H}^q_{\mathrm{X}_0(i)}(\mathrm{X}(i))$ désigne le q-ième groupe de cohomologie de $\mathrm{X}(i)$ à support dans $\mathrm{X}_0(i)$.

217.3 « un corps de Tsen » est un corps de dimension $\leqslant 1$, au sens de *Cohomologie Galoisienne*, Chap. II, § 3.

206.4 "It would surprise me...". Indeed, Mumford constructed a counterexample:
D. Mumford, *A note on Shimura's paper "Discontinuous groups and abelian varieties"*, Math. Ann. **181** (1969), 345–351.

209.5 See the letter of October 30, 1964, as well as SGA 7, I, exposé IX.

209.6 "up to a sign which I have not investigated". This sign is +, cf. SGA 7, I, p. 144, th. 10.4.b).

October 1964 (Serre)

211.1 "his paper in the Bulletin": the one in which he states the "Weil conjectures", Oe. Sci. [1949b].

211.2 The passage from χ to χ_S is explained in more detail in *Abelian ℓ-adic Representations and Elliptic Curves*, Benjamin, New York, 1968. See also [ST68], § 7, th. 10.

212.3 Reference: M. Deuring, *Die Zetafunktion einer algebraischen Kurve vom Geschlechte Eins*, I,..., IV, Gött. Nach., 1953–1957.

213.4 "half of the possible Grössencharaktere". I do not understand what "half" means. This refers to characters "of A_0 type" in Weil's sense of the word, i.e. "motivated" (their Hodge type is integral).

213.5 "a theory of weights, which very probably coincides with the geometric one". Not quite: modular weight k corresponds to geometric weight $k-1$. The case dealt with by Eichler, Shimura and Igusa is $k=2$.

213.6 We are close to the Taniyama-Weil conjecture!

October 30, 1964 (Grothendieck)

214.1 "the screwed-up conjecture": the one that said that the **Q**-algebra of cycle classes is generated by its degree 1 elements, i.e. by the divisor classes.

215.2 The term $H^q_{X_0(i)}(X(i))$ denotes the q-th cohomology group of $X(i)$ with support in $X_0(i)$.

217.3 "a Tsen field" is a field of dimension $\leqslant 1$, in the sense of *Galois Cohomology*, Chap. II, § 3.

217.4 $\Phi^3 = 0$: non, voir lettre du 1er novembre 1964.

218.5 « ... Serre-Tate étant désormais démontré » : cf. SGA 7 I, exposé IX, § 4.

220.6 « J'ai l'impression qu'alors A a bonne réduction partout » : non, voir lettre du 8 novembre 1964.

220.7 « Voici enfin un énoncé qui peut se démontrer... ». Cet énoncé est vrai lorsque la caractéristique résiduelle est 0, mais il peut être faux sinon ; voir :
A.J. de Jong et F. Oort, *On extending families of curves*, J. Alg. Geom. **6** (1997), 545–562.
(Je dois cette remarque, et cette référence, à A. Chambert-Loir.)

221.8 Il s'agit des groupes de Galois motiviques, cf. e.g. [Se94].

221.9 « d'une conjecture de transcendance ». Je ne crois pas que Grothendieck ait publié une version précise de cette conjecture. Il s'est contenté d'une allusion dans [Gr66a], note de bas de page n° 10. Voir aussi S. Lang, *Introduction to Transcendental Numbers*, Addison-Wesley 1966, p. 43.

221.10 « Sans doute je t'enverrai encore quelque lettre fleuve... ». Il ne l'a pas fait.

8 novembre 1964 (Serre)

224.1 « quelqu'un a démontré que, pour deux générateurs, la réponse est oui ». Ce quelqu'un n'est autre que Nielsen lui-même : Math. Ann. **78** (1918), 385–397 et **91** (1924), 169–209.

224.2 « Démontré par Deuring » : pas tout à fait, cf. lettre du 9 novembre 1964.

9 novembre 1964 (Serre)

226.1 « attention au fait qu'il n'y a pas de théorème général disant qu'un caractère d'un corps local est toujours induit par un caractère du groupe des classes d'idèles ». En effet, il est parfois nécessaire d'augmenter un peu le groupe des valeurs du caractère, cf. Artin-Tate, *Class Field Theory*, Chap. 10, th. 5.

14 novembre 1964 (Serre)

227.1 Cf. [ST68], § 6.

217.4 $\Phi^3 = 0$ in any case: no, see the letter of November 1, 1964.

218.5 "... as Serre-Tate has now been proved": cf. SGA 7, I, exposé IX, § 4.

220.6 "I have the impression A then has good reduction everywhere": no, see the letter of November 8, 1964.

220.7 "Here, finally, is a statement that can be proved ..." This is true when the residue characteristic is 0, but it may otherwise be false; see:

A.J. de Jong and F. Oort, *On extending families of curves*, J. Alg. Geom. **6** (1997), 545–562.

(This remark, and the reference, are due to A. Chambert-Loir.)

221.8 This refers to motivic Galois groups, cf. e.g. [Se94].

221.9 "of a transcendence conjecture". I do not believe Grothendieck ever published a precise version of this conjecture. He settled for alluding to it in [Gr66a], footnote at the bottom of page n° 10. See also S. Lang, *Introduction to Transcendental Numbers*, Addison-Wesley 1966, p. 43.

221.10 "I will probably send you another infinite letter ...". He never did.

November 8, 1964 (Serre)

224.1 "that someone has proved that for two generators the answer is yes". This someone is none other than Nielsen himself: Math. Ann. **78** (1918), 385–397 and **91** (1924), 169–209.

224.2 "proved by Deuring": not quite, cf. the letter of November 9, 1964.

November 9, 1964 (Serre)

226.1 "beware of the fact that there is no general theorem saying that the character of a local field is always induced by a character of the group of idele classes". Indeed, it is sometimes necessary to slightly enlarge the group of values of the character, cf. Artin-Tate, *Class Field Theory*, Chap. 10, th. 5.

November 14, 1964 (Serre)

227.1 Cf. [ST68], § 6.

Mercredi après-midi (Serre)

228.1 Il s'agit de l'analogue topologique du groupe de Brauer. Voir là-dessus l'exposé de Grothendieck au séminaire Bourbaki 1964/65, n° 290, th. 1.6.

2 mai 1965 (Serre)

230.1 « Ce résultat est dans Bourbaki ». Il ne se trouve pas dans la nouvelle édition, mais il se déduit facilement du th. 1 de A II, § 8.

230.2 Cette petite « note historique » sur la cohomologie et le groupe de Brauer demanderait à être corrigée et complétée.

27 août 1965 (Grothendieck)

232.1 « Comme je te connais allergique à la cohomologie... ». Allergie, sûrement pas. Indigestion, peut-être ?

232.2 Il s'agit des « conjectures standard ».

233.3 « n'est même pas démontré pour le moment ». Il a été démontré 15 ans plus tard par Deligne : *La conjecture de Weil* II, Publ. Math. I.H.E.S. **52** (1980), 313–428, th. 4.1.1.

233.4 « τ-équivalent » = équivalent à torsion près, i.e. après produit tensoriel par $\mathbf{Q}$.

7 décembre 1966 (Serre)

235.1 J'ai publié ce résultat dans [Se68].

238.2 Cet exposé à Bures est devenu la troisième partie de *Représentations Linéaires des Groupes Finis*, Hermann, Paris, 1968.

15 janvier 1969 (Grothendieck)

239.1 « Le théorème de Steinberg ». Ce théorème dit que $\mathrm{H}^1(k, \mathrm{G}) = 0$ si k est un corps parfait de dimension cohomologique 1, et G est un k-groupe linéaire connexe. Voir :

R. Steinberg, *Regular elements of semisimple algebraic groups*, Publ. Math. I.H.E.S. **25** (1965), 49–80 (= R. Steinberg, C.P. n° 20).

239.2 « tout élément de $\mathrm{H}^1(k, \mathrm{G})$ provient d'un $\mathrm{H}^1(k, \mathrm{T})$ ». On suppose ici que G est quasi-déployé, i.e. qu'il existe un k-sous-groupe de G qui est un groupe de Borel, cf. Steinberg, *loc. cit.*, th. 1.8.

Wednesday afternoon (Serre)

228.1 This is a reference to the topological analog of the Brauer group. On this subject, see Grothendieck's talk in the Bourbaki seminar, 1964/65, n° 290, th. 1.6.

May 2, 1965 (Serre)

230.1 "This result is contained in Bourbaki". It is not in the new edition, but can be easily deduced from th. 1 of A II, § 8.

230.2 This little "historical note" on Brauer cohomology and groups should be corrected and completed.

August 27, 1965 (Grothendieck)

232.1 "As I know you are allergic to cohomology…". Allergy, certainly not. Indigestion, perhaps?

232.2 This is a reference to the "standard conjectures".

233.3 "is not yet proved!". It was proved 15 years later by Deligne: *La conjecture de Weil* II, Publ. Math. IHES **52** (1980), 313–428, th. 4.1.1.

233.4 "τ-equivalent" = equivalent up to torsion, i.e. after tensor product with $\mathbf{Q}$.

December 7, 1966 (Serre)

235.1 I published this result in [Se68].

238.2 This talk in Bures became the third part of *Représentations Linéaires des Groupes Finis*, Hermann, Paris, 1968.

January 15, 1969 (Grothendieck)

239.1 "Steinberg's theorem". This theorem says that $\mathrm{H}^1(k, \mathrm{G}) = 0$ if k is a perfect field of cohomological dimension 1 and G is a connected linear k-group. See:

R. Steinberg, *Regular elements of semisimple algebraic groups*, Publ. Math. IHES **25** (1965), 49–80 (= R. Steinberg, C.P. n° 20).

239.2 "every element of $\mathrm{H}^1(k, \mathrm{G})$ comes from some $\mathrm{H}^1(k, \mathrm{T})$": Here it is assumed that G is quasi-split, i.e. that there exists a k-subgroup of G which is a Borel group, cf. Steinberg, *loc. cit.*, th. 1.8.

239.3 Il semble que GP(1) désigne ici $\mathbf{PGL}_2$, bien que, d'ordinaire, Grothendieck note GP(n) le groupe $\mathbf{PGL}_n$.

240.4 L'article de Steinberg cité dans la note 239.1 permet certainement de répondre aux questions posées ici par Grothendieck.

241.5 C'est Samuel qui s'est chargé de cet exposé, cf. note 147.3.

2 septembre 1984 (Grothendieck)

242.1 Ma correspondance avec Grothendieck s'est interrompue au moment de son retrait de la communauté mathématique en 1971. La présente lettre est la première que j'aie reçue de lui par la suite.

242.2 « l'invitation ». Le Collège de France a organisé en 1985 un *Colloque Peccot* où tous les anciens titulaires du cours Peccot étaient invités ; cela m'a donné une bonne occasion d'écrire à Grothendieck.

242.3 « réflexion-rétrospective » : *Récoltes et Semailles.*

23 juillet 1985 (Serre)

245.1 Référence : *Der Briefwechsel von Jacob Bernoulli*, A. Weil. réd., Birkhäuser Basel, 1993.

245.2 Référence : J. Dieudonné, *A History of Algebraic and Differential Topology 1900–1960*, Birkhäuser Boston, 1989.

8 février 1986 (Serre)

250.1 « P. Blass avait l'intention de le ressusciter » : voir la note 88.2 à la lettre du 31 octobre 1959.

31 décembre 1986 (Serre)

251.1 « Sur les représentations... » : [Se87].

251.2 « de hauteur 1 » doit être remplacé par « de poids motivique 1 » (j'ai sans doute voulu éviter une confusion avec le « poids » modulaire).

252.3 Ici encore, « hauteur » doit être remplacé par « poids motivique ».

252.4 La liste des ℓ possibles est $3, 5, 7, 11, 13, 17, 19, 23, 29, 53, 59$, cf. [Se87], § 4, th. 2.

239.3 It seems that here GP(1) denotes $\mathbf{PGL}_2$, even though Grothendieck usually denotes the group $\mathbf{PGL}_n$ by GP(n).

240.4 Steinberg's paper quoted in note 239.1 certainly makes it possible to answer the questions asked here by Grothendieck.

241.5 It was Samuel who gave this talk, cf. note 147.3.

September 2, 1984 (Grothendieck)

242.1 My correspondence with Grothendieck was interrupted when he retired from the mathematical community in 1971. This letter was the first one I received from him after that.

242.2 "the invitation". The Collège de France organized a *Colloque Peccot* in 1985, to which all the previous Peccot lecturers were invited; this gave me a good opportunity to write to Grothendieck.

242.3 "retrospective reflection": *Récoltes et Semailles.*

July 23, 1985 (Serre)

245.1 Reference: *Der Briefwechsel von Jacob Bernoulli*, A. Weil. réd., Birkhäuser Basel, 1993.

245.2 Reference : J.Dieudonné, *A History of Algebraic and Differential Topology 1900–1960*, Birkhäuser Boston, 1989.

February 8, 1986 (Serre)

250.1 "P. Blass intended to resurrect it" : see note 88.2 to the letter of October 31, 1959.

December 31, 1986 (Serre)

251.1 "Sur les représentations...": [Se87].

251.2 "height 1" should read "of motivic weight 1" (I probably wanted to avoid a confusion with the modular "weight").

252.3 Here, once again, "height" should be replaced with "motivic weight".

252.4 The list of possible ℓ is $3, 5, 7, 11, 13, 17, 19, 23, 29, 53, 59$, cf. [Se87], § 4, th. 2.

[illegible] le 18.8.1959

Mon cher Serre,

Tate m'a écrit de son côté sur ses histoires de courbes elliptiques, et pour me demander si j'avais des idées sur une définition globale des variétés analytiques sur des corps valués complets. Je dois avouer que je n'ai pas du tout compris pourquoi ses résultats suggèreraient l'existence d'une telle définition, et suis encore sceptique. Je n'ai pas non plus l'impression d'avoir rien compris à son théorème, qui ne fait que exhiber par des formules brutales un certain isomorphisme de groupes analytiques; on conçoit que d'autres formules tout aussi explicites en donneraient un autre pas plus mauvais (sauf preuve du contraire !)

J'ai réfléchi un petit peu à la partie 'infinitésimale' du groupe fondamental, juste assez pour me convaincre que ça existe et est raisonnable. Voici un contexte (certainement insuffisant d'ailleurs) où ça marche. On a un schéma S (convexe, par exemple un schéma algébrique sur un corps k), une catégorie auxiliaire $\underline{C}$ (par exemple la catégorie des schémas algébriques finis sur k), une catégorie $\underline{G}$ dont les objets sont des $\underline{C}$-groupes, et les morphismes des morphismes de $\underline{C}$-groupes (par exemple les groupes algébriques finis sur k). On suppose que dans $\underline{C}$ les produits fibrés existent, et que $\underline{G}$ satisfait aux conditions suivantes: (i) $\underline{G}$ est stable par produits, et si $u,v : G \to G'$ sont des morphismes dans $\underline{G}$, alors le noyau du couple (u,v) i.e. le sous-groupe maximum de G où u,v coïncident -qui existe, car s'exprime par un produit fibré- est dans $\underline{G}$. (ii) Si $u: G \to G'$ est un morphisme dans $\underline{G}$, le groupe image existe, est isomorphe à un quotient de G comme il se doit, et est dans $\underline{G}$. (iii) Toute suite décroissante de sous-groupes $\in \underline{G}$ d'un $G \in \underline{G}$ est stationnaire. On suppose donné de plus un foncteur covariant F de $\underline{G}$ dans les schémas en groupes sur S (par exemple $G \to S \times_k G$), et on suppose : (iv) Le foncteur F commute aux produits, aux noyaux de couples de morphismes, images (on pourra dire que F est "exact"). (v) Si H est de la forme F(G) ($G \in \underline{G}$) alors H est "spécial", i.e. admet une suite exacte

Facsimile of Grothendieck's letter (first page) of August 18, 1959, page 79 .

de schémas en groupes finis et plats sur S

$$e \to H_{inf} \to H \to H_{sép} \to e$$

où H_{inf} est purement infinitésimal (i.e. la projection $H_{inf} \to S$ est géométriquement injectif) et où $H_{sép}$ est non ramifié sur S. (Dans le cas d'un corps de base k, une telle suite exacte est déduite d'une suite exacte analogue pour un groupe algébrique fini G sur k; d'ailleurs si k est parfait, cette suite splitte canoniquement, car $G_{réd}$ est alors sous-groupe de G, isomorphe à $G_{sép}$ par la projection $G \to G_{sép}$. Faire attention cependant que $G_{réd}$ va opérer sur G_{inf}; on aura seulement un produit semi-direct). Enfin

(vi) S est réduit.

Les conditions (v) et (vi) ont une sale gueule, et sont essentiellement provisoires. Elles servent à cause du

Lemme Soit H comme dans (v), S comme dans (vi), P un fibré principal homogène sous H, Q un autre, u,v deux isomorphismes de P dans Q transformant un "point marqué" donné en un autre donné, alors u=v. (On est ramené, en tordant H, au cas où P est trivial, et alors cela résulte du fait suivant: une section de Q est un isomorphisme de S sur une composante connexe de $Q_{réd}$).

Remarque néanmoins que les conditions (i) à (vi) n'excluent pas des groupes structuraux tordus (relativement à un corps de base k).

Soit maintenant a un "point marqué" de S (i.e. une extension algébriquement close du corps résiduel d'un s∈S). Pour tout G∈G, on désigne par Z(S,a;G) ou simplement Z(G) l'ensemble des classes (à isomorphisme près) de fibrés principaux homogènes sur S, de groupe F(G), munis d'un point marqué au dessus de a. Evidemment Z(G) est un foncteur de G dans la catégorie des ensembles. Ce foncteur satisfait aux conditions suivantes: 1) Il commute aux produits (car F y commute) 2) il commute aux noyaux de couples, en d'autres termes si $G'' \to G \underset{v}{\overset{u}{\rightrightarrows}} G'$ est exact dans G, alors $Z(G'') \to Z(G) \underset{Z(v)}{\overset{Z(u)}{\rightrightarrows}} Z(G')$ est exacte, i.e. Z(G") s'identifie à l'ensemble des éléments de Z(G) dont l'image dans Z(G') par Z(u) et Z(v) est la même. (Ceci résulte de l'exactitude de F, et du lemme).

Facsimile of Grothendieck's letter (second page) of August 18, 1959, page 79.

BIBLIOGRAPHIE

A. Grothendieck

[Gr56a] *Théorèmes de finitude pour la cohomologie des faisceaux*, Bull. S.M.F. **84** (1956), 1–7.

[Gr56b] *La théorie de Fredholm*, Bull. S.M.F. **84** (1956), 319–384.

[Gr57a] *Sur la classification des fibrés holomorphes sur la sphère de Riemann*, Amer. J. Math. **79** (1957), 121–138.

[Gr57b] *Sur quelques points d'algèbre homologique* (« Tôhoku »), Tôhoku Math. J. **9** (1957), 119–221.

[Gr58] *La théorie des classes de Chern*, Bull. S.M.F. **86** (1958), 137–154.

[Gr60] *The cohomology theory of abstract algebraic varieties*, Proc. Intern. Congress Math. 1958, Cambridge Univ. Press (1960), 103–118.

[Gr64] *Formule de Lefschetz et rationalité des fonctions* L, Sém. Bourbaki 1964/65, exposé 279.

[Gr65] *Le groupe de Brauer* I. *Algèbres d'Azumaya et interprétations diverses*, Sém. Bourbaki 1964/65, exposé 290.

[Gr66a] *On the de Rham cohomology of algebraic varieties*, Publ. Math. I.H.E.S. **29** (1966), 95–103.

[Gr66b] *Un théorème sur les homomorphismes de schémas abéliens*, Invent. Math. **2** (1966), 59–78.

1963 ?

Paris, Mercredi après-midi,

Cher Grothendieck,

J'ai regardé ton problème d'obstruction lié au groupe projectif, et je suis arrivé à la conclusion -plutôt surprenante - qu'il n'y avait pas de contre-exemple : Si X est, disons, un polyèdre fini, et si $x \in H^3(X, \mathbb{Z})$ est une classe de torsion, il y a un fibré projectif sur X d'invariant égal à x.
La question revient à étudier la topologie du classifiant de PGL_n, pour $n \to \infty$. Il faut toutefois faire très attention à la façon dont les PGL_n (ou les GL_n) s'envoient les uns dans les autres : on prend le système filtrant des entiers n (pour la divisibilité) et on expédie GL_n dans GL_{nm} par $A \to 1_m \otimes A = (A,\ldots,A)$; par passage au quotient par G_m cela fait le plongement $PGL_n \to PGL_{nm}$ cherché.
Il s'ensuit que la limite des GL_n (par exemple) n'est pas du tout celle qui intervient dans Bott. Mais, en utilisant Bott, on peut calcule[r] les π_i de GL_∞. On trouve $\pi_i = \mathbb{Q}$ pour i impair, et $\pi_i = 0$ pour i pair (je dis bien " $\mathbb{Q}$ " - c'est plutôt rare, comme groupe d'homotopie !). On en déduit ceux de PGL_∞ : $\pi_1 = \mathbb{Q}/\mathbb{Z}$ et $\pi_i = \mathbb{Q}$ ou [0] pour $i \geq 2$, comme ci-dessus. D'où les groupes d'homotopie du classifiant B de PGL_∞ :

$$\pi_2 = \mathbb{Q}/\mathbb{Z}\ ,\ \pi_4 = \mathbb{Q}\ ,\ \pi_6 = \mathbb{Q}\ , \text{ etc.}$$

En outre, la technique des invariants k (i.e. l'étude des fibrations successives bien connues) montre qu'un tel espace est homotopiquement équivalent au <u>produit</u> $K(\mathbb{Q}/\mathbb{Z}, 2) \times K(\mathbb{Q}, 4) \times \ldots$. A partir de là, c'est gagné : si $x \in H^3(X, \mathbb{Z})$ est de torsion, x est de la forme dy avec $y \in H^2(X, \mathbb{Q}/\mathbb{Z})$, ce qui définit une application $X \to K(\mathbb{Q}/\mathbb{Z}, 2)$ puis une application $X \to B$. Comme B peut être considéré comme limite inductive des B_{PGL_n}, on a gagné.

Facsimile of Serre's letter, Paris, Wednesday afternoon [undated], page 228.

[EGA] *Éléments de Géométrie Algébrique* (rédigés avec la collaboration de J. Dieudonné), Chap. 0–IV, Publ. Math. I.H.E.S. **8**, **11**, **17**, **20**, **24**, **28**, **32**, 1960–1967.

[FGA] *Fondements de la Géométrie Algébrique*, exposés 149, 182, 190, 195, 212, 221, 232, 236 du séminaire Bourbaki (avec commentaires), Secr. math. I.H.P., Paris, 1962.

[SGA 1] *Revêtements Étales et Groupe Fondamental*, Lect. Notes in Math. **224**, Springer-Verlag, 1971.

[SGA 2] *Cohomologie locale des faisceaux cohérents et Théorèmes de Lefschetz locaux et globaux*, Masson et North-Holland, 1968.

[SGA 3] (avec M. Demazure). *Schémas en Groupes*, 3 vol., Lect. Notes in Math. **151**, **152**, **153**, Springer-Verlag, 1970.

[SGA 4] (avec M. Artin et J-L. Verdier). *Théorie des Topos et Cohomologie Étale des Schémas*, 3 vol., Lect. Notes in Math. **269**, **270**, **305**, Springer-Verlag, 1972–1973.

[SGA 5] (édité par L. Illusie). *Cohomologie ℓ-adique et Fonctions* L, Lect. Notes in Math. **589**, Springer-Verlag, 1977.

[SGA 6] *Théorie des Intersections et Théorème de Riemann-Roch*, Lect. Notes in Math. **225**, Springer-Verlag, 1971.

[SGA 7 I] *Groupes de Monodromie en Géométrie Algébrique*, Lect. Notes in Math. **288**, Springer-Verlag, 1972.

[SGA 7 II] (édité par P. Deligne et N. Katz). *Groupes de Monodromie en Géométrie Algébrique*, Lect. Notes in Math. **340**, Springer-Verlag, 1973.

J-P. Serre

[CS53] (avec H. Cartan) *Un théorème de finitude concernant les variétés analytiques compactes*, C.R.A.S. **237** (1953), 128–130 (= Oe. 24).

[Se53a] *Groupes d'homotopie et classes de groupes abéliens*, Ann. Math. **58** (1953), 258–294 (= Oe. 18).

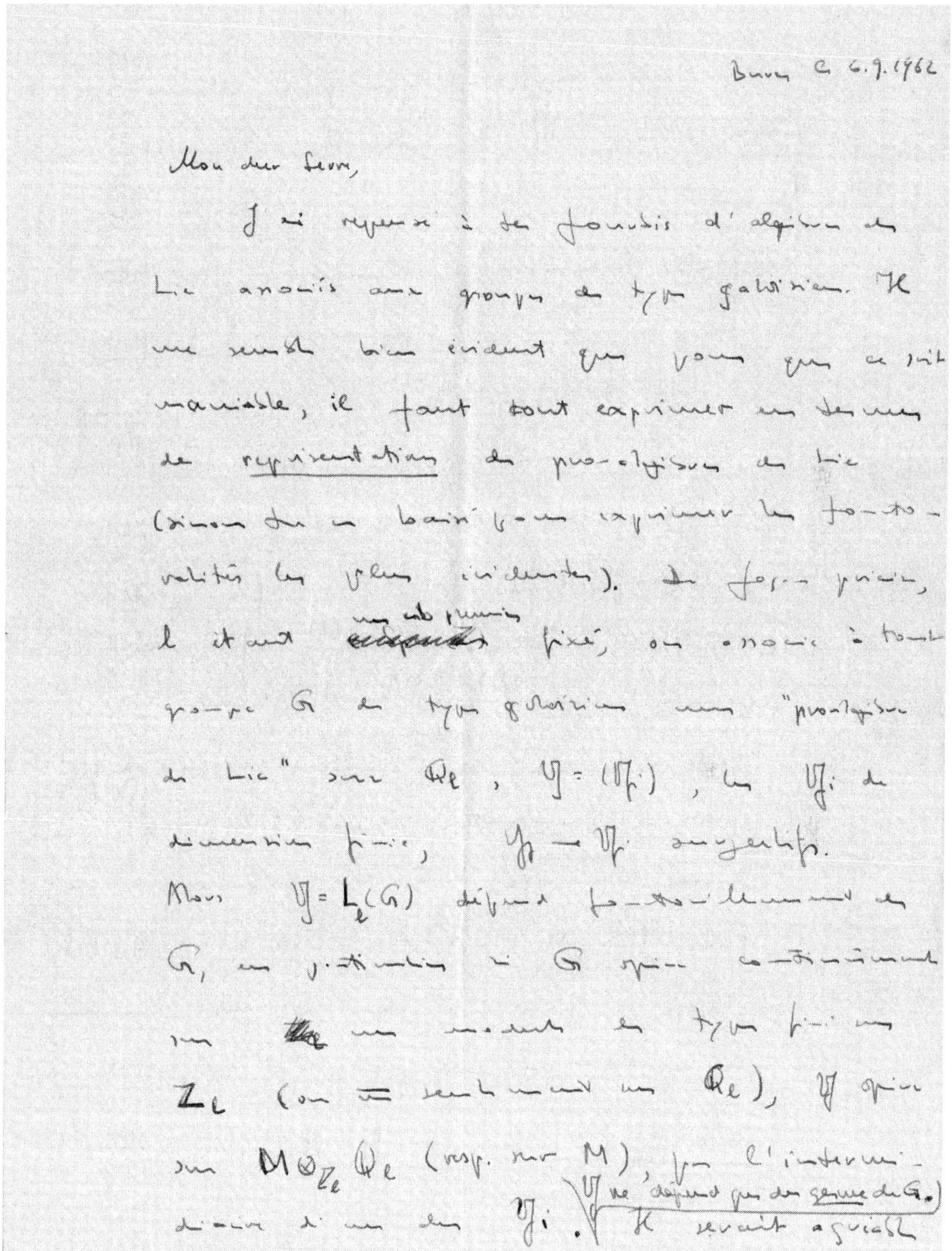

Bures le 6.9.1962

Mon cher Serre,

J'ai repensé à tes foutaises d'algèbres de Lie associés aux groupes de type galoisien. Il me semble bien évident que pour que ce soit maniable, il faut tout exprimer en termes de représentations des pro-algèbres de Lie (sinon tu es baisé pour exprimer les fonctorialités les plus évidentes). De façon précise, ℓ étant un nb premier fixé, on associe à tout groupe G de type galoisien une "pro-algèbre de Lie" sur $\mathbf{Q}_\ell$, $\mathfrak{g} = (\mathfrak{g}_i)$, les $\mathfrak{g}_i$ de dimension finie, $\mathfrak{g} \to \mathfrak{g}_i$ surjectifs. Alors $\mathfrak{g} = L_\ell(G)$ dépend fonctoriellement de G, en particulier si G opère continûment sur un module de type fini sur $\mathbf{Z}_\ell$ (ou seulement sur $\mathbf{Q}_\ell$), $\mathfrak{g}$ opère sur $M \otimes_{\mathbf{Z}_\ell} \mathbf{Q}_\ell$ (resp. sur M), par l'intermédiaire d'un des $\mathfrak{g}_i$. ($\mathfrak{g}$ ne dépend que du germe de G.) Il serait agréable

Facsimile of Grothendieck's letter (first page) of September 6, 1962, page 131.

[Se53b] *Cohomologie modulo 2 des complexes d'Eilenberg-MacLane*, Comment. Math. Helv. **27** (1953), 198–232 (= Oe. 19).

[Se55] *Faisceaux algébriques cohérents* (« FAC »), Ann. Math. **61** (1955), 197–278 (= Oe. 29).

[Se56a] *Géométrie algébrique et géométrie analytique* (« GAGA »), Ann. Inst. Fourier **6** (1956), 1–42 (= Oe. 32).

[Se56b] *Sur la dimension homologique des anneaux et des modules noethériens*, Proc. Intern. Symp. Tokyo-Nikko (1956), 175–189 (= Oe. 33).

[Se57] *Sur la cohomologie des variétés algébriques*, J. Math. pures appl. **36** (1957), 1–16 (= Oe. 35).

[Se58a] *Sur la topologie des variétés algébriques en caractéristique p*, Symp. Intern. Top. Alg. Mexico (1958), 24–53 (= Oe. 38).

[Se58b] *Quelques propriétés des variétés abéliennes en caractéristique p*, Amer. J. Math. **80** (1958), 715–739 (= Oe. 40).

[BS58] (avec A. Borel) *Le théorème de Riemann Roch* (*d'après A. Grothendieck*), Bull. S.M.F. **86** (1958), 97–136 (= A. Borel, Oe. 44).

[Se60a] *Analogues kählériens de certaines conjectures de Weil*, Ann. Math. **71** (1960), 392–394 (= Oe. 45).

[Se60b] *Groupes proalgébriques*, Publ. Math. I.H.E.S. **7** (1960), 5–68 (= Oe. 49).

[Se61a] *Sur les corps locaux à corps résiduel algébriquement clos*, Bull. S.M.F. **89** (1961), 105–154 (= Oe. 51).

[Se61b] *Résumé des cours de 1960/1961*, Annuaire du Collège de France (1961), 51–52 (= Oe. 52).

[Se62a] *Endomorphismes complètement continus des espaces de Banach p-adiques*, Publ. Math. I.H.E.S. **12** (1962), 64–85 (= Oe. 55).

[Se62b] *Géométrie algébrique*, Cong. Intern. Math. Stockholm (1962), 190–196 (= Oe. 56).

[Se64a] *Sur les groupes de congruence des variétés abéliennes*, Izv. Akad. Nauk SSSR **28** (1964), 3–18 (= Oe. 62).

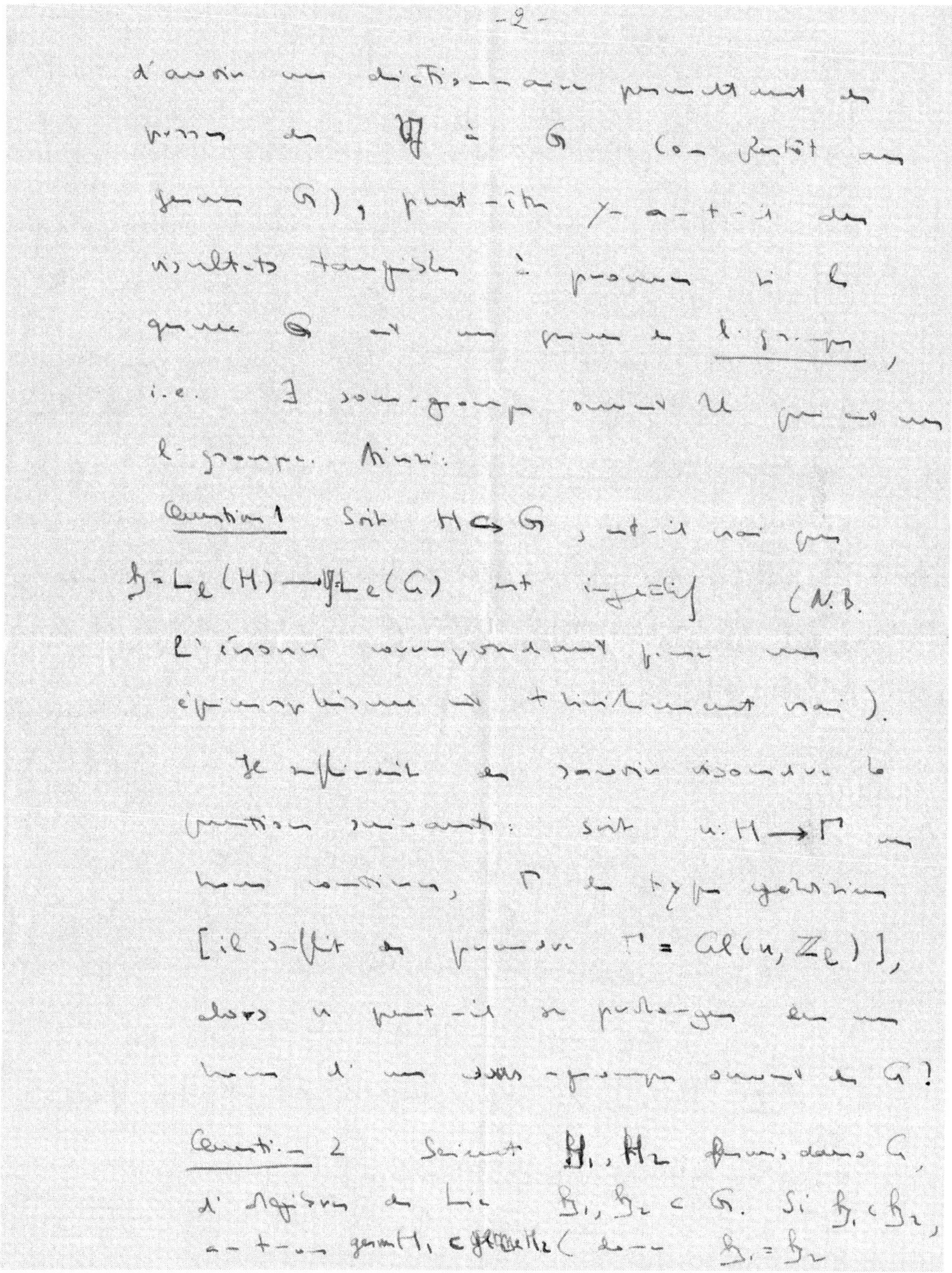

-2-

d'avoir un dictionnaire permettant de passer de $\mathfrak{g}$ à G (ou plutôt au germe G), peut-être y a-t-il des résultats tangibles à prouver si le groupe G est un germe de ℓ-groupe, i.e. $\exists$ sous-groupe ouvert U qui soit un ℓ-groupe. Ainsi:

Question 1 Soit $H \hookrightarrow G$, est-il vrai que $\mathfrak{h} = L_\ell(H) \to \mathfrak{g} = L_\ell(G)$ est injectif (N.B. l'énoncé correspondant pour un épimorphisme est trivialement vrai).

Il suffirait de savoir résoudre la question suivante : soit $u: H \to \Gamma$ un homomorphisme, Γ de type général [il suffit de prendre $\Gamma = Gl(n, \mathbb{Z}_\ell)$], alors u peut-il se prolonger en un homo d'un sous-groupe ouvert de G ?

Question 2 Soient H_1, H_2 fermés dans G, d'algèbres de Lie $\mathfrak{h}_1, \mathfrak{h}_2 \subset \mathfrak{g}$. Si $\mathfrak{h}_1 \subset \mathfrak{h}_2$, a-t-on germ H_1 ⊂ germ H_2 (donc $\mathfrak{h}_1 = \mathfrak{h}_2$

Facsimile of Grothendieck's letter (second page) of September 6, 1962, page 131.

[Se64b] *Exemples de variétés projectives conjuguées non homéomorphes*, C.R.A.S. **258** (1964), 4194–4196 (= Oe. 63).

[Se66] *Groupes de Lie ℓ-adiques attachés aux courbes elliptiques*, Colloque C.N.R.S. **143** (1966), 239–256 (= Oe. 70).

[ST68] (avec J. Tate) *Good reduction of abelian varieties*, Ann. Math. **88** (1968), 492–517 (= Oe. 79).

[Se68] *Groupes de Grothendieck des schémas en groupes réductifs déployés*, Publ. Math. I.H.E.S. **34** (1968), 37–52 (= Oe. 81).

[Se69] *Facteurs locaux des fonctions zêta des variétés algébriques* (*définitions et conjectures*), Séminaire Delange-Pisot-Poitou 1969/1970, exposé 19 (= Oe. 87).

[Se87] *Sur les représentations modulaires de degré* 2 *de* $\mathrm{Gal}(\overline{\mathbf{Q}}/\mathbf{Q})$, Duke Math. J. **54** (1987), 179–230 (= Oe. 143).

[Se91] *Motifs*, Astérisque **198-199-200** (1991), 333–349 (= Oe. 154).

[Se94] *Propriétés conjecturales des groupes de Galois motiviques et des représentations ℓ-adiques*, Proc. Symp. Pure Math. **55** (1994), vol. I, 377–400 (= Oe. 161).

Les Aumettes le 25.1.1987

Cher Serre,

Merci pour ton tirage à part, et pour la peine que tu t'es donnée pour m'en expliquer les tenants et aboutissants. Je me rends compte par ta lettre qu'il y a des belles maths qui se font, mais aussi et surtout, que ce genre de lettre et le travail qu'elle commente méritent des interlocuteurs et lecteurs plus disponibles que je ne le suis. De plus en plus, mes recherches m'éloignent de ce qui est communément considéré comme un travail "scientifique" (sans pour autant que j'aie l'impression d'une véritable "coupure", dans l'ardeur et dans l'esprit que je mets dans mon travail) - et il serait d'ailleurs tout à fait inutile que je t'en parle, ne fut-ce qu'en quelques mots. Mais j'en parlerai pour ceux que cela pourra intéresser (s'il s'en trouve ...). J'ai d'ailleurs pris la décision de prendre ma retraite l'an prochain (j'aurai alors soixante ans), pour me sentir plus libre de poursuivre dans une direction qui ne s'insère dans aucune "discipline" reconnue d'utilité publique et suventionnable comme telle, et où je suis le seul à m'engager. Mon intérêt pour la mathématique n'est pas éteint, mais je doute qu'il me restera le loisir d'écrire les quelques esquisses à grands traits que je prévoyais encore d'écrire.

Je profite de cette occasion pour te souhaiter une heureuse année 1987, et tout le succès que tu souhaites dans ton travail.

Bien cordialement

A Grothendieck

Facsimile of Grothendieck's letter of January 25, 1987, page 253.

INDEX

Index

2

Paris le 12.11.1957

Mon cher Serre,

D'accord avec toutes tes rectifications, notamment celle concernant $\gamma^{p-1}(E)$, il faut lire partout $\gamma^{p-1}(E-p)$. Pour ce qui est de la partie cannulée du lemme 1 (dont je ne me sers pas, mais que j'ai mise pour la symétrie) il faut lire : Si R.R. est vrai pour fg et g, il l'est pour f dans $\mathrm{Im}(g_!)$ (note que si $Z \neq Y$, $g_!$ n'est jamais surjectif !). Enfin, j'ajoute que la formule (2.22) de RRR est une affirmation un peu hative, il est prudent d'y supposer que X est fibré sur Y; je fais semblant de me servir de ce résultat (pour des variétés singulières) dans la démonstration de prop.2.9, mais en fait on peut aussi la faire sans sortir des variétés non singulières.

Pour ce qui est de la prop.2.3 qui te fout la frousse, je ne m'en servais que dans le cas de cycles de dimension > dim Y (voir le corollaire), où il est trivial. Ce qui me fait penser qu'elle est vraie en tous cas, c'est qu'elle devient vraie en réduisant à $G\underline{K}(X)$, $G\underline{K}(Y)$ (ce qui tue seulement un peu de torsion, tout au plus). Mais il serait très agréable d'en avoir une démonstration directe, pour avoir une théorie élégante des classes de Chern (cf plus bas). - A ce propos, je signale combien il serait agréable de pouvoir démontrer directement que $A(X)=G\underline{K}(X)$ (ce dont je suis à peu près convaincu). Ça ferait alors une définition sympathique de l'équivalence linéaire des cycles, valable aussi pour les variétés singulières, de plus il semble que bien des choses se démontrent facilement dans $G\underline{K}(X)$, mais pas dans $A(X)$. Ainsi la prop.2.3., mais aussi la formule d'intersection

(iii bis) $$i^*(i'_*(x)) = x C^q(T_{X/Y})$$

pour une application d'injection $Y \to X$ et un $x \in A(Y)$. Je n'en trouve pas de démonstration directe. (N.B. (iv bis) est une conséquence de (iii bis)).

Je te signale aussi que je sais prouver que si X est une variété non singulière (non nécessairement quasi-projective) alors tout faisceau algébrique cohérent est quotient d'une somme directe de faisceaux définis par des diviseurs. D'où la définition des classes de Chern des faisceaux, pourvu qu'on en ait une pour les fibrés vectoriels. A ce moment-là, le th.R.R. peut s'<u>énoncer</u> aussi dans le cas de variétés non projectives (ce sera le cas par exemple dans le cas classique, grâce à la définition transcendante des classes de Chern).

Facsimile of Grothendieck's letter (first page) of November 12, 1957, page 59.

2

et d'autre part, se servant de la version revue et corrigée du lemme 1 de mon petit papier, on voit que R.R. est <u>vrai</u> chaque fois que $y \in \underline{K}(Y)$ est de la forme $g_!(z)$, où $g: Z \to Y$ est un morphisme propre d'une variété (quasi-)projective non singulière Z dans Y. Si on savait par exemple que toute sous-variété de Y est l'image d'une variété quasi-projective <u>non singulière</u> par un morphisme propre (comparer lemme de Chow !), on aurait gagné.

Pour ce qui est d'une théorie des classes de Chern pour fibrés vectoriels, les réflexions qui suivent marchent aussi bien dans le cas topologique (où elles donnent une théorie très élémentaire des classes de Chern, sans obstructions ni théorèmes fins de Borel). Supposons attaché à toute variété algébrique non singulière X un anneau gradué commutatif A(X), qui soit un foncteur contravariant en X. Supposons donnés un homomorphisme fonctoriel $P(X) \to A^1(X)$, où P(X) désigne le groupe des classes de diviseurs, et enfin pour toute variété X et une sous-variété Y, de codimension p, un homomorphisme $i_*: A(Y) \to A(X)$ de groupes, augmentant le degré de p. Les axiomes sont

a) $P(X) \to A(X)$ est donné, sur une hypersurface non singulière $Y \subset X$, par $i_*(1_Y)$ (où 1_Y est l'élément unité de A(Y)).

b) Si $Y \subset X$ est non singulière irréductible, on a $i_*(y i^*(x)) = x i_*(y)$ (où $i: Y \to X$ est l'injection).

c) Si E est un fibré vectoriel de rang p sur X, X' le fibré projectif associé L le fibré de rang 1 bien connu sur X' et ξ sa classe dans $A^1(X')$, alors les ξ^i $(0 \leq i \leq p-1)$ forment une base de A(X') sur A(X).

Sous ces conditions, on peut de façon unique attacher à tout fibré vectoriel E sur une variété non singulière X, une classe $c(E) = 1 + \sum_{i=1}^{p} c^i(E) \in A(X)$, de façon à vérifier les conditions de Hirzebruch:

(i) fonctoralité

(ii) $c^1(E) = d(E)$ si E est de rang 1 (d(E) sésignant l'image dans $A^1(X)$ de la classe de diviseurs définie par E).

(iii) $c(E) = c(E')c(E'')$ si E est extension de E' par E".

De plus, ces classes satisfont aux conditions (iv)(v)(vi) permettant de calculer les classes de Chern d'un produit tensoriel, d'une puissance extérieure et d'un dual. Les $c^i(E)$ sont aussi caractérisés par la formule

$$\sum_{i=0}^{p} c^i(E)\,\xi^{p-i} = 0 \qquad (1)$$

Facsimile of Grothendieck's letter (second page) of November 12, 1957, page 59.